一部浓缩人类智慧精华的人生智慧锦囊

一部适合放在案头、枕边随时翻阅的哲理圣经

包与容
人生必修课

杨建峰　主编

南海出版公司

2013 · 海口

图书在版编目（CIP）数据

包与容人生必修课／杨建峰主编．—海口：南海出版公司，2014.1

ISBN 978－7－5442－7001－4

Ⅰ．①包…　Ⅱ．①杨…　Ⅲ．①人生哲学－通俗读物
Ⅳ．①B821－49

中国版本图书馆 CIP 数据核字（2013）第 289150 号

敬启

本书在编写过程中，参阅和使用了一些报刊、著述和图片。由于联系上的困难，和部分作品的作者（或译者）未能取得联系，对此谨致深深的歉意。敬请原作者（或译者）见到本书后，及时与本书编者联系，以便我们按照国家有关规定支付稿酬并赠送样书。联系电话：010－84853028　松雪

BAO YU RONG RENSHENG BIXIU KE
包与容人生必修课

主　　编　杨建峰
总 策 划　杨建峰
责任编辑　张　媛　雷珊珊
美术设计　松雪图文
出版发行　南海出版公司　　电话：（0898）66568508　66568511
社　　址　海南省海口市海秀中路 51 号星华大厦五楼　邮编：570206
电子邮箱　nhpublishing@163.com
经　　销　新华书店
印　　刷　北京楠萍印刷有限公司
开　　本　889 毫米×1194 毫米　1/16
印　　张　27.5
字　　数　650 千
版　　次　2014 年 1 月第 1 版　2014 年 1 月第 1 次印刷
书　　号　ISBN 978－7－5442－7001－4
定　　价　59.00 元

前　言

PREFACE

法国作家雨果曾经这样感叹:“世界上最宽广的是海洋,比海洋更宽广的是天空,比天空更宽广的是人的胸怀。”在古老的东方,也流传着一句名言:宰相肚里能撑船。于是,我们会发现,包容超越了国家、语言、民族和文明的界限,它是人类共同拥有的美德,是至今仍然闪耀在人性中的神性光辉。

包容是一种深邃的智慧,海纳百川,有容乃大;包容是一种坚毅的力量,壁立千仞,无欲则刚。蓝天包容了雷鸣闪电的狂虐,所以湛蓝深远;大海包容了惊涛骇浪的猖獗,所以浩渺无垠;世界包容了天地万物,所以精彩纷呈。

自古以来,包容就是人们立身处世的大智慧。《尚书》云:“有容,德乃大”。《周易》云:“君子以厚德载物”。《老子》云:“江海之所以能为百谷王者以其善下之”。佛教更是劝诫人们修行忍辱,“大肚能容,容天下难容之事”,达到“心包太虚,量周沙界”的境界。包容是一种美好的心性,是一种博大的胸襟,是一种能够放下一切的气度,是一种淡定从容的洒脱,是一种俯仰自如的风度。一个人一生成就的大小,很大程度上就是由他包容的多少决定的。正如一位哲人说的那样:心胸有多大,事业就有多大;包容有多少,拥有就有多少。纵观古今成大事业者,无不有海纳百川的肚量,正所谓“量小非君子”、“将军额上能跑马,宰相肚里能撑船”。因此,包容实在是人生必不可少的智慧,更是一堂人生的必修课。

包容是一种高贵的品质、崇高的境界,是精神的成熟和心灵的丰盈,有了这种境界和品质,人就会变得豁达而坚强;包容是一种仁爱的光芒,是对别人的释怀,也是对自己的善待,有了这种包容之心,就会远离仇恨,避免灾难;包容是一种生存的智慧、生活的艺术,是看透了社会人生以后所获得的那份彻悟和超然,有了这种智慧和艺术,我们面对人生的成败得失,就会从容不迫,淡定处之;包容是一种力量、一种自信,是一种无形的感召力和凝聚力,有了这种力量和自信,你就会胸有成竹,获得人生的成功。

心胸宽广与否,关键在于自己愿不愿意敞开。一念之差,心的格局便不一样,它可以大如宇宙,也可以小如微尘。我们的心要和海一样,任何大江小溪都要容纳;我们的心要和云一样,任何天涯海角都愿遨游;我们的心要和山一样,任何飞禽走兽都不排拒;

我们的心要和路一样，任何脚印车轨都能承载。这样，我们才不会因一些小事而心绪不宁、烦躁苦闷！懂得包容的人总能得到别人的尊重，懂得包容的人总会受到他人的欢迎和喜爱，懂得包容的人总会顺风顺水。只有懂得包容，你才能成就无悔、快乐、健康、美满的人生。若事事计较，便会把自身局限在一个很小的框框里。这种处世心态既贬低了自身的能力，又降低了自己的品格。

包容是无声的教育，它既能让小偷洗心革面，也能让浪子悬崖勒马，更能让仇恨烟消云散。包容是人际关系的润滑剂，它圆融了彼此的关系，消除了彼此的隔阂，让彼此更加了解，让心和心贴得更近。朋友之间多些包容，就少了猜疑攀比，友情将更加牢固。同事之间多些包容，就少了嫉妒排挤，会更加团结，共同进步，达到多赢。夫妻间多些包容，就少了相互抱怨、相互责备，婚姻会更加幸福。

《包与容人生必修课》从包与容两方面，轻松讲述成功与幸福的经营秘诀，内容涉及为人处世、化解人生苦难、拓展人脉、成就事业、恋爱交友、婚姻家庭、职业生涯、面对成败等方面，为那些追求幸福、成功以及正为现实生活所苦恼的朋友们点亮一盏明灯。

人生的舞台有序幕、有落幕，每个人都要在起起落落中学会成长。《包与容人生必修课》能让我们从一言一行、一举一动中践行，修一颗包容之心，多一些关爱，多一些包容。当你学会了包容，你便能领悟生命的真谛，洞察人性的弱点，从而走出生命的盲区，成为生活的智者。

目录

CONTENTS

第一章　拥有包容心态，笑对人生

第一节　你的包容度决定事业大小

胸襟的大小可以丈量你的世界 …… 2
放开胸怀得到的是整个世界 …… 3
蚌含沙而孕珍珠，人大量而容天地 …… 4
豁达的人生源自一颗懂得宽容的心 …… 5
狭隘限定发展的格局 …… 6
待人以大德不以小惠 …… 7
能屈能伸是度量 …… 8
敢于低头，勇于承担 …… 9
以平常心观大小事 …… 10

第二节　包容是一种处世良方

学会宽容 …… 12
人的心胸就好比芥子 …… 13
心宽寿自延，量大智自裕 …… 14
苛求他人，等于孤立自己 …… 16
己所不欲，勿施于人 …… 17
克服狭隘，豁达的人生更美好 …… 17
宽容，让痛苦变为伟大 …… 18
千金易得，宽厚之心难求 …… 19

难得糊涂是一种心境 …… 20
别把自己太当回事 …… 21
心态归零,一切从头开始 …… 22

第三节　抱怨不如宽容,宽容待人

宽容是一种爱 …… 24
宽容比怨恨更具威慑力 …… 25
与人争辩,你永远不会真赢 …… 26
及时原谅别人的错误 …… 27
消灭嫉妒的“毒瘤” …… 27

第四节　心怀感恩,驱走抱怨

学会感恩,学会为生命喝彩 …… 29
感恩的心才能念动幸福的咒语 …… 30
得到别人的恩惠要想到回报 …… 31
让心中的抱怨工厂关门大吉 …… 32
感谢折磨,锤炼自己 …… 33
向批评鞠个躬 …… 34
感谢别人给你的一片阳光 …… 35
“打击”你的人可能更爱你 …… 35
不抱怨地生活,成为生活的榜样 …… 36

第五节　拥有包容的心让你更快乐

施比受更有福 …… 38
分享善心,丰盛自己 …… 39
内心期待什么就能做成什么 …… 40
生命的本质在于追求快乐 …… 41
我们随时都有选择快乐的权利 …… 42
活着,就是一种幸福 …… 43
活在当下,不透支生活的烦恼 …… 43
幸福在于失意时的忘却 …… 44
只要有一颗清净的心,即能领取幸福 …… 45
学会说“已经很好了” …… 45

第二章 包容人生的困难挫折，化解苦难

第一节 苦难是人生的一笔珍贵财富

永不绝望 …… 48
每天给自己一个希望 …… 49
成功的路上布满荆棘 …… 51
世上只有不肯快乐的心 …… 52
懂得欣赏路边的美景 …… 53
让自己微笑如花 …… 54
充满自信，挖掘出自我的宝藏 …… 55
把苦难当作人生最珍贵的财富 …… 56
从现在起，感谢折磨你的人吧 …… 57

第二节 坦然面对不幸

用坦然迎接不幸 …… 59
人生本无坦途 …… 59
乐观地面对一切 …… 60
挫折是成功的法宝 …… 61
看淡生活中的不平事 …… 62
羞辱可以成就强者 …… 63
改变环境不如改变自己 …… 63
上帝并没有创造一个标准的人 …… 64

第三节 人人都有坎坷，不要抱怨

人生没有过不去的坎 …… 65
冬天总会过去，春天迟早会来临 …… 65
日子难过，更要认真地过 …… 66
错误往往是成功的开始 …… 67
笑迎人生风雨 …… 67
失误，同样美丽 …… 68
强者摆平麻烦，弱者被麻烦摆平 …… 68
智慧生于磨难之后 …… 69

第四节 笑对命运中的残酷

以笑声面对残酷的命运 …… 71
没有人注定不幸 …… 72
对付烦恼有诀窍 …… 72
帮助别人就是成全自己 …… 74
信念伴你走出困境 …… 74
学会化解痛苦 …… 75
最不可或缺的是冷静 …… 76
失败了不要紧,再试一次 …… 77
坚持到底,绝不轻易放弃 …… 77
再苦也不能失去希望 …… 78
改变人生就在一念间 …… 79
可以不成功,但一定要成长 …… 80

第五节 超越人生的困境

天才往往历苦难 …… 81
背水一战最给力 …… 82
成长需要一个过程 …… 83
有压力才有动力 …… 84
学会在挫折中成长 …… 85
最大的敌人就是自己 …… 85
不经历风雨,怎能见彩虹 …… 86
翻手为“胜”,覆手为“负” …… 87

第六节 包容感谢折磨你的人和事

再苦也要笑一笑 …… 89
经得起挫折,耐得住考验 …… 90
把苦难当成朋友 …… 91
感谢折磨自己的朋友 …… 92
读懂苦难,让成功经得住困境的砥砺 …… 93
要学会藐视困难 …… 94
接受磨难,先苦后甜 …… 95
笑对挫折,练就自己 …… 96
有压力才有动力 …… 97
勇于拼搏,没有比脚还长的路 …… 99
即使跌倒了,也要抓一把沙子在手中 …… 100

逆境而上,能拼才会赢 …… 101

第三章 包容自己的缺点,接纳自己

第一节 你是唯一的

世上没有绝对的完美 …… 104
不必把一个污点放大到全身 …… 104
标准过高只会迷失自己 …… 105
不要为你的缺点遮羞 …… 106
接受别人的帮助不必感到羞愧 …… 107
换个角度,从缺陷中发现美 …… 108
跨越性格缺陷,完美就在背后 …… 108
包容自己,逃出"心狱"的监禁 …… 109
只看我所有的便能拥有快乐 …… 111
已经拥有的东西最珍贵 …… 112
"出丑"是"出众"之母 …… 112

第二节 做最好的自己

你认识自己吗 …… 114
告诉自己:我是最好的 …… 114
征服自己是最大的胜仗 …… 115
幸福是自己创造的 …… 116
求人不如求己 …… 117
不漂亮,但依然可以美丽 …… 118
另起一行也能第一 …… 119
告诉世界我能行 …… 119
要学会将缺陷变成一种资本 …… 120

第三节 挖掘自己身上的宝藏

你就是你的救世主 …… 122
要有主见,做事的是你自己 …… 123
你有自己的芳香,做好自己 …… 123
人生如卖菜,给自己定好位 …… 125

学会表现自己,别做慢游的快艇 …… 126
学会检讨自己,人都是有弱点的 …… 126
关键时刻还得靠自己 …… 127
“我很重要”,不要看轻你自己 …… 128

第四节　不必为卑微而难过

自卑和自信往往就在一念之间 …… 130
每个人都是上帝的宠儿 …… 131
以自嘲应对困境 …… 131
缺陷也是一种美 …… 132
上帝不会轻看卑微 …… 133
没有过不去的坎 …… 135
车到山前必有路 …… 136
抛弃自卑 …… 137
从小事做起,奔向成功 …… 139
懂得原谅自己 …… 140

第五节　做自己的救世主

摆脱欲望才会快乐 …… 141
勿让狭隘紧锁快乐 …… 142
苦于得失者必失天下 …… 144
不要让偏见蒙上你的眼 …… 146
给自己打支“强心针” …… 147
子曰:君子不争 …… 149
人生得意勿忘形 …… 150
别让嫉妒毁了你 …… 151
做人不要太贪心 …… 152
学会正确认识并克服恐惧 …… 153

第六节　不要过度追求完美

追求完美也要有度 …… 157
忍耐能带来无尽的好处 …… 157
放弃是另一种智慧 …… 159
走自己的路,让别人去说 …… 159
说话要注意分寸 …… 160
到什么山上唱什么歌 …… 161
细节就能温暖一颗心 …… 162

多给别人一点宽容 …… 163
从最低处开始 …… 164

第四章 包容更能赢得人心

第一节 海纳百川,有容乃大

为人处世以容人为上策 …… 166
留有余地是一种理智的人生策略 …… 166
忧他人之忧,乐他人之乐 …… 167
律己宜严,待人宜宽 …… 168
自我反省得到他人的尊敬 …… 168
指责只会招来对方更多的不满 …… 169
迁怒是不负责任者的行为 …… 170
尊重他人就是要理解和包容他人 …… 170
不要把别人的冒犯放在心上 …… 171
用刀剑去攻打,不如用微笑去征服 …… 172

第二节 包容能促进沟通

你对待别人的态度,决定了他人对你的态度 …… 174
用命令的口吻说话,只会加深别人的反感 …… 175
友善比强硬更有力量 …… 175
他人失意时莫谈你的得意 …… 176
你是否还在喋喋不休 …… 177
宽容别人是在解脱自己 …… 178

第三节 用包容代替责备

因包容而避免冲突 …… 180
与他人争执时,懂得后退一步 …… 180
以高姿态化解对方的挑衅 …… 181
低姿态消融他人嫉妒的壁垒 …… 182
既往不咎,冰释前嫌 …… 183
用爱消除隔阂 …… 184
以包容之心接受建议 …… 185

宽容让摩擦去无踪 …… 185
把心放宽,学会克制 …… 186

第五章 职场成功需要包容

第一节 包容宽待下属

宽待下属,制造向心效应 …… 188
以高姿态对待下属的顶撞 …… 189
有张有弛是驾驭人才的刚柔策略 …… 190
广开言路,不可独断专行 …… 191
尊重差异,有分歧才能有收获 …… 192
做一个给下属台阶下的领导 …… 193
善于推功揽过 …… 194
“知荣守辱”,做自谦自省的高明领导者 …… 195
依靠强大影响力进行无为管理 …… 196
引导下属进行良性竞争 …… 198
不要放位不放权,不要干预下属的工作 …… 199
别让员工因你的责备而如坐针毡 …… 200

第二节 用人之长,容人之短

唯才是举,不以个人好恶用人 …… 202
千里马常有,而伯乐不常有 …… 203
选人才应以德为先 …… 204
任人唯贤,量才录用 …… 205
不拘一格看人 …… 206
人尽其才 …… 208
管理人才重在扬长弃短 …… 209
用欣赏的眼光看待他人之短 …… 210
合适的才是最好的 …… 211

第三节 理解包容领导

老板与员工不是对立,而是合作 …… 213
老板是能够让员工赢利的顾客 …… 214

老板也在为我们工作 …… 215
给老板多一些理解和支持 …… 216
把问题留给自己,把业绩留给老板 …… 216
学会与老板“换位思考” …… 217

第四节 包容同事,处好关系

他人的蜡烛灭了,你的也未必亮 …… 219
与同事相互扶持 …… 220
尊重单位里的“老前辈” …… 221
别过多地表现自己,给他人更多的重视 …… 221
与人为善,不随意批评抱怨 …… 222
摘下有色眼镜看是非 …… 223
做办公室里的“老好人” …… 224
摆正竞争心态 …… 225

第五节 包容对手,提高自己

生活处处有对手 …… 227
朋友比不上敌人 …… 228
让你的敌人都相信你 …… 228
感谢对手 …… 229
换一种眼光 …… 230
搏击的智慧 …… 231
是对手让我们弹出了生命的高度 …… 232
对手强大是件幸事 …… 233
乐于向对手学习 …… 233

第六章 幸福婚姻需要包容

第一节 包容让爱情走得更远

早一点宽恕,会避免悲剧的发生 …… 236
换位思考,走入他心灵的栖息之地 …… 237
猜疑、嫉妒是咬噬爱情之树的蛀虫 …… 238
重新接纳悔过的爱人 …… 238

在爱情的天平上,迁就等同于包容 …… 239
爱情需要善意的谎言 …… 240
偏见会折断丘比特的翅膀 …… 241
忍耐让爱情之花更艳丽 …… 242
没有堤坝的河流,迟早会干涸 …… 243
爱情需要有温柔的滋润 …… 243
要“示弱”不要“示威” …… 245

第二节　拥有一颗接纳包容的爱心

爱,就是谁先向谁低头 …… 247
给予,让你的生命增值 …… 248
爱需要我们彼此扶持 …… 249
爱自己必先爱他人 …… 249
用爱打破心中的“冰点” …… 250
微笑着面对犯过错误的父母 …… 251
让自私无处停留 …… 252
远离吝啬的魔鬼 …… 252

第三节　谅解是通往幸福的门

站在对方的立场上才能传递温暖 …… 254
多给对方一些谅解 …… 254
理解是座舒心桥 …… 255
谁是谁非不重要 …… 256
做一个善解人意的人 …… 257
爱情要有激情,更要有理性 …… 258
抱怨抓不紧,不如给对方自由 …… 259
你是否给第三者留下了婚姻的空隙 …… 259
宽恕他的过错,给自己一片广阔的天空 …… 261

第四节　包容促进家庭和睦

家庭是人生的幸福天堂 …… 262
完美婚姻可“欲”而不可求 …… 263
包容与理解是美满婚姻的保障 …… 264
婚前睁两只眼,婚后闭一只眼 …… 266
夫妻吵架,本没什么成王败寇 …… 267
婚姻如鞋子,只有经过磨合才能合脚 …… 268
欣赏你的爱人 …… 269

善待自己的妻子 …… 270
感谢“小三”令婚姻生活更美满 …… 271
唠叨是婚姻的致命伤 …… 272
争吵,会让幸福悄悄溜走 …… 273
包容孩子的错误 …… 274

第七章 包容让你拥有更好的生活

第一节 心宽量大,保持一颗宽容的心

抱怨只会让事情更糟 …… 276
原谅生活是为了更好地生活 …… 277
付之一笑,人生才会活出大境界 …… 278
心宽才能长寿,长寿才能幸福 …… 279
心境平和,对自己说“不要紧” …… 280
不思八九,常想一二 …… 281
少一分怨恨,多一分快乐 …… 282
别为打翻的牛奶哭泣 …… 283
忘记惹你生气的人 …… 284
与错误握手言和 …… 285

第二节 包容生活中的不公平

不要抱怨生活的不公平 …… 286
生命本身并没有残缺 …… 287
耐得住寂寞,才能获得成功 …… 288
水温够了茶自香 …… 289
在贫穷面前抬起头来 …… 290
吃亏有时是种福 …… 291
失去可能是另一种获得 …… 292
接纳成功,更要悦纳失败 …… 293

第三节 给自己重新开始的机会

人生随时都可以重新开始 …… 295
把心重新放到起点上 …… 296

昨天的总要在今天归零 …… 296
太阳每天都是新的 …… 297
相信下一次会更好 …… 298

第四节　包容让情绪更平和

操纵好情绪的转换器 …… 300
做自己情绪的主人 …… 301
冷静方显大勇气 …… 302
不要为小事抓狂 …… 303
时刻让你的内心绽放微笑 …… 304
争吵只会给你带来不幸 …… 305
拥有生气时微笑的气度 …… 306
做事不温不火 …… 307

第五节　包容生活中的不快乐

快乐不快乐,完全取决于你 …… 309
摆脱内心的羁绊 …… 310
时刻保持乐观的心境 …… 311
给自己一点暗示 …… 312
成就取决于心态 …… 313
打造良好的心态 …… 314
快乐是可以练习的 …… 315
给自己一个橡皮擦 …… 316
笑对人生的挫折与苦难 …… 318
让自己远离地狱,亲近天堂 …… 318

第六节　包容过去,活在当下

给今天一个积极的笑脸 …… 321
顺其自然,活在当下 …… 322
立足当下,才能抓住幸福 …… 323
不执着于烦恼,别跟自己过不去 …… 324
卸下包袱,在当下解脱 …… 325
得意不忘形,失意不失态 …… 326
随时随地知足 …… 327
合适的才是最好的 …… 328

幸福,只需要一点知足达观 …… 329
享受现在,让昨天成为过去 …… 331

第七节　包容自己才能更好激发潜能

反击别人不如充实自己 …… 332
积极心态能激发无穷潜能 …… 332
生命的潜能是无穷的 …… 333
做你自己的伯乐 …… 334
不要让别人拿走你的潜能 …… 335
在行动中激发自己的潜能 …… 335
挖掘你的潜能 …… 336

第八章　包容人生成败,乐观豪迈

第一节　挑战逆境,笑对命运安排

点一盏信念之灯 …… 338
劣势有时能成为优势 …… 338
四个字:坚持到底 …… 339
来一次破釜沉舟 …… 340
改变自己,改变世界 …… 341
失败是另一种收获 …… 341

第二节　任何时候都不应该绝望

一切都会好起来的 …… 343
任何时候都不应该绝望 …… 344
不要因失败而退缩 …… 345
有了希望就能战胜苦难 …… 346
熬过去就是胜利 …… 347
发现你的优势 …… 348
困境即是上天的恩赐 …… 349
顽强的人生才美丽 …… 350

第三节　包容命运的各种挑战

勇敢地度过生命中的不如意 …… 352
历练太少,就会被挫折绊倒 …… 353
失败不过是从头再来 …… 353
每一次丢脸都是一种成长 …… 354
命运的冷遇也是一种幸运 …… 355

第四节　转换心境看成败

山不转路转,境不转心转 …… 357
心灵的富足 …… 358
风景不转心境转 …… 359
平和的心是金 …… 360
学会简单生活 …… 361
生活中本没有烦恼 …… 362

第九章　包容中的忍耐功夫,百忍成金

第一节　不经寒彻骨,哪来扑鼻香

人生在世,能忍则忍 …… 364
学会忍耐,磨难变财富 …… 364
感谢折磨你的人 …… 365
忍耐让生命更具张力 …… 366
忍辱负重,方成大业 …… 367
委曲才能求全 …… 368
切莫感情用事 …… 369
“绝望的处境”是相对的 …… 370

第二节　进退有度,懂得弯曲

退一小步为进一大步 …… 373

勇于承认自身的不足 …… 374
做一支谦卑的稻穗 …… 375
别跟自己过不去 …… 375
学会适应对方 …… 376
不将侮辱放在心上 …… 377
挖掘自己的潜能 …… 378
人在屋檐下,要懂得屈伸 …… 379
要会冷静面对中伤 …… 379
低头是为了更好地抬头 …… 380

第三节　谦虚忍让,成就事业

忍让获得好人缘 …… 382
谦让成就“将相和” …… 382
有时不必太认真 …… 383
让他比你更优越 …… 384
饶恕别人等于帮助自己 …… 385
对友不必太较真 …… 386
理直也要气和 …… 386
适时的忍能成就一生 …… 388

第四节　循序渐进,由弱变强

在忍耐中养精蓄锐 …… 389
心急吃不了热豆腐 …… 390
放大你的格局 …… 391
学会隐藏真实意图 …… 392
急功近利不可为 …… 393
耐心等待最佳时机 …… 394

第五节　内精外钝,百忍成金

小不忍则乱大谋 …… 396
以糊涂之道还治糊涂之人 …… 397
坦然面对流言蜚语 …… 398
善用“老二哲学” …… 399
动心忍性,增益不能 …… 400
矜而不争,群而不党 …… 400

该妥协时就妥协 …… 401

第六节　忍小谋大，以忍图强

忍一时之气，免百日之忧 …… 403
忍辱方能负重 …… 404
克制自己的不利情绪 …… 405
行事不可放纵 …… 406
学会约束自己的欲望 …… 408
以忍图强，在磨难中铸就摧枯拉朽的才干 …… 409
明日翻身需要今日的忍耐 …… 410

第七节　把握限度，包容忍耐不是纵容

包容不是姑息迁就 …… 412
把握善良的分寸 …… 413
不要一味地忍让 …… 414
忍让搬弄是非者，毫无意义 …… 414
忍亦有度，忍无可忍则无须再忍 …… 415
智慧地忍辱是有所不忍 …… 416
沉默有时是一种自我伤害 …… 417
不要一味退让 …… 418
忍一时风平浪静，忍一世一事无成 …… 419

第一章

拥有包容心态，笑对人生

第一节　你的包容度决定事业大小

胸襟的大小可以丈量你的世界

“豁达大度”的胸怀在为人处世中非常重要。简单地说，就是要我们在日常为人处世中包容别人。人的气量就像盛水的容器，大容器盛水多，小容器则盛水较少，有漏洞的容器注满水会全部漏掉，那么，容器里就没有水了。

古人云：“大度集群朋。”一个宽宏大量的人，他身边必然会有很多知心朋友。对人、对友能“求同存异”是为大度，不以自己的行为标准要求别人，交友的标准只是事业上的志同道合。大度也表现在能够听取别人的意见，尤其是能够听取与自己相左的意见。

大度也需要能够容忍朋友的小错误，例如朋友冒犯了自己，自己仍旧可以把这个人当作最好的朋友。大度更需要能够虚心，能够做到有错即改，而不是找借口；和朋友闹得不愉快的时候，能首先自省，而不是千方百计地推卸责任。大度的人，是关心、帮助、体贴他人的人。

在小事上不较真也是气量大的表现，这种人不会把小事放在心上，斤斤计较。人活一辈子，遇到这样或那样使人不快的小摩擦、小冲突不可避免。如果因为别人不小心冒犯了自己就斤斤计较，记在心里，睚眦必报，这样只会使自己越来越孤立。“私怨宜解不宜结”，在朋友关系的处理中，这是非常重要的道理。“大事清楚，小事糊涂”，在小事上不计较是一种好的习惯。朋友之间应该心无芥蒂，互相信赖和谅解，有建议的时候应当立刻提出来，这样彼此之间才不会有那么多的成见。很多年轻人之间容易结下梁子，就是因为心胸太过于狭隘，容易纠缠于小事，时间一长，鸡毛蒜皮的小事也会让朋友之间变得水火不容，继而反目。在小事方面，如果你能做到海纳百川，你就不会受到损失，反而会得到大家的敬佩。

刘邦的谋臣韩信，年轻的时候穷困潦倒，市井里有人欺辱他，故意逼他从胯下钻过去。后来韩信当上刘邦的大将军，却没有杀了这人，而是给他官做，授他金银，此人大为感动，结果私怨消除，最后此人还曾舍命保护过韩信。韩信的“以德报怨”，相比某些青年动不动就“以眼还眼，以牙还牙”，孰高孰低，一眼即可看出。

想要鉴别一个人的气量，心气平和时一般鉴别不出，一旦他与人发生争执和矛盾时，就能很快看出来了。那些气量宽大的人，不把小事放在心上，即使是那些对自己态度恶劣的人也一样。但是气量狭小的人，却想处处逞强，贪图小便宜。另外在他和别人争论时，当自己更有理有据，只有自己成为胜利者的时候才会觉得开心，才会较容易谅解对方；一旦自己理亏，不能成为成功者，则容易被激怒，对人怀恨在心，这种表现就源于气量狭小。试想，朋友之间怎能避免争论，真正豁达大度的人，不会因为跟朋友争论问题而对其怀恨在心，也绝不会因为自己不占上风就恼羞成怒。

对人谅解往往能体现宽宏的度量。要想面对不顺心的事能够克制自己的脾气，就需要使自己习惯于原谅他人的缺点和过失。与人打交道，不能算得太清楚，“水至清则无鱼，人至察则无徒”，苛求别人,将最终导致自己越来越孤立。

社会上有各种人,有的讲理有的不讲理,有人博学,也有人无知,有人涵养好,也有人没涵养,我们不能把自己的行为准则和习惯强加在别人身上。想要真正做到豁达大度,就需要能够宽容那些不怎么懂事、度量小、修养浅的人,尤其当他们冒犯自己时,能换位思考,谅解他们。所以说,那些心胸宽广、豁达大度之人,都是宽厚和蔼、人情练达的人。

一个人宽广的胸怀从根本上造就了其豁达的度量。一个没有远大理想和目标的人,他的心胸就会越来越窄,马克思就曾这样形容这些人:一个人愚蠢庸俗、斤斤计较、贪图私利,就总是觉得自己吃亏。有时候一个粗俗鄙陋的人,往往会因为路人不经意地看了几眼,就认为别人卑鄙可恶。

只关注自己私利的人,怎能有豁达的胸怀和度量?"心底无私天地宽。"一个人要从个人私利的小圈子中冲出来,心中抱着更远大的目标,才能有宽广的胸怀领略海阔天空的美景。

放开胸怀得到的是整个世界

心就如同人的翅膀,心有多远,就能带你飞多远。如果你的心被禁锢,即使你拥有整片天空,也不能自由翱翔。

渔人捕获一条小鱼,渔人觉得它体态娇小,十分美丽,就把它送给了女儿。它被渔人的女儿养在家里的鱼缸里面,每当这条鱼游来游去碰到鱼缸内壁的时候,它就会很快乐。

这条小鱼慢慢地长大了,在鱼缸里几乎无法转身了,于是它被女孩移到一个更大的鱼缸里面,于是它又可以像以前一样游啊游啊。一如既往,一旦碰到鱼缸的内壁,它的心情马上就变得舒畅起来,但时间一长,这种原地打转的生活让它愈加厌倦了,于是就浮在水中,一动不动,也不吃食物了。女孩非常怜悯它,就把它放生了。

虽然这条鱼能在海里面游来游去,但是心中却依然不快乐。一条好心的鱼看见它就问它:"为什么你看起来不高兴啊?"它就非常失落地说:"这个鱼缸太大了,我游了好久都没游到它的边缘!"

这条鱼像不像现实中的我们呢?待久了鱼缸,心就变成鱼缸那样小了。即便有一天给我们一个广阔的天地,狭小的心也无法适应这种状态,不敢有所作为。

打开自己,重要的是将自己的胸怀放开。

开放是良好的心态、个性、气度和修养的体现;是能正视自己、他人和社会;是对自己的专业和周围的世界感兴趣,喜欢求知和发现;是敢于创新,不故步自封,不闭门造车,不固执己见;是能抚慰别人的哀伤,分享自己的快乐;是能够谦虚地看到自身的缺点,接受他人的意见,喜欢与他人交流思想;是勇于承担责任,不畏苦难;有很强的适应性,较快接受新潮的思想和经验,较快地适应周围的改变;有一个坚强的心灵,能让你战胜一切,对于任何形式的失败无所畏惧。

相反,不打开自己,就不容易接受新思想,进步和成长更是痴人说梦。拥有开放的胸怀才能更好地学习、沟通、自我提升。一个组织中最成功的人往往具有最开放的胸怀,进步最快,人缘最好,因此最容易脱颖而出,获得成功。

那些胸怀开阔的人,对于别人的意见,会主动虚心听取,然后立即进步。微软员工经常听到比尔·盖茨这样教育大家说:"赚钱不如客户的批评重要。我们能从客户的批评中汲取教训,进而推动我们成功。"比尔·盖茨的心态就非常开放,公司员工畅所欲言的风气就让他非常喜欢,当有人提出不同意见,他会虚心接受。每当演讲结束,他都会虚心地请教同事自己哪些地方讲得不好,并希望给出建议。世界首富具备这样的作风,这也是他能成为首富的潜质之一。

无拘无束的心，可以自由自在地遨游于天际；而封闭得如一潭死水的心，则进步机会渺茫。封闭起来的心，不会接受别人的意见，就像一扇门上落了锁，没人能够打开。偏执和狭隘就是一把无形的利剑，再多机会和沟通的管道都会被它切断。

因为有了土壤和养分，花草才能以最美好的姿态面向太阳，我们的心灵何尝不是呢？我们的心灵更需要接受新思想的洗礼和浇灌，没有营养的灌溉，智慧的心灵就会枯萎而死。

蚌含沙而孕珍珠，人大量而容天地

有一次，孟子去拜见襄王时，即梁惠王的儿子，出来以后这么形容襄王："望之不似人君，就之而不见所畏焉。"这是说远远地望着襄王，没有一点君王的样子，与他相处也没发现他有一丝谦虚之德和恐惧戒慎之心，由此推断这人必定气量狭小。

南怀瑾先生曾经感慨地说："一个有德行的人，地位越高，就越容易恐惧，从而谨言慎行……一国君主确乎应该戒慎恐惧，而如我们平民者也需遵从。不然，假使有些少许收获，就沾沾自喜。稍微赚了点小钱，就高兴得忘乎所以，用一个词形容就是'器小易盈'，一个狭小的酒杯，加少许水就会满溢，这种类型的人，不会有什么大作为。"南怀瑾认为，提升自我修养，应当以"海纳百川，有容乃大；壁立千仞，无欲则刚"为境界目标；如果一些人骄傲自大、目光短浅，怎么可能成大事。

一个人生存的高度取决于他的器量和胸怀。人生在世，处世立身根本在器量，器量越大，就越难以计算生命的长度和宽度。器量是一种不用花钱买但再多钱也买不来的滋补品；就像维生素一样能保持身心健康、具有永久疗效；就像一颗清醒剂能使人宠辱不惊，笑看庭前花开花落；是泰山崩于前而面不改色的气魄和资本。器量，对斤斤计较、蝇营狗苟和鼠目寸光的行为非常鄙视；对磊落坦荡、无私无畏和志存高远的品格十分崇尚。只有得到友情快乐，忘记心中烦恼，抛弃狭隘偏激，远离毫无意义的你争我斗，才能收获属于自己的美好情谊。

南非的民主斗士曼德拉曾被判入狱，原因是其带领人民反对白人的种族隔离政策，被监禁在荒凉的大西洋小岛罗本岛上27年。当时的曼德拉已年过花甲，白人统治者看不起他，对待他就像对待年轻犯人一样。

他们把曼德拉关在集中营的一个"锌皮房"里面，他每天都在采石场做工，还要从冰冷的海水里捞海带，并且还需要采石灰。他们还专门派了三个人看守他，看守的态度很不友善，甚至毫无理由地虐待他。

曼德拉并没有被27年的监狱生活打垮，他最终走出监狱，找回了属于自己的自由。并且，他在1991年被选为南非的总统。在总统就职典礼上，曼德拉的一个举动震撼了全世界。在总统就职仪式开始后，曼德拉起身致辞。首先他一一介绍了来自世界各国的政要，接着他说，接待这么多尊贵的客人他深感荣幸，但是还有一件事更开心，就是能邀请到曾经看守他的三名前狱方人员，并且他向大家介绍了这三个人。曼德拉拥有的伟大胸襟和崇高精神，深深震撼了那些曾经残酷虐待他27年的白人，使他们羞愧难当，更使在场的人对曼德拉敬佩有加。当年迈的曼德拉慢慢站起身来向三名看守致敬时，大地也为之屏气凝神。

当别人好奇他为什么这样做的时候，曼德拉解释说，年轻时的自己脾气暴躁，性子很急，狱中生活让他学会了控制情绪并活了下来。牢狱生涯给他更多的是锤炼和激励，教会他如何面对苦难。他认为，痛苦和磨难能培养出感恩和宽容之心，只有极强的毅力才能学会。当一个人身处困境还不能放下悲伤和怨恨，那么即使出狱，心依然在狱中，因为他的心灵仍旧被禁锢在狱中。

人生在世多有百年,难免有不如意。在遇到挫折和苦难时,要想保持一份豁达的胸怀和一种积极向上的人生态度,博大的胸襟与非凡的气度是必不可少的。“风物长宜放眼量”,我们不必计较一时的成败得失,而应追寻长久的精神底蕴。即使在孤独失意的时候也不忘提升自己的修养,最后将会有所收获,如同珍珠的来源,璀璨的珍珠孕育于痛苦之中。

豁达的人生源自一颗懂得宽容的心

对任何人都需要宽容,因为宽容能教会我们对生命充满感恩,对情谊充满敬重。宽容是一种风采,但是需要行动来践行。宽容,能够唤醒我们的良知,可以使自己更加坦然。用宽容别人来代替一味地责骂不解,我们才会得到豁达的心胸和别人的尊重。

美国有位总统叫福特,他在大学里是一名橄榄球运动员,有一个非常棒的身体,他入主白宫时已经62岁,但仍然保持着结实的身板。即使当了总统,他仍旧坚持滑雪、打高尔夫球和网球,而且这几项运动他都很擅长。

1975年5月的一天,他访问奥地利,飞机抵达萨尔茨堡,他走下舷梯,很巧的是地面上有一个隆起的地方,他滑了一下然后就摔倒了。但是他没有受伤,并且还立马跳了起来,但是没想到的是,这次跌倒竟成了一项大新闻,记者们开始宣扬这件事。当天,在丽希丹宫参观时,因为下过雨,长梯湿滑,他在梯子上滑倒两次,差点又要跌下。于是播散开一个奇妙的传闻:福特总统总是笨拙地像一只熊,行动迟缓。

从此以后,只要福特跌跤或者撞伤头部或跌倒在雪地上,那些记者总是大肆渲染把消息扩散到全世界。结果,更令人想不到的是,他没在媒体面前摔跤也是新闻。哥伦比亚广播公司有记者曾这样说:“我期待着福特可能伤到头,或者扭着腰,甚至受一点轻伤,这样能吸引读者眼球。”记者们这样地添油加醋似乎想给人们留下这样一种形象:福特总统一直是那么的笨拙迟钝。在电视节目录制中,主持人还和福特总统开玩笑,作为喜剧演员的切维·蔡斯就曾经在《星期六现场直播》的节目里拿总统滑倒和跌跤的动作进行模仿。

对于这些新闻,福特的新闻秘书朗·聂森十分不满,他对记者们愤怒地说:“总统是健康而且优雅的,毫不夸张地说,他是我们有史以来的总统中最健壮的一位。”

但是福特表示抗议:“我的职业是活动家,相比于其他人,活动家更容易跌跤。”

即使有很多玩笑,福特也泰然处之。1976年3月,在华盛顿广播电视记者协会年会上,他还同切维·蔡斯同台表演。在节目开始时,蔡斯先出场。当乐队奏起《向总统致敬》的乐曲时,他不小心被绊倒,跌倒在地板上,一直滑向另一端,头还撞上了讲台。这个时候,在场的观众都捧腹不止,总统也跟着笑了起来。

接着轮到总统出场了,蔡斯却站了起来,假装自己被餐桌布缠住了,使得碟子和银餐具都掉了下来。他假装把演讲稿放在乐队指挥台上,可不小心把稿纸弄掉了,散落一地。观众又大笑起来,但是福特总统却满不在乎,向蔡斯说道:“您不愧为一个真正的滑稽演员。”

生活是离不开睿智的。但如果你不够睿智,那么至少可以豁达一些。如果看问题时心态乐观、豁达、体谅,事物美好的一面就出现在你面前;若看问题心态悲观、狭隘、苛刻,那么灰暗的一面就避免不了了。被关在同一个监狱的两个人,每天通过一面铁窗看外面的世界,一个看到的是美丽浩瀚的星空,另一个却只看到地上的垃圾和烂泥,这就是不同之处。

当我们面临嘲笑,勃然大怒是大忌,对嘲笑之人谩骂,这样只会让人觉得你更可笑。想让嘲笑自己平息下来,一笑了之是最好的做法。一个人如果拥有坚定的目标,他是不会在意别人的评说的;相反,他会坦然接受一切非难与嘲笑。伟大的心灵是静水流深,只有狭隘的人才会像青蛙一样,整天喋喋不休。

狭隘限定发展的格局

狭隘是禁锢心灵的地狱,狭隘的人会忌妒别人的优点,并以此折磨自己。这样我们看到的只有“年轻的脸上布满沧桑”的无力感。心灵狭隘不仅仅会破坏友谊,不利于团结,还会伤害他人,让自己的心灵也处于水深火热之中,甚至残害自己的身体。生气、嫉妒这种狭隘的情绪很不健康,因此我们要杜绝这种狭隘。

那些心胸狭隘的人,身心很不健康,失望、懊恼经常充斥于狭隘的内心,甚至会陷入绝望、抑郁的泥潭,无可救药。所以,要想拥有健康的身体、功成名就,就需要宽容大度。南宋著名诗人陆游有句诗叫:“长生岂有巧?要令方寸虚。”就是说长寿的秘诀在“气”,做人也是如此。其实无论是保健,还是养生,最关键的就是“养气”,即要使自己有一种海纳百川的气量。

摆脱偏狭才能收获高贵的品格,既能使自己心胸宽广,还可以征服他人。

一位书店经理名叫卡莱尔,有一次他无意间看到了一封信,信上是一个店员对他极尽辱骂讽刺的话,骂他的经理当得很差劲,甚至还说希望副经理赶紧把他赶走,卡莱尔看完信,便拿着信来到老板的办公室。他对他的老板说道:“作为经理我虽然没什么才能,但是我非常自豪的是我能雇到一位有才干的副经理,甚至我的店员们都觉得他在我之上,这怎能不令我自豪呢?”卡莱尔是真的没有一点妒忌副经理,没有因为店员的辱骂而抱怨、诋毁他人,只是为自己有识人之明而感到自豪。老板很赏识他,不但没撤换他,反而更为重用。卡莱尔之所以得到重用,是因为他能做到直面别人对自己的意见,乐于倾听负面的声音。

狭隘的人,无论是其心胸、气量抑或是见识都很狭窄,让人感觉不舒服。所以我们要多多接触他人,让自己认识各种各样的人,累积起丰富的经验,才能使自己更明事理。其实,一个人是否具有高贵的价值,关键是他的品性。

2005 年 8 月,对法国队来说,这是关系其生死存亡的一刻,这个曾经的世界冠军,如今却挣扎于能否在世界杯选拔赛上出现。这时,齐达内回到了球场,虽已阔别国家队一年,这位已经 33 岁的中场老将又继续站在自己的位置上。齐达内曾经是三届足球先生得主,参加过世界杯、欧洲杯、冠军杯,他几乎拿遍了足球场上的所有奖项。

这样一个优秀的足球运动员,在足球方面,他已不需要向世人证明什么了,但在国家队最需要的时候,他还是毅然决然地回来了。他明白自己能力已大不如前,但是,如果法国队无法出线,他会为之觉得沮丧,所以他为了挽救法国队,依然甘冒风险,就凭这份勇气,他就有资格成为其他球员的楷模。

并不是每个球员都能达到牺牲个人利益而选择国家利益的境界,齐达内之所以选择了国家队,是由于他有高贵的品性和对国家的热爱。大家心中的神并不是单纯球技好就可以的,球德的重要性远远大于球技。

为什么绿叶甘做红花的陪衬?因为绿叶震撼于花的美丽。一个老板可以出高薪让员工为你工作,同时高薪也会让员工离你而去,一个有德行的老板能够做到,而有钱的老板不一定能够做到的就是——让员工的心永远属于你!同理,在一群竞争者中美德会让你脱颖而出,使很多比你能力强的人成为你的手下败将。

也许你会觉得自己很平凡，但是如果你拥有令人赞赏的品性、品格，那么你的人生也会有不一样的精彩，你会摆脱平凡，迎来成功。尽管斗转星移，世事变幻，人的品格依然最能打动人。要相信，所有的不幸都会在品格面前变得渺小。要想获得真正意义上的成功，即精神上的永恒，必须拥有美好的品格。

待人以大德不以小惠

三国时的诸葛亮曾说："治世以大德不以小惠。"一个有智谋的人会在别人注意小事的时候，从大处着眼，目光看得更远；当自己忙乱得毫无头绪的时候，他会静下心来，先把事情理顺；当别人陷在自己的怪圈里时，他会纵观全局，理清思绪，不动声色地解决问题。

一个人想要取得成功，必须洞察方向，把握大局，心怀宏图大略。若整日在小事上纠结，在雕虫小技上沉迷，在琐事上投放过多的时间和精力，胡子眉毛一把抓，就会毫无头绪，成不了什么大事。

不仅是做事，我们待人接物处处都要记住大德不以小惠的豁然风度。做好事的前提是做好人，做好人也是有一个标准的，那就是面对世间一切大小事，能否有一颗包容的心。

新奥尔良有一个很大的广场，这儿有一座漂亮的大理石雕像高高耸立，有这样的几个字刻在雕像上面："玛格丽特雕像，新奥尔良。"

小时候，玛格丽特在黄热病疯狂蔓延的时候活了下来，但却失去了亲人。长大后，她结了婚，但是不幸的是她的丈夫和唯一的儿子相继去世。她过着贫困的生活，由于没有文化，她只会写自己的名字，其他什么字都不会写。

于是，她去了一所专门收容女孤儿的收容所工作。渐渐地，在这个城市里，玛格丽特开了家自己的乳品面包店，大家都很喜欢她，当她没钱买运奶车和烤面包炉的时候，大家都资助她。她每天非常努力地工作，把钱节省下来用来帮助孤儿。

从没穿过一件丝绸衣服，也没有一双大家羡慕的羊皮手套，更没有惊人的美貌。但当她去世后，新奥尔良却为她建造了一座美丽的纪念雕像，作为孤儿的朋友和保护者，她的行为始终那样美丽而无私。

虽然玛格丽特没有美丽的外表，但她死后却成了这个城市的象征，其实，再美好的容颜也抵不过岁月的考验。美丽的外表固然能让人赏心悦目，令追求者倾倒，但容颜终究会随着时间消退，只有心灵美才会历久弥珍。

对待他人诚挚宽容，将会获得他人更多的爱和尊敬。

有人说："最大最小的都是心。"那些不会宽容的人，看到别人强于自己，或者别人轻视自己都会生气，他们对待别人的态度只会是嫉妒和怨恨，因此只会使自己更加故步自封，难以进步。而那些能做出成就的人们都知道，想要成就自己唯有宽大容物。只有宽广的胸怀，才能够拥抱天地，成就大事。

一个品行不端的人要想结识到真正的朋友很难，想要获得长久的成功也很难。他们很难结识真正的好友，因为他们不会拿出自己的真心换取别人的真心；他们也获得不了持久的成功，因为他们缺乏广大的胸襟气度和美好的品行。

以德立身，是走向成功的必要步骤，也是任何一个成功者都必须具备的内在标准。如果没有这个内在的标准，人生路上就没有支撑，势必会一败涂地。

能屈能伸是度量

人生在世,如果能够参悟取舍之道,便能自由进退,无往不利,马到成功。何谓屈和伸?能量的积聚是屈,积聚后的释放是伸。屈是为了更好地伸所做的储存,伸是屈了很久所终于到达的志向和目的。手段是屈,目的为伸。屈是为了充实自己,伸是为了展示自己。屈是圆通,是高超的处世技巧;伸是圆满,是做人成功的化境。屈是柔,伸是刚,能屈能伸即为刚柔并济。通晓屈伸的智慧对个人、国家都大有裨益。

曾经有这样一位年轻的取经人:

这是一个不得志的年轻人,他去找一位得道大师取经。年轻人见到大师,把自己的烦恼一股脑倾吐出来。大师静静地看着少年,然后默然舀起一瓢水,说:“能看出水的形状吗?”年轻人很困惑:“水有什么形状?”

大师并不答话,又拿出一个杯子,把水倒入,年轻人恍然大悟:“我知道了,水是杯子的形状。”大师依旧不答话,又轻轻地把水倒入花瓶,年轻人又说:“我知道了,水莫非是花瓶的形状?”大师摇了摇头,轻轻提起花瓶,又拿来一个盛满花土的盆,把水倒在上面。水很迅速地进入了泥土当中,无影无踪。看到这里,年轻人陷入了沉思。这时,大师俯身捧起一点泥土,意味深长地说:“看到了吧,人的一生就是这样。”年轻人陷入了深深的沉思,突然他站起来,开心地说:“我明白了,通过倒这些水,您想告诉我,我们所在的环境就像这些容器,我们要像水一样,容器是什么形状,水就变成什么形状。不过,人可能还会在某些容器中消失,像渗入泥土中的水一样,消失得无影无踪,让我们措手不及,无力改变。”年轻人讲完后,目光急切地注视着大师,他渴望得到大师的肯定。“是。”大师微笑着说完,末了又加了一句:“也不是!”说完,大师走出房门,年轻人尾随而出。他们到了一个屋檐下,大师俯下身,手指在青石板的台阶上摩挲着,然后突然停下。年轻人看见大师手指所触之处有一个地方深深地凹陷了下去。大师对年轻人说:“每当下雨时,屋檐下滴落雨水。看到了吧,我现在手指所在的位置就是雨水滴落造成的。”年轻人终于大悟:“我懂了,人不仅能被装入规则的容器,还能像这小小的雨滴,与我们所在的容器作斗争,直到容器被改变。”

大师微笑着说:“没错。”

人就应该像水一样,虽没有一贯的、规则的形式,但上善如水,水利万物而不争。

天有不测风云,我们遇到困难时,要能勇敢地站起来,即使一时没法站起来,我们也要振作。俗话说,大丈夫能屈能伸,就是这个道理。而在不合时宜的时候伸,只会撞得头破血流,使自己没有重新出头之日。进退有度,刚柔并济,能屈能伸,这样才能走出宽广的人生之路。

当年的楚霸王项羽,率兵反秦,威风凛凛,当时真是豪气万丈,但是这样的一位大将军在输的时候,却选择自刎了结了自己,只留下一曲“力拔山兮气盖世,时不利兮骓不逝。骓不逝兮可奈何?虞兮虞兮奈若何”的凄凉。倘若项羽回到江东,东山再起,其结局恐怕不会这样悲惨。

因此,人在该屈的时候就应该屈,因一时意气送掉性命真是不值。真正的智慧是能进能退,取舍得当。想要屈很难,想要伸其实更加不易。屈是一种气度,伸是一种魄力。大丈夫处逆境应当屈则屈。当屈不屈,意气行事,是莽夫行为。而处顺势该伸则伸,则是伟丈夫的表现。该伸不伸,优柔寡断,甚至一蹶不振,实非英雄所为。伸之前的屈,需要大智慧,屈之后的伸,需要大勇气。屈并非都是胯下之辱;伸也并不一定都要叱咤风云。伸中有屈,屈时能伸,审时度势,屈伸有度。在生活中或是工作上,做人都应该能屈能伸。只有能够在屈伸的不断变换中慢慢长大,才能使自己的人生观和价值观不断完善。如果一个人能做时时刻刻屈伸自如，那么困难、挫折和耻辱便将不再可怕，它们只能在屈伸不断变换中低下头来，你也将获得更大的成功。

敢于低头，勇于承担

人生就好比爬山，有的人刚刚踏出一小步，有的人在山腰缓缓前行，也有的人已经站在最高处了。但是不管我们处于什么位置，我们都需谨记：时刻把自己放低，虽然“会当凌绝顶”，但是也不能目中无人，这是因为，在人生的漫漫长路中，一不小心碰头的时候太多太多。

对于我们来说，学会低头、懂得低头、敢于低头非常重要。当今的社会竞争激烈，我们的生命负载了过多的压力，学会像竹子那样，遇到风雪，低一低头，这不是认输，而是为了抖落风雪让自己过得更好，为人处世时必要的低头可以使自己得到别人的理解和信任，消除不必要的纠纷。

竹子的低头值得我们学习，因为低头也是一种智慧，它能体现一个人谦恭温良、兼容并包、顺应时势的智慧。所以我们要懂得适时低头，因为低头也是一种境界。

适时低头，在处理人与人之间的矛盾时，可以显示君子的翩翩风度和与人友善的品格；适时低头，在处理人与社会的矛盾时，能看到人身上闪耀的理性光辉，照亮共赢的光明之路；适时低头，在处理人与自然之间的矛盾时，能感受到避免盲目蛮干的镇静，可以实现人与自然的和谐共处。

下班了，正当商场经理查姆斯收拾好东西准备回家之时，外面响起了咚咚的敲门声。“进来。”查姆斯让敲门的人进来。来的人是一个小伙子。

“哈恩，你有什么事情吗？”哈恩是商场雇员，负责销售电脑，他刚入职，业务还不熟。但是他性格开朗，为人热情诚恳，而且对待工作踏实认真，十分受大家欢迎。

哈恩手里拿着一封信，一脸严肃。“经理，对不起，今天我犯了个愚蠢的错误”，事情是这样的，哈恩一不小心，误把价值2万元的电脑看成1万元卖给了顾客，他现在是特地来向经理承认错误的。

“很抱歉我犯了这样的错误，这是我这几年工作攒下的1万美元，希望您收下，就当是我对公司的赔偿。如果您觉得我无能而想让我离开，我也没什么可说的。”

说完这些，哈恩递给查姆斯一个信封，查姆斯接过递来的信封放到桌上，然后问哈恩：“顾客的联系方式难道你不知道吗？你联系过他吗？”

“我知道顾客的联系方式，他结账的时候留下的。但我没去联系他，我怎能找他呢？失误在我，是我把两种笔记本电脑弄混了，我不想给您或者顾客带来不必要的烦恼。”

“于是，你就拿自己的存款来填补损失？”查姆斯问道。

“是的，经理。公司的损失都是我造成的，我希望这个损失能够弥补。”哈恩看着经理很诚实地回答。

故事中的哈恩是一个敢于担当的人，他的品质值得我们学习。其实，哈恩完全有理由向顾客追回那1万美元。即使他不希望追款引起别人的注意，他也可以悄悄地把自己的1万美元入账来了结此事。承认错误是有解雇的危险的。可是这些他都没有选择，他没有选择掩盖和隐藏自己的错误，而是勇敢地向经理说明了事情的经过，希望用自己的积蓄来弥补自己犯下的过错。

“我错了。”本是很简单的一句话，却需要很大的勇气才能说出口。因为大家都认为，不成熟的表现之一就是犯错，不仅如此，犯错是没能力的表现，会被人揪住小辫了，不仅影响加薪和晋升，甚至会给自己带来无尽的麻烦，于是大多数人就会犹豫要不要承认错误。其实我们都想错了，不敢承认错误才是真正的懦弱和无能。

相反，敢于承认自己的错误，往往会获得大家的谅解，即使有时嘴上会骂你几句，但是，大家早已在心里原谅你了。对待工作也是一样，当老板了解了你的诚实可靠后，你的机遇也就来了。

我们都是凡人，谁都会犯错。在我们已经犯了错误之后，不要试图逃避掩盖，而要勇于承认错误，结果一定不是自己想的那样。敢于认错，无惧担当，能够正视自己的错误，这就是提高的一大步了。敢于认错，体现了一种大心胸的勇气；无惧担当，展示了一种大气魄的能力。

以平常心观大小事

生活是如此多姿多彩，在这多姿多彩的大千世界中，有两种截然不同的人，他们往往有两种截然不同的处世方式：面对掌声和鲜花，一种态度是以此为动力继续攀登，而另外一种则是沾沾自喜止步不前；面对打击和挫折，一种态度是卧薪尝胆意图东山再起，另一种则是心如死灰，停滞不前；面对权力，一种态度是如履薄冰小心谨慎，另外一种则是见利忘义，得意忘形……为什么区别会那么大呢，关键在于是否拥有一颗平常心。

著名的科学家居里夫人曾经两次获得诺贝尔奖，获得国家奖金十八次，头上有一百一十七个名誉头衔，在尖端科学领域，很少有人能与之比肩。面对这些荣誉，居里夫人的态度是以此为动力继续攀登，从来都不会因为得到荣誉就自满不前。

回望生命中曾有过的巨大艰辛和荣誉，居里夫人常常对别人说："我经历过凄风苦雨的日子，那些时光的确是我生命中最难挨的日子。但是每当回想起这些，我都感到很欣慰，因为我没有被打倒，而是坚强勇敢地走出来了。"爱因斯坦曾经赞誉她说："在这么多著名的人物当中，唯一不为荣誉所迷惑的就是居里夫人。"

还有一件事让居里夫人觉得自豪："我的孩子没有继承万贯家产，但都拥有着健康的身体。"居里夫人有两个女儿，一个荣获诺贝尔化学奖，一个著有《居里夫人传》，都对社会作出了贡献。凭借着对科学的坚持和对事业的执着，居里夫人将科学上和生活上一个又一个难题攻克，作为一个科学家，她为人类科学的进步作出了杰出的贡献，作为一个伟大的女性，她是人们学习的楷模。拥有一颗平常心是不易的，只有在经历磨难、挫折后，人才会在心灵上有所感悟，在精神上有所升华。世间万物不停变化，人的内心难免不受其影响，范仲淹的处世准则就是"不以物喜，不以己悲"，去留无意，宠辱不惊，能达到这种人生境界实在是很了不起。

有一个画家叫尤里乌斯，他的画非常不错。但一开始，他的画根本就没有人买，对此，他难免有些伤感，但是也只伤感了一小会。"玩玩足球彩票吧！"他的朋友们建议道，"花上两马克可能会赢很多钱！"于是，他就用两马克换来了一张彩票，并真的中奖了！他得到了50万马克。

"看吧！"他的朋友们都说，"你真是太走运了！现在你还画画吗？"

"我现在不画了，除了支票上的数字！"尤里乌斯笑着说道。尤里乌斯买下一幢别墅，并对它好好装修了一番。他的品位高雅，买的东西也很高贵：阿富汗地毯、维也纳柜橱、佛罗伦萨小桌、迈森瓷器，还有古老的威尼斯吊灯。尤里乌斯觉得很满足，他坐下来点燃一支香烟，静静地享受着。这时候一种孤单的感觉袭来，他想去看看好朋友。像在原来那个石头做的画室里那样，他随手把烟头扔在地上，然后走出了别墅，但是他忘记了丢下的燃烧的香烟烟蒂，还在美丽的阿富汗地毯上躺着……过了不久，别墅笼罩在一片火海之中，然后别墅就这样消失了。

知道这个消息后，朋友们都过来陪着尤里乌斯。"尤利乌斯，你真是不幸啊！"朋友们难过地说。

"我为什么会不幸呢？"他问。

"没感觉吗？尤利乌斯，你失去了那么多东西。"

"有很多吗?我损失的不过是两马克。"

平常心的关键在于平常,平静无波,生死无畏。只要我们愿意成为这样的人,在面对纷杂的世事和短暂的人生时,我们是能够有颗平常心的,至少在跨越人生障碍时能有一颗平常心。

拥有一颗平常心,并不意味着不思进取,不渴望成功,而是让平和的心境,使我们进取的心变得更加稳重,让成功之路变得更加简单。

能拥有一颗平常心,就是在外在世界和内心世界找到一个平衡点,这种平衡点能让悲欢离合、世事无常都变得含蓄内敛,焦虑和浮躁会渐渐远去,淡然和恬静向我们走来,心变得像一泓泉水,清澈澄明。

这一颗平常心,让我们的生活变得更加从容和洒脱,洒脱的生活又使事业得到更好的前进。我们所处的世界是多么的复杂和多元,面对困境与问题,我们的大脑切不可被偏执和古板的思维束缚了,继而束缚住自己的手脚。因此修炼胸襟,首先要打通自己头脑中的各条神经,让我们的思维愈发灵活,以使我们能辩证地看待世事。

世间万事万物都可以从两个方面来看,有积极的一面也有消极的一面。看到了事物光明的一面时,也不要忽略它背后的阴暗面,当然,也不能放大事物的消极面而无视事物的积极面。

"当一根刺扎入你的手上,那你应该庆幸,幸亏刺扎进了手上而不是眼睛里。"这句话出自契诃夫之口。我们应该把这种精神融入处世的态度当中,尝试从多元思维的角度考虑,这样你也许会发现惊喜。

有一位知名的画家,有一天他画了一幅画,自己对之颇为满意,就兴冲冲地把画拿去展出。为了能让自己的技艺有所提高,在画旁,画家特意放了一支笔,这样欣赏者就可以标注出画中自己认为的不足之处。

一天结束了,画家满怀期待地取回了那幅画,却惊讶地发现这幅画上面满是标记。画家觉得很失望,大家指责的地方竟如此之多。虽然画家很失望,但他还是很快从负面情绪中走了出来,并灵机一动,想出一个让大家以另一个方式对作品进行评价的办法。

于是,他拿出另一幅相同的画到画廊展览,同样在画旁放了一支笔,但是这支笔的作用已经变了,不同于上次的不足,而是用来画出大家心中的优点与亮点。结果,结局非常令画家欢欣,他晚上去收画时,画上满满的都是赞美的记号。

同样的一幅画,观赏者怎会有如此不同的评判结果?其实这个道理很容易,不同的出发点会得出不同的结论。

当你看待事物总是用一种挑剔的眼光时,那么你会收获更多的不满和批评;反之,你看待事物习惯用一种欣赏的目光,那么你会收获更多的欣慰和幸福。

同一个世界之所以不同,是因为每个人看待的角度不同。一成不变不是一种好的习惯,尝试换一种角度看问题,你会发现阴暗的地狱中也有美好的天堂。

生活常常也需要有点变化,当我们长时间看不到事物的积极面时,也许只需要换一种方式、换一个角度就会看到希望,快乐在转念中亦能获得。

人生百年,岂能尽如人意,但是请不要垂头丧气,要做的只是转换看待问题的角度,你将会看到生活很有趣味的一面。有的人在被别人批评了之后,在沮丧之余会换个角度考虑,被批评时同时也意味着被关注,因此也应感谢那些批评与指责自己的人。

有一天爱人离你而去,面对已经失去的爱情难道只有用伤心来祭奠吗?换个角度,单身给你更多的机会和选择,单身可以接触到更多异性,可以再次被人追求,并享受这些快乐和满足,难道不是吗?如果别人误解自己,生闷气无济于事,而若解释清楚,两人将冰释前嫌,还可以让他人看到自己宽厚的人格魅力,别人也会更加尊重你。

想要修炼自己的包容力,运用多元思维看待并解决问题是关键。宽广的胸怀能产生多元的思维,一个心胸狭隘的人不可能有多元思维,只能让思路越变越窄,很难找到解决问题的好方法。

第二节　包容是一种处世良方

学会宽容

人的一生，总会遇到崎岖和坎坷。有阳光灿烂，也有狂风暴雨；有风平浪静，也有惊涛骇浪；海上的巨轮，保不准会遭遇狂风恶浪；大地上的车辆，免不了高山大河的阻挡……我们在时间的河流里，也会遇见形形色色的人，有的明白事理、善解人意；有的心胸狭隘、不可理喻；有的头脑简单、意气用事；有的大度平和、沉着冷静……

荀子曾经说："君子贤而能容墨，知而能容愚，博而能容浅，粹而能容杂。"西方也有一句谚语："世上最广阔的是海洋，天空比海洋更广阔，人的胸怀比天空更广阔。"没有任何事物能比心胸更加广阔。

在生活中，不唯我独尊，充分理解和尊重不同的观点和行为，即使别人错了，也不要得理不饶人，要做到得饶人处且饶人，不向别人强加自己的观点和行为，尊重别人的观点和选择，尊重别人，别人才能尊重自己，自己的天空才能更广阔。

只有拥有广阔的胸襟，才能做到宽容。也许别人觉得你的真诚是幼稚，你的勇敢是鲁莽，你的灵活是狡诈，你的谦让是懦弱，你的慎重是没用，你的赞美是挖苦，你会怎么做？躲在角落里哭吗？哭，不会让别人对你改观，只会徒留自己伤心；向别人去解释吗？那只会给人们茶余饭后增加谈资；为了流言改变自己？那更是没有自信、没有自我的表现。

理解不需乞求，不怕被误解，就不会烦恼于不被理解；不怕被误解，就能更坦荡更勇敢。宽容地对待不同的意见，让风雨和谐相处，美丽的彩虹才会出现；爱和恨交织，真情的可贵才会凸显；批评和赞美发自心底，自我才更加完整，品性更加良好。

解决问题最好的途径就是宽容。一个个困难被你的勇敢战胜，一次次失误因你的慎重避免，别人心头即使有坚冰，也能被真情融化，你的谦让不是怯懦，而是带来了新的天地，公众认可了你的品德，你就会得到更多的理解和信任。

人与人之间，宽容是必不可少的。宽容是一种润滑剂，可以消除隔阂，减少误会，化解矛盾；宽容是一种清新剂，能够淡化不快，令人感到舒适和温暖。

只有学会宽容自己才能宽容别人。如果遭遇到了挫折，首先应保持良好的心态，有坚定的信念和勇气，如果不幸跌倒了，趴在地上懊悔无补于事，应该在哪里跌倒就在哪里爬起来。走错了路，不要着急地原地转圈，而要拥抱日月星辰，坚定自己的方向。可怕的不是别人的不理解，而是自己对自己失去信心。

泉水不被高山理解，制造了很多险要，但泉水毫不理会，依旧抚摸顽石，绕过悬崖，化身飞瀑，成为大江，直奔海洋。岸不被船理解，总想远离，但岸总是默默等待，张开臂膀永远在背后支持。月亮不被太阳理解，因为它的惨淡，月亮却对太阳紧紧追随，当太阳消失了，黑夜被它淡淡的柔光照亮。

宽容是用积极的态度面对人生。当今世界竞争激烈,风起云涌,拥有宽大的胸怀,才会使竞争状态保持最佳,嫉妒和狭隘只会牵绊你前进的脚步,最终止步不前。

兼容思维的成功造就了比尔·盖茨的发迹,他靠兼容打败了专制,开创了新时代。每个时代都有自己的时代热点,当今热点就是兼容,科技文化政治体制都是如此。顺应时代潮流,才能把握创造和发展的机遇。世界的价值观是多元的,时代的特点是兼容的,我们人性中褊狭的陋习应该得到我们的认真反思,用宽容之心来适应这个时代。

这个时代最珍贵的人性品格就是宽容,要想成功就要具有这种品性。说到底,宽容是一种智慧,这种智慧能创造辉煌的文化。宽容是一种有利于与人相处的素质,一种顺应时代的品德,它能通过吸纳他人的长处来充实自我,创造自我的价值。一个健康的社会文化氛围需要宽容来塑造,它使社会尊重每个人的个性、天分和志趣,使世界变得百花齐放。

宽容多一点,争吵会少一点;宽容多一点,埋怨会少一点;宽容多一点,猜忌会少一点;宽容多一点,矛盾会少一点;宽容多一点,怨恨会少一点。

我们每个人多些宽容,人世间就多些爱心、开心和信任,在人们眼中,天空会更辽阔,阳光会更灿烂。

曾经有一位有名的女演员,因经历失恋,她的面孔因怨恨和报复心而变得僵硬和苍老,她去找最好的化妆师帮她变美丽。得知她的心理状态后,化妆师意味深长地说:“心中的怨和恨没有消除,想变美丽谁也做不到。”

当你疲倦于承受的痛苦时,请尝试着放下和宽恕,否则只会徒劳地沉浸在痛苦的回忆当中,与其对黑暗谩骂,不如点燃一盏烛光,照亮黑暗。宽容就像这一盏灯,让你告别黑暗,变得乐观积极起来。

人的心胸就好比芥子

李渤曾任江州刺史,有一次他问智常禅师:“佛经上所说的‘须弥藏芥子,芥子纳须弥’未免太夸大其词了吧,一个小小的芥子,如何容纳一座那么大的须弥山呢?这么没有常识,实在糊弄世人呀!”

智常禅师笑了起来,问他说:“人家说你‘读书破万卷’,有这回事吗?”

“那是!那是!我读过的书岂止万卷?”李渤扬扬得意地说。

“可是现今那万卷书在哪里?”

李渤拍着脑袋说:“都在这里了!”

智常禅师惊讶道:“这就奇了,你的头颅也不过一个椰子大小,如何装得下万卷书之多?难道你也是骗人吗?”

李渤顿时哑口无言,不知道该说什么了。

小小芥子能装下须弥山,我们的心灵何尝不是一个宇宙呢?它不仅能装下万事万物,甚至能装下我们无法想象的事物,心灵浩瀚得没有边界。上述公案中的禅理被圣严法师用之于职场,就是告诉职场中人开阔心胸的重要性。

什么是心胸开阔?心胸开阔有两种:一种是乐天知命;一种是有开阔的心态,能超越利害得失,看开成败是非。

第一种本性比较乐观,面对职场中的尔虞我诈,依然怡然自得。但是,这种人也是有缺点的,过于乐观而容易掉以轻心,当一帆风顺时,谈笑间指点江山,当事业处于低潮时,他也不以为意。

相比第一种人,第二种人更喜欢追求精彩的人生,他们也拥有更积极的人生态度。他们渴望大展宏图,遇到挫折不会满不在乎,但是也不会从此心灰意冷、一蹶不振,而是能够检讨自我,重新奋斗。

巨大的台风经常袭击圣严法师所在的农禅寺。一年,在台风来临之前圣严法师让弟子将寺中低洼处的物品都搬到了高台上,可是因为暴雨连绵数日,雨水过多,依旧把农禅寺给淹了,寺庙损失惨重。但是圣严法师没有就此低沉,“面对这些无能为力的事实,既然之前已经尽力了,无论怎样,我都不会在意,只要把后事妥善处理就好了”。

圣严法师拥有的是真正开朗的胸襟,遇到事情全力以赴,虽然结果不尽如人意但并不怨天尤人。这种态度是非常必要的,尤其是经常处于紧张、忙碌、压抑环境中的职场中人更要好好体会。

有一天,一位企业家来拜访圣严法师。由于经济危机的冲击,他的企业一天不如一天,每每想起自己昔日的辉煌,这位企业家就觉得十分苦闷。

圣严法师听完企业家的诉苦说道:“刚开始你白手起家,那个时候你什么都没有,不过后来你的生意大了。现在不过是你又回到了起点,但是现在你所处的位置比你的起点还高,你失去的,是你曾经就没有的东西,有什么好烦恼的呢?”

企业家回答道:“如果我一直什么都不曾拥有,我也不会如此痛苦。就是因为我曾经拥有很多,现在却全没了,我才会觉得特别烦恼,觉得不知所措。”

“人赤裸裸地来,赤裸裸地离开,钱财本是身外之物。你内心的痛苦,可以试着放下,大不了,从头开始,有什么不可以呢?”

“您的意思是我不可能有东山再起的希望了吗?”企业家觉得很彷徨。

法师看着企业家缓缓说道:“这么想不对,即使这一辈子没有希望,那么你可以把希望放在下一辈上,希望永远存在。更何况,有那么多机会可以让你重新开始。”

虽然企业家心胸宽广,但还是会觉得苦恼,因为企业家高远的志向满满地占据了心胸,以至于没有给挫折留出空间,所以面对挫折才会不知所措。

职场风云变幻,我们就像那微小的芥子,虽然只是一枚小小的芥子,但是我们不仅有容纳须弥山的宽广胸怀,还要有战胜挫折的度量。

心宽寿自延,量大智自裕

生命的长度我们是无法改变的,但是它的宽度我们却可以自己决定,人们经常用这句话鼓励那些不得志的人。不要为生命的短暂觉得遗憾,重要的是能使有限的生命多姿多彩,这样,心境才会发生改变,生活乃至命运亦会随之改变。

假如,你想往一个储蓄池里面注入清澈的河水,蓄水池的容量一定,要想尽快注满水,增加输水管道的长度只是徒增了水流的距离,而将管道拓宽才是真正有效的方法,这样才能让水池满得更快。

但是人生并不是水池,因为当我们的心灵变宽时,也悄然增加了生命的长度。圣严法师常说:“有德即是福,无嗔即无祸,心宽寿自延,量大智自裕。”这一智慧真的耐人寻味。禅有无穷无尽的智慧,宽度和量度就在其中。心宽,才能把一切自我执着而引发的烦恼都放下;量大,像大海那样包容百川,这样才能做到真正的洒脱,做到真正的宽容,像圣严法师一样成为真正有道行的人。

有一位将军久经沙场,但是战争和尘世里的奔波忙碌令他厌倦了,他找到大慧宗杲禅师,想要其为他开示,剃度出家。

他说:“大师,我已经了无牵挂,厌倦尘世的种种了,它们不过过眼云烟。现在您能收留我吗?让我跟着您修行吧!”

宗杲禅师问他:“你现在是战功显赫的大将军,身份显贵,你能放下全部的功名利禄吗?”

将军说:“我已视功名利禄为粪土!”

宗杲禅师说:“但你还有妻子儿女,尘世俗缘太多,不易割舍,你尘缘未了!”

将军说:“大师,我现在真的是了无牵挂了!我能够放下妻子、儿女、家庭等全部。请您赶紧为我剃度吧!”

大师摇了摇头,仍然不肯为他剃度。

将军见状只好离开。一天清晨,宗杲禅师看见将军早早地来到寺中参禅礼佛,就问:“将军,你这么早到庙中拜佛是为何事?”

将军回答说:“为了平息心中的怒火。”

听到他用禅语对答,禅师在心中已经很赞赏他出家的诚意了,但是还是打趣他说:“这么早起,不怕妻子红杏出墙?”

将军大怒:“你这老东西,不要讲话太伤人!”

宗杲禅师笑了起来,说道:“稍稍撩拨,就勃然大怒,如此暴躁,怎能放下!”

这位将军自以为把一切都已放下,其实不仅未能放下心头的执着,更没有真正参透禅宗,被人稍稍挑拨,立刻暴躁不已,如此已经犯了嗔戒。“说时似悟,对境生迷”,他没有正确地认识自己,也不能宽容地对待别人,岂是真的看破红尘?

包容,是包容清净也容纳污秽,包容爱也包容恨,包容善也包容恶。量大,是要像能容纳群星也容纳尘埃的广袤苍穹一样;像百川和细流的浩瀚大海;更像无垠的天空,包罗万象。

苏轼左迁瓜洲时,经常拜访金山寺的和尚佛印,他们常在一起聊天礼佛,并因此成为了好朋友。

一天,苏轼写了一首诗:“稽首天中天,毫光照大千;八风吹不动,端坐紫金莲”。作完之后,他吟诵再三,觉得自己作得很好,很得禅家智慧的真传。佛印一定会对这首诗十分赞赏,就想让佛印立刻看到这首诗,但因为公务繁忙,只好派人把诗稿拿去给佛印和尚。

书童说明来意,把诗稿交与了佛印禅师,佛印看过,轻轻一笑,拿起笔来在原稿后面写了几个字,让书童给苏轼。

苏轼期待地打开信封,却怒不可遏,因为佛印在宣纸背后写了这样两个字:“狗屁!”苏轼坐立不安,百思不解,索性放下手中公务,和书童再次备船过江。

谁知苏轼刚上岸,就看见佛印已在岸边,好像等候了多时。苏东坡面对佛印,怒不可遏:“和尚,你我相交已久,为何这般羞辱我?”

佛印笑了笑:“羞辱?我哪里羞辱阁下了?”

苏轼拿出诗稿,指着佛印写的“狗屁”,等着佛印的解释。

佛印反问苏轼:“阁下不是自诩‘八风吹不动’吗?怎一个‘屁’字就匆忙过江了呢?”

苏轼顿时领悟,羞愧难当,不能作答。

苏轼是文学大家,造诣很深,他对于儒释道三家关于生命的阐释也很精通,可是有的时候,真正的智慧他并没有领悟。寻常时,我们谈生论死,谈笑风生,似乎不怕生死;寻常时,我们不在乎名利,甚至视之如粪土。可是当我们真的面对死亡的恐惧、浮名的诱惑时,保持一颗平常心,从容对待就不是那么容易了!

赠人玫瑰,玫瑰的芳香已熏染了我们;向人掷泥土,泥土的污秽已污染了我们。不患得患失,不一惊一乍,淡泊明静,宁静致远,才能使修持境界更加高深,得到真正的智慧。

苛求他人，等于孤立自己

每个人都有自己的闪亮之处，当然也有自己的不足。如果总是苛求别人，那么想要交上真心朋友将会非常困难。在这方面曾国藩是我们的榜样，他有一句话是这样讲的："概天下无无暇之才，无隙之交。大过改之，微暇涵之，则可。"白话文是说不存在一点缺点的人是没有的，也没有不存在嫌隙的朋友。大错改正，小错包容就可以了。就这样，曾国藩做到了宽容和谅解别人。

那年，曾国藩在长沙求学，他有一位性情暴躁、很不友善的同学。曾国藩的书桌靠近窗户，这个同学就说："教室里的光线经由窗户射进来，你的桌子在窗户的前面挡住了光线，我们怎么看书啊？"他要求曾国藩挪开桌子。曾国藩也不争论，就把桌子搬到了角落里。

曾国藩学习刻苦，每到深夜还在用功读书。那位同学又有意见："这么晚还在读书，你打扰了我们休息，第二天怎么上课？"曾国藩听后，就不大声朗诵，只是默记。

没过多久，曾国藩中了举人，那人又说："还不是因为他把桌子搬到了角落！是把我的好风水带到了角落，他能考中举人是因为沾了我的光。"别的同学都为曾国藩抱不平，觉得那位同学真是欺人太甚。可是曾国藩丝毫不以为意，还劝别人说："这个人就是那样，他喜欢就让他说，与他计较什么。"

成大事者，需有广阔胸襟。在与人相处时，他们不仅不会计较别人的短处，而且还会平和地对待别人的长处，学习别人的优点，发现自己的缺点。若是只看得到别人的短处，那么这个人看到的则全是丑恶，别人的美好在他眼中不值一提。与人相处，发生矛盾在所难免。如果斤斤计较，得理不饶人，只会浪费自己的精力。与其在小事上喋喋不休，还不如把眼界放宽，宽容别人，这也能使自己留出更多的精力去从事有意义的事。

有一位禅师在山中茅屋中修行，一天夜里，月光皎洁，禅师散步于林中。当他喜悦地走回住处时，发现小偷正在光顾自己的茅屋。小偷找不到任何财物，将要离开时，遇见了回来的禅师。原来，禅师不想惊动小偷，就一直等在门口。他知道自己没有值钱的东西，就脱下外套拿在手上。

小偷看到了禅师，感到非常惊愕，禅师对小偷说："山路崎岖，你大老远来看望我，空手而归多不好啊！夜深露重，你穿上这件衣服吧！"禅师在小偷身上披上了衣服，小偷又惊又羞，灰溜溜地走了。

看着小偷的背影穿过明亮的月光消失在山林之中，禅师缓缓地说："真是可怜，让我送他一轮明月吧！"

禅师看着小偷渐渐离开，因为没有衣服，就赤身打坐，就着窗外的明月，禅师进入空境。

第二天，禅师起床开门，发现昨晚送给小偷的外衣整齐地叠好放在门口。禅师觉得很开心，缓缓地说："他确实收到了一轮明月！"

看见小偷，禅师没有责骂他，也没有报官，而是宽宥了他，小偷能醒悟过来，最大的贡献是禅师的宽容。因此，相对于强硬的反抗，宽容更具感召力。但是，我们常常喜欢争个高下，理个明白，可能因为说话时态度尖刻，于是两个人就吵了起来，甚至头破血流。

试想，舌头和牙齿怎么可能没有摩擦呢？但是有时稍稍忍耐一下，一切就会过去。矛盾的产生并不是有意的，只要给予包容，大家都会主动认错，我们也就会少很多麻烦。

己所不欲，勿施于人

孔子有个学生叫子贡，有一天他问孔子："有哪句话可以作为终生奉行不渝的法则呢？"孔子的回答是："其恕乎！己所不欲，勿施于人。"意思说，有些事情，自己都不喜欢不能接受，就不要勉强别人。遇事要学会换位思考，多体谅一下别人，就能更好地为人处世。一个人的修养从中可以窥见一斑。

想要钓鱼，首先要知道鱼儿喜欢吃什么。很多人都钓过鱼，选择鱼饵很重要，依据不是钓鱼者的口味爱好，而是鱼儿的口味。万事万物都是相通的，与人交往也一样，那些了解自己，与自己有相似喜好的人，我们乐于交往。可是我们也需要将心比心尊重他们的喜好和他们的习惯。

以己度人，推己及人是一种好习惯，处理问题和与人交往中能做到这些，就会更容易获得尊重，和谐相处，化敌为友。

社会上，很多人尤其是一些涉世未深的青年，他们对社会茫然，总是小心翼翼，渴望找到参照物规范和约束自己。这是比较正常的反应，但是如果把这种规范当作刻板的规则，可能会适得其反。

这个时候，你就可以把"己所不欲，勿施于人"的原则运用起来，在平时的学习和工作中，多问问自己：做了这件事会有什么样的后果呢？自己可以忍受吗？如果连自己都不愿意接受，那么别人肯定更不愿意了。

欧文梅曾说："一个能从别人的角度看问题，能了解别人心灵活动的人，那就会前途一片光明。"经常站在别人的立场，学会体谅别人，生活中的摩擦就会变少，人与人之间也会越来越亲密。

克服狭隘，豁达的人生更美好

生活中有这样一类人：他们对委屈耿耿于怀，对小事斤斤计较；接受不了别人的批评，甚至大哭大闹；学习生活中的小失误都能把他们打垮，很久都不能平静；他们不善于交际，只与那些不如自己或是和自己一致的人交往，不能容忍那些与自己有分歧或是比自己强的人……这些特点归纳起来就是典型的性格狭隘。

这种人很容易受到外界影响，即使是无关的事情，也可能被他们看作是一种暗示。因为他们十分敏感、脆弱，他们做事刻板，行为谨小慎微，喜欢封闭自己，不喜欢与人交流，造成自己被所谓的痛苦折磨，更严重点，他们可能会得抑郁症。

这样的人把自己严严实实地包裹在厚厚的壳中，生活狭小冷漠，他们只关注自己的利益，没有友情，没有怜悯，不知道如何去关心、爱护、帮助、体谅别人。他们在愤怒及痛苦的阴影下生活，没有了正常的人际交往，自己的生活、学习和工作也受到影响。可以看出，克服狭隘是此类人的第一要务，他们需要的是豁达、宽容。

1661年，牛顿中学毕业，考入英国剑桥大学三一学院。那年，他年仅18岁，家境清贫。但是牛顿有幸遇到一位好老师——伊萨克·巴罗博士，并得到他的悉心指导。巴罗很有名气，主要研究领域为数学、天文学和希腊文，同时还被人称为诗人和旅行家，英王查理二世还赞誉他为"欧洲最优秀的学者"，他的毕生所学都毫无保留地传授给了牛顿。

牛顿毕业后，在该校继续学习，之后获得了硕士学位。又过了一年，巴罗说自己年迈，不想再担任数学教授了，并积极推荐牛顿接任他的职位，当时牛顿才26岁。其实，那时巴罗还未到60岁，根本谈不上年迈，他辞职的原因是想让贤。

就这样，牛顿成为了剑桥大学有名的数学家，还是该学院管理委员会的成员，他在这儿从事了30年的教育和科学研究工作。在这里，他获得了渊博的学识和辉煌的科学成就。而牛顿取得的这些成绩离不开巴罗博士的教导和让贤。可以说，没有巴罗，就没有后来的牛顿。

故事中巴罗豁达的胸怀和宽容的气度正是我们学习的好榜样。但是，我们怎么样才能做到豁达和宽容呢？

1. 待人要宽容

与人相处，偶尔出现一些磕磕绊绊在所难免，有人可能冒犯了自己，有可能说话不给自己留情面，有的人总揭自己的短，有人很难对自己抛开成见，这样的例子不胜枚举。我们应该用豁达的胸怀宽容他们，使他们得以反躬自省。如果处处为难、寸土不让，就容易使矛盾激化，对人对己都不利。“退一步海阔天空”，在日常的工作生活中，我们应以宽广的胸怀处理问题，这样，才能在与人相处中找到乐趣。

2. 办事要理智

人在年轻的时候容易意气用事，受了委屈或遭遇失败，难免冲动，乃至失去理智，甚至做出傻事。为此，我们遇事前要三思而后行，多问几个为什么。多次自问过之后，就不会轻易地有“豁出去”的念头，从而使更大的冲突得以避免。

3. 处世要豁达

遇事想开一点，心胸阔达，做到包容人事，接受批评和误解。发生不愉快，只要不触及原则，就让它大事化小，小事化了吧。即使可能人家是故意的，也应先考虑大局，冷静处理。

我们都喜欢开开心心、顺顺利利地生活，可生活中不可能没有一些小波澜、小挫折。一味斤斤计较只会使自己的生活更加阴暗乏味，要想让自己的生活充满阳光只有让自己宽容豁达起来。

豁达，会换来更美好的明天！

宽容，让痛苦变为伟大

哲人们都认为，宽容和忍让虽然苦痛，但是唯有它能孕育出甜蜜的果实。

这句话的简短并不影响它的深度。宽容的确苦痛。它必须压下心中的愤懑，将别人给予的侮辱和痛苦烂在肚里。这句话从人的内心出发，说出了宽容者内心的矛盾与波动，十分贴切。但是，它也教育我们必须学会宽容，因为，有了宽容终将甜蜜，而狭隘带来的只有无尽的痛苦。人人都想追逐快乐，远离痛苦，但是面对伤害，宽容才是我们正确的选择。

生活中，我们可能都遇到过这样的事情：最好的朋友，有意或无意地伤害了你，那你是选择宽容，还是选择决裂或者伺机报复？以牙还牙，报仇雪耻，是人的第一反应。但是一旦真的做了，就会把友谊割断，两人之间距离也会越来越远，如此冤冤相报何时是尽头。

林肯竞选总统期间，芝加哥人蒙泰频频发出尖刻的批评。但是，林肯当选了总统之后，却在饭店为蒙泰举行了一个欢迎会。欢迎会上，蒙泰不好意思地站在角落里，虽然两人曾经有芥蒂，但是林肯仍然对蒙泰说：“那儿不是你的位置，你应该和我们站在一起。”

欢迎会上，大家目睹林肯给予蒙泰的荣誉，正是如此，林肯收获了一个最忠诚、最热心的支持者——蒙泰。

消除矛盾的最佳利器是宽容，心中的伤痕无法用冤冤相报来抚平，冤冤相报只能使两人无休止地争吵下去。印度“圣雄”甘地曾说过，对任何事情，如果我们都采取“以牙还牙”的方式去解决，那么世界将不再拥有美丽。

宽容是一种高贵的品格，是一种崇高的品质，它代表着成熟的心灵和丰盈的精神。学会宽容，人就会变得豁达成熟。宽容不仅是原谅别人，也是善待自己。宽容之心能让灾难和仇恨更远。宽容让生存充满智慧，宽容是将社会人生看透后所获得的那份从容、自信和超然。有了智慧和艺术，人生就变得从容不迫。宽容给予我们力量、自信，给予我们很强的感召力和凝聚力。有了力量和自信，我们就胸有成竹，离成功也就更进了一步。

也许，别人曾给过你恶意的诽谤、深深的伤害，这些伤痛一直萦绕在你的心底不曾离去，也许你可能永远也不会原谅他。但是你没有注意到，仇恨具有侵袭性和蔓延性，它像一个怪物，夺取我们的欢笑，让我们不再快乐。心理学家经过研究，发现怨恨容易导致疾病，长期积怨和过度紧张会造成高血压、心脏病、胃溃疡等疾病。

所以，宽容是我们都需要学习的，它能让我们忘记烦恼和怨恨，使暴躁的心情得到抚慰，让曾经的伤害得到平复，使我们的心灵获得自由。

千金易得，宽厚之心难求

“但求世上人无病，何妨架上药生尘。”这样一副对联经常能在以前的药铺里看到。它的仁慈和宽厚无私让人十分感动。虽然自己靠医人赚钱，但是却祈求别人不生病，其中传达出的道德境界十分高尚。

在孔子身上也能看到同样的宽厚无私。孔子在《论语·颜渊》中曾说过：“听讼，吾犹人也。必也使无讼乎！”意思是说，我同别人一样能审理好诉讼案件，但是总希望这样的案子以后都不要发生啊！孔子认为教化能够提高人们的修养，使犯罪案件得以减少，这也是心怀天下百姓的崇高情怀。

人的心有很多种，其中，宽厚无私的善良之心最能打动人。

以前，山东潍坊地区多灾多难，水旱灾害是常有的事。在郑板桥做县令的七年之中，就有五年发生过灾难。他到任的第一年就发生了水灾，百姓流离失所，家园满目疮痍，景象十分悲惨。郑板桥上书朝廷，奏明事实，请求开仓赈灾，但是朝廷迟迟没给回音。危急关头，郑板桥毅然决定开仓放粮，他说：“还要等到什么时候？灾民的性命最要紧。即使闯祸，也是我一个人的事。”就这样，灾民得救了。

郑板桥心系天下苍生，体恤百姓疾苦。他深信“民为邦本，本固邦宁”的准则，他做任何事情，最先想到的都是百姓。水灾后的道路需要休整，他就想到以工代赈的方法；同时，他还要求乡绅多多救济贫苦的百姓，并不许商人囤积居奇，他甚至捐出自己的俸禄，“恨不得填满了普天饥债”。在开仓放粮时，他让百姓写了秋后还粮的借条，但是到了秋天，百姓收成不好，他就当众烧掉借条，让大家放心，努力安心生产，田赋来年再交。得益于他的这些举措，灾民的倒悬之危得以解决。

因为百姓，他得罪了当地的大户，一些富商大贾的利益在整顿盐务时也被触动。潍县濒临莱州湾，盛产海盐，长期以来，官商勾结，欺行霸市，哄抬盐价，贱进贵卖，缺斤短两，以次充好。郑板桥严令禁止这些唯利是图的手段，商人们记恨在心，就对他造谣侮辱，甚至还匿名上告。1752年，潍县又发水灾，郑板桥据实上报，请求朝廷赈济，上级因为听信谗言，就认为郑板桥故意多次冒犯，不但不许，反而给他处分，就这样，郑板桥又做回了平民。

郑板桥离任时，百姓都来送他。郑板桥做官十几年，却没什么家产，只用三头毛驴就够了，一头自骑，其余两头驮着图书和行李，前面一个家丁引路，凄凉地回老家去。临别时，他画竹题诗送给当地人："乌纱掷去不为官，囊囊萧萧两袖寒。写取一枝清瘦枝，秋风江上作鱼竿。"

郑板桥做官时，从不卖弄自己的才情，也不以此作为晋升的手段，这种宽厚无私、为民谋福的精神体现了他高尚的人格。

一灯大师说过："世人无数，可分三品：时常损人利己者，心灵满是灰尘，看的多是丑恶，此为下品；偶尔损人利己，心灵少许灰尘，仿佛有些许瑕疵的白璧，但是掩不住本身的光芒，此为中品；终生不损人利己者，心灵一尘不染，纯洁无瑕，世人敬仰，此为上品。人心本如白璧，不应有半点瑕疵。"金银财宝并不是人世间最宝贵的，最宝贵的是一颗宽厚无私、品行高尚的心灵，这样的稀世珍品纵有千金也买不到。

难得糊涂是一种心境

为人处世需要认认真真。但是，认真并不等于较真，认真也要看情况与场合，很多时候认真反而带来很多麻烦，必要的时候应该糊涂，固执地认真只会带来更多的烦恼。

有一对师徒出门游历，走到一处，忽觉腹中饥饿，师父看见前面有一家饭馆就让徒弟过去讨点饭来。徒弟依言，来到饭馆，说明处境。

饭馆的主人倒是有意思，说道："化缘可以，不过你得答应我个要求。"徒弟就回道："施主请说。"主人说："我有一字，你要认识的话，你师徒就可在此吃饭，要是认错就乱棍打出。"徒弟笑了笑说："施主，虽然我没什么大才，但也曾跟师父读书作文多年。别说一个字，就是一篇文章也不在话下。"主人也笑了笑说："小师父别话太满，先看字。"于是，提笔写了个"真"。徒弟不禁笑了起来："施主，你是调侃我吧，我还以为是什么不常见的字呢，原来这么简单，这个连五岁小儿都认得。"于是，主人就问："那这是什么字？"徒弟答道："这不就是一个'真'字么？"店主冷笑道："哼！冒充大师门生的无知之徒，来人，给我轰出去！"

徒弟被轰了出来，觉得很委屈，空手而归，来到师父跟前，把事情的经过说了一遍，大师笑了起来："原来他要为师的亲自过去啊！"说罢和徒弟一起到了店前，说明事情经过。那店主依旧写下一字："真。"师父回答说："此字念'直八'。"店主哈哈大笑："果真是大师，请！"就这样免费吃了一餐。徒弟仍旧很困惑，就问："师父，那个字你不是教过我们念作'真'吗？怎么会是'直八'呢？"只见师父笑了笑说："因为有些事情是认不得'真'啊。"

祸兮福所倚，福兮祸所伏。年轻气盛时对事情锱铢必较，这无可厚非。但随着年纪的增长，阅历、涵养逐渐广阔深厚，对那种相争的事情也就看开了，于是不再较真，而是心存宽恕，不再不依不饶。

糊涂，并不是指脑子不好使，而是说不能太固执较真，认死理。该装糊涂就应该装糊涂，郑板桥先生曾经说：难得糊涂！难得糊涂就像一层保护膜，能使心理环境免受侵蚀。只要不触及原则，糊涂一下，可以提高心理承受力，使不必要的精神痛楚和心理困惑得以避免。有了保护膜，就可更好地抵御外界的风风雨雨，让你对待生活中的紧张事件下仍然能够恬淡平和。

但是，要想真正做到不较真也十分不易，我们必须修养良好，能善解人意，必须在考虑和处理问题时多从对方的角度出发，给予体谅和理解，这样才会宽容多一点，和谐多一点，友谊多一点。

用一句话来说就是，该糊涂时就应糊涂，不必那么锱铢必较，宽容他人，也善待自己，这是一种大智慧。

别把自己太当回事

太把自己当回事的人总是摔得最惨的一群人，因为他们站得最高。他们觉得自己很有本事，总觉得舍我其谁？但是，地球没了谁都照样转，离了谁我们都活得好好的。过分看重自己的结果，可能会使自己更加脆弱，不能承受打击。与其自视甚高，倒不如踏踏实实，虚怀若谷，由此才能得到别人的高看。

冯异，字公孙，东汉颍州父城（今河南叶县东北）人，《左传》、《孙子兵法》烂熟于心，很有才干。起初，他在王莽手下做官，后来他见了起义军领袖刘秀，发现刘秀有治国安邦的才干，就对苗萌说："现在起义的将领们虽然有英雄气概，但都独断专行，不爱惜人民。唯有刘将军不同，他宽待人民，谈吐不俗，有远见卓识，是值得我们追随的人。"于是，冯异和苗萌一同投靠在刘秀麾下，后来又把勇将姚期等人吸引过来，使得刘秀实力得到壮大。

这时，冯异向刘秀建议："王莽苛政天下人都反对，刘玄部众没有纪律不得人心，此时人民深处苦难，只要稍施恩德，百姓必定感激。"刘秀很赞同，就把冯异、姚期派到邯郸安抚百姓，果然深得民心。刘秀被王郎追赶，带领部下退到饶阳天蒌亭（今河北饶阳东北），当时天气寒冷，士兵们饥寒交迫，冯异用豆粥解除了困境。

在南宫（今河北南宫）又与大雨不期而遇，大家只能在路旁空屋躲风避雨，冯异亲自拾柴，邓禹负责烧火，让浑身湿透的刘秀烤干衣服。冯异准备饭菜，让大家充饥，部队终于安全到达信度（今河北邢台）。冯异依刘秀指令收集散兵，最后大败王郎。

冯异一生，功劳赫赫，但他从不居功自傲。他对待别人也很谦让随和，每当遇到对面来的大将车帐，他总是让自己的车子躲避退让，让别人先过。作战时，他总是领着大家冲在最前面，退兵时，总是最后一个走。

战争结束后，将军们都喜欢聚集在一起，夸夸其谈自己的功劳，以便论功请赏。每当这个时候，冯异都只是坐在大树下面，什么话都不说，看似在纳凉休息，实则有心避让，因此他被军中将士封为"大树将军"，刘秀也十分倚重他。

冯异虽有大才，自己却并不认为自己有多大能耐，而是谦卑为人，虚怀若谷，这样反而使更多的人觉得冯异是有真才实学的人。

很多时候，烦恼和无奈都来自于自恋和自虐，而所有的害怕和彷徨，也都是自己的原因造成的。事实上，在别人眼中，我们没那么有分量。

生活中会有很多小问题，可能话说得不得体了，可能被人误会了，可能遭遇了什么尴尬事，为此，大可不必念念不忘，因为随着时间的推移，谁还有心情理会你曾经的一句闲话、一个小的失误和一次小的愚蠢。即使我们自己耿耿于怀，别人也不一定能记得，别觉得自己那么重要，那样只会自寻烦恼。换位思考一下，试问，其他人如果犯了一次小失误，自己会铭记在心，萦绕脑中挥之不去，甚至坐立不安吗？对于别人的言行，我们真的那么关心过，甚至超过自己吗？

现实中，自己手上就有处理不完的事，哪有时间关注那些与己无关的事情呢？"亲戚或余悲，他人亦已歌，死去何所道，托体同山阿。"当我们还在悲伤中无法自拔的时候，或许别人早已优哉游哉了。我们需要知道，在别人心中，我们没那么有分量，所以不要苛求别人记住自己，也不要妄图别人一直对你热情有佳。能包容他人遗忘的人，才是真正的赢家。

因此，人生在世，要学会摆好自己的位置，千万不要总认为自己有实力，别人没眼光。想要用别人的鄙陋来反衬自己的崇高，往往最终却暴露了自己的无知与贫乏。做人应该谦恭温良，不易显山露水，才可能成为不简单的人。

心态归零，一切从头开始

一家酒店招聘服务员，要求只需有高中学历。一位女硕士过去应聘，女硕士用高中学历应聘，很快就被录用了。

女硕士在大堂服务员的岗位上很快脱颖而出。在处理突发事件时，她表现出了良好的素质，由于平时善于观察和积累，她对酒店的管理也提出了不少有见地的意见。经理逐渐关注她，并有心栽培，希望提拔她，可遗憾的是她的高中学历为其晋升增加了阻力。就在这时，她又拿出她的本科学历证书。就这样，管理层打消了疑虑，提拔她为大堂经理。

升职了以后，她依旧努力工作，甚至更加出色。很快，酒店高级管理者也开始注意到她良好的个人素质和工作能力。没过多久，酒店需要一名总经理助理，高层把她列入了备选对象。这时，她又亮出自己的研究生学历证书，击败了其他竞争者，稳稳当当地做了总经理助理，从此成为酒店的一名高级管理者。

这位女硕士的做法体现了她的一种心态：归零心态。当下，大家都喜欢把目光看向高处，但大家忽略了一点，眼光虽然很高，却不一定能做出亮眼的成绩。那位女硕士正因为从底层开始奋斗，才能充分了解酒店内部管理的各个环节，在以后的工作中才会如此顺风顺水。

归零的心态是愿意重新开始，即使以前很辉煌，也愿意把自己放得很低，就像大海一样，容纳百川。虽然归零是谦虚，但并不意味着否定过去，而是不沉溺于过去，打开怀抱接纳新事物，追求更多的收获。有人说：人类最大的品格是谦虚。谦虚会让我们受人尊重，就像越是饱满的麦子腰弯得越深。

归零的心态是一种身在低位，思考高位的心态。人要有很高的精神境界，但人的心态要尽量放低，只有在最低处，我们才有更大更足的向上的势能。

归零的心态是像大海一样敞开的。对于伟大的启示和激发灵感的东西，他们能轻易接受，能时时刻刻看见成功女神，在思想和行动上都做到了归零。

年轻人王林在大学毕业后进了一家机械厂工作，开始就直接被分配为基层部门的管理人员。但是他不懂生产，也不熟悉工艺流程，由于实际操作不同于理论知识，他感到管理起来很是费劲。

同时分来的几名大学生，也不能胜任工作，但却总找客观理由，不找自身原因，且喜欢发牢骚：工资太低，没有机会，觉得他们在这里埋没了人才。他们想要被安排到更好的位置，甚至拿跳槽来威胁。

但是王林却正好相反，在同事们要求高升的时候，他却提出了与同伴们相反的要求：他要下车间，当工人。厂长非常惊讶，继而对于他的选择表示赞赏："好，我同意！"可是很多人很不理解他的做法，大家知道这个消息的时候，都觉得惊讶，连几个一起来的大学生同事也不明白他是怎么想的。

但是，王林不管别人的闲言流语，只是安心做好工作。他一门心思只放在工作上，努力学习各项技术，努力熟悉各个流程。就这样，两年后，他升任车间主任，他的技术让他受到了大家的尊重，没人不尊重他，王林所在车间生产的产品也总能保证质量。这时，同时期进厂的大学生都成了各科室的中层干部。

几年后厂里决定改革，采用承包制，王林承包了二车间，因为产品质量有保证，自然就不愁没销路，很快，他的产品就在市场中畅销，在全行业中成为了翘楚。

后来,在他的努力之下,他终于成为了这家工厂的主人。现在的他已是名气十足的民营企业家,正想往上市公司发展。

有人让他总结成功经验,王林就说:“海纳百川,方能成其大。年轻人要学会从底层干起,积累经验,将来才可能成功。”就是因为王林没有被眼前的利益冲昏头脑,有勇气从基层做起,方能获得最后的成功。

人们常说:人往高处走,水往低处流。往低处流的水似乎没有志气,却能汇入海洋,既能平静无澜,也能惊涛骇浪;从低往高处爬,总在追逐天上的浩渺美景,却不承想使自己步入了岌岌可危的境地。

只要愿意,总能找出一条适合自己的路,哪儿来的高下相较呢!其实,越往高处走,就离人生的高峰又近了一步,但是路途中潜藏着暗涌,为了登上更高的山峰,我们先得有勇气滑入浪底。

第三节　抱怨不如宽容，宽容待人

宽容是一种爱

这个社会，是竞争激烈的商业时代，唯利是图是很多人的本质，宽容与诚实一样，都会被人嘲笑，因为大家都变成了针尖对麦芒式的斤斤计较，而宽容的你显得那么的格格不入。但是，大家应该铭记的是，有一种爱叫作宽容。

18 世纪，法国有一对科学家论敌——普鲁斯特和贝索勒，关于定比这一定律他们争执了 9 年，虽然争论了 9 年，可他们谁也说服不了谁，但是最后，普鲁斯特获得了胜利，成了定比定律的发现人，但他并没有因此而得意扬扬。他真诚地对曾经激烈反对他的论敌贝索勒说："因为你一次又一次地质疑，我才能研究得那么深入。"同时，他还向世界宣布，定比定律有一半的功劳归功于贝索勒。

这就是我们能够看得见的宽容。不在意别人的反对，宽容地看待别人的态度，充分地发现别人的长处，并向其学习。这种宽容是一面无瑕的镜子，把所有的一切都映出来，展现花开花落，云卷云舒。

我们的生活不是童话，灿烂的金黄色的天空只存在于凡·高的画里，永远幸福的只有童话里的王子和公主。烦恼、忧愁、不尽如人意，甚至惹我们生气的事情每天都会一个一个纷至沓来，怎么都避免不了。值得称赞的宽容，与毫无原则的一味退让并不相同。

宽容的前提是不触及原则。爱是宽容的核心，宽容并不是表面敷衍，不是为了维持关系而勉强地谅解，而是真心地去化解包容、湿润、软化这个愈发世故、物质和势利的粗糙世界。剑拔弩张，斤斤计较，你死我活真的好吗？普鲁斯特那样深邃的宽容我们也许一时难以做到，但是我们可以慢慢来，像青蛙能宽容蝌蚪，让嘹亮的蛙鸣充满温暖的夏夜。心中的宽慰不是更多吗？世界不是更加美好吗？

宽容是一种永恒，那些斤斤计较、工于心计、心胸狭隘、心狠手辣的人，可能一时春风得意。宽容的力量是伟大的，付出的宽容总会在以后的某个日子里得到回报，可能是你的朋友，也可能是你的对手，也可能是你的上司，这才能真正经受住时间的检验。

要想在这个充满爱的世界里快快乐乐地生活，首先自己要做到宽宏大量。做到真正的宽容并不容易，如果苦和恨已经占据了你的内心，容不下别人了，有时宽容这种高尚的行为你能认同，但是想要做到实在太困难，那么喜欢品头评足的人你要远离他，渐渐地，你会发现，心里的宽容变多了，心里也有了更多的平安和喜悦。

慢慢地变得宽容起来，这个过程预示着人的成长和进步。宽容会让你过得平静健康；宽容会让你婚姻幸福美满；宽容会让你的事业更加辉煌；宽容会让你最终获得幸福。生活因为宽容而变得美好，世界因为宽容而充满爱心。

宽容比怨恨更具威慑力

从古至今，很多人因为具有宽容大度的美好品质得到了人们的尊重。

一天，一列火车开往费城，中途一位妇人上了车，她随意走进一节车厢，坐在座位上，对面是一位男子，稍显肥胖，正在吸烟。这位妇女因为忍不住咳了几声，但是，对面的男子丝毫不理睬她的暗示。

最后，妇女忍无可忍了："你是外国人吗？难道你不知道这节车厢是不可以吸烟的吗？"男子没有说话，只是掐断香烟，扔出了窗外。

这时，走过来一个列车员，列车员对妇女说："这节车厢是格兰特将军的私人车厢，请您赶快离开。"妇女非常惊讶，赶紧起身走出门外，心里非常忐忑，怕受到责罚。

而格兰特将军对妇女没有任何的责怪，而是面不改色，没有给她难堪，甚至连个取笑、嘲弄的神情都没有。

并非只有大人物才做得到宽容，普通人也可以。

格林夫妇一家在意大利旅行期间，路上遭到了土匪袭击，土匪害死了他们仅仅7岁的儿子。在医生证实尼古拉确实已经脑死亡之后的10个小时，孩子父母立刻作出了一个惊人的决定，将儿子的器官捐献给需要的人。4小时后，一个患有先天性心肌畸形的14岁孩童接受了尼古拉的心脏；两个患有先天性肾功能不全的孩子因为尼古拉的一对肾而有了活下去的希望；尼古拉的肝给了一个19岁的濒危少女；两个意大利人因为尼古拉的眼角膜而重见光明。就连尼古拉的胰腺也没有留下，被拿来用于治疗一个糖尿病患者……

"我没恨过意大利，不恨这个国家。我想让凶手明白他们曾做过什么。"格林说道，内心的悲痛无法用嘴角的微笑掩盖。庄重、坚定、安详写满了他的妻子玛格丽特的脸颊，与他们年仅4岁幼子脸上超越年龄的淡定一起，令意大利人感到羞愧和震撼，亲人离他们而去了，但悲剧发生后，他们非但没有责难，反而表现出了异乎寻常的大度和宽容。

对人对事，宽容大度非常重要。有这样一句话："大度集群朋。"一个大度的人，身边一定会有大群的知心朋友围绕在他身边。大度，表现为对人、对事能"求同存异"，不用自己的癖好或标准去强求别人。大度，能让自己适应与自己不同的人，对于反对意见也能欣然接受。

大度，还要做到不计较，特别是当别人有意无意地冒犯自己时，能够既往不咎，一如往昔。大度，还应该接受批评，正视自己的缺点，并努力改正。遇到不愉快，首先自我反省，而不是推卸责任，指桑骂槐。

有这样一首打油诗："占便宜处失便宜，天地明了吃亏时。但把此心存正直，不愁一世被人欺。"内心宽广，正直担当，才能心怀天地，才能看到人世间的美好、良善。

可是，度量如何培养呢？

在小事上面，不要耿耿于怀，对于别人的过失要谅解。

面对不如意事，不以为意，风轻云淡。

遭人侮辱，更不要想着秋后算账。

别怕吃亏，便宜让别人占去。

别总看着别人的缺点，要多看看别人的优点。

古语这么形容："将军额上能跑马，宰相肚里能撑船。"宽容作为一种境界和美德，能大事化小小事化了，让人生站在一个更高的起点上。

与人争辩,你永远不会真赢

每当别人与自己意见向左时,人们都会想方设法说服对方,这种做法其实很不合理,因为争辩过程只会让自己愈发觉得自己是对的,而别人不认同你就是没眼光。

美国耶鲁大学有两位教授,他们耗费7年的时间完成了一项实验,实验期间,他们对于种种争论的实态进行了调查。例如上司与员工的争论、夫妻间的吵架、顾客与售货员之间的争执等,甚至连联合国的讨论会都调查过。结果,他们得出这样的结论,凡是攻击对方的人,最后在争论中都没有获胜。

当你和别人聊天时,如果你的话让别人根本不感兴趣,这时候你再自作聪明拿出自己认为高超的见解,只会让对方更加不舒服。所以,教导别人的姿态切不可随意摆出来。当你的同事向你说明他的意见时,也许你并不赞同,但是你作出的反应也应是表示考虑一下,不可以立马拒绝。如果有朋友想要和你聊天,你更不可随心所欲,生活会因太多的执拗而变得乏味。遇到那种真的犯了大错,但是又不肯迷途知返的人,不要想着急于求成,一步到位,而是退一步,缓些时间,可以隔个十天半个月再告诉对方,否则大家都陷在自己的固执里面,不仅无法向前进行,反而越闹越僵,最后只剩下隔阂了。

那么争论怎样才能有效避免呢?以下方法你不妨尝试尝试。

1. 欢迎不同的意见

当别人始终不赞同你的意见时,这就需要抛弃一个人的意见。一个人不可能想到所有方面,因为一个人的实力毕竟太单薄,与自己的相比,别人肯定有可以借鉴的地方。这就需要冷静下来,选择一个最好的观点。如果别人的意见被采纳,就应该真心感谢对方,因为这个决定使你避免作出一个错误的决定,甚至影响你的一生。

2. 不要相信直觉

任何人听到与自己不同的声音都不会太高兴。当听到别人的不同意见的时候,人往往最先反应为自卫,并竭力找证据捍卫自己的观点,其实这毫无必要。此时的你需要先静下心来,仔细想想,到底哪种观点好(你的和别人的观点),但是请不要让直觉左右你,影响你作出正确的决定。

有的人气量狭隘,脾气不好,听不进反对意见,只要有人反对就会脾气火爆。这时应该把心放宽,平静地听完别人的陈述,再作反应也不迟。

3. 耐心把话听完

当你听到一个不同的观点,要耐心地听完,不能还没听几句就打断对方,即使别人的观点不对,也不能剥夺对方的说话权利。一是为了尊重对方,二是可以借机了解对方的观点,公平地判断如何取舍。不然,只能让沟通更加困难,双方的误解更深。

4. 仔细考虑反对者的意见

对方说完后,大家往往会先找自己同意的部分,看看是否与自己相同。如果对方是对的,那么自己的观点就应放弃,考虑采纳他们的好的见解。如果一味固执己见,只会让自己的处境更尴尬。

5. 真诚对待他人

采纳对方观点的时候应该态度诚恳,并主动地正视自己想法中的不足和错误。这可以帮助反对者解除思想上的武装,减少紧张的防卫,也创造了和谐的气氛。

及时原谅别人的错误

如果世界失去了宽容和信任，那么所有的亲情、友情、爱情都将失去寄托，取而代之的尔虞我诈的欺骗将存在于每个角落，温情就再也看不到了。

但是并不是所有的过错都该一视同仁，有些可以原谅，有些不能原谅。犯下了小错，如果他能承担责任，就应当给予理解，当然，对于那种死不悔改的人，就不值得原谅了。

心胸开阔，明白没有十全十美的人，能够做到得理不饶人。

有个叫小赵的年轻人，大学毕业以后供职于一家公司的外贸部。他的顶头上司总是跟着外方科长像个没头苍蝇一样加班，还总是把做好的工作搞糟，一有问题就把责任推给小赵。小赵因为年轻所以不争，并把希望寄托于外方科长身上，希望他能明辨是非，但是，等来的是没有任何结果的结果。

小赵气不过就辞职了，换了一家公司，在这里同事们都交口称赞小赵的出色业绩，但是无论怎么做，苛刻、暴躁的经理对他怎么也不满意。

小赵又觉得毫无希望，他又想跳槽，并把辞呈递交给总经理。总经理并没有劝小赵留下，只是把自己处世多年的一个经验告诉小赵：讨厌一个人不如试着去爱他。于是他自己努力观察并发现每一位上司的可爱之处，结果还真找到了上司的可贵之处，经理也渐渐对他改观了。

一个成熟的人应该有一颗能够爱一切的心和包容一切的心。也许对于敌人我们实在爱不起来，但是爱自己却不难。不要让我们的心情、健康和情绪被敌人控制、左右。

耶稣说，我们应该给仇人“77次”机会，实际上，正是仇人教会了我们很多道理。

当然，我们都是凡人，对敌人表达爱心确实有些牵强，但是恨一个人会影响自己的健康和幸福，学会把仇恨放下，对人对己都是非常有益的。有这样一句话：“无论遭受虐待或是抢掠，只要选择忘记了，一切就都过去了。”

消灭嫉妒的“毒瘤”

人与人之间免不了比较，人与人的交往中更是暗藏着攀比心理，别人有，我要有；别人没有，我更要有，这样才能显示优越感，否则别人的拥有只会给自己添堵，造成人类的言语难以形容的嫉妒的痛苦。

一般来说，容易嫉妒的人都是心胸狭隘的人，嫉妒会导致一个人失去理智，这将对一个人的健康成长造成阻碍。嫉妒，远远比我们想象得还要具有杀伤力，当你心中满是妒火时，其实已经烧到了自己。

有一只总是嫉妒别人比自己飞得高的老鹰。一天，它看见一个猎人带着弓箭来打猎，就对猎人说：“你能帮我把那些在天空高飞的老鹰都射下来吗？”

猎人回答：“我射它们可以，不过你得给我提供一些羽毛。”

于是这只老鹰开始拔自己身上的羽毛，拔掉几根交给了猎人，但是猎人说：“你再多拔几根吧。”就这样拔了好多次羽毛，直到身上的羽毛所剩无几。这时，猎人露出了真面目，转身抓住并杀死了它。

嫉妒会腐蚀一切,就像伤害钢铁的铁锈一样。这就是为什么狭隘者终将失败,是因为他们没安好心。不喜欢看见别人好,可恶的是,自己倒霉时也想拉别人下水。为达目的,不择手段,最后害人害己。

无数智者的话将嫉妒的坏处表现得淋漓尽致。英国作家萨克雷说:“当一个人妒火中烧时,他就已经疯了,他的一举一动都不是正常人能干出来的。”

另一位英国作家亚当契斯说:“要是嫉妒的毒蛇钻进你的心里,那么它将荼毒你的大脑,腐蚀你的心灵。”

英国逻辑学家罗素说:“爱妒忌的人,不仅不能从自己拥有的东西中得到快乐,反而因为拥有的东西而觉得痛苦。”

英国诗人雪莱说:“嫉妒使我们的眼睛被蒙蔽。”

英国哲学家培根说:“妒忌使人得到的快感只是一时的,但是心酸却是长久的。”

德国散文家海涅说:“失宠和嫉妒是堕落的开始。”

英国戏剧家莎士比亚说:“忧愁是善妒者的常态。”

嫉妒像是病毒,我们要远离它,以免它侵袭蔓延。一般而言,自己在嫉妒中会被不知不觉地毁灭。一枝独秀不是春天,万紫千红才是春。合作是任何事业可以成功的基础,嫉妒是所有合作的绊脚石。想要远离嫉妒,就要时刻铭记:嫉妒会使自己一事无成。

巴鲁克是华尔街著名的投资大师,他说:“要改变嫉妒,你可以在心中这样告诫自己,别人能做的,自己也能做,并且能做得更好。”嫉妒一旦开始,其实就是不自信的开始。

要超越别人,首先要做到超越自己。别人的优秀并不是自己进步的障碍,相反,这是你前进的动力。事实上,当一个人真正埋头自己的事业时,怎么会有时间去嫉妒呢?

第四节　心怀感恩，驱走抱怨

学会感恩，学会为生命喝彩

如果有人为你扶住门或好心帮你提东西，那么，请把这看成是世上最深沉的祝福，如此一来，你也会得到更多祝福。

当你停止抱怨，你会发现，不只是你自己快乐了，周围的人们也会快乐起来。你会吸引那些乐观向上的人们，你的积极天性将激励身边的人达到更高的精神境界。以甘地的论点来说，一个人本身，是他希望有这个世界上看到的改变与转化。当一切进展顺利时，你的反应是“当然会这样！”当困难出现时，你也不会对其他人提起，让它有扩散的机会，而是开始寻找其中隐含的祝福，对凡事都应有感恩的心。

当我们在抱怨时，我们的注意力总集中在自己不满意的方面。

这是一个小孩的四岁生日聚会。房间里堆放了许多精美的礼品。每个人的脸上都洋溢着笑容，大家都想知道孩子生日最想要说什么。这时，孩子的母亲问道：“孩子，你现在想说点什么？”

孩子张口了：“妈妈，其他的礼物呢？”

这也许是一个四岁孩子的典型行为，不过很多人也有相似的问题：“这就是我得到的全部吗？”这好像在表达一种期望——更好、更新、更快、更暖、更凉、更大、更了不起。我们可以感激我们所拥有的一切，也可以将我们的注意力集中在我们所欠缺的点上，但这样会让我们自己和他人都不好过。是什么让我们感到如此不知足，我们努力去填满的这个空隙到底是什么？如果我们静下心来思考，通常会发现，其实我们是身在福中不知福。

史蒂芬·霍金——《时间简史》的作者，因卢伽雷病，他失去了行动能力。二十多年来，他只能将自己固定在轮椅上，不能说话和写字，仅靠三根手指敲击键盘与外界交流。在这种令人绝望的境遇下，霍金成为一名卓越的相对论宇宙理论物理学家，用大脑破译了上帝对整个宇宙的宏伟计划，向人们展示出前所未见的宇宙创生、演变和发展历程。

在一次采访会上，有人问霍金对自己的最大感悟是什么，他的回答竟然是“幸运”。

幸运？在场的所有人都很惊讶，似乎这个词用在任何人身上都要比用在他这个病人身上更为合适。就在这时，霍金用还能活动的手指艰难地敲击着键盘，大屏幕上出现了这些字：

我的手指还能活动；

我的大脑还能思维；

我有终生追求的理想；

有我爱和爱我的亲人和朋友；

对了，我还有一颗感恩的心……

一阵沉默之后，全场掌声雷动。

霍金的感恩可以解析为理性的知足与热爱。为何他身体遭遇重大疾病时，他只是短暂的沮丧，却没有像常人那样怨天尤人？是感恩之心化解了他胸中的戾气，使他以澄明恒毅的心态继续生活。这种感恩源于他对自己的理性判断：我拥有最可贵的价值——生命。

我们原本就生活在感恩的世界里，理应心怀感恩。台湾的海涛法师在一次为大学生做演讲时说道："同学们，在你们拿到一张纸时，你们便和整个世界联系在一起了，为什么呢？你们知不知道纸来源于哪里？是树，由一粒种子，通过阳光、空气、土壤、水分的作用，长成一棵大树，后又经过伐木工人，造纸厂的工人加工，印刷厂的工人印刷，再经由总经销商到零售商的商务销售，最后才到你的手里，所以，当你拿到这张纸的时候，就与整个世界联系在一起了，你应当感激这整个过程，感激所有人的劳动。"

是的，你生活在这个世界中，就和别人有联系，你所用的每一件物件，都浸透了别人的辛劳和汗水。

你会开始对微不足道的小事感恩，也包括你以前觉得理应如此的事情。

你的经济状况也可能会跟着改善，当你更加看重你的世界和你自己时，你就会展现出某种影响力，为自己带来更丰富的财富。大家会想给予你一些以往你要付费购买的东西。有一个人，他有好几项免费的专业服务，因为提供这些服务的人们喜欢他也支持他。同样的事也可能发生在你身上，其秘诀就是你要认真看待任何事情，甚至包括那些微小的事情，并且时时感恩。如果有人为你扶住门或好心帮你提东西，应该看成是这个世界上最美好的祝福，如此一来，你也会引来更多祝福。

当你停止抱怨，你会愈来愈发现事情中存在的光明面，你会感恩每一件美好的事情。

感恩的心才能念动幸福的咒语

有一位智者说，一个人最大的不幸和悲剧就在于大言不惭地说："我从来没有拥有过。"如果一个人能对生活常怀感恩之心，即使遇到暴风雨，也能平安度过。

原一平是日本的推销之神，他的奋斗史很值得大家学习，"三恩主义"是原一平的准则，即社恩、佛恩和客恩。

原一平被尊为推销之神，却并没有骄傲，而是更加谦恭，他时时刻刻不忘公司的栽培，觉得如果公司没有给他提供这些机会，就不会有今日的他，因此公司的地位在他心里十分重要，即使夜晚睡觉，他也不会把脚朝着公司的方向，社恩即是如此。

原一平事业上的成功，除了归功于自己的艰辛奋斗，还得归功于串田董事长的识人和栽培。不过，最让他感激不尽的是他的恩师吉田胜逞法师、伊藤道海法师，如果不是他们一语道破并给他指点迷津，也许他现在也只是一个无名之辈，佛恩就是如此。时刻感激参保的客户及周围合作的同事，客恩由此可见。

原一平自己说：自己只留工作所得的10%，其余都留给客户和公司。因为公司的恩情他时时刻刻记得，于是，做事首先想到的是公司的利益和对顾客的服务，自己的能力也因此得到锻炼，并得到上司和客户的认可，在事业上更进一步。

感恩能使我们不那么浮躁，并使身边的事物因为看待的角度不同而变得不同。

李小琳任中国电力国际发展公司首席执行董事，是中国电力市场的"一姐"，近百亿的中国电力都在她的统治之下，并且作为唯一的女性CEO，独步香港H股、红筹股上市公司。

平时李小琳用得最多的字眼就是感恩。用她自己的说法就是："有一颗感恩的心，我们就会常怀感恩之情坏，报效祖国的恩情，效忠组织的栽培之情，报答父母老师朋友的支持鼓励……"有一颗感恩的心,给予就会变得快乐,就会坚定自我,不管社会生活多么纷繁复杂,都能严于律己。

李小琳有一个习惯,就是静坐修禅,如果无人打扰,可以坐上一个小时甚至更长时间。"吾当一日而三省吾身",静坐时,一天的得失和所为,全都涌上心头,给她警醒,使她觉悟。

李小琳常常说:"我今天的成功,得益于很多人的恩惠。"懂得感恩的女人,就是有魅力的女人,因为她们本身就有理由获得美丽和成功。

感恩是一种大智慧,是一种处世哲学。人生道路不可能一帆风顺,我们要勇敢地面对、豁达地处理种种失败和无奈。当我们遇到挫折的时候,如果一味抱怨生活,只会变得更加消沉、委靡,对生活充满感恩,我们才能跌倒了再爬起来。

英国作家萨克雷说:"我们的生活就是一面镜子,你朝它笑,它就笑;你朝它哭,它就哭。"感恩不是一种心理安慰,也不是逃避现实,更不是阿Q精神。感恩是来自对生活的爱与希望,是一种歌唱生活的方式。

感恩是生命不可缺少的营养素,它把阳光和芬芳播撒进我们的生活。一个学不会感恩的人,即使富可敌国,内心依旧贫穷;学会感恩,才会真正富有。

得到别人的恩惠要想到回报

第一次世界大战时,德国士兵被要求深入敌后,抓敌方俘虏回来审讯。

当时敌人大多隐蔽在战壕里,要想穿过两军对垒前沿的无人区,对于大队人马来说几乎不可能。于是他们就偷偷派一个或几个士兵溜进敌人的战壕。参战双方都会采用这种方式,并经常接受任务抓取战俘审讯。

有一个德国特种兵非常熟悉这种作战方式,他多次参加这样的任务,每次都成功完成,这次执行任务的还是他。两军之间的空地他熟练地穿过,并顺利地出现在敌军的战壕中。

他看见一个落单的士兵正在吃面包,因为没有丝毫戒备,士兵一下子就投降了。士兵刚才正在吃的面包还举在手上,这时,他本能地向对面突然出现的敌人递过一些面包。这件事恐怕是特种兵一生中任何事情都无法比拟的。

这个举动忽然就打动了面前的德国兵,并让他作了一个重要的决定——不俘虏这个士兵了,让他自己回去,虽然他知道后果是上司会对他的行为大发雷霆。

一块面包是怎样打动这个德国兵的呢?人的本性都是善良的,很多时候,别人给予自己好处或对自己示好后,就应该记得报答对方。

虽然,对方只给了德国士兵一小块面包,或许这个面包对他来说很多余,但是德国士兵却感到了一种来自对方的善意,甚至可能这个善意更多的是一种恳求。但是善意就是善意,很简单地就表达出来了,并使德国士兵瞬间被打动。德国士兵觉得,这是一个对自己好的人,自己不能俘虏一个对自己好的人,那是忘恩负义。

可以看出,不知不觉间,互惠定律左右了这个德国兵。对方给了自己恩惠,自己想要报答对方的这种心理,就符合互惠定律,这个行为准则在人类社会中根深蒂固。

一位心理学家曾经做过一个实验,并证实了这个定律。他随机地在人群中抽取几个人,并把圣诞卡片寄给了这些挑选出来的人。虽然他预测可能会收到别人回寄的圣诞贺卡,但是令他没想到的是他收到了大部分人回赠的卡片,但是其实这些人他都不认识!

那些回赠卡片的人,根本就不知道甚至也不去打听一下是谁寄给了他们卡片。有人赠送卡片给自己,自己很自然地就回赠一张。他们或许这样想,可能这个教授是个老熟人,或者寄贺卡可能有什么特殊的意义。无论是哪一种,回赠一张卡片总没有坏处。

这个小实验证明了互惠定律,即得到别人好处时,我们要想着回报。当别人帮了我们的忙,我们就找机会回帮他一次,或者送礼物作为感谢;如果我们的生日被别人记住,而且给了我们小惊喜,我们肯定也不会忘记别人的生日。

互惠定律的表现之一就是中国人的礼尚往来。

你求不熟悉的朋友办事,没有及时感谢人家,下次有同样的事情,再一次求人家自己也会不自然。因为你会觉得没有回报别人对你的付出,别人心里也会不痛快。及时地感谢别人,可以体现出自己知恩图报的良好品德,可以使交往持续。

让心中的抱怨工厂关门大吉

盛装半杯水的杯子,悲观的人看见会说:"唉,真悲伤,只有半杯水了。"乐观的人看见则说:"哇,好开心,还有半杯水呢!"这就是用两种不同的心态对待同一个事物。前者是绝望的,后者是充满期待的。积极乐观的心态是我们所必需的,不要抱怨天黑,因为天黑才能看得到星光,也不要因为失去了太阳而抱怨,因为你的抱怨不可能被太阳听到。

我们每个人都需要工作和生活,总有些人觉得自己的生活很劳累,并因此经常抱怨,但是有人会觉得工作很轻松;有的人觉得世界是如此丑恶,但是很多人觉得这个世界很美好。其实,不同的观点都是因为心态不同造成的。

1972 年,时任新加坡总理的李光耀接到旅游局打来的一份报告,报告说:我们新加坡没有埃及的金字塔,没有中国的长城,没有日本的富士山,没有夏威夷的十几米海浪。除了每天升起的阳光,没有任何名胜古迹,旅游事业对新加坡来说实在是太难了。

李光耀看到报告,觉得旅游局太过分了。于是,他在打回的报告上只批了一行字:上帝要给我们多少你才满意,给我们的阳光就足够了!

于是,那一年四季直射的阳光被新加坡充分利用,种花植草,很快,新加坡就成为著名的"花园城市",没过多久,旅游收入在亚洲位列第三。

李光耀总理的心存感激与旅游局局长的心存抱怨形成了鲜明对照。不要小看一缕阳光,那是上帝的恩赐,正是因为抓住了阳光,新加坡才能靠阳光致富,从而成为亚洲"四小龙"之一。国家要心怀感恩,一个人也要心怀感恩,对生活、对家人、对朋友都应该充满感激。

有的人喜欢抱怨工作,今天的工作如何烦琐啦,今天的客户如何难以沟通啦,但是换位思考一下,你把繁琐的事情做得井井有条,比较难沟通的客户被你协调得很好,那么,你的水平不是又提高了一个档次,你不是又战胜了自己吗?摆正做事的心态,用积极乐观的心态面对任何事情,抱怨就会越来越少,快乐就会越来越多。

工作中不知感恩就像身体里的癌细胞,不仅是职业发展的阻碍,也会把自己毁掉。这种"癌症"的表现有:总是不想办法解决困难,最喜欢做的就是指责、推脱和埋怨。

两个年轻人在某企业招聘中脱颖而出,最后他们被主考官单独召见,主考官只问了两人一个问题:"你以前工作过的公司,你觉得怎么样?"

一个年轻人说:"再糟糕不过了,大家每天都无所事事,上司也没有水平,任人唯亲,在那里的两年我都不知道自己是怎么度过的!"

另一个年轻人却说:"原来的那家公司很小,也没有很规范的管理,虽然如此,我在工作期间，还是学到了很多，我学到的这些，让我有勇气站在这里。以前那个公司给了我很多东西，我很感激。"

毫无疑问，老板录取了后者。

人一旦失去了一颗感恩的心，就像情感失去了感知力而变得麻木不堪；没有让他热情的事情，也没有事情能让他认真。平时就喜欢混一天是一天，慢慢地，愈发冷漠无情。那些不会感恩的人，几乎不能说他们有多少存在的价值。

我们很多时候都觉得自己的工作平淡无味，自己的生活繁重琐碎，遇到失败的时候，我们也会气馁，但是只要我们用感恩的眼光来看待生活，你就会知道，即使现在不快乐，上帝也一定给自己安排了别的快乐，只是我们的双眼被悲观蒙蔽了。

《圣经》上说："一生一世，都是恩惠。"其实我们应把自己所拥有的看成上天的恩赐，快乐的人都深爱着自己的生活，幸福的人都懂得感恩。为什么会抱怨呢？因为没有好好利用已有的资源，更因为不懂感恩，这样下去，即使自己拥有再大的优势也不会被发现。

我们要学会停止抱怨，学会感恩，这样生活才会出现令你惊奇的改变。从现在做起，每天留一点时间给感恩，感谢已有的生活，感恩目前所拥有的一切吧！

感谢折磨，锤炼自己

我们应对生活中的各种磨难心存感激。只有做到这些，我们才会常常觉得快乐，也会觉得世界不再纷繁复杂，而是鲜活动人。再美丽的花朵，不能被一种美好的心情欣赏，那么即使它再娇艳，在你看来也不过如此，就如同你的心情一般，看不见希望。

只要我们心存感恩，我们就能在磨难中看到他人的爱心，就会喜欢自己的生活，就会发现原来世界如此温暖。

感恩的心是一颗升华的心，象征着美好的人性。它能让我们更加热爱生活，珍爱生命，更加努力去工作和学习，让自己付出更多，做有益于社会的事情。学会感恩，阳光和欢笑就会洒满我们的生活，我们就会看见更加美丽动人的世界。

虽然生命充满了坎坷和挑战，但是也必须心存感激，因为自己的成长离不开经历的坎坷。法国启蒙思想家伏尔泰说："荆棘总会出现在人生的旅途中，我们能做的只有奋力踏过那些荆棘。"平坦的人生是不美丽的，只有经历磨炼的生命才完美，"只有经过不断敲打的燧石才能发出更加灿烂的光芒。"燧石能发出光来得益于那些敲打，因此，燧石要感恩那些曾经的敲打。人也要如此，要感谢那些折磨过你的人，正是他们造就了你的成长。

美国独立企业联盟主席杰克·弗雷斯的父母有一个加油站，他从13岁起就在那工作。他小时候很想学车，但是父亲却让他干前台接待顾客的活。每当有汽车开过来，在车子停稳之前，弗雷斯就必须好好地站在司机门前，然后一项一项地检查油量、蓄电池、传动带、胶皮管和水箱。

弗雷斯发现一个小诀窍，如果他做得好，就会有很多回头客。于是，弗雷斯总是很努力，还做一些诸如帮顾客擦洗车身、挡风玻璃或车灯的杂活。

有一位老太太，有一段时间每周都开着她的车来清洗和打蜡。这位老太太不仅难以打交道，而且车内也很难打扫，因为车内踏板凹陷很深。每次弗雷斯把她的车清理好的时候，她都不信任地一再检查，并让弗雷斯重新清理，直到看不见一缕棉绒和灰尘，她才放过弗雷斯。

弗雷斯觉得她很讨厌，终于有一次忍无可忍了，并发誓下次再也不帮她打扫了。但是父亲却告诫他："这是你的工作，你的任务就是做好工作！无论面对什么样的顾客，你都要好好工作，对待顾客只能礼貌，别无他法。"

父亲的话让弗雷斯受益良多，他一直铭记在心。弗雷斯说："在加油站工作期间，我知道了该如何对待顾客，更学会了严格的职业道德，这些对我以后的职业生涯，帮助非同一般。"

其实，弗雷德的成功离不开他对那些折磨自己的人的真心感谢。"吃一堑，长一智"，你为什么不觉得自己应该感谢他呢？如果你能做到感谢那些折磨你的人，你就离成功不远了。

向批评鞠个躬

如今的人类世界就像被现代技术网络成的一个村庄，我们与这个网不可分离，即便是刘德华这样的天王巨星对于网络也与常人并无二致。但是他的上网并不是我们常见的"聊天"和"打游戏"。他说："我的工作人员为我收集全球有关我的信息，这样我就可以看到世界各地的人对我的看法，我也很想知道各国人们对我的看法。两个半球的时差很明显，导致上网时间很不固定，但是我想第一时间知道有关我的信息。"

刘德华搜集更多的别人对自己的看法是为了接受更多的批评，让自己对自己有更深的了解。在别人的批评下改正，才有进步的可能。其实，这种天王级别的人敢于接受别人的批评，是有勇气和自信的体现。

相反，一个人听到别人的批评就暴跳如雷，反唇相讥，是心胸狭窄、缺乏涵养的表现，而且这种做法造成的后果难以预测，周围的人可能因此而疏远他，自己也越来越孤立。敢于接受别人的批评，无论这个批评是不是事实，这样你才能受到大家的欢迎。

刘德华刚踏上演艺圈时，他的歌被一家香港知名电台的老板听到，这位老板立刻说："这个人完全没有唱歌的天赋，唱的歌很难听。"于是再也不愿听他的歌，并公开说明"四大天王"里最差的一个就是刘德华。但是别人的打击和嘲笑并没有使刘德华气馁，相反，自己的每次演唱会都要送门票给这个人，邀请他听自己唱歌，十几年后，这个老板终于去听刘德华唱歌了，并且被刘德华的歌声所打动，他真诚地赞许说："是我看走了眼，华仔的歌声真的不错。"

对于别人的批评和讽刺，刘德华能做到毫不气馁，不喋喋不休去解释，而是用实力去说话，终于创造出了属于自己的绚烂人生。

世界上没有两片相同的树叶，世界上的人看待生活的视角也各不相同。同样的事物，不同的人的角度不同，观点也会不一样。正如"一千个读者眼中就有一千个哈姆雷特"一样，刘德华在人们心目中的地位看法也有很大差别。

对待这件事，他很淡然地说："世上肯定会有不喜欢我的人，也会有不喜欢我的音乐和影视剧的人，我自然会喜欢多看好评，但对我不好的评语我也会仔细地看一次，这样我会对听众了解更多，我也可以更加了解自己，并使自己明白应该提升的地方。"

生活在这个世界上，总要面对与你不同的人，同时也需要面对别人的评价，无论你是不是喜欢。面对别人的批评，刘德华的做法就是我们学习的榜样。让宽广的胸怀淹没别人的刁难，我们就会对别人的苛刻和刁钻视而不见，开始努力拓展自己可以提升的空间。

但是想要做到这些真的很难，因为我们总是期待地球能按照我们的想法运转，希望我们是世界的中心，希望这个世界上的所有人都服务于自己，所以我们不希望别人对自己有任何异议，不愿意直面别人给予的批评和指责。

我们总是一厢情愿地按照自己的理想搭建世界，在我们心中，自己总是最完美的，事实上自己身上的不足是无法掩盖的。我们总是太理想化,我们只看得到自己身上的优点,却忘记了我们也有缺点。所以,懂得聆听别人的声音,虚心地接受别人给自己的意见和建议,是提升自己的好方法。

所以,那些敢于批评和教育我们的人,不是我们的敌人。从他们的话里,我们能了解到一个自己看不到的自己,我们能给他们的只能是我们的谢意。

感谢别人给你的一片阳光

有一颗感恩的心,人才会快乐。一个人如果对生活充满感恩,那么即使家徒四壁,也会过得潇洒快乐。但谁都不是一出生就能感恩,感恩是需要我们学习的。

如果我们能心存感恩的话,那么一定会生活幸福。爱的根源是感恩,快乐的必要条件也是感恩。一个人能对生命中的一切心存感激,就会更容易得到快乐和幸福,体会到人间的温暖,感悟人生的价值。学会感恩,就会做到珍惜生命,热爱生活,即使再大的苦难,也挡不住你前进的脚步。

一家外资企业的公关部有一个职员的空缺,经过对前来应聘的人进行筛选,有五个年轻人留了下来。公司说明,最后谁会得到录用需要经理层的讨论决定,三天内结果会以邮件形式发到他们的邮箱。

于是,其中的一个年轻人在三天后收到一封邮件,发信人是这家公司的人事部,邮件说:"经过公司的分析研讨,你落选了,我们感到万分抱歉。虽然你的学识气质令我们赞赏,但是因为名额的缘故只能忍痛割爱。但是公司以后的招聘,一定会优先考虑你。我们会把你所提交的材料复印后尽快邮寄返还给你。另外,感谢你的参与,我们还将附赠本公司产品的一份优惠券给你。希望你的未来越来越好!"

读完了邮件,他有点难过,因为自己落选了,但是他感动于该公司的诚意,于是便花了一点时间给公司的邮件作了简短的回复。

让人惊讶的是,两天以后那家外资公司却打电话给他,说经过管理层的讨论,公司决定正式录用他了。

他起初不理解,后来才知道原来公司最后用邮件考验了他们一回。他之所以能够赢得胜利,就是他愿意去感谢。

生活中常看到这样的场景,父母抱怨孩子不听话,孩子抱怨父母不理解自己;男朋友觉得自己女朋友不够温柔,女朋友抱怨男朋友不懂体贴;领导责骂下属工作不力,下级抱怨领导不体恤员工……总之,生活里只有抱怨而没有感激。

生命是一个相互依存的整体,因为没有一样东西是不依赖其他东西而独立存在的。父母的哺育之恩,师长的谆谆教诲,配偶的关心爱护,大自然的无私奉献……你成长的每一步都有恩惠的赠与。你若是明白了这个道理,大自然的福佑,父母的养育,社会的安定,食之香甜,衣之保暖,花草虫鱼,苦难逆境都会令你感激。就连自己的敌人也不例外,因为让自己更加成熟勇敢、豁达大度的,或者说让自己成功的要素,不是一帆风顺的道路,而是人生道路上的惊涛骇浪和敌人曾经的打击。

"打击"你的人可能更爱你

不同的人喜欢用不同的表达方式,有的人喜欢开门见山,总是比较直接地向别人表达自己的感受,喜欢你就直接说出来,你也能感觉到他对你的好。有的人喜欢含蓄,对你的关心不那么容易表露,总是一副令人捉摸不透的表情,有时甚至让你觉得他不喜欢你,这样的他,很容易遭遇误解,你以为他很难相处,但是你没发现他早已对你关爱有加了。虽然你误解了他,但是他只会做些对你更有利的事情,并思考如何才能让你更快地成长。

日本有个福富先生,是个大企业家,他就曾得到过这种人的帮扶。那时做服务生的他,总是被自己的老板毛利先生责骂。

虽然挨骂的滋味不好受,自己也会很难过,但是福富觉得老板并不是无理取闹,每次挨骂都事出有因,并能从中得出一些启示,学到更多的东西,所以福富就主动希望老板能骂自己。每次见到老板,福富绝不像其他服务生一样赶紧逃离,而是抓住机会,立刻迎上去,向老板打招呼,并请教说:"早安!请问我有什么需要改进的地方吗?"

这个时候,老板就会指出他许多不足和应该注意的地方,福富听完老板的话,必定马上按照老板的指示改正缺点。

福富殷勤主动地向毛利先生请教的原因是他明白与老板交谈是他这样年轻资浅的服务员少有的机会,这样难得的机会只能紧紧抓住。并且,向老板请教时,此时老板也在观察自己,这是老板发现自己才干的最好机会。就这样,老板对福富印象非常深刻,对福富有意见时,经常亲切地直呼其名,并给福富很好的意见和建议。

两年来,福富一直这样主动又虚心地请教。终于有一天,老板对福富说:"根据我长期以来对你的观察,你工作十分勤勉认真,因此擢升你为经理以资鼓励。"

是福富的虚心求教让19岁的服务生晋升为了经理,在待遇方面有了很大改变。接受别人的训斥,有时候是在接受指点教育。福富至今仍非常感激毛利先生那两年间的不断教导。

别人对你斥责的时候,心里因受到打击非常不自然,我们也会因此变得很沮丧,甚至很失望。尤其是对方态度很强硬的时候,你会觉得对方说的话很讨厌,甚至会怨恨这个人。但是,静静地思考:对方为什么要"打击"你?难道他是跟你有仇,还是为了发泄自己?仔细思考之后,你会发现当对方给了你压力之后,你已经成长了。

对方之所以会"打击"你,正是让你认识到自己的错误,并及时地改正错误。也许你不很赞同别人处理事情的方式,可是,那些"打击"你的人,都是比任何人都关心你爱护你的人。他们像家长一样,虽然习惯批评你,但是目的是真心实意想要你成长成才;想想你的上司,是不是会责罚你,其实他是真心想看到你的成才……

就如同前面所说,互相表达感情的方式各不相同,所以当别人"打击"你让你产生怨恨的时候,一定要好好想想他们这样对你的原因,等你想明白了,你就知道,其实"打击"你的人是对你好。

不抱怨地生活,成为生活的榜样

帮助他人的最好方法,就是生活中不抱怨,成为不抱怨的榜样。当你开始身体力行时,也学着去关怀身边的人!

当某棵葡萄树慢慢成熟时,便会散发出一种其他葡萄树也能接收到的振动频率、酵素、香气或能量场。这棵葡萄树向其他葡萄树宣告:该是改变、成熟的时候了。当你在思想及言语上都颂扬着自己和他人最崇高、最美好的一面,你只要展现真实的自己,就能向周围所有人示意,该是改变的时候了。

以前,我们总是聚焦在不对劲的事情上,而不是将视野聚焦于健康、快乐与和谐的世界。现在,当我们学会如何不抱怨之后，我们就可以为打造不抱怨的和谐人生贡献自己的一份能量。为自己身边的人这样做，为你的孩子而做，为你的国家而做，但最重要的是，为你自己而做。

曾经在一场场篮球比赛中，一群球迷热切地想要带动全场玩波浪舞。波浪舞热烈地展开，大家从座位上跃起，高举双手，发出很大的欢呼声。欢呼声绕着篮球场一波波传递，然而到了某个区段后，却开始后继无力了。坐在那一区的球迷不知什么原因不肯继续，波浪舞便停止了，浪潮就这样渐渐消退。

假如浪潮传到你这了，你应该怎样做呢？不要设法改变别人，只要你停止抱怨，就能让浪潮继续下去。要做到不抱怨，在生活中将心比心是很重要的。

> 一位母亲一次去商店，走在她前面的年轻妇女为她推开很重的大门，一直等她进去后才松开手。当这位母亲向她道谢时，那位妇女说："我的妈妈跟您差不多大，我只是希望在这种时候也有人为她开门。"

还有一个故事也很感动人：

> 一天，有位老伯生病去医院输液。一位年轻的护士为他扎针，估计她是刚来实习的，扎了两针都没有扎进血管里，而针眼却泛起青包了。老伯疼极了，正想抱怨几句，抬头却看到了小护士额头上布满了密密的汗珠，那一刻，他想到了自己的女儿。于是，他就安慰护士说："不要紧，再来一次。"第三针果然成功了。小护士松了一口气，她连声说："老伯，对不起，我真该感谢你让我扎了三针。我是来实习的，这是我第一次给病人扎针，太紧张了，要不是你的鼓励，我真不敢给你扎了。"老伯告诉她，自己也有一个与她年纪相当的女儿，正在医科大学读书，她也将有她的第一个患者，希望女儿第一次扎针时患者也能鼓励她、宽容她。

如果我们在生活中能做到将心比心，就会尊重老人，对孩子怀有一分怜爱，就会使人与人之间更加宽容，相互理解，少一些抱怨与计较。

所以，为了停止抱怨，不仅要好好照顾自己，也要提防那些爱抱怨的人。如果你不照顾好自己，就可能会再度怀有负面消极的思想。

帮助他人的最好方法，就是不抱怨地生活，成为不抱怨的榜样。当你开始身体力行时，也要去爱身边的人们。我认为对爱定义得最精确的是丹尼斯·威特利医师所说的："爱是无条件的接纳，并着眼于光明面。"当我们决定接纳各种人和物，并能从中找到光明的一面时，我们会体验到越来越多的善良与美好。

这意味着我们不是要他人不抱怨，而是要让自己变成不抱怨的人，同时走向没有抱怨的光明道路。我们的磁场会吸引快乐、健康的人来接近我们，而相反的人在我们身边会觉得不舒服，他们就会离开或者被我们感染。

用新的言语来替换旧的措辞，也是不抱怨生活中的重要议题。发生好事，无论多么微不足道，你都要说："当然会这样！"因为你知道，自己可以吸引好事的到来，你甚至可以带着微笑来实践这个经验。如果你曾经在雨天的商店门口找到停车位，请说："我真是运气好！"如果有人因某事而反抗你，你要说："谢谢你教导我慈悲。"刚开始这么做时，你可能会觉得很蠢，但你每次在生活中使用这些话语，就像是铺上一层层的砖瓦，为更多的喜乐与丰实奠定基础。

当你比以前更快乐时，你就会提升这个世界整体的快乐程度。你会传送出乐观和希望的震波，与其他有相似理念的人共鸣。你会创造无比的期待，让周围许多人的未来更美好。

第五节　拥有包容的心让你更快乐

施比受更有福

给予比索取更加快乐，因为满怀包容和仁爱的人们，在给予的同时收获了来自身心的满足。他们不为回报，却能得到更多的回报。

人与人之间是一种平等的关系，人与人之间的交往也都会有利益来往，互惠也由此而来。换句话说，就是你对别人怎么样，别人也会以相同的方式对待你。古语有云“投之以桃，报之以李”，只有自己乐于助人，乐意把自己所拥有的拿来与大家分享，别人才会帮助你，给你带来你意想不到的收获。说简单点，就是帮助别人，其实就是在帮助自己。

美国有一位有钱的贵妇人叫贝丽太太，在亚特兰大城外，她修筑了一座花园。花园非常美丽，很多游客慕名而来，花园里到处都是满心欢喜游玩的游客。绿毯一样的草地上有年轻人欢快的舞蹈，花丛中有小孩子在捕捉蝴蝶，池塘边有老人垂钓，花园中甚至还有人搭起了帐篷，打算这个盛夏之夜在此浪漫地度过。

贝丽太太站在窗前，看着那些得意忘形的人们，看到自己的院子挤满了唱歌、跳舞、欢笑的人们。她觉得很生气，就让仆人制作了一个牌子挂在园外，上面写着：私人花园，未经允许，请勿入内。

可却一点作用也没有，每天花园里依然有很多人成群结队地进出。贝丽太太只能让仆人们去拦着，但是只引来了争执，花园的篱笆墙也被人拆走。

后来，贝丽太太想了一个很好的主意，她让仆人又制作了一个新牌子撤换掉原来的老牌子，牌子上写着：欢迎来此游玩，但本园主人特别提醒大家注意安全，花园中常常有毒蛇出没，若不小心被咬伤，请马上采取紧急救治措施，最好在半小时之内，否则会有生命危险。牌子上还附了一则温馨提示：威尔镇的一家医院离此最近，大约50分钟就到了。

这个主意真是管用，看到牌子后，那些贪玩的游客都不敢再来这儿玩了。几年以后，当有人再次光顾贝丽太太的花园时，却发现园子杂草丛生，毒蛇横行，看起来非常荒芜。只有孤独寂寞的贝丽太太独自守着她的花园，想到曾经在园子里开心玩耍的游客，不禁怀念起来。

在关上花园的那一刻，贝丽太太也关上了自己的幸福之门。他人需要的时候伸出一双手，会让他人感到温暖的同时，也给他们送去了甜蜜，而在不经意间幸福也会光顾我们。

多站在别人的角度，就不会只关注于自己的利益，也会关心别人的利益，当大家的利益都得到关注的时候，利益就开始共享了。如果只想到自己，别人也不会给予你帮助，最后只能一个人孤独终老。

美国南部有一个州，在这里南瓜品种大赛是一年一度的重要赛事。有一个农夫特别出众，总是获得首奖。当他得奖之后，总是把自己优良的种子分发给街坊邻居。

有一位邻居很不理解："你的优胜来自于你辛苦的劳作，为了改良品种，你投入了大量的时间和精力，我们都有目共睹。你为什么要把这么优良的种子都发给我们呢？万一我们比你种出更好的南瓜怎么办？"

农夫是这么回答的："分给大家种子，看似帮助大家，其实更是在帮助自己！"原来，在农夫居住的地方，每家的田地都是毗连着另一家的田地。邻居们得到了农夫的优良的种子之后，南瓜品种就能得到改良，这样在蜜蜂传递花粉的过程中，农夫就不会得到邻近较差品种的花粉，这对农夫改良品种很有帮助。

如果只有农夫自己的种子是优良的，而邻居们的南瓜品种依然很差，这位农夫的优良品种就容易因蜜蜂采蜜而受到较差品种花粉的影响。防范不优良的花粉只会让农夫筋疲力尽，也就没有更多时间和精力来培育优良的南瓜品种了。

一个人若是没有一颗奉献的心，是难以做出什么伟大的事情的。我们要善待周围的一切，乐于对周围的人伸出援手，每次做完，你就会发现，在自己帮助别人的同时，你也得到了别人给予自己的快乐。

无私奉献，不自私自利。让我们的心容下身边的每个人，让我们互相帮助、互相关怀，最终我们将开创互利共赢的美好局面。

分享善心，丰盛自己

一只青蛙厌倦了生活的沼泽地，想要找一个新天地重新生活。经过一番考察，它在后山找到了一个小洼地，并在那里安了家，那里是长满了灌木的小树丛，非常凉爽，也有很多蚊子等小昆虫，青蛙在那里住得很开心，无忧无虑。

但当夏天来临时，情况就变了，阳光火辣辣地灼烧大地，小洼地周边的环境也变得无比干燥，持续的高温和干旱让许多灌木都慢慢枯死了，地上也裂出了大大的口子。青蛙觉得实在是受不了了，就在新家祈祷："老天爷啊，你就发发慈悲，赶紧下一场大雨吧，淹没大地和这个山头，让我有个湿润舒适的房子吧，我喜欢那样的环境，赶紧答应我的愿望吧！"

但是，天空依旧没有下雨，大地依然被太阳毒烈地炙烤着。青蛙祈求了一遍又一遍，却依旧很干燥，最后，青蛙愤怒了，大骂起来："你这个老天爷真是个狗屁，你进棺材了吗？怎么不理我的请求？你是眼睛瞎了还是耳朵聋了？身为老天，你一点同情心也没有吗？你不明事理，你没发现我快死了吗？"

听了青蛙的话，上天没有生气，而是严肃地教育了青蛙一顿："你这青蛙真是自私自利，你怎么能因为你一个人觉得干燥，就要求天降暴雨呢，那样会淹死其他人的，你不要再无理取闹了，你不喜欢这里，那就回到你的沼泽地里去好了！"

这只青蛙为了自己的利益完全不管别人的死活，真是彻头彻尾的自私。自私的人总是以自己的利益为中心，为了维护自己的利益，达到自己的目的，经常无理取闹，自己的丑恶嘴脸也因此暴露殆尽。自己怎么对待别人，别人也会怎么对待自己，对别人自私的人就不要指望别人会与你分享快乐。

与别人分享你的幸福，你得到的快乐将是双倍的；与别人共同承担你的不幸，你的不幸就会减半。分享就有这种力量。分享的感觉是没办法形容的，不亲身经历过，就无法感受其中的满足和愉悦。因为分享，我们的心灵充满了慰藉和温暖。懂得分享和给予，才能真正地懂得幸福和快乐。

农夫的妻子不幸去世了,无相禅师被农夫邀请到家中为亡妻超度。做完法事之后,农夫就请教法师:“大师,您的这次佛事能给我的太太带来多少利益呢?”无相禅师就回答说:“佛法就像甘霖,滋润众生,就像光芒,普照大地。你的太太无疑可以从中得利,但是得利的不仅仅是你的太太,还有众生。”农夫很不满意,说:“这样不行啊,我娇弱的太太可能会被其他众生占便宜,他们将夺走她的功德。能不能只为我太太诵经呢?不要让他人得利好吗?”

虽然无相禅师看到了农夫的自私本性,但是仍旧耐心地劝说农夫:“众生得利是好事啊,你看,天上只有一个太阳,但万物皆蒙照耀。让你的善心成为一支燃烧的蜡烛,然后把千千万万支蜡烛引燃,这样天地间的光芒就会亮百倍千倍,但是原先的蜡烛却并不会因此就减少光辉。如果人人都能想明白这一点,那我们每个人都能得到千千万万人的分享,每个人蒙受的功德就会更多,不是更好吗?在我们佛教徒眼里众生都是平等的!”

农夫无言以对,但是不甘心,就作出让步:“普度众生非常好,但是……”农夫断断续续地说道:“仍然希望您能破例,我的邻居老赵很不友善,他平时总是欺负我,我希望您能把他排除在有情众生之外。”无相禅师忍不住严厉起来,说:“既然普度众生,怎可能有除外?”普度众生即是佛法的高深所在,怎么只能为一个人超度呢?

每个人都有私心,这是人性使然,但也并非无法弥补这种缺陷。我们要明白一个道理:我们怎样对待别人,别人就会怎样对待自己。如果是自己导致别人的利益受损,那我们也分享不到别人的善心。

分享是一种爱,是一种流动的爱,分享裹挟着爱,所到之处尽是和谐与和睦。学会分享才会更快乐。当我们为取得好成绩的同学祝福时,我们自己也会感觉到喜悦。一本新的漫画书,叫来喜爱漫画的朋友一起看,这本书才会更有价值。

分享是人与人交往中的催化剂,敌人会因为分享而成为朋友,朋友也会因为分享而使友情更加甜蜜,分享也给平淡的生活播撒进快乐的阳光。

内心期待什么就能做成什么

内心的力量总是不可低估的,假如我们对生活一直抱有美好的愿景,即使遭到困难,也能创造出惊人的奇迹。

戴尔在读大学的时候,常听同学说起买电脑的事,不过那个时候电脑太贵了,没有几个人能买得起。戴尔就琢磨:“经销商的成本很低,利润为什么会这么丰厚?难道不可以让电脑直销给顾客吗?”他通过了解,有家机器公司规定,经销商往往每月不得不提取一定量的电脑,可是这些电脑很难全卖完。此外,倘若卖不完,经销商就会蒙受损失。

所以,他就低价购买经销商的存货,自己装配配件,调整电脑的性能。戴尔的电脑产品得到很多人的喜爱。戴尔发现了巨大的市场潜力,然后就登发广告,以零售价的八五折销售他改装的电脑。没多久,许多企业、政府机构和服务单位都到他那里购买电脑。戴尔当时是边上学边做生意,父母不希望他因此影响了学业,他父亲告诉他:“假如你准备创业,可以等获得学位之后。”

但是戴尔认为如果这样的话,可能会错过这个难得的创业机会。所以,他直接和父母商量:“我想要退学,我想要拥有自己的公司。”“你打算怎么做?”父亲说。“成为万国商用公司的对手。”他说道。“这怎么可能做到?”戴尔的父母十分吃惊,认为他太自以为是。可是戴尔不听他们的劝告,一直坚持着自己的梦想。最后,他的父母和他协商:他这个暑假试着去经营公司,如果失败了，9 月份必须回去上学。之后，戴尔全身心投入到电脑公司的运营中去，那时候他才 19 岁。

他按月付租租了一个小小的办事处，同时雇了位经理，主管财务和行政。广告的创意方面，他在一只空盒子底上画了一张电脑广告草稿，经过朋友重绘后送到报社去登。他依然直销从万国商用机器公司购买的改装电脑。首月营业额就达到了 18 万美元，次月就达到了 265 万美元，经过一年的努力，就达到了月销售千台的骄人业绩。突破性的策略让戴尔电脑很受欢迎。

等到毕业时，他的公司年营业额达到了 7000 万美元。之后，他不再通过改装电脑赚钱，开始研发销售自己的品牌电脑。现在，戴尔公司在全球拥有 16 个分公司，年收入超 20 亿美元，员工达到 5000 多人。戴尔的身价也急剧增长。如果不是坚持梦想，同时将梦想付诸行动的话，他现在很难跻身世界年轻富豪的行列。

我们的期待往往会成就我们的追求。每个人都可以过自己想要的生活。假如你一直认为自己的生活太消极，希望作出一番翻天覆地的改变，你可以不断地告诉自己："我的梦想能够实现。"你一定可以实现自己的梦想。

弥尔顿说过："境由心生。"心里存在一个天堂，就会生活在天堂里，心里如果是地狱，就只能在地狱里生存。人们的内心世界一直都影响着我们的生活，心里希望什么，我们就可以成为什么。既然如此，为何不往好处想，摒除那些不好的事物和想法，保持自己精神的纯净而快乐地生活呢？

生命的本质在于追求快乐

亚里士多德曾说，生命的意义就是快乐，有两种方法可以使得人们得偿所愿：第一，去发现快乐，让它变得更多；第二，发现不快乐，并尽量避免它。快乐的人并非时时刻刻都不曾经历黑暗和悲伤，只不过他们的快乐不会被黑暗和悲伤侵蚀而已。

不同的人生观和价值观产生了对快乐的不同理解。有的人觉得山珍海味燕参鲍鱼就是幸福，可有人不这么认为。有人把骑车当作卑微，有人却觉得这样更加美好和自由。所以，快乐有两类：自然和强迫。倘若一切如预期顺利，那么快乐就是自然而然的，无需特意为之。如果生活不是那么如意，又不愿忍受挫折带来的痛苦，我们就需要给予自己相应的心理引导。这就是强迫快乐。假如在顺心的情况下快乐，在不顺心的情况下也保持快乐，那么我们快乐的时光总是会加倍的。

现在整个社会这么浮躁，该如何拥有快乐的心态，做一个快乐的人呢？

首先，要改变过去单一的成功的思维标准。如今，人们往往都用单一的标准来衡量成功与否。在追求世俗所谓的成功时，为了别人眼中的"成功"标准，一味地追名逐利、贪慕虚荣，常常迷失了自己，在死胡同中无法回头，即使获得了所谓的成功也不见得多么幸福快乐。平坦则坎坷，天堂即地狱。

做最阳光的自己需要我们首先在思维上作出改变，要有正确的成功观，对成功的定义要完整、全面、多元，如阳光的欢乐和幸福只属于每一个本真率性的自我。

其次，自己掌握自己，不管他人是非。每个人都渴望被别人肯定和认同，这也是正常的心理需求，不过过分渴求认同感，心里的精神负担就会太大进而造成心灵扭曲。"只有获得其他人的认可，不然我们所做的一切就是没有意义的，就是毫无价值的。""工作如何不重要，重要的是获得别人的认可。”这种观念只会剥夺我们的快乐，越是努力越是与快乐偏离得远。

事实上，一般情况下，我们太高估自己的重要性了。西方谚语说道：“当你二十岁时，我们过分看重他人的看法和评价；四十岁的时候，我们就不在乎他人的看法了；等到六十岁时，我们才明白其实别人压根就没注意过我们。”

所以，没有必要时时事事过分在意别人的看法，如果别人认可你，大可欣然接受；假如未能如愿，也不必过分纠结。你应该为自己的工作和生活感到满足，快乐是自己的，别人无权干涉。

最后，竞争从不相信眼泪。如今职场十分看重效率和结果，职业竞争总是带着一些残酷性，一个人能否成功取决于能否调整好自己的情绪。瞬息万变的生活节奏之中，没有太多时间留给我们后悔和懊恼，我们要做的就是让过去的不快乐和不良的情绪消散，要快速排除心里的消极情绪，重新去开启美好的工作和生活的局面。

我们随时都有选择快乐的权利

当你遭遇挫折、面对失败时，内心十分低落，情绪糟糕到无以复加，你可以自己先冷静一下。打开一张纸，慢慢整理自己的心情，在上面列出自己的不快乐。此外，你还可以另找一张纸，在上面列出让自己快乐的事情，哪怕是细小的也要写出来，例如你的姣好样貌、你强魄的身体、家人的健康幸福等等。然后，将二者进行对比。此时，也许你会发现，快乐的因素总是多于悲伤的，所以，你没有必要把自己沉浸在悲伤之中。

多年前，有个女孩因误伤了别人而坐牢，刑满释放之后依然难以释怀，常到教堂里祷告，希望能够减轻自己的痛苦。看到了女孩的悲伤后，神父就关心地来询问她。女孩哭着告诉牧师：“我是很不幸的，我这一辈子都毁在这个错误之中了……”

听完这些后，牧师说：“看来你是自愿去坐牢的。”

女孩不解其意，说：“什么？我怎会自愿呢？”

牧师语重心长地说：“虽然你已经刑满释放，可是在你的内心深处，你是心甘情愿地停留在那里，难道不是一种自己画地为牢的行为吗？”

“我不太理解？”她显然还没有领会话中的深意。

“倘若你的生命之中经历了某件不好的事情，比如你看了一场悲伤的电影，环境是无法改变的，可是你可以改变自己；事实也是无法改变的，可你的人生态度可以改变；既然过去难以改写，我们为什么不好好把握现在；你无法控制别人，可你能够把握住自己；明天是无法预知的，可今天是可以把握的；你不能让每件事情都顺心，但是你可以在每个过程中尽力去做；生命的长度无法延伸，可是生命的宽度是可以自己决定的；天气你无法左右，但是你可以调节自己的情绪。”

生活本就充满了艰难和考验，假如我们还不断地给自己找那么多不快乐的事，心理负荷毫无疑问会不断增加。每天都要承担生活中方方面面的压力，也要忍受自己添加的负荷，这难道还不够愚蠢吗？

着眼于过往的不快乐是十分愚蠢的，可以停下来看看如何停止不幸：因为我们脑海里充满了不快乐，让我们对现在的生活产生了悲观的情绪，因此我们会更加不快乐。这样的话，我们只需要不再想这些，不再用悲观的态度对待自己，一切自然就会截然不同。

我们要明白，我们时时刻刻都可以让自己保持快乐。

活着,就是一种幸福

有个年轻人对生活厌倦了,感觉什么都是痛苦的。为了让生活刺激些,他报名参加了一项挑战极限的比赛。规则是:只能一个人在一个山洞里,没有光也没有粮食,每天只提供五千克的水,活动将持续整整五天。

首日,他觉得很刺激。

第二日,他就感到饥饿和恐惧来临了,周围一片漆黑死寂,他开始向往曾经的无忧无虑。

他想起了家里的老妈妈来城里看他的时候,送来了一些吃的和孙子的鞋子;他想起了终日相伴的妻子寒冬夜里为他铺床暖床;他回想起了儿子第一次给他递水;他甚至想起了与他发生争执的同事过去帮过自己很多……慢慢地,他对自己以前的生活态度感到很后悔:庸庸碌碌,懒散怠慢,敷衍冷漠,无所事事。

第三天的时候,他已经饿得不行了。但是人世间那么多的美好他舍不得放下,就继续坚持了。最后的两天里,他继续在饥饿和恐惧中反思着自己的过去,也对未来抱有更大的期望。

他责骂自己很少去看望妈妈;在妻子分娩的时候没有好好照顾而感到遗憾;他后悔受闲言闲语影响跟好朋友反目成仇……他感到他要努力去改正的事情竟如此之多。但是他都不知道自己这一回能不能活着走出去。现在,满是泪水的他看到:门打开了。一缕缕阳光照了进来,眼前的白云,芬芳的花朵,鸟虫的鸣叫——他重新回到美好的世界和生活之中。

他被搀扶着缓缓走出山洞,脸上的微笑显得十分意味深长。这五天里,他不停地告诉自己,鼓励着自己:活下来,才是真正的幸福。

当死亡的包袱被放下后,放开自己的心胸,认真过好每一天每一分每一秒,你才会真正体会到生活的美好。

不必理会周遭的烦恼、痛苦和难过,所有这些都不过是生活的插曲。生存,就代表着拥有幸福的机会和资本。活着本身就是一种幸福,没有什么比鲜活的生命更值得人们珍惜的了。

活在当下,不透支生活的烦恼

寺里的小和尚每天清早都会起来打扫院里的落叶。

这是一件很烦人的事情,特别是在秋冬之时,每当风起的时候,树叶会随着风到处乱飞。每天早上都需要好几个回合才能打扫干净,小和尚为此很是烦恼,他想找一个办法减轻自己的负担。

有一天一个和尚跟他讲:"下次你在扫地前把树用力摇一下,多摇下来一些落叶,以后就不需要扫了。"小和尚心想这个主意不错,他在第二天早早地起来,用力摇树叶,以为这样他就可以轻松一些。这一天小和尚都很高兴。

次日,他起来到了院子里,傻了眼,落叶还是飘满了院里的每个角落。老和尚走来看到后,说道:"小和尚,不管你今天如何付出,明天的叶子依旧会照常掉下。"小和尚幡然醒悟了,生活中很多时候只能顺其自然,只有过好每一天,才能够真正享受整个人生。

一位哲学家说过:"过去以及将来不是代表着'存在',只是'曾经存在的'以及'有可能'的。只有现在才是真正的‘存在’。”

活在当下才能全身心地去感悟和体验生活。如果每一天的生活，都没有过去在拖后腿，也没有未来在催促你，你就可以释放激发自己所有的能量，生命才能够拥有巨大的爆发力。“当下”给你一个深深地潜入生命水中或是在生命的蓝天翱翔的机会。两侧都充满危险——“过去”和“未来”是人类面临的最危险的事。生活在过去和未来之间的当下仿佛是走钢丝，它的两侧都很危险。可是如果你体会到“当下”的快乐，危险就显得微不足道了；如果你和生命的步调是一致的，那么你就能掌握整个生命。

人们常常说“活在当下”，可是到底何为“当下”？你正在做的、正在住的以及你周边的人和事就是“当下”的定义范畴。“活在当下”，好好地品味和接受这一切。

其实，很多人都没办法做到这一点，他们总有其他想法，无法专心致志，想着明天或者明年的事情。他们徒费精力在遥不可及的将来，但却不重视眼前所遇到的问题，这些人永远也不会得到快乐。有人这么说过：“有时候你处心积虑去寻找快乐，常常无处可寻，只有让自己过好‘当下’，聚精会神地对待此刻的生活，快乐才会慢慢发酵。”也许有时候，生命的意义就是看看身边的美景，欣赏沿途之中的鸟语花香而已。其实，昨天早已过去，明日无法预言，唯有“当下”才是生活给予你的最好的礼物。

很多人热衷于处理未来的烦恼，企图一劳永逸。可是，如果烦恼明天才来到，今天是解决不了的，那就好好完成当天的功课吧！正确对待每一天的生活，珍惜此时此刻，才能够真正理解何为快乐。

幸福在于失意时的忘却

人们常常问：“当爱变成往事，回忆会变苦还是变甜？”我们总会碰到类似的问题，人们都认为失去是一件极其痛苦的事情，一想到分手的时候带来的伤害，总会让人痛不欲生。但有的时候有人却这样想：“就算分手了，我记住的也是甜蜜，对于痛苦我选择遗忘，留在记忆里最多的依然是爱情带给我的美好和快乐。”是的，大部分时候，我们之所以感到伤心，无非是因为我们过于执念，难以忘怀曾经的伤痛，我们常常高高挂起这些痛苦的记忆，日思夜想，难以忘记，如此焉能获得真正的释怀？因此，每当失意之时，反而要学着忘记，将那些不快抛到身后，方可拥抱快乐，体会到新生活的美好。

每个人活着，风霜雨雪总是一路扑面而来，当遇到困难的时候，如果能够看开就是天堂，反之则是地狱，时间是一副好药，它治疗你的伤势，让你怀着新希望重新上路。

人生就是一次旅行，难免有崎岖挫折，但也会有各种各样的风景。如果我们的心一直都是封闭着的，就会寻找不到目标，丧失自己的激情以及丢失了生机，如此一来，生命的彩虹岂能有光彩照人的时候？假如我们能够保持一种积极的心态，就算面对各种困难，也必定会有“乘风破浪会有时，直挂云帆济沧海”的日子。悲观失望者一时的呻吟与哀叹也许可以博取旁人一时的怜悯，但最后还是会遭到他人鄙夷的目光；如果能够保持乐观，时刻艰苦奋斗，最后收获热烈的掌声的同时，也收获了饱含敬意的目光。

虽说人与人的生命际遇迥然不同，可是命运是公平的。不畏浮云遮望眼，关键取决于你是否能够选择好的景色，回避那些不好的景色。倘若你心中总是藏着失败的阴影，那么你将永远都会裹足不前。

怨天尤人和自甘沉沦看起来好像是面对失意环境最省事的方式，其实不然。每次受到伤痛的时候就难以忘怀，其实只是自己惩罚自己而已。好比说初恋，并非由于你不够好，也不是自己运气的问题，只是在错误的时间遇到错误的人罢了。不合适的人在不合适的位置上总是不合适的，所以不如分开为妙。但你一旦沉沦的时候，你的脑海里满满都是伤痛，又如何去接纳那个潜在的真爱呢？一个大脑如果塞满了陈旧的回忆，将无法接受新的东西。

生命中的无可奈何已经足够多了，在我们的面前存在着各种各样的道路。把那些不属于自己的东西忘记，放下负担才能奔向新生命。忘了那些琐碎，给自己减减压，把烦恼抛到脑后，让自己欢快起来；为了自己的梦想，忘记那些苦痛。遗忘，刚开始很难，做到了也就一切都豁然开朗了。

只要有一颗清净的心，即能领取幸福

1918年8月，曾经风度翩翩让世人赞赏不已的才子、名人李叔同和妻子分离，自愿出家当和尚，法号为弘一。如今，只要是读过弘一法师书籍的人，大概都会对他的话语记忆深刻，那只是最最一般的白菜，可是他每次吃的时候，都仿佛在享受美味佳肴一样。他的朋友说："有他，什么都变得很好，不管是旧毛巾、草鞋、萝卜、白菜抑或是草席，都很好……"

也许你怎么也想不到，他是出生在"黄金白玉非为贵"的有钱人家里。"惜衣惜食，非为惜财缘惜福；爱人爱物，到了方知爱自己。"如此懂得珍惜眼前的一切，怎么可能会感受不到幸福、快乐和安详呢？

现实生活中，幸福的定义和标准总是千变万化，可是这也需要发现的眼光。幸福是没有同一概念的，只要你愿意去发现，愿意用心挖掘，即使是一声轻轻的关心，一声亲切的慰问，一阵柔爽的微风，或者只是平时生活里的琐碎，这些都可以让你感动，只要你愿意用心灵去捕捉幸福。

浮华和喧嚣常常让人迷失。圣人云，淡泊明志，宁静致远。只有在简单朴素的生活氛围之中，才能发觉生活里的小幸福。幸福总是存在于每一个细小的角落，它就像静静地在草地上吐露芬芳的小花，它不附和于谁，也没有高低贵贱之别，只要你有一颗纯净的心和善于发现的眼，你就一定能体会到幸福。

学会说"已经很好了"

有一次同学聚会，晓晓狠狠下了一番工夫。买衣服，做头发，折腾了好一阵。大学毕业快十年了，怎么着也略有积蓄，谁都想让自己在同学面前仍然青春活力。

只有她，还是那么的寒酸。旧的衣服，暗淡的脸色，胡乱扎了个马尾，骑着一辆自行车赶来。大家都知道她的情况：她下了岗，丈夫又出了车祸，她一个人打几份工。甚至晚上还要给人看自行车赚点钱。

聚会上，同学们都在抱怨，怨这怨那，怨房价太高，怨工资太低，怨生意不好做，怨交通拥挤。发了财的说现在的人都变坏了，没发财的说商人奸诈，当官的显摆自己的权力，平头百姓则假装着清高说反腐倡廉……只有她，一个人静静地笑着，守着面前的几盘菜。

她没有抱怨，而是劝大家："多吃菜呀，看这菜多好，糟蹋了就可惜了。"晓晓问她："你怎么能这么平静呢？"她说："已经很好了啊！"

"已经很好了？"

"是啊。"她说,"你看,我下岗后马上就找到了工作,孩子很听话,丈夫的身体也越来越好了,医生说如果再晚送一会儿他就没命了,而他现在还在我身边,这多好啊。还有,你看,我们老板还放假让我来参加同学会,我又能看到大家了,多高兴!"

这件事值得我们深思,我们原以为故事中的她会像祥林嫂一样不停地诉苦,抱怨上天对她是多么不公平,但她没有,她反而很感谢生活的赠予。

如果我们经常对自己说一句"已经很好了",那么,我们的生活就会满园春色,树梢枝头都挂满了那种叫作幸福的露珠儿。

然而在生活中,我们绝大多数人恰恰相反,只看自己没有的,却不看自己已经拥有的。

为什么我们每天都在埋怨上苍的不公平,总是感慨生得不是时候,总在感慨着命运不济?其实,我们已经拥有很多的东西了。

现在,让我们来清查一下自己的财富:

如果早上你发现自己再次醒来,你就比在这一周离开人世的100万人更有福气。

如果你从未经历过残酷的战争、被囚禁的孤寂、受折磨的痛苦和忍饥挨饿的难受……你已经好过世界上五亿人。

如果你的冰箱里有食物,有足够的衣服穿,有屋容身,你已经比世界上70%的人更富足。

如果你有存款,钱包里有现金,你已经身居世界上最富有的8%的人之列。

如果你的双亲仍然在世,而且仍然在一起,你已属于稀少的一群。

如果你有一只手可以握,拥抱他,或者只是在他的肩膀上拍一下……你的确很幸福——因为你还有朋友、恋人或是亲人。

如果你能读到这段文字,那么,你更是拥有莫大的福气,你比20亿不能阅读的人更幸福。

看到这里,请你认真地对自己说:"哇,原来我是这么富有的人。"是的,想到这些,你为什么不快乐呢?换一种心态看待生活,其实我们已经拥有了很多,不要将时间浪费在叹息中,那样只会自己身心疲惫。

你手中握有翻转人生的秘密,这的确不是在吹牛说大话,关键是你有什么心态。

许多人的一生都是在追逐,可到头来没有什么是真正属于自己的。如果追求不能使生命更灿烂,反而更沉重,那还有什么意义呢?

重视自己所拥有的,当你觉得仍不满足的时候,别忘了对自己说一句"已经很好了"!

第二章

包容人生的困难挫折，化解苦难

第一节　苦难是人生的一笔珍贵财富

永不绝望

机遇眷顾每一颗百折不挠的心。只有从重重困境中走出来，才能发现柳暗花明又一村。

美国著名残疾运动员麦吉的事迹很好地说明了这个道理。他22岁的时候，前途一片光明，刚刚完成美国耶鲁大学戏剧学院的学业。某一天晚上，在第五大道第三十四街上开来了一辆大货车把他撞倒，当他苏醒过来的时候看到自己在病房里，左腿因为伤得过重不得不截肢。

他没有放弃自己，8年多的时间里，他坚持训练，努力把自己变成全国优秀的独腿运动员。事故之后的第一年里，他每天都跑步，没过多久就参加十公里跑步比赛。后来甚至参加了纽约和波士顿的马拉松比赛，创造了伤残人士参加该比赛的新纪录，他成为了世界上跑得最快的独腿长跑运动员。

后来他还参加三项全能比赛。这个挑战显然十分艰巨，游泳3.85公里、骑车180公里以及42公里马拉松。对于麦吉而言，这简直比登天还难。然而，更悲惨的事情发生了。1993年6月，他在参加三项全能比赛的时候，以56公里时速骑车，在米申别荷镇的时候在众人中遥遥领先，观众们都欢呼雀跃。突然，观众们尖叫起来。他转过头一看，一辆黑色货车开了过来。

那时，比赛的场地是完全封锁的，周围有很多警察，没人知道这是怎么回事，竟然会有一辆小货车开了进来。

麦吉怎么都不会忘记这场横祸。观众们高声尖叫，他的身体跟着飞出了马路，一下子撞到灯柱上，颈椎也断了。在被抬上救护车之后他晕了过去。当他在脊椎手术结束后，他看到自己身处病房，四肢无法动弹。他看到周围的护士都在哭，看他的眼神中充满了同情。这一年他刚刚到而立之年。

他的四肢都瘫痪了，只有部分神经能够活动，使他能够稍稍抬起手臂。在轮椅上他能够稍微前倾，也能够做一些比较简单的动作，双腿最多也可以抬起两三公分。

当他发现四肢还有感觉的时候，他十分激动。因为这样他就可以自己照顾自己，不需要别人时刻在旁侍候。通过不断努力，麦吉觉得自己还算是比较幸运的，因为他已经能够自己穿衣吃饭了，还能操纵特别为他打造的车子。医生们都很震惊。

医院对他进行的治疗十分痛苦。他们先是让他戴上头环：这是一个钢环，通过装在颅骨上的螺钉来固定，麦吉身体旁的金属板和头环上的金属条是连在一起的，这可以固定他的脊椎。这个过程中只可以采取局部麻醉，医生在麦吉的前额拧进螺钉，这是常人难以承受的。

护士时常给他抽血，或在膀胱里插入一根导管，或者拧牢钢环的螺钉。就算是这些最简单的治疗操作，也会让他疼痛难耐。他十分沮丧，看不到未来，也看不到希望。经过两个月的脊椎治疗，他被送到一家康复中心。他住的那个楼层中，周围的病人都是和他类似的情况。他这才知道有这么多人跟他一样不幸。多年前痛苦、寂寞不停地锻炼、恢复又都浮现在眼前。

因此，他曾经永不屈服的精神和意志又被激发了出来。他告诉自己说："这些你都已经经历过了，也知道要怎么做。你要不停地锻炼，不放弃，不屈服，肯定可以取得很好的康复效果的。"

之后的一段时间，他充满了斗志，康复的速度超乎了医护人员的想象。第二次车祸之后不到半年时间，他重新回到社会，并能独立生活。又过了半年，他被邀请参加一次三项全能比赛大会，他发表了题为《坚忍不拔和人类精神力量》的演讲。演讲结束以后人们都围着他，不停地称赞他。"你真棒！"人们对他敬佩不已。

可是无论如何努力，他都要面对现在的自己：他的手臂永远都无法抬高过头，并且他也没法再行走了。

1996 年，他得到了将近 400 万美元的赔偿，他决定到夏威夷居住。他借口说想找个静的地方写回忆录。实际上，他是为了逃避。麦吉有个不愿让人知晓的秘密：他有了毒瘾。在摔断脖子半年之后，毒品的出现告诉他："试试看。你受尽了苦难，人们会原谅你的。"

他也这样想："是的，别人不会怪你的。"

有一天，在吸毒以后，麦吉坐轮椅来到一条公路的中央。这是他曾经跑过马拉松的阿里道。这里曾让他辉煌过，但是此刻他却沉迷于可卡因。他陷入沉思：选择生存还是死亡？"我仅仅 33 岁，不可以这样下去，"他告诉自己，"我也不希望这样，可是这一切难以改变了，而唯一的出路只有坚强地生活。"

虽然还不清楚接下来该具体做些什么，可是他知道：如果继续这样下去，他的人生就结束了。因此，他开始努力开导自己："可能这并不是一件坏事，可能是上天特意赏赐我的，让我在无限的逆境中迸发最强大的力量。"

他开始着手行动了。麦吉现在住在新墨西哥州，他以"神话史上的残疾男人"为主题写了一篇论文。此外他亦开始攻读神学博士学位。

松下总裁松下幸之助说过："人生就像航海，总是浮浮沉沉，不会一直都痛苦，也不会一直都辉煌。一切苦难与反复，都是人生的历练。因此，当处于低谷时，不需要悲观；当处于高位时，也没有必要自傲。我们应该时时刻刻保持谦卑谨慎坚强乐观的心态，不断前行。"

罗曼·罗兰说过："痛苦就是犁，它在弄碎你的心灵的同时，又开拓出生命的崭新田地。"如果想要有所作为，就必须保持积极的信念，我们要学会在挫折中成长，在苦难里学习，我们要知道：不经历千百回的摔打跌撞，没有哪只雄鹰可以自由翱翔。

每个人都是有理想的。可是，能够在自己的理想领域中获得成功的人毕竟是少数。因此，理想不稀缺，稀缺的是永不绝望的信念。我们不得不承认，挫折确实会让人感到恐惧。可是换种角度，挫折能够压倒的也只是表面而已，它永远无法压倒人们内心那"永不放弃"的信仰。

其实，你可以学着淡忘过往的所有失败和挫折，无须太过在意，可能接下来你会感到轻松与自在。每当遇着挫折时，大胆地展望未来，在心中告诉自己："永不放弃。"倘若在内心深深种下这种信念，成功一定会来到你的身边。

其实，只要你有信心，所有的希望都会向你靠拢，成功的女神从来都不会抛弃我们，人生永远充满希望！

每天给自己一个希望

世界之大，每个人都试图寻找永久的快乐和幸福。可是，人生不如意十之八九，伴随着各种磨难和困境,让人感到极大的痛苦和失望。这样,我们往往会被失望所牵绊,并使我们沉沦到命运的深渊。当遇到人生的大挫折时,只有希望才会让我们感到温暖。

一个医术十分精湛的医生,当他到达事业的巅峰期时,他得知自己患有咽喉癌——作为医生,他很了解这些,他自己多年来也一直在潜心研究它。

但当刚得知结果时,他的内心还是充满了震惊、惶恐和不甘,甚至感到异常愤怒。因为丰富的工作经验使他大概知道自己的生命旅程只剩下最后的六个月到一年的时间。

经过冷静的思考以及认真的自我分析,他开始强迫自己坦然接受这个现实,可是,他也希望能够在不多的时间里,在有生之年里,认认真真、快快乐乐地体会生命的含义,摒除一切的压力和负担,用新的视角去审视自己和世界,用一颗感恩的心去关怀人和事,尽量过更充盈、更富有张力和意义的生活。

想通了这一切之后,他的心态发生了巨大的变化,他学会了珍惜,热爱身边的一花一草;对自己的家人和朋友,有时候对于陌生的人,都是微笑面对;每天早上运动时,他总是笑容满面地和人们打招呼问好;每次给患者看病的时候,比起以前,现在他显得更亲切了。

在生活里,他也开始关爱家里的花花草草,天天给它们浇水,这些茁壮成长的小生命让他有所启发。

逐渐地,他发现了生命原来如此丰富,而生活原来也可以装满如此多的快乐。他怀着感恩之心度过了一天又一天,对每一天都抱着很大的希望。半年,一年……现在,他已经度过了他的第六个年头了。但是他还是健康地活着,对于死亡,他早已不在意。

有人问他什么力量让他可以坚强地走到今天,他认真地说道:“就是心中的希望!我内心会萌生无限多的小小希望,例如希望花朵盛开,希望自己的患者早日康复,早上去运动的时候希望能够遇到新朋友……正是这些细小的希望,让我感到每天都很充实,自己的存在也变得很有意义……”

其实,人们前进的最大动力就是对未来的希望,这也是生命延续的坚强支撑。只要活着,就是希望,是的,如果你一直有希望,人生就不会凋零。心中的希望可以不用很伟大,它有时候只是生活中琐碎的小期待、小期望、小快乐、小理想,例如今天去逛街,明天去观看比赛,后天跟朋友们聚一聚,下半年出去旅游一下……也许在旁人眼中,这一切都那么微不足道,可是,对很多人来说,这些都是乐趣,也能够带来期待,因为这些希望承载了很多快乐。

其实,世事总是难料的。我们无法掌握机遇,但可以把控自己;未来无法去预测,但是现在可以掌握;我们不能选择自己想要的天气,但是我们的心境可以自己控制;生命的长度我们无从得知,可是当下的日子我们可以好好度过。生命需要希望的点缀,只要让自己保持希望,人生一定会充满色彩。

坚持每天都有希望,才不会失去目标丧失信心。希望能够使生命的潜能爆发出来,它也是生命扩张的催化剂。给每个崭新的日子树立崭新的希望,我们会活得更有姿彩,更有激情,更不会去在乎悲伤,枉费精彩人生于虚度消沉。在有限的生命里,希望是没有终点的,只要我们天天都给自己希望,这些小小的希望就可以堆叠成丰富多彩的人生。

让自己保持希望,就算是多么微小的世界,我们只要有充分的信息和恒心去实现,就可以收获满满的快乐和丰盈的人生。

让自己保持希望、一个目标、一分信心、一点让生命爆发的力量,就足以撑起自己美妙的人生。它会时刻提醒我们:你的生活是快乐的,做起事来自然十分欢畅,你能够和自己想念的人聚一聚,你的家人也会拥抱快乐和健康,孩子的学习会有进步,所有的烦恼都不过是浮云……

让自己保持希望,不要烦恼明天,也不必叹息昨天,专注地面对和珍惜当下的美好今天;用微笑去迎接朝霞,用欢乐送去晚霞,让夜晚充满快乐。其实,我们的生活能够很充实和潇洒。

在有限的生命里,让我们树立无限的希望。生命是无价的,生活也是无价的。只要我们一直都保持充满希望的心态,灿烂的人生定会不请自来,精彩的人生必会时常光顾!

成功的路上布满荆棘

成功之路并非坦途，它有着无数的困难和辛酸、挫折和煎熬。又或者，所有成功者总是在积累了很多的失败之后才成功的。人生的奋斗之路上，有的人会时不时地回头张望，时不时地自怨自艾，把自己遗失在人海里；有的人虽然走得很远，却也未能到达彼岸，其间的失败让他失去了信心，力不从心，不得不偃旗息鼓；还有的人已经历经沧桑，距离成功只差那么一小步了，最后却倒在了黎明来临的前一刻。

英国著名小说家史密斯说过："命运对我们的最大眷顾是让我们跌倒，而且我们每次跌倒的时候都能爬起来！"也因为这些困难和挫折，我们才会变得更坚强。

失望、失败和挫折是生命路途中的必修课。每一次挫折，都会让我们对生活有更深的理解；每次的失误，也会让我们更进一步领悟人生；每经历一次磨难，对生命真谛的揣摩便更透彻一层。因此，如果希望成功、幸福，想要生活充实、快乐，必须要参透生命这本真经。成功之途总是一路伴随着坎坷和荆棘。如果你无法击倒它们，就会被它们击倒。任何人的成功都是从失败的废墟中迈出的第一步开始的。任何成功者的身后都有许多次失败的累积。

米切尔是一个作家。刚开始，她给出版社投稿总是屡屡碰壁，她收到的退稿信达到1000多封，当时她甚至为生计发愁不已，可是，米切尔不愿意屈服。她回忆道："那个时候我确实很苦恼，也有过放弃的想法，不过我不断反省：'我的作品为什么被拒绝呢？肯定是因为我的作品并不是很好，因此我需要不断升华自己。'"在不断地努力下，《乱世佳人》出版了，这次的成功是建立在一次次的退稿之上的，那些退稿信都成了通往成功殿堂的垫脚石。

哲学家萧伯纳说过："成功的花总是开放在肆意的风吹雨打之后。"也是由于失败，以及失败后的不放弃，《乱世佳人》才会在全球掀起新浪潮。成功不是坦途，虽然会有风雨，但也会有阳光，如果你把失败当作前进的台阶，乐观对待这些，就不会被击倒。失败何尝不是人生路途中的美妙之曲呢？

经历了很多次的实验失败之后，爱迪生安慰他的同事说："这并不是失败，我们已经知道有1000种方法是不可行的，这些都将为我们获得成功作好铺垫。"爱迪生通过10000多次的实验，才发明了电灯。当他发现很多不能用的物质时，他没有气馁，最后终于找到了合适的材料。

有个记者问他："先生，你经历了10000次失败，你有什么想法吗？"爱迪生说道："年轻人，你的经历还太少，因此我要告诉你一个对你很有启发的事情。我那10000次并不能全算是失败，不过是找到了10000种不能够使用的方法而已。"

成功者都值得我们认真学习，当遇到挫折时，不是选择放弃，而是继续向前进，他们明白，不应该轻言放弃，要坚持追寻最后的成功机会。

在我们漫长的一生中，我们总会发现自己的缺点，并进而调整自己前进的方向，改变自己的心态，不断奔向最后胜利的终点。把失败视为新的起点和新的机会，把失败踩在脚下权当下一步的垫脚石，将路过的风景都细细品味过，这种人生多么豁达！因此，正确地看待失败，正确地接受它，就会出现新的转机，最后一定会守得云开见月明。失败其实是一种成长也是一种经验，如果你换种方式看待，就可以把它当作上天的一种恩赐。

失败和挫折是生活中不可缺少的音符。人们有时候是通过失败和真理进行沟通的，经历失败的人才会从内心去反省自己。成功的拐点一般都是失败和挫折。人生本就不会顺顺当当，失败几乎全程伴随着每一个人的生命旅程。也只有经受住了考验，才能够振翅而飞，飞向成功。

世上只有不肯快乐的心

世界上哪来的百分百的幸福感，关键要看你自己怎么看待生活。你要自己掌握自己的舵盘，自己给自己下指令，选择自己的道路。

有几个青年人想去寻找快乐，但是最后他们找到的只有烦恼，他们决定请教苏格拉底：“如何找到快乐？”

苏格拉底告诉他们：“你们先帮我弄一艘船！”这群年轻人不解其意，不过既然是请教别人，不听他的话不太好，他们想可能把船造出来后苏格拉底就会告诉他们答案。

于是，他们开始全身心地造船，找了许多工具，花了将近50天左右的时间，终于造了一艘船。

当船下水的时候，他们邀请了苏格拉底，一群人划着船，唱着歌曲荡波水上。此时，苏格拉底问道：“现在你们有没有感到很快乐？”他们一起说道：“很快乐！”

接着，苏格拉底说：“快乐其实是心灵的感受，它其实藏在生命的每一个角落，不需要特意去发现；此外，我们也能自己创造快乐，就算是别人给予的，其实也来自我们的努力和付出。是的，我们周围其实充满了快乐，但是很少人能知道这一点。”

如果你看待生活的方式是乐观积极的，你会发现“青草池边处处花”、“百鸟枝头唱春山”；如果你看待生活的眼光是悲观消极的，你会发现“黄梅时节家家雨”、“风过芭蕉雨滴残”。就算是打开同一扇窗户，有的人能够发现夜晚的繁星点点，月儿皎洁；另一些人却只看到外面漆黑一片。一个有着积极心态的人能够在黑暗中找到灿烂，提高自己的信心，心态的积极与否往往决定了你的人生轨迹。

悲观会让人生的道路变窄，乐观则有助于拓宽人生的轨迹，睿智的人往往都会呈现一种乐观豁达的生活态度。在日常生活里很容易找到悲观的身影，然而乐观则相反，它需要人们用心去找，处处保持良好的心境也不是那么简单就能得来的。人生有许许多多的无奈，抬头凝视夜空中的斗斗繁星，低头看看大地，满眼都是灿烂的春光……如此乐观的心态自然能够让人领略到不一样的景色。

有一个磨坊主，他住在河畔，人们都说他是全英国最快乐的人。他在附近这一带非常有名望。有一天，满心忧虑的国王想见见他。

“我希望能和这个磨坊主聊一聊，让他告诉我怎样才能快乐。”当国王到达磨坊主家时，磨坊主告诉他：“我并不认为自己有多好，只是我的快乐都是自己给予的，从不依靠外物或别人的施舍。”

国王对他说：“其实我很羡慕你，如果我能跟你一样没有烦恼，我甚至可以把王位让给你。”

磨坊主听完以后，对国王说道：“你必然不能跟我调换位置，国王。”

“为什么你会在这满是灰尘的磨坊里这么快乐？可我呢，虽然是一国之主，但是每天的生活却充满烦恼？”

磨坊主笑了：“我也不清楚为什么你会烦恼，可是我可以告诉你我快乐的秘诀。我很爱我的亲人和好友，他们也十分爱我。我靠自己生活，不亏欠任何人。我还需要烦恼什么呢？此外，磨坊外的小河能够让磨坊顺利运转，这样我就可以经营我的磨坊，让我一家子都能解决温饱。”

“好了，”国王对他说，“我希望成为你，你的磨坊看起来比我的王座还要好啊！我的王国带给我的快乐还没有你的磨坊带给你的多。要是每个人都可以如你这般知足常乐，这该会是个多么美好的世界啊！”

生活中常有这样的场景：心情愉悦时，只是沏一壶好茶，也会觉得身心愉悦，也会感到快乐；可是有时候面前都是好东西，如果心情不好，还是觉得索然无味。因此，人们都会说，快乐不是一部分人专享的，它是属于每一个人的。无论是谁，如果不用为温饱发愁的话，自然就会从内心感到平和和快乐。是否能够快乐，取决于你能否发现人生中的快乐，能否保持一颗积极的心。

如果地震把很多人埋在废墟中，不同的心态决定了他们能否顽强地存活下来。那些悲观绝望的人很容易因为意志崩溃而导致身体能量系统不能有效地工作，身体的能量不断流失。再加上缺少足够的水和食物，这一切都把他们推向死亡的边缘。可是有的人却意志坚定，对未来充满了信心，这些信念一直支撑着他们坚持下去，最终帮助他们度过险境。

乐观的力量是如此强大，它能够撑起整个生命的重量。如果希望自己活得淡然从容，不被各种琐碎缠绕，就要学会使用智慧来解决问题。

乐观、积极、快乐的心态是快乐生活的根本前提。当遇到困难时，不要紧张，把它们当作挑战也当作机遇，要相信困难终会过去；同时在逆境之中不轻言放弃，要知道逆境只是人生中的一次历练，在这个过程中磨砺自己的意志力，相信逆境也是暂时的，积极地应对它，成功定在不远处向你招手。

懂得欣赏路边的美景

人生就是旅行。很多时候我们只顾着埋头赶路，可是常常忘了欣赏身边的景色。

有次王强出差，火车里十分挤。他和一位老人一起站在窗户边，周围人挤人十分难受。人实在太多了，如果有座位该多好，王强心想。

因此，他问了问旁边坐着的男子："你是去哪儿啊?"男子说："下一站就下车了。"王强一听就有精神了，准备等他下车后赶紧占座位。

下一站到站后，那位坐着的乘客起身下车。当王强准备坐下来时，一个高头大汉突然冲过来把座位抢了。

王强十分恼火，狠狠地看着他，却也拿他没办法。没多久，在一片喧闹中王强听到旁边的老者轻叹了一声。老者凝神窗外，嘴角微微一笑。王强顺着他的目光看过去，原来是条河，阳光洒在河面上，还有几艘小船。

"你看窗外景色多么迷人!"老人说。

王强敷衍道："嗯。"

老人又赞叹道："那些田地、河流和山川真是好看极了!"

王强笑了笑。老人奇怪地看着他："错了吗?"老人突然醒悟了："你是觉得我迂腐吧!"

老人沉默了一下，意味深长地对王强说："青年人，你们都忙着抢位置，可是却忘了外头的景色，太遗憾了啊！难道不能用欣赏的眼光看待周围的一切吗?"

王强心中微微一震。

老人继续说："当年的我啊，也常常因为眼前的利益，与很多美好的事物擦肩而过；如今，这些我都不在意了，我只希望多体会下外头的景色。"

王强默然，片刻之后也开始欣赏窗外的美景……

旅行有些时候和人生一样，都是从一端出发，在另一端到达，可是不同的人在路上做不同的事，最后的结果也不一样，感慨也各不相同。而那些最享受的旅客就是懂得欣赏沿途美妙风光的人。

人们为什么要将从生至死的短短几十年用在前进的脚步上，却忽略掉过程的美好呢? 由于很多原因，我们只想快些到达终点。可是偶然的机会，不经意间你发现了途中的美景，比你的目的地更美好。

随着社会的进步，人们变得愈发匆忙，眼中只有物质与金钱。在竞争中，人们消耗了大量精力，遗憾地错过了路上的风景，最后却发现自己遗失了最美好的东西。

我们身边处处都有美景，都等着人们去欣赏。在人生的旅途中，不同的人会看中不同的景色。这没有关系，两种风景根本不分伯仲。享受结果的同时也享受一下过程吧！将所有美好都收入囊中吧！

让自己微笑如花

达·芬奇之作《蒙娜丽莎的微笑》举世闻名，因为她的微笑是最有魅力的。微笑让我们从心里美丽，让我们接纳世界，并被世界接纳。当你收获一个真诚微笑的同时，心情也在好转。

将微笑深化到为人处世上就是一种向上豁达的态度。在某种程度上，微笑可以帮助我们发展事业，赢得人生。底特律的歌堡大厅曾在几年前举行了一场关于汽艇的展览会，颇受人们欢迎，在那里，展览出售着各种型号的船只。在那里，有家汽艇厂失去了一位很大的顾客，可是另一个厂家的微笑却将这位顾客留了下来。

故事并不复杂，有一个富翁，他的家乡是中东的产油国，他和推销员交流自己想买汽船的想法。推销员对此求之不得。他非常小心地与富翁交谈，但他没有什么表情，更不要说温暖的微笑。

富翁认为推销员冷静的面容让人怀疑，没有真诚和可信而言，他离开了。在这之后，另一名推销员用自己的微笑和热情招待了他。他的笑容就像春天的细雨一样，富翁觉得很舒服，他又开始和这名推销员交流自己想买汽船的想法。

这位推销员微笑着向富翁介绍了自己公司的产品。富翁订下汽船之后和推销员说："人们对我欢迎与否非常影响我的心情，你的笑容告诉我，整个歌堡大厅没有人比你更喜欢我了。"次日，富翁付完其余的现金，带走了汽船。

显而易见，微笑比华服更能装饰一个人，更让人舒服。微笑是人与人相处的润滑剂和加温器，笑对他人的人更容易被接纳。因此，成功者都懂得如何更好地利用自己的微笑。

大家都觉得衣着打扮对自己重要，也是这个原因，平时大家也对仪表穿着关注最多，十分害怕因衣着不当影响自己的人际关系，进而影响自己的事业和生活。其实，同穿着打扮一样重要的就是微笑。有时候，一个微笑比什么都重要。

在这里，我们必须谈谈希尔顿旅馆了，那里的微笑举世闻名。

希尔顿生于1887年，他的家乡是美国的新墨西哥州。希尔顿在还很年轻的时候从父亲那里继承了2000美元。此外，他带着自己存下的3000美元，一个人去了德克萨斯州，并在那里拥有了自己的第一家旅馆。

当他把旅馆资产增加到5100万美元的消息告知母亲的时候，得到了这样的回答："在我的眼里你没有变，也许区别仅仅是你的领带比过去脏了而已。你要拥有的东西远远不止5100美元。诚实不是唯一要做的事情，更重要的是宾至如归和吸引力，这个办法简单易行而且不费本钱，又能行之可久。不这样做，你不可能成功。"

这之后，希尔顿开始了思索：母亲说的法宝到底是怎样的呢？最后，他想到这个法宝的唯一可能就是微笑。就这样，他要求员工必须做到勤劳、自信和有眼光。同时他也要求员工在任何情况下都要保持微笑。他坚信微笑的力量。

20世纪的经济萧条没有击垮希尔顿旅馆，而且后来它又率先发展起来，这两方面都向我们证明了微笑的重要作用。希尔顿相信微笑是成功不可缺少的要素。

希尔顿每次给员工开会都会问："我们需要什么东西与我们新购入的设备相匹配，从而为客人提供更好的服务呢？"希尔顿笑着告诉大家："各位思索下，没有微笑空有设备，我们就能吸引顾客吗？答案是否定的。对顾客而言，暖人的笑容拥有更强大的魅力……"

如今的希尔顿已经拥有几十亿美元的资产。他也趁势将奥斯托利亚旅馆和普利萨旅馆吞并。另外，"你今天有没有对客人微笑"也和希尔顿一同在商界及大众心中广为流传。

面对真诚的微笑，我们可以更好地享受生活，与人相处。大家都喜欢微笑，但你是否知道保持微笑的好方法呢？

(1)多关注愉悦自己的事情。

(2)认可自己的表情。

(3)控制自己尽量少地被负面消息所影响。我们不必了解世界上每一件负面信息。

(4)把愉快的照片放置在工作场合的显眼位置。看照片的时候你可以稍稍放松下心情。

(5)多发现快乐。

(6)必须注意的是，对别人微笑的同时更要对自己微笑。

对世界上的每个人来说，动人真诚的微笑可以打通所有关卡。当你对生活真诚地微笑时，生活和他人也在对你微笑。

充满自信，挖掘出自我的宝藏

犹太人曾经说过："不要忘了你身边的宝。"你永远是自己宝藏的挖掘者，你的人生只有自己才能做主。然而很多人到处寻宝，却忽略了自己！

一个不成功的人要移居他乡。移居前，他想听听智者的赠言。

智者说了这样的话："有个犹太人，住在柏林，每天都梦到符腾堡某个碾房的地下有很多宝贝。后来，他终于决定去探宝。

"次日，他很早就起床，整装出发。走了好几天，终于满身疲惫地到达了。几番寻找之下他真的找到了梦中的碾房，但是掘地三尺也没有找到任何宝贝。

"碾房的厂主听说了这件事，很好奇。听完那个犹太人的话后，房主高喊道：'我也梦到有个柏林的人，他家的院子底下有很多宝藏。'

"厂主还告诉他那个梦中人的名字，名字恰好就是犹太人的！

"听完这些后，犹太人决定马上回家，一番周折后，他终于从自己的院子里挖出了很多宝贝。"

那人忽然有所顿悟：自己的不成功，原因不在外界而是在自己。自己的宝物就在自家院子里！他下定决心不搬家了。

其实，我们每个人都有自己的宝藏，只是有的人发现了，有的人没有。你费尽心思在外面找宝的时候，不如看看你自身。

我们在人生中不断追逐财富，财富不只是金钱，还有物质以外的东西。布伦有这样一句名言："我们唯一担心的就是失去财富；我们唯一的愿望就是得到财富。"佛的观点认为，人的一生苦乐相依，福祸相倚，除此无他。其实，一切都在自己心中。

发掘自己首先要有自信。我们要相信自己对别人来说是有价值的，也可以获得别人的认可。要相信自己的唯一性，这样就不会过度关注他人的看法了。我们只有信任自己才能把握人生！

斯蒂芬·楚门五年前开始经营小本农具买卖。虽然他的生活不愁温饱，但是平平淡淡，他对这样的生活很不满意。楚门的妻子却接受了这一切，她只是顺从了命运，没有放手追求幸福。楚门的内心很痛苦。

现在，所有一切都不同了。楚门有了漂亮的房子，他的孩子念优秀的大学，他的妻子可以买很多漂亮的衣服，他们还经常去欧洲度假。

楚门是这样解释这些变化的："我发掘了自己的宝藏才带来了这些变化。我在五年之前听说了一个别处的工作。当时我们家还在克利夫兰。我想通过这个工作再多赚一点钱。我在星期天的早上到了底特律，不过要等到两天后才能面试。吃过晚饭后，我突然意识到自己很失败，我不明白，我为什么总是失败？”

回想起来，楚门不知道他当天做法的原因：他从旅馆的信笺里抽出一张纸，把自己熟悉、却在近几年强过他的人写在了纸上。那几个人中有一个是他的领导，两个是他曾经的邻居，最后一个是他妹妹的丈夫。他扪心自问：他们比我强在什么地方？他不觉得自己比他们愚笨，他们的教育背景和人生观也没有比他好多少。最后，楚门发现，他们都比自己自信。他必须说自己的朋友在这方面是比自己强的。

深夜三点的时候，楚门一点睡意都没有。这是他首次发现自己的缺点。他发现自己的内心深处是自卑的。他一夜都没有合眼，一直追思往事。他发现自己从来没有自信过，反而总是打击自己、贬低自己。他意识到了：人必须相信自己！

当即，楚门决定：“过去我总是看不起自己，以后我要把自己当作一等公民。我可以和别人一样成功！”

就这样，自信的楚门开始了自己的面试。不自觉地，他把这次面试当作对自信心的考验。在家的时候，他想把自己工资提高一点点。反复考虑后，楚门决定把自己的薪水定位在3500美元。后来他完成了目标。

楚门的人生就是从那时开始不同的，自信让他走向了成功。他说：“没有想到我有这样大的潜力，太让我意外了！”

自信就是认为自己是优秀的，并敢于发掘自己身上的宝。楚门的故事让我们意识到：心有多大，舞台就有多大。大家都说自信是成功的开路者、智力的开发者，事实确实是如此。

发掘自己首先要自信。相信自己，你就离成功又近了一步。

把苦难当作人生最珍贵的财富

没有人的生命是一帆风顺的。面对苦难，只有乐观才能帮助人从苦难转向成功。

何鸿燊是澳门的大富豪，可是在他很小的时候家道就中落了。曾经是锦衣玉食，现在的境况截然相反。家中兄长都不在，吃住之事常让母亲十分烦恼，小何鸿燊最害怕的就是老鼠偷米，那样自己就会没有饭吃，没有书读。

夜里无法入睡的时候，过去的场景又浮现出来。他曾以为远走他乡的兄长会把财富带回来，可惜没有。但生活中让人更无法忍受的是见风使舵、趋炎附势的亲戚。

有一次何鸿燊需要补牙。有个过去时常来往的亲戚恰好是牙医。何鸿燊去找他，他态度十分傲慢。

他告诉亲戚自己想补牙，但是没有钱。这是实情，那个亲戚面露不屑。何鸿燊年纪小不知世故，不明白亲戚怎么态度变了。过去他来这个诊所，亲戚会主动帮他检查牙齿，也告诉他很多这方面的知识，没有一次要过钱。后来，在这次补牙的过程中，那个亲戚在何鸿燊走神的时候说道：“家里穷就不要补牙，实在疼得厉害就拔光牙齿好了。”

这件事对何鸿燊的打击很大。到家之后，他一边哭一边跟母亲讲这件事，母子两人相拥流泪。何鸿燊此时也明白了家里的真正处境。过了很多年后，他想起那段往事，仍然记忆犹新，感触颇多。

家道的中落，亲戚的冷漠，让母亲伤心欲绝。何鸿燊在心里告诉自己要为家里争气。家里有钱的时候，何鸿燊曾就读于当地十分有名的皇仁书院。他特别淘气，学习成绩特别不好，所在的班级是差生D班。以前成绩差，但是家里有钱，所以没有关系。如今，母亲打工赚的那点钱就是全部家用，他的学费也交得十分吃力。

有一天，母亲将两条路摆在他面前：退学，或者拿到奖学金，不然家里过不下去了。面对家里的处境，何鸿燊选择了努力读书，争取奖学金。穷人的孩子早当家。他在期末考试中获得了非常优异的成绩。他不但拿到了奖学金，还首创了D班生拿奖学金的纪录。之后，何鸿燊每年都能拿到奖学金。

生活中的美好和痛苦就像大自然中的太阳和月亮，阳光不可能永远照耀我们。著名的法国作家巴尔扎克曾将苦难比喻为帮助天才成功的垫脚石。

因此，丘吉尔在自传中对苦难是否是财富进行了论述。你战胜了苦难，它就是财富；你被苦难战胜了，它就是屈辱。人生中遇到的苦难可以让我们离成功更近。客观看待苦难，勇敢乐观地生活，会在经历苦难后收获一个更加优秀的自己。

人生很漫长，困难和痛苦其实算不了什么。只要够坚定够勇敢，梦想就会实现。因此，不要对生活哭泣，把苦难当作财富，有一天，你会明白生活教你的道理：笑对人生，苦难让人成长！

从现在起，感谢折磨你的人吧

我们要感谢生活中的磨难，如此，我们才能感受更多的幸福和快乐，我们眼中的世界才会更美好。世间不是缺乏美丽，而是缺乏发现美丽的眼睛。否则，我们眼中的世界就会黑暗无比，生活也会痛苦不已。

感激会改变我们的生命，感激可以让我们平静且执着地做好自己该做的事情，让自己的存在更有价值。感激就是我们发现美丽的眼睛。不要埋怨那些带给我们痛苦的人了，感谢他们吧！有一首诗可以恰好地表达这种感情：

当我们拿花送给别人时，
首先闻到花香的是我们自己。
当我们抓起泥巴想抛向别人时，
首先弄脏的是我们自己的手。

一句温暖的话，
就像往别人的身上洒香水，
自己也会沾到两三滴，
因此，要时时心存好意，
脚走好路、身行好事、惜缘种福。

很多时候，
我们需要给自己的生命留下一点空隙，
就像两车之间的安全距离，
一点缓行的余地，
可以随时调整自己，进退有秩，
生活的空间，需要清理挪减而留出，
心灵的空间，则经思考领悟而拓展。

打桥牌时要把握我们手中所有的这副牌，
不论好坏，都要把它打到淋漓尽致。
人生亦然，重要的不是发生了什么事，
而是我们处理它的方法和态度，
假如我们转身面向阳光，就不会陷身在阴影里。

光明使我们看见许多东西，
也使我们看不见许多东西，
假如没有黑夜，
我们便看不到天上闪亮的星辰。

因此，即便是曾经一度使我们难以承受的痛苦磨难，
也不会是完全没有价值的，
它可以使我们的意志更坚定，
思想人格更成熟。

因此，当困难与挫折到来，
应平静面对，乐观地处理，
不要在人我是非中彼此摩擦。
有些话语称起来不重，
但稍一不慎，
便会重重地坠到别人心上，
同时，也要训练自己，
不要轻易被别人的话扎伤、变心。

你不能决定生命的长度，但你可以控制它的宽度，
你不能左右天气，但你可以改变心情，
你不能改变容貌，但你可以展现笑容，
你不能控制他人，但你可以掌握自己，
你不能预知明天，但你可以利用今天，
你不能样样胜利，但你可以事事尽力。

凡事感激，感激伤害你的人，因为他磨炼了你的心志，
感谢欺骗你的人，因为他增进了你的智慧，
感谢中伤你的人，因为他砥砺了你的人格，
感谢鞭打你的人，因为他激发了你的斗志，
感谢遗弃你的人，因为他教导你该独立，
感谢绊倒你的人，因为他强化了你的双腿，
感谢斥责你的人，因为他提醒了你的缺点，
凡事感谢，学会感谢，感谢一切使你成长的人！

第二节　坦然面对不幸

用坦然迎接不幸

孙子曾经说过:“水无常形,兵无常势。”成败亦是如此,坦然对待一切才是重中之重。也许你不认为自己能够成功,你对前途迷茫,你对成功的渴望不敢向别人吐露!哪怕这样,只要你不死心、够坚定、够勇敢,梦想终会实现。

没有人会永远顺利,没有人会永远耀眼,所有的人都会遇到成功和失败,我们应该明白如何把握自己的心态。

美国化妆品行业的明星玛丽·凯在20世纪60年代用自己的全部积蓄成立了自己的化妆品公司。她的两个儿子纷纷舍弃了自己本来已有的理想工作,加入了母亲的玛丽·凯化妆品公司,哪怕每个月只有250美元的薪水。玛丽·凯赌上了自己和儿子们的人生。

她在公司成立后的第一次展销会上隆重推出了自己引以为豪的一套化妆品,这次展销会本应很轰动。出人意料的是,她只在展销会上卖出了15美元的化妆品。

展销会后,她情难自控地哭了,哭够了后,她开始思考自己的错误。调整好心态后,她发现自己的公司没有进行宣传,所以展销会才会这样失败。

很快,她就摆脱了第一次失败,现在,她的公司非常成功,推销队伍达20万人,年销售额也高达3亿多美元。我们看到,玛丽·凯会在人生的夕阳中获得这样的成功,完全归功于她在变故面前的淡定和冷静。

如果你想知道自己的人格有多大的能量,请拷问自己:除却身外之物你还有什么?你面对失败有多大的勇气?若你面对失败束手无策,你就是在告诉大家你的软弱和无能;若你可以冷静、淡定地面对失败,则会再次面向成功。

无论我们做什么,都有可能会失败。我们要做的不是在失败里痛苦,而是从失败中走出来。

前辈们交给我们很多克服挫折的道理。其实挫折就像是我们眼中的一粒沙,稍微吹一吹风,泪就带着它流出眼;挫折就像我们耳边的风,不要过度地关注,一切都是过眼云烟;挫折又像航海中的浪,冷静面对,航行一直在继续;若遭遇挫折,请笑对人生,正视苦难。眼里的泪和身上的伤都会随时间远去,沉淀在心里的会是人生的财富!

人生本无坦途

路曲折繁杂似蛛网,有个老人就在这似蛛网的路中坐着。老人看到有个黑点从远方移来,慢慢地,老人发现向他靠近的是一个青年。一个穿着牛仔服、脚穿登山鞋、手拄铁拐杖的青年。他对老人恭敬地鞠了个躬。“老人家,我不知道该怎么到山那边去,您能给指指路吗?”老人伸出三个手指,问:“这三条路你选哪条?”青年犹豫一番选了左边。“那边的路不够平坦!”老人家说完这句话就闭目养神了。青年见老人一言不发便走了。

不知什么时候,青年回到老人面前。“老人家,那边的路实在太坎坷,我无法通过,麻烦问下如何出山?”老人又伸出三根手指:“这三条路你选哪条?”青年有些不好意思地小声选了右边的。“那边的路不够平坦!”老人家说完这句话又闭目养神了。青年在路口看了一会儿,再度前行。

青年不知什么时候又回到了老人面前。他看起来十分疲劳,歇了好一会儿才有力气向老人问路。老人再次伸出三个指头:“三条路你选哪条?”青年面露微笑,果断地告诉老人,自己想走一条平坦的路。“不存在平坦的路!”老人用鼓励的眼神看着青年说。青年有些愕然,但很快明白了老人的深意,便整理妥当再次出发。

许多人都希望自己的梦之旅是无边无际的平坦与美好,如同找寻灰姑娘的海子和拥抱荷西的三毛一样。但如果前路注定不平坦,我们不妨做一名探险者。

漫长的人生路上我们都会遇到困难。可是,不管生命的脚步如何,我们都要从中品尝苦和乐。跌倒后笑着爬起来,带着经验迎接更加美好的明天。我们就是毫不畏惧的冒险者,必定会将坎坷不平的人生之路踏平。

人生中,幸福和苦难都是必须添加的调味料。生活中,财富和贫穷都有各自的苦恼。我们必须为成功付出汗水和泪水。磨难是我们的老师,它帮助我们成长为智者。

其实,苦难也是一种财富。虽然苦难会带来痛苦,但是也会给我们导航,指引我们驶向成功的彼岸。

乐观地面对一切

人的一生有美好也有痛苦。美好和快乐与痛苦和悲伤一样,都是我们必须要面对的。毫无疑问,我们会选择笑对阳光,但面对黑暗我们该如何对待呢?

狄摩西尼是古希腊著名的政治家,他生来唇齿就有缺陷,无法清晰地与别人沟通,为此他苦恼极了。为了改变这一现状,他通过含鹅卵石说话克服自己的缺点。或者在海边或者在山上,他日复一日地练习诗歌背诵。为此,他经常弄得满嘴是血,连嘴里的石头都被他的血染红了。但这些都没有成为他练习的阻力,终于他可以流利地说话、自由畅快地与人交谈了。

面对苦难的抗争有时就像拔河。我们心怀很多美好,却不得不因现实存在的各种不利因素与命运抗争。结果无外乎两种:成功或者失败。

珍妮和南希分别是来自美国和英国的两个姑娘。两人都是美丽动人却有残疾的女孩。珍妮的双腿生来就没有腓骨,她的父母在她一岁的时候将珍妮膝盖以下的部位截去。珍妮在轮椅中度过了很多年,装上假肢后,她离开轮椅,学会了跳舞和滑冰。她活跃于女子学校和残疾人的会议演讲会场,甚至还成为平面模特。

南希的情况和珍妮不同。她曾是英国《每日镜报》“梦幻女郎”的冠军。后来,她决定侨居他国。她还在当地内战期间帮助建立了难民营,并用自己做模特的积蓄成立了资助孤儿的希茜基金。悲惨的是,她在1993年惨遭车祸,不但肋骨断裂,还不幸失去了左腿。可是她却依旧将人生过得丰富多彩。康复后,她更加积极地参与到残疾人公益事业当中。

后来,机缘巧合下,珍妮和南希相识,两人相见恨晚。人生没有因为肢体的不健全而有一丝遗憾，两人相反从中收获了更多。如今，她们在假肢的帮助下和常人无异。只有海关检测时的金属报警响，才会让人知道她们和常人有所不同。甚至不露出裙子里的膝盖，别人根本看不出她们有什么不同。她们常被夸赞身材美好。珍妮更直接地表示，自己不会因为失去双腿而失去对美好的渴望。

她们好像不记得自己的残疾，她们依旧热爱生活，生活也热爱她们。面对爱情，她们和别的女孩儿没有什么不同，两人都找到了属于自己的白马王子。正是积极乐观的人生态度帮助两位姑娘享受生命。

即使不同的人拥有不同的际遇，上帝对大家也是公平的。你只有昂头向上望向天空，才能看到美丽迷人的繁星。不要总是要求命运，请先扪心自问如何对待生活。

如果因为苦难就耗尽我们的一切生机与活力，人生就会灰暗到底；反之若我们对生活充满激情，即便我们在人生的谷底，也总有看到阳光的时候。

阳光和风雨是人生路上必然存在的风景，盯着风雨苦痛是不对的，看看耀眼的阳光吧，这样美好的生活才不会被蒙蔽。

挫折是成功的法宝

挫折是成功的垫脚石。生活中怀才不遇的人确实有很多，但是优秀的人即使遇到再多的失败，也不会被击垮。

汤姆有家开在纽约的玩具制造公司，同时还有两家分公司在加利福尼亚和底特律。他在20世纪80年代开始向魔方领域发展，并有了不错的收获。后来，他将两家分公司都投到了魔方生产中。谁承想，亚洲的情况却超出了他的预料。他要投放的市场竟然全都饱和了。他虽然极尽所能地尽快停止生产，但还是来不及了，两家分公司损失惨重。被逼无奈，他舍弃了加州和底特律的公司。这一次，他失败了，这是他第一次失败。

渐渐地，他财力恢复了，又开始投入亚洲市场，在伊朗德黑兰市建了分厂。可是，两伊战争再次摧毁了他的亚洲市场。同时，他也遭遇了美国玩具工人大罢工，汤姆的公司破产了。这是汤姆第二次失败。

总结了自己的失败之后，汤姆又有了新的想法。转手，他拿着向银行贷的款又开了一家玩具厂。周密计划后，汤姆打算在日本生产脚踏车。这一次，他一鸣惊人，美洲和欧洲的市场都被他成功占领。脚踏车市场在两年后饱和，他又开始开发新的产品。第三次，他赢了，全胜！

汤姆的经历让我们看到一个人的成功正是由一次次的苦难炼成的。“不经一番寒彻骨，哪得梅花扑鼻香。”吃得苦中苦，方为人上人。

所有人都会遭遇失败。成功是一个不平坦的过程，而它只属于勇敢面对失败的人。面对失败，不被恶劣的情绪所控制，就有获得成功的一天。战胜了困难，你就是生活中的勇士。其实，挫折可以帮助我们锻炼自己，只要不放弃就有成功的可能。在失败面前自暴自弃，遇到困难就打退堂鼓，那么你就永远无法取得成功。

挫折可以帮助人们成功，同时也会让人失去信念。最关键的因素就是你面对挫折的态度。

爱马森强调过意志力对获取成功的重要性。潜能是要通过坚持激发的，困难是要通过努力克服的。

永远坚持就能胜利，这是前辈们成功的秘密。缺乏拼搏进取精神的人是没有力量的，懂得坚持的人才会迎来属于自己的成功。

也许你失去了自己的财产和亲人，失去了鲜花和掌声，但是只要你还有必胜的信心和决心，你就不是失败的。

温特·菲力曾经讲过这样一句话："我们的每一次成功都是从失败开始的。真正意义上的伟人是不在乎途中的失败的；只有冷静面对失败，永远坚持的人才会成功。"

如何使人生中的风霜雨雪不将我们打败？前提就是你的心中一片春光。挫折和困难是一种财富。茫茫的草地在秋火中燃尽，到春天又被春风吹醒；满树的黄叶在秋天飘落，明年春天又会迎来美好的绿色。

看淡生活中的不平事

不要太过执着于生活中的不平。生活就是这样，不可能处处、时时、事事都公平，看透了生活，也就没有什么不平事了。

亨特的女友离开他后依旧过得幸福愉快，他觉得生活不公平。大师向他询问原因。亨特告诉他："我们向上天许下誓言，谁先背叛，谁就要在一年之内死于非命，可是她还好好活着，人们的诺言老天难道听不见吗？"

大师说："人世间有的誓言就是无法实现的，要不然人早就在地球上消失了。"所有情真意切的情侣都是起过誓的，若誓言都应验了，人不是早就不存在了？爱情不是永恒不变的，所以不要怪老天，恋人的誓言在他看来只听听就好。"要想让誓言实现，不但要看愿力还要看因缘。"大师又解释道。亨特向大师求教自己该如何是好。

大师告诉了他这样一个故事："过去有个人，他买了一条金贵的金鱼养在鱼缸里。鱼缸打破了，这个人必须作出选择，一是选择被消极情绪掌控，看着金鱼死去；二是什么都不要管，马上救活金鱼。该如何选择呢？"

"当然是第二种选择。"亨特回答。"那么，你也应该赶快救活你的金鱼。当然不要忘了丢掉刚刚打碎的鱼缸。放得下仇恨的人才懂得真正的爱。"亨特听完之后很高兴。

这个世界上没有绝对的公平，但是我们不要对不公心生怨念。生活有时候就是不近情理的。不要抱怨生活中的无奈，要看淡一切看透生活。

满心疲惫地付出一切，追求梦想，却并不一定会迎来期许的回报。这些都会给我们的生命带来不可磨灭的记忆。

当发现生命中的不公时，你可以做这三件事。

(1)对于衡量公平的标准，要学会变通。公平与否是一种主观感受，所以要想在心里觉得公平，可以转换一下比较的原则。当你没有竞争到自己渴望的岗位时，就要想一想还有很多和自己能力相当的人也没有得到你想要的岗位，如此一来，你就不会觉得不公平了。

(2)努力让自己更加优秀。有一部分人觉得能力上过关就可以被领导认可，错误地认为与领导交流是小人的做法。事实上，每个人都喜欢被别人欢迎，并得到尊重和理解，那些你认为不公的始作俑者其实是你的不成熟。

(3)要放宽自己的心胸。人感到受伤有很大一部分原因是苛求造成的。世上根本没有公平，因此我们不必到处要求公平。

生活远比我们想象得要糟糕许多，它并不是处处都公平的。有些人事事顺心；另一些人有时候却连一些小愿望也无法实现。这就是生活。所以，看透生活，看淡那些公平与不公，对生活微笑吧！

羞辱可以成就强者

羞辱在人生道路上是不可小觑的一种力量，它会给强者以力量，给弱者以打击。

有一个来自贫穷人家的黑人小男孩，他年幼时被人羞辱的记忆不堪回首。一次，老师组织大家为“社区基金”捐款。捐款当天，黑人小男孩紧紧握着捡垃圾赚来的3美元，激情澎湃地等待着属于自己的捐款时刻。可是他并没有等到，他不能理解，就去问老师原因。

老师严厉地告诉他：“你就是我们这次募捐所要帮助的对象，你的爸爸连你5美元的课外活动费都无法负担，你就不要想着救济别人了。哦，对了，你没有父亲……”

男孩委屈极了，他受到的羞辱使他开始坚强起来。从那以后，他尽自己的最大努力学习挣钱。这个人就是狄克·格里戈，现在美国著名的黑人电台节目主持人。由此可知，贫困和侮辱虽然打击人的自信心，可是却也可以激发斗志，结果就看你的选择。

那些勇敢的人是值得我们敬佩的，他们用自己的意志和内心的强大征服命运时，也让我们看到了他们强大的力量。

这个世界上，所有人的人生都存在羞辱，重要的是面对羞辱的态度。有一部分人被羞辱打击后，就放弃自己的梦想；另外一些人却在羞辱的激励下获得了成功，后者才是我们要学习的人。

曹禺在20世纪80年代已经很有名气了。有一次，阿瑟·米勒，美国知名戏剧作家受约来到北京，曹禺邀请他到家里吃饭。进午餐的时候，曹禺从书架上突然拿下一个别致的册子，册子里是画家黄永玉给他的一封信，曹禺把它念给在场的人听。那封信的言辞十分犀利：“你解放后的戏实在是不讨人喜欢。你已经不能安心写戏剧了，你没有灵感了！你的命题、分析、对节奏的掌握，还有那数不尽的隽语都不见了……”

后来，阿瑟·米勒告诉别人：“那封信虽然字数很少，但是激动的情绪却表达得淋漓尽致。可是曹禺好像很看重那封信。我不理解曹禺如此恭敬对待这封信的原因。”

我十分理解阿瑟·米勒的迷茫，把别人对自己的羞辱装裱到别致的册子里，态度还恭恭敬敬，这些事看起来确实有些奇怪。可是阿瑟·米勒却不了解曹禺的通透和纯粹。曹禺的傻让我们可以看到曹禺对艺术的追求。那封羞辱信对他来说是一种激励，这也是他当众向羞辱致谢的原因。

心胸狭窄的人经不起羞辱，心胸豁达的人会觉得羞辱是一种激励。那么，就让我们勇于接受生命中的羞辱：没有它你就不会有那些用以战胜挫败感的成就。正是因为羞怯，你才磨砺了斗志；正是因为羞辱，你才能完善自我；正是因为羞辱，你才能获得成功……

改变环境不如改变自己

有个小男孩负责在他父亲的葡萄酒厂看守橡木桶。每天，他将所有的木桶都用抹布擦干，然后排列整齐。夜里的风常常把他整理好的木桶刮乱，这令他十分沮丧。

他的父亲安慰他道：“不要难过，我们会想到解决办法的。”

他擦干眼泪，绞尽脑汁想到了一个主意。他从井边挑来了很多桶水，之后又把水灌进了空桶才去睡觉。

次日,他起了个大早,迫不及待地看那些桶是否立着,一看全都立着,和昨天摆放时完全一样,整整齐齐的。小男孩高兴地对父亲说:“让木桶不变乱的方法,就是要让桶变得更重一些。”父亲听了十分开心。

没错,我们改变不了环境,但是却可以改变自己。

现在,有些人这样说:过去你只能接受,现在你却可以改变;你想要适应环境,请先从自己入手。美国青年利维在西部淘金热中看到了商机,他通过卖给淘金客牛仔裤得以发家致富。

所有人都无法遇到时时配合自己的环境。当我们必须面对恶劣的环境时,我们不是想尽一切办法改变环境,而是通过改变自己适应环境。适应,就是做一个识时务的人。可是很多人认为那是没有气节的表现。他们坚持自己不变,而是试图让环境适应自己。如此,就是应付环境了。

托尔斯泰有句名言:“世界上的人分两种:行动者和观望者。想要改变世界的人是多数,意识到改变自己的是少数。”当世界远远强大过你的时候,最明智的做法就是改变你自己!做人要像水一样谦和,做事要像山一样踏实。想要改变自己的处境,入手点就是改变自己。改变要从观念开始。思想是先进的,行动才有可能取得胜利。错误的观念只会导致失败。要让自己在社会中游刃有余,先要学会改变自己。

上帝并没有创造一个标准的人

世界上的人都是有缺陷的,缺陷大的人更是被上帝喜欢的人。

西奥多·罗斯福是美国第26任总统,他小时候长得很丑,牙齿参差不齐,人也很胆怯,举止更是令人发笑。每次被提问时他都异常紧张,整个人都因为害怕而发抖。没有人听懂他说的话,坐下后的他就像刚刚打了一架的士兵一样疲惫不堪。

有可能你觉得他自卑又自闭,怨天尤人,其实你没有猜对,他并没有因为任何困难而放弃,反而因自己的不优秀异常努力。他一直努力着,最终成功克服了自己的缺陷。

毫无疑问,缺陷是他人生可贵的财富。他始终认为自己可以和别人一样,看到别人玩耍,他也想在游戏里有自己的一席之地。他也参加骑马、赛球、游泳和竞走等比赛,而且成绩优异,并成为业余运动家。他总是向勇敢的人学习,自己也总去冒险,克服困难。

他对人也很友善,一直热情地对待别人,努力克服自己的性格弱点。

他知道自己是被上帝接受的,一切都没有因自己的缺陷受到影响。

上大学前,他就适当运动,锻炼身体,逐渐变成了体质强壮的人。假期的时候,他会去亚历山大寻找牛群,去洛杉矶和非洲猎熊和狮子,他那么勇敢,哪里还会有人觉得他就是过去的那个胆小的人?

有缺点的人就有优点。有不同的天气,也会有不同的风景。同样,有不同的人,也有不同的人生。

上帝接受所有的人。他让每个人都与众不同。很多不完美的东西恰恰因为其不完美而让人觉得完美……

用自己的标准衡量自己,不要总是奢求自己成为别人眼中的完美形象;我们没有必要去追求绝对的完美。只要努力就会让我们变得更好。

有个电影里的片段是这样的,女一号询问自己的聋哑人男友优点在何处,那个男孩露出灿烂的笑容,向她指了指自己的眼睛和嘴巴,他们相视一笑。生活确实是公平的,每个人都会有别人没有的优点,那个聋哑的男孩就是一个很好的例子,他失去了听觉和说话的能力,却得到了发现美的眼睛和乐观的心态,难道这不是另外一种美吗?

上帝接受所有人。客观地看待这一切就会拥有阳光美好的人生!

第三节　人人都有坎坷，不要抱怨

人生没有过不去的坎

“没有永久的幸福，也没有永久的不幸”，虽然没有人能一帆风顺，但是苦难不会永远存在，它最终总会消失。

当生活打击了世人的时候，我们总是从外界找原因并怨天尤人。当不幸降临的时候，我们要坚信——总会有柳暗花明的一天。

有个35岁的女人生活在匹兹堡，她的生活平静又舒适。可是她却连连遭受不幸。她的两个孩子在一次车祸中失去了父亲。不久后，她女儿的脸被烤面包的油脂所伤，并被医生告知伤疤难除，她十分伤心。紧接着，她打工的小商店倒闭了。她本来可以得到保险，但她因为自己的失误被保险公司拒绝支付保费。

她简直不知道应该如何面对生活。她辗转反侧，决定作最后的挣扎。这之前，她没有见过经理。她到保险公司的时候，接待员跟她说经理出去了。就在她不知道怎么办的时候，接待员离开了。她果断地走去找经理，并且见到了经理。在礼貌的经理面前，她阐述了自己的问题。经理从员工那里拿到她的资料，决定为她开特例。

后面更是好运连连。单身的经理爱上了她。他为她的女儿治好了脸上的伤疤，经理也为她找了更好的工作。后来，他们组成了美满的家庭。

这个女人的经历让我们明白：再悲惨的生活也有终点。

易卜生有这样一句名言：“别因为一时的幸与不幸迷失自我。要做真正的强者就要懂得认清现实，谨记自己的目标。”

要记住，总会有艳阳高照的时候。

冬天总会过去，春天迟早会来临

自然界有春去秋来，冬夏变换，人生也是如此。因此，我们要对生活有信心。有了对生活的信心，才能度过苦难，迎来阳光。

有一个美国小孩叫约翰，他是一个汽车推销商的儿子。他是一名运动健将，在学校里小有名气。毕业之后他成了一名军人。在一次战役中，他为了去开炸弹，失去了右手、右腿和声音。所有人都以为他活不下去了，可是他却没有死。

后来我们知道：是格言的力量帮助他重铸活下去的愿望。在生死边缘，他总是看前辈的话："当你经历了苦难的磨砺，忍受了生活的折磨，你就会迎来美好的明天。"他总是这样告诉自己，不放弃生命。可是，他无法接受自己仅剩左手的事实！另一句话帮助他战胜了绝望："坠入命运的低谷，才能长出飞向成功的翅膀。"

回到美国后，他开始了自己的政治事业。最初的两年，他在州议会工作。他没有成功选上副州长。还是格言鼓励了他："有经历，才能有经验。"他开始不断实践。他用一种特制的汽车代步在全国奔波，一场退伍军人的事业被他发动起来。他在34岁的那一年成为了全国复员军人委员会最年轻的负责人。后来，他返乡，1982年和1986年两次当选州议会部长。

就这样，他成为了一个传奇人物。他时常去篮球场打篮球，他总和年轻人一起进行投篮比赛，最好的纪录是左手连投18个空心篮。有一句格言是这样说的："请记住，你如何看待自己，别人就如何看待你。怜悯还是敬畏，都看你自己。"这句格言给了他成功的力量。他也证明了这句格言的正确。

困难来临的时候，也会给我们解决问题的钥匙。对生活的信心帮助约翰取得了成功。他真的迎来了春天。

没有人会始终一帆风顺。我们要坚持对生活的信心，等待阳光和雨露的降临。

日子难过，更要认真地过

金融危机、失业、就业困难……工薪阶层耳边充斥着这种话，尴尬的生活总是摆在人们面前，让人们不得不感慨日子的难过。面前的生活就是这样困难，我们无法改变。既然无法改变，那就不如接受，用心地生活，也许会有不经意的收获。

我们都知道，王宝强曾经在少林寺生活了六年，由于对梦想的追求，他离开了少林寺。当他听说少林寺很多师兄弟都去北京发展，替大明星拍电影时，他也来到了北京，变成了一个北漂族。

其实，王宝强离开少林寺的生活不难想象，在北京一定会吃很多苦。他自己回忆的时候曾经这样说："当时住的是排房，很小的屋子，大夏天五六个师兄弟一起住。但是分摊下来，自己的租金才20块钱。"当替身是没法生活的，有武功也不行，要有戏。所以，当年的王宝强基本上是替身和民工的综合体。

尽管生活很艰辛，他还是在风雨中坚持着自己的梦想。王宝强的哥哥曾在一次访谈中说："他到北京的两年多时间里我们没有他的消息，我妈妈特别想他。有一天他突然打电话告诉家里自己拿了大奖，真是出乎我们的意料……"

王宝强是这样解释和家里失去联系的原因的："那个时候没钱打电话，没有一点成就，也没有脸给家里打电话。"王宝强在最初的岁月里就是一边当民工，一边当替身，才勉强维持了生活。替身挣得钱很少，但他却很满足，因为到了首都，既不会饿肚子，还能见世面。

他的很多师兄弟劝他回去："咱不要再待下去了，咱们要武功没武功，要文化没文化，真是活不下呀！你以为所有人都能成为李连杰吗？"但他始终不屈服，就是坚持在北京发展。蒲松龄曾经这样勉励自己："有志者，事竟成，破釜沉舟，百二秦关终属楚；苦心人，天不负，卧薪尝胆，三千越甲可吞吴。"也许是他的坚持感动了上天，成功终于来了。

李杨导演在《盲井》中给了王宝强一个机会，使他得以脱颖而出，还因为这个角色得了那一年的金马奖最佳新人奖。之后，他被冯小刚导演看中，参演《天下无贼》。这下人们都记住了"傻根"。王宝强迎来了自己演艺道路上的春天。

很多人都认为王宝强的成功是因为他的运气好，但他说："我能够成功不是因为侥幸，是因为我在最难的日子里也坚持过得最用心。"

生活中总是有很多考验，但是只有脚踏实地的人才能获得成功。事实上，越艰难的生活越能帮助我们成长。那就让我们用心地生活，迎接自己的春天吧！

错误往往是成功的开始

有人整理成功者的成功原因，"将自己的错误随时改正"是其中很重要的一条。一个人如果想要改变和成功，没有什么可以阻止他，他总会找到实现自己目的的办法。

从前有个老农场主，他雇了一个叫错错的雇工管理农场。

为此，堆草高手很不服气，因此他很瞧不起错错。他认为农场里没有人和他一样，可以精准地放置草垛。错错刚进农场时笨拙的样子有多可笑，他还记得。他学会堆草垛后学习割草的时候，还是干不好活；他夜里不睡觉去看病马，说自己要为马治病。就是因为这些奇怪的想法，大家才叫他错错的。

农场主知道一切后，找堆草高手谈心。老农场主先是询问他家的孩子，高手十分喜欢自己的孩子。老人问道："若照顾孩子的妈妈有事不能在他身边，他哭起来怎么办？""靠我啦！最开始的时候确实很难办，现在已经适应了。"高手回答道。

老农场主叹着气说："你的孩子还年轻，你作为父亲的责任还有很多。其实，在我眼里，农场就是我的孩子，刚开始管理农场的时候，我也手忙脚乱，像'错错'一样。"这时，他理解了老人的意图，面露愧色。

竞争让人们明白了一个道理：失败是成功之母。人类不得不随时面对错误。

错误有时也是好事情，所以，我们要让错误有自己的价值，并从中有所收获。其实，人类的历史上有很多错误的观点。哥伦布曾认为自己找到直达印度的路；开普勒从无数次失败中得到了行星间引力的概念；爱迪生发明灯泡的时候更是犯了很多错误。

错误还告诉我们在恰当的时候要改变方向。懂得改变方向，才不会一错到底。

笑迎人生风雨

百亩鱼塘之主钟爱东，有"巾帼科技兴农带头人"之称。

钟爱东曾经是一名下岗女工，40 多岁的她仍然斗志昂扬。面对事业的起落，她坚信光明有一天会到来。

钟爱东永远忘不了 1997 年的元旦，那一天，她失业了。钟爱东在那家工厂奉献了 20 年的时间，身为厂长，她把全部都给了厂子，有时她都没有时间看一眼孩子，面对结果她特别痛苦，她伤心地哭了。

花都区妇联在她下岗后打来了第一个电话，她说是这个电话给了她勇气和力量。钟爱东在做厂长时就看到了水厂养殖的商机，东拼西借凑了一点钱承包 200 亩低洼田，滚动式周转。打拼了几年，她有了自己的养殖基地。钟爱东说那个时候，她的生活除了鱼塘没有别的。

她不知道，还有苦难在前面等着她。她的鱼塘被大洪水毁灭了。眼看着鱼塘被吞没，她毫无对策。丈夫鼓励她“从哪里跌倒就从哪里爬起来”。她擦干眼泪重头做起了一切。

后来,她有了名气,不但专门搞养殖,还拥有了自己的企业。

生命虽然变幻莫测,但却依旧美好……未来的色彩总是美丽的。坚持下去,美好就会到来。

失误,同样美丽

人生中的错误不可怕,面对错误的态度最重要。你无意间失误,却不断放大它,那么它的影响也就不断放大。可是如果你觉得离成功不远了,那么你就到了成功的门口,再多一点的努力就成功了。

有个德国工人不小心弄错了生产书写纸的配方,一堆不能书写的废纸被他生产了出来。他因此被公司辞退。他沮丧极了,一个朋友这时提醒他,也许这些纸有自己的用处呢?果然,他发现那些纸可以吸水用。他把纸切成小块投入市场,这就是后来的“吸水纸”。之后,他申请了专利,发了大财。

齐白石先生身上也发生过这样的事情。他有一次无意间将墨弄到作好的画上,观众都替他感到可惜。齐白石先生灵机一动,竟画出了一个可爱的小蝌蚪,这就是后来著名的《戏虾图》。

田中耕一是2002年的诺贝尔化学奖得主,有一次他将丙三醇不小心倒进钴中,无意发现了可以吸收激光的物质,还用这种物质完成了对蛋白质分子的测定,这一发现震惊了世界。

此类的例子还有很多,不难看出,只要拥有发现美的眼睛,就可以发现错误的美丽。

人生中难免有失误,只要积极,说不定有美丽藏在失误背后。

强者摆平麻烦,弱者被麻烦摆平

从呱呱坠地的那天起,人生注定就会有很多麻烦,不同的是,强者会不断地摆平麻烦,而弱者则不断地被麻烦摆平。

有一个人,他20岁那年,工作的公司突然破产,他失业了。经理对他说:“你真幸运。”“幸运?”他大叫,“在这里浪费掉我两年的青春,还有16000元的薪水没有拿到。”

“真的,你很幸运。”经理继续说,“年轻时受挫的人都是幸运的,年轻人可以鼓起勇气从头做起。运气一直很好,到四五十岁灾祸临头的人才可怜,因为他们很难重新再来。”

35岁时,一位商业顾问对他说:“不要抱怨事情麻烦,你的收入多就是因为工作麻烦,一般人不需要负什么责任,没什么麻烦,报酬也少。只有困难的工作,才有可能获取丰厚回报。”

40岁时,一位哲学家对他说:“再过五年,你就会有重大发现,那就是麻烦不是偶然出现的,麻烦就是人生。”

如今他已经50岁了,回想起他们的这些话,他感触颇深。

年轻的时候如果一帆风顺,没有遇到过麻烦,到老时真正的麻烦来了,那也许会是人生最大的麻烦。

麻烦就是人生,虽然它并不是人生的全部,但确实能警示我们:人生不是一帆风顺的,有时麻烦很多，但我们付出的多，收获的自然也多。

因此，可以说，没有麻烦，就没有人生。有麻烦，才令我们的人生产生出或多或少难以言说的故事，并且我们只有解决麻烦才能创造辉煌。这正应了一句话："只看见贼吃肉，没见贼挨揍。"贼不知挨过多少打，受过多少罪，才赢得吃肉的机会。

有一位青年，他总觉得自己的命运太多难，麻烦似乎总是围绕着他。不久前，他因为经营不善，公司倒闭，后来，妻子也离开他了。年轻人很想不开，整日以酒度日，沉浸在痛苦的世界中。

一天，年轻人与一位智者相遇，他痛苦地问智者："为什么我的一生麻烦如此多？"智者没有回答，而是把他带到一个地方。

出乎年轻人的意料，那竟然是一片坟墓！智者对年轻人说："只有住在这里的人是没有麻烦的。"

有首老歌叫《最近比较烦》，用诙谐的方式道出当代人的烦恼，特别是都市男女们的几多欲望、几多无奈。有人开玩笑说，人不像动物，人生来就伴随着麻烦，想吃喝先漱口，想大小便得先找五谷轮回之所，说话做事都要先"三思"，想进取就得耐受寒窗苦，想得荣誉就得勤勉、敬业、劳筋骨。

因而，要想成功就要消灭麻烦。

蒙牛老总牛根生在中年时就曾遇到很多麻烦，因为理念不同，牛根生辞去伊利生产经营副总裁的职务。

"我这样的人你们要吗？"1998 年年底的一天，从伊利辞职之后的牛根生溜达着去了呼和浩特的人才市场，在一家公司的招聘柜台前询问招聘者。"你多大了？"对方问。"40 岁。"老牛回答。"对不起，你这样的年龄在我们企业属于安排下岗的一类。"对方回答。

牛根生想，自己这样的年龄，找份工作都不容易，还不如一心一意地做自己的事情。于是，他破釜沉舟，经过几年的努力，终于成功创办了蒙牛集团。

为何机会到来时，我们常常把握不住？因为机会总是乔装成"麻烦"的样子。"麻烦"来了，一般人的反应就是逃开，这样机会就错过了。别人交给你一个难题，也许正是为你创造了一个难得的机会。谁的问题谁负责，是一般人的想法，这种人只能算是合格，对于一个聪明的人来说，他是很乐意自找"麻烦"的。

成功者之所以成功，并不是因为他们没遇到麻烦。而是因为他们没被麻烦吓倒，他们用自己的能力和智慧解决了麻烦。

智慧生于磨难之后

生活中，最重要的并不是物质需求与生活境况之间的差别，而是你拥有一份乐观向上的心态，能够发现生活中美好的一面。一份对物质淡然处之的生活态度，一种平和而坚定的生活信念，才能够拥有超越忧患与磨难的智慧。

而我们常常听到的却是各种各样的抱怨，抱怨似乎是人类对上帝祷告中最真诚的部分，我们抱怨命运的不公平，抱怨薪水不如物价涨得快，甚至抱怨冷空气害我们感冒……

当我们不断抱怨时能否想到，我们的祖先并没有我们这般坚固温暖的房屋，也没有我们那些色彩鲜艳的衣裳，更不像我们能预知天气。可是，那时候他们并不畏惧突如其来的风雨，他们总是能够在风雨中找到别样的情趣。

不知何时起，我们变得这般脆弱，经不起风吹雨打，我们害怕雨水打湿我们的头发，我们厌恶泥水弄脏我们的脚踝,我们甚至怕毒辣的太阳晒伤我们娇嫩的皮肤。

是我们不够健康了吗?是我们的身体在退化了吗?我们的食物讲究如何才有营养,各种保健品纷纷上市,名目繁多的健身房更是比比皆是,那么,我们为何越来越经受不起风雨的洗礼呢?

我们用水泥混合土构架安全的环境,我们不屑那些"健康",我们懂得用科技做更多的事情。然而,我们却忘记了我们自身有抵抗能力,就像我们习惯了依赖别人的力量来帮助自己解决问题,这对我们来说,是一种退步。

真正的智慧来自于磨难洗礼之后,当然这不仅仅是指对身体的磨难。我们应该主动迎接磨难的挑战,内在精神力量支撑我们去了解生活的真谛,在我们的生活受到种种挫折和磨难的时候,不放弃追求美好事物,这样,我们才可能成为一个生活的智者,驾驭生活中的一切突发事件,而不是茫然地面对生活对我们的磨难。

在巴尔扎克的葬礼上,雨果这样说:"在伟大的人物中间,巴尔扎克是最伟大的一个;在优秀的人物中间,巴尔扎克是最优秀的一个。在我们中间,他过着命途多舛的生活,遭逢了任何时代一切伟人都遭逢过的厄运和不幸。如今,他走了,他走出了纷扰和痛苦。"

一生坎坷的巴尔扎克,用生命谱写出生命的赞歌。他从幼年起就未曾得到过像其他孩子一样的关爱,巴尔扎克忆起这段生活,曾愤愤地说:"我经历了人的命运中所遭受的最可怕的童年。"然而,这并没有影响他成为一个热爱生命、渴望真爱的人。

早年的巴尔扎克整日在阁楼里写作。他没有白天,没有黑夜,没有娱乐,总是不停地写,结果却被书商所骗,以致负债累累。最高时候债务高达十万法郎,为了躲避债务,他迁居六次。他对朋友说:"我经常为一点儿面包、蜡烛和纸张发愁。债主迫害我像迫害兔子一样,我常像兔子一样四处奔跑。"

然而,即使条件如此艰辛,也没有影响他勤奋地写作,或者正是生活的磨难促使他更加睿智而勤奋。在不到20年的时间里,他共创作91部小说,在世界上有广泛的影响,但他一生却贫困而痛苦。

巴尔扎克曾用一句话来描述自己:"一生的劳动都在痛苦和贫困中度过,经常不为人理解。"

只要我们不曾放弃自己,那么生活中的所有磨难都会过去,而它留给我们的智慧,却可以让我们享用一生。

只要你愿意以自己的力量振作起来,那么,你总会找到最好的解决方案。

约翰是一家绝缘材料厂的仓库管理员。一天傍晚,突然下起大雨,要知道,新到的货物还没有搬入仓库,而这些货物一旦被雨水浸泡,就没有任何价值了。

工人们急速地搬运货物,约翰的工作一下子紧张起来,他不仅要帮忙搬运货物,而且要仔细地清点数量,不能有任何差错。然而,就在货物过完磅准备计数的时候,约翰发现他的水笔没有墨汁了。

他吓出了一身冷汗,老板在不远处指挥工作,作为一名管理员居然没有备用的笔,这无疑是一项严重的工作失误。不想失去这份工作的约翰用笔戳进手指,以自己的血液记下了所有的数据。

约翰将这张用鲜血写成的单子保存了下来,他经常拿出来对儿女们说:"生活艰苦,我们更要勤勤恳恳地工作。"

生活里种种苦涩的记忆,让人失望流泪。漫漫岁月里的辛苦挣扎,曾使人衰老,但由于忍耐,由于奋斗,也由于不断仰望,坚韧的生命终能克服所有的困难,进而从生活中获得融通的智慧。

那么,我们为何不变得更坚强呢?

泪水和抱怨都于事无补,当你承受了生活的种种磨难,你能做的就是竭尽所能去解决问题。

第四节 笑对命运中的残酷

以笑声面对残酷的命运

笑对人生，宽以待人，乐观会打败困难，自信可以克服困难。

美国著名作家海明威1954年荣获诺贝尔文学奖后感慨道："嘉伦·碧森才是那个应该得奖的人。"

嘉伦·碧森是丹麦人，是电影《走出非洲》的女主角，因此她还获得了好莱坞奥斯卡金像奖。在《走出非洲》的结尾有这样一行小字：回到丹麦后，嘉伦·碧森成为了一名作家。

她从事写作后享誉欧美，在逝世30多年后，她和安徒生一并成为丹麦的"文学国宝"。

嘉伦·碧森离开非洲的时候，除了苦难她一无所有：她耗尽18年心血的咖啡园被拍卖了；她的情人死于飞机失事；她的前夫再婚；她之前被丈夫感染的梅毒发作，药物对她来说已经没有任何作用。

她一无所有地回到丹麦，除了画画她什么都不会，除了回家依赖母亲她别无选择。

在这种情况下，她开始创作。经过了一个冬天，她完成了第一本作品，七篇诡异小说。

在丹麦没有人喜欢她的第一部作品，有的人甚至觉得故事中的鬼魂过于消极了。

找不到出版商的嘉伦·碧森又去了英国，还是没有人接受她。英国的出版商也拒绝了她："我们本国的作家很多，没有出版你作品的必要。"

她沮丧地回到了家。她的哥哥想起自己曾经在旅途中遇到过一个比较知名的美国女作家，坚持把妹妹的作品寄了过去。巧合的是，女作家的隔壁住着一个出版商，出版商竟对她的作品很欣赏，决定出版。

嘉伦·碧森终于在1943年的时候于纽约出版了自己的第一部作品，打响了自己的第一炮。丹麦记者听了这个消息到处打听，大家都不知道这个人是谁。

嘉伦·碧森在50岁的时候，从绝境走向了文学的红毯。这之后她一发不可收拾，篇篇都是名作，以英文在纽约首发，然后再以丹麦文在丹麦出版。成名之后的嘉伦·碧森表示自己在生命的低谷，遇到了爱交易的恶魔。如同歌德书中将灵魂交给魔鬼的浮士德一样，她失去的就是自己多年经历的隐私权。

她把自己的一生融合，选取最精彩的部分放到自己的故事里。她的故事都不是现代的，文学创作正是在这种情况下才能自由表达。很多熟悉嘉伦·碧森的人都能在作品里看到她的人生。

嘉伦·碧森曾用笔名Isak Dinesen。在犹太文里，Isak是"大笑者"的意思。她用这个词在某种程度上就是鼓励世人，笑对命运。

面对苦难，有人哭有人笑。时间不会停止，为何不让生命多些欢乐？
因此，不管有多么不幸，你都要笑对人生，精彩度过！

没有人注定不幸

传说,能够到达金字塔的动物只有老鹰和蜗牛。

这真是两种天差地别的动物:鹰威猛残忍,蜗牛迟缓没有危险性。鹰的肩上是翱翔天际的翅膀,而蜗牛的肩上是笨拙的壳。它们生来就毫无相同之处,却都能到达金字塔的顶端。

鹰能成功是因为它的翅膀,当然也是因为翅膀让鹰可以做最威猛的动物之一。而蜗牛能够到达金字塔顶是依靠不懈的精神。也许速度很慢,但是凭借不放弃的精神终于登上了金字塔。

生活中的人蜗牛类型的居多,拥有优秀基因可以成为鹰的人很少。没有生来就该是不幸的,所以哪怕先天不足,也要努力。别忘了,登上金字塔旅程中的蜗牛的壳和鹰的翅膀是发挥一样作用的。但是向往鹰翅膀的人很多,向往蜗牛壳的人却很少。因此,当我们失意的时候,放平心态,积少成多,最终总会成功的。

高尔基的童年很悲惨,父亲在他3岁的时候去世,母亲后来再嫁。他随母亲到了外祖父家,备受折磨。外公对他很差,他的两个舅舅也用尽手段折磨他。只有外婆最疼爱他,她发自内心地爱着小高尔基,流着泪保护遭毒打的小外孙。

《童年》是高尔基生活的真实写照。他在19岁的时候获悉噩耗:他一直敬重的外婆在乞讨的时候双腿骨折,不治身亡,悲惨地死在了荒郊野外。

外婆意味着高尔基的全部。老人一辈子没有享受过幸福的生活,最后又是这样去世的。这个噩耗几乎击垮了高尔基。夜里,他一个人在教堂的广场边流泪边为外祖母祈祷。1887年12月12日的时候,高尔基竟用一只从市场买来的旧手枪试图结束自己的生命。不过,他最后被医生救活,并在文学领域家喻户晓。

大家都要懂得生命的公平。每个人都在经历不幸,你永远不是最不幸的。别因为得不到鲜花而哭泣,想想那些没有鼻子感受花香的人吧!永远不要觉得自己最为不幸,将自己看为最不幸的人会让你彻底被打垮。

再艰难也要勇敢生活下去。无数成功人士的成长经历激励着我们。很多成功者都是能够忍受不幸的人。事业、爱情、亲情、友情,在所有我们想象得到的困难面前,他们没有放弃,而是用微笑抚平身上的伤口,努力活出自己的精彩,实现自己的梦想,让自己的存在有价值,最终扬名天下。

生活就是福祸相依。经历过苦难,流过血和泪才能感受幸福。有一部分人天真地以为自己的人生可以一帆风顺。请务必记住,不能承担苦难的人也承担不起幸福。

对付烦恼有诀窍

不能接受、不能面对是形成烦恼的主要原因。学会面对,解决遇到的问题,就不会被烦恼困扰。

所有情绪中,烦恼是最浪费时间的。有位作家的一句名言很有道理:“烦忧和困扰就像摇椅一样,没有休息的时候,却永远也不会创造成就。”烦恼不能带来解决问题的途径,只会浪费我们的大好年华。

卡耐基有这样一句名言:“我们的绝大多数烦恼,不过是人类杞人忧天。”每天的烦恼担忧都是浪费生命的行为。

人世是安定的，烦恼其实是我们自己找的麻烦。生活中一些不好的经历常常让我们惊吓。烦恼不能帮助我们，它只是让我们不敢面对问题，变得胆怯，与梦想错过。

曾经有一个自信、乐观、有梦想的年轻人。一切的改变发生在他的事业失利之时。他开始变得低落，干不了大事，对生活失去兴趣。他甚至开始神经衰弱，晚上无法入睡。他手足无措，不知道自己为什么会变成这个样子。

其实，当人类的情绪长期不健康的时候，生理上也会出现同样的问题，身体的各种疼痛便会随之而来。有一种恶性循环会让人们在潜意识的操纵下以消极态度面对问题，同样恶性循环的还有身体上的健康问题。

生理和心理的病痛会引起行为的不正常。如果一个人总是烦躁不安，他的精力就会消耗在上面，使得摆脱烦忧的难度更大。现在，你是不是想知道可以摆脱烦恼的快速方法？有的，威利·卡瑞尔可以告诉你。

卡瑞尔先生讲过自己的经历：“年轻时候的我是纽约州水牛钢铁公司的一名员工，必须去匹茨堡玻璃公司安装瓦斯清洁机，它在密苏里州。虽然机器在我们的努力下可以使用，却不能生产出我们想要的产品。我挫败极了。我开始胃痉挛，还有失眠。渐渐地，我明白烦恼和担心是无法改变的。我便想了个方法代替烦恼解决问题，并收获了比较明显的效果。

“首先，沉着地应对，看看最糟糕的事情是什么——最坏的结果无非就是被炒鱿鱼。

“其次，就是接受这个最糟糕的事情。我开导自己，就算发生了最坏的情况，我还可以再找别的工作；老板明白这也属于新方法的一种实验，那么两万块就是研究费的一部分。

“最后，就是调整自己的心态，看淡最糟糕的情况，尽自己的努力改善一切。

“后来我又实验了几次，发现可以加装别的设备解决问题，那些设备大约要消耗5000块钱。这样我们的问题也就解决了。”

你可能认为卡瑞尔是幸运的，那就再看看艾尔·汉里的故事。艾尔·汉里的家在麻省曼彻斯特市温吉梅尔大街52号。故事是他在1948年11月17日的时候在波士顿的史蒂拉大饭店讲的。

“大约一九二几年的时候，我因为紧张得了胃病。一天晚上我胃病发作，住到了芝加哥西北大学医学院的附属医院。我减重85磅；除了粥不能吃别的；护士必须每天为我洗胃两次。所有人都觉得我没救了。

“几个月后，我告诉自己：‘汉里，为什么将时间浪费在等死上呢？你不是一直想环游世界吗？只有现在去做了。’

“医生听了我的想法以为我疯了，他甚至警告我说，我会死在半路上。我告诉他我会被葬在故乡，我还计划好了，将棺材随身带着。我和轮船公司商量好，如果我真的死了，就在冷冻舱安置尸首。

“就这样，我的旅程开始了。奇怪的事情发生了，我的健康好转了！渐渐地，我的身体竟然逐渐恢复了。这是好多年没有发生过的事情了。

“我在船上交了很多朋友，每一天都过得很愉快。

“我的心情很好。体重增长了90磅，我不记得以前困扰自己的烦恼和胃病。那简直是我最快乐的时候。”

从艾尔·汉里的故事里不难看出，他无意中用了威利·卡瑞尔的办法：第一，他扪心自问，最糟糕会发生什么？是死。第二，他面对死亡，坦然接受了一切。第三，就是找解决方法做些改善。

他还讲了自己的一点感慨：“其实若是上船之后我还是那么精神紧张的话，我活不到现在。”

因此，有烦恼的时候，你也应该试试威利·卡瑞尔的方法，就做这三件事情：

(1)找出来最糟糕的情况下会发生什么。

(2)面对一切,接受最糟糕的情况。

(3)让自己淡定,解决问题,改善情况。

接受最糟糕的情况不是自暴自弃。烦恼让我们逃避、胆怯、畏首畏尾,找不到解决问题的方法。坦然之后,找到改善的途径,烦恼也就随之解决了。

帮助别人就是成全自己

人生中有很多困难等着我们。那么大家是不是都知道,帮助别人前进的时候,自己其实也在向前走。

有个在英国特别有名的富商叫爱特·威廉,他身上发生了一件神奇的事情,那就是是别人给予他的东西帮助他创业的。大家都不信有这样的好事,但事实确实如此。

20岁的爱特·威廉是个以打鱼为生的年轻人,谁也预见不到他未来的成就会那么大。有一天,一个过河的人不小心把自己的钻戒掉到了河里。过河人十分焦急,他拜托威廉一定要到河里帮他寻找一番。

爱特·威廉为了找那枚钻戒,一上午在水里往返二十几次,却什么也没找到。他叫来了全村的男人,在他的呼吁下,大家都帮忙找戒指。他们在河里找了足足半天,结果还是一无所获。

过河人最初许诺给爱特·威廉的劳务费只有一英镑,但是没想到他会找来这么多人,还找了半天。过河人不知道该付多少报酬,威廉根本没有向他提报酬的事。事实上,他只是想帮助别人而已。

不久,过河人又在河边遇到了爱特·威廉,河里的鱼已经很少了。过河人让他打气补胎,他就开始在路边修补汽车轮胎。这确实是别人的馈赠。

后来,来了一个人,急需一颗特别的螺丝钉。威廉在自己店里找不到这种螺丝钉。他没有放弃,赶了很久的路终于找到了顾客需要的那种螺丝钉。看到威廉这样辛苦,那人决定出10英镑买这颗螺丝钉。威廉却告诉人家,他给他们的是没有成本的压在箱底的螺丝钉。

多么感人的威廉。后来,找螺丝钉的人又回来了,要威廉帮忙经营一个五金店。威廉问他原因。他向威廉解释,他在这世上没有遇到过比威廉更善良、热心、真诚的人。

威廉的一生是多么幸运啊!现在,威廉是英国机械制造业的老大。他总是告诉别人自己是从接受别人馈赠发家的。

其实他自己不了解,给他带来这一切的是他自己的善良和热心。

激战当中,来了一架敌机。这时,班长看到还有个小战士茫然地站在离自己四五米远的地方。来不及思考,他扑过去压住了小战士。泥土洒到他们身上,班长回头一看,自己刚刚所站的地方出现了一个大坑。

故事里的小战士和班长都是幸运的人,但班长更幸运一些,他不但帮助了别人还进行了自助!与人为善,你的内心也同样被洗礼。为何不多做这样的好事呢?

信念伴你走出困境

生命中我们时常被打击,即使这样也不要轻易觉得自己一无所有,因为无形的信念是人生中最珍贵的宝物。

有一个从小被一对大学教授收养的小孩，他从两岁开始不但不再长高，还开始变得虚弱。医生们会诊后，确定他得了阻止消化吸收营养的疾病，告知教授夫妇他只能再活6个月。他只能通过输液维持生命，并自此之后一直没有长大。

他在医院住到了9岁。他除了心里想着要去给那些嘲笑自己的孩子们些颜色，什么也做不了。

他忆起当年的事感慨道："这些激发了我对体育事业的渴望"。有时候，他会看姐姐苏珊滑冰。立在场外的他又瘦又小，鼻子里还插了一根导管。

当他看到姐姐在冰面上飞舞的另外一面时，他告诉父母："我也想滑冰。"他们吓了一跳，不敢相信这个孩子说的话。

事实上，他说到做到。他过得很快乐，也比别人做得好，身高和体重的缺陷并没有阻止他。

第二年体检的时候，医生发现他的身高竟然有所增长。他和家人早已经不奢望他能成长到正常的高度，但真正激动人心的事正在发生：他正在圆梦。

后来，听不到别人的嘲笑了，大家都跟他要签名。他在世界职业滑冰巡回赛中将无数观众折服。

现在他已经远离滑冰赛场了，可所有人依然记得他，他成了冬运会中的知名教练、顾问和评论员。

他的身高不到一米六，体重才52公斤，虽然身体很小，但却充满了能量，这个人就是斯科特·汉弥尔顿，前奥运会滑冰冠军，他坚强又自信，没有让自己的人生因身高而受限制。

信念实在是伟大，人类完全可以超越自我。

有一个瑞典富豪在1858年生下了一个孩子，没多久，孩子因一种奇怪的病瘫痪。

有一次，孩子在全家出行的时候从船长太太口中听到一个关于天堂鸟的故事。她非常想看看船长太太口中的鸟，就让保姆去叫船长。她不断求服务生想马上去看天堂鸟。不知道怎么回事，她竟在焦急中站了起来。这之后，她的怪病也不治而愈了。不知道与童年是否有很大关系，后来她还创立了女性获得诺贝尔文学奖的纪录，这个人就是茜尔玛·拉格萝芙。

失明和失足对于一个人而言，远没有失去理想可怕。外界再恶劣，只要信念不倒，就永远不会失败。

信念是创造奇迹的神手，信念是一个人最大的支持，信念让人有力量走向成功。

学会化解痛苦

痛苦可以给予生命力量。没有痛苦和挫折的人生就像没有太阳的白天一样，虽然明亮，却不闪耀。

有句名言这样说过："跌倒不可怕，被击垮无法直立才最可怕。"

人生中有很多痛苦，有些痛苦就像踏在沙滩上的脚印，有些却是刻在石头上的字迹。痛苦来临的时候，要学会化解。

连续几年，中国女排都没有拿到世界冠军，球迷们对她们甚至开始不抱希望。刻苦训练后，她们又拿到了三连冠，回到了阔别已久的冠军领奖台。她们没有让球迷失望，没有被失败打倒，而是将压力化为动力,让生命变得更精彩。

春天永远始于痛苦的冬天,但春天迟早是要到来的。

周伟的一个朋友,在火灾中受伤。她曾经很优秀,事发之后,她惨受打击,险些崩溃。她的下半身惨不忍睹,男友也离开了她。她必须每天给伤口换药,将前一天包好的纱布撕下来。撕纱布的时候,她痛苦极了,医生和护士都不忍心看到她因疼痛而扭曲的面容。

她反而安慰医生,要求自己来撕纱布。她痛苦哭喊的同时对自己发狠。最后,她竟不觉得撕纱布是无法忍受的事情了。

周伟问起她这些痛苦是如何熬过的。

她跟周伟说:"我的眼泪和叫喊都没有用处,不是吗?没有谁能感同身受我的痛苦。为了活下去,我除了承受没有别的方法。我对自己说你只需要坚持十分钟,每一个十分钟我都坚持下来了,只要我熬过了,痛苦也就无所谓了。"

面对痛苦的时候我们都应该向她学习,其实,解决痛苦的最好利器就是时间。

每个人都会遇到痛苦。有的人可以将痛苦化解,另外还有些人却将自己的痛苦放大开来。做法不同,差距也就很大,为了人生的美好,我们必须直视痛苦和挫折,并学会化解它们。

人生等不来辉煌,痛苦不是我们放弃人生的理由。一花凋谢,还有百花装点春天;一次挫败,还有整个人生可以绽放。

所有人都必须面对挫折,若要我们的人生之花绽放,必须直面痛苦,这样的生命之花才有力量!

最不可或缺的是冷静

我们可能不知道,美国青少年心中的榜样到底是谁。答案莫衷一是,可是,一个传统的形象却在美国得到了大多数人的认可。20世纪90年代,出现了一个称之为全美青少年榜样的年轻人。经总结,是他的勇敢、耐力和沉着征服了大家。

约翰·汤姆森是一个18岁的高中生,他的家在北达科他州的一个牧场。1992年1月的一天,他一个人在父亲的农场工作。由于操作机器时不幸发生意外,机器将他的手臂切断了。

忍着剧痛,汤姆森跑了400米,好不容易打开了一个屋子。他拖着残缺的身体挪到电话机旁,可是要怎样才能将电话拨出呢?他用牙齿咬住笔来拨通号码。他的表兄赶紧将他的情况告知了能帮助他的周边部门。

当地的一家医院帮他做了断肢再植手术。一个半月后,他就可以回家了。他恢复得很好,没多久他又回到学校,他的亲友都以他为骄傲。

有这样的一件小事发生在汤姆森的事故当中:他为了不浪费流失的血,把断臂放到了浴盆里。救护人员把他放到了担架上,他在这时竟然强忍着疼痛沉着提醒医护人员不要忘记带上自己的手。

正是因为汤姆森的冷静,他挽救了自己的生命,挽救了自己的双臂。一个少年,在那样危急的关头,竟能保持这样的冷静。沉着冷静可以帮助人减少错误,赢得转机。

犯错误是不可避免的,我们的生活和工作也会因此受影响。没有人比自己更了解自己,因此,在紧要关头保持沉着是人最宝贵的品格之一。

冷静让人明智。理解他人,少犯错误的多是冷静的人,同样,能呵护他人的人也多是冷静的人。关心他人的时候,对那些犯了错误的人报以宽容、理解,你就会收获沉着的心态。

失败了不要紧，再试一次

越成功的人，失败的次数往往越多。但多一次的坚持就可能将失败化为成功。

通过观察，不难发现：一个苹果树上大约结了500个苹果，一个苹果里大约结了10颗种子。那种子就多达5000颗，但树的数量为什么没有这么可观地增加呢？

答案并不复杂，有的种子没有生根发芽，半路夭折的种子占了很大一部分，就像失败总是多于成功一样，我们可以称之为“种子法则”。

你的一份工作可能要在20次面试后才能获得；一个你满意的雇员可能要在你组织40次面试后才能被你遇到；做成一桩生意，也许要和50个人洽谈；和100个人相识，要足够幸运才能遇到一个知己。

因此，成就最大的人，往往是失败次数最多的人。

这个世上的一鸣惊人并不常见，笨鸟先飞的例子倒是多一些。成功还是要靠尝试和努力。因此，不要被失败打垮，也许再坚持一次就会成功。

有个男孩在一场火灾中被烧成重伤。医院的急救虽然让他没有失去生命，却变成了瘫痪。医生暗地里告诉他的母亲，他不能再走路了。

回到家后，母亲天天带他到户外透气。一个美好的上午，一切和往常一样，他妈妈因为有事将他自己暂时放到户外。大自然太美了。男孩儿被周围的生命感动，突然想要自己站起来！他离开了轮椅，在草地上爬行。他艰难地爬到了篱笆墙边，好不容易抓着篱笆墙站了起来，并试着走了几步。他停停走走，流了满身的汗终于走到了篱笆墙的尽头。

之后，他每天都这样练习。但是，他的病情依旧没有好转。他不放弃自己的双腿。终于有一天，当他做着往常的锻炼时，腿部竟然有了知觉。无法相信这一事实的他，又试着走了几步，他相信一切是真的了。他开心极了！带着这种兴奋，他不知疲倦地练习。

他的身体开始康复，终于有一天他可以再次行走了。而且，他还能够像其他孩子一样跑动，大学的时候他还参加了田径队。当他在田径场上飞奔时，没有人相信他曾经是个被诊为瘫痪的孩子。

这个人就是葛林·康汉宁，他是世界纪录持有者。

世事多是如此，需要多失败几次、多尝试几次才能获得成功。但是多次的失败后，很多人不愿意再次努力，而是选择放弃。

贝尔发明电话是家喻户晓的事情。但是，电话发明的前期工作是由爱迪生等科学家完成的，他只是多做了一次尝试。他们为此还打了一场官司，最后还是贝尔胜利了。法官认为爱迪生等科学家付出了努力和工作，可是他们否定了电话的应用能力，最后没有坚持下去。贝尔因为始终坚持，成为电话的发明者。爱迪生等科学家就因为没有继续前行，同成功失之交臂。

坚持到底，绝不轻易放弃

成功不足以证明我们的力量，失败才可以。也许强者不是成功者，但一定是坚持下去的人。

1882年的时候，考拉尔26岁，在斯特林镇当一名教师。他爱读书，却没有找到一家像样的书店,由此他开始有了开家书店的想法。有书看,还可以赚些钱花,多好的一件事。妻子知道他的想法之后也很赞成。不久后,他的书店——“思想者”开张了。

但是事实并没有两人预想的那么美好。最初的几个月没什么人进他的书店,考拉尔觉得时间长了,书店的生意就会慢慢好起来,再坚持一下,哪怕不能赚钱,自己也得到了很多书籍不是吗?考拉尔就是这样想的。

就这样,考拉尔坚持下去了。

但一切还是没有好转。考拉尔和妻子一直用另外工作的收入补贴书店的亏空。但考拉尔还在坚持。他跟别人说:“书店是知识的海洋,文明的城市不能没有书店,我要把我的书店进行到底!”

真的,他坚持下去了,哪怕在战争年代也没有关门。

1948 年的时候,92 岁的考拉尔在他的书店去世了,他将自己的书店留给了孙子。他要求子子孙孙将自己的书店延续下去。慢慢地,城镇逐渐发达,书店也渐渐好过起来。

2004 年是书店的辉煌年。2004 年,斯特林市在全球 50 个文明城市的竞选中渐渐不力。但“百年老店”让斯特林市一举进入了前十名。

考拉尔和“思想者”被大家四处传诵,对书店感兴趣的人也越来越多。当年的小书店,在书店的基础上变成了旅游景点,来这里的人总要买上几本书走。书店每年可以实现几百万美元的赢利。

书店在 2006 年的时候传到考拉尔的曾曾孙手中,他统计了书店多年的经营史。经过统计发现,书店只有 9 年是赚钱的,另外有 17 年持平,40 年都是亏损。

考拉尔的曾曾孙感慨道:“没有几个人面对这样的业绩还要坚持下去。我不知道我的曾祖父是如何坚持下来的,就像他不会认为自己的书店有一天会这样成功。他其实只是为了文明而坚持!”

世事就是这样,再困难你也要坚持住,也许下一秒就是成功。因此,永远不要轻言放弃。

再苦也不能失去希望

除了希望,我们可以放弃很多东西。世上总是有希望的,有希望就有力量。

欧·亨利的《最后一片叶子》里讲了这样一个故事:一个将死的病人在病房里看到一棵在秋风中飘摇的树。随着天气的寒冷,病人的身体也愈来愈差。她告诉别人自己会在树叶落光的时候离开人世。有个老画家知道了这件事,为那棵树添了一片青翠的叶子。就这样,树上总是有一片叶子。最后那个病人挺过寒冬,最终恢复了健康。

从前,两个盲人师徒靠说书唱曲过活。徒弟心情很差,手艺也不好。他对生活的兴趣不是很浓厚。师傅在死前对徒弟说了这样一段话:“我在你的琴槽里放了一张复明的药方,但是你要在弹断 1000 根琴弦之后才能打开药方。这些琴弦你都要用心弹,不然药方是没有用的。”徒弟听了师傅的话,开始不停地弹琴。

过了 50 年,徒弟才将 1000 根弦全部弹断,他兴高采烈地去药铺抓药,掌柜跟他说,药方上什么都没有。他恍然大悟,那张药方就是他的手艺,有手艺才能活下去。在这之后他一直努力说书弹琴,在 95 岁高龄的时候离开了人世。

未来比现在重要,希望比未来重要。永远不要绝望,因为绝望会失去一切;永远不要放弃希望,因为有希望才有力量。只要有希望,就有力量创造奇迹!

改变人生就在一念间

拿破仑在滑铁卢战场上和英军激战。两方相持之下都受损严重。当时，拿破仑急需一批外援。

不远处，格鲁希元帅就掌握着这样一支军队，这支部队拥有全国三分之一的军力。格鲁希元帅的全部任务就是追击普鲁士军队，另一个任务是随时和主力保持联系。

他不知道自己手中握着拿破仑的性命，他做的一切都是遵循拿破仑的命令。可是，他并没有看到敌军。

远方传来隆隆的炮响。副司令要求向开炮的地方前进。大家都坚信，拿破仑已经发起了对英军的第一次进攻。传来炮声的地方就是拿破仑所在之处，他急需增援。格鲁希不知道该怎么做了，忠诚是军人第一位的操守。

士兵们都等着他下最后的决定，决定拿破仑命运的决定。属下热拉尔甚至要自己带小部分人马前去支援。格鲁希考虑了一小会儿，还是拒绝了。因为，他要做的全部就是追击普军。

他的一秒钟改变了整个欧洲史。最后拿破仑失败了，他不明白："我为什么看不到格鲁希？"

大家总是觉得一生很漫长。但最关键的是下决定的时刻，就像日出的一秒很快就会消逝一样，人生转瞬改变。

有个京郊的农民在2001年的春天来到韩国，他拿了四大袋约30斤的泡菜带给朋友。因为害怕弄脏西服所以不能扛着，但拎着又着实吃力。两难之时，他灵机一动，折了街旁一段绿化树帮忙负重。他刚觉得自己很聪明，就被警察逮住了。他的不文明行为被处以罚款50美元。那可是400多元人民币啊！到国内可以买多少泡菜！他虽然心疼，但还是交了罚款。

他除了舍不得50美元外，更觉得自己在韩国给中国人丢了面子，最后他停在路旁。他看到很多行人都吃力地拎着袋子，他觉得好笑：大家为什么不想个办法呢？如果发明个提手在韩国一定大卖！就这样他下了决心：这次丢的脸有机会找回了。

回国后，这个想法一直没有消散，他一直致力于研制方便提手。他设计了很多样式，也采用了不同的材料，几次想要放弃，但想起50美元的丢人经历，就又充满了力量。

终于产品生产出来了，他送给邻里试用，大家都十分喜欢。之后，他把提手拿到市场，但是，看的人不少，买的人却没有几个。不知所措的他在妻子的提醒下，开始免费赠送试用装。很快，他和提手都出了名！

他想把自己的产品送到韩国，便申请了专利。为了在韩国市场得到欢迎，他事先研究了韩国消费者的消费观，又反复推敲琢磨韩国消费者的喜好。他针对韩国消费者的特点作了一系列改变，还花大价钱在外包装上下工夫，作了国际化的修改。很多人都认为他不会成功，但他一直告诉自己说："有舍才有得。"这一次，他不达目的誓不罢休！

他的这些努力没有白白付出，很快他接到了很多韩国超市的订单，他一次就拿到了200多万元的订单！他高兴极了！

这个人叫韩振远，一个小点子让他发了家致了富，前后共耗时不到一年。他告诉别人是50美元给了他智慧和成功。确实，当初的罚款变成了灵感。每天被罚款的人那么多，从中得到成功的人却是少数，很少有人能看到其中的财富。

事实上，用心生活，就处处都有机会。要想多发现，就要多热爱生活。

可以不成功，但一定要成长

人生中总有不顺利的时候，每个人都有自己的难处！上天给我们的考验是一种看重，做缩头乌龟不如出去骁勇善战。也许经过一番努力就会收获另一种完全不同的人生。要用明亮的眼去发现老天为我们打开的窗户。

有一位父亲十分烦恼，他的儿子十五六岁了，但是却不像一个男孩子。他自己没有办法，就找到一位法师，希望能帮助自己训练儿子。禅师告诉他："你的孩子在我这里待3个月，他将变成一个真正的男人。但是，你不能和他见面。"父亲答应了禅师的要求。

过了3个月，父亲带孩子回家。孩子在禅师的安排下和一个空手道教练比赛，让父亲看看儿子的变化。教练总是一出招就将孩子打倒……如此反复16次。

禅师说："你看，你的孩子是否长成了一个男人？"

父亲回答道："我真是没脸见人啊！没有想到受训3个月，他还是那样不能打。"禅师叹了口气，说道："你只看到了表面的胜负，这太让人难过了。难道你看不到他倒下又站起时是多么勇敢吗？这才是真正的男人！"

遇到挫折敢于战胜，我们才会成长。刚才讲的男子气概不是不跌倒，而是跌倒后还有勇气和力量爬起来。

所有人都在变化，成长不是定格在静止的一个瞬间。也许你看到过平衡的时刻，但总有不平衡的时候。进步是永无止境的。我们也许没有刘翔跑得快，但奔跑是我们可以一直享受的。也许我们一生都无法成功，但是我们却并未停止成长。

诸多心理疾病困扰着现代人。没人会相信，尔冬升，那个两度夺得香港电影金像奖最佳导演奖的人，曾经是个抑郁症患者。可是，也正是这样的磨砺才让他取得了后来的成就。

社会发展神速，如果不想被抛弃，就要成长起来，只有让自己成长，才不会被挫折打败。

有逆境让我们成长，是上天赐给我们的磨炼。在逆境里改变自己，总会取得成功。

困难不会让我们一蹶不振，反而会让人超越自我。"文王拘而演《周易》；仲尼厄而作《春秋》；屈原放逐，乃赋《离骚》；左丘失明，厥有《国语》；孙子膑脚，《兵法》修列；不韦迁蜀，世传《吕览》；韩非囚秦，《说难》、《孤愤》；《诗》三百篇，大抵圣贤发愤之所作也。"还有张海迪和霍金，这些人都是在困难面前不低头最终走向成功的典范。没错，就是经历了逆境，才离成功的距离更近。

我们可以犯错，但是我们不可以不成长，在逆境中我们会收获不一样的自己，从而变得更包容，更勇敢，飞得更高更远。

第五节　超越人生的困境

天才往往历苦难

很多年前，有两块相同的石头在佛山，它们最后的结局却截然不同：一块被大家簇拥着仰视，另一块恰恰相反。

默默无闻的石头不满意地说："我们的起点相同，为什么结局这样不同？"

另一块石头想了想说道："不同开始在几年之前，你不让山里的雕刻家在你身上动刀，我却忍了下来，所以我成了佛像接受世人的膜拜！"

"自古英雄多磨难，从来纨绔少伟男"，在困难面前，人们才能成长。没有人可以逃离这样的定律。

有一个落魄了一生的人，他在自己的王国里，孤独又自卑，没有人认可他。

他在28岁的那一年，爱上了刚刚守寡的表姐。他将自己的手放进炉火中以表达自己的爱意，因此受了严重的烧伤，还差点变成残废。

但是表姐根本不能理解他的爱，他遭到了拒绝，他差点选择自杀了结自己。

还有一次，他因为没有5法郎，被人家拒之门外。有个女人叫拉舍尔，对他说道："你可以把耳朵割下来代替啊！"

他回家后真把耳朵割了下来，包在布里面送给了拉舍尔。大家都觉得他不正常，有的人甚至想把他关进疯人院。

他生来就是个画家，可所有人都不理解他和他的画。他无奈之下只能把画寄售在兄弟的小画廊，可是也没人愿意买。老板还为此多次想将他的兄弟辞退。

他健在的时候只卖出过一幅画，是4英镑的《红色的葡萄园》，就这还是他的兄弟和朋友帮忙买的。

在一家咖啡馆展出自己的作品是他一生最大的愿望，但一直到他去世也没有实现自己的心愿。

后来，他自杀未遂。他告诉抢救自己的医生，自己这次做得不够好。

他的一生结束在深深的绝望和孤独中，甚至他的安葬仪式也十分简单。

他就是这个世界上无人不知、无人不晓的凡·高。他死后，多个国家都称其为自己的国民，他的画举世无双，并被收藏在巴黎、伦敦、荷兰博物馆最显眼的地方。

他为什么会被这样对待？既然让天才存在，为什么却没有人去欣赏他？难道，有多大的才能就要经受多大的痛苦吗？这难道是命运吗？

有一部大型纪录片，叫《我们的地球》，记载了衰羽鹤飞越喜马拉雅山的场景。那是它们为了生存必须做的事情。它们要在高海拔中与金雕抗争。于是我们就看到了纪录片中壮烈的一幕。

困难再大,也要翻越主峰,衰羽鹤才能在温暖的地方开始新的生活。这再一次教给我们一个道理:经历了困难的磨砺,才能开始崭新的人生。

背水一战最给力

事实上,我们只要敢去做,就会有很多意外的收获。困境中的背水一战,往往最为得力。

非洲有一片叫作塞伦盖蒂的大草原,夏天,马赛马拉的草原上都会迁来数百万的塞伦盖蒂角马,它们只是大迁移成员中的一部分而已。

迁移的道路中,唯一的水源是格鲁美地河。它给了角马危机,也给了角马生机。角马必须饮水,水边生长着植物,植物中又隐藏着天敌。炎热的夏天,饮水的角马时常被猛兽袭击。生死大战时时都在发生。

水流不是很急的地方,藏着很多鳄鱼。甚至,河流本身也会给角马带来危机。很多领头的角马或是溺水而死,或是被鳄鱼所猎。

这是平常的一天,角马们到河边饮水,它们似乎可以掌握那些危机的情况。领头的一部分角马速度缓慢地向河岸靠近,再退后回来,它们舞蹈般共进退。身后的角马群在水汽的吸引下,不断前进,“头马”渐渐被挤到水中。所有的角马都渴望喝水,但是它们仍然进进退退地缓慢进行。

三个小时后,一头小角马忍受不了干渴,离开马群饮水。它走入水中的原因是什么?大角马还是很害怕。没过多长时间,一头角马被挤到了深水处,它的恐慌引发了骚动。它们因为害怕又离开了河岸。多数角马都必须忍受干渴。一天的时间里里,这样的仪式会不停重复两次。一天下午,一小群角马发现了水源,在那里,抵达河边对它们来说不是难事,但是它们却不愿前行。

你和角马有没有相像的地方?你忍着不喝成功之水的原因是什么?是对未来的迷茫,还是对现状的知足?大多数人的原因是不敢尝试。不要害怕前进,不要被别人推着走。敢于承担风险的人才会拥有成功的机会。所有的好事情都要有付出,不愿意付出,就永远不会享受成功。

众所周知,苹果公司是非常著名的电脑公司。30 年前,乔布斯还有个叫惠恩的搭档。

乔布斯的邻居惠恩也十分喜欢玩电脑,他们又找了个朋友,一起制造微型电脑出售。在他们三个的努力下,“苹果一号”诞生了。他们花费了大量的资金在准备工作上。他们没有什么资本,到处筹钱才创办了电脑公司。但乔布斯对此是没有怨言的,他一心想要成立苹果电脑公司,惠恩也成了拥有十分之一股份的小股东。

最初的苹果每台 660 美元,他们最初以为只能卖出一二十台,但市场的反应却让人很意外,竟比预计多了一百多台,他们一共赚了 48 万美元,惠恩也分到了 4800 美元,这对于当时的惠恩来说已经是很大的一笔钱了。但是,惠恩只是随便地拿走了 500 美元,他甚至因为过于着急地退出苹果公司,连自己的股份也舍弃不要。

后来苹果成为超级公司,回想当年的惠恩,哪怕他之后什么都不做,只是拿着自己当初的小股份,现在也是名震一方的富豪了。其实,另一位乔布斯的合作伙伴,就是因股份的持有权发家致富的。

惠恩当年放弃的原因是什么?因为他有些担忧乔布斯的野心。他之后向媒体表示:“我当时的做法,是害怕公司万一因此亏空,我不得不为公司背上十分之一的债务!”就是这样的瞬间畏惧，让惠恩与财富无缘。

事实上，很多好运是要有勇气才能得到的。勇气可以帮助我们改变人生，如果做什么都有拼命的精神，那么任何困难都不在话下！

成长需要一个过程

成长的路上，我们要有一颗执着的心和脚踏实地的精神。要知道，人不是一天就能够长大的。

奥比太太的屋后面种了一大片玉米。几个月后，该收获了。有一个果实饱满的玉米非常自豪地说："我是今年最美好的玉米，主人一定最先看到我，并摘下我。"旁边的玉米也都纷纷表示同意。秋收很快就到了，出乎大家的意料，奥比太太并没有摘下那个玉米。

"一定是她的眼力不好，明天我就会被摘走了！"那个骄傲的玉米安慰自己。

次日，田里依旧剩下了那个玉米。

"明天我总会被摘走的！"玉米还是觉得自己最好。

连着两天，奥比太太都没有到玉米地。之后很多天，她也没有来，那棵玉米有些绝望了。

那个玉米在一个雨夜有了顿悟："一直以来，我都觉得自己最好，但事到如今我还没有被奥比太太收获。黑夜白天，我在田里受苦，我不再饱满。也许在奥比太太眼里我不是最好的！"

悄悄地，天亮了，阳光洒在它脸上，它睁开眼竟看到奥比太太站在自己面前。

奥比太太温柔地看着它，说道："我最好的玉米在这，用了它的种子明年一定会丰收！"

最好的玉米明白了一切。它终于到了奥比太太的篮子里……

要有笑到最后的信心，是金子总会有发光的一天。璀璨的珍珠也是由小石头长大的，要饱受折磨才能成长为耀眼的珍珠。因此，要想成功，必须付出相应的辛苦。

有一个年轻人，想要在大海里自杀。一个老人在他自杀的时候刚好路过，救下了他。"你叫什么，你为何自杀？"老人问他。"我跟你说了也没有什么用。让我离开吧！"青年苦痛地回答道。"你什么都不说怎么知道没用呢？"老人坚持问道。"告诉你也没什么的，我的名字是乔治。"年轻人回答道，"我很自信，我是一个名牌大学的毕业生。我和家人都以为自己可以找到一个不错的工作，可是除了小公司外，没有人愿意要我。"

老人示意乔治说下去。"我什么也做不了，我太无能了，我的生命已经没有存在的必要了！"乔治看起来痛苦极了。老人随手捡起一粒不起眼的沙子，又丢掉，转头对乔治说："麻烦你把我刚才给你看的那粒沙子拾起来。"乔治摇着头告诉老人自己无法完成。

老人随手将兜里面的珍珠丢在了地上，要乔治把珍珠捡起来，乔治很快就做到了。"你懂原因了吗？其实，现在的你还没有成为珍珠，你的遭遇是可以理解的。要被认可你要先让自己不再是一粒沙。""成为一颗珍珠？"乔治有所顿悟地走开了。

要让别人承认自己，首要任务不是等待，而是让自己发光。当你实现从沙子到珍珠的蜕变，自然就会被世人发现。年轻人难免急于求成，要懂得沉淀自己，让自己成长。要记住，成长是积少成多的一个过程。

有压力才有动力

世上活得疲惫的人很多。其实压力就是动力,关键的一点就是态度。压力有时就是成就我们的动因。经过生物学家研究发现,鲨鱼因为没有鱼鳔,才在压力下成为了海洋霸王。

万物初生的时候,一群身体光滑、外观呈流线型的鱼被上帝所造,它们可以在水中快速游动。

将鱼放生后,上帝忽然意识到一个问题:鱼会因为大于水的比重下沉,会被水压死。上帝灵机一动,为它们添加了可以自行控制的气囊,就是我们熟知的鱼鳔。如此一来,鱼就能在水里自由地游弋。没有鱼鳔,鱼就难以生存。

上帝很意外地没有见到鲨鱼。鲨鱼由于过于调皮,没有被上帝找到,上帝也只好作罢。也许鲨鱼的境遇很不公平,没有鱼鳔,鲨鱼一定无法生存。上帝为鲨鱼感到惋惜。

过了很多很多年,上帝忽然想看看自己当时放生的那些鱼,他有些好奇那些鱼的生活。而且,他最关心的还是鲨鱼的生活。

上帝把它们叫到自己面前,他完全看不出来谁是谁,所有的鱼都不再是当时的模样。上帝叫出了鲨鱼的名字,看到游来的是一群霸气十足的鱼。

上帝不明白原因。什么原因让没有鱼鳔的鲨鱼变得如此威风?他百思不得其解。

鲨鱼告诉上帝:“我们因为缺少鱼鳔,压力很大,所以必须不停地游动,不然就无法生存。因此,我们始终抗争着压力,我们就是这样活下来的。”

缺少了鱼鳔,鲨鱼才成为海洋中的佼佼者,人也一样,没有压力就会懈怠。不要忘记,压力就是动力!

大海上,狂风大作,有艘返航的空货船在其中飘摇。水手们手足无措。老船长当机立断,开仓灌水。

水手们对这样的做法充满忧虑。船长沉着地跟大家解释道:“谁见过粗壮的大树在风中倒地?只有小树才会被刮倒。”大家忐忑不安地照做了,货船也渐渐平稳了。

老船长跟大家说:“没有装任何东西的木桶是很容易被打翻的,可是风是吹不倒装满水的桶的。负重的船比空船更加安全。”

事实上,我们也是航行在海上的船只,我们面对的压力既是我们的阻力也是我们的动力,没有了它们,我们就会翻船。

压力是主观的感受,是否构成压力,一切取决于态度。

海伦·凯勒1岁的时候因病成为聋哑人。她因此变得十分任性,家人不得已只好为她找了一名老师。海伦在老师的照顾下改变、成长,逐步完善自己的人生。没过几年,她就出版了自己的第一本书《我生活的故事》。

她还有本书叫《假如给我三天光明》,更加让我们认识到她的坚强和乐观,这其中的功臣就是她对生活的认识。将失明视为压力的情况下,她苦不堪言,逃避人生;将压力化作动力之后,她就收获了生活的喜悦。

我们虽然没有办法让自己免受压力,却可以消除它的困扰,那就是:淡定接受,尽力解决。

学会在挫折中成长

我们的每一次成长都伴随着克服困难的过程，跨过痛苦就是快乐。

儿子从城里回来后，看到自家的玉米地受旱，玉米很小，不像旁边的玉米长势那么好。他想给玉米施肥，却被父亲以“控苗”为理由阻止了。父亲告诉儿子：玉米刚长大的时候多吃些苦，一段时间后，就会强过别家。

这其中，我们也可以认识到这样的道理：年少时多吃苦有助于日后的成功。

既然我们不能让自己远离挫折，那就不妨努力正视，调整自己，用自己的斗志获得胜利。众所周知的林肯的事迹就是很好的例子。

成功者离不开挫折。曾经有个青年，他穷得连想买一件像样的西服都买不起，但他仍然想成为一名影星。

当时的好莱坞有500家电影公司，他规划好后，手拿着专门为自己打造的剧本一一拜访，却都遭到了拒绝。见此，他不放弃，又开始了第二轮的拜访。他再次失败了。第三轮依旧如此。

这样也没有打击他放弃自己的第四轮拜访。他在第350家收获了喜悦，他高兴极了。他在几天之后获得了详谈的通知。他得到了机会，出演该剧的男主角。不久，《洛奇》就和大家见面了。自然不必说，这个年轻人就是我们都知道的国际巨星史泰龙。

我们不知道要多勇敢才能承受1850次拒绝。可就是这样的勇气，帮助史泰龙获得了成功。

挫折是成功的黎明前的最后一抹黑暗。请记住：失败是成功之母。失败和挫折带来伤害的同时，也会带来人生的沉淀。小孩子不会在被开水烫过之后，又将手伸进开水。因为他再调皮，也不会忘记曾经的疼。被刀子割伤过的孩子会永远记得刀子是危险的。挫折帮助人成长，这怎么能说不是好事情？

有这样一句话很有名气：“挫折是弱者的致命伤，是勇者的垫脚石。”我们生命中的挫折，都是来帮助我们成长的。随着挫折带来伤痛的远去，你会发现自己已然重生。

最大的敌人就是自己

人最大的敌人是自己，战胜了自己，人生就会辉煌。

有一种很神奇的关系存在于狼和驯鹿之间，它们的生存环境相同，最常见的情况是它们和平共处，两不相扰。

就是这看似和谐的表面，狼会出其不意地攻击驯鹿。驯鹿迅速以群为单位逃跑。狼群已经锁定好了目标，紧紧跟着看好的猎物，迅速地抓伤猎物。

一切结束了，双方都没有什么改变。次日一切还会重复。那只驯鹿伤上加伤，逐渐体力不支。当它无法跟上群体时，狼群便出其不意地将它拿下。

事实上，驯鹿不会受到狼的威胁，因为驯鹿的身材足够高大，那为什么会有这种结果呢？

狼通过战术，不断摧毁驯鹿的斗志，让它失去信念，放弃了生存的机会。

因此，是驯鹿将自己打败，杀害它的是自己内心的脆弱。同理，要让自己成功，必须超越自己。

不经历风雨,怎能见彩虹

“不经历风雨,怎能见彩虹”,美好的阳光,总在风雨过后才会绽放。

世界上寿命最长的鸟类是老鹰。它们的寿命可高达70岁,但是要在40岁时作出选择。

40岁的老鹰开始衰老,喙和翅膀都会退化,飞翔也开始变得吃力。

它们只能选择老死或者痛苦地更新。老鹰要在150天内用力在悬崖上将自己退化的喙打落,并等待新喙的成长。

新喙长出的第一件事就是拔掉自己的指甲,新指甲长出的第一件事就是拔掉自己的羽毛,150天后它们拥有了新的羽毛,并开始了新的30年!

其实,我们有时也面对一样的情况。我们不得不抛弃过去,才能迎接美好的明天。

世界十大拳王之一的乔·路易斯是世界上成就最大的重量级拳击运动员,他曾打败25名拳手。

但谁能想到,他上学的时候经常被人嘲笑。因为,18岁的他不能和别的男孩一样去操场运动,而必须去学小提琴!他的母亲希望自己的孩子通过特长改变命运,因此让他去学琴。那时学琴所需的费用很高,但是老师觉得他是个有天赋的孩子,他的母亲也愿意让他学,家里就算辛苦一点也无所谓。

可是,同学们却叫乔伊“娘娘腔”。有次他终于无法忍受,和他的同学打了一架。不知道怎么回事,他的小提琴被弄坏了。乔伊要哭了,旁边的同学却边跑边笑话他,除了一个人,他的名字叫瑟斯顿·麦金尼。

瑟斯顿·麦金尼是个身材魁梧,但是很善良的男孩。他当时已经是“金手套大奖赛”的卫冕冠军了。“你要努力变得强壮,那样才没有人欺负你。”他告诉眼泪汪汪的乔伊。瑟斯顿绝对想不到,自己的一句话,改变了乔伊不一样的人生,甚至改变了美国的一代人。瑟斯顿后来没有在拳坛大展拳脚,却因为对乔伊的鼓励,被人们记住了。

其实,瑟斯顿当时只是想带乔伊到体育馆练拳,乔伊跟他去了。他把自己的旧鞋和拳击手套借给了乔伊,乔伊用学琴的钱租了个衣柜。

最初,乔伊一直练习瑟斯顿交给他的几个简单的动作。一周过去了,乔伊试着和瑟斯顿对打。谁想到,在第三个回合的时候瑟斯顿就被乔伊打倒了。瑟斯顿爬起来之后,大叫要乔伊扔掉自己的小提琴。

乔伊没有扔掉小提琴,但他也就此爱上了拳击,小提琴学费成了拳击课学费,他的妈妈没有办法,只好接受。后来他在比赛中逐渐被大家所认识,他改名“乔·路易斯”,希望这样能让母亲安心一些。

过了5年,23岁的他步入世界拳王界。他于1938年打败德国拳手施姆林,他的胜利对于反法西斯具有深远的意义。可他的妈妈却不知道人人称道的英雄竟是自己心中不争气的儿子。

人生的路上总会有些坎坷和风雨,可是阳光总在风雨后。要永远笑对人生,坚定胜利的信心。当痛苦被跨过,迎接你的就是快乐。

翻手为“胜”，覆手为“负”

磨难如同一场突如其来的流感，令人惊慌失措，人们害怕它畏惧它，因为它是无法控制的病毒，任由恐惧蔓延。其实，磨难更有着积极的一面，它为成功汲取珍贵的养分，经历并战胜它的人，会成长得更快，它是决定胜负之间的杀手锏。

磨难既能消磨人的斗志，使强者变成弱者，亦可使弱者变成强者。对于每个人来说，磨难都是一把双刃剑，会促进你成长，又可以成为妨碍你成长的阻力。

人们常说“自古英豪出贫贱，纨绔子弟少伟男”，其实就成才而言，顺境逆境，这些都是外因，内因更重要。我们知道，身处顺境中的人往往不思进取，因为他们习惯享受，未曾受到苦难的洗礼。当一个人没有了志向，没有向上之心时，又如何能够成才呢？

逆境使人饱受苦难，他们在一次次与命运的抗争中，更容易树立远大的志向和坚定的目标，也许会爆发惊人的潜力，这正是顺境中的人不容易具备的品质。

法国作家巴尔扎克说得一针见血：“苦难是天才的垫脚石，对能干的人是一笔财富，对弱者是一个万丈深渊。”如果我们渴望成功，一定不能贪恋温暖，畏惧磨难的袭击。要知道，磨难使人生丰富，让我们知道如何得到幸运之神的眷顾，而在磨难面前败下阵来，就等于承认了我们的懦弱，成功也会远离，没有经历过磨难的成功称不上真正的成功，只有磨难才能让成功显现得更有意义。

人人都不喜欢苦难，然而，当它出现的时候，却能够迫使我们正视眼前的问题，正因为它手段激烈，才迫使我们发挥出超常的水准来。

司马迁由于李陵一案受到宫刑的惩戒，这是奇耻大辱，但他在磨难面前重新审视个人的价值，完成《史记》的写作；香港首富李嘉诚出身寒微，从小开始打工，才能勉强维持生计，然而，他凭借自己坚持不懈的努力，成就了辉煌的职业生涯……逆境中成才的名人不胜枚举，他们的共同特征就是有着超人的毅力，从不轻言放弃。

沙飞的父母都是老实巴交的农民，家在农村，村子里只有几十户人家，只能靠天吃饭。当沙飞踏上求学的火车时，他才第一次真正见到火车的样子。这样的成长环境让沙飞从小就知道，想要摆脱贫困的处境，没有谁能帮他，只能靠自己的努力。

面对大城市，一个没有背景的农村孩子，想要赤手空拳打拼出一番天地来，是何其不容易的事情。然而，他成功了，现在，他供职于一家著名的外企，是营销部门的经理。

生活变得美好，沙飞不再因没钱而吃不饱饭，而且常常出现在各种高档场所，他喜欢工作，他需要工作证明自己的实力，更需要工作带给他的成就感。

可是，有人看不惯沙飞的行为，这个人就是总经理的小舅子李晓生，是沙飞手下。此人游手好闲，却擅长挑拨是非，他妒忌沙飞，一副盛气凌人的样子，想尽办法想要把这个“下里巴人”挤兑出去。

一个重要的营销策略，对公司举足轻重，沙飞带领整个团队辛苦工作了三个月的劳动成果，被李晓生泄露给别的公司，公司损失惨重，对此，沙飞百口莫辩，他在这个行业已经没法混下去了。

李晓生找到沙飞：“没想到吧，你完蛋了。”

“完蛋？还早着呢。”沙飞离开的时候，对他说。

沙飞的确没有完蛋，没有人知道，他是怎么走过来的。只是4年之后，他的名字开始频频在电视上曝光，他成了著名的企业家。

然而,落魄不堪的李晓生居然到沙飞的一个分公司去应聘一个很低的职位,当他看到前来视察工作的沙飞时,非常害怕,沙飞认出了他,却客气地对他说:“不用担心,你不值得我报复。”

不经过风浪的袭击,无法到达对岸;不经历风雨的洗礼,不容易看到雨后的彩虹;不经受磨难的考验,也不会有宽广的胸怀。当沙飞丢了事业的时候,如果他也丢了信心和毅力,那么他才是真的完蛋了,但是他成功地战胜了自己,所以才能取得更大的成功。

他成功了,伤害过他的人,在他现在的成绩面前,显得多么微不足道。

当你翻过一座你认为不可能翻越的高山,你才会知道,高处的风景真好,曾经困扰你的问题已经不再重要,你不再怯懦,聪明的沙飞显然深谙这个道理,他已经不屑和李晓生再有任何瓜葛。

有这样一个故事。

一只饥肠辘辘的狼,找到一头大象的尸体,它高兴坏了,终于可以美美地吃上一顿了。它费力地钻到大象的身体里,吃起大象的内脏来。

吃饱喝足的狼,不想离开,要知道食物并不好找。于是,它就住在了大象的身体里,吃饱就睡,睡醒继续吃。一段时间后,狼发现大象的身体再不是它的天堂了。气温很高,大象的身体开始腐烂,并散发出一阵阵的臭味,它的肉已经不能吃了。

狼想离开,却发现曾经容它进来的那个洞已经变小了,狼急切地想出去,可是它已经出不去了。它躲开了天敌的竞争,但死在了食物里,不知道这是不是一种讽刺。

你以为自己是满足现状,不进不退。然而,当你产生这种想法的时候,你就已经在退步了。要知道,在你裹足不前时,别人都在为生存为进步而打拼,拉大了你们的差距。而你,终有一天要因此丢盔弃甲,举手投降。

不要以为“温室”才是你最安全的港湾,鼓起勇气,迎接生活给予你的一切挑战,要相信,你会因此越来越强,总会有办法消灭一切障碍。

惠特曼曾经说过:“经受过寒冷的人才知道太阳的温暖,经受过苦难的人才珍惜生命。”是的,优质坚韧的钢条,要经过千锤百炼;光彩夺目的贝壳,是经过水冲曝晒而得的。而优秀的人,只有战胜生活中的一切磨难,才能成就明日辉煌的战绩。

第六节　包容感谢折磨你的人和事

再苦也要笑一笑

人有悲欢离合，生命也是有得有失，但是太阳总是东升西落，月亮也依旧是阴晴圆缺地变化……世界万物依然运转如初没有改变。生命也还是五颜六色的，但是更多的美好需要我们仔细用心去发现。生命是美好的，明天也会更好，只要我们坚持之后再多坚持一点点，保持自己的信心，就能见到风雨之后的彩虹。

总之，痛苦和失落是伴随着生活存在的，但是不能万事都悲观，对生活还应该保持一份信心，即使艰难困苦也不放弃，就算在挫折面前也能露出灿烂的笑容。

米歇尔的一生经历了两次非常严重的事故，他的脸在手术后经过植皮变得五颜六色，并且还失去了自己宝贵的手指，他的双腿因受伤而畸形，根本没有力量支持身体行走，后来只能依靠轮椅行走。在第一次被火烧伤的事故中，他全身大部分皮肤都被烧伤，经过16次的手术才保住性命。

这次手术让他再也不能自己拿起筷子吃饭，不能按电话号码，甚至上厕所这样的生活起居小事都不能独自完成，但是米歇尔从来没有认为自己被打败了。他说："人生就像一艘大船，而我自己的人生一定要由自己掌握，它的上涨或下沉都是由我自己来决定的，现在出现的情况只不过是暂时的，是我进行下一段航程的起点。"半年的治疗和恢复以后，奇迹出现了，他又能重新驾驶飞机！

米歇尔的家是在科罗拉多州的一栋维多利亚式的建筑，他们家里在其他地方也有房产，还有私人飞机和酒吧，他和朋友一起开了一家公司，主要经营的产品是一种以木材为燃料的炉子，这就是福蒙特州第二大私人公司的最早雏形。4年后，米歇尔驾驶飞机时再次发生了意外，坠机后他胸部12块脊椎骨全部被压碎，这次他全身永远地瘫痪了。

但是米歇尔依然没有放弃生活，他尽全力发挥剩下能自由活动的部分躯干自主地生活。他后来成为科罗拉多州孤峰顶镇的镇长，主要负责小镇的环境保护工作，不要被矿产开发破坏。米歇尔在竞选国会议员的时候，他提出的口号就是"不只是另一张小白脸"，顺利地将自己的劣势转化为优势。

米歇尔还开始了以前从未接触的泛舟活动。他还完成了他的终身大事，并取得了公共行政硕士学位，而他一直进行的飞行、环保及公共演说活动也从未停止。米歇尔顽强的生活意志让身边的每个人为之动容。

米歇尔说："在我出事前有一万件事情是我可以做的，但是现在有一千件我做不成了，那么我就专心致志地去做不能做好的一千件事情，或者我就尽心竭力地做好我能做的那九千件事情。虽然我的人生经历了巨大的挫折，但是这些挫折绝对不是我放弃奋斗的理由。现在大家可以站在全新的角度,重新审视人生中的挫折和磨难。退一步海阔天空,站在不同的角度看问题,你可以大胆地告诉自己,'现在面临的这些挫折也不过如此!'"

米歇尔在四十多岁的不惑之年,却发生了这样严重的烧伤事件,但他的悲惨经历没有就此结束,四年后又因为飞机坠毁造成高位截瘫,他遭受的苦难我们简直难以想象。更想不到他会成为百万富翁、演说家和事业有成的企业家,更想不到泛舟、跳伞、竞选能和他有什么关联……但是他还是依然坚持自己的梦想,他用事实证明了这一切。笑一笑没什么大不了,因此,他的人生没有什么是不能克服的了。

太阳每天都东升西落,而人也有悲欢离合。情场失意、朋友失和、亲人反目、工作不得志……类似的事情总会不经意纠缠你,都会让你变得沮丧、郁闷、心情烦躁。其实,生活中的低谷就像是行走在马路上遇到红灯一样,你不妨以一种平和的心态坦然面对,敞开心扉接受这一切,没什么大不了,放松下来,让自己坚定勇敢地继续向前进。

不要总想着生活能够一帆风顺,更不可能永远都是阳光灿烂的,每个人都要面对苦难和挫折,无论你的处境多么艰难,都要学会微笑地面对一切。

在人生的道路上,困难和挫折根本没什么大不了。你可以把生活中的困难当成人生给你的献礼,把挫折当成对自己意志的锻炼。虽然冬天百花凋零,但是明年还是桃花依旧;秋天树叶会凋零飘落,但是来年春天的生机还是属于它们。伤心总是难免的,微笑地面对这些,就是积极乐观的人生态度,更是豁达潇洒的人生观,它会带你不断走向成熟。

每个人都有惰性,如果好吃懒做每天无所事事,就会逐渐地自己堕落、甘于平庸,殊不知"忧劳兴国,逸豫亡身",每天安逸享乐,最后肯定是什么成就也没有,在平淡的生活中白白浪费时间。

人生就是在不断的磨砺中进步、成长并逐渐走向成熟的,没有磨难的人生,只能是原地踏步甚至退步,因此我们要努力认真地生活,否则你的人生就没有精彩,你的人生价值也不可能实现。"一苦一乐相磨炼,炼极而成福者,其福始久;一疑一信相参勘,勘极而成知者,其知始真。"

微笑、洒脱地面对生活,不要一味地苛责自己,才能微笑地面对生活中的困难和挫折。洒脱其实就是给自己减负,是一种积极向上的生活态度,是用心经营生活的智慧。洒脱的人不会让自己闷闷不乐,做到洒脱才能轻松地生活。

经得起挫折,耐得住考验

当我们和朋友用信件进行交流的时候,总是用"万事如意"、"心想事成"、"一帆风顺"这样的话,在这些很常见的祝福语当中,我们都希望自己的朋友平安顺利,谁都不想生活中全是挫折和苦难。当然,一帆风顺是一种美好的愿望,但纵观人的一生,挫折和困难是在所难免的,只不过每个人面临的问题不同而已。

其实,遇到挫折也许是一件幸运的事情。跳起来摘到桃子才是最好的,而人生如果没有风吹雨淋,就不能感受到灿烂的阳光。例如那些身姿挺拔的参天大树,一定是久经狂风暴雨洗礼的;一把锋利的斧头,必须经过千锤百炼才能拥有锋利的斧刃。养在温室里的花朵,又怎么能具有坚强的意志和魄力呢?

不经历风雨怎能见彩虹,只有那些软弱无能的人才经不起磨难。生活中真正的强者,无论什么样的困难都吓不倒他,越是艰难困苦的处境,越能磨砺他们坚不可摧的意志,越能锻炼他们的能力。

但并不是所有人在困难面前都是无所畏惧的。生活中有很多人非常有才华,他们的很多能力都是上司非常看好的,但最大的不足就是——没有挑战困难的勇气和毅力,只能在自己熟悉的范围内做些平常的事情。因为他们对失败有极大的恐惧，从来都不愿意挑战新的任务和工作，面对困难，就只想着退缩，能躲多远就多远，把自己包裹得严严实实的。因为在他们看来，安稳地把握好现在的工作，就做那些自己非常确定的平常事情就好，只要是稍微不安全的事情，他们的态度就是最好不要尝试，因为结果是不可预知的。最后，他们的一生都在为那些平庸的事情忙碌。

有一个中年人在公司上班，他在公司多年却随时都有下岗的危险，一天他去了一趟老板的办公室。回来之后他开始向同事诉苦："老板怎么想的，要把我派到海外，你说像我都这么大年纪了，哪受得了这样的折腾啊？"他愤愤不平，打心底里觉得老板太不近人情了。

身边的同事小杨在一边开导他说："你可以把这次机会当成是公司对你的锻炼嘛。"

中年人回答道："怎么可能，老板这分明就是在故意整我呀。公司本部岗位那么多，偏偏把这么一个出力不讨好的事情让我去做！"

最后，他想尽各种理由拒绝这次外调，而小杨却毛遂自荐，申请调到海外营销部去工作。

在海外打拼三年，小杨得到了很好的锻炼，回国以后受到了老板的赏识和重用。

"职场勇士"是怎么炼成的？就是这样，从来都不愿意经受磨炼的人，也就不会有机会锻炼自己的能力。

在上司眼中，"职场勇士"与"职场懦夫"是完全不同的，这两类人完全没有可比性。什么样的人才是上司心中最理想的下属？有位上司直言："我们公司最需要的人，就是积极进取、敢于不断挑战新任务的人。"

富兰克林也曾经说："那些任凭环境支配，被动地接受命运安排的人，就是没有思想的禽兽草木。"英国才子王尔德说："我们不能被环境控制，环境应该是由我们支配的；我们也不能被动地接受命运的安排，人的命运掌握在自己手中。"只有凡夫俗子才相信运气、气数、宿命这些说法，而强者是绝对不会被这些束缚的。生活不是一潭死水，随时都可能泛起新的波澜和涟漪，失败、挫折、困难随时都会出现。面对这些困境，我们如果想要走出这种不如意，最重要的就是牢牢地将命运掌握在自己手中，如果你能坚持不懈地走好每一步，终有一天你能改变这种逆境，掌握自己的命运。

想要获得积极上进的生活，就必须面对生活中的种种考验和磨难，和挫折战斗到底。只有在困难面前不退缩、迎难而上的人，最后才能成就自己的事业和人生。

把苦难当成朋友

每个人都渴望取得进步，但是取得进步往往是要付出代价的，甚至会非常痛苦。如果一个人非常渴望成功，而通往成功的路上必定要经历痛苦，要披荆斩棘，我们为什么要逃避这些呢？种下什么因，就会收获什么样的果，那么经历了苦难之后不就是向往已久的成功吗？

如果生命中不可避免地会有一段艰难的路要走，为什么不大胆地直接面对，选择一条更加丰富多彩又刺激的路呢？我们要让自己的人生与众不同，平淡得像白开水一样是多么的无味和无趣。走哪条路都由你自己做出决定，伟大或是渺小就在于你自己的选择。所以，如果你想拥有与众不同的精彩人生，那么请你为自己选择惊险刺激的道路，尝试披荆斩棘、大步向前，你会发现世界另一面的精彩生活。

有一个以打柴为生的老人，他无意中发现了一只很奇怪的鸟，它特别小，就像一只刚出生的小鸡，但是没办法飞起来，老人看这只鸟挺可爱的，就带回家给自己的孙子了。小孙子调皮可爱，就把这只鸟和自己的小鸡养在一起，由母鸡把它当成小鸡一样养大。母鸡对它就像对其他的小鸡一样，尽心尽力地照顾它。这只奇怪的鸟慢慢地长大了，没想到这只长在鸡群里的怪鸟竟然是一只老鹰。

为了保护小鸡不受到这只老鹰的伤害，人们提议杀了它，或者放生，这家人看着鹰一点点地长大，和它有了感情，老人和自己的孙子都舍不得杀死它，因此他们选择放生，让它回到属于自己的天空。但是在尝试了各种放生的方式以后，没过几天鹰又回到了这个村子，无奈之下，人们把老鹰关在外面，甚至狠心地打它……但还是没有用。村里的老人说：老鹰从小在这里长大，不愿意离开它那个安稳舒适的小窝。

后来村里的一位老人说："我可以让鹰重回蓝天，让它再也不会回来。"于是大家把鹰交给老人，老人带着它来到了悬崖边，用尽全力将这只鹰摔下山崖。只见那只鹰直直地向下坠去，眼见就要到底了，它终于展开翅膀，慢慢地向上滑翔，向蔚蓝的天空飞去，它终于自由了，能自由地在天空中翱翔，像是在进行飞翔表演。大家看着这只鹰飞得越来越高，越来越远，直至消失在人们的视野中，再也没回来。

生活中的我们就像那只鹰，会没来由地害怕压力和苦难。所以我们想逃避，想让自己在一个温暖舒适的地方过着小日子，想安安稳稳、不经风浪地度过每一天。殊不知压力是随时都存在的，就算你把自己藏起来，它也依然存在。只有你懂得化压力为动力，才能激发自己不断上进，发挥潜在的优势和能力。

因此感谢那些挫折，珍视它给我们的生活带来的改变。不论生活给予我们的是痛苦、矛盾还是挫折，敞开心扉容纳它们，你会发现它与众不同的意义。

苦难是对人生最大的挑战，人生只有经历了磨难和各种困难的挑战，才有可能与众不同、精彩纷呈。当命运在用各种苦难考验我们的时候，也是对我们的锻炼，同时也在引导我们走向成功。人生的挫折是不可避免的，甚至有些困难是毁灭性的打击。如果我们珍惜生活，热爱生活，我们就不怕遇到这些困难和挫折。

你不妨把苦难当成是生活跟你开的玩笑，为你播放的一个插曲，微笑地接受它们吧。只有从心里真正明白了这个道理，我们才能战胜生活中的种种困难。

感谢折磨自己的朋友

真正的朋友不会用甜言蜜语迷惑你，他们会在你迷茫彷徨的时候一拳把你打醒。人生道路中不能没有朋友的关心与支持。那些没有朋友的人是非常可怜的，他们不可能取得巨大的成就。在敌人面前，我们需要博大的胸襟，宽容地对待敌人，以此激发自己的创造力。在朋友面前，我们需要将心比心。在漫漫的人生旅途中，我们感谢对手的存在，但是更应该感激自己的朋友，特别是那些在生活中折磨你的人。

朋友对你一记重拳胜过敌人无数好听的甜言蜜语。因为不论敌人怎样花言巧语，或者是温暖的关怀，归根结底和我们是竞争关系。通常在你一帆风顺的时候，敌人会有目的地用甜言蜜语恭维你。这时候你最需要的就是提高警惕，因为这可能就是笑里藏刀的诡计。但朋友就不是这样，无论朋友如何指责或是打击我们，当我们面对困境的时候他们总会拉我们一把。所以，朋友的存在绝对是雪中送炭，而敌人最擅长的就是伪装和诡计。

可能很多人都相信永久的朋友是不存在的，特别是和朋友出现利益纠葛的时候，以前的朋友可能瞬间就变成了敌人。如果真的发生了这样的事情，你应该为尽早看清此人的真面目而感到庆幸，你也该庆幸自己看清了谁才是真正的朋友。真正的朋友肯定不是见利忘义、落井下石之人，也不会如同路人一样漠视我们陷入困境而置之不理。真正的朋友在我们取得成就的时候，除了祝福还记得提醒我们应该做到防患于未然，也许你听了这话会非常不爽，认为这个朋友就会泼冷水，但是能让我们在飘飘然的时候保持清醒。真正的朋友在我们遇到困难、陷入人生低谷的时候，会毫不犹豫地和我们一起并肩战斗、共渡难关，不管前方的道路上还有多少困难。

真正的朋友对我们的关心方式可能是我们口中所说的"折磨"。他们并不是总在安慰或者祝贺你，而是时刻告诫你要居安思危，防患于未然，告诉你该如何应对生活中的成功与挫折。然而敌人总是在你事业有成、一帆风顺之时用甜言蜜语恭维你，一旦我们生活失意他们就会落井下石。这就是朋友与敌人的区别，朋友折磨你是为了让你进步，而敌人会在你进步时想办法把你拉下来。

真正的朋友会像家人那样真诚地关心我们。也许你没有巨额的财富、没有显赫的地位，但是你绝对不能没有朋友，尤其不能缺少真正意义上的朋友。或许你和朋友见了面就在争吵，但就是在这些争执与折磨中，朋友劝导着我们不断地前进。

真正的朋友是凛冽的寒风，可能会有刺骨的寒冷，但能让你保持清醒的头脑。因此不要听不进去朋友直接的劝谏，在责难、质疑和批评中其实蕴涵着对你的激励。而敌人则不同，你成功时他们甜言蜜语，一旦失败了，他们表现出的冷酷可以说直指人心。

我们对敌人的态度，不一定就要敬而远之甚至将其当成仇人，因为敌人还有一个价值就是让我们随时处于战备状态。对于那些折磨我们的朋友，我们一定是感激他们，珍惜他们。不要被敌人短暂的笑容所迷惑，更不要为朋友对你的指责而心怀芥蒂。真心地对待你身边那些敢于直言的朋友，在他们的折磨下，你会不断进步，你的敌人会越来越少，他们会让你的人生之路越走越宽。

读懂苦难，让成功经得住困境的砥砺

一位智者说过："只有苦难的人生才是精彩的人生。"只有经历过磨难和挫折的人生，才是真正意义上的人生。回溯历史，我们来到了文明的古代印度，那儿的人们正在修习心性，他们选择了瑜伽，在平凡和朴素中告诉人们苦难的真谛和意义所在。蚌病生珠、蛹化成蝶的故事之所以流传千古，正是我们的心灵受到了来自苦难的震撼。

无数的事实足以说明一切：从小到大一帆风顺的人很难有大的成就，因为温室里的花朵绝对经不起阳光和暴风雨的考验。因此，没有苦难的人生是不完整的，如果没有了苦难和挫折的存在，你就缺少了来自生活的磨难这门必修课，也就缺少了从苦难中获得的宝贵财富。

俗话说，不经历风雨怎么见彩虹，同样，没有经历苦难和挫折的人生，也就没有绚烂的人生。不要畏惧苦难，它是磨炼人意志的一种手段，它带给人的是对生活的勇气和越挫越勇的信心。没有经历过苦难的人，不知道跌倒的感觉，更体会不到从困难中站起来的快乐。苦难对每个人而言都是残酷的，但是你可以把它当成生活对你的考验，这样你将会从苦难中收获更多。在一次次的跌倒、站起的过程中，磨砺的是你的意志、勇气和信心。

因此苦难与挫折并不可怕，它们是人生的必修课。不仅如此，我们更应该珍惜苦难，这是在为未来美好的人生作铺垫。

帕格尼尼是世界著名的小提琴演奏家。他的生命之歌就是用苦难演奏出来的：4岁被检查出了麻疹和强直性昏厥症；7岁又不幸得了严重肺炎，只有放血治疗才能维持生命；46岁因牙床长满脓疮，大部分的牙齿都已经被拔掉了；随后病魔又伸向了他的眼睛；50岁后，关节炎、喉结核、肠道炎等疾病接踵而至；最后声带也被疾病摧毁。57岁他离开了人世。

但是这些无情的残酷病魔没有打倒他。他从13岁起,独自闯荡于世界各国。很长一段时间他都把自己关起来,只做一件事情——练琴,饥饿和死亡没有对他构成任何威胁。谁也想不到,被病魔折磨的他能演奏出美妙的音乐。3岁接触琴,9年之后他开第一场个人音乐会,无数的人为他痴迷,为他疯狂!

乐评家对帕格尼尼的评价是:“操琴弓的魔术师。”歌德用“在琴弦上展现了火一样的灵魂”高度评价他。李斯特对他这样评价:“天哪,他人生经历的折磨,都包含在这四根琴弦上了!”在这些苦难的折磨下,英雄才更显得悲情与突出。上帝成就天才的方式或许总是很独特的,总是少不了苦难的折磨。

弥尔顿、贝多芬、帕格尼尼,这世界文艺史上享誉盛名的三大怪才,他们一个失明、一个失聪、一个失声!他们用自己的灵魂对抗着苦难的命运。

在坚强勇敢的人面前,苦难不算什么,充其量是命运的一种独特的馈赠,让他们意志力更加坚强,对人生的信念更坚定,对生命真谛的认识和把握更透彻。

苦难是生命一个必要的组成部分,是由现实到未来之间的一扇窗,我们必须打破这扇窗,才能走向等待我们的平坦大道。苦难是守护成功之门的狼狗,懦弱的人越是逃跑,后面的狼狗就越是穷追不舍。苦难是人生的试金石,只有经得起凤凰涅槃的考验,才能呈现出金子般闪耀的成色。苦难是阴晴不定的云雨,随时都会天降暴雨,无论你的职业怎样、地位高低都是躲不过的。苦难是屹立不倒的高山,你不能将它们搬离,那就请你勇敢地翻山越岭。因为这些艰难险阻是人生中必经的驿站。

因此,不要抱怨你的生活压力太大,也不要埋怨生活给你太多的磨难。接受苦难,珍惜苦难,并想办法通过努力去改变这些,只有这样,你才能从困难中站起来,让自己一步步地走向成功。因为,现在经历的困难是成功的必经阶段。

要学会藐视困难

夏洛特·吉尔曼在他的《一块绊脚石》中记述了一个登山者的经历,在登山的途中,一块巨石突然出现,将他前进的路封死了。他一时间不知所措,只好跪在地上恳求巨石离开,但石头全然不理会他的哀求,依旧稳如泰山地横在那里。登山者绝望地坐在石头前面,不知怎么的,他突然站了起来,轻而易举地摆平了这块拦路石。他自己说:“我拿着我的手杖,把所有的压力和包袱都卸下来,鼓起勇气冲向巨石,自己也不知道是怎么一回事,我就越过了它,似乎这里从来就没有巨石拦路。如果你孤注一掷,敢于正视这些困难和障碍,不要畏首畏尾,那么,类似这样的困难根本算不了什么。”

这个故事启发我们,那些碌碌无为的人最擅长的就是发现困难,无论做什么事情,他们的目光只看到困难。他们常常杞人忧天,担心这个担心那个,最后什么都没做就放弃了。他们对困难的把握非常敏锐,行动第一步,他们似乎就等着困难如期出现,就预见到各种各样的困难。果然,困难不会让他们失望——如期出现了,然后他们被困难吓得停滞不前甚至倒退。这些人的眼中只能看到困难,永远看不到希望和转机。“如果”、“但是”、“或者”和“不能”是他们的口头禅,这些阻碍让他们永远停滞不前。

在困难面前低头认输的人是绝对不会成功的,很多人对此特别不能理解。殊不知,人取得的成就与他们战胜困难的能力直接相关,他战胜困难的能力越强,他也就越能取得常人无法超越的成就。困难像弹簧,你弱它就强,你强它就弱。有的人对人生有很好的规划,也有自己的奋斗目标,但是却被眼前的这些困难吓倒。他们具备将苦难无限放大的能力，除了叹息之外不去作任何努力和尝试，眼看着机会在眼前溜走。空有雄心壮志但是被困难吓倒的人，和那些没有抱负志向的人一样，他们最后都不会有什么大的成就。

那些成功的人，总是能坚定地面对困难及挑战，他们相信自己战胜困难的能力，他们为了目标而不懈努力。因为在这些要成就大业的人看来，自己的目标能激励他们前进，能给他们前进的力量，他们绝对藐视这些暂时的困难。他们关心的是能不能做好这件事情，不论面对多少艰难险阻。只要没有走到最后山穷水尽的地步，他们就不会放弃。

生活中总是有人自己给自己找麻烦，可以说这样的人是无处不在的。他们总是带着放大镜看待生活中遇到的困难，并将其无限放大。谁要是把事情交给这样的人去做，肯定不会有什么收获。如果一直像他们那样生活，世界上的发明和创造就不复存在了。

成功者当然也会面临困难，但是他们从来都不害怕这些困难，因为他们相信自己战胜困难的能力，相信当你足够强大的时候，困难就不会成为你的阻碍。有了坚定的信心和信念，眼前的这些困难又有什么好怕的呢？在拿破仑眼中，阿尔卑斯山也不过如此。并不是阿尔卑斯山高度降低了，它依然坚定地屹立在那里，只是因为拿破仑坚信自己比阿尔卑斯山更强大。

在常人看来，翻越了阿尔卑斯山已经是超乎常人了，但在拿破仑眼中，山上的积雪已经被一望无际的碧绿平原所替代。

在困难面前多一些快乐与信心，少一些烦恼与失落，你就会有意想不到的新收获，除了让你感受到工作的快乐，还能让你收获更多的幸福和快乐。你会发现，其实自己也是如此优秀的人，当你充满信心和勇气地看待困难时，你就能保持和谐宁静的心灵。

你的态度决定了你眼中看到的是怎样的世界。保持乐观向上的心态，你能在困难面前信心十足，在逆境和挫折中看到希望的曙光。我们都有一副神奇的眼镜，昏暗的光线也能变成美丽的彩虹。

苦难在成功路上一定会出现，通过努力，困难是可以被战胜的，在困难面前我们必须相信自己有能力战胜它，能采取具体的行动打败它们，这样一来困难就会被我们吓退，会自己走向灭亡。不要对苦难满腹牢骚，如果你正在承受着苦难的折磨，那么请你告诉自己坚持就是胜利，你就能成就自己的幸福人生。微笑地面对苦难，接受苦难，有了它们，你会更加坚强勇敢。

接受磨难，先苦后甜

人们作出的一切努力就是为了让自己幸福，它让人体会到生命的价值和意义……我们一致认为，幸福是心灵的一种感觉，当心灵获得满足的时候自然的反应就是快乐。而生命中的挫折和困难可能会让人暂时觉得不开心，但是这不能妨碍我们走向幸福，关键还是取决于你看待这些挫折时采用的心态。

生活中只有很少一部分人是相对一帆风顺的，多数人的人生都是曲曲折折，甚至充满坎坷的，正如歌曲里所唱："不经历风雨，怎么见彩虹，没有人能随随便便成功"，"阳光总在风雨后，乌云上有晴空"。只有经历过苦难和挫折的人生，才能真正体会到生活的味道。

对于苦难，每个人都敬而远之，唯恐避之不及，因为我们将其视为灾难，总想离得越远越好，但是困难就像蒲公英的种子，总是不断地在广泛地播撒。尼采曾说："解放精神的最佳手段就是痛苦，这个过程是极度难过的，但是也只有经历这样的痛苦，我们才能涅槃重生。"苦难是对人生最好的磨砺，它能让我们更快地成长，更能让我们体会到幸福带来的喜悦与温馨。苦难不过是人生道路上的绊脚石，它或许为我们设置了暂时的障碍，但不能阻止人们前进的脚步。

一日，佛印与苏东坡泛舟江上，聊禅理之事。突然传来了大声的呼救，原来是有人落水，听到呼救声佛印马上跳水救人，发现是一位少妇投江轻生。佛印就想不明白了，就问她缘由：“你还这么年轻，有什么事情想不开要轻生呢?”少妇回答道：“我新婚三年，先丧子，后又被丈夫抛弃，这样的生活你说还有什么意思呢?”佛印又问：“三年前你的生活如何?”少妇回忆着那时候的生活，说：“三年前我过着无忧无虑的日子。”佛印接着问：“你那个时候有孩子丈夫吗?”少妇马上说：“我那时还没结婚当然没有啦！”佛印笑了笑，说：“所以现在的你只是回到了三年前没有丈夫孩子的生活，你为什么不继续无忧无虑地过日子呢?”少妇听了这话，终于恍然大悟。她明白了，感谢大师的救命之恩就离去了。从此这位少妇总能乐观地面对人生。

结婚三年先丧子又被丈夫抛弃，对每一个正常的女性来说，绝对是致命的打击。但是佛印的几句话却让她得以解脱，因为现在的生活只不过回到了三年以前。其实，人们往往会将自己的痛苦夸张、扩大，总觉得自己就是世界上最不幸的人，觉得现在已经到了走投无路的地步，但是时间会冲淡这一切，当你回头再看这段经历，原来你认为关系生死的大事，也不过就是很平常的一些事情。

罗曼·罗兰说：“痛苦是一把犁，它让你心灵破碎的同时也为你的人生开辟了新的道路。”没有苦痛的衬托与比较，那么快乐又从何说起呢？痛苦是一只橄榄，不品尝永远体味不到它的甘甜；苦难好比积水的泥坑，可能会溅你一身的小水花，但是幸福的海洋依旧在那里。只要有生命的存在，困难就不会结束，幸福与快乐就在前方你触手可及的地方等你。

每个人的人生中都必须经历苦难，只有快乐地面对并接受生活中的苦难，你才能锻炼自己承受困难的能力，只有经历了风雨的洗礼才能成为真正的强者。

笑对挫折，练就自己

波尔赫特是著名的话剧演员，她的演艺生涯长达50年之久。当她71岁高龄的时候，突然发现自己一无所有了。但是更残酷的打击还在后面，她在横渡大西洋的船上不慎滑倒，这次摔倒让她的腿部受到严重伤害，还引发了严重的静脉炎。

医生反复研究认为，只有截肢才有可能保全她的生命。在这样一位老人面前，这样的消息是多么的可怕，大家都担心年迈的波尔赫特经不起这样的打击。但是事实很快证实他们的想法是错误的。因为当医生告诉她这个事实的时候，这位老人平静地对他说：“既然这是眼下唯一的也是最好的办法，那就麻烦你了。”

手术当天波尔赫特还在朗诵着一段台词，整个人看上去非常乐观。大家以为她在自我安慰，谁知她却说：“不！我是想让医生和护士放宽心，他们真的太劳累也太严肃了。”

经过截肢手术后，波尔赫特没有因此而停止她的表演生涯，她依旧坚持了7年的表演。

我们要向波尔赫特学习，挫折没什么，带着自信的微笑迎接这些挫折和挑战，你要告诉自己“困难是暂时的，并且经过困难之后会越来越好”。在遇到挫折的时候，用希望和积极乐观的信念不断安慰自己，战胜困难。积极乐观健康的心态是人生道路中一直需要的，它会引导你微笑地面对生活中的一切。

在职场中，不要总觉得领导没有发现你这个人才，不要不屑于和同事共处，觉得他们影响自己去创造未来的事业；我们必须面对现实，脚踏实地地做好每一件工作，踏踏实实地做事，本本分分地做人。

保持乐观心态的第一步就是明确乐观的定义是什么。那就是无论面对怎样的境遇，都保持平常心，即使遭遇逆境也依然乐观面对。乐观者的快乐情绪也会感染身边的人。在心理学上乐观的定义是这样的——主观上平衡而满足的安乐的感受。乐观地对待生活，你会热爱现在的生活，会用心去生活，能在平常的生活中发现其中的乐趣。

有了财富、地位才是快乐，这是最大的迷惑人的假象。根据研究者的研究表明，财富和乐观并不是相伴而生的孪生兄弟，甚至它们之间没有关联，并且有些财富可观的人还不如穷人快乐。这就告诉我们，外在的物质条件不会改变人的快乐的心态，因为快乐的心态源于你持怎样的心态面对这些挫折。

《动物世界》里，画面中出现了一只行走艰难的骆驼，它一步一步地艰难地行进着。

解说词旁白：这只骆驼生了很严重的病，但是它必须到40公里以外的沙漠深处找寻水源，在水源边上生长的一种植物能治它的病，只要吃了那种植物，它严重的病情就能有所好转，而后慢慢痊愈！然而骆驼已经生了重病，还要越过无际的沙漠，看了真的是让人难过又同情。在电视屏幕上，骆驼艰难地行走着，每走一步都是步履蹒跚，非常艰辛，炎炎的烈日灼烧着它庞大的身躯，病痛还在无情地折磨着它。你会觉得凄楚可怜吗？那就尽情地发泄出来吧。而骆驼虽然带有病容，但它没有悲伤绝望，有的只是经过长途跋涉之后的些许疲惫，它的表情平静而淡然。

死气沉沉的沙漠、广阔到让人绝望的天空、灼热的太阳一一出现在镜头中。骆驼坚强地走过了40公里的沙漠，顺利地找到了能治好它病的植物。这种植物确实让它痊愈了，它又可以自由地驰骋在沙漠中，因为它用自己的努力治好了自己的病。

谈到沙漠和病痛，人们就联想到绝望和死亡，但骆驼却没有丝毫的绝望，而是坚持、乐观地面对这一切。这种信念和乐观的精神给我们很多的启发和教育意义。当今社会的竞争变得日趋激烈，积极乐观的心理非常重要。专家研究证明，那些心态良好的人往往能直接面对挫折和挑战，他们不会怯懦地逃避，也不会每天都是满腹的牢骚与不满。

然而生活中保持乐观良好的心态并不是一件容易的事情。我们身边的很多人，他们有时抱怨工作不顺心，有时因为家庭矛盾对生活失去信心，甚至在挫折之后想结束自己的生命，一了百了，在他们面前生命似乎变得不堪一击。

其实，人生中不如意的事情时有发生，我们必须以积极乐观的心态去面对。因此我们要学会笑对人生的挫折。如果人经受的挫折如严寒的冬天，那么乐观就是和煦的阳光，能融化寒冰，带来生机勃勃的春天。

有压力才有动力

压力源自人的惰性与生存之间的矛盾，在各种各样的压力冲突之下，人就产生了欲望。简单来讲，处在不同的人生阶段都面临着巨大的压力：生活、学习和工作，生活中的压力无处不在，而领导也免不了面对压力的威胁。可以说在压力面前每个人都是平等的。

经过科学的研究结果表明：激情、紧张和压力是人必需的情感需要。失去了压力，人也就没有了奋斗的目标和动力。这些情感有的时候像毒品一样会让人上瘾，因此我们需要适当的压力来增强对这些毒品的免疫力，只有这样才能延年益寿。

生活中很多人会谈压力色变，总是在想方设法地逃避压力，因为压力会把他压得抬不起头，甚至呼吸困难。但是换个角度去想,压力也是动力。虽然我们觉得背负的压力非常沉重,但是压力的存在也可以激发我们不断地进行努力。想一想,如果学生努力与否,最终考试的结果——所得的分数都一样;而员工不管做的工作多少,得到的薪水全部都一样,那还会有人勤奋认真地工作吗?有谁还愿意孜孜不倦地继续努力?如果没有压力,每个人都自由散漫,就逐渐地失去了奋斗的激情。

压力除了给人痛苦和压抑的心情,还能激起你持续向上的奋斗热情,将你潜在的能力开发出来。如果不把压力化为动力,你就会被压力彻底击垮。如果你想收获一个不一样的人生,那么请你将生活中的压力化为前进的动力。

为什么人们总说乱世出英雄?因为在乱世中人们更容易激发自己潜在的价值。有一天伯乐在市场上买了一匹青鬃马。他非常肯定地对周围的人说,这匹马经过训练,绝对是千里马的好苗子。但是半年过去了,伯乐尝试了很多的训练方法,而青鬃马每天的奔跑距离还是不尽如人意。

伯乐苦心奉劝青鬃马说:"你必须加把劲啊。如果你还是像现在这样不上进,最终你会没有用武之地!"

青鬃马也很痛苦:"我也没办法呀,现在的成绩已经到我的极限了。"

伯乐问:"是吗?"

青鬃马说:"我没有骗你,我已经尽了全身最大的努力。"

伯乐又采用了一种新的训练方式。他找来一头雄狮,当青鬃马开始跑的时候,雄狮就在后面紧追不舍,像旋风一般追来。青鬃马看到这种情况,马上奋力开跑,使出吃奶的劲拼命狂奔。晚上,青鬃马才回到伯乐身边:"好险,要不是跑得快今天险些被狮子吃了。"

伯乐笑道:"你还不知道自己的成绩吧,你足足跑了1050里!"

"怎么会?我居然跑了1050里?"青鬃马难以置信地看着伯乐,伯乐的脸上出现了很神秘的笑容,青鬃马恍然大悟。从此只要在场地上奔跑的时候,它就当后面有一头雄狮在一直追赶自己。后来,它终于成了一匹千里良驹。

青鬃马迫于雄狮的压力才变成了千里马。如果失去了压力就少了前进的动力,压力可以使人的斗志和潜能都激发出来。这种办法非常有效,在压力的刺激下人的潜能很容易被激发出来。因此,适当的紧张和压力对人是非常必要的,没有压力就失去了奋斗的动力,那么激情与活力更是无从谈起。

俗话说得好:"井无压力不出油,人无压力轻飘飘。"生活中,细心的人都会发现这样的现象,山上的挑山工比徒步空手的人走得轻松很多、快很多,为什么这样呢?其中的奥秘就源于压力。

越王勾践卧薪尝胆,终于打败了吴国,实现了自己复国灭吴的愿望;太史公司马迁获宫刑,虽然承受着巨大的压力忍辱负重,但有了史家之绝唱《史记》流传后世。如果看到压力就避而远之,或者满腹抱怨牢骚,你只能如井底之蛙鼠目寸光。只有保持乐观的心态,变压力为动力,迎难而上才能渡过难关。压力并不意味着痛苦与沉重。敢于直接面对压力,挑战压力,才是真正强大的人的必然选择。

当然,压力的大小也必须适度,如果背负着超负荷的过大压力,人就会被打垮,会窒息。我们不能没有压力,但是压力过大也会让我们不堪重负。生活中的矛盾无处不在,无时不有,因此我们能够改变的只有自己。当你对生活失去了信心,办事散漫懒惰的时候,你需要给自己压力,确定一个奋斗的目标,让自己在规定的时间内完成;当你觉得已经被压力折磨得无法呼吸的时候,你也要学会适当地放松和宣泄,卸下那些无谓的包袱和压力。

不要戴着有色眼镜看待压力,你可以将压力当成自己的朋友,对它报以理解和宽容的心态。虽然压力给我们带来痛苦,但是有了这样痛苦的苦涩之味,我们才有可能成为人上人。

勇于拼搏，没有比脚还长的路

亚特兰大奥运会，在5000米比赛的跑道上，随着发令枪声清脆地响起，选手们出发了，在一群人高马大的外国人中，有一个黑黑瘦瘦、看上去普普通通的中国姑娘。没有人知晓她是带病参赛，更没有人知道还有一场万米的比赛等着她。她本人对这次比赛没有任何的预期，也没有准备什么庆功。一圈、两圈、三圈……她渐渐地崭露头角，居然率先冲过了场地的终点线，14分59秒88！画面定格在她身披国旗、绕全场奔跑的样子，于是世界记住了这个响亮的名字——"东方神鹿"王军霞。

面对奥运比赛上高手如林的巨大压力，王军霞并没有因病而放弃。她凭着坚定的信念和顽强的意志努力地跑完全程。最后，她在这场耐力比赛中胜出，同时也战胜了自己。

长跑，注定是枯燥乏味、孤独无助的比赛。但是人生的经历不正是一场长跑比赛吗？不管是否有人陪伴，也不论自己有什么病痛折磨，生命的长跑还要靠自己一步步地走完。路就在脚底下，走不走就看你自己了。保持坚定的信念和顽强的毅力，让自己凭毅力坚定地走到最后。

坚韧，顾名思义坚固柔韧。坚韧意味着能屈能伸，压力大的时候它懂得弯曲，竖立起自我保护的盾牌，让我们在前进的道路上能走得更远；当压力相对减小的时候，它是一把锋利的斧头，让我们一路披荆斩棘，走向成功。坚韧能给我们带来战胜困难的力量，帮助我们实现自己的目标。它让我们在困难面前顽强地站起来，它还能让贫穷的孩子斗志昂扬，自力更生。

一个有伟大成就的人，肯定有坚韧不拔的毅力和信念。而那些见异思迁、取得一点成绩就得意忘形的人，永远只能在成功的对岸投来羡慕的目光。坚韧是一种美好的意志品质，在困境中它告诉我们要冷静理智，在前进的道路上它告诉我们要坚持不懈，拼搏进取。人生中，有很多无谓的东西可以摒弃，但坚韧必须伴随我们终身。

人们说"十年磨一剑"。当取得成功的那个瞬间，艰辛和寂寞只有自己知道。奥运场上健儿们为国争光，一次次让五星红旗高高飘扬，这确实振奋人心，但是我们却不知道他们背后付出的青春和汗水。在无数个日日夜夜里，他们承受着巨大的压力和痛苦，用坚强和意志拼搏进取。王军霞是这样，每一个成功者都是如此，他们的背后都堆积着沉重的压力与痛苦，在无数次的跌倒中一次次站起来，才有了今日的成功与辉煌战绩。

有的人奋斗了但最终还是失败，不是他的能力问题，也不是他没有成功的欲望，只是他的耐力不够。如果想要取得成功就必须做到两点——坚定和忍耐。在生死存亡的紧要关头，人们相信意志力坚定的人。不是说困难会关照他们，而是他们在困难和各种各样的阻碍面前，有坚强的意志，越挫越勇，百折不挠。

成功的前提和基础就是百折不挠的精神和永不屈服的信念。库雷博士说过："很多人都失败在没有足够的恒心和毅力上。"的确，现在很多年轻人非常有才华，各方面能力都非常优秀，唯独没有持之以恒的耐力、坚持到底的决心，但这也是最致命的弱点，所以，他们的人生碌碌无为。稍微有点困难他们就打退堂鼓，甚至停滞不前不再作任何的努力，这样的人如何取得巨大的成就呢？如果你渴望成功，那么请你树立良好的信誉，让大家对你有信心，如果他们能把某件事情交给你去做，你肯定会不负众望。

成功者都有顽强的意志力。当我们面对困难和失败的时候，就需要这种顽强拼搏的精神；在机遇到来的时刻，我们要当机立断，找到解决问题的最佳办法。二者缺一不可，否则都不能算是完整的意志和品格，也不能说具有良好的素质。所以，坚韧的意志是每个成功者必不可少的成功因素之一,我们要注意磨炼自己的果断、忍耐和顽强的意志。

人生就是一场精彩而又激烈的竞技比赛,王军霞这一类的人是我们学习的榜样。他们拼搏进取,坚忍不拔,战胜一个个困难,用自己的坚持战胜一切艰难困苦,不断地挑战自身极限,一步一个脚印地走好人生的每一步。

即使跌倒了,也要抓一把沙子在手中

道本目不识丁,自己的名字都不会写,而他的工作是大阪某中学的校工。虽然他的薪水并不是大家所期待的那么高,但是他对现在的生活却非常满意。他已经到了快退休的年龄,校长换届,新校长却解雇了他,理由是"一个目不识丁的人如何在校园里工作"。

道本有些无奈地离开了自己非常不舍的校园。一天他去买香肠当晚餐,在去食品店的路上他突然想起食品店两个星期前就关门了。但是更加不巧的事情还在后面,这附近一个卖香肠的地方都没有。忽然,他萌生了这样的想法——为什么我不开一家专卖香肠的小店呢?说干就干,他用自己所有的积蓄开了一家专门卖香肠的小店。加上道本灵活多变的经营策略,十年后的他成为当地赫赫有名的熟食加工公司的总裁,大阪的大街小巷都是他的香肠连锁店,还实现了产、供、销"一条龙"的服务模式,还产生了道本香肠制作技术学校。

一天,当年解雇他的校长意外得知这位总裁竟然大字不识几个,对他作出了这样的评价:"道本先生,您在没有接受高等教育的情况下,取得如此大的成功,的确让我们敬佩和赞赏。"

道本诚恳地对他说:"谢谢你当时把我解雇,让我有机会重新面临人生的选择,让我知道我不只可以做校工。否则,现在的我应该是已经退休了的靠退休金生活的人。"

一个成功人士在分享自己人生经历时说:"人生就是在不断地积累,就算你跌倒了,你也可以收获一把沙子在手中。"当我们在一处跌倒的时候,我们会失去一些拥有的东西,例如金钱、名誉和地位,但是这些称号都不能说明什么,重要的是我们自己如何看待这次跌倒。如果摔倒对你的打击很大,你信心全无,从此一蹶不振再也站不起来,那么你将背负上沉重的精神负担。如果你乐观地看待这次跌倒,总结经验教训,从痛苦中汲取力量,那此时的跌倒就转化成了一种财富。

瑞典电影大师英格玛·伯格曼在现代电影史上有举足轻重的地位,他的人生遇到了一次很大的挫折。

1947年,电影《开往印度的船》杀青后,刚刚出道的伯格曼对这部电影的自我感觉非常好,断定这是一部叫好又叫座的电影,要求其中所有的情节都不能剪掉,就连试映的部分都省掉了。最后不幸的事情发生了,首映当天,电影在拷贝的时候出现了重大事故,可以说再没有比这更糟糕的情况了!伯格曼用酒精麻醉自己,喝得酩酊大醉,第二天醒来以后看到报纸上用"惨不忍睹"来形容当时的情况。

就在他沉浸在悲观和失望中的时候,他的朋友语重心长地说了一句:"明天还会有报纸。"伯格曼平静下来,是啊,明天还会有报纸,所有的糟糕事情都会逐渐平静下来,明天报纸上的内容就看你今天做什么了。

伯格曼总结这次悲惨的经历,再次进行电影制作的时候,他会更多地往录音部门和冲印厂跑,还自学了录音、冲印的相关知识,包括摄像及镜头的使用自己都学了一遍。从此他不会被技术人员欺骗,他可以尽情地拍摄自己想塑造的情景。这就是这位电影大师的成长之路。

很多时候我们没有实现自己的目标,但是我们从失败中总结了经验教训。失败让我们更清楚地认识了世界,也让我们有机会重新审视自己。失败让我们痛苦的同时,也给了我们宝贵的经验和深刻的启示。

国际竞争日趋激烈,公司形势更是瞬息万变,危机也是随时都有可能出现。如果公司不能立足实际,巧妙应变,就很难在市场上站稳脚跟。不仅公司会面临不期而至的危机,同样的,每个社会中的个体也随时面临着危机。人有旦夕祸福,突然出现的危机将你狠狠地摔在地上,你的梦想因此而破灭,但是你不能就此一蹶不振。

相反,你要站起来,如果你能从困境中站起来,你会看到:将你打倒的危机已经远去。如果你就此倒下了,那就永远战胜不了这次危机。危机是夜空中的闪电,会暂时将你击倒、让你昏迷,但是只要你醒过来、站起来,你会看到一切照旧,而此时已经雨过天晴、阳光灿烂。

就算跌倒也要让自己收获一把沙子的人,会从逆境中站起走向成功。跌倒没什么,你要鼓足勇气站起来,学会辩证地看待自己的得失成败。

逆境而上,能拼才会赢

有两个人就下面三个问题展开了激烈的讨论。

第一个问题:什么是希望?悲观者说:就像地平线,我们虽然能看到,但是一直无法靠近,是可望而不可即的。乐观者说:希望像天上闪烁的启明星,给我们带来无限的光明和引导。

第二个问题:什么是风?悲观者说:是将你淹没在汹涌波涛中的浪的同伙。乐观者说:扬起风帆送你到达胜利彼岸的帆的伙伴。

第三个问题:生命是花吗?悲观者说:再美丽的花朵也总是会凋谢的。乐观者说:不是那样的,花朵凋谢了但是果实还在。

突然,上帝说话了,同样也留下了三个问题。

第一个:一直向前走,结果如何?悲观者说:会走向泥泞的沼泽。乐观者说:会看到"山重水复疑无路,柳暗花明又一村"。

第二个:春雨好不好?悲观者说:不好,因为春雨只会助长野草。乐观者说:好,有了春雨的滋润,花儿才会更加鲜艳。

第三个:给你一片荒山你将会做些什么?悲观者说:修坟墓。乐观者反驳:不,我要在上面种满绿树小草。

回答完问题上帝有礼物送给他们:乐观者得到了成功,而悲观者只得到了失败和绝望。

乐观者取得成功的概率更高,因为乐观者的心中看到的是积极健康的层面,他的心里时刻有希望。

人心情不好的时候,觉得什么东西都和自己过不去,而心情好的时候看什么都特别舒服。有句话说得很有哲理:"你哭的时候只有自己哭,而你笑的时候全世界都在笑。"只要你保持健康良好的乐观心态,你眼中的世界一定是精彩纷呈的。

因此,"命运掌握在自己手中"这句话需要改改,应该是心态掌握在自己的手中。不要给机会让自己意志消沉,这是不好的心理倾向。我们需要保持积极乐观的生活态度,坚强地承受生活的打击,还要勇敢地克服生活中的种种压力。你必须相信事物都有好的一面,因此多去看看积极乐观的部分。沮丧是一种非常危险的情绪,它会让我们的生活失去快乐,严重的还会让我们自己走向毁灭。下面这个故事告诉我们,保持积极的心态和坚定的信念能引导你走向成功,能让你发现生命之花是灿烂的。

有一个刚生下来只有可乐罐那么大的男孩子，他能否存活下来还依然处于观察阶段。孩子的腿先天畸形，因为没有肛门需要手术，不仅如此，孩子的膀胱和肠也有问题。医生认为，孩子很难活下来！但是奇迹就这样发生在我们的身边，他度过了好多个24小时，居然战胜死神生存了下来。

由于孩子的身体太小了，只要是比他大的东西，他就会心生恐惧，甚至家里的小狗他也害怕。父亲总是在身边鼓励他："孩子不要怕，勇敢面对一切！"

到了上学的年龄，没想到在学校的第一天经历却是让他终生难忘的一场噩梦。因为个子小，有些调皮的学生把他当玩偶：他们故意使坏将他的轮椅翻过来，让轮椅上的刹车失灵。还有一次，几个同学把他双手反绑，然后将嘴巴封起来，像丢垃圾一样将他丢在垃圾箱里，还在垃圾箱外面放火，他差点窒息而死，对此他感到非常恐惧，幸好老师及时发现才救了他。男孩再也不想上学了，回到家里想着自己经历的这些侮辱，他歇斯底里地哭喊。他想结束自己的生命，但是父母的关爱让他又不忍心伤害他们。

高中毕业后，他决定找份工作自力更生。他靠滑板行走，每天滑着滑板挨家挨户地去敲门找工作，店主开门后，根本就没看到有个人趴在地上，以为没有人就转身走了。在被各种老板拒绝了无数次之后，他好不容易找到了工作。工厂在距离镇子很远的地方，他必须凌晨四点半起床去赶火车。虽然每天都非常辛苦劳累，但想到能养活自己，他充满勇气快乐地活着。

他非常喜欢体育运动，早在只有12岁的时候，他第一次接触了室内板球，后来又爱上了举重、轮椅橄榄球等，并且在运动中取得了不错的成绩。1994年残疾人网球赛在澳大利亚举行，冠军就是他；2000年他在全国健康举重比赛中获得亚军。

他就是约翰·库缇斯。

约翰·库缇斯用自己在面对人生不幸时候的亲身经历，告诉我们人的意志足够战胜出现的困难。我们的生活中总是有很多不称心如意的事情，因此遇到挫折是非常寻常的事情，正如远航的大船，在海上航行免不了遭遇惊涛骇浪。当你情绪低落的时候，想想远大的目标和美好的未来，逆境和挫折都是暂时的，一切总会过去，你要树立信心，重新扬帆远航。

我们要学会在困难中寻找希望，用事实赢得他人的尊重。越是受到压抑就越要奋起直追，这时候的压力便可以化为动力。生活中遇到挫折是痛苦的，不过这也是非常幸运的事情。因为逆境中蕴藏着宝贵的财富，只要坚持不懈，你就能拨云见日收获一片灿烂的天空。

生活中的逆境就像是矗立的高山。迎难而上肯定比较困难，但你总是在向高处行进，即使缓慢；美好的风景都蕴藏在高山之巅，成功与人生的宝贵财富总是在逆境中蕴藏着。所以，不要对逆境恐惧排斥，勇敢地面对这一切，积极进取，拼搏上进，只有这样才有机会取得进步和成功。

第三章

包容自己的缺点，接纳自己

第一节　你是唯一的

世上没有绝对的完美

“断臂维纳斯”是人们公认的希腊女性雕像中最美的一尊。姣好的面庞，直挺的鼻梁，平坦的额头和好看的下巴，再加上淡然的神色，全都带给人以美感。她微微扭转的婀娜身姿，呈现出螺旋上升的体态，有一种音乐的韵律之感，散发出无比的魅力。她的整个腿并没有露在外面，仅有脚趾露在外面，给人一种厚实的感觉，并把上身衬托得更加袅娜。她恬淡的神色和端庄的姿势，像极了一座纪念碑，却也不失女性的优雅，因此得到了无数人的赞叹。

遗憾的是，如此完美的女神却没有手臂。所以，很多人企图修复她的断臂。人们主要有以下几种方案：一手拿苹果、放在台座上，另一只手挽住下滑的腰布；两手捧着胜利花圈；还是一手拿苹果，另一只手拿鸽子，并让右手的鸽子靠近台座来啄食；右手挽住下滑的腰布，左手握住自己的一缕发丝，做正要洗浴的姿势；还有人提议把她和战神的雕塑放在一起，左手搭在他的肩上，右手挽着他的手腕……可是，所有的方案只要一出现，马上就有反对的意见。最后的结果是大家一致认为，原先的她是最美好的形象！

我们的人生也是如此，因了残缺而更加富有韵味。一味地追求完美是一种病态，对任何事物都不能称心。事实上，正是因为存在一些不完美，我们才会有不断前行的动力，好好对待残缺，它本身就是一种别样的美。我们都会在内心里有对完美的渴望，只有深刻地体会到这种生命的残缺，才能更加强烈地体会到对完美的追求。这种强烈的渴望会让我们信心百倍，但是欲望越强，一旦目标没有达成就会变得更加绝望。

世界上所有的事物都不可能达到十全十美，或多或少都会有各种缺陷，人类也是如此。我们做的只能是向着完美更加接近一点。比较理智的做法是，任何事都不要过于追求完美，早点意识到这一点，你会活得更加自在！完美是我们每个人心中的目标，你可以以此作为激励自己的动力。只有经历过失败的挫折才会赢得之后的成功，只要决定开始，永远都不算太晚。没有必要在做不到十全十美的时候黯然神伤。

没有十全十美的事物，过度地苛求完美只是劳民伤财。不妨问一下自己：“我们真的可以做到完美吗？”如果做不到，那就改变我们原来的观念吧。

不必把一个污点放大到全身

莎士比亚说：“聪明就是不沉湎于一时的失败，并积极地找寻弥补过错的机会。”身处这个世界的人们,都会有过失,即使是重心特别稳的大象,也会不经意地摔倒。“想要不出现失误,那就只有什么事情都不做,其实这个错误才是不可原谅的。”对于做错了的事情,要进行及时的反省和自我批评,使它成为我们前进的原动力。如果即使错了也毫不在意,不进行自我批评也就不知道该如何改进。

当你已经意识到错误并且进行了一番自我反省,就不要再一味地后悔下去,这时候,让自己花心思去关注别的事情才是正途。如果一直深陷其中不能自拔,无数次地埋怨自己,无法释怀,就会演变成一种恶性循环,甚至发展成一种病态。千万要阻止这种心绪的蔓延。首先要认清它是一种病态,假设有一天精神备受折磨,并且发生扭曲的话,到时后悔就来不及了。

因此说,当你意识到自己已经过分悔恨的话,就要对自己说:“我可以控制我自己”,告诉自己:“不要再一味地后悔下去,这是一种心理疾病。”为避免这种情况逐渐变坏,一定要采取一些措施来转移自己的注意力。能不能适当地合理地控制自己的这种情绪,是一个人精神是否健康的标准。

正是因为我们都有缺陷,所以我们才有必要接受教育。教育使我们有自我反省的力量,也有控制自己不过分悔恨的能力。不过除了知道缺点并及时地改正之外,还要树立自己的信心,不要践踏自己的尊严。有些人只要出现一点的错误,就会认为自己一无是处,进而感到自卑,自卑之后对一点小小的挫折就会受不了。承受不了一丁点的挫折,哪怕是一点小小的过失,也会让自己痛不欲生。

一个自卑的人,很容易对周围的人产生不信任和戒备,这就是所谓的“天下本无事,庸人自扰之”。当我们真的面对这种心境的时候,只有好好地修养自己的内心,勤勤恳恳地做事情,让自己因一步步的进步而逐渐有自信,有自信之后才会充满对未来的希望,总之,永远不要抓住之前的失误而无法释怀。

养德与勤于做事,都是培养我们信心和荣誉感的好方法。对于不可避免的小错误,不可以过于苛求,而是从中找出继续前行的动力。我们都想要维护自己的自尊心,但是如果只有自尊没有自信,我们就会变为偏执狂,对周围的一切就会有敌意。想要维护自己的自尊,同样只能多多地提升个人素养,由此使自己比其他的人更加优秀或是至少不会不如别人,从而提升自己的信心。

一个健康的人应该是无比洒脱的,可以说自己的心里话,可以做自己想做的事,对于偶然的失误,能够大大方方地承认:“是自己的错误,下次一定会注意。”没有必要把一点小的失误无限地放大。

标准过高只会迷失自己

古时候,一户人家有两个孩子。等孩子长大之后,他们的父亲说:为父想告诉你们,深山里有稀世珍宝,你们都已经这么大了,应该去山中探险,寻得绝世美玉。

兄弟二人听从父亲的吩咐很快就起程了。大哥是一个比较踏实的人,在平时的行程中,哪怕找到的是一个有着瑕疵的玉,或者是只是跟玉有点类似的石头,他也小心地收集起来。几年的时间过去了,到了兄弟俩约定回家的时候了,大哥的包里装满了各种各样的玉,虽然并没有像父亲所说的那种绝世美玉,但是不同成色、不同形状的玉石应有尽有,他觉得可以让父亲满意了。

弟弟手中却没有一块玉,但是他有自己的理由。他说,你找到的都是一些普通的玉石,跟父亲说的绝世美玉是不一样的,父亲是不可能满意的。然后他说,你自己回去吧,不论之后的路有多艰险,我都要继续去寻找绝世美玉,找到珍宝之日便是我回家之时。哥哥没有一再地坚持，便自己回家了。父亲说，就用那些宝贝作为开一个“玉石馆”或者“奇石馆”的资源吧，只要稍作加工，都是极其稀少的奇石，这足够你荣华富贵一辈子了。而父亲在听了哥哥转述的弟弟的话之后说，“他走上了一条不归之路，作为一个探险者是不合格的。假设上天眷顾他，自己有一天能够醒悟过来，懂得世界上根本不存在十全十美的东西，便会走出深山。否则，可能一辈子都无法走出深山。”

用了不久的时间，哥哥的玉石馆就声名远扬，在他的玉石馆中，有一块玉特别奇特，后来竟成了国王的御用玉玺，哥哥因此发了家，成了大富翁。过了很多年之后，当年老的父亲生命垂危时，哥哥想要派人去找寻弟弟的下落。父亲却说，不用找了，如果他醒悟的话早就回来了，这样的人是做不成什么事情的。世界上没有一点瑕疵都不存在的美玉，也没有一点缺憾都没有的人，世间万物都不是绝对的，若是有人为了追求这些而丢掉性命，没有比这更愚蠢的了！

金无足赤，人无完人。没有遗憾的人生不能称其为完整。我们都应该知道，找不到十全十美是人生的常态，没有必要怨天尤人。总是不知足的人，只会让自己更加自卑，这对人的自信心也是一种打击。不知足就没有快乐可言，跟随自己的永远是不断的痛苦，带给身边人的也是负面的影响。学会欣赏别人的同时也要学会欣赏自己，这样才能为下一个目标打下良好的基础。

智者千虑必有一失，愚者千虑必有一得。如果只对自己要求宽松，必定会惹人恼火。多看到别人的优点，勿将其缺点无限放大，也不必要求每个人都完美无缺，时刻保持一颗宽容的心。少些苛责，多些内心的敞亮吧！

不要为你的缺点遮羞

追求完美是很多年轻人的共同倾向，在一种唯美的环境中畅想未来也是年轻人喜欢做的。可是，实际上，像韩剧中那样完美的事情多吗？承受得住人们完美寄托的多吗？没有十全十美的人，有各种各样的缺点是不可避免的。而要成为伟大的引领者，需要你付出100%的勇气，承认自己的缺点，并想方设法地去克服这一缺点，直到成功的那一天。

作为企业总裁的克劳兹，8年的时间内他使公司总资产由200万元上升到5000万美元。2005年的时候，他获得了在华盛顿颁发的国家蓝色企业奖章。这种奖章的获得是无上光荣的，他是获此殊荣的六位企业家之一。克劳兹在外人看来已经是成功人士，但他心中却有一个无法言说的秘密，这一秘密压得他几乎喘不过气来。在白天他忙着处理各种应酬事务，没有时间去看邮件和文件，公司的人员会负责处理有关的文件，如果白天的文件或是邮件没有处理完，晚上的时候，他的妻子会协助他，克劳兹手下的人都不知道，其实他根本无法阅读邮件。这一痛苦来自于他少年时的经历。他在上小学的时候成绩很差。“老师都看不起我，因为我阅读有障碍。”他如是说。他甚至是整座学校里最沉默的小孩，座位也总在班里的最后一排。由于他在阅读方面的先天缺陷，加上老师也不鼓励他，他的阅读就这样越来越差。他于1963年从高中毕业，他所有的成绩里面根本没有优秀这一说，连最基本的合格都没有。

从学校毕业后，他家搬到了雷诺市，花了200美元的本钱拥有了自己的机械商店。凭着不断努力，1997年的他已经成了拥有5个分店的老板，如今他的总资产早已远远超过200美元。他所在的企业在同行中也是屈指可数的公认的大公司，公司每年的赢利超过1500万美元。他害怕被身边的那些多为大学毕业生的首席执行官们嘲笑，但是事实上，人们给予他的是更多的鼓励和支持。“有阅读障碍丝毫没有影响他事业的成功，我反而更加敬佩他。”这是他的一个下属说的话。其次，当他的其他雇员知晓这一事实时，雇员们对他表达的也是敬慕之情。他说：

“当我决定把这一事情告诉大家的那一刻，原本沉重的心一下子轻松了不少。”

自此，他为自己请了一位教师专门学习阅读，他把自己不认识的单词全都标注出来，然后慢慢地对着字典去查。一开始是很艰难的，他多希望自己也能够像妻子那样很快地阅读各种文件和邮件。还有一个更重要的原因是，他也希望那些有阅读障碍的人都能在他身上得到鼓舞。

有不足不是一件丢脸的事情，但是，如果明知道还去加以遮拦，一旦被人知道就会更加难堪。如果不敢去承认和面对缺点，他就永远不会有改正的机会，只有克服它才会转缺点为优点。

接受别人的帮助不必感到羞愧

人都不是万能的，必要的时候我们需要他人的帮忙，就如同战士守护城池时需要战友的帮助一样。在战场上的时候，拒绝别人的帮忙只会害人害己，不仅完不成守护的职责甚至还会丢掉性命，所以说不要羞于接受别人的帮助。

一个小男孩在海滩上做游戏，在他周围放了一些玩具——两辆小车和一把铲子、一个水桶。当他想在沙滩上修出公路和隧道时，有一块大岩石挡住了去路。他用铲子从岩石的周围开始挖，想把讨厌的岩石给铲出来。可是，他太小了，岩石太大了。他手脚并用，费了九牛二虎的力气，岩石却没有一点动的迹象。他不服气，甚至用肩膀去挤岩石，摇摇摆摆、无数次地向岩石发起进攻，但是，每当岩石有一点点的移动的时候，就会因为惯性在他休息的时候再次回到原地。小男孩气得不得了，他跟岩石较上了劲。可是，岩石回馈他的仅仅是他被滚回的岩石砸伤的手指。末了，他没了法子，忍不住哭了起来。

所有的一切，小男孩的父亲都看在了眼里。当小男孩哭泣的时候，他的父亲走了过来。父亲轻声问：“为什么不去利用所有可以利用的力量呢？”男孩抬起满是泪痕的脸说：“我已经这样做了啊，我用上了全身的力气！”“没有，”他的爸爸回答说，“其实你还有力量没有用上。因为你还可以请我来帮忙的。”话音一落，父亲将岩石抱起来，很轻松地就把岩石扔出去了。

从这个小故事中我们可以得知，如果你尽自己全力还没有完成的事情，能够获得别人的帮助是一件很幸运的事情。但实际上呢，我们往往羞于接受别人的帮助，并把接受别人的帮助看作是一种羞耻。

克契跟随一位大师修行，因为自己的个性，他遇到困难总是自己想办法，请求别人的帮忙在他看来就是一件打扰别人的事，所以修行也是他一个人苦苦钻研。一次，大师想要开导他，就说：“你在这已经有12年的时间了，有什么需要问的吗？我可以帮你解答些什么吗？”克契忙说：“您有很多的事情要做，我怎么可以打扰您呢？”时光如白驹过隙般转眼即逝，眨眼间，三年的时间又过去了。

有一天，佛光禅师在路上看到了克契，还是想要开导他，便说道：“克契啊！最近有什么疑惑的问题吗？如果有，尽可主动地来问我。”克契答道：“您那么多事情，我还是不要打扰您比较好！”一年过去了，克契又一次碰到了大师，禅师第三次对他说道：“你过来一下，正好我有时间，我们来聊聊禅理。”

克契双掌合十，羞赧地说：“您那么忙，我怎么可以打扰您呢？”禅师深知他的这种过于谦虚的品性，心想，再花多长的时间，他也没法悟道禅理，不如直接跟他说，因此第四次遇到他的时候，就以直截了当的方式跟他说：“修行并不是自己一个人就行的，是要跟别人好好地讨论研究的，你为什么就不知道跟人讨论学习呢？”

他的回答还是跟之前一个样子：“老师傅，您每天有很多事情要忙，我岂敢打扰！”禅师气得大喊：“我是很忙，我这样忙并非只是为了别人，除了他们，我还可以为你而忙！”大师一句“我也可以为你而忙”，立刻让过分谦虚的他茅塞顿开。

个人力量是有限的，要学会借助外力，必要的时候就欣然接受别人的帮助吧。当然，如果希望在需要的时候得到别人的帮助，在平时就应该注意做到这样：

学会关爱他人，不以自己为中心。他人需要的时候多伸出援手，别人便会对你产生一种信任感。当你遇到困难的时候，别人才会乐于提供他们的帮助。记得在别人帮忙后，一定要表达你的感激之情，不要因为接受别人的恩惠而觉得过意不去。

换个角度，从缺陷中发现美

几乎没有人对自己的长相百分百满意。人有很多面，长相如何只是我们的一个方面。当你受到挫折的时候，倒不如用另一种眼光来观察自己，你就会发现另一个你。

举个例子，有位母亲是个大美人，女儿却长得很难看。女儿的五官单独看来是没有问题的，但是搭在一起就有点对不起大众了。所以，这个女儿一点自信都没有，十分自卑。做母亲的看在眼里也很着急，她想到了一个可以使女儿不再自卑的方法，她带女儿来到照相馆。母亲的要求让摄像师疑惑不解，她要求摄像师不要拍整个脸，只对五官逐一拍摄特写。等摄像师给女儿拍完特写之后，她还要求摄像师将玛丽莲·梦露的头像进行拍摄，同样要求把梦露的五官分割开来。

这位母亲拿到冲印出来的照片之后，就把这两个人的五官的照片摆放在一起贴在墙上。当女儿对自己不自信的时候，母亲就指着女儿的照片说：“和梦露相比，你难道有一点不如她的地方吗？”年少的女儿对于母亲所说的话，有点不信。之后，她把自己的照片拿给自己的好伙伴看。好伙伴们并不知道那就是她的照片，还说她的眼睛比老外的更好看，他们还夸她的嘴唇长得特别性感。这样一来，她慢慢地认可了母亲的话，觉得自己可以和最美的人相媲美，因此变得越来越有自信。

没有姣好的容颜的确是一种缺陷，但是只盯着自己长得不好的地方，你看到的就只有丑陋，你的双眼在这时其实充当了放大镜的角色，一颗小小的痘痘也会放大到无限大。但是，如果你能够换个眼光来看待，这个缺陷只是被你放大了，你可以选择不在乎。

不管怎样，世界上不存在十全十美的人。生理上也是如此，既然不可改变，不如安然接受。乐于奉献和善于创造是我们人生的价值所在，它需要完美人格的构建和高尚精神的提升。上帝在给你关上一扇窗的时候，也会帮你开启另一扇门，关键在于我们要有发现这扇门的眼睛。不要因为生理上的缺陷而自卑，换一个角度，你就可以在缺陷中发现别样的美。

跨越性格缺陷，完美就在背后

有研究表明，拥有好的性格对一个人的事业成功、生活美满和建立良好的人际关系起着积极的促进作用。健全的性格能为我们赢得事业的成功、家庭的幸福和人际关系的和睦。21世纪是人才辈出的世纪，好的性格是打开成功之门的一把钥匙。找出个性中的不足，并加以改进和完善，不人云亦云，人生才能把握在自己的手中。知晓你的个性是改进和完善个性的基础，只有找到自己性格的不足之处，做到有针对性地改进，才能打下未来成功的基础。

拿英国剑术高手欧玛尔来说，他的竞争对手的水平与他不相上下，他们的竞争长达30年之久，从来没有分出胜负过。据历史记载，一次决斗的时候，他的对手不慎从马背上跌落，欧玛尔的机会来了，他拿着剑奔向对手，只要一剑，此次比赛的胜者就非他莫属了。他的对手在这种情况下又急又气，忍不住朝他脸上吐了一口口水，一方面是为自己解气，另一方面也是为了让对手难堪。但是令他吃惊的是，欧玛尔在脸上被吐了口水之后，没有一点生气的意思，反而镇静地说道："起来吧，这场决斗不算。"对手一时间被这一举动镇住了，十分诧异，突然间局促地不知如何是好。

欧玛尔是这样解释自己刚才的做法的："一直以来，我都告诉自己，不要带着怒气作战，这样，我才会在比赛中保持沉着，才能赢得冠军的位置。就在刚才，你所做的一切，让我怒火攻心，如果我在这个时候杀掉你，事后也不会有胜利的喜悦。因此，我们明天再重新比赛一次。"但是，这成了他们之间最后的一场决斗。他的对手拜他为师，他想在欧玛尔身上学会在作战中如何保持冷静。

假设一下，如果欧玛尔在当时的情境下将对方刺杀，他的名声也不会如现在这般斐然，他的剑术也不会日臻成熟。幸运的是，他对自己性格的锻炼使得自己不仅胜利和荣耀在握，也让对方从心底钦佩不已。性格的改变，在商业中也能带来一些令人惊讶的机会，拿狮王牙刷公司的加藤信三来说：

他是该公司的一个小职员。一天起床后，由于时间紧张，他很快地洗脸、刷牙，谁知，一不小心，牙龈被碰出血来。加藤信三立刻感觉火大，像这样把牙龈碰破已经不是第一次了。刚才还想到技术部大发脾气的他，但是在去公司的路上，却开始试着控制自己的怒气，并把刚才自己刷牙的情景在脑海中过了一遍，才觉察到自己太过急躁了是牙龈碰破的原因，与此同时他也发现一个不易引起注意的小事情：透过放大镜可以看到，由于机器的切割，牙刷毛的顶端都十分的锐利。"我们完全可以增加一道工序，将尖锐的顶端磨圆，以后刷牙就不会出现这种问题了！"

从那以后，他变得比以前更加耐心和细心，无数次的试验后他向公司提出了自己的提议，公司采纳了他的建议，并加大资金的支持，将原来尖尖的牙刷毛改成了圆形的。重新改进的牙刷在市场上得到了顾客的好评，他也由此得到升职。

从缺陷到完美的历程是最美好的。没有人天生便无所不会、无所不知、无事不怕，通过后天的培养才有可能达到完美的化境，不要太过于计较现在的缺失，而是要积极地争取，这才是你现在必须要做的事情。意识到自己缺少什么，努力加以填补，不就越来越接近完美了吗？所以勇敢地迈出第一步。不要让性格给自己设限，许下一个达到自己目标的期限，勇敢地迈出改变个性的第一步，下一个成功的就是你。

包容自己，逃出"心狱"的监禁

在我们的周围，很多人喜欢将烦心的事情装在脑袋里，原本与自己无关的事情也不自觉地与自己相联系，让自己每天背负着巨大的负担。其实，自己厌烦的、绞尽脑汁也想不明白的事情，就不要去想，要不然就会把自己的心囚禁在了“心狱”中。这样的人，不能对压力说再见，一味地郁闷，不去挑战自己，也不尝试着打开思维，因此总是陷在忧郁中无法自拔。

人生不如意之事十有八九，一不小心，就会囚禁在自己设置的牢狱中。这所牢狱，是我们自己给自己设置的，到头来只能是自己毁了自己。有人说，内心的折磨是每个人都逃不掉的。事实真的是如此吗？这种“心狱”既然是我们自己构建的，就可以自己打破。这种本能就是精神的力量，有了这种力量，再无坚不摧的“心狱”都可以攻破。

有句话说得好：人非圣贤，孰能无过？只要是人都会犯错，犯错没什么大不了的。我们需要做的就是不回避所犯的错误，积极吸取教训，不再犯同样的错误，然后学会宽恕别人的同时也宽恕自己，直到忘记这个负担，昂首向前。每个人只要在这个世界上存活一天，就免不了犯错，对每一件事都不能忘怀的话，心里的牢狱会一步步把你逼紧，你将如何迈开勇敢的步伐继续向前？

逆水行舟，不进则退。学着悦纳人生，才能从失望的泥沼中爬起，将失败化为前进的动力。不如试试下面的几个方法，让自己从此变得轻松起来。

(1)每天跟自己的内心静静地交谈一个小时。

(2)以祈祷和静默作为每一天的开始和结束。

(3)简化生活，不要太累。

(4)行程量力而行。

(5)工作时间合理。

(6)做不到的事情不必勉强。

(7)哪怕小事也给自己充足的时间。

(8)身上带几本喜欢的小书吧！

(9)用心呼吸。

(10)活动身体——行走、跳舞等，做一些你喜欢的运动。

(11)存在本身妙不可言。

(12)每周用一天的时间来休息。

(13)尽情欢笑。

(14)记录当下的感觉。

(15)只要舒适就好。

(16)不喜欢的，就忘记吧！

(17)亲近大自然。

(18)做你自己。

(19)好好对待自己。

(20)和给你积极力量的人为友。

(21)好好利用资源：时间、金钱、人脉。

(22)友谊之树长青。

(23)承认自己的渴望。

(24)不要一味等待。

(25)尝试一切美好。

(26)事物都具有两面性。

(27)洒脱、包容才能快乐。

只看我所有的便能拥有快乐

世界上没有十全十美的人。每个人都有自己的长处和短处，即使没有强辩的口才，也可以下笔如有神；即使没有领导的天分，也可以做一个善于配合的下属。千万不要过于放大自己的短处，躲在角落里独自伤心，要学会欣赏自己的长处，继续提升自己，努力活在当下。

一个站在台上的女孩，不时地挥动她的双手；她昂着头，把脖子伸得老长，几乎要与下巴成一条直线；张着嘴巴，眯着眼睛，面露神秘；有时也会自言自语，听不清在讲什么。她几乎可以说是一个不会说话的人，但是幸运的是，她有着极好的听力，如果你说中了她的想法，她就会很开心，并伸出右手的食指和中指指向你，也会击掌，东倒西歪地向你走来，把由自己的画做成的明信片送给你。

她的名字叫黄美廉，从小就深受脑性麻痹的折磨。脑性麻痹使她的身体缺乏平衡感，使她再也讲不出完整清晰的话来。生活在疾病的折磨和众人嘲讽的眼光中，她的童年充满了苦涩。然而她坚强的内心没有被这些痛苦打倒，她积极地应对，挑战自己，最终顺利地拿下加州大学艺术博士学位。她的手就是画笔，她的字传达她顽强的精神，她活出了属于自己的精彩。所有到场的学生都被她的坚强打动了，这是一场灵魂的演讲。

“我有个问题，”一个学生小心翼翼地问道，“你对于自己现在的样子，是怎么看待的？你会感到上天是不公平的吗？”大家都为她捏了一把汗，这个学生怎么可以问这么直接的问题呢？这不是让她难堪吗？大家都紧张地看着黄美廉，生怕她接受不了。“我如何看待我自己？”她拿起粉笔郑重地在黑板上写下了这几个字。她写得很用力，几乎用尽了全身的力气。之后，她转过身，倾斜着头，看向发问的同学，只轻轻地一笑，又转过身，在黑板上写下了这样的文字：

一、我是如此可爱！

二、我有修长的腿！

三、我有疼我的爸妈！

四、上帝对我如此眷顾！

五、我的手可以画画，可以写字！

六、我还有一只可爱的小猫咪！

七、除此之外……

这时，教室内静得连针落地的声音都可以听得到，大家都静了下来。最后，她在黑板上总结性地写了这样一句富有哲理的话：“我只看我所有的，不看我所没有的。”这时，只见人群中爆发出一阵阵掌声，她依旧斜着身子，眼角和嘴角都显出微笑来，以至于眼睛几乎都成了一条缝，永不言败的信念在她脸上洋溢着。

在座的人心灵都受到了极大的震动，她的话“我只看我所有的，不看我所没有的”给了大家极大的震动，他们都将这句话记在脑海中，并一辈子从中受益。

爱美之心人皆有之，即使我们都知道极致的美是不存在的，但我们仍然为此乐此不疲，追求完美成为我们或者说大部分人毕生的事业。对于自己的缺陷不要一味地怨天尤人，学会直面自己的不完美吧！接纳自己的不足，更加清晰地认识自己，才会摆脱自身的局限，做本来可以做到的事情。我们周围的世界其实很美，却很少有人发现并享受生活的美，反而无谓地苛责别人，造成内心失落。想要快乐地生活，就请在心中记下黄美廉所说的，只看你拥有的，不看你不具有的。

已经拥有的东西最珍贵

有时候我们总是提不起精神,因为我们总在抱怨自己没有得到应该得到的东西。

话说有个国王,总是因为过去的失误而后悔不已,因为未知的将来而忧虑重重,每日都很忧伤。有天,他下令让大臣找最快乐的人,并让大臣把找到的人带到他面前。过了好多年,当那位大臣来到一个贫穷的村落时,听到远处传来了一阵歌声。他追寻着歌声,终于找到了快乐的人。这位大臣问:“你是不是很快乐?”这位农夫回答说:“我每天都很快乐啊!”

大臣把自己的使命告诉了农夫。不料这位农夫却哈哈大笑起来,他回答说:“我也曾经为了没有鞋子而不高兴,但是有天我发现有的人甚至没有脚。”

有的人羞愧自己的低工资,当发现邻居大嫂下岗失业时,才意识到有份工作已经很不错了,即使没有很高的薪水,至少还有份工作可以做,立马就不再郁闷和苦恼了。每个人的重心都在自己身上,很少看到比自己不幸的人。当痛苦来临的时候,不妨换个角度来看,就不会有这样的痛苦了。高兴的时候,看看那些比自己牛的人,进步就会快;苦闷时,就多向下比吧,因为会越比越开心。人生的悲哀和最大的伤痛,不是生离死别,而是始终没有明白,其实自己拥有的就是最珍贵的。

网上流传着这样一幅漫画:一个长相很漂亮的女孩子,对自己的生活一直不满意,终于有一天,她决定结束自己的生命。就在身体坠落的过程中,她看到平时的模范夫妻在吵架,九楼总以坚强面貌出现在众人面前的皮特正在掩面而泣,八楼的阿妹撞见自己的男朋友背叛了自己,七楼的大家都以为很快乐的丹丹在服用抗忧郁症药,六楼的阿喜仍然在忙着找工作,五楼有口皆碑的王老师正在偷穿老婆的内衣,四楼的安茜和男朋友闹分手,三楼的阿伯一个人的日子孤单而冷清,二楼的莉莉在看着失踪的丈夫的照片叹息。自杀之前,她以为没有人比她更糟糕。而此刻她知道有很多人的生活比她糟糕多了。这时的她才意识到自己的生活其实没有想的那样糟糕……但是为时已晚。跌到地下的那一刻,所有她觉得不幸的楼上的人却都感叹:原来还有比我悲惨的人,自己并不是最不幸的。

这幅漫画可以说是形象生动地描绘了众人的心态,我们每天艳羡别人的幸福生活,认为自己是最倒霉的那一个,实际上,每个人的生活中都有各种各样的困难,正如漫画中的美丽女子坠落过程中看到的,上天并不总是眷顾谁,我们都会有各种的不顺心,唯一不同的是我们以什么样的心态对待生活。坚强的人走到了最后,自怨自艾的人生活永远不会垂青你。

我们手中有好牌也有坏牌,事实是,没有人每次手中拿到的总是好牌。如此一来,你才会不轻视自己、不丧失信心,从而抱有必胜的信念,昂首向前。

“出丑”是“出众”之母

多数时候,爱迪生的话都带给我们以无尽的鼓励:天才是1%的灵感加上99%的汗水。所以,很多人把自己淹没在繁忙的工作中,用他这句话作为激励自己的动力。殊不知,用汗水弥补的天分,是不能被称之为真正的天分的。我们生活的世界,没有几个天才。究其一生,多数的人都活在那99%当中,所以不时地犯错和出丑都是我们不可避免的事情。

每个人都想表现得很好，都不想在众人面前难堪。这两件事貌似是不可能统一的，聪明的人很少出丑，出丑的人一定不怎么聪明。但是，我们的生活却并不是这样的。聪明的人有时候反倒像个小丑，虽然出尽洋相，但是他们并不在意，即使被别人嘲笑他们也从不在乎；但是，他们却能成功。罗茜在学校的时候对网球一点都不在行，心里畏惧怕输，也不敢轻易跟别人对打，导致她的技术一直不过关。她有个同班的同学，她的球技连罗茜的都赶不上，但她从来不怕在众人面前出丑，而是越挫越勇，后来她的球技大增，还加入了大学的网球队。

人人都想变得聪明，也都想避免难堪。殊不知，没有之前的出丑便没有现在的聪明，害怕出丑便永远不会聪明。不因为怕出丑而勇敢地去做自己想做的事情的人是可敬的，哪怕出丑，他们也会说："噢，没关系的啦！"他们就是这样，在还没学会反手球和正手球的时候，就走向乒乓球台；在还没有学会基本的舞步的时候，就开始邀请舞伴；在还没有学会屈膝或控制滑板的时候，就开始在跑道上滑行。

艾米仅会几句简单的法语，竟然就敢飞到法国做商业旅行。在这之前有人劝告她：巴黎人对不会法语的人很排外，但她依然在各个场合始终用法语跟任何一个人交谈。她怎么会不怕众人的嘲笑呢？是的，她一点都不怕出丑。因为她发现，当她在法语上出现错误时，许多人对帮助她说好法语都表现出极大的热情，他们因为她积极乐观的态度而感动，因为艾米积极努力的生活态度使得跟她接触的人也得到了很多的快乐。他们积极帮助她，为所有像艾米一样勇敢的人而加油助威。

很多人接受不了一开始的新人角色，他们对新东西有一种排斥感。那是因为他们怕出丑，就把自己与外界隔离开来，就连自己感兴趣的事也不敢去尝试，而是一直局限在自己的小圈子里。想要在生活中树立自己的位置，就要做好随时会出丑的打算。如果你想要一辈子都不改变的话，那就算了。不要害怕出丑，不然等待你的将是一事无成，而且你还会一直为怕出丑而焦虑不安。更多的时候你会处于渴望突破自己但又不敢尝试的矛盾之中。我们应该懂得，因为我们惧怕出丑，因此我们失去了很多可以提升自己的机会。我们应该记住这么一句话："从不出丑的人并不意味着就是聪明的人。"

第二节　做最好的自己

你认识自己吗

相传，希腊著名的神殿门上面，刻写着一句特别醒目的格言："认识你自己。"人们公认的这句格言出自阿波罗神之口。哲学家苏格拉底在教育学生的时候也多次引用这句格言。

《伊索寓言》中记载了这样一个故事：赫耳墨斯是古希腊神话中天神宙斯的儿子，他的责任是掌管人间的商业贸易，他特别想知道自己在世人眼中的地位。有一次，他乔装打扮成一位顾客。他指着宙斯的头像问老板："这个卖多少钱？""给一个银元吧！"他很满意，转向赫拉的雕像问："这个呢？""两个银元就拿走吧！"轮到自己的雕像了，他心里暗想，作为商业庇护神的自己，肯定比他们两个值钱吧，结果，老板指了指宙斯和赫拉的雕像说："如果那两个你要的话，这个就送给你了。"赫耳墨斯灰溜溜地离开了雕像店。

纪伯伦的作品中有一只觅食的狐狸。

晨曦的时候狐狸望着自己的影子说："午餐要找一只骆驼！"整个上午它都奔着自己的目标去了，打算找一只骆驼。正午太阳高照的时候，它瞥见自己的身影，改口道："一只老鼠就可以填饱肚子了。"

之所以会有如此大的差异，与狐狸选择"晨曦"和"正午的阳光"作为参照物有关。晨曦能把它的影子拉长，它误以为自己特别威猛强悍，只要想要的都可以得到，正午的阳光缩短了它的身影使得它开始自卑。

实际的生活中，我们要避免像狐狸那样认不清自己。成功的获得，除了要有能力，还要有机遇，主观的努力和客观的机遇综合作用，才能取得大的成就。所以，不可以妄自尊大，而不顾他人和社会提供的客观机遇，要虚心谦逊，诚诚恳恳做人，踏踏实实做事。我们也要正确地认识自己的不足之处。我们不怕身上存在各种缺陷，怕的是有缺点却还无动于衷。有太多的例子表明，不注意细节的话，终会造成无可挽回的后果。

世上没有两片树叶是完全一样的，人也如此，每个人都是独一无二的。认清自己，既看到自己的优点，也敢于面对自己的不足，给自己一个合理的定位，才会勇敢地面对一切挑战，让自己的人生有更多的成功和欢乐。看清楚自己，才能让自己明白自己的长处而信心百倍，才能不至于迷失自己。看清楚自己，才会合理地确立自己的人生目标。也只有带着明确的人生目标，满怀信念，一直奋斗不懈，才能在事业上取得一番成就，哪怕失败了，也毫无怨言。

告诉自己：我是最好的

很久以前，建筑设计师克里斯托·莱伊恩接受委托设计英国温泽市政府大厅，他根据自己所学的知识，加上自己很多年的实践经验，设计了一个仅有一个柱子的大厅。时过一年，市政府的专家在观看完成的工程时，对此很是怀疑，觉得太不安全了，非要他多加几根柱子不可。他觉得有点犯难，如果不按照他们的要求去改的话，他们肯定就另请人设计了，而若按照他们的话去改，又会违背自己一直坚持的原则。最后他想到了一个绝妙的点子，他表面上听从了他们的意见，加了四根柱子，其实只不过是表面上看起来而已，目的是让那些来检查的自以为是的人不会发现。

30多年的时间过去了，人们始终没有发现当年的秘密。一天，市政府想要重新装修大厅，这才发现后来增加的柱子并未与天花板接触。

这个故事启发我们：只有对自己坚信不疑，他人的言论便对你不起作用。每个人都是上帝的宠儿，都有自己值得骄傲的闪光点。

一次小型演讲中，一位大名鼎鼎的演说家拿了一张20元的钞票，高高地举过头顶。他对着台下的观众说："有人想要吗？"大家都举起手表示想要。他继续说："我会把它送给举手的观众中的一位，不过，我要先做一件事情。"话音刚落，他把钞票揉成了一团，还是像之前那样问下面的观众："现在呢，谁还要？"还有不少的人表示想要。他又发话了："这样呢？"他把这张纸币放在地下，用脚狠狠地踩了几下。然后拿起来，这时的纸币已经显得破烂不堪了。"还有想要的吗？"结果还是有人表示想要。"亲爱的朋友，这是一堂比较有意义的课。就算我把那张纸币踩得破烂不堪了，还是有人想要它，因为它的价值没有任何的改变，它还是20元。"

实际上，我们也是这样，不管上天跟我们开何种玩笑，我们都具有自己独一无二的价值。遗传学告诉我们：每一个来到世上的人，都是上亿个精子中最优秀的精子和卵子结合而生的，46对染色体成就了我们，一半来自父亲，另一半来自母亲。一个染色体包含上百万个基因，任何一个基因的突变都会因此改变你的人生。所以，我们之所以成为现在的模样确实是个小概率事件，即使是双胞胎，也总是会有一些差异的，而独一无二的你仍旧是唯一的。

美国的诗人惠特曼曾说过：

我，我要比我想象得更大、更美
在我的，在我的体内
我竟不知道包含这么多美丽
这么多动人之处……

人类的智慧是无穷的，每个人的潜力也是无限的，我们每个人都可以让自己的生命发挥价值。人体内拥有一种创造生命价值的机能，这种机能可以创造人间的奇迹，也能激发我们最大的潜能，关键就在于你能不能开启你的价值。美国哲学家爱默生说过一个类似吸引力法则的话："你所过的生活其实是你自己设想的，你怎么想，怎么期待，你的人生就会是什么样的。"

征服自己是最大的胜仗

罗斯是一家电器公司的修理工，他做人特别踏实，做事情一丝不苟，但是他却缺乏积极乐观的心态，往往以消极的心境去看待这个世界。有次，因为大家急着给公司老板庆祝生日，都急急忙忙地下班了，正在修理冰箱的罗斯不幸被锁在了冰柜里。他在冰柜车里不住地敲打着、叫喊着，可是大家都走远了，没有人听到他的呼叫。

他一边不住地用手掌击打冰箱，一边大叫，依旧没人能听到，到最后他开始变得绝望了。

他越来越不敢想下去,冰柜里的温度是零下十几度,一直没有人来的话,自己肯定就会冻死在里面的。他感到周围的气温在不断地下降,变得越来越冷。他知道,用不了多久自己就会冻死的,他决定在最后的时刻写一封遗嘱。

到了第二天,同事们陆续地来到公司,当冰柜被打开的时候,发现汉斯在里面一动不动。他们赶紧送罗斯去急救,不幸的是他却再也没有醒过来。诊断结果是他是被冻死的,公司的人都觉得匪夷所思,因为冷冻开关并没有开启,如此大的冰柜里氧气也不会少得令人窒息,最让人吃惊的是,保持在十几度的温度,却把他活活地冻死了!

实际上汉斯的死并不是冰箱的温度低,而是败给了自己绝望的心,是他自己把自己给吓死了。

小张是一名策划师,做事总是喜欢拖拖拉拉的,任职的第一个月时间内,他拖拉的习惯被老板发现,老板在公司的例会上批评了他的拖延毛病,他不以为意,反而为自己的拖延找各种堂而皇之的借口。老板不再对他抱有希望,终于辞退了他。小张这才幡然醒悟,自己的拖延症真的不能继续下去了,他痛下决心改掉这一坏毛病。口才不错的他很快就找到了另一个工作,老板一开始也是很关照他,他也时刻注意不要犯拖延的老毛病。半个月过去了,他一直严格要求自己,老板对他的监督也就不再像平常那样严格,也开始信任他了。他也开始变得对自己放纵起来,经常会有任务拖延的情况发生。老板有所察觉,只是因为一开始的印象比较好,也就没有埋怨他。小张更加放肆起来,变得奇懒无比,到最后,一个策划拖上十天半个月的情况也成了家常便饭,最终这一毛病使得公司的财产受到了不少的损失。老板最终还是决定将他辞退。

人活一世,如果控制不了自己,任由自己为所欲为,就会败得一败涂地。假如你像小张那样肆意而为,不坚持改进自己曾经犯错的地方,最终也会落得和他一样的下场。

不能克服自己的缺点,就给了自己继续犯错下去的空间。任由自己的心性发展,不但会让周围的人心情不爽,也会使对方一开始的好感消失殆尽。特别是嫉妒、拖延、自卑这些不良的习惯,不但会让周围的人疏远你,还会让你自己承受巨大的心理负担,最后你只能在黑暗中舔舐伤口,也就没有什么前途可言。

应对困难最重要的是克服自己的缺点。当缺乏勇气的时候,就要克服自己的自卑;缺乏洒脱的时候,就要克服自己的执迷不悟;缺少勤奋的时候,就要克服自己的懒惰;缺少宽广的胸怀的时候,就要克服自己的心胸狭窄;缺少清正廉洁的时候,就要克服自己的贪念;缺少耿正不阿的时候,就要克服自己的偏袒。先自我取胜,才能取得大的成就。

幸福是自己创造的

在一个极其恶劣的天气,有个乞丐来到一个富人家乞讨。“没有!”这家的仆人毫不留情地说。乞丐乞求道:“求求你让我进去一会吧,我烤干衣服就走。”仆人觉得这没什么,便答应了他。进屋之后,他请求仆人借他一个锅用,说“要煮石头汤喝”。“是吗?”仆人说:“我真好奇你是如何做出石头汤的。”所以她照乞丐说的给他找了一个锅。乞丐把一块路上捡的石块洗净之后开始在锅里煮了起来。

不一会他喝了一口说:“太好了,可惜就是没有一点咸味。”仆人拿给他一点盐。还是这样,每过一会他就尝一下,仆人依次又拿给他豌豆、薄荷、香菜。最终,乞丐以同样的方式得到了不少的碎肉末。后来的事情相信大家都猜得到,乞丐的石头汤是名不副实的,他得到的是一锅鲜美的肉汤。

只要你有心，乐观地看待生活，积极地思考，再普通不过的生活也是能过得有滋有味的。

23岁的山口一郎，来到大都市东京，东京是一个十分繁华的贸易都市，没有钱根本就活不下去。当他看到有人要用钱买水时，感到不可思议："这也需要买吗？"同样的情景，随行的人都在心里这样想：东京这样的大都市，普通的水还要花钱买，其他的花费就更不用说了，看来不适合在此地久留。最终他们离开了这里。山口一郎却有另一番打算。他看到的是连水这么普通的东西都可以赚钱。为此，他着实兴奋了一番，看到了在此地大展身手的机会。最后，他成为日本家喻户晓的"水泥大王"。

一样的境遇、不同的人、不同的思想衍生出的是不同的人生。

声名远扬的贝多芬天生听力就有问题，但还是有了举世闻名的《第九交响曲》的问世，数不清的人们都以他的名言"人啊，你当自助"来激励自己不断向前。

再以美国总统林肯的例子来说，他出身卑微，相貌平平，讲话很没有水准。先天的不足并没有吓到他，他渴望从后天的教育中得到提升，将这些先天的不足克服掉。凭借自己不懈的努力，后天的教育给他的回馈是无比丰厚的。终于，他重新确立了信心，成为世人皆知的名人。

从自身的局限中摆脱出来才能使我们自身的价值发挥出来，我们的幸福掌握在自己的手上，这就是所谓的"自助者天助"。

求人不如求己

一个伐木工在砍伐大树的时候，没想到大树突然间倒下，他来不及逃离，被压在了树干底下。从昏迷中醒过来的他，发现自己的左腿被粗重的树干压着，用尽全身的力气也没法抽出来。天色已晚，他没看到一个工友。他心想，救援的人不知道什么时候才能来，如果一直等下去说不定会因为流血过多而死亡，现在只能靠自己来挽救自己了，除非把自己的左腿截断，才有可能活命。

一开始，他摸到了身边的斧子，他先是砍树干。雪上加霜的是，仅剩下可用的斧柄也断了，即使这样，他在绝望之余，还是决定截断自己的左腿。他没有惧怕，强忍着疼痛，毅然决然地砍掉了自己的左腿，然后拖着一条残腿坚持爬到山下的工棚里，向医院打电话求救。

伐木工牺牲掉自己的一条腿，换回的是一条命。他能够存活的原因，是他实施了积极地自我救助。伐木工以自己的实际行动让我们懂得了：命运掌握在自己手中。一味地等待别人的援助，或许连生命都保不住。即使再恶劣的条件也不要忘记自救，自救或许可以转危为安，保全自己。

有个人在屋檐下躲雨的时候看到一个打伞的和尚走过，这人便问和尚："师傅，佛家以普度众生为己任！你可不可以送我一程？"和尚说道："现在的情况是，我在大雨中，而你在无雨的檐下，所以你是没有必要让我度你的。"这人听和尚一说便跑出屋檐，将自己置身于大雨中："现在我也在大雨中了，可以度我了吧？"和尚又说："我们现在所处的情形是一样的。我因为有伞不被淋，你因为没伞而被淋，所以说，实际上是伞在帮助我。因此你要找的不是我，而是伞！"说完便头也不回地走了。

有人来请教菩萨："我们每天都怀着一颗虔敬的心祭拜您，天天都在不停地呼唤着您，但是您也在不停地呼喊！我很好奇您叫的是谁的名字呢？”菩萨莞尔一笑说：“我念的是自己的名字啊！因为我知道求人不如求己的道理。”是的，命运掌握在自己的手中，要让自己的一生过得不平凡，就要有远航的信心；如若只想普普通通地过一辈子，即便是高人相助也不会有所成就。只有懂得依靠自己的人，才能造就属于自己的灿烂人生。

不漂亮，但依然可以美丽

皮特喜欢跟朋友讲一个他亲身经历的故事，正是那场经历让他懂得了美丽的真谛。

“那天我是坐中巴回家的。车上乘客较多，我对面有一对恋人，他们幸福地手挽着手。我只能看到那个女孩的背影，她的背影袅娜多姿，十分迷人。刚染过的金黄色头发投射出青春的活力，她的身上穿的是今夏最流行的吊带裙，裸露出雪白的臂膀，真是一个标准的时尚都市女孩。他们彼此靠得很近，说着悄悄话，女孩子时不时地笑出声来。欢快的笑声吸引了众人的目光，目光里除了羡慕外，似乎还有什么别的意义，那女孩肯定长得特别漂亮吧？我突然生发出一种冲动，想看看美女长得是什么样子，特别是她幸福微笑的时候是什么样子。但是她一直背对着我，我无从知晓她的样貌。

“之后，他们的聊天内容讲到了《泰坦尼克号》，女孩不自觉地开始哼唱那首主题歌，甜美的嗓音将这首曲子的每一个音调都处理得恰到好处，即使是随便地哼唱，也别有一番风情。我不禁想，要多么满足和自信的人，才会不卑不亢地在众人面前唱歌啊！

“凑巧的是，我们是在同一个站点下的车，我终于有机会可以一观美女的脸，我激动得心脏直跳，一直在猜测是位多么倾国倾城的美女。但是当我赶到他们面前并回头望向美女的时候，我震惊了！瞬间也就理解了大家眼神中除了羡慕之外的另一种含义。我看到的脸用‘触目惊心’这个词来形容一点也不为过！一个脸被毁容的女孩却能有如此好的心境。”

是的，她很美，她的美在于她的心。

杨时斋是清朝的一员大将，他认为军营中的每个人都有自己的价值。安排聋人在自己身边侍奉，即使他们被抓，也不会泄露军事机密；安排哑巴去送信，一旦他们被抓，顶多是把密信给搜了去，敌人也无法问出其他的事情；安排瘸子守护阵地，这样的士兵一般是不会弃阵而逃的；安排盲人在阵地前台窃听敌军动静，因为他们一般听力特别好。

由此可见，即使是残疾人也会有自己的长处，作为普通人的你更要去发掘自己的长处，而且一定要用心。

有人开过这样的玩笑，中国艺术界拥有四大“宝贝”：潘长江的“个”，梁天的“眼”，陈佩斯的“脑袋”，葛优的“脸”。一点都不夸张地说，他们四个人在长相上异于常人的地方，正是他们成为笑星的不可缺少的因素。实际上，没有人是完美无缺的，就像最好的玉也会有瑕疵一样，但每个人都有自己的得意之处，这需要我们努力挖掘，取长补短，化劣势为优势。

这样的例子在历史上并不少见，亚历山大、拿破仑、晏子、康德、贝多芬，他们在长相上都差强人意，但令人们称道的是他们最终都功成名就。外表的矮小阻挡不了他们形象的高大，他们的辉煌被世人称颂。

励志大师戴尔·卡耐基说：“一种缺点，如果发生在一个普通人的身上，便永远是一种缺点，是普通人用来博得同情的理由和借口。如果同样的缺陷发生在一个有进取心的人身上，他更倾向于发挥自己的所长使之变为优势，最终取得人生的成功。”

另起一行也能第一

有这样一个小姑娘，长相一般，成绩也是中等。她几乎是一个得不到大家关注的孩子，但是她脸上总是洋溢着灿烂的笑容。朋友问她为什么会这样开心，她小声说："我知道自己只是一个普普通通的人，但是我会每天都最早到达教室，第一个开始读书。那也是第一名啊！"

的确，我们都是最平凡不过的人，也常常会有尴尬的事情降临，但是换一个角度来看，每个人都可以有第一名的骄傲。

杰克经营着一个小农场，安安稳稳的生活很是舒适。不幸的是，人生的灾难不期而至。他不幸得了全身麻痹症。他不能从床上爬起来，最后连生活都不能自理了。他的家人也都确信，他这一生不可能再有什么幸福了，他不可能做出什么大的成就了。但令他们惊讶的是，他还有其他的打算。他还能想，他在认真地思考，在心里盘算。一次，当他像往常一样思考时，他找到了通往幸福生活的真谛——保持乐观的心态。

杰克又重新看到了希望。保持积极乐观的心态，一切都没什么大不了的，就在自己下榻的地方，将自己的思考变为现实。他下决心成为一个有价值的人，他不想为家人增加额外的负担。他向家人说明了自己的想法。"我的身体已经没有办法再劳动了，"他缓缓地说道，"但是我的大脑还可以思考。如果你们相信我，你们可以代替我去实现我的计划。我的计划是把农场都种上玉米，玉米收割之后，我们用玉米来做养猪的饲料。"

"在猪还没有长大变老之前，我们将它杀掉加工香肠。制作好的香肠进行真空包装，然后再给我们的商品取个名号，这样我们就可以在全国各地大卖我们的香肠了。"他笑了笑，然后说："我预计到我们的香肠将会家喻户晓。"过了没几年，"杰克仔猪香肠"竟然真的取得了很大的成功，知名度真的达到了家喻户晓的程度。

因此说，条条大路通成功。只要你有十分的勇气和热情，对自己有信心，假以时日，在你面前就会出现一条真理：另起炉灶，你也可以是最棒的！

告诉世界我能行

2001年5月20日这天，乔治·赫伯特，这位美国的销售员，完成了一件几乎是不可思议的事情。面对镜头他说："最初我就觉得，向总统推销一把斧子并不是天方夜谭。为什么呢，因为他拥有一处农场，里面树木很茂盛，斧子对他来讲是有实际的利用价值的。"

他给总统的邮件中说："偶然的一次机会，我很荣幸地参观了您在德克萨斯的农场，也看到了农场里面的很多杂树，树木有很多都已经死掉了，木质也没有多大的价值。因此我认为，您需要一把斧头，但是以您高大的身材来看，小的斧头显然是不合适的，您需要的是一把锐利的大斧头。我这里正有符合您的一把斧头，它对于砍伐枯树再合适不过了。如果您想要的话，请通过我给您留的邮箱，给我回信……"后来的事情是，小布什总统在收到斧子后不久就及时地把这把斧子的费用给邮了过去。

还有这样一个人，他一生都在不停地告诉自己：我一定能行。

1832 年,他丢掉了工作。伤心过后,他决定去做政治家。在州议员的竞选中,他再一次失利。这是一年中的第二次打击了,他内心十分苦楚。之后他尝试自己创业,坚持了不到一年光景,这家企业也因为亏损而经营不下去了,他又开始四处筹钱偿还公司所欠的债务,其中的艰难可想而知。他第二次参加州议员竞选,好在成功了。接着,在即将结婚的时候,他的妻子意外身亡。这个打击让这个一度坚强的人几乎绝望,一连几个月都在病床上度过。

1843 年,他参加了州议会议长的选举,还是失败。同年,他又参加了美国国会议员的竞选,还是失败。1846 年,他一如既往地参加了国会议员的竞选,终于如愿以偿。两年的时间过去了,他希望能够连任,但是结果并没有如愿。当他申请本州的土地官员时失败再次上演。他没有被这接二连三的失败打垮。8 年之后,他参加了参议员的竞选,依旧是失败;1856 年,竞选美国总统提名的他,还是失败了;两年之后,他又参加了参议员的竞选,同样不得不面对失败的结局。

他就是人们熟知的亚伯拉罕·林肯,他从来都不会认为自己不行。1860 年,这个失败了无数次的人最终当上了美国总统。不要对自己说"我不行",人生中的很多机会就是在这三个字中丢掉的,它是一种无形的力量,一种足以将你击垮的力量。

相信你自己,你就可以有所成就!

要学会将缺陷变成一种资本

有时候,残缺并不是一种遗憾,而是一种耐人寻味的美。缺陷并不可怕,关键是如何看待它。

1. 缺陷有时是一种美

人无完人,因此,人总会有这样、那样的缺陷,也许它不够可爱,但却是生命的一部分,我们要正视它的存在。正因为我们有缺陷,我们就必须去认识、去找寻、去完善,我们的人生才会更加完美。如果我们生下来就很完美,没有缺陷,那我们就失去了奋斗的意义,我们的一生反而会过于平淡无奇。

如果你能够认识到这个世界本身是不完美的,并不断地追求进步,不断地克服缺陷,不断地超越缺陷,那你就能更好地实现自己生命的价值。

2. 将缺陷变成你的资本

一位名叫阿费烈德的外科医生在解剖尸体时,经常会发现:那些患病器官并不如人们想象的那样糟,相反,为了抵御病变,它们的代偿性往往比正常器官的机能更强。

最早的发现源于一个肾病患者的遗体。当他从死者的体内取出那只患病的肾时,发现那只肾比正常的大。当他再去分析另外一只肾时,发现另外一只肾比寻常的更大。之后多年的医学解剖历程中,他不断地发现包括心脏、肺等几乎所有人体器官都存在类似的情况。

他为此撰写了一篇颇具影响的论文,对这一现象进行分析。他认为,"患病器官因为和病毒作斗争而使器官的功能不断增强。"假如有两只相同的器官,当其中一个器官失灵时,另一只器官就会努力承担起全部责任,该器官的功能也因此变得更强。

他在给美术学院的学生治病时又有所发现,这些搞艺术的学生的视力多数不如别人,有的甚至还是色盲。阿费烈德觉得这就是病理现象在社会现实中的重复,他认为这种现象应该有更深层面的意义。

在对艺术院校教授的调研过程中,他发现结果与预期相符。

一些颇有成就的教授之所以取得成功,大多数是因为受了生理缺陷的影响。缺陷非但没有阻止他们,反而促使他们走上了艺术道路。可见,一个人的缺陷往往是上帝作的标记。

阿费烈德将这种现象称为“跨栏定律”,即一个人成就的大小,往往取决于他所面对的困难的大小。

其实,按照阿费烈德的“跨栏定律”,很多生活现象都可以得到解释。譬如盲人的听觉、触觉、嗅觉要比一般人灵敏,失去双臂的人平衡感更强,双脚更灵巧。所有这一切好像都是上帝的旨意,如果你不缺少这些,你就无法得到它们。竖在你面前的栏越高,你的跨越能力就越强。

艾里克生来就有一种稀有的眼疾,13 岁时就失明了。他听别人说他再也无法像常人一样了,因为他有缺陷。然而,艾里克不愿意接受这样的生活。在与眼疾作斗争的过程中,艾里克学会了面对逆境,并在逆境中生活。

首先,他参加了学校摔跤队,成了副队长,并在班级比赛上夺得冠军。接着,他尝试去攀岩。攀岩对视力完美无缺的人来说都是一项艰难的运动,对盲人来说更是难上加难。然而,艾里克却说:“失明并不能让我停下追求快乐的脚步。”他将自己的缺陷——眼睛看不见——转化成了力量,顽强地生活。

1995 年,他登上了北美最高峰、海拔 20330 英尺的麦金利山。1996 年,他成为第一位成功攀上约塞米蒂 3000 英尺高、名为艾尔船长的花岗岩巨石的盲人。

艾里克现在是凤凰私立中学的老师。他说:“失明只是不方便,对于攀登来说,你需要另辟蹊径。”

是的,缺陷和逆境并不意味着失败。如果你是一个低逆商者,就算道路平坦你也会摔跤。

斯普德·韦伯是亚特兰大鹰队的后卫,身高 5 英尺 6 英寸。NBA 赛场上,可谓“高人”如林,然而在 1986 年的扣篮比赛中,他胜过了许多比他高 8 到 14 英寸的人,成了扣篮王。球篮高 10 英尺,扣篮意味着你的手必须够到球篮以上,韦伯弹跳的高度差不多要超过自己的身高。

一般说来,在篮球场上,5 英尺 6 英寸的人基本上没法混,更何况是扣篮比赛!然而,韦伯改变了大家默许的这一规则。

韦伯通过强化腿部的肌肉练习,弥补了身高上的不足。他并没有特别的技巧,而是利用全速奔跑使自己在弹跳上不断进步。因为他身材小,所以,他在运球时更加自如和安全。当他越过对手的防线想上篮的时候,他的高个子对手不得不俯下身来,以一种不适应的角度防卫自己。斯普德·韦伯像许多成功者一样,完成了由劣势到优势的转换。

有时候,成功来自于某种缺陷!因为缺陷迫使他们付出更多,最终得到更多的补偿。正如威廉·詹姆斯所说的:“我们身体的缺陷有时反而对我们有利。”

不错,现实中这种例子比比皆是。密尔顿就是因为失明才写出了更好的诗篇;贝多芬则是因为失聪才作出了更好的曲子;海伦·凯勒之所以有光辉的成就,很大程度源于失明与失聪;正是由于悲剧性的婚姻,才让濒临自杀的柴可夫斯基有灵感写下了那首不朽的《悲怆交响曲》。

谁都不愿自己成为身体有缺陷的人,但有了缺陷未必就很糟,关键是你怎样看待它。认识到自己的缺陷后,要敢于接受它,并以此作为自己努力的动力。这样一来,缺陷也能成为一项资本。

第三节 挖掘自己身上的宝藏

你就是你的救世主

这个世界没有人可以救得了你，除了你自己。我们的一生总会有各种艰难险阻，如何才能走出困境，这个问题全在于自己如何回答。

有个小男孩见到蜘蛛就怕得不得了。父亲问他原因，他这样说："它长得好难看啊，我不敢靠近。"好好审视这句话，我们就会得出这样一个认识：是蜘蛛本身长得难看，我才不敢接近。问题出在蜘蛛身上，不在于我，我自己没有任何的办法。

父亲开导他说："那其他的人也都害怕蜘蛛吗？""不是的。爸爸就不怕，我有一个同学也跟你一样。"父亲又说："都是蜘蛛，我们不怕你怕，那么还是蜘蛛决定了到底它可不可怕吗？"儿子听了父亲的话想了会儿，若有所悟地说："是我们自己决定的。"父亲最后问儿子："那你现在觉得呢？""哦……"儿子舒了一口气说，"我现在觉得蜘蛛也没什么可怕的。"

工作中、生活中难免会有形色各异的"蜘蛛"出现，是千方百计地逃离，还是勇敢地迎上去，取决于你自己的选择！原因很简单，只有你才能解救你自己。

1947年，作为美孚石油公司董事长的贝里奇到开普敦视察工作。很偶然的一次，上厕所的时候，他见到一个黑人小伙子正跪着擦地板上的污渍，引起他好奇的是小伙子每擦一下，就磕一下头。贝里奇十分惊讶，询问他这样做的原因。小伙子回答，叩头是在感谢救世主。这样心怀感激的员工让贝里奇感动极了，又问他感谢那位救世主的原因。小伙子回答说，没有救世主他便不会有现在的工作，也不会有在这个世上存活下去的机会。贝里奇觉得有点神秘，他说："我也曾经遇到过生命中的贵人，没有他我也不会坐到现在的位置，你有意拜访他一下吗？"黑人回答说："我没有父母，从小在教会的接济下得以过活，我感激所有对我有恩惠的人，如果您说的这位让我以后的生活会更好，我当然愿意去拜见。"贝里奇笑了："我想你肯定知道，南非那座著名的山峰，名字是大温特胡克山。听说，山上就有位救世主，能为世人答疑解惑，得到他指点的人都会有一番作为。很多年前，我去过那座山，恰好碰见他，并有幸得到他的指点。如果你有意去请教他，我可以向你的上司说明情况，给你一个月的假期。"

黑人小伙听从建议请了一个月的假期，一路上克服艰难险阻，饿了就吃自带的干粮，渴了就喝小河里的水，皇天不负有心人，终于到达了白雪皑皑的大温特胡克山。他在山顶各处都找遍了，除了自己以外，一个人也没有看见。黑人小伙子神情沮丧地回到了公司，遇到总裁后，他有点气愤地说："尊敬的董事长，我在路上每处都仔细地走过。到了山顶，也还是只有我自己一个人，根本没有看到过其他的人。"

贝里奇是这样回答的："其实，这个世界，只有你才是你自己的救世主。"

又是20年过去了,曾经的黑人小伙成为美孚石油公司开普敦子公司的总经理。他赢得了人生的辉煌。2000年在上海召开的世界经济论坛大会上,他以美孚公司代表的名义出席了该次大会。一次记者采访他,说到自己不平凡的人生时,他只轻描淡写地说道:“当你有一天意识到自己就是生命的救世主,就是您找到生命的贵人的时候。”

因此,当你处境不好的时候,请你在心里默想这句话:“只有你才是自己的贵人。”

要有主见,做事的是你自己

别人最多是提意见,最终还是你自己实际做事,总是人云亦云的人不会有正确的行动。我们的世界错综复杂,流言蜚语满天飞。一个没有自己的主意,一味随波逐流的人,成功不可能垂青他。如果你想获得大的成就,就要仔细分析你的处境,按照自己内心的想法来行事。

没有巴尔扎克对作家梦的执着追求,也就没有现在的《人间喜剧》;没有达尔文对生物研究持之以恒的坚持,也许现在我们都不知道进化论……概括而言就是,没有自己的想法,命运永远不会掌握在自己手中,更不用说有一番不小的作为了。

做人需要有自己的立场,我们都懂得这一道理。事实上能够做到时刻坚持自己的想法,不因为别人的言论而左右摇摆,并不是一件容易的事情。

苏格拉底的学生曾经向他请教怎样坚持自己的想法。苏格拉底请学生们席地而坐,他拿起一个苹果,缓缓地经过每个同学的身边,走的时候不忘记说:“现在你们集中精力,注意闻一下空气中的气味。”随后,他走到大家中间,把手中的苹果晃动了几下后,说:“谁能告诉我有没有闻到苹果的味道?”得到老师的应允后一个同学站起来说:“我闻到了,闻起来很香!”“还有相同意见的同学吗?”他接着问。学生们只是相互地对望,都没有说话的他再次走过每个同学的身边,依旧举着苹果,跟第一次一样,边走边说:“这次一定要集中精力,注意闻一下空气中的气味。”之后他第二次问道:“这次有没有闻到苹果的气味啊?”此时举手的人明显地多了很多。

只一会儿的时间,苏格拉底再一次从讲台上来到学生中间,重复刚才的事情,然后,他再一次发问:“那么,这次有没有闻到苹果的气味啊?”这次,除了一位学生,其他的人全都举手表示闻到了苹果的气味。最后一位同学见其他的人都举手了,也急急忙忙地把手举了起来。苏格拉底把这一切都看在眼里,他笑着说:“那请问一下大家闻到的是什么气味啊?”在座的学生们出奇一致地回答道:“果香!”苏格拉底收敛了笑容,他拿着苹果严肃地说:“我感到遗憾,这并不是一个真的苹果,它根本没有一点气味。如果人云亦云,就不能做到保持自我。”

苏格拉底的话十分简洁明白:别人最多是提意见,最终还是你要去实际做事,没有坚定的信念就没有坚定的行动。不人云亦云,做一个思想上的独行者,做一个充满激情的人,做一个坚定自己的人,也许你会失去一些东西,但你得到的远比失去的要多。

你有自己的芳香,做好自己

生活累的原因,是每个人都想表现得十全十美。殊不知,我们只需要做好自己。

有个小伙子,有做一番大事业的理想和抱负。起先,他很积极努力地去尝试各种通向成功的途径。不幸的是,他逐渐对自己感到失望至极,最终一无所获。所以,他变得越来越自卑。为此,他去看望一位小有名气的老者,希望通过这次的拜访,能够得到一些关于成功的窍门。见了面之后,他说出了自己一直的疑惑:"为什么别人努力了总是有回报,唯独我没有呢?"长者不以为然地笑了笑,问了他这样一句话:"假设,我把'芳香'两个字送给你,你脑海里首先浮现的是什么呢?"

年轻人沉思了一会,说道:"我脑海里首先浮现的是糕点,虽然我的糕点店开了不久就停止了营业,但是我想到的还是那些芳香无比的糕点。"长者没说话,只是点了点头,并带他去见了长者的一位动物学家朋友。还是同样的问题,长者又问了他的动物学家朋友。他这样回答:"芳香,首先让我想到的是我在做的研究问题——大自然中,各种稀奇古怪的动物,它们自身会发出不同的香味引诱别的生物,以此生活。"

随后,他又被长者带去见一位画家朋友,还是同样的问题。画家说:"芳香,让我想起的首先是百花齐放的田园,衣袂飘飘的舞女。可以说,它们是我创作的现实源泉。"到此时,年轻人还是不明白这位长者的意思。回去的路上,他们还去看望了一位侨居海外、刚回国探亲的富商。交谈的时候,长者还是问了同样的问题。那位常年不回国的富商说:"芳香,让我不由自主地想起故乡的土地。故乡泥土的芳香,时刻牵动着我的游子心。"

这时,长者问年轻人:"到目前为止,我带你见了不少出名的人物了。请你告诉我,他们对'芳香'的认识与你的有什么不同吗?"年轻人仍旧不明白长者所说何意。长者又问:"那他们每个人眼中的'芳香'有完全一样的吗?"年轻人还是很困惑。这时候,长者先是微笑,之后郑重其事地对年轻人说:"实际上,我们都有属于自己的那份芳香。但是为什么他们都那么出色呢?因为你的时间都花在艳羡别人的芳香上了,没有看到属于你的那份芳香啊。"

不管这个世界有多杂乱无章,你都需要认清自己,要看到属于你的那份独特的芳香。其实,不要瞻前顾后地思虑,只要坚定自己脚下要走的路,做最好的自己就行了。

有一个待业者想到微软应聘清洁工。经过一系列的测试后,他收到了人事部门的聘任书,他们还问他要邮箱,以便向他发一些公司文件和录取通知。他说道:"我连电脑都没有,更不用说有自己的E-mail了。"无奈,人事部门说:"对于我们公司,没有E-mail对微软公司来说是不能接受的,所以我们不能聘用你。"

他只得神情沮丧地告别了微软,带着口袋里仅有的10美元。他有了一个主意,打算贩卖马铃薯,想好之后,他用10元钱买了马铃薯,再去每家每户推销他的马铃薯。全部售完花了两个小时,赢利40美元。他一鼓作气又接着做了好几次,都比较顺利。他开始对自己有信心起来,所以,专心致志地做起这种小生意来。

由于自己的不断努力,他的生意越来越好,不仅买上了车,还增加了人员。不到六年,他的小生意就扩大为一个大规模的公司,他们的商品特色是人们只要在家门就可以很方便地买到新鲜蔬果。最后的他已经是百万富翁了。

这时的他,想为家人买份保险。签订计划时,业务员问他的E-mail地址。他还是说:"我连计算机都没有,更不用说有自己的E-mail了。"业务员显得有点蒙:"您的公司这么大,怎么会没有邮箱呢?假设您拥有计算机和E-mail的话,可以方便多少啊!"他说:"如果真的是那样,我就只能是微软的清洁工了。"

每个人都有不同的路要走,只有找到适合自己的那条,才能更好地挖掘出自身的价值。要想绽放人生的光彩,就要找到适合自己的人生之路。做最好的自己,你的人生才能焕发出夺目的光彩。

人生如卖菜，给自己定好位

如果能够做到时刻认清自己，很多的烦恼也就随之消失了，人生也会因此而丰富充盈。

我们都知道，螃蟹走路的时候是横着的，河虾则是倒着走路。其他的动物都因为它们怪异的行走方式讥笑它们。一次，身体矫健的银鱼嘲讽螃蟹："螃蟹你可真够笨的，走路都要横着走！如果有东西挡住了呢？"聪明的章鱼也接话嘲讽道："还有河虾，俗话说一路向前，但它非要倒着走，能走到头吗？"螃蟹和河虾听到它们的嘲讽，只是一笑了之。它们自己明白，它们之所以这样走路，是由它们自己本身的情况决定的。只要清楚自己，知晓自己，照准前行的道路和方向，定位定得好，那么不管怎样走路，都是在努力向前。

拥有自知之明是很可贵的，也许它对于找到真理来说没什么帮助，但至少可以成为人们行动的准则。法国著名画家安格尔就曾这样说过："'贵在自知之明'是我日常生活的一大准则，我向来都用这一准则来鼓励自己。"

相传当年齐庄公乘车出游时，车轮前面有一只螳螂，它见到车轮即将过来就伸出前臂去挡，齐庄公对此感到十分惊奇。车夫介绍说："这种动物一遇到对手，就会习惯性地伸出前臂，准备迎接对手的进攻，可悲的是它们从来都不考虑自己的力量有多大，最终往往是没了性命。""螳臂当车"这个成语就是出自这里，借指那些不自量力的人。

小玉在自己所在的公司倒闭半年之后，依然没有找到其他的工作。原因不在于没有公司要，而在于她自己对于薪酬的要求。因为她非要找一份月薪不低于原来公司的工作。父亲知道了她的这一想法，便想启示她改掉这一错误观点。父亲叫她和自己一起去市场卖菜，其他的菜价都一样，唯有白菜价格，父亲非要比别人高出3毛钱。父亲坚称自家的白菜是最好的，但是顾客都嫌贵。她显然着急了，对父亲说："我们也卖别人那样的价钱吧！"

父亲不同意，说道："我们的白菜可是这里最好的呢，不会没有人买的。"这时候来了一个人，认为他们的白菜很好，不过还是嫌贵。那人一直在讲价，最后说："要是7毛钱的话，我全要了。"但是倔犟的父亲一点都不退让。时间就这样慢慢地过去了，众多商贩的菜价都调低了。很多人的白菜都差不多卖光了，只有父亲的还是几乎没有卖出去，但父亲降低之后的价格也还是比别人多两毛。她着急了，让父亲4毛钱一斤卖掉算了，父亲还是不答应，理由还是自己家的白菜是最好的。

午饭后，晒过的白菜已经降到2毛一斤了。黄昏时，有的人标价更低了。他们家的白菜已经跟其他家的没什么区别了，但父亲还是不改变价格。天就要黑了，有人过来问："这堆白菜5块钱卖给我好不好？"这时要再不卖真的就卖不出去了，于是父亲就以5块钱的价格卖掉了剩下的全部。

回去的时候，小玉开始埋怨父亲，本来有很多机会可以卖个好价钱的，结果却是这样。父亲这次没有争辩，先是笑了笑，然后说："我一直以为咱们的白菜值8毛钱呢，谁知道最后会这个样子呢？"父亲的话给了她很大的触动，她暗忖道：说的不就是我吗？第二天，她就找到了一份工作，即使月薪不及原来的工作。

眼高手低是我们平时常说的一个词，意思就是：不能不顾实际地过高估计自己。对自己的定位超出自己的实际，只能是不断地失望。特别是当我们处于人生的低谷时期，更要正确估量自己，定位好自己，如此才能一步一个台阶地向前进。是金子就会发光，是火柴就会燃烧，是飞机就要起飞。世界上的每一个人都有自己的特点和使命。只有定位准确了，才会有取得成功的可能。

学会表现自己，别做慢游的快艇

一个年轻人郁郁不得志，于是去请教一位很有名的经理，希望他可以指点迷津。经理问他：“你是如何看待你自己的工作的？”“我父亲一直教导我，做人要中庸点，我也是这样认为的。所以在公司里我一直比较低调。”他回答说。之后，经理没说什么，便带他一起去坐快艇，并把油门开得很小。一起的游艇马力很大，一眨眼就跑到他们前面去了；在他们后面的也很快就超过了他们，一叶双人小扁甚至都比他们走得快……

一艘大游船赶在了他们的前面，周围的人都说：“你们的快艇怎么会如此慢，处理掉吧！”经理这时候说话了：“你说我们的快艇本身有没有问题？”“它本身没有问题，只是我们没开足马力。”年轻人说道。

“其实，我们不也是这样吗？就算是你再优秀，但是你不善于表现，其他人就不会知道，如此一来怎么提拔你呢？中庸可以，但不要过于低调，要适时地表现自己的长处。假设有人知道你很有能力，但是你一味地退缩，人家要是用你肯定也会不放心吧？所以，你要怎么样才能更好地得到提拔呢？”听了这话，年轻人意识到之前自己的想法是不对的，于是在之后的工作中积极表现自己，很快就得到了提升。

快艇的特点就是一个快字，如果连速度都表现不出来，就不能称之为快艇了吧？因此，低调做人是一种生活态度，但我们也需要学会在适当的时机表现自己，好把自己推销出去。

据史料记载，战国时朝臣都喜欢养士，作为他们的人才储备，这些人被称为食客，或者是门下客，养士指的是供养他们的人。赵国平原君有一名叫毛遂的食客，做士三年了，却一直没有得到任何的提拔。

一次，平原君在赵王的派遣下出使到楚国，请楚国出兵一起抵御秦国的进攻。于是平原君打算挑选20个贤士随同自己出使楚国。选来选去，还剩一个名额一时无法找到，平原君很着急。此时，毛遂就自我推荐想要和平原君同行。平原君轻视地看着毛遂说：“你在我这里待的时间不短了吧？”毛遂说道：“三年的时间了。”这时平原君说：“一个有才能的人，就像放在口袋里面的锥子一样，用不了多久就会显露出来，你待了三年之久，我却从来没听说过你呢！”毛遂说道：“所以，就请您给我一次进入袋子的机会吧！如果这次带上我，我就会像装入口袋的锥子早点显露出来的！”于是平原君不太情愿地带毛遂上路了。

抵达楚国后，他们一行都没有说服楚王，就在谈判即将无法进行的关键时刻，毛遂勇敢地站出来，发挥自己的伶牙俐齿，最终把楚王给说服了。平原君得以完成任务，从此对毛遂另眼相看。

生活无处不存在推销。商品需要推销，项目需要推销，做人同样也需要推销。推销自己需要艺术，需要能力。一个聪明的人，总知道什么时候才是表现自己的最佳时刻，才能让自己从众人中脱颖而出。

学会检讨自己，人都是有弱点的

一位哲学家问了学生这样一个问题：“假设你养了猫和鱼，你出去了一整天，回家后发现猫把鱼给吃了，这时候的你会怪谁呢？”这个问题的答案可以说是没有悬念的，大家都说会怪猫。哲学家微笑着说：“责怪猫是可以理解的，但是除了它之外，你最应该责备的是自己。猫本来就喜欢吃鱼，你在知道这一点的情况下，还不采取一些预防措施，从而造成了今天的结果，所以最应该责怪的人是你。这样说来，当你知道人性的弱点时不以为意，当遇到不顺心的事情就不应该光埋怨对你造成伤害的人，首先要自我反省。”在座的学生听了哲学家的这番话，都觉得很有道理。

一分耕耘一分收获。因此，只一味地坚持你所做的是不行的，还要经常自我反省，在知道错的时候及时地修正，在败得没有悬念的比赛中华丽地转身，学会对没有情感的爱情说再见，对不可能的事情果断地放弃，这样就可以避免自己始终沉浸在失望中。

台湾作家刘墉一次外出的时候，下飞机后打的回住所。这是他第一次来到这个城市，所以就跟司机询问一些当地的情形。司机热情地向他介绍当地的情形，还跟他聊一些时政的问题，两人聊得很愉快。到达住所时，计程车上的数字显示的是180元。“给我100块就可以了！”司机挥了下手，故作豪爽状。

刘墉很是过意不去：“这怎么可以？”便拿了200元给那位司机说：“别找了！”已经走出几米远的刘墉还能听到司机在背后一直说“谢谢，谢谢”，刘墉心里很温暖。

做完事情，刘墉照样打车回机场。抵达机场的时候，计程表上显示的竟然是120元，弄得他很是尴尬，这才知道原来自己被那个司机给蒙了，便后悔自己太过于相信他人了。这让刘墉想起了朋友身上发生的一件类似的事情：有一对夫妻，去欧洲旅游。回国的时候，想要留一个纪念，就到一个工艺店订了巨大的名画。看到账单的时候，他们觉得不太对劲，仔细查看，老板竟然把账单上的1995年这一年份，也加在了要付的钱里面。他们跟老板说了好久，才让老板把这一错误给纠正过来。之后他们在工艺店门口等车，却赶上下班高峰，怎么也打不上车，眼看就要飞机晚点了，他们很是焦虑。

“打不到车吧？”老板出来问他们，“你们是几点的飞机？”说完便走到后院，用自己的车，带他们以最快的速度赶到了机场。“快点上飞机吧！你们走后我会第一时间把画给邮寄过去！”这时老板倒是很热情。很快，他们收到了老板发来的包裹，包装是无可挑剔的，画像也没有一点破损的地方，但是尺寸却小了很多。他们不禁想：“一直以为欧洲人比较厚道诚实，看来事实并不如此。”

每个人都有自己的不足。当你到一个不熟的地方，或是对什么露出不懂的样子，就会有人趁机想捞一点小便宜。真实的情况是，社会上这样的人很多，可以说是大部分人都这样。一不注意，就会被别人占便宜；如果你跟他很熟悉了，他有时倒是会帮你，在一定程度上也是你的好朋友。如果你真的很谨慎的话，他们也就没有什么占小便宜的机会了。

人生路漫漫，暂时的停歇是为了更好地前行。记住，在行走的旅途中，找出失误，时刻检讨自己的错误之处是成长过程中的必要环节。成长就是要不断地反省自己的行为，对人对己都要有一颗宽容的心，看淡是非得失。

关键时刻还得靠自己

命运掌握在我们自己手中，而不是什么其他的人，除了你自己，没有人能解救你。

有句俗话说得好：“靠山山会倒，靠水水会流。”所以唯有靠自己，只有你才是你生命中的贵人。

亚当·斯密是英国的一位著名经济学家,他曾经说过:“把握自己的人才能赢得一切。人最可贵的莫过于战胜自己。”

小蜗牛疑惑地问妈妈:“为什么唯独我们从小就要受这个笨重的壳的压迫呢?”妈妈答道:“因为我们的身体是很脆弱的,我们要带着这个壳保护自己!”小蜗牛对妈妈的话仍感到疑惑:“毛虫姐姐的身体也很软,爬得也很慢,可它也不用背负这么笨重的壳啊?”妈妈语重心长地说:“毛虫姐姐跟我们当然不一样啦,它变成蝴蝶之后会有天空的保护!”小蜗牛不甘心地问:“那蚯蚓弟弟呢,可它也不用背负这么笨重的壳啊?”妈妈还是耐心地回答他的问题:“因为蚯蚓弟弟有钻到地下的本领,大地能保护它啊!”小蜗牛不禁伤心地哭了起来:“没有人比我们更可怜了,没有天空的保护,也没有大地的保护。”蜗牛妈妈怜爱地说:“我们还有壳的保护啊!天地都不属于我们,没有它们的保护,我们还有自己啊!”

不管你是谁,自助者天助,靠谁都没有靠自己容易。我们熟知的《国际歌》歌词中有句歌词,“从来就没有什么救世主,也不靠神仙皇帝”,我们只能靠自己,只能靠自己的双手去劳动。世间的人对你而言,没有什么别的人比你自己更加重要,你的性格、品质、长相、才识,这些都是你的财富,是你成功的根基。

拿破仑行军时见到一个落水的男孩子在大声地呼救,但是河面很窄,施救很难进行。拿破仑一反常态,拿起手枪,命令男孩:“赶紧爬上来,要不就打死你。”男孩听他这样一说,心中焦急,便拼尽力气往岸上爬,终于脱离了危险。

等别人的火暖不了身,看别人的饭饱不了肚。把所有的希望寄托在别人身上,自己不加努力,无论如何也成不了大事。“应该求助于自己,而不是求救于他人”,成功需要蜕变,如何蜕变,如何实现由种子发芽到花朵绽放,由你说了算。

“我很重要”,不要看轻你自己

有的人会不自觉地轻视自己。到表现自己的时候,你会说什么?如果这时候你告诉自己“我很重要”,你的人生也许会因此而变得不同。

有个穷人,自己也没有什么拿得出的技能。因为缺少谋生的技艺,他只好出去乞讨,过得非常潦倒。机会来了,有个马医生意很好,实在忙不过来,想找一个人过来帮他的忙。这个乞丐便毛遂自荐,求这位马医让自己做打杂工,只要管饭就可以。谈定之后,他不用再出去乞讨,晚上也有了落脚的地方。生活的安稳给了他格外的充实感,他一直很努力地干活,立志做一名医术高明的马医。这时,他熟悉的一个人嘲讽他:“马医这个职业如此下贱,你只要有饭吃就好了,去也是打个杂工,做帮手而已,你难道不以此为耻吗?”

看一下这个乞丐是怎么回答的:“在我看来,流浪的人才是最可怜的,要出去乞讨才得以生存。以前,为了生计,就算是去乞讨也没有感到羞耻;现在我做了马医的帮手,用自己的双手养活自己,还可以学习技艺,怎么能算得上是一种耻辱呢?”自己看重自己,别人才不会随意地轻视你。我们要适当地维护自己的尊严。你要记住,世界上再也没有一个人跟你是一样的,你是独一无二的。学会看重自己,只有这样别人才会看得起你。

现在的社会,需要的是自信的人。只要你不断努力,对自己怀有十分的自信,你就会有所作为。即使你是一颗不起眼的石头,你仍然可以做到,站成一座山,倒下当基石,能启示世人,也可以警醒世人……不要忘记:我真的很重要!

由于战争的原因,日本发生了经济危机,顷刻间失业工人大增,工厂赢利也大大缩减。一家就要维系不下去的食品公司为了减少开支,计划裁掉1/3的员工。名单中包括:清洁工、司机和仓管人员。这些人总计大概30名。经理挨个找到他们,跟他们讲了想要裁员的打算。

清洁工说:“我们对公司很重要,如果少了我们每天的卫生打扫,如果不是我们来维持良好的环境,你们会乐意在脏乱的环境中工作吗?”司机说:“我们对公司很重要,没有我们,公司的产品怎么省时省力地输往市场呢?”仓管人员也说:“我们对公司很重要,战争才刚结束,太多的人没有饭吃,没有我们的看管,或许就被那些饿坏的人偷光了!”

经理觉得他们说的都在理,考虑了良久之后便撤销了裁员的打算,而且将原来的员工管理策略给调整了。最后经理还专门做了一块门匾,上书四个大字:“我很重要。”之后,员工每天来到公司,抬起头就可以看到“我很重要”这四个字。任何职位的人都感受到公司对他们的器重,工作变得特别卖力,大家都以无比的热情投入到工作当中去,没几年公司便强大起来,在日本也很有名气。

生命都是平等的。即使是丑陋的蚯蚓,也使得无数的土地肥沃起来;普普通通的蜜蜂,也通过它们对花粉的传播使得世界更加缤纷。因此,我们要看重自己。当机会来了,告诉自己“我很重要”。时常这样告诉你自己,你的人生也许会因此而变得不同。

第四节 不必为卑微而难过

自卑和自信往往就在一念之间

我们经常会问自己:“如果……我能行吗?”这种疑问其实是自卑的表现。自卑和自信一字之差,舍掉自卑,自信便会油然而生。

很多人失败就是因为没有自信,他们扮演的角色更多的是可怜的小草,对待风雨无能为力,说到底就是对自己没信心。自卑就是看不起自己,不相信自己。有很强的自卑心理的人,并不一定技不如人,而是不能肯定自己,总是否定自己,觉得自己处处不如人,也不喜欢自己,导致别人也看不起自己,以至于在自卑的泥沼中不可自拔,并逐日消沉下去。

一对父子共同出征打仗,父亲当将军的时候,儿子只是一个普通的小士兵。号角吹响了,战鼓也敲起来了,父亲郑重地拿出一个箭囊,里面仅有一支箭。他严肃地告诫儿子:“这是我们的家传宝箭,你要记得放在身边,这样你便会所向披靡,不过一定不可抽出箭来。”

父亲给的箭囊制造得特别精美,材料是厚牛皮的,还有铜边作为镶嵌,箭尾也经过了细细的打磨,明眼人一看就知道那是上等的孔雀羽毛。儿子很是欢喜,在心里不断地猜想箭杆、箭头的模样,甚至幻想到战场上箭呼呼地掠过,敌人的主将纷纷倒下马背的情景。

神奇的是,带着宝箭上战场的儿子气度非凡,战无不胜。收兵的号角一响,志得意满的他把父亲的话完全抛在了脑后,立马把宝箭拔了出来,想要好好打量一番。然而接下来的事情使他震惊了——箭囊里竟然是一只折断的箭。“我身上带着的竟然是一只断箭!”他不禁有点后怕,顷刻间一直的精神支柱就这样瞬时倒坍。结果就是,失去了支柱的儿子在乱战之中死去。

战场上硝烟散去,父亲把断箭拾起来,沉重地叹了口气道:“连自己都不相信,什么也帮不了你。”

如果死去的儿子对自己很有信心,那么现在很可能是另一幅光景,但是已经迟了。机会来临时,自卑的人认为自己一定不会做好这件事,导致畏首畏尾,放不开手脚。在开始之前就先否定自己,只会错过时机。同样是机会,自卑的人让它溜走了,然后,又开始后悔自己没有好好地抓住机会,自卑感在后悔中更加重了。除此之外,自卑的心绪也会使得人心理上胆怯,不敢轻易尝试,他们的生活不再激情无限,只会躲在一边独自叹息和自怨自艾。长此以往,严重的自卑就会成为一种病态,雄心和壮志就更不用提了。

因此,我们要学会肯定自己,去除自己身上的一切悲观情绪。不自信的时候,要给自己能够做好的心理暗示;别人做得比你好的时候,不妨安慰自己他们只是比你幸运而已,只要自己努力,完全可以取得他们那样的成就。坚定自己的信念,你就是最棒的那一个,让“如果”化为一定!

每个人都是上帝的宠儿

大多时间，我们总是倾向于轻视自己的能力，认为自己不行，实际上呢？在父母眼里，你是他们全部的希望和人生的寄托；在妻子眼中，在很多时候你就是她的全部；在孩子眼中，你是他们心中伟岸的大树；在好朋友眼中，你是他们独一无二的好哥们或好姐妹……这样的你还会认为自己不重要吗？答案当然是"我"很重要。

当你对自己说"我很重要"时，你就会真的重要起来。你要做的就是相信你确实很重要。每一个"我"都是数不清的星辰、日月、草木、山川会聚而成的。想想我们吃了多少五谷，喝下了多少清水，才成为我们现在的样子，这个数字肯定会让我们大吃一惊的。"我"是由那么多的精华塑造而成的，所以我很重要。你可以做得了的事，别人不一定可以。再者，你是你而不是他，肯定是有原因的——这就是你的特质所在！你的特质是其他人不可能拥有的。

既然没有人跟你是完全一样的，所以你做得到的事情其他的人未必也能做得到。所以，他们的意见就一定比你的想法更好吗？他们又怎会代替你，帮你做些什么呢？因此，难道不应该相信自己吗？而且，上帝对我们每一个人都是公平的，这在上帝创造人类的时候就已经展现出来了，所以我们在跟其他的人交往时都带有自身的特点，如此才会打动别人。如果还是没有自信，就想一下：有人的基因跟你的相同吗？有人的性格和你的相同吗？这样一来，你就会坚定：在这世界上，没有什么其他的人能够取代你。

但是，有时候其他人（或者是整个大环境）会否定我们存在的重要性，如果这种情形一直没有改善，我们也会受到影响。一定要杜绝类似的事情在你的身上发生，要不然你就会永无翻身的机会。时刻谨记：你有足够的理由相信自己可以做得最好。"我是我。没有人跟我一样，就像没有你可以替代的别人一样。我确实很重要！"

生活就是如此，不管是不是有意识的，我们都不能对自己失去信心。不要只看到别人的长处，这样就会在无形中把自己的短处给放大了。自卑会腐蚀我们的心灵，自信则赋予我们以力量。因此，不管我们处在什么情况下，都不要让自卑占据了心灵，而要让自信给自己力量，坚信你就是最棒的，这样才能发挥自己的潜力，创造属于自己的明天。

就算我们地位不高，就算我们出生卑微，但这都没法否认我们的重要性。重要不等于伟大，它是我们生命的呐喊。一般而言，人们都会以事业有成作为衡量一个人的标准，并作为自己是否重要的标准。其实这是不正确的，只要不放弃努力，为美好的明天拼搏，我们就是世间独一无二的存在。抬起我们的头，对我们身处的世界大声地宣布：我是独一无二的！既然我们是如此重要，为什么不好好爱自己呢？

以自嘲应对困境

有时候，自嘲也是一种应对尴尬和困境的好方法。当你有麻烦时，不妨自嘲一下，正视自己的短处，以此排解自己的郁结，积极创造快乐。把自嘲作为镜了，你在这面镜了中看到的，是你存在的缺点，而不是你的优点。看着镜子中的你，即使你只是无可奈何地苦笑一下，自我嘲讽一下，也会使得心中的苦闷化解掉。勇于自嘲的人，一般都比较积极昂扬，人生也更加洒脱。

很久以前，有个叫梁灏的文人，他还年少时就下定决心，一定要考上状元。谁知，多次考试都以失败告终，结果遭到了很多人的嘲笑。但他没有在意别人的嘲讽，还自嘲道，不管怎样，还是离梦想越来越近了。这种自嘲的心态一直陪着他度过了苦读的日子，从公元938年的第一次考试算起，经过后汉、后周，宋太宗雍熙二年（公元985年）的时候终于考中状元。他用一首打油诗聊以安慰："天福三年处来试，雍熙二年终成名。虽是黑发变白发，但喜青云足下生。观榜更无朋侪辈，到家唯有子孙迎。虽是少年登科好，无奈龙头属老成。"

勇于自嘲使他坚持到了最后，终能一举成名，与此同时他也是一个长寿的人，自嘲的心态使他活了九十多岁。因此，自嘲是一件人生神奇的法宝，它给人的心理和生活带来积极的影响。它能让我们多一点快乐，少一点烦恼，也能让我们更加了解自己，树立坚定的信念，挡住各方的压力，舍掉内心的各种失衡和失落，赢得精神上的富足。一般人羞于自嘲，殊不知，敢于对自己的失误进行自嘲是一门值得学习的大学问。自嘲一般是通过比较耐人寻味的话来进行的，没有什么值得遵循的规律。

拿美国一位著名的演说家为例，他的一个很大特点是秃顶，几乎没几根头发。生日这天，因为很多亲朋好友会来做客，妻子建议他戴顶帽子。他却用足够大的声音说："妻子认为我应该戴帽子，殊不知光头有诸多益处，我可是第一个知道下雨的人呢！"一句幽默的自嘲，一下子便把聚会的气氛给活跃起来了。

通过这则例子可以看出，自嘲能使尴尬的局面变得轻松愉快，使气氛活跃。实际上，我们或多或少地存在着各种缺点，每个人的人生也不尽是完美无缺，待人接物不免会有尴尬的时候。因此，如果有人指出我们的不足之处，就微笑着接受吧，我们需要在此基础上提升自己。

那些不仅接受批评，而且尽力改进、勇于面对的人，肯定不是一个怯懦的人。在我们这个纷繁复杂的世界，各种各样的人都有，每个人都不可避免地会受到其他人的批评或是指责，因此自嘲就显得更加需要，它能帮我们清除掉人生大路上的各种障碍，更好地发挥自己的特长。一生中，总有一些场面会让我们感到无所适从。如果你能冷静下来，加以自嘲，积极地应对，就会少了些许的慌乱。适当地自嘲，能将尴尬解除，也能将即将带来的硝烟给吹散。做不到自嘲，生活中的烦恼肯定会无处不在。"学会自嘲"无疑给我们提供了一个平息烦躁心理的利器。

综上所述，懂得了如何适时地使用自嘲，就有了创造快乐、反击别人和化解尴尬的能力。因此，如果有一天，别人对你加以指责的时候，就沉着地应对吧——使用自嘲。

缺陷也是一种美

人生的不完美，就像爱与美之神维纳斯雕像一样，因为不完美，更加让人觉得神秘特别，美若天仙，而且美得更出乎意料，美得更妙趣横生，美得更让人陶醉。有的人总是盯着自己的缺陷和缺点不放，当然就会认为自己做得很差，没有自信。他们以消极的态度对待生活，觉得不管怎么样都不能做到尽如人意，因此导致心情郁闷，认为生活寡然无趣。

事实上，缺陷是一种别样的美，只是需要我们换个角度来看。不完美是生活的必然，一个拥有缺陷的人生才称得上丰富多彩。没有人是十全十美的，重要的是如何看待自己的缺点，如果将它们作为加以改进的对象，并将这些"优势"好好地利用起来，就会事半功倍。实际上，有的时候正是缺点成就了我们的辉煌。

有个挑水工，他的两个水桶有些差别，一个桶是好的，另一个却是裂的。每次挑着水回家后，那个好的水桶，每次到家时水还是满满的，但是另一个却漏得只剩半桶水了。两年的时间，挑水夫每天都会挑水到主人家。很明显，好桶很自豪自己能装满一桶水，破桶却会羞愧，它为自己只能装半桶水回家而感到羞愧难当。

在这种羞愧的心态下过了两年，破桶有一天鼓足了勇气，对挑水夫说："我感到很惭愧，对不起。""怎么回事？"挑水夫很奇怪地问，"你怎么会有这种感觉？""两年了，因为我的破损，到家只剩下一半的水，因为我的原因，使你的工作没法完满。"破桶很伤心地说。挑水夫很是同情它，但是他充满怜爱地说道："待会回去的时候，请留意一下你看到的景象吧！"

回家要经过一段山坡，破桶开始第一次好好地关注周围的景色，它看到在路上开满了鲜花，鲜花朵朵向太阳，它的心情好了许多。可是，走到末尾的时候，它还是很难过，因为还是有一半的水因为它的破损而撒掉了！破桶再一次伤心起来。挑水夫和蔼地说："不知道你有没有注意到路边，只有靠近你的那边有花，另一边却没有。你的缺点我肯定是知道的，因此我也会利用你的缺点，特意在你那边撒上花种，所以每次回家的路上，你实际上也在帮我浇花。这么长时间来，主人的房间因此而美丽。要不是这样的话，那么好看的花朵也就无从而来啊！"

从这个故事中我们可以得出，不要苛求太过完美，太过幸福。生命中有些不完美也是一种好事，它使我们为了弥补而更加努力。勇敢地面对，或许它是你成功的一个出口。因此，我们要保持良好的心态，而不能把岁月蹉跎在对不完美的叹息中。一味追求十全十美，便会活得疲惫不堪。

一个奉行完美主义的艺术家说："如果我不求完美，那我就是一个平凡的人，没有人愿意一生庸庸碌碌。"追求完美成了这个艺术家毕生的事业。他从来都没有动摇过这一念头。这种观点给他带来的后果是什么呢？他总是战战兢兢如履薄冰，他的作品没有艺术品应有的那种活力。完美主义的思维观念是非此即彼。事实证明，太过于追求完美对我们的心理健康是有害的，工作效率受影响，甚至我们与人相处也会出现困难，严重时还会导致一个人的自我崩溃和挫败。

追求完美为什么会有这些问题出现呢？那是因为他们没法正确地对待生活。在他们眼中事物是绝对的："要么全有，要么全无"。除了这些，与人相处时，几乎所有的完美主义者都怕因为一些小事而导致自己不再完美。他们为自己的所作所为辩解，抓住别人的缺点不放，见了谁都争论不已。周围的人也会因此而疏远他们，最终导致只剩下他们孤身一人。

相传，有位渔夫偶然在出海的时候获得了一颗大珍珠。他兴奋极了，翻来覆去地观看。但可惜的是，这颗珍珠有瑕疵。渔夫想，只要想办法让那个小黑点消失，珍珠的价格可就上升不少啊！于是他开始一层层地剥珍珠，一层两层，黑点都还在；直到黑点消失了，珍珠也没有了。

这告诉我们，渔夫一味地追求完美，虽然他认为的瑕疵没有了，但连当初的美也都消失了。实际上，白璧微瑕也是一种别样的美，就像"清水出芙蓉，天然去雕饰"的美。自然的更美，而且美得纯粹，美得彻底。美和完整无缺是不能画等号的，真正的美恰好是那一点的残缺，正是维纳斯那双断臂引得人们美好的联想，美丽在缺憾中往往达到了极致。

由此说来，一味追求完美是一种过于自我的表现。人世间的事情永远注定不会完美，那只是一种美好的愿望罢了！一味去追求完美便会让自己身心俱疲。正因为不完美，我们才有动力有空间去做得更好。在为了完美而去努力的时候，我们就会明白缺陷也是一种别样的美。

上帝不会轻看卑微

不要管你的出身，也不要管别人的议论，关键是你不能首先轻视你自己。看重自己，才会有持续的积极向上的动力。在我们周围,有很多人,因为低微的出身限定了自己将来的发展,因为卑微,他们的声音淹没在周围人的声音之中,因为卑微,他们没有将儿时的梦想付诸实践,他们因为出身不好连聪慧的思想也丢掉了。

出身卑微难道就注定一辈子卑微吗?我们自己难道就不能改变命运吗?殊不知,就算是出身卑贱的人,上帝也会一视同仁地对待他,上帝没有因为谁出生高贵而眷顾他,他眷顾的是努力拼搏的人!因此,出身卑微的你,需要更加奋发图强,这样上帝才会眷顾你!

卢武铉于1946年在韩国金海市郊的一个小村庄中降生。父母亲都是老实巴交的农民,靠着土地过活。在他的偏僻的家乡,有个传言是飞来找食物的乌鸦,因没有找到而哭着回去。他也说过:“在政界的人,靠的多是金钱,或者权力,才能当上总统候选人,获选总统更是如此,但是这两样对于我而言,都是没有的。”有人作过比较后得出结论,卢武铉和美国前总统林肯的经历很相近,对于这种说法,卢武铉也有如此的感觉。林肯竞选美国总统的经历颇为曲折,不同的是他刚当选,美国南北冲突就发生了;而卢武铉一上任就遇上了朝鲜核危机。

卢武铉在1968年的时候服从国家安排服兵役,时达34个月。他深知自己的知识还比较匮乏,也知道家里的穷困没法供他上学,便选择了自学法律。最终他通过司法考试,开始走上了律师的职业道路。当律师的时候,他始终站在社会正义的一边。卢武铉于1981年挺身而出,帮12名被政府指控为“私藏禁书”的大学生说话。他也因为这个变得小有名气,也得到了“人权律师”的称号。6年之后,他因支持“非法罢工”而被捕入狱,半年内不得从事律师职业。所受的牢狱之苦不仅没有打败他,反而使得他坚定了从政的信念。

卢武铉于1988年起开始从政,并被推选为国会议员。从1992年开始,他多次舍弃对自己有利的选区,而去了不占优势的釜山进行议员和市长的竞选,接连失败了3次。一批选民对其锲而不舍的精神大加赞赏,自愿结成“爱卢会”支持他。该组织从一开始就得到了飞速扩展,到最后甚至影响到了整个国家,刮起了一阵“卢旋风”。乘着“卢旋风”,他被选为议员和市长,最终成为韩国的一届贫民总统。

由此看来,我们虽然无法选择自己出身的高贵,但可以选择以后的道路。只要选择了,并坚定信念走下去,就一定会成就自己的一番事业的。

很久前的一个傍晚,有一个年轻的小伙子,望着河面发呆。今天是他的生日,但是他对自己的未来失去了信心。因为他不但是在福利院里长大的,而且长相丑陋,个子很矮,还不会说纯正的法语,所以他一直都特别轻视自己,认为自己既丑又笨,不敢去应聘任何工作,即使是最普通的工作。就这样,他不仅没有家庭,也因为找不到工作而无法养活自己。

就在他对是否生活下去犹豫不决的时候,福利院长大的一个玩伴兴奋地跑过来说:“听着,我要告诉你一个绝对令人兴奋的消息!”他满面愁容地说:“我从来就没有听到过好消息。”“听着,就在刚才我听到收音机里的广播说,拿破仑曾经丢失了一个孙子。听广播里的描述,长相竟然与你完全一样!”“是吗,我真的是拿破仑丢失的孙子?”他激动地叫了起来。一想到自己身材矮小的爷爷指挥着千军万马在战场驰骋,用并不纯正的法语统领全军,他感到一股无形的力量在他身上积聚,连自己的语调中都不自觉地带了几分高贵。

第二天,他起了个大早,十分自信地去应聘一家大公司。幸运的是,他应聘成功了。一晃10年过去了,当年的没有自信的小伙已经成为公司的总裁,他也确定自己并不是拿破仑丢失的孙子,但是已经无所谓了。

因此,我们都不应该抱怨上帝对我们的不公平,就算是真的不公平,给那些聪慧的宠儿选择卑微的出身,好比贵重的物品总是放在让别人看不到的地方,一开始让他们远离金钱及权力,让他们从小就挣扎在黎明前的黑暗,虽然看不到未来,但却可以以此激励他们的斗志。

上帝宠幸的是那些坚持不懈的人——这些人有着坚强的意志、昂扬的斗志、杰出的才能和不屈的精神。是金子迟早会发出耀眼的光芒，命运在这方面确实是公正的。只要你明白自己将要走到哪，就算是整个世界都会给你让路。

没有过不去的坎

也许你对自己没一点转好迹象的生活感到失落，为自己的付出没有相应的回报而感到沮丧，你觉得自己似乎没有办法前进了，在这个时候，一定要记得这世上没有过不去的坎，你要坚定自己的信念，积极争取，总有一天你会发现属于自己的那片蓝天。有人志向远大，天赋异禀，无奈家庭阻碍了他们走向成功。在无数次地努力之后，迎接他的却都是无情的失败，于是，他开始绝望了，没有了一直地坚守，再也没有了靠自己的努力改变命运的志气。

去海边散步吧，看那波涛汹涌而来的气势，看看一次次被击退又一次次迎上礁石的浪花。海浪的特质，就是将礁石一次次击碎，依旧无数次地勇敢地撞击礁石。失败是正常的，当你的努力没有收获时，我们要学习海浪毫不畏惧的精神，继续战斗。

要想越过人生的“火焰山”必须愈挫愈勇和锲而不舍。有句话说得好，不经历风雨怎能见彩虹，不把障碍铲除，怎能在以后的道路上顺利前行？

林肯没有好的出身，他的一生过得很凄苦，不断地遭受打击，当选总统之前几乎是屡战屡败，但持之以恒的他终成一代伟人。林肯有时候也会为自己的遭遇而闷闷不乐。好多时候，他都几近崩溃的边缘，想着自己也许再也爬不起来了。林肯是这样来评价自己的：“心已经碎了，却依旧燃烧；虽然很伤心，但还算冷静；虽已崩溃，却依旧乐观。我一直都相信，虽然我没有殷实的家境来支持我，但并不能说明我一定不能成功。”

在他当选总统的结果出来的时候，议员们都感到很不服气，因为林肯出身低微。当时的参政议员可都是出自富贵之家，自诩是上流阶层，是无法容忍出身卑微的鞋匠的儿子做总统的。因此，林肯就职演讲的时候，被一位自认为高高在上的官员嘲讽：“不好意思，在你讲话之前，我提醒你记住，你只是一个鞋匠的儿子而已。”台下的参议员们随即哄笑起来。

林肯没有被他的话激怒，反而镇定地说：“我非常感谢你提到了我的父亲。他已经不在了，你的忠告我也会永远记在心底，我是一个出色的鞋匠的儿子，我一辈子也无法做到像父亲那样出色。”然后，林肯转向挑衅的参议员说：“据我所知，父亲之前也为您的家人做过鞋子，如果你的鞋子不合适，我可以帮你的忙，虽然我对鞋子也略懂一些，但我远远比不上父亲的伟大，我永远无法比得上我的父亲。”语毕，林肯潸然泪下，瞬时，片刻的宁静之后是人们的掌声和欢呼声。在他成为总统之后，他也一直以此勉励自己，在他那里，正因为出身的低下使得他更加亲民，他孜孜不倦地为人们的利益奔走，并得到了人们的敬重。

人生中没有什么过不去的坎，在哪里跌倒就在哪里爬起来。从古到今，有所成就之人都是经历了无数的失败才到达了人生的顶峰。他们都有一种永不言败的进取精神。

在逆境中更加积极昂扬，更需要勇气和坚忍不拔的意志。带着这种勇气上路，没有什么困难能阻挡我们前进的脚步。我们要有这样的勇气，在人生路上披荆斩棘，奔赴美好的未来人生。就像一次征途，一路上会有无数的艰难险阻，但也会有令人流连忘返的美景。如果我们的内心总被苦难所占据，内心干枯、眼神黯淡、一片死寂、郁郁寡欢，怎么可能拥有美好的明天呢？只要时刻保持昂扬向上的心态，就算是处在人生的低谷，也总会有迎来柳暗花明的那一天。

世间没有过不去的火焰山，不要轻易说放弃。记住，小溪一路前行，始成江河，江河一路向前，终成汪洋大海。人生路漫漫,唯有靠自己,不放弃自己的梦想与理想,坚持不懈,直面挑战,才会由涓涓细流变为汪洋大海。

车到山前必有路

我们的一生跌宕起伏,有的时候甚至看不到前路在哪里。所以,遥望未知的旅途,有的人退缩了,停在原地不敢再迈出哪怕一步,有的人却相反,他们是天生的乐观派,相信总有一天会到达胜利的终点。我们永远无法预知未来如何。成功中有失败,失败中又孕育着成功。当鲜花簇拥的时候,切忌骄傲,千万不可轻狂,看淡名利,轻松走好人生每一步;即使失败了,也不要悲伤,不要轻言放弃,从失败中汲取教训,相信任何事情都有解决办法,新的机会终将到来。

苹果电脑的设计者乔布斯也曾流浪街头,甚至糟糕到被自己一手创建的公司开除,但他坚信,任何事情都有它的解决办法。下面是他接受斯坦福大学邀请所做演讲的片段,对面对前路踟蹰不已的人而言非常有益。

“我出生在一个再普通不过的家庭,为了支持我读书他们倾尽家财。我在里德大学待了半年之后,还不知道一直读书下去会有什么用。那时候,我没有人生的航向,不知道大学能带给我什么。只因为读书,我把家里的积蓄几乎花得所剩无几,我下定决心辍学。

“我相信任何事情都有解决办法。回想起来,当时做这个决定的时候还是很恐惧,因为你不知道这个决定是正确还是错误。结果证明是一生中最正确的决定,我不用强迫自己去修不喜欢的必修课,只去旁听自己感兴趣的科目。整个事情其实是很苦的。退学后我没有了宿舍,只好寄居在朋友房间的地板上;一个可乐瓶可以换回5分钱的押金,我吃的东西是用可乐瓶的押金换回来的;到了周末,我会走七英里的路程,到科瑞斯纳教堂犒劳自己一顿免费大餐。

“我跟随自己的内心去做很多事情,这是我现在很想跟大家分享的一个秘诀。比如说:当时,里德大学拥有全美最好的书法教育课程。学校里所有的海报,所有抽屉上的标签,都是令人称赞的漂亮的手写体。由于我已经不再是学生的身份,不用上自己不喜欢的课,所以我选了一个书法班选修,在那里学习写一手漂亮的好字。也是在这里,我学会了不同的衬线和没有衬线的字体,学会了将不同字体组合的字间距进行变化,还学会了如何排版。科学是无法捕捉到那种充满美感、历史感和艺术感的微妙的,我发现这其中乐趣无穷。

“那个时候,我没有想过这些知识会对我的实际生活产生什么效用,10年过去后,当我第一次设计电脑的时候,这些东西全都发挥了它们的效用。它们全部都派上了用场,我们因此设计出了首台能够排出好的版式的电脑。假设我当时没有选择这门课进行旁听,我们设计的电脑就无法执行各种字体和等间距的字体。今天,这些东西是所有的个人电脑必备的。回想一下,假设我还是学生,就不会选择书法课,我们的便携式电脑也不会有现在这样的版式功能。虽然上大学的时候,我不可能预见现在,把过往的一切都能够串联起来;但现在来看,生命的轨迹于我已是十分清晰明了。

“我想着重说的是,任何事情都有自己的解决办法,我们无法预料未来是不是会因为现在的点滴而丰富多姿。只有走过这一段路程再次回首时,才会发现过往的点滴之间的关联。因此,请相信,你现在所经历的铺垫了你未来的人生道路。你应该相信一些东西,你的第六感、你的命运、你的机遇等,因为拥有这种信仰我从不说放弃,也成就了现在的我。

“我在年少时便明确了自己想要做的事情,因此我觉得自己是幸运的。正值意气风发的时候,我如愿以偿地和伙伴开办了自己的电脑公司。我们忘我地投入工作,短短10年,公司的员工由两个扩大到4000名，资产达到20亿美元。去年，我们最好的电脑Macintosh电脑也于不久前推出，我依然还很年轻。之后，我就被我自己辛苦建立的公司给解雇了。

“或许你们会觉得蹊跷，听我慢慢说，随着公司的发展壮大，我们雇佣了一个一开始觉得不错的人和我一起管理这家公司，开始的一年里，我们合作很愉快，不幸的是，我们在规划公司未来的前景时有了不同的意见，我们因此也有了隔阂。因为公司的董事会支持他，因此在我的而立之年，就很悲剧地被解雇了。就在瞬间，我失去了生命中无比重要的一部分，一开始我对这一打击无法释怀。

“开始的几个月里，我不知道自己失去了公司还能做什么。我对自己没有信心了，企业界的指挥棒传到我这里便无法继续下去了。我的失败大家都知道了，我当时只想逃离。但我渐渐地看到了黎明之前的曙光，对于一直在做的事情我还是很着迷。被解雇这件事情也没有改变我对电脑的着迷，的确是这样。即使被解雇了，我积极的心态依旧在。所以我选择从头再来。

“没有什么过不去的坎，回头看看，正是被苹果炒鱿鱼才成就了之后的我。看淡成败的我反倒内心充盈起来，没有什么事情是不可能发生的，我在生命当中最有创意的时期重新开始。

“之后五年的时间里，我又建立了名为NeXT的公司，之后是Pixar公司，在这期间我认识了我的美女妻子。Pixar生产了家喻户晓的电脑动画电影《玩具总动员》，它已经跻身于世界上最成功的动画制作公司之一。后来苹果收购了NeXT，我又成为苹果的一员，苹果复兴的核心动力来源就是我们之前研发出的技术。我也有了幸福的家庭。

“我敢说，如果没有之前的被炒，之后的一切都不可能发生在我身上。中国有句俗语说得好，良药苦口利于病。生活的阴霾有时会让你猝不及防，但不可轻易放弃。执着于你喜欢的事情，才会让你感到自己是有价值的。如果现在的你还没有找到一份称心的工作，就不要停止寻找。就像历史上马恩之间的伟大友谊，伟大的友谊也需要岁月的沉淀。因此，未达终点之前，始终保持你探寻的脚步，一直向前。”

他的这些话使我们明白一个道理：在人生的旅途上，肯定会有各种不如意，成功之后也会遇到失败，遇到困难就勇敢地迎着它，咬紧牙关，千万不要后退，你会发现一条新路正在向你延展开。

抛弃自卑

法国启蒙思想家卢梭有句名言：“人生而平等，没有高低贵贱之分。”我们不能因为后天环境的优势而对别人不屑一顾，也不要借口为不好的遭遇而唉声叹气。

当你从众人面前走过的时候，不要低眉顺眼，那是自卑的人才会做的事情。实际上，一个连自己都会看不起的人，别人也不会看得起的。生活中没有过不去的坎，只要怀有必胜的信心，就有成功的希望。走向未来的道路上，或许只要你再自信一点，就会走向成功。

夏洛特黄蜂队的球赛总是能吸引很多人的眼球，尤其是他们队的博格斯上场打球更能吸引球迷的目光。博格斯160厘米的身高，即使在平均身高不高的东方人中也只能算是矮子，更别说在平均身高两米的NBA了。据说他创下了当前和历史上NBA里最矮的球员记录。但是可别小看他，在NBA的后卫中，他是表现最优秀、失误最少的人，控球、远投都是好手，也可以毫不畏惧地在长人阵中带球上篮。

博格斯成为篮球好手是因为天赋吗？答案是否定的，他的成功是后天努力的结果。天生矮小的他，对篮球却有一种特殊的爱好，每天都离不开篮球。进NBA是他从小的梦想，因为

NBA 的球员有很好的待遇,社会舆论也给予很高的评价,所有拥有篮球梦的少年都想有一天能进入 NBA。

他每次都很骄傲地说“我长大后要去打 NBA”,伙伴们报以哈哈大笑,更有甚者笑得倒在地上,因为他们认准像他那样的矮子是绝对不可能打 NBA 的。博格斯没有受他们的影响,他花在练球上的时间比别人多好几倍,特别是在控球上技术一流,当然其他的方面他也是难得的好手。他身材矮小这一“优势”让他能够更加灵活迅速。

现在的他已经是赫赫有名的 NBA 球星了,他说:“之前因为我说要打 NBA 而笑倒的伙伴,他们现在都自豪地说,黄蜂队的博格斯是我小时候打球的伙伴呢!”

博格斯的经历给身材矮小而酷爱篮球的人带去了安慰,也给那些自卑者带去了信心。信心不足的人一定要意识到:每一个人都有自己的闪光点。

一位禅师从市场经过时,恰巧听到了一位顾客与屠夫的对话内容。顾客这样说:“麻烦您给我割一斤好肉。”屠夫没有割肉,反而放下屠刀问顾客:“您认为哪块不好呢?”顾客一下懵了,路过的禅师却悟出了人生的真谛。

一般地,我们通常会以自己的主观标准判定事物的价值,但是存在绝对的价值吗?拿 NBA 来说,我们都认为两米高的人去打球才算是正常的,但一米六的博格斯不也照样出色吗?他对自己有信心,所以成就了自己的现在。我们都有自己的长处,就像屠夫说的有一块肉是不好的吗?有一个是没有价值的人吗?

松下幸之助培训员工时说道:“别人怎么看不重要,重要的是自己要看得起自己。先自重,然后才有可能受人敬重。位居高位的时候,不能轻视别人;处境不利的时候,不能轻视自己。你要做的是时刻在你的行为中显示出你的高尚的人格。”这段话就是激励我们树立自信,要不然是没有人会看得起你的。

曾经,一个小男孩从学校带了一张筹款卡回家,一脸严肃地对妈妈说:“学校想要筹款,我们每个人都要找到人来捐款。”听了小男孩的话,他的妈妈拿了 5 块钱,郑重地交给他,在卡上签了名。小男孩在这期间,好像有什么想说的,却最终也没说什么。他的这一举动让妈妈看到了,便问他怎么回事。

小男孩伤心地说:“昨天,我的同学们上交的筹款卡上,没有比 50 还少的钱。”小男孩所在的学校是一所贵族学校,学校大门口每天都停满了接学生回家的小轿车。小男孩在一个全年级最好的班级,他的同学们,除了很富有的,就是成绩很好的。很明显,小男孩是成绩较好的那类学生。

妈妈把小男孩低下的头托起,看着他的眼睛说道:“为什么要低头呢,你同学的家里很富有,这你是知道的。我们只能尽我们的最大力量去做,虽然我们只捐 5 块钱,但是抵得上他们的 500 块钱。作为学生,就要尽自己最大的努力为学校争得荣誉,这是对学校最好的回报。”

到了学校后,小男孩抬头挺胸,走到讲台前,把筹款卡双手交给老师。老师挨个宣读学生的筹款金额,小男孩还是昂着头。妈妈昨天的话,深深地记在了他幼小的心中。就是通过这件事,他懂得了金钱并不是衡量成绩的唯一标准。幸运的是,他有一位好妈妈,让他懂得了自己跟别人与众不同的价值。在那之后,小男孩在他的高贵的同学面前,从来不因为自己的贫穷感到自卑。

因此,把你之前的自卑统统抛在脑后吧!不富有无须自卑,不漂亮无须自卑,不苗条也不用自卑,就是说,不要因为任何的东西而感到自卑,因为这世界上再没有一个人是跟你一模一样的,你就是唯一!

从小事做起，奔向成功

细节决定成败，因此不要轻视生活中的小事情。小事情中也会蕴涵着深远的意义，如果对小事不屑一顾的话，当遇到大事情时也是做不好的，这就是所谓的："一屋不扫，何以扫天下？"

有一位郁郁不得志的年轻人，一直纠结于生活的不满和内心的失衡，一次偶然的机会他和同学去出海，才让他一下子醒悟了很多困扰自己的事。同学的父亲是位老渔民，几十年来一直在海上以打鱼为生，年轻人望着他淡然的神态，敬佩之情油然而生。他问老渔民："你一天需要打多少鱼？"老渔民回答说："其实，打多少鱼对我而言并不那么重要，只要我有一点点的收获就行了。我儿子上学时，因为要缴学费，我必须要多多地打鱼才可以，现在他已经不用交学费了，打多少鱼也就不重要了。"

年轻人觉得老人的话蕴涵着人生的哲理，突然特别想知道老人是如何看待大海的。他说道："大海真是无私，那么多的生灵都在其中孕育。"老人说："你觉得海为什么会那么伟大？"年轻人不知道该作何解释。于是老人接着说："大海之所以能容纳很多的水，关键在于它所处的位置低。"

古罗马大哲学家西琉斯有这样一句名言："要想攀到峰顶，就要从山脚下开始。"老人也是把自己置于很低的位置上，才能做到淡然处之，才能做到知足常乐。年轻人心高气盛，总是以一种高高在上的姿态去处世，其实成功孕育在小事情之中，唯有从小事情做起，把自己的位置放低一点，之后才会有继续下去的空间和无穷的动力。

我们都很佩服那些一步步成功的创业者们，每当听他们讲自己的成功历程时，我们总是内心充满佩服加羡慕。他们之所以成功，追根溯源，主要在于他们一开始就把自己放在很低的位置上，就算失败了也还是回到最初的自己，没有思想负担，没有瞻前顾后，最主要的就是他们肯从每一件小事做起，踏实肯干，看淡一时的得失，追求长远，这就是他们之所以成功的原因。

实际上，只要全神贯注地做一件事情，世界上就没有什么事情是不可能做好的。我们所说的事情，可大可小，大与小并没有绝对的概念。尤其是多数时候，小事其实并不小。

东汉年间，年少气盛的陈蕃对小事情很不屑："大丈夫处世，当扫天下，安事一屋？"而薛勤却提出了一个相反的观点："一屋不扫，何以扫天下？"

古人有云曰："不积跬步，无以至千里；不积小流，无以成江海。"小为大之根本，大是从小而来的，没有小就无所谓大，不注重小事的人也不会成就大事。其实，对于那些小的事情，相信我们每一个人都知道怎么去做。有的人不放在眼里，只顾宏大的设想；有的人不仅做小事，并在这些小事中发现独有的乐趣。结果就是，从小事做起的人慢慢地积聚力量逐渐走向成功，一心只做大事的人，只能在岁月蹉跎过后唉声叹气。

不要因为事小而不去做，想有所作为，就要学着勤奋、努力，从身边的小事情着手，才会一步步打下成功的坚实基础。著名的人生励志大师卡耐基曾说过："看不见小事情，就算做也毫不乐意，一心只想做一鸣惊人的事情的人，是不值得加以提拔的，因为他把事情做好的可能性微乎其微。因为这样的人，是没有毅力和恒心的。"由此可以看出，想成功其实很简单，就是从身边力所能及的每一件小事做起，逐渐地累计，最终由量变达到质的变化。

大人物往往都非常重视日常生活的小事情，即使是我们不以为意的事情，他们都认真地对待。很多事情都向我们表明了这样的道理：勿因事小而不为。因为你永远也不知道，这些事情虽小，但是重大的转机也许就存在毫不起眼的小事中。周恩来总理在接见外宾时的公共场合,看到倒在地上的椅子就亲自去把它扶起来;居里夫人做科学研究时,每一个小细节都不放过;牛顿对苹果落地这样的小细节都要问个为什么……因此,有这样的古谚:"子虽贤,不教不明;事虽小,不做不成。"如果小的事情都不愿意去做,也不去做,又怎么会去做大事,从而有所作为呢?

我们都知道"千里之行,始于足下"这句话。从一点一滴的小事做起方能成功,不仅要把小事情做好,而且要发现其中的乐趣。只有从每一件事情做起,从所做的每一件小事中磨炼自己,才能打下成功的基石。因此,不管你正在做的小事是多么不起眼,多么复杂,只要你端正态度、勤勤恳恳地去做,就总会有得到回报的那一天。

懂得原谅自己

有一个日本僧人,法号叫左堂,他在香积寺惠丰和尚那里任饮食典座一职。一次,因为有别的事情,寺里决定提前进餐。一时间手忙脚乱的左堂,只得赶紧把萝卜、红萝卜、青菜大致洗一下,大概地切了下就下锅去煮。粗心大意的他没注意到青菜里有一条小蛇,在没有察觉的情况下他把菜盛在碗里端给客人吃。

就餐完毕,众人都没有发现这一小蛇。当法事完毕,客人都已经离开后,惠丰把左堂叫过去,他用筷子挑起碗中的一样东西问他:"你看看这个?"左堂靠近一看,竟然是蛇头。他心里紧张极了,可他还是装作不知道的样子回答:"应该是个红萝卜的蒂头。"说完他把蛇头拿起来,径直放到嘴里,没有咀嚼就直接吞到了肚子里。惠丰大为佩服。智者如左堂,有了过失,不是一味地自责、悔恨或是推脱,而是寻求补过的方法。

现实中,每个人都难免会有失误之处。没有人是十全十美的,一味追求完美是一种心理疾病。犯错代表我们是普通人,但不代表要承受犯错的折磨。只有敢于并积极地正视错误,并从中吸取教训,才能保证在以后不再犯同样的错误。

我们的一生中肯定会犯不少的错误,每一件事情如果都始终不能忘怀的话,逐渐积累的罪恶感压在身上,你能如此负重前行多久呢? "把它忘掉吧!"智者如是说,"它就会远去的,没有永远的错误!"

光彩照人的珍珠也有瑕疵,有错误就要勇于承认自己的错误,敢于担当,不断地提醒自己,以后不要再出现类似的错误。而不是逃避责任,处处为自己找借口……所谓聪明人不在跌倒的地方再次摔跤,说的就是这个道理。如果沉浸在失误中不能自拔,不仅这样的错误还会出现,还会对自己失去信心,让生活黯淡无光。

我们总想挽回已经发生的不幸的事情,而正是也总想避免那些给我们造成痛苦、忧伤和烦恼的事情,而正是它们让我们的生活见不到阳光!它们给我们带来的伤痛多于益处,那我们为什么还要对它们念念不忘呢? 要果断地抛弃它们。错过了今天的日落就不要再错过明天的日出。

只有学会爱自己,宽恕自己,才会过得幸福。

第五节 做自己的救世主

摆脱欲望才会快乐

有人说："快乐并不是要多加燃料，而是要减少火苗；快乐不在于财富的多少，而在于减少欲望。"我们之所以会活得很累，那是因为我们总是希望获得太多。工作上希望职位越来越高，物质上希望越多越好，长此以往，内心也就一直处在索取的状态不能得闲。

相传蜈蚣刚到世上的时候，并没有脚，当然这并没有使蜈蚣爬行的速度有所减慢，但它对此斤斤计较。一次，它看到一些像梅花鹿之类有脚的动物跑得比自己快，心里就很嫉妒，便不无羡慕地说："哼！它们脚那么多，当然跑得快了。"所以，蜈蚣就向上帝祈求："上帝啊！求您给我创造更多的脚吧，越多越好。"上帝答应实现它的愿望，他在蜈蚣面前放了很多的脚，让它酌量使用。蜈蚣马上抓起这些脚，不断地往身上粘，直到身上所有的地方都沾满了脚，才恋恋不舍地停住。这回蜈蚣对自己多出来的这些脚很满意，暗忖道："这样的话，我就可以飞快地行走了！"

可是，等它真的要跑的时候，才意识到这些脚根本就不受它的控制。它们歪歪斜斜，各顾各的，费好大的劲，才不会因为互相绊倒而顺利地往前走。如此下来，多脚的蜈蚣反而比以前走得慢多了。

我们并不否认，人的生活需要以物质为基础，但对物质的欲望必须要合理适当。即使我们真的可以随心所欲，但对你真实的享受来说是没有什么帮助的。假设你家产殷实，但是一顿饭你总不能吃十碗吧，晚上休息的时候，你总不能躺十张床吧。实际上，凡事都有个度。贪心的蜈蚣想要更多的脚，结果却让自己苦不堪言，更多的脚反而限制了它的速度，代价不可不谓惨重。贪念很可怕，人们很容易就会成了它的囚徒。欲壑难填，最终的结果多半以悲剧收场。像和珅那样贪得无厌、毫不知足的人，还不是自欺欺人，以为得到了一切，到头来却什么也没有得到，或者只能是得不偿失。

人活一生，匆匆数十年，陶行知先生有句话是这样说的：捧着一颗心来，不带半根草去。和谐才会美，每一个环节都有自己存在的价值，不能有失平衡。如果任凭自己贪心，不把贪念限制在一定的范围内，就会得不偿失。让我们看另一则寓言。

古时候，有个特爱钱的国王，有一天，他请求上帝说："求您教我点金术，让我的手能够触摸到的东西都变成金子，这样我就可以把整个皇宫装点得更加气派。"上帝答应了他的请求。接着，第二天一大早起床的时候，被国王的手摸到的衣服马上成了金子，他兴奋极了，早餐时刻，被他的手摸到的面包也变成了金子，牛奶也是，他开始不乐意了，因为他的早餐因此而泡汤了，就这样他早上几乎没吃到东西。随后他去花园散步，一走进去，就被一朵开得正艳的红玫瑰给吸引住了，不自觉地用手摸了一下，取代玫瑰的是金子，他为失去了玫瑰花的美丽感到一丝失落。整个一天的时间，他的手只要伸出，所有碰到的物品全部变成了金子，之后，他开始后悔了，也有点害怕了，他已经一天没有吃东西了。

晚上，到了小女儿来拜见的时刻，他最害怕的事情不可避免地发生了，活泼可爱的小女儿跑到他身边让父王抱抱，国王的女儿马上就成了一尊金像。国王再也忍不住了，大哭起来，他于是又来请求上帝的原谅："上帝啊，请可怜可怜我吧，都是因为我太贪婪了，请您一定要把我最爱的小女儿还给我啊！"上帝说："可以，只要你去河边把自己的手洗干净就行了。"他使劲搓洗自己的手，又跑回王宫，变成金像的女儿又恢复了往日的模样。

这则寓言告诉我们，换个活法或许才会找到真实的美好。舍弃贪念，享受简单而真实的生命是一件美妙的事情。当有一天我们老去的时候，回想起来，如果出现在脑海中都是物质上的满足，精神上异常的空虚，生命就没有它本身的意义了。欲望的沟壑深不见底，是现实给我们设计的防不胜防的可怕陷阱。在这个无法填满的大沟壑中，奢望得到的东西越多，失去的也会越多，最终它会将我们深埋其中，甚至丢掉性命。

很早之前，有一个特别穷的人，他连睡觉的床都没有，家里空空的，除了一条长凳，再没有别的家具。这个人不仅穷，而且十分小气，他对自己的这个毛病是知道的，不过总是改不了。他祷告的时候说："万一哪天我发财了，肯定不会像现在这样小气。"

佛祖可怜他，把一个能够生钱的金袋子给他，并告诉他："里面有一个金币，如果你将它拿出来里面还会有另一个金币出来，但是如果你想去消费这个金币，就必须把金袋扔掉。"

这个穷人兴奋不已，他一直不停地往外拿金币，整个晚上都没有睡觉。金子铺了一地，就算是他以后什么都不去做，这些钱也够他这辈子的吃喝了。但是一想到要扔掉金袋，他就万分不舍。于是他就这样一直不停地往外拿金币，屋子里已经没有其他的空间了。他还是不舍得："如果现在扔掉，就再也不会有更多的钱了，最好是等再多拿出一些金币来，再开始花费！"

后来，他连把钱从金袋里拿出来的力气都没有了，但还是将袋子紧紧地攥在手里，结果他死在了自己最爱的袋子旁，屋子里堆满了他从袋子里拿出的金币。

所以，不管做什么，我们都应该有一个合适的限度，不要贪得无厌。轻松愉快地活着才是正道，假设我们都能"清心寡欲，无欲无求"，人生便少了很多无谓的累赘。想拥有纯粹的快乐，就要学会节制自己的欲望，认清自己的实力，只有那些通过你的努力可以得到的东西，才可以去争取，也不要贪恋最多最好，要为你已经拥有的而开心，对自己的选择感到满意。

植物王国里，有的花草全凭人来打理照料，但仙人掌却完全不是这样的植物。无人照看，它也能顽强地生存下来。原因是仙人掌并没有很多的企求，在它们眼中，只要有点水和阳光就好了。如果我们每个人也能做到像仙人掌那样清心寡欲，又怎么会有各种的忧愁呢？

佛曰：世上最难做到的就是控制人类的欲望。欲望是深不见底的旋涡。因此，每个人都应该对自己心中的欲念保持时刻的警醒，才能摆脱欲望的负累，真正地享受生命的快乐和幸福。

勿让狭隘紧锁快乐

生活中，总是有各种的不如意让我们感到心情烦闷，其实这些烦闷是我们自己选择的，我们内心的狭隘把我们的快乐锁住了。因此，其实是我们自己剥夺了快乐的权利。

一次，著名的哲学家雅斯贝尔斯的女儿跑过来，问了他一个看似简单的问题："老爸，为什么我总是把东西一下子就弄乱了呢？"他听了问道："乖女儿，你所说的'乱'是指什么呢？"女儿回答："乱，就是物品没有收拾得整整齐齐啊。就拿我的书桌来说，东西摆得乱七八糟，这难道不是'乱'吗？昨天晚上我花了好久的时间才收拾干净，但是现在就已经乱了。因此，我说东西一下子就被弄乱了啊。"

雅斯贝尔斯还是没有直接回答女儿的问题："那你说的'整齐'是什么呢，你做给我看看。"然后女儿就开始忙起来了，重新给书桌上的东西找了合适的位置，好一会儿终于说："看啊，这就是我说的'整齐'，但是这样是无法维持很久的。"雅斯贝尔斯又问道："咱们把你的水彩盒稍微移动一下，你觉得如何？"

女儿说："不要，这样一来书桌就又乱了，我们还是要维持现在的样子，不能让它们脱离现在的位置。"雅斯贝尔斯接着发问："那我移动一下你的铅笔可以吗？""还是会把桌子弄乱的。"女儿还是不同意。"那我只是打开这本书呢？"他接着问道。

"那也还是乱的表现。"女儿仍旧不同意。雅斯贝尔斯语重心长地对女儿说道："好孩子，实际上，东西其实不乱，只是你心里有太多乱的定义，而对于整齐的定义只局限在一个方面上。"

实际上，大多数时间，我们也会犯小女孩类似的错误。思维狭隘，思想刻板，却并没有意识到这只是我们养成的习惯而已。我们快乐不起来，因为我们有太多不快乐的定义，不管什么事情，只要不顺心，我们都管它们叫作不快乐。但是对快乐的定义却只有一个，生活中每时每刻都在上演着不同的事情，怎么能确保每件事都符合快乐的唯一定义呢？因此，这也就解释了为什么我们总是觉得快乐没有烦恼多。

狭隘的经验让我们的生活变得失去活力，没有一丝光彩。因此，打开心灵，破除狭隘，还心灵以自由，让思维自由地驰骋。你就会明白，去除狭隘的局限，取而代之的将是生活的美好和欢乐。

库茨计划乘火车到纽约旅行。走之前，爷爷来为他送行，还把自己的旅行经验传授给他。"等你一上车，就找一个好的位置坐下，不要到处张望，"爷爷告诉他，"火车开动后，如果碰到穿制服的两个男人问你要车票，你千万不要相信他们的话，他们是骗你呢。""他们长什么样子呢，万一我认不出呢？"他有点担心地问道。"你都这么大了，肯定没问题。"爷爷不太高兴地说道。"好的，我记住了。"他只得点头答应着。

"接近十公里的时候，如果一个面目和善的青年来到你跟前，给你烟抽。你要装成不会抽的样子，因为烟卷有毒。""噢，知道了。"他不禁惊讶了一下，但还是很顺从地点了下头。

"当你去餐车的时候，如果有漂亮女子故意撞到你怀里，还几乎抱住你。她一定装作很不好意思，连声道歉。你可能会因为一时的冲动跟她交朋友。不过，你最好不要靠近她，那可是个白吃白喝的雪花粉党。""什么？"他更加不解地再次问道。

"就是拆白党啦，总之你不要接近就好了。"爷爷嗓门更大了，"到餐车里面去吃饭，要两个好点的菜，如果里面很拥挤，而且一个漂亮的女孩和你在一张餐桌上，跟你相对而坐，千万不要看她。如果她想引出话题，你就要装作听不到。只有这样才能保证你的安全。"爷爷很是严肃地吩咐道。"好的，记下了。"虽然他越来越疑惑了，但还是点头答应了。

"吃完饭后立刻回到你的座位，从吸烟室经过时，会有一张打牌的桌子，三个中年人在打牌，手上戴满了明晃晃的戒指。假如他们向你点头示意，其中一人邀你一起打牌，你就装作听不懂英语。""好的。"他还是满口答应道。

"我的经验太多了，这些都不是我编造出来的谣言。暂且告诉你这些吧！差点忘了，"爷爷貌似又记起了什么，嘱咐道，"如果你晚上睡觉，记得把口袋里的钱藏在你的鞋筒里，鞋子要放在枕头底下，不要睡着。""好的，谢谢爷爷的指点！"说着他便给爷爷鞠了一躬。

等到火车来了，他便启程了。那两个穿制服的人没有骗他，邀请他抽烟的男子也没有出现过，爷爷说的漂亮女子没有出现，吸烟室里连牌都没有，更不用说三个打牌的人了。第一天晚上他照着爷爷所说的把钱藏在了鞋子里，鞋子则藏在枕头下，一晚没敢睡觉。但是，第二天的时候他不以为然了。

一大早,他主动请一个年轻人吸烟,那人愉快地接受了。吃饭的时候,他特意选了一个面对年轻女子的座位。吸烟室里,他主动邀请人打了一桌扑克。旅行还很远,他结识了很多的旅客,而客人们也都跟他熟络起来。火车途经俄亥俄州时,他与请抽烟的那个青年和两个女大学生组成了歌唱小组,一展歌喉,旅客们纷纷为他们鼓掌以示赞赏。这真是一场愉快的旅行。

"库茨,你的旅途一定很顺利,你是不是按照我说的做了啊?"爷爷在他刚回来的时候问道。"没错!"他还是像之前那样满口答应着。他微笑着,悄悄地转了下身体,小声地说道:"我太高兴了,我的经验能帮助别人。"

丰富的经验的确有时会成为我们的财富,但也不是永恒地有效。如果一种经验禁锢在过去而没有随时代进行变化,不仅不会有任何的价值,反倒成了我们思想的枷锁。

我们的内心如果变得狭隘了,就容易产生抱怨、急躁的情绪,还会影响我们的判断力,忧愁与失败也会不期而至的。因此,切记莫让狭隘遮住了双眼,放飞心灵,你看到的将是一个崭新且别样的世界。

苦于得失者必失天下

也许表面上我们将获得很多,结果却可能会失去更多;同样的道理,也许表面上我们将失去很多,结果也许会使我们收获更多。看淡得失的人,不会被假象所迷惑,他会透过现象看到事情的本质并加以合理地利用。生活是一座宝库,但你只有做到把握了"得"与"失"的范围和艺术,才能够作出正确的选择。我们每个人都不想失去,因为要付出代价,还因为"失"代表着再也得不到,但是,得失之间分寸的把握是很难的。如果都不想失去,都一味地追求获得,结果可能只是空手而归。

第二次世界大战刚结束时,以中、苏、美、英、法为代表的战胜国经过长时间的商议,一致同意在美国成立处理战后事务的联合国这一国际机构。就在准备工作已经完成的时候,人们觉察到,这个世界性组织竟然没有立足的地方。如果让各个国家筹款,就要伸手要钱,造成不良的影响是不好的;买一块空地吧,刚刚成立的联合国实在没有财力做到这一点。再加上战争的毁坏,各国都财务亏空,还有许多国家支出远大于收入,纽约的地价又贵得出奇,这真是一件棘手的事情。联合国的相关官员一时之间不知如何是好。

得知此消息后,著名的洛克菲勒家族商量后决定,毅然拿出870万美元在纽约当地买下一块空地,并将其免费赠给了这个刚刚成立的国际性组织——联合国。与此同时,他们还将联合国附近的大部分地皮买下。

对于他们的这一做法,其时的很多美国大财团对此疑惑不解。800多万美元,在当时的战后背景下,无论如何都不会是个小数目。但是他们却大方地赠送,并且不附带任何的条件,的确让人匪夷所思。消息不胫而走,美国商业大亨都议论纷纷:"太愚蠢了!"并且发表言论称:"不超过10年,他们这个曾经辉煌的家族,总有一天会为他们的这一蠢行付出代价的!"

可令人惊奇的是,大楼一竣工,周围地皮的价格就急速上升,洛克菲勒家族财团得到了相当于捐赠款数十倍、近百倍的巨额财富。现在的结果,使得那些扬言看洛克菲勒家族笑话的人瞠目结舌。

从这里我们可以得出一个道理:得失会互相转化。白白赠送870万美元,洛克菲勒家族财团却得到了相当于捐赠款数十倍、近百倍的巨额财富。他们的行为既支援了联合国,又获得了巨额的收入,真所谓是一箭双雕的好事情。而那些地产商没有把握好得失之间的分寸错失了获利的良机。

类似的道理，从中国古代的“塞翁失马”故事中也可以看到。

之前，长城附近住了一个老头，他的儿子对骑马有一种特殊的偏好。一次，他家的一匹好马跑掉了，乡亲们都觉得十分可惜，纷纷过来看望他，还劝他：“一匹好马就这样没了，真是可惜，但你千万不要因此而想不开啊，身体要紧。”谁知，老头却很冷静地说：“没关系的，虽然马跑掉了，但说不定是一件好事情呢？”

果然是老马识途，过了没几天的时间，那匹马就自己回来了，一起来的还有另一匹好马。乡亲们听说了之后，又一起来道贺。谁知老头竟然说：“谁知道这是好事还是坏事呢？”这匹良马真的很出色，老头的儿子开心极了，每天都骑着出去玩。一次外出的时候，由于马跑得太快了，儿子不慎从马背上跌落，大腿骨被摔断了，邻居们都来探望并开导他。这时老头很镇定地说：“也许这也会转化为一件好事也说不定呢？”大家都不懂老头的意思。

时隔一年，塞内遭到了北方部落的进攻，年轻的男子都被抓去服兵役，被抓的人很少有活着回来的。唯有老头的儿子因为之前摔伤腿未上前线，得以保全了性命。所以，古人就有了“塞翁失马，焉知非福”这一说法。

这里面体现的是朴素的辩证法思想，即福兮祸之所伏，祸兮福之所存。得与失的道理也是这样的，我们要放宽心，时刻保持一颗淡然的心境看待得失，不怨天尤人，也不做无谓地嗟叹，胜利不骄傲，失败也不气馁。不管什么事情都能够冷静对待，学会用辩证的思想去看待得与失，才不会错失良机，省得以后再后悔不已。

岛村芳雄是日本一家公司的董事长，他发明了众所周知的“原价销售法”，也是因为这个方法，他从一个贫穷的店员变成一位大富翁。他当初刚来到东京的时候，是一名普通的店员，拿着很少的薪水，经常囊中羞涩。没有钱来消费，他下班后只得靠在街头闲逛来打发时间，大多数时候他会欣赏行人的衣着和背包。

一次，他照样在街上闲逛，偶然间，他看到很多路人手中都拿着一个纸袋，是用来装商品的。他的一个计划开始在脑海中成形，他预感到这种纸袋会比较流行，做这种纸袋生意肯定会稳赚不赔。因为资金和经验的缺乏，岛村便发明了刚才提及的销售方法——“原价销售法”，找到了自己在市场中的位置，也为之后的发展奠定了坚实的基础。这里所说的原价销售法，就是以什么样的价格买进，就以什么样的价格卖出，显然，作为中间商是没有利润可以赚的。

岛村的第一站是麻绳商场，他将45厘米规格的麻绳以5角钱的价格大批购进，然后将其以同样的价格卖给一家纸袋厂。这样的不赚不赔生意做了一年之后，只要买过他的麻绳的厂家，“岛村的绳索确实便宜”这一印象就在他们心中扎了根，于是越来越多的订单从各地纷至沓来。瞅准时机，岛村接下来进行了第二步的行动。他带上购货收据，到订货客户那里诉苦：“你们来看，一年过去了，我没有从你们那里赚一分钱。这样下去的话，等待我的也就只有破产了。”交谈的结果是，客户们被他的实在和诚意所感动，主动将麻绳的价格增加了5分钱。

然后，岛村又找到了冈山麻绳的厂商诉苦：“我一直是五角钱买你们的麻绳，我卖出去也是五角钱，才会收到这么多顾客的订单。如果再这样下去的话，我就再也无法经营下去了啊。”冈山的厂商了解到岛村的确是按照原价出售给客户后，着实吓了一跳。像冈村这样的不赚钱的商人，他们在此之前从来没有遇到过。所以，他们很快就决定，把价格降低五分。这样的话，如果一天以1000万条来算，岛村一天光利润就有100万进账。再过一年，他就由原来的穷人变为了富翁。

因此，聪明的人和目光远大的人，是不会因为一时的得失而斤斤计较的，他们的眼睛看到的是长久的获利，暂时的损失根本不算什么。

不要让偏见蒙上你的眼

我们会从经验中获益颇多,但经验也会使我们犯刻板印象,我们在生活中随处都可以见到这样的例子。

有人指着白纸上面的黑点问:你看到的是什么?答案其实很多:黑点或是类似黑点的东西,像小圆钉等,这些一般的人都会想得到,思维比较活跃的人,也许会回答说:缺陷……遗憾……失去……可是,没有其他的吗?为什么眼睛所及之处仅仅是那个黑点,而不是除黑点之外的纸张的其余部分?我们的思维就被这一个小黑点而束缚了,遮蔽了更多更丰富的内容。黑点就像我们的偏见,它让我们看不到其他的东西。实际上,更重要的事情是如何抛弃这种偏见,将注意力转移到更丰富的内容上去。

一列由纽约发往波士顿的火车上,切克隔壁坐了一位盲人老先生。切克深谙如何跟盲人交谈,他们很快便熟络地交谈起来,聊天的过程十分顺畅,切克还给老人倒了一杯咖啡。那时候洛杉矶正在发生种族暴动,他们的谈话也就很自然地说到了种族偏见。盲人老先生说,在美国南方长大的他,从不认为黑人跟他们是平等的,给他家打工的人都是黑人,他在南方时从不和黑人共同进餐,所在学校也没有黑人。之后到北方上学,有一次他主持一个野餐会,他当时只在请帖上写了“我们保留拒绝任何人的权利”这句话。在他们南方,这句话意味着他们不欢迎黑人,当时同班的学生都十分震惊,系主任也因此训了他一顿。如果去商店遇到黑人服务员,埋单时,他从不会递给黑人,而是放在柜台上,不愿意跟黑人有任何的肢体接触。切克说:“和黑人结婚那更是不可能的了!”他笑得很爽朗:“我都不跟他们交往,怎么可能会结婚呢?说真的,我当时认为白人和黑人结婚真的是一件令白人羞耻的事情。”

但是,当他在波士顿攻读研究生学位时,不幸遭遇了车祸。尽管保全了性命,眼睛却再也看不见了。他去一家盲人重建院学习,在那里学会了点字技巧,学会了靠手杖走路等,逐渐地可以独立生活了。他说:“最让我伤心的是,我根本不知道对方是不是黑人。我向我的心理辅导员求教,他的话对我很有效,我很信任他,跟他无话不谈,将他视为好朋友。然而,辅导员最后跟我说,其实他自己就是个黑人。从那开始,我开始慢慢地改变了自己的偏见,肤色在我眼中已经不重要了。对于我来说,我的心目中开始只有好人与坏人之分,其他的已经不再起作用了。”

快到目的地波士顿了,盲人老先生说:“我虽然失去了视力,但也没有了偏见,这真是一件幸事!”远远的月台上,老太太已经在等他了,两人亲密地拥抱。切克这时才知道他的太太是一位满头银发的黑人。切克意识到,视力良好的时候,却没能消除掉内心的偏见,这是多么不幸啊!

偏见让我们的双眼迷上了一层雾,让我们只看到事物的表面现象,就妄下结论,听不见别人的意见和建议。实际上,很多事情并不是表面上看起来的那样。

海边小镇上有座教堂,有一尊被钉在十字架上的耶稣塑像,大小跟一般人相差无几。因为比较灵验,所以来拜祭的人特别多,每天来来往往的人络绎不绝。一个专门守卫的人见耶稣每天要应对如此多的人太辛苦,就动了恻隐之心,他祈祷能分享耶稣的痛苦。一天,他在祈祷时对耶稣表明了自己心里的想法。奇怪的是,突然响起一个声音,说:“可以!我们交换一下位置,你来顶替我。不过要求是,不管你看到或是听到什么,都要闭口不语。”守门人认为,这个要求是非常容易做到的。于是他们交换了位置，这位先生按照他们之前的约定，闭口不语，只是倾听人们的心声。

拜访的人一波接着一波，他们的愿望有的正常，有的无厘头，各种各样不一而足。不过，他都做到了不说任何一句话，遵循着之前的约定。可是有一天，一位富商祷告完之后，把手边的袋子落在此地便走了。他当然看到了，想开口叫他回来，可是，他必须要遵守他们之间的约定；一位穷人来了，他请求耶稣支援他的生活。正要离开时，看到之前被富商遗落的袋子，他打开之后发现里面装满了钱。穷人以为是耶稣显灵了，对着耶稣连连鞠躬叩拜，然后带着袋子离去。

十字架上那位先生把这一切都看在眼里，很想说这是别人落下的。可是因为有约定，他不能说。之后来了一位即将出海的年轻人，他想让耶稣保佑他出行平安。刚要离开，富商返回来，一把抓住年轻人的衣领，非要叫他还钱，年轻人不明所以，两人吵起架来。此时，十字架上的假耶稣再也憋不住了。他告诉了所有人真相，所以富商去找之前的穷人，年轻人得以脱身离去，以免延误了自己出海的行程。很快，耶稣现身了，他对守卫人说："你下来吧！因为你已经违反了之前的约定。"

看门人有点不服气地质问道："我只是说了真相而已，还一个公道给大家，有什么不妥吗？"耶稣说："你不要再这样自以为是了好吗？对那位富翁来说，那袋钱根本不算什么，可是对那穷人，或许就是一大家子的救命钱；那位年轻人更可怜，富商跟他吵架，若是延误了出海的时间，或许他还能保全自己的一条性命，但是现在呢，他搭上的船即将沉没了。"听耶稣这样说，看门人无言以对，唯有后悔。

其实，我们也经常像看门人那样自以为是，但结果往往让我们后悔不迭。消除偏见，我们才能正确地说话，正确地做事。还有一个故事，也阐释了这一道理。

两个天使在旅行的途中到一个富人家中留宿。家人对待他们并不是很友善，还不让他们住舒适的卧室，只是在阴暗的地下室找了一个角落给他们住。他们整理床铺时，年老的天使在墙上发现一个大洞，就很自然地帮这家人把洞补好了。年轻天使很是疑惑，老天使只是说："你现在所看到的并不是真实的。"

第二天，他们到穷困的家庭借宿。这家主人对他们很是友好，仅有的一点食物也拿出来招待他们，还把自己的床铺让给他们住。天亮之后，农夫和妻子哭得很凄惨，原来他们仅有的一头奶牛刚死了，那可是他们唯一的收入来源啊。年轻的天使很生气，他质问老天使，富人家什么都不缺，他还帮他们补墙，农夫家虽然很穷，却能友好而热情地对他们，但老天使却眼睁睁地看着农夫家的奶牛死去。

"你现在所看到的并不是真实的。"老天使解释说，"在富人家时，破的墙洞里面都是金子。主人太贪恋金钱了，不愿意把自己的财富拿出来分给穷人，所以我就封了他的钱库。昨晚，农夫的妻子差点让死亡之神给召唤去，所以我让奶牛的命换回了他妻子的命。所以说你现在所看到的并不是真实的。"

上面的故事告诉我们，有的事情并不是表面上看起来的那样，如果我们怀有偏见，就会迷失方向，判断失误。只有抛弃偏见，我们才能还事物一个本来的面貌，找到事情的真相，以免误下结论。

给自己打支"强心针"

信念是我们坚持不懈的精神支柱，它能帮我们冲出逆境，获得成功。在人生的征途中，我们身边不会时时刻刻都有人生导师的引领,也不会时时都有好友可以依赖,我们能够依赖的只有我们自己,如果中途遇到困难,也要坚定自己的信念。

信念可以说是一支“强心针”。盖乐曼教授是美国的一位激励大师,还曾在达拉斯大学管理学院担任院长。他说:“信念是人们行动的动力根源,它让人们拼尽全力。”

一次,三个不得志的旅人寄宿在一座破庙中。实在无聊的他们偶然间发现后院的两檐之间有一张很大的蜘蛛网。他们很是惊讶:蜘蛛难道会飞不成?如若不是,两个檐头之间隔了大约一丈宽的距离,那么蜘蛛是怎么把线拉过去的?随后,他们通过细致耐心地观察,发现蜘蛛为了这张网走了很多的弯路——从其中一个檐头起,打结,爬下墙,慢慢地爬向另一面墙,特别谨慎,还要抬起尾部,以免蜘蛛丝黏到地面的沙石或其他的物体上,跨过地上的距离,再爬上另一个檐头,几乎持平的时候,慢慢地收紧丝,就这样不停地来回反复进行。最后,这张网在蜘蛛持之以恒的努力下便结成了。

一场大雨过后,蛛网就变得支离破碎了。这只蜘蛛又这样不停地来回反复进行。先是爬上支离破碎的网,但是由于大雨之后的墙壁很湿,没爬几步,就掉了下来,但是它从不放弃,结果又一次次地掉下来……

第一个人见此情景,不自觉地叹了口气,悲伤地说道:“我的一生跟这只蜘蛛何其像啊?终日忙碌却没有作为。”因此,他后来再也没有努力争取过好的生活,终其一生都很穷困。第二个人说:“它实在是太愚蠢了,找个不湿的地方结个小点的网不就行了?人类不会那么蠢的。”因此,他做的事情都是极其简单的,他也没有什么大的作为。第三个人很赞叹和敬佩蜘蛛这样愈挫愈勇的精神,因此,他又燃起了希望,坚定了自己的信念,持之以恒地为事业努力奋斗,终有所成。

是的,不会飞的蜘蛛却可以靠自己把网结在半空中。那是因为它有坚定的信念,它把网织得那样的别致精细,殊不知这里面凝聚了多少的辛苦和劳碌。看着这样精致的网,我们会不自觉地想到那些静默的成功者和大智若愚的智者。蜘蛛为什么会愈挫愈勇,坚持不懈地织网呢?因为有信念在背后支撑着它们!因为蜘蛛始终有这样的信念:它的网应该在最高处!

因此,不会飞的蜘蛛依旧把网结在了空中,让我们铭记这一奇迹吧。只要拥有坚强的信念就可以创造奇迹。

汽车销售员拉姆没能把汽车推销出去,他觉得原因是公司汽车的颜色没什么花样、种类太少、奖金也不多等。经理没等他说完自己的抱怨,就一声不响地将另一个同事的销售记录拿给他看,然后问他:“同样的产品,同样的奖金制度,他一个月赚五千美元,但是你只能赚一千美元。你们的不同在哪里呢?”拉姆有点不好意思,只得低下头说:“是我自己本身的原因。”

因此,想让事情有所变化,就先从改变自己做起;想让事情有所转机,就把自己变得更优秀。常人遇到难题,免不了抱怨,可是,抱怨真的可以有助于解决问题吗?如果不能的话,为何不寻求自己的改变,说不定也会有意想不到的结果发生。从自身找问题,然后再从自我的方面对症下药,因为只有我们才能改变自己。自我激励作用的对象不是别人,正是自己!

即使是在生活中,也是这样的道理。请回答这样几个问题:如果你已经为人父母,当你的孩子姗姗学步的时候,你只给他几次机会吗?如果他连续地跌倒十次,你就会不让他继续学习走路了吗?或是你限定了尝试的次数,学不会就不要他再学了吗?如果周围有超过50个人说你的孩子学不会走路了,你就决定让他从此之后在轮椅上度过吗?答案肯定是:不会的。

确实是这样,不管是哪对父母,你问他们给孩子多少次学习走路的机会。他们都会说:“当然是无数次的机会,直到他能走路为止!”原因是什么呢?因为所有的父母都有一个信念,那就是:只要孩子坚持练习,那么他就能学会站立,学会行走。

实际上,对我们而言,我们对待自己也要像父母对自己的孩子那样,不要对自己吝啬,千万不要轻言放弃。否则这世界上就多了很多因为没有信念，一有困难就不相信自己的能力，以至于放弃了理想的人。我们的一生会有各种各样的失败和挫折，失败不可怕，关键是如何对待它们。只有坚定了走下去的信念，不论多艰苦都要持之以恒，如此才能更加快速地继续向前。

人生路漫漫，要想走好这条漫漫长路，缺了坚定的信念就不会走得很远，所以一定要坚持自己的信念，时刻进行自我鼓励。只有如此，你才能冲破黎明前的黑暗，走出逆境，攀上人生的顶峰。

子曰：君子不争

不与人争夺，可以说是一种旷达的处世哲学。属于自己的就接受，不属于自己的不去强求。争来的价值难道就会高吗？所以，君子无争，知足常乐者不争。

中国古代四大名著之一的《西游记》第一回中有这样一首诗："争名夺利几时休？早起迟眠不自由。骑着驴骡思骏马，官居宰相望王侯。只愁衣食耽劳碌，何怕阎君就取勾。继子荫孙图富贵，更无一个肯回头。"

人们争名夺利都是因为有私心和贪心。每个人都会有欲望，现在的社会，能够做到清心寡欲的人很少。很多人的想法是，活着就是要追求物质的享乐。他们追求名利，有了想要更多，得了还想再得，由旧换新，由新到时尚，由时尚到高档尊贵，换了无数次，东西越来越新，条件也越来越好，但人心的贪念却是越来越大，永远都不会满足。

古人有句话说得非常好："君子之行，静以修身，俭以养德，非淡泊无以明志，非宁静无以致远。"君子无争，就是要学会知足常乐，舍弃心中的贪念和私心。如果一个人的心被太多的私心和杂念占据了，他的心里就再也无法容纳其他的东西，因为他的心盛不下太多的东西。

"不知足"是一种常见的心态，也是一种折磨。我们可以这样想，就算我们的钱财多得用不完，但是有多少是我们能够带走的呢？最后还不是两手空空，带不走一点东西。东西再多你能够用得上的也很少，你在世的时候守着的东西，最后也不一定就是你的。还是俗语说得好：饭吃到肚里才算数，衣穿到身上才算数，赚钱养家的才是夫，操持家务的才是妻。一辈子攒下的钱，只有用过的那点才是真正属于你的，其他的都无所谓。华西村原党委书记吴仁宝就说过："家里再富庶，一天也是吃三顿饭，豪华的房间再多，每天也只能睡一张床。"

我们常听说这样一句话：知足者常乐。如果一个人不知足，便无法常乐，不知足就不会停下索取的脚步，始终疲于奔命，就算已经精疲力竭，依旧拼尽全力想要爬到顶峰。

以赚钱来说，一开始只要赚到钱就会很满足，但之后的胃口就会越来越大，只赚到钱还不行，还要赚大钱。就算是后来，已经赚了不少的钱，但还是会嫌少。跟亲戚比，跟邻居比，只为了撑自己的脸面，好让别人艳羡。虽然别人看到了你的光鲜亮丽，但你的心中却是疲惫不堪，空虚寂寞，如此的人生岂不是很累？

有些做官的人对自己目前的职位不满足，于是采取各种手段巴结权贵以升职。但得到了想到的职位，还是不满足，觉得太累了，薪水太少了，于是便干起营私的勾当，最终被除去党员资格，在狱中度过余生。

人们经常说："不知足的人，走路没有路标，行船没有舵手。"因此，不知足的人争权夺利，会越过越累，不仅给自己的人生加重前行的负担，甚至误人歧途不知悔改。

孟子曰：人之初，性本善。出生的那一刻，你的心是如此圣洁，什么都没有。慢慢长大了，你不再只满足于空碗的现状，所以你向碗里加石块，这时的你，还是觉得不满，所以你再往里面加沙子，周围的人喊："满了，满了！"而这时的你还是给细沙里倒入了水……

单纯表面看来，这个碗好像是个无底洞，永远不会有盛满的那一刻。其实，它能容纳的东西是有限的，总是会被装满的。或许，当有一天你向里面加一点的东西，碗里的水就会喷溅出来。

实际上，花儿的盛开凋落，云朵的盈卷盈舒，潮汐的涨落，都只是天地间的变换。普通人也好，权贵也罢，都会经历弱—强—弱的转变。我们在世间辛辛苦苦争抢的名利，最后还不是化作一阵烟、一缕风吗？

老百姓们常说："只要身体健康，不愁吃穿就是好日子。"每个人都向往"好日子"，到底好日子如何定义呢？我觉得一家人生活美满便是好日子。如何才能时时快乐呢？知足常乐。如果我们都意识到这些，都能革除自己的贪念，懂得知足，就能常乐，我们都能过上自己心中的好日子。

许多人经历了世间的无数纷争之后，都会对孔子的至理名言深有感触，那就是"君子不争"，对于那些不可能争得的东西也不再去争。实际上，不管是谁，早一天悟出这个道理，如此，人生便多了很多的美好和和谐。

因此，请我们每个人都记住"君子不争"的道理吧，舍弃那些贪心和私念，把心倒空。装得太满，就会钩心斗角；装得太满，就会整天活在名利的斗争场中。不要争名夺利，懂得知足，将心中的杂念全都翻拣出来，携带犹如出生时那般圣洁的心灵上路吧。

人生得意勿忘形

得意的时候不要太轻狂，就是要学会淡然的处世态度。这种淡然的境界，能让人冷静面对任何事情，在比较艰难的岁月中也能够泰然处之，胸怀宽广，在功成名就的时候也能够不骄不躁，低调做人。

我们每个人都会有失意的时候，如果你在得意的时候放浪形骸，那么别人也会以同样的方式回敬你。与其在那里一味地自怨自艾，不如在得意的时候虚心低调，如此才会获得别人的永久的尊敬。

神话传说中讲到仓颉在黄帝手下任职。他负责管理牲口的数目和食物的多少。他是个聪明的人，做事也很卖力，而且几乎没有出现差错的时候。但是牲口和食物的数量是不断地变化的，光靠自己脑袋记是不可能的。这可怎么办呢？仓颉不知如何是好。

当一次参加集体狩猎的时候，他发现人们按照地上野兽的脚印来猜测动物种类。他突然灵光一闪：如果脚印可以代表动物，我不也可以发明不同的符号来代表我的不同的东西吗？他兴奋地奔回家，开始了他的发明创造。最终，他很好地解决了自己的难题。

黄帝知晓这一事情后，大大夸奖了他，派他到各地将这种方法广为传播。逐渐地，他发明的符号得到了广泛的流传，这也就是最早时的文字。他因为创造了符号文字，黄帝十分看重他，没有人不夸奖他。仓颉开始声名大噪，也开始妄自尊大，开始看不起其他的人，造字也不认真起来。黄帝想打压一下他的气势，就请最年长的老人来帮他出主意，这位120岁高龄的老人想了片刻，就一个人去找仓颉去了。

老人的开场白是："仓颉啊，你造的字可以说是家喻户晓了，但是我眼睛不好用了，现在还有几个字糊涂着呢，给我讲讲吧。"仓颉看如此高龄的老人都十分尊重他，心里可高兴了，很爽快地答应了。老人说："你造的'马'、'驴'、'骡'这几个字都是有四条腿的动物吧？牛也是四条腿，但是你造出来的'牛'字却没有四条腿，这是怎么回事呢？"仓颉听了，心上着急，因为他的确是把"牛"和"鱼"这两个字给弄反了。

老人又说："还有'重'字，你解释说是有几千里那么远，读音应该是出远门的'出'字，而你在传授别人时却教成沉重的'重'字。相反，两座山组合成的'出'字，原本是重量的'重'字，你倒说是出远门的'出'字。我真的是被这几个字搞糊涂了，只好请你解释一下。"仓颉羞愧不已，这才知道自己不知从何时起已经因骄傲犯了大错。他连连磕头,向老人忏悔自己的过错。老人拉起他,真诚地说道:“仓颉啊,你发明了文字,使得人类的经验得以传递,这是一件功德无量的大好事,人们会永远记住你的,但千万不可骄傲啊!”

从那以后,仓颉所造的每一个字都经过了他反复推敲,而且广泛征求大家的意见和建议,大家认同的,才会确定下来,然后再到各处的村落去传授。

我们没有仓颉的聪慧,如果有点成绩就自满,那么等来的便是失败。所有的事情,不是只有某一个人才能做到的,我们每个人都是普通人中的一个,一件伟大的事情如果没有被这个人完成,就会被其他的人完成。历史中的伟人也是因为时代的造就。因此,当我们有一些成绩的时候最好淡然一些。

不管你取得了多大的成就,时刻谨记天外有天,人外有人,学习他人的长处,补足自己的短处。当然,没有一个人是真的全知全能的,但是,只有虚心地学习,将自己的短处不断地改进,长处不断地完善,才会越来越有长进。取得一丁点成绩便骄傲自满,一般都不会走得很远。事情能不能成功,关键是能否摆正自己的心态,要做好淡然应对成与败的准备。记住,人才辈出,天外有天!

相传古时候有个叫张伦山的人,他拥有高超的箭术,人们称他是第一神射手。一次,当他练习射箭的时候,周围挤满了争相围观的群众。人群中有个老头,肩上扛了一副油担,也凑热闹。他果然技艺了得,不但能够百发百中,而且十分有力度,箭箭穿透靶心,见此,人群报以热烈的掌声。只有这个卖油的老人只是点了下头,脸上表现出也不过如此的神情。张伦山看在眼里,便有点不高兴地问这个卖油老人:“你也练过射箭吗?”

“我没有,也不会。”老头说,“你尽管射得很好,但也没有令人称奇的地方,照我看来,不过是手法熟练而已!”张伦山很生气,很轻蔑地说:“你这个糟老头,自己不会射箭还轻视别人,哪有这样的道理!”“小伙子,请听我说完再发怒不迟!”老头沉稳地说道,“我靠卖油过活,舀油的时间也已经好多年了,不妨就让你们看看我的一点小技巧!”卖油老人拿了一个盛油的葫芦放在地上,还在上面放了一枚铜钱,倒进葫芦里的油是从钱眼里倒进去的,但钱眼上却依然干净如初。

“看吧!我这里也没有什么奇特的地方,只不过是手法熟练而已!”老头抬起头,这样对他说。

自那次后,张伦山知道了天外有天,人外有人,再也不骄傲自大。

为人处世是一门大学问,是我们毕生需要学习的一门艺术。说到艺术,就有特有的技巧与原则。古今中外,只有几个人真正地取得了成功。他们能够展示自己,发挥自己的长处,并有所作为就是因为在取得成绩的时候没有忘了继续前进。

我们说的“得意不忘形”并不是指妄自菲薄,也不是要有傲气,更不是自以为是,而是给我们留下后路。做人低调点,成功后就会惊喜万分,即使失败了也不会惹来别人的冷嘲热讽。“得意不忘形”不仅是一种做人的境界,还是一种为人品格,一种修养,一种计谋,一种乐观旷达的人生态度,一种成熟睿智的情怀,也是走好人生每一步,做出一份成就的金光大道。“得意不忘形”提倡一种踏实肯干的作风,一种永不言败的精神,一种好上加好的风格,也是我们不断前行的警示牌。

别让嫉妒毁了你

别让嫉妒毁了你。如果让嫉妒充满了内心,我们的人生便无快乐可言,烦恼也会增加,对人对己都是有害的。嫉妒是一种消极的情绪,长期处于其中,就会不自觉地在情绪上压抑自己,长此以往,忧愁、怀疑、自卑等不良情绪也会随着出现,不能摆脱的话,会让我们的身心受到损伤。此外,嫉妒还会扰乱我们对人、对事物的准确判断，让我们怨天尤人郁郁寡欢，人际关系变得生疏，最终也会束缚自己人生的发展道路。

好几天了，库斯都感到心情说不出的烦闷。心情不好，休息不好，身体也出了不少的状况。他心里很明白，自己之前并不是这样的，变成现在这个样子，完全是因为阿里成为邻居之后。阿里本来也只有一辆别克车的，但是前几天竟然开了一辆新的劳斯莱斯，这是他一直都想要的车啊！库斯明白以自己目前的经济能力是买不起劳斯莱斯的，看着阿里那么神气的样子，他心里不由得升起一股怒火。

库斯的朋友建议他养只小宠物狗，也许心情就会随之好起来。很快，朋友给库斯带来了一只名叫汤姆的可爱的小狗。库斯给汤姆喂香肠，起初，汤姆还很乐意，但是自从见到了他的邻居阿里，便再也不肯吃库斯买的香肠了。

汤姆老是用爪子去敲打阿里的房门，一次阿里给它一根香肠，它很快就吃完了。然后，它几乎养成了每天向阿里要食物的习惯。一段时间过去了，阿里只好向汤姆摆手，表示自己家里没有什么可以给他的了。但是小狗并不理解，不停地去抓阿里家的门。于是，阿里只得找出一些吃剩的冷面包。令库斯惊讶的是，汤姆不仅吃他的香肠，竟然连他家的冷面包也吃！

难道它吃香肠吃腻了，所以想吃冷面包吗？于是库斯也学阿里给汤姆冷面包吃，但它还是不理睬！库斯实在没办法了，只好带着它去求教阿里。库斯说："阿里先生，我养的这条狗貌似特别喜欢你，不如你就收养了它吧。"阿里有些惊喜地问："你的意思是，要把汤姆送给我吗？"库斯说："是的，我喂的东西它一概不吃，你的不论什么都吃。"虽然心里万般不舍，库斯最后还是将狗送给了阿里。阿里显然对收养汤姆表示很乐意。

几天之后，汤姆竟然又来敲库斯的门。库斯试着扔给了它一根香肠，它很快就吃完了。当库斯买的所有香肠和狗粮都被汤姆消灭后，他觉得有点不情愿了。因为现在汤姆属于他的邻居，它已经被阿里收养了。

一天，当库斯开车去上班的时候，阿里从他的身后追了上来。阿里焦急地问道："你那还有没有香肠？"库斯摇了摇头。阿里又问："那还有没有狗粮啊？"库斯还是摇头。"那么，"阿里再次问，"吃剩的冷面包总还有吧？"库斯依旧摇头。后来，库斯的朋友过来把汤姆带回去了。走时，朋友告诉库斯，这只狗是一只科学试验品，它的基因里面含有人类的嫉妒因子，因此它也是"这山望着那山高"，只要是别人的东西什么都是好的。

库斯听了，顿时觉得愧疚难当，立刻向阿里道歉说："抱歉，是我心胸太狭窄了。"然而令他惊讶的是，阿里竟也向他道歉："对不起的人应该是我，库斯先生。我其实也嫉妒你，只不过嫉妒的是你家的房子，所以我忍痛卖了原来的汽车加上一个花园，才凑够钱买了一辆劳斯莱斯汽车，以平衡一下自己失衡的心理。"他们两个人知道了各自的真相后，不自觉地笑了。嫉妒，果真是害人害己。

俗语说得很真切：妒火烧身。如果让嫉妒充满了内心，我们的人生便无快乐可言，烦恼也会增加，对人对己都是有害无益的。因此，如果要在人生之路上走得更远，乐观旷达的处世态度是不可缺少的。

做人不要太贪心

如果我们不能让人生变得灿烂多彩，却更加沉重，还会有任何的意义吗？时刻谨记善待自己的生命。不要在意没有功名和利益，只要有快乐就好。做个快乐的人，这是最重要的财富。每个人的所得都是有一定限度的。即使万贯家财，一天也最多三顿饭、一间房、一张床。简单点难道不好吗？克服不了自己的贪念，只会得不偿失。

很多人观其一生，整天让自己混战在名利场中，即使累得精疲力竭，最后还是没有一样东西真正属于自己，因为他无法克服自己的贪念。

很久以前，有一个远离家乡在京做官的人，有一天收到了家人寄来的信件。打开信封，才知道是家人跟邻居起了争执，原因是原先在两家院子之间的隔断墙塌了，想要重新砌墙时两家都为多占点空地各不相让。家人写信的目的就是让他以官员的身份说话，依靠他的威力让邻居退让。很快，官员的家人收到了期盼良久的信，内有一首打油诗：

千里捎书只为墙，
让他三尺又何妨？
万里长城今犹在，
不见当年秦始皇。

家人懂得了这位官员的良苦用心，自觉地退让三尺；邻人也悔过，又让三尺，自此中间成了六尺的大道，村民在其间行走都十分宽敞。这条胡同也就有了一个村人起的好听的名字：仁义胡同。

不劳而获、贪念太重、为了一丁点便宜而斤斤计较的人，当然不会是一个有着仁义心肠的人。实际上，除了流传下来的精神，能经得起时间消磨的又有几多呢？

人活一辈子，若是一帆风顺，最终只能收获失望，上天不可能把最好的都给你。进取与贪念的差距甚小，只要跨过了那条线，都将承受恶果。

下过围棋的人们都知道：贪心必败。贪心，便能保证最终的胜利吗？往往实现逆转的情况，都是优势方的失误给其他人带来的机会。心中有贪欲，大脑就会短路出现失误，而最终铸成败局。生活何尝不是这样，可能你有自己远大的理想与目标，它一方面鼓舞我们前进，另一方面又有转变成贪恋的危险，将你拖入痛苦的深渊。

穷人要的不多，一点点就知足，对于奢侈者来说却需要拥有更多，贪念充斥的人们永远不懂满足。因此，贪心者无止境，不知足令他们每日焦虑烦恼，越陷越深。有人说过，贪心就是心中的毒蛇。拥有多少并不等于就有同量的幸福，而过之往往会适得其反。

学会正确认识并克服恐惧

恐惧是低逆境商者最大的敌人。它不但会夺走你的幸福，削弱你的能力，使你变为懦夫，而且能摧残你的创造精神，扼杀你的个性，从而耗尽你的精神机能。

1. 人为什么会恐惧

早在几百万年前，只要人们离开熟悉的环境，身体就会发出恐惧和害怕的信号。恐惧是人类进化过程中遗留下来的原始情绪，是自主性的逆境反应，它驱使人们远离危险，从而达到趋利避害的目的。

恐惧能警告人们存在的潜在危险，刺激身体产生逃跑所需的肾上腺激素。尽管这个应激反应在老虎向我们张着血盆大口的时候挺管用，可现在人们遭遇的威胁并不是如此直接。

恐惧是天生的。在一百多年前，著名的生物学家达尔文发现，哺乳动物的恐惧表情与人类非常相似，在恐惧的瞬间表现为眉梢上扬、瞳孔扩大、眼光发直、嘴巴张大、无意识地大声尖叫或呼吸短暂、憋气、脸色苍白、表情呆若木鸡。

更大的恐惧还会伴有肌肉紧张发硬、无意识地颤抖、毛发竖立、起鸡皮疙瘩、毛孔张开、冷汗直流等,有的甚至会出现短暂昏厥,其心理机制是对恐惧的一种快速逃避反应——意识消失后,恐惧也就不存在了。

心理学家认为,每个人的潜意识中都或多或少地潜藏着一些恐惧,比如,对衰老和死亡的恐惧、对危险的恐惧、对失控的恐惧、对暴露自我的恐惧、对失去或改变的恐惧等,各种各样的恐惧都在影响着我们。

既然恐惧是使我们情绪痛苦的一部分,那么,恐惧是如何产生的呢?它是如何起作用的呢?

一定程度的恐惧是不是生物体的一种自我保护机制呢?比方说,如果我不害怕火,那我可能会将我的手放入火中而被灼伤。

其实,你不将手放入火中并非源于对火的恐惧,而是因为你知道自己的手将会被灼伤。你不需要利用恐惧来避免没必要的危险——因为这只是一个最简单的常识。诸如此类,运用过去所获得的经验就可以了。但如果有人用火或暴力威胁你,你就会产生恐惧心理,这是一种趋利避害的本能,而不仅仅是心理上的恐惧。

心理上的恐惧脱离了任何具体的和眼前的危险,恐惧的表现形式有多种:不安、忧烦、焦虑、紧张、压力、畏缩、恐怖等。这种心理上的恐惧总是源于“潜在的危险”,而不是“现在发生的事件”。

人在当下,思维却想到了未来,这就创造了一种焦虑与恐惧的情绪,如果你被这种思维控制,那么恐惧的情绪就会与你相依相伴。心里有了恐惧,一面是焦虑和害怕,另一面是隐约的不安和威胁感。当下的突发事件是人们可以应付的,但是,人们不能马上着手应付未来的恐惧,因为它只存在于思维和幻想之中。

不可否认的是,许多幻想的恐惧经历却显得很真实,恐惧中的人经常拿这种看似真实的事件恐吓自己。在追求和体验中采取行动,我们往往会设想一些负面的结果,让自己心生忧虑。但是,情况不是很糟,因为我们制造了幻觉,所以,我们能够停止恐惧。由此可见,我们应该面对现实,进入一个清晰而平静的状态,不要困身于自己创造的幻觉。

我们可以选择成为有理智、有判断力的人。为了更好地理解你生活中的那些没有根据的恐惧,请列一张清单,写出自己害怕做的事情。记住:不是你害怕的东西(比如说害怕蜘蛛什么的),而是你害怕做的事情(如我害怕捡起一只蜘蛛)。

比方说,你害怕:

——向老板要求加薪;

——约玛丽出去;

——去跳伞;

——离开我不喜欢的岗位;

——找朋友打听是不是有合适的职位。

然后,拿出另一张纸,把每一种恐惧情绪用下列格式改写一遍:

——我想让老板给我加薪,但我设想他会不同意,可能还会骂我,我把自己给吓住了;

——我想约玛丽出去,但我设想她会说不,从而面临难堪,我把自己给吓住了;

——我想去跳伞,但我设想我会出意外,我会摔死,我把自己给吓住了;

——我想离开这个无聊的岗位去追求梦想,但我设想我会破产,丢掉房子,我把自己给吓住了;

——我想找朋友打听是不是有适合我的职位,但我设想他们会以为我是想赚他们的钱,我把自己给吓住了。

这样一来,一切就都清楚了。你就是那个制造幻觉的人,你就是那个制造害怕和恐惧情绪的人。你没有去实施行动,怎么就知道情况一定那么糟糕?这就是你恐惧的根本原因。

2. 感受恐惧，坚持前行

那么，在人生的旅途上和人们的心路历程中，应该如何战胜恐惧的情绪呢？

弗洛姆是美国著名的心理学家。一天，他将几个学生带到了一个暗屋子里。在他的引导下，几个学生很快就穿过了这间漆黑的屋子。

接着，弗洛姆打开房间里的一盏灯。在昏黄如烛的灯光下，学生们看了一眼房间，这一看全都睁大了眼睛，出了一身冷汗，吓得魂飞魄散。

原来，刚才走过的桥下有一个很深很大的水池，池子里蠕动着各种毒蛇，包括一条大蟒蛇和三条眼镜蛇，它们正恶狠狠地昂着头看着他们，朝他们"滋滋"地吐着信子。

弗洛姆看着他们，问："现在，你们还有人敢跟我走一趟吗？"

大家你看看我，我看看你，无人应答。

过了片刻，终于有3个学生犹犹豫豫地站了出来。但是，他们还没走就被吓回来了。

"啪"，弗洛姆把灯全都打开了，学生们揉揉眼睛再仔细一看，才发现小木桥的下方装着一道安全网。

弗洛姆大声地问："现在呢？"

学生们没有作声。"为什么还不敢呀？"弗洛姆问道。

"你确定这张网很牢固吗？"学生心有余悸地反问。

很多时候，成功就像过这道桥，导致失败的原因不是智力低下，而是对周围环境的恐惧。

恐惧能摧残人的意志和生命。它会严重影响人的身体功能，伤害人的修养，减少人的生理与精神的活力，侵蚀人的身体健康。它能掐灭人的希望，使人的志气消退，从而使人的心智衰弱，在从事任何职业时，他们都将缺乏创造性和勇气。

低逆境商者简直对一切都怀着恐惧之心：他们怕风，怕受伤寒；他们吃饭怕噎着；经商时怕亏本；他们怕人言，怕舆论；他们怕困苦的生活，怕贫穷，怕失败，怕耕耘了没有收获……他们的生命中充满了"怕"。

中国同方联合控股集团有限公司董事长朱志平，和大多数浙商一样出身贫寒，参加工作时的学历为初中肄业——大学文凭还是之后进修获得的，但这并不妨碍他拥有发达的商业头脑和敏锐的市场触觉。

当人们还在守着铁饭碗时，他就已经下海经商了。在赚到第一桶金后，他又赶上股市刚刚起步，于是坐观股市风云。在股市到达顶峰的时候，他急流勇退，并迅速向房地产行业挺进。

当谈起自己的创业经验时，他说："恐惧是人性的弱点，很多人因为对风险恐惧而坐失良机。"

被人称为"股神"的巴菲特也说："我们也会有恐惧和贪婪，只不过在别人贪婪的时候我们恐惧，在别人恐惧的时候我们贪婪。"

轻度的恐惧是人的一种自我保护机制，它能让人审时度势，小心行事，在客观上给人带来一定的安全，从这个意义上说恐惧是好的。轻度的恐惧不仅是正常的，而且是必要的。另外，由于恐惧的存在，人的焦虑情绪能得到适度的缓解，所以，轻度的恐惧不必刻意掩饰和强行战胜，因为它根本无关大局。

但是，如果你对什么事情都心存恐惧，做事畏首畏尾，那就必须改变。因为恐惧会使你停滞不前，让你无法取得成功；它还会使你囿于现状，不敢冒险，安于平庸的生活。也许很多次只是由于恐惧，你与机会擦肩而过。如果继续这样，你就永远不能圆梦。

高台跳水的人都会记得第一次走到跳水板边从上往下看的情形。水池看起来比实际更深，想到跳板的高度，以及从板上向下看的恐惧感，你会觉得向下的距离简直深得无法征服。就在这一念一想之间,恐惧被扩大了。

不过,此刻你并没有退却,你虽然满怀恐惧,可不知从哪里鼓起了勇气,跳进了水池里。你完成了自己恐惧的事情。

等你浮出水面时,你也许会发疯一般游到泳池边上,然后哈哈大笑。肾上腺素从你体内的某处冲了出来,你感觉到了战栗,是劫后余生的兴奋和十几次跳水的激动。

过了一分钟,你也许会再来一次。接着,你会一次又一次地不断做下去,从中寻找真正的乐趣。很快,所有的恐惧都遁于无形,你甚至会来个深水炸弹式跳法,溅朋友们一身水花,说不定你还能学会反身跳法。

这个方法在生活中的很多方面都适用,也许你是第一次开车,或许是第一次约会,总之你能在生活里发生的所有事情上找出此类改变恐惧的方法。未知的挑战总会让人恐惧,它们就是这样。每一次你感到害怕和恐惧时,只要去做,就会对自己的能力建立起更强的信心。

恐惧是正常的,必须在行动中才能慢慢减退。不实际体验、付诸行动,坐待恐惧之心离你远去自然是徒劳无功的事。在不安和恐惧的心态下仍勇于作为,才是战胜恐惧的最佳途径。

全球著名潜能大师安东尼·罗宾斯说:“如果你办不到,那就必须做;如果你必须做,那就得办到。”的确,那些我们最害怕做的事情,在完成后却可以给我们最大的成熟感,帮助我们成长。

若有件事情让你恐惧到无法动弹,你就得把它蕴含的风险等量缩小。从较小的挑战开始做起,这样就能把你的心情带动起来。

比如,初次推销,你可以去找你认为最有可能买你东西的顾客或买家。如果你在为自己的事业寻找投资,你就得从那些最有可能给你投资的人入手。如果你为工作上承担新责任的事忧心忡忡,那你就从你最拿手的方面入手。如果你在学习一种新运动,那就最好从较低水平开始练习。掌握那些你需要学习的技巧,克服你的恐惧感,再去接受更大的挑战。但有一点你必须记住:行动,才能真正地克服恐惧!

民间流传这样一个传说:

一个人死后来到地狱之门受审。

撒旦问他:“你最害怕的是什么?”

他回答道:“我什么也不怕。”

“那么,”撒旦说,“你不该来这儿,我们只接受那些被恐惧所束缚的人”。

谢天谢地,地狱里不接受毫无畏惧的人!

获得成功的高逆商者,在他们前进的途中也可能产生恐惧,但他们绝不会因此放弃任何他们想做或者必须做的事。因为他们懂得,恐惧是人生旅程中必须了解和体验的感受,这是无法改变的事实。

就像作家苏珊·杰弗斯所说,我们必须感受恐惧,坚持前行。

第六节　不要过度追求完美

追求完美也要有度

人们生来都想要完美，追求完美。而懂得包容不完美，才是一种合理的人生态度。

有个人因为生活中不懂得包容不完美而感觉处处不满意。

上帝说："不完美不行吗？"他答道："不行。"

上帝接着问："那快乐呢？"那人说："快乐当然也要。"

上帝有些生气："你如此贪心，不会有好结果的。"

快乐跟完美往往不可兼得。其实适中就是一种很好的境界。

从前有个女孩，端庄秀丽，温文尔雅，柔声细语，非能说会道之人，可句句说到心坎上。工作很普通，但她自己很满意；丈夫没什么特别，但二人感情很好；孩子的教育也不强求，逢年假日全家便一起出游；她按时作息，锻炼身体，不干涉别人的生活，对于表现不好的她也一视同仁。

她很聪明，有人觉得像她这样的人或许可以拥有更多，她并不这么认为，因为她懂得知足常乐。这世上本没有完美，适中的境界便已足够。不惜一切追求完美，累的是自己，反之一切由自己评判，走自己的路，会轻松很多。

有个寺庙主持，想将衣钵传于众多弟子中的一个。因此，他给弟子们一个寻找没有缺陷的叶子的任务。几年后，大家都空手而归，除了最大的徒弟，大家都觉得没有完美的叶子。而最大的弟子带回来的叶子也并无奇特之处，他说叶子虽没什么特别，但没有一点缺损。最后，主持将衣钵传给了大弟子。

《西游记》有一段讲到三藏修补经文，悟空说了一句"世上无完美，经书也一样"，让三藏醒悟。包容缺陷，反而是对自己的解脱，使得自己的处境不再狭隘，故而可以更加自在地生活。容易与人相处的人更易收获信任，你会愿意跟这种人倾诉，他们也会受朋友爱戴。反之，一味要求完美，苦了自己，也累了别人。暂且不说完美主义，能够做到适中境界的人也不多。

忍耐能带来无尽的好处

奋斗的过程往往是艰苦的，但换来的可能是最终的成功。坚持是一种境界，坚持是一种品德。古人说过，忍是才，忍是德，才德少不了忍耐！古今中外，不懂得忍耐与坚持的人是成不了大事的。

大画家凡·高曾经做过矿区牧师。第一次下井的过程中,他很害怕。铁索的碰击声与摇晃的天梯时刻围绕着他,周围一片寂静,升降机缓缓下沉,仿佛要被黑洞吞噬。到达目的地后,凡·高很吃惊地问一脸平静的老工人:“是不是坐得多了就一点都不怕了?”一个老资历的矿工笑道:“错了,我们当然也怕,但是我们懂得忍耐。”

生活中总有些事你不喜欢,但你要适应,必须学会面对,懂得约束自己的情绪,保持心境。谁都喜欢阳光的滋润,但太阳总会落山,耐心等待,太阳会再次升起;面对严寒,谁都会愁眉,耐心等待,迎接你的就是暖春。生活也是如此,不经历风雨,怎么见彩虹。

有个人离开学校第一份工作是海上油田作业。刚上任接到领班的第一个任务就是,在规定时间内登上很高的钻井架,给主任送一件物品。他带着东西,费尽力气,好不容易将东西交到主管手里,不料主管签了个字,就让他再送回去。无奈之下,他又带着东西回到了领班面前,领班跟主管一样签下名字,命他再跑一趟。他很恼火,但最终忍住了,又重复了一遍。等再次攀上钻井架,他筋疲力尽,气喘吁吁。接过盒子的主管依旧只是签了名字,让他回去。他没有办法,拿起东西,咬紧牙,又爬了一遍,然而,领班还是同样的反应。

这时他已怒不可遏,但强忍着,仰着头,想着来来回回折腾的艰难道路,又出发了。再次站在架顶上,他一点力气也没有了,差点坐在地上。主管拿到盒子后对他说:“打开它。”年轻人便拆开了盒子——只有两个小盒子,盒子上写着咖啡与糖。他再也忍不住了,怒视着主管。主管说道:“冲杯咖啡。”这时,年轻人爆发了怒火,将手中的盒子重重摔在地上,吼道:“我辞职。”之后,他看着主管吃惊的表情,觉得痛快多了,心中的怒火慢慢消散。

等他发泄完了,主管看着他,说道:“离开吧!很可惜,你坚持到第三次还是很不错的,之前是对你忍耐力极限的考验,石油钻井工作,危险时时刻刻都会发生,只有超强的忍耐力,不怕困难坚持不懈才能适应工作,否则就无法保证工作的顺利完成。遗憾的是,就差一点点你就成功了,本来咖啡是给你通过测试的奖励,可惜你最后一刻放弃了。”

谁都知道胜利来源于坚持,然而生活中困难挫折却往往成为无法坚持的借口,当困难成为借口,成功就离我们远去了。事实上,懂得忍耐,在生活中首当其冲的便是坚持自我,不放弃,不妥协,最终战胜它们。

有人曾经说过:与天地齐宽的是人心。要想做到心胸宽广,性情开朗,没有一颗纯洁正直的心是不行的。有了冲突,才能懂得谦让,做到包容他人,忍让为先。有人挑衅,不动声色,而不是针锋相对、耿耿于怀、伺机报复。有人觉得,忍耐就等于退缩。事实上,隐忍是一种美德,是千锤百炼的结果,是高人必备的素质。懂得忍耐的人才能意志坚定,才能宠辱不惊。不懂忍耐的人生,最终只会留下遗憾。

懂得隐忍的人,是真正的智者、勇者、胜者。忍耐更是一种成功的手段,小不忍则乱大谋,成大事者无一不懂忍耐的道理。人要学会坚忍,懂得忍耐的人,大风大浪前面不改色,从容应对人生每个挑战。可知,每个落地的婴儿都伴随着哭声,这也许正是未来无数磨难的开端。站在人生无数的艰难痛苦之前,几人能从容一笑呢?

生活中总会遇到有求于人的情况,当前的隐忍是必要的,大丈夫拿得起,放得下,能退能进才是真好汉!有一名智者曾说过:“有追求,能忍耐,有了这两样东西,你可以到达任何想去的地方。”爆发中的火山无与伦比,如若没有之前长年累月的积聚,何来最后一刻爆发的恢弘壮丽?因此,学会隐忍,懂得坚持,将自己的潜力发掘,时机成熟时,便可一鸣惊人,赢得满堂喝彩!

放弃是另一种智慧

若是已经丢了西瓜，芝麻就应该毫不犹豫地捡起。卸下肩上的旧担子，你才能轻松上路。懂得放弃，才能收获。被夹住脚爪的狐狸，它当机立断舍弃了爪子，得以保存性命。生活也一样，如若灾难来临避无可避，着眼大局，面对小利小惠要懂得舍弃。古人说："两弊相衡取其轻，两利相权取其重。"躲避灾难寻求利益，放弃的学问全在这句话中了。

生活中有很多时候需要学会放弃。古话说，鱼与熊掌不能同时得到。若非你所有，便应果断舍弃。人生在世几十年，大风大浪、高山峭壁都会碰到，得失常有，先舍后得，心之坦然，这样的生活才能更加自在、轻松和惬意。

有僧人远来求道。禅师只是接待，闭口不提道法，他给僧人倒茶，一直倒满了却不停下来。那僧人眼看水漫，不禁道："水都溢出来了，你还不停！"

禅师一笑："杯子同你，已经满了，已经盛满的杯子，倒进去只会溢出来！"

贪得无厌之人害怕失去，一旦得到便不肯放手，不愿舍弃，如何感悟人生？生活本身很单纯，只是我们自己将无尽的痛苦注入其中。想要步入新的更加广阔的境界，必须学会放弃，如此人生才能有新的境界。

过去有个有钱人，乘船渡河，遭遇风浪，小船侧翻，乘客纷纷落水。富翁随身背着很多财物，拼劲力气也游不到岸边。富翁眼看就要沉入水底，然而还是不愿丢掉随身带的金子，最终沉入河底。

懂得放弃的人才能获得更多的快乐与幸福。危险临近，狐狸自断其爪。性命危急时，壁虎会毫不犹豫地丢弃自己的尾巴。蝌蚪最终蜕化上岸，也是舍弃了一条长尾。

唯有懂得放弃才能卸下往日的重担。最常见的例子是，柜子底堆积的旧衣物没人穿，没人看，然而有人仍然花费精力去清洗、翻晒、收拾，白白花费时间精力，又浪费空间。难道就不能捐赠给更需要的人吗？因此，懂得舍弃，不仅仅是一种态度，更是智慧人生的体现。舍得舍得，先舍后得。懂得放弃的人生是一种新境界，要想真正懂得生活，需先学会舍弃。

走自己的路，让别人去说

名将麦克阿瑟曾经说："面前的强敌，我从不畏惧；而来自背后的袭击，我却无能为力。"连名将都这么忌惮背后流言，不得不说流言的威力不可小觑。曾有人做过这样的调查，对象是几千名中学生，调查内容是关于"什么东西你最害怕"，结果大半学生（尤其是女生）的答案是："流言蜚语。"人言猛于虎，由此可见。

七嘴八舌传播流言，你的形象也将毁于一旦。"灾祸口中来"不容置疑，守口如瓶，切莫辜负他人的信任，远离是非，才是智者所为。然而生活中，总有人云亦云、背后议论他人的人，有些各怀鬼胎，有些幸灾乐祸，有些损人利己恶意中伤……这就是生活，流言蜚语充斥着各个角落。古者有云"能人招妒"，总有人说，总有人被说。自己不想遭流言诋毁，又去传播，这就是人性的阴暗之一！故而也不难理解总有人喜欢在背后议论。

有人疾奔到智者跟前,喘着气喊道:“有……好消息……”

“不急,”智者却很平静,“你说的好消息,是否通过了三个网的过滤?”

“什么网?”来人很疑惑。

“第一网是真,你的消息是真实的吗?”智者慢慢道来。

“那,我也不确定,我……听别人说的……”来人答道。

“好吧,你再回答我,你要说的,是与人为善的吗?”智者还是很慢。

来者吞吐道:“也不是,是有关别人的不好传言。”

“最后一关,如此匆忙,你的消息很重要吗?”

“也不是……小事一桩。”那人觉得很羞愧。

智者道:“非真,非善,也不重要,那就不用告诉我了!”

事情经人反复相传,就会与事实相去甚远。讲故事的人会说漏,听故事的人会听错,自吹自擂,夸大其词,有意篡改,也属平常。消息传来,先辨别真伪,否则将错就错,就成为了名副其实的流言。

古人云,流言止于君子。强者能坚持自己的追求,流言能击败的往往是弱者。因此,要学会正确看待流言蜚语。既然如此,又怎么应对流言呢?

首先要端正自己,身正不怕影子斜。生活中难免会被人议论。流言蜚语,看内容,有实有虚;看动机,有善有恶。无论如何,自己正直不阿,平日不做亏心事,夜半不怕鬼敲门。嘴是别人的,路是自己的,对待流言蜚语理应如此。

其次要坚守自我。传播谣言,有失于德,谣言不可轻信,更不可制造、传播,否则稍有不慎就会堕入散播谣言的小人之列。如此,就会陷入小人陷阱,为人利用。因此,遇到传言,要坚持自我,避免外部的影响与干扰。

生活中遭人说辞在所难免,遭受攻击伤害时,保持镇定,保持淡定,不去理会最终会战胜流言。回应只会助长传播者的气焰与兴致,往往适得其反;不去理会,反而会浇灭流言的火焰。有哲言道:“刀枪棍棒能伤害我之身体,流言蜚语却威胁不了我丝毫。”

说话要注意分寸

相传,齐高帝曾招王僧虔探讨书法。一日,高帝问道:“我们俩的书法可分高下?”

问题很是棘手,说高帝好,实属欺骗;而说自己的字好,又有损天子颜面,甚至引致大祸。

王僧虔这么答道:“在臣子中我的字最好,在帝王中您的字最好。”

帝王有几多,臣子又有几多,王僧虔的意思很明显。如此不违背自己心愿,又让高帝能够接受,避免了惩罚。高帝自然听懂了王僧虔的言外之意,淡然一笑,就此忘了此事。

王僧虔灵机一动并非偶然,是因为他懂得适当的时候说适当的话,说自己该说的话。同样,现实生活中想说对话,赢得别人欢心,就要会说话!如此,具体应该注意哪些方面呢?

第一,尊重他人隐私。与人交往中,想要保持快乐的氛围,就要尊重他人隐私。详细说来,生活中,如下的话题应避免涉及:

(1)工作收入;

(2)家庭存折;

(3)家人关系;

(4)健康与否;

(5)体重年纪;

(6)未来规划；

(7)他人私事。

第二，处其位说其话。你是建筑师，开会时，就应该从自己的角度提出方案；你是员工，就应该保持谦虚低调，不出风头，不傲慢无礼，对同事也应谦逊；遇到朋友寻求安慰，就应该认真倾听耐心劝慰。说话之前，要先明白身份位置。没有弄清自己的位置，就像脱缰的野马，怎么可能顺利到达目的地呢？

第三，对于别人的痛苦缺点尽量避免提及。谁都有隐私，与人相处，就应尊重他人。不然，很容易引起他人不悦，伤害他人感情，后果可想而知。

第四，切勿怨天尤人。这是无能者的借口，总是喋喋不休，对这个指手画脚，对那个评头论足，一旦上级听到，连解释都不可能了。

第五，切忌刨根问底。有些问题别人含糊作答，不想多说，就不要追问。因为愿意分享的事情不待你问别人就会主动说。反之，不想聊的事，你追问也无用。另外，提问要注意分寸，视情况而定，点到即止。

第六，不轻易允诺。对于有求于你之人，拒绝可能很为难，这样显然会伤害两人的感情。但硬是逞强承诺，到时候做不到，不免失去更重要的东西——信任。人们在面对类似问题时常常会感到困惑，左右为难。所以，勿要轻易承诺他人。

到什么山上唱什么歌

古语云：秀才遇到兵，有理说不清。说话要学会分清场合位置，否则只会带来不必要的麻烦。

人跟人之间的出生、成长环境、性格、兴趣都有很大差别，故而感兴趣的东西、聊天方式、接受度都会不同。现实生活确实如此，没有这些差异，世界就显得单调无色了。故而，不同阶层、环境、亲密度的人们之间的交流，要学会看场合、视对象、挑话题，这便是人们经常说的“遇到什么人说什么话”。如在车间里讨论机床跟工作任务，跟不太熟的人先聊聊天气、趣味新闻、晚会、活动等，然后再由此打开话题。

美国银行创始人曾说过，跟谁谈生意就用谁的语言。遇到墨西哥人他说西班牙语，遇到中国人说汉语。他熟谙“见什么人说什么话”之道，信任铸就了他在行业内的成功。

与人交往，要分场合、分情况，遇到不同的人就要说不同的话。不然，你说得天花乱坠，对方一句不懂，也是白费工夫。与人交流，说什么很重要，怎么说什么时候说更是一门智慧。表达方式要视具体情况而定，这样才能达到最好的效果。

小杨本来跟上司马哥很要好，不仅合作默契，就连兴趣都一样。他们喜欢一支球队，喜欢一个歌手，下班后经常小聚……渐渐地越来越亲密。办公场合是非本多，大家开始议论二人的关系。

马哥有所收敛，知道与下属不能走得太近，否则便丢了威信，无法服众，小杨却浑然不知。一次，有客户上门，小杨直奔进屋：“喂，老马，晚上去看球赛吗？这两张票可来得不容易啊。”马哥当时就变了脸色，淡淡说道：“你急急忙忙成何体统？这里是接待室。”不多日，小杨被调动了，丢掉了自己喜欢的岗位。

可知，亲密也要分不同的场合。想要处处受人欢迎，说话需分场合、看对象。具体区分如下：

(1)熟人与生人。中国自古以来对内对外区别对待。亲密之人自然想说什么就说什么，无须隐瞒，无须顾虑。跟外人聊天却时刻保持谨慎，“防人之心不可无”。

(2)场合是否正式。公众发言不可嬉闹,简短精练,有计划有安排,注意礼貌用语。私下交流,可自由、随性。当然自身的位置与身份也是不能忽视的,这样才能做到说对话。

(3)场合是否庄重。庄重氛围,说话要严肃,保持平稳情绪。轻松氛围,应保持轻松气氛,不过度随意,尽量保持快乐氛围。

(4)场合是喜是悲。这时感情气氛是很重要的因素。遇到喜事儿多讨喜,逗笑为主;反之要诚心表达悲伤劝慰之意,诚恳严肃。

(5)说多说少。对象正忙,就长话短说,言简意赅,说明大意即可。无事闲谈,那么便可随性发挥,轻松自在。

(6)注意对方喜好。各地的语言习惯跟礼仪都不同,喜好也各异,稍不留神,就很容易伤害他人,甚至造成不可估量的后果。

聪明之人,讨人喜欢之人,懂得说话做事对人对事, 即“见人说人话,见鬼说鬼话”。确实,要做到好话说得得心应手、收放自如,不是一朝一夕练就的。先从少说做起,思虑过三再开口,小心谨慎,才能做到会说话。说话的技巧非一日之功,需要长期的练习。

细节就能温暖一颗心

每次人们问大建筑师范德罗关于成功的秘诀时,他只是说:“再宏大的建筑作品,缺乏了细节的完善,只能沦为赝品。伟大来源于细节,反之再好的作品也会毁于一旦。”

细节的地位世人皆知。事情的得失成败、优等次劣、美丽丑陋,往往取决于细节。如一件名牌衬衣,材质不是主要差别,其品牌的称谓往往取决于一个领口、几个纽扣、几处缝口的处理。成功之人,往往来源于自身的品质,经常是不足道的细节给人们留下深刻印象,最终成就大业。

日本一家公司安排员工为顾客买票。一个德国公司经理从中看出了蹊跷:去时,总是坐在右边;回来时,总是坐在左边。经理经不住问售票小姐为什么这么做,小姐笑道:“去时,富士山在右方;回来时,在左边。一般旅客们应该都想欣赏富士山的美丽,所以就为您买了来回不同方向的车票。”小小细节令经理很有感触,毫不犹豫地提升了这家公司的贸易额。经理这样说道,如此细微的事情,一个售票小姐都能照顾到,与这样的人合作我很放心。

传奇商人松下反复说过:细节万万不可忽视。不仅成功离不开细节,温暖人心也同样由细微而生。

琼·撒西小时候,家里很穷,很早便被迫退学,随母亲一起卖文具。店铺很小,赚的也很少,仅够勉强维持生计。然而母亲却一直免费为顾客提供胶水,方便大家贴东西。

要知道,那时的一瓶胶水,抵得上母子俩一天的收入。琼很疑惑,母亲满不在乎,说不值一提的小事,有时却能温暖他人的心扉,顾客满意了,生意才会好;抛开赚钱不谈,温暖他人的事,总值得去做。

过些日子,母亲又买了削笔刀,免费使用。那个年代的转笔刀很少见,学生基本上都没有,都来店里借用。没多久,就弄坏了一个,母亲毫不犹豫又换了一个新的。与母亲开店,赚不了什么钱,但来这里的顾客都感到温暖舒服。几年过去,琼长大了,想自己闯一番事业。那时候很多人骑自行车,他便做起了修车生意。这便是他的第一份事业。

琼制备了一些小配件,供顾客使用。别家的修车店、气门芯都不是免费的,他却免费提供,人们都觉得奇怪。因此不论远近人们都愿意来他这里修车。几年后,琼有了自己的快递公司。

以往的快递公司，包装费都是顾客自己出，琼的公司却无偿为顾客包装。虽然利润比人家低，但赚取的是他人的欢心。

将近40岁的时候，琼做起了汽车经销生意。他当老板的第一天，首先告诉员工们的一句话就是，想赚钱先赔钱。大家都知道他生财有道，谁料他一来便说要赔钱。琼的经营策略立刻震惊了整个行业：只要购车，内饰免费赠送。在意大利还没有人这么出售汽车的，全世界也是第一人。而琼所说的半年期限也提前了。

50岁时，琼已经是全意大利最大连锁超市的老板。在其他超市与顾客毫厘相争时，琼却大度非凡。只要找零到分，便算在超市账上。对于大型超市来说，牺牲点零头根本无足轻重，但赚取的却是顾客的舒心。

"事情虽小，足以暖心。"这是琼一生的信条。听着很简单，谁都懂，而实际却是数遍世界也没有几人可真正做到。因为往往拥有的越多舍弃却越艰难。

心理学指出，对于人来说，牺牲自己利益哪怕再小，都是一种痛苦。令人反感之人，往往是由于不懂得牺牲自己成全他人，他们需要提高自身的修养。锱铢必较，不懂谦让，注定了个人自身不可逾越的缺陷。懂得牺牲自我利益满足他人，再小的利益，也能铸就他的宽博仁爱。纵观历史，绝无例外！

多给别人一点宽容

谦让，往往伴随着自身利益的牺牲。故而，让利于人绝非易事。让利他人，受惠者自然感激，在对你的宽容表达感激的同时，也能自觉自省及时改正。

实际上，宽容待人是人生的大智慧。对方感激的同时，也会尊敬你。有些错误当事人自己并不知道，你也可因此幸免，少一分羁绊。你的宽宏大量，既原谅他人，也成全自己，一举两得，为什么不去做呢？宽恕他人，会少一分痛苦，多一分快乐。宽容待人的同时，自己的境界也会随之提升，身上的担子自然卸下。

一日，马克的礼品店来了一个小伙子。他看上去很憔悴，眼睛直直盯着橱窗上的一只水晶乌龟。

"您好，有什么可以帮助您？"马克轻声问道。

"这只乌龟多少钱？"小伙子问道。

"40。"马克答道。

小伙子听到后，面无表情地掏出了一张50元的钞票。

马克觉得古怪，自开始做生意，这么大方的顾客还是第一次见到。

"先生，您买这个是要送人吗？"马克追问了一句。

"给未婚妻买的，明天的婚礼。"小伙子语气很冷。

马克一惊，送这个给妻子，这婚还结得成吗？马克沉思片刻，说道："先生，这件礼品还没包装，总不能直接拿给新娘吧。现在没有合适的材料，明天你再来拿吧！明天之前我一定会将其包好……"

"好吧！"小伙子说罢就离开了。

次日一大早，年轻人便来了，连盒子一起带走了东西。小伙子来到婚礼现场——原来他不是新郎！年轻人迅速跑向新娘，快速递过了礼品盒。随后，便径直回了家，整个人都陷入了忐忑不安的情绪里。焦虑中，他已有悔意。

终于,迟来的电话的另一头却是新娘的声音:“我很高兴,你的祝福,是我最大的安慰……”声音中充满了由衷的感激与快乐。小伙子很吃惊,放下电话,一刻不停地回到礼品店里。走进店里,之前看到的乌龟仍静静趴在那里!

所有都了然,小伙子看着马克发呆。马克什么都没说,轻轻一笑已表明了一切。小伙子终于化开了内心的冰霜:“谢谢你,太感谢了。”

宽恕、原谅,都是一种美德。一件小小的礼品,换来的却是截然不同的人生状态。原谅他人,可能促成他人重拾自我,找回幸福。宽容的心的巨大力量是不可想象的。

道理自在人心,精心品味,慢慢探索,就能发觉;事事都斤斤计较,人生难免处处痛苦。生活中时时刻刻都能做到宽容待人,收获快乐的不仅是对方,自己也会从中得到幸福!

从最低处开始

位置越低,越能够包容、体谅。做人也应不浮夸,不骄傲,着眼现实,一步一个脚印前进。要知道,万丈高楼平地起。

有一名计算机博士想找一份好工作,结果却是处处碰壁。为了改变这一情况,他打算抛开一切学历证书,从基层做起。

很快,他进入一家公司做了编程人员,于他来讲易如反掌,但他仍旧做得很细心,丝毫没有出错。很快,老板便发现他的编程技术高超,通过一次交谈,老板决定提拔他。此时,他拿出学士证书,老板更加毫不犹豫地给他安排了适当的职位。

不久,由于他经常能为老板提出实用又新颖的建议,老板认为他眼光卓绝,胜出一般大学生。此时,他亮出硕士证书。老板大喜,当机立断,再次提拔了他。又过了不久,他的出众与卓绝深深吸引了老板的注意,老板认为他很有才能,再次找他。终于,他拿出了博士证书。到了这个时候,由于对他已经知根知底,老板再也没有任何担心,直接委以重任。

从低做起,从小做起,这才是大智慧。这表明,将起点放到最低,不仅没有坏处,反而更加容易成功。懂得放低自己,往往最终收获的比先前失去的多得多。

一次,国王狩猎迷失方向,不知不觉到了荒无人烟之地。寒夜袭来,部下们费尽力气终于发现一处农舍。国王淡然道:“就在此歇一晚。”

但却有人出来阻止,理由是国王住农舍传出去不太光彩,应当住营帐。农夫听到后,说道:“国王不会受屈辱,你所担心的只是农夫的地位会提高。”听到农夫如此说,国王坚持住了进去,次日清晨还赏给农夫一些东西以示谢意。

临行前,农夫送别国王,说道:“与我们同屋,不会有损您的尊严,当您的身影处于我们面前时,我们却只能活在阴影中了。”懂得善待下属,谦虚待人,没有人会觉得不光彩,相反更能体现出其崇高与宽广的胸怀。

的确,将自己姿态放低,从小做起,稳扎稳打,才能慢慢攀向成功。

第四章

包容更能赢得人心

第一节　海纳百川，有容乃大

为人处世以容人为上策

古语云："得饶人处且饶人。"为人处世，若是让斤斤计较、小肚鸡肠占据了内心，烦恼就会接踵而至，甚至内心充满嫉妒与仇恨。可知，懂得包容、宽恕才是真正的智者，包容与宽恕是与人友好相处的不可或缺的要素。有了矛盾，步步紧逼，针尖对麦芒，最终会两败俱伤。学会包容，可以有效地减小损失，甚至完全避免。

人生路上，不如意事十之八九。不顺心就烦恼，乃至大发脾气，不仅伤了别人，损了自己，更多的烦恼也会找上门来。因此，学会宽容对待是必要的，与人争斗，只会两败俱伤。生活中本就喜忧参半，此时自己还斤斤计较，跟得失计较，喜就更少。没有喜，生活的意义何在？因此学会宽容待人是很必要的。

从前有位得道高僧特别钟爱兰花，每日都费心照料。一回远游前，他嘱咐弟子们认真照看兰花。然而一个弟子一时大意，碰倒了花盆，碎了一地，花也掉在了地上。众人大惊，心中很害怕。然而万万想不到的是，师父回来知道这件事后，不仅没有生气，还说道："之所以养这些花，一是为了献给佛祖，二是装饰，如果是为了生气就不种了！"

"养花不为生气！"不愧是高僧，自己喜欢兰花，并且花费了大量的心力，如今被打破，换做常人定是大发雷霆，追究责任，高僧却不这么做。花虽然损坏，然而由于这件事就大发雷霆便违背了初衷，而且那名弟子又不是故意为之，宽容有时就是这么简单。

人生路上，对人苛刻、傲慢，久而久之，没有人会喜欢你。长期下去，就会处于一种被动的局面，这样有什么好处呢？众所周知：得道多助，失道寡助，你容人宽人，收到的回报也是一样。故有一句话：智者懂得包容。

包容是美德，是智慧，是境界。若是让宽容待人的风气传播到每个角落，世界将会绽放光彩，社会成员之间的关系也将更为融洽美好。

留有余地是一种理智的人生策略

古时候有个人叫李密庵，他曾作过一首诗，诗云："饮酒半酣正好，花开半时偏妍，半帆张扇免翻颠，马放半鞭稳便。半少却饶滋味，半多反厌纠缠。百年苦乐半相掺，会占便宜只半。"意思就是，万事不可做绝，留有余地于己于人都有好处。

处处留一条后路，是智者所为。事事都不要做绝，紧急时刻便可进可退。能进能退，能屈能伸，能亲能远，能左能右，自由自在，是一种为人处世的理想格调。

三十年河东三十年河西，各种消极不利影响也总是伴随身旁。山外有山，人外有人。你处处占便宜，别人便一直吃亏；适当照顾他人的面子，不能只想着自己的荣誉。如此，不仅提升了自己，还成全了他人。总之，做人不可骄奢浮夸，傲慢无礼，目空一切，否则受挫、失败在所难免。

唐朝时，有个法号叫德山的和尚，对经藏很有研究，通晓各家，尤擅《金刚经》。德山本姓为周，于是大家都尊称其为“周金刚”。那时，北方为佛家正统，听说此事的德山却很看不起他们：“修佛道，熟读经书，游历四方，也未见能突破，更何况南边的旁门左派，夸夸其谈‘深入人心，听之成佛。’我要亲自去南方讨伐他们，打垮他们，光正佛宗。”

德山满腹信心地带着自己的《青龙疏钞》出发了，一路向南，进入湘地。行路时，肚子饿了，便来到一间茶铺，店主是位风烛残年的老妇，大师想买东西吃。见德山的行李十分多，老妇问了一句：

“行李这么多，都带了些什么啊？”

“《青龙疏钞》。”

“《青龙疏钞》为何物？”

“贫僧作的《金刚经》注解。”大师对自己的作品甚是得意，趾高气扬地答道。

“如此说来，您肯定十分精通《金刚般若波罗蜜经》吧。”

“的确如此！”

“老妇请教大师一事，您能解答，就送食物与你；如若不然，你请自行离开不再回来。”

大师盘算，《金刚经》我再熟悉不过了，一个普通茶店老妇，有什么好怕的！便自信答道：“什么事，道来便是！”

老妇边上茶边道：“《金刚经》有这样一句，‘过去也好，现在也罢，未来也同，心均不可得。’大师所点为何心？”

听罢，德山表情僵住，无言以对，羞愧难当，带上行李，灰头土脸地回去了。

经过此次南行，德山吸取教训，游至龙潭，拜师学艺，认真潜修，终成大境。万事变化，处处留条路，多份包容，这是处世的根本。凡事留条后路，于己于人都有好处。

无论对别人还是自己都不能太绝。再亲密的人，也不用天天黏在一起，适当给对方空间。对头也不见得一无是处。再喜欢的人也不是完美的，再讨厌的人也有光彩的一面。人人都会有犯错的时候，所以凡事都不能做得太绝。

一张纸上密密麻麻写满了字，再好的书法也看不出来。留条后路可备不时之需，事情可能会更顺心。需清楚的是，留后手并非惜力，并非偷懒，也绝不是软弱，却是于自己、于他人都有益处的一种智慧，只有这样才能在自身有限的能力范围内去创造无限的可能。

忧他人之忧，乐他人之乐

有诗人说过：“将心比心，方能设身处地。”这是教育我们要学会将心比心，为他人着想，更通俗的说法是“自己不喜欢，也别强求他人”，然而，说来说去，都是一个道理，要懂得包容、原谅、宽恕别人。人非草木，每时每刻都会有很多情感的波动，不管是路人或是知己，打动你的，将会一直记着。能真正打动我们的并不多，事事替别人着想，时间久了，最终留在我们记忆深处的才是最美的。

有这样的说法：“唯有孩子之间的友情才能做到不掺一粒沙。”听起来很伤感，难道我们成年人就不想要纯洁的友情吗？实际上，每个人的心底总会保持着一份纯真。每个人都有自己的方式，对待感情的态度也各异,然而有一样始终如一的东西,便是将心比心。

与人交往能做到遇事先为他人、多为别人着想,得到的将是不一样的境遇。人生在世,谁不想得到别人的尊重、关怀、爱戴,面对他人的成果,衷心认可别人的成绩;面对他人的过错,懂得原谅;设身处地为他人着想,少一分苛刻、猜忌,就不会总有人觉得社会冷漠,人性缺失。

牛顿说过:“于我,为他人服务、分担别人的忧愁、分享别人的快乐才是生命的真谛。”如此的心态,如此崇高的境界,非常人所能企及!懂得先为他人考虑是一种智慧,只为自己着想,免不了亏了别人;多为他人着想,相当于为彼此敞开了一扇方便之门。智者懂得将心比心,为他人着想;于己很苛刻,对别人却宽容大度。

生命如耕种,季节更替,生生不息。撒什么种便收什么果。将目标瞄向高山,得到的是一览众山小的豪迈;登上高山,整个大地都被你踩在脚下。与人为善,收获的将是万千温情。多积善德,定会有回报。放宽胸怀包容一切,结果定会让你惊喜。

律己宜严,待人宜宽

包容,是智者必备品质之一。事事与人斤斤计较,只会惹得众人讨厌。容得下天地,便可在世间自由穿行。因此,不经受雨水洗礼,怎么能见到彩虹?只知抱怨雨天,待彩虹来到之时又如何有欣赏的雅致呢?

村边有条大河,水流甚急,蜿蜒向前。河上只有一座很窄的独木桥可供度过,且一次只能过一个人。

一天,桥两边的两只羊均要过河,并恰好同一时间过桥,在正中间相遇。桥面甚窄,无法穿过。两羊对峙,见对方不愿让路,一羊大喝道:“我说,你瞎了吗,看不出来我要过河吗?”

“瞎的是你吧,为什么赖着不让?”另一只羊毫不相让。

随即,战斗开始了。

砰——它们狠狠撞到了一起。

砰砰——两羊身体一斜,先后从桥上跌了下去。

落水之后,连呼救都来不及,两羊便被河水卷入河底,一点痕迹都没有留下。

结局本可以完全不同,若是两羊懂得谦让,退一步,便可都平安过河。然而,只知争强好胜,谁都不愿意让步,只能将自己逼入绝境。包容是一种智慧,一种境界,是调节矛盾的润滑剂,它能给你带来友谊。不仅如此,懂得包容的人,必定会为别人着想,敢于牺牲自我。对人宽容,对自己严格,才是大智慧。

有一句话说,有人的地方就有矛盾,更何况每个环境不只有一个人,矛盾就越发复杂了。因此,能明白“大家好才是真的好,大家得才是真的得,大家乐才是真的乐,大家有才是真的有”其中所包含的道理,才能做到与人友好。

自我反省得到他人的尊敬

时不时反省自己,这样才能减少过错。不断进步,正视缺点,克服不足,这样才能更真实地认清自己。孔子的传人曾子说过:“吾一日三省吾身。”而其传人也说过“自反”、“反求诸己”的话,教育人们要多自我反省。《易传》称其“自省”，经过后人的发扬，升华为“律己”，正是我们常听到的“自我反省”。要知，只有时常地自我批评改正，才能不断提高自身水平。

高尔基曾经说过：“自我反省很难，做到了却收获颇丰。”因此，懂得自我批评，学会反省自己，并以此进行改善提高，正视自身缺点，克服不足，所收获的定会非常丰富。著名学者闻一多认为，“弱点”并不可怕，对缺点了解越多，越有利于我们针对性地改善提高。

“我作文多剖析别人，但剖析得最多的其实是自己。”鲁迅先生一番话，大意已明。这是一种海纳百川的气概和大智慧。

兢兢业业几十载、新中国电影的奠基者之一、几十年如一日辛勤工作的元老谢晋老先生，在一次颁奖典礼上，为大家念了一封信。听完这信，每位听者都受益匪浅。

“兴奋当然有一些，不过得适度。五十载工作，作品三十五部，算是一点成绩，算是一丝欣慰。你提及自己并没有满意的作品，如今，还能再拍几年的电影呢？一年？五年？二十年肯定是没有了！因此，不能过度高兴，相比之下，多些迫切感更为必要，时间有限还需勉励。

“满足当然有一些，不过得适度。几十载从影，难道没有后悔？事业上有遗憾难免，个人能力毕竟有限，故而留下遗憾也属正常。因此，相比于陶醉满足，不如想想先前的遗憾，时间有限，突破自身局限让人生少分遗憾。

“骄傲当然有一些，不过得适度。成功并非是你一人的努力所得。成就属于这些年一直默默协助、关心和辅佐你的所有的良师益友们！更要感谢党，改革开放以来，中国走向社会主义建设大道，否则再有才华你也无处施展！要谨记这些，珍惜，感恩！”

短短而朴素的一封信，其心可见，其志可明，都是对自己终生从事的演艺事业的热爱与执着。实际生活里，抱着玩世不恭态度虚度光阴的人比比皆是。然而，已是七旬老人，谢老本可功成身退，却还能以一丝不苟的自省心态看待自己，积极进取，着实不易。

生活中，自省就是要求人们进行自我批评。正视自身缺点，去除不足。不懂得自我反省，就无法清楚看待自身，不能改正，不能进步，也得不到他人的认可。

指责只会招来对方更多的不满

经理狮子刚任职，招来秘书斑马女士，道：“我们是大企业，你穿成这样，成何体统，对我们的形象不利。你还想继续干下去，就去换装。”

“但是，这……”不等秘书说完，经理便摆摆手让她出去，秘书小姐眼角带泪走了出去。

经理接着招来臭鼬，道：“你主管业务，公司有公司的形象，今后，不要在上班时间放屁。”

“然而，这……”不等臭鼬说完，经理又示意他出去，臭鼬很是恼火地走了出去。

接着又招来豪猪，批评它牙齿长得过长不好看。

结果到最后，大家全都辞职走人了。

苛刻待人，非但一点作用没起，反倒弄巧成拙，众叛亲离，遭人抛弃，落得个独孤经理的下场。这故事告诉人们，生活中，切勿随意批判别人。有句话说得好：“朋友多了路好走，敌人多了寸步难行。”

无论谁都喜欢听好话，别人的批判于他总是不悦的。因此，当你想要开口批评什么的时候，牢记一点，批评是个回旋镖，射出去还会飞回来。批评不但伤了别人，并且一旦有机会你便会受到同样的待遇。懂得容忍、原谅，是一种智慧，对你的修养将会是很大的提高。故多树敌无益，多指责无用，你不主动去与人为敌，别人也不会来为难你。学会了这些，将使你为人处世更为得心应手。

迁怒是不负责任者的行为

孔子对颜回最大的夸赞是其不迁怒别人。一天，有人问："你的弟子里谁最好学？"孔子答道："颜回，不批评，不责过。而英年早逝，如今，再也没有他那么好学的了。"有意思的是，孔子赞扬颜回勤学，说的并不是他的学问，却是"不批评，不责过"，即不指责别人，不抱怨他人过失。有人觉得这说的是人格不是学问，孔子却不这么认为，事实上，在那时，学问也包含了道德。不批评，是一种品德，是智慧的表现，想要有所作为，想要与人和谐相处，都离不开这一品质。

"人有悲欢离合，月有阴晴圆缺，此事古难全。"人生在世总免不了磕磕碰碰，自己不悦，便连累别人，不高兴就拿身边人出气。不巧这时正有人冒犯你，更是为迁怒找到了借口。要明白朋友肝胆相照，患难与共，同富贵，共患难。要知道，无论亲人、伙伴、同事，都可以为彼此分担痛苦，分担忧愁，纵使你千般不顺，也不可无故责难他们。责难别人，损人不利己；苛刻待人，是一种愚蠢至极的行为。责难，羁绊你前进的道路，让你处处碰壁，于人于己都没有丝毫的益处。

狐狸翻栅栏时，被上面的蔷薇扎到，受伤流了很多血。狐狸一看，顿时大气，骂道：我翻我的墙，与你何干？蔷薇说：你不讲理！我躺着没动，你自己扑过来，压到我身上！怎么能怪我？

人生中，许许多多的人正像这只狐狸，碰了壁不反省，先抱怨，继而迁怒于人，怪这个怪那个，人多便不高兴，嘈杂的市场令他恼怒，谁在身旁便怨谁，连朋友、亲人、同伴都不放过，有人连自己的孩子都不放过。细想总是抱怨的人，不难看出这些人的问题在于不知自省，不高兴了就拉别人垫背，寻自己痛快。要知道，这样做没有任何意义，只能自降修养。静下心来反省自己，才能进步。

因为自己的错而指责朋友的事万不可再做，最懂你的便是亲人朋友，因为相知，自然了解，若无端受你气，时间一久，也会有心结，必然伤害了彼此的认同感。智者绝不做这种傻事，而是通过朋友来自省以改之。

尊重他人就是要理解和包容他人

人的最终目标是赢得尊敬和实现自我。每个人都有自己的"身份"追求，需要寻求社会地位。再说，中国人的面子观可谓源远流长。给别人面子，人家自然会还你这份情，才有可能赢得友谊与商机。心胸的开阔可以通过尊重他人来培养，即与人友好相处，真诚相待。反之，你心高气傲，目空一切，不尊重别人，终会自食恶果。

小张与小李本是同事，小张很有才能，令小李十分嫉恨。平日里，小张一有成绩，小李便讽刺道："你这么聪明，让我们这些人情何以堪啊？"事后，又对别人说："小张就会溜须拍马，讨好领导比谁都强……"

有一回开会，小张发言提出想法，寻求大家建议。小李抓住机会道："你多能干啊，准备充分，费这么大劲儿，可不知道你说了半天到底是什么意思？我脑子笨，要不你给我私下里补补课？"

这时，小张大怒，道："有话就直说，在这里说风凉话算什么本事？"明显，他是被小张的话激怒了。最后，小张得到升迁，小李成了他的下级。不久，小李工作因稍有疏忽，便被小张下放到小工厂重新学习去了。

这故事的结局便是不团结的后果。小李再这么下去，得罪的肯定远远不止小张一个，想与人和谐相处就更别提了。

有一位著名诗人曾说："不尊重他人实际上也是不尊重自己。"你如何待人，便会受到同样的待遇。你侮辱了别人，同样别人也不会有好脸色对你。对人不敬必然会伤害别人，让人受辱，于自身毫无益处。不如换一个方式，将心比心为别人考虑，有何不可呢？其实，人与人之间的友好关系在很大程度上是靠尊重赢得的，尊重别人会带来意想不到的收获。

有一个木材公司推销员，数年时间，对于木材检验员的过错他总是大喊大叫，从不手下留情，虽说嘴上占了便宜，但又有何用。因为结果取决于别人，检验员一旦决定结果，结果就不会再变。嘴上占点便宜，损失却是巨大。他开始自我反省希望能改善这种状况。

"有一次一大早便有电话打来，原来一名老客户对新一批供货大发雷霆。合同已停止，并要求我们马上回收。因为他们的检验员对新货的检验结果是，合格率低于50%。于是，对方便提出了退货。

"听完电话，我马上赶赴现场。路上，我开始想解决办法。按照往常，肯定是我去大叫大嚷一阵。突然，我回想起前几天下定的决心，便决定用新的原则来解决这次争端。

"到现场后，迎来的是买家检测员一脸的不悦，他已作好准备跟我开吵。我走过去，示意拿出货物，让我先看看。同时请检验员将合格与不合格的木材分类，堆成两堆。

"不久，我明白了原因，他们标准过于严格，而且标准也不对。木材是红松，这个检验员虽然看硬木很有一套，但对红松不熟，没什么经验，相反我对红松很熟悉。不过此时能指出他的错误吗？不，这样就完了！我耐心看，询问他为什么不合格，从头至尾我绝口不提他们的过错。我反复解释，是为了以后满足他们的条件才继续看货，并保证不会再出现这种大批不合格的情况。

"我保持谦虚的口吻，强烈要求选出不合格的木材，尽量满足他们要求。不一会儿，紧张的气氛有所缓和。不时地，我在一旁漫不经心插上两句，提醒他肯定有些木材检验有误。过程中，我很谦逊，丝毫没有争论的意思。对方慢慢转了态度。最终他坦白了，表示自己对红松不太懂，开始主动问我，我便耐心对他细讲，与此同时我却丝毫不改口：只要你们觉得不行，就全部退回。渐渐他自己都不好意思找麻烦了。最终，他承认是他们自己检验标准有误。

"没想到，我离开后，他把之前不合格的木材重新筛选，结果是全票通过，顺利完成了全额交易。

"从这件事中，我明白了说话有技巧，缓解与他人的矛盾，虚心听别人说，就能最大限度降低损失，最后赢得的远比金钱珍贵得多。"

由此可知，有时候问题没有想象的那么复杂，不争吵，耐心听，矛盾便会迎刃而解。要知道，尊重不等于懦弱，尊重是智慧，是高明，是另一种强势的表现。要想赢得他人的尊敬，自己首先要尊敬别人，别人体会到你的真心，才会付出诚心实意坐下来解决问题。听到指责，虚心听取；对方有错，懂得宽容；人家不懂，大度解答。与人相处的过程中，以人为镜，便可看出自己的品格，从而赢得光明的未来。

不要把别人的冒犯放在心上

为人处世，你有什么感受？在形形色色的人群中，斤斤计较，烦心事自然数不胜数，如留言、诽谤、被轻视、侮辱。当时忍下了，但心中却耿耿于怀，不能善了。你再愤怒，却伤不了别人一丝，对自己却潜藏着巨大的威胁，最终会损害自身。受到侵犯，又或有什么争端，要记住“退一步海阔天空”的话。

著名银行家科洛喜欢运动，他随身带着一件小运动器材——拉伸器，没事就拿出来玩玩。一次，分行有事需他亲自去处理，分行的职员都没见过他，听他说要见主管。

值班人员见他穿着随意便显得很不屑，便说：“主管没时间。”科洛说道，那就等一会儿吧。那时候银行里还没什么人，他一看有空地，便拿出拉伸器，准备运动下。那名职员看到后很厌烦，跑上前来，怒目而视，大声喝道：“嘿，你当这儿是哪里，你家？这儿是银行。要不住手，要不走人。听到没？”

“行，我不玩了。”科洛很客气，把器材收进衣兜。

一会儿，主管来了，热情招呼科洛，那个职员见状如坠冰窟。科洛离开时，冲他一笑，他却更加惶恐不安。他知道马上就会大祸临头，终日焦虑地等待审判。几天后，没有人找他。又过了几个星期，还是相安无事。直到几个月后，他才渐渐放下悬着的一颗心。

科洛或许是忘了，但忘了也很了不起，他并没有将那件事放在心上。

要想别人尊重欢迎你，首先要自重、自律、谦逊、待人有礼。有几个方法可供借鉴。

首先，友好与人相处，展现自己和善待人的形象。把微笑放在第一位，积极交流，多鼓励赞同他人。

其次，即使迫不得已要提出批评时，也需谨慎。欲抑先扬，赢得对方信任，他才会真诚相待，并真心诚意与你相交。

最后，谁都会有不顺心和不如意的情况，要懂得自制，不要迁怒于人。谁也不会想要喜怒无常的伙伴。因此，做到容易亲近，对我们的事业将会有莫大的帮助。

用刀剑去攻打，不如用微笑去征服

有个接受培训的人说：“结婚将近20年，这么多年来，从睁开眼到准备出门，我对妻子一直很冷淡，交谈很少。从这点上来说，我是个失败者。

“想要与人交流，先从微笑上去攻破。这是我最近学到的一点。于是，次日睁开眼，我便提醒自己道：‘记住，从现在开始这张脸上不能有忧愁。打起精神，保持笑脸。’早餐时，我笑道‘老婆，早啊’，老婆有些吃惊，但继而僵硬的脸舒展开来。

“上班时，逢人便微笑道声早安，包括保安清洁。微笑面对车上的售票小姐，每上一辆车都这样。走进公司，不管认识与否都微笑以对。

“没过多久，我便发现每个人遇到我也会微笑以对。微笑待人，宽容处世。哪怕是面对不住的抱怨，保持笑脸，困难便迎刃而解。微笑确实是一件神奇的武器，而我收获的不仅仅是金钱。”

笑是一种力量，是一种语言，是一种触动。别人对你的第一印象往往就是一个微笑。逢人便笑，问题便会简单化，人际关系也会轻松自在。一个面如冰霜，一脸不耐烦，另一个却笑容满面，一脸春风，让你作决定选哪个。毫无疑问，后者总会得到他们想要的答案；面如冷霜的人，就不一定了。

微笑代表了一种可能。笑是一种友好的表达，它可以温暖每个人。谁都讨厌总是一脸愁容的人,不愿意多接近他们;想要快点融入新环境就多笑吧,想拥有好的人际关系,保持微笑是第一步。谁不想别人第一眼便喜欢上自己,微笑便是友好相处的第一步,是友善的基础。没有人际关系便无法成事,通过微笑我们可以探索出第一步。

有这样一个实验,为我们揭示了微笑的力量。两个戴面具的人,面具都是空白的,随后问观众,你们喜欢哪个人,答案相同:不用选,一样的面具,一样的毫无表情。

之后,拿走面具,展现的是两种截然不同的心情,其中一个人笑容满面充满活力。当再问道:"那么,现在呢?"答案很肯定,人人都喜欢看到微笑。笑容常挂脸庞,那突破自我保持不断前进,就不是一件难事。微笑示人,收获的将是他人的喜爱。

第二节　包容能促进沟通

你对待别人的态度，决定了他人对你的态度

人跟人之间的感情是极其复杂的。比如，不喜欢某人，又不希望他知道，甚至还抱着隐瞒别人换取真情的侥幸心理。然而，这是不大可能的。其实，感情是互相的，不讨厌别人，一般来说别人也不会讨厌你。若是你很希望与人亲近，而对方或许正好与你怀着同样的心情。

如此看来，与人交往时，责难对自己不友好的人没有什么必要。宴席上，若没有人愿意搭理你，反省一下，或许你对别人冷漠，别人又怎么会主动亲近你呢？遇到困难时，收不到一声问候，可能就是别人困难时你没有伸出援助之手，导致关闭了友情之窗。

有一位老人经常在小镇的路口边坐着，跟行人聊天。一次，小孙女来陪他。有人路过，似乎打算留在这里。

路人停住，询问道："您觉得这里怎么样？"

老人反问道："你觉得以前待过的地方好吗？"

路人说："以前的镇子，大家都不怎么友好。左邻右里也总是充满闲言碎语，住在那里很不好。我早就想走了，打算离开那个是非之地。"

老人答道："这个小镇也是一样的。"

不久，一辆车经过老人和小孙女身边，车子停了下来。

一个中年男子下车，问道："这里怎么样？"老人不答，依旧反问道："你以前的地方不好吗？"中年人说道："以前的地方大家都很友好，互相帮助。来来往往，大家都微笑相对，互相打招呼。要不是不得已，我是不会离开的。"老人笑了，道："这座小镇也是这样。"

中年人道谢之后便离开了。他回到车上，车子缓缓驶去。待车子离开，小孙女很疑惑："我不明白，为什么别人问你的问题相同，而你对两个人说的却是完全相反的话呢？"老人笑着说道："住哪里都一样，你的态度决定一切。好与不好，其实是你自己决定的！"

总有人心里只有自己，每天惦记的都是人家对自己如何，而对于别人的感受却从不放在心上。有困难了，想要寻求帮助，不管别人是否有空，或是别人确实不方便，没办法帮他的忙，他便很不满，觉得人家对他不够关心。

各人有各人的路要走，朋友都有自己的事情要做，别人不会围绕着你的生活转。若是遭受冷待，不妨先想想自己。要知道别人怎么对你，主要取决于你如何对待别人。真正的友谊来源于尊重和互相理解。一味追求自身利益，只会渐渐疏远别人。"物以类聚，人以群分"、"近墨者黑，近朱者赤"，意思很明白，通常情况下，你用什么方式对待别人，别人就会怎么对你。

用命令的口吻说话，只会加深别人的反感

有个老师辞去工作，进了一家私企。因为以前的职业习惯，面对同事、客户时，他总喜欢说："懂吗？"、"清楚吗？"或是张口便道："不对，你这么穿不得体！"

一天，有个同事忍无可忍："我们不是小学生，你也不是老师，你以后跟我们说话，不要再问我们懂不懂好吗？我们又不是笨蛋！"

或许，好的意见能帮助他人，然而面对陌生的交谈者，或是周围不止你们两个人，不要总是以一副"你应该这样"、"你应该那样"的口吻说话，否则必然会让对方感到难堪。所以，不要老是以一种"指导"的姿态待人，因为在别人感觉那是一种轻视、看不起，让听者很不舒服，有一种被命令的感觉。不管跟谁交谈，既然相互交谈，就应处在相同的位置。

遇到陌生人介绍自己时，如何一举赢得对方欢迎呢？真诚第一。没有人喜欢虚假做作，交往过程中都少不了真诚。因此，只要任命还未最终确定下来，想要脱颖而出，就应真诚。

与趾高气扬地说"我来"相比，"给我一个机会"显然更能为人接受。不是很熟的人，不怎么知根知底，故保持一定的克制是很必要的。何况，"我来"太过霸道，"给我一个机会"就谦逊多了。适当时候补充些许亲切热情也是很必要的。如："你好啊！天气真不错！""麻烦你了！很累了吧？"虽然没什么内容，却是一种委婉的问候，因此，简简单单的一两句家常问候，收到的成效却是不可小觑的。

主动热情对待同事，别人肯定也能感受得到你的态度！这一印象，很可能就铸就一段坚固的友谊，相比教育命令式的表达这无疑会为你加分不少。

《女王》中有这样一幕：

一天女王回来很晚，进房间时，门已关了，她敲门。房间内的丈夫问道："谁啊？"

"开门，现在除了女王还会有谁来？"

女王有点不悦。

然而里面没动静。她继续敲门，房间内又传来一句："谁啊？"

"我！"女王已经有些不耐烦了。

门还是没开。

女王稍想片刻，这次她很轻地敲了敲门。

"是谁？"

女王温柔说道："你的妻子回来了，能让我进去吗？伯爵大人。"

门终于开了。

这个故事告诉我们，柔声细语的功效是神奇的。

与人交谈要留心，它关乎你的整体形象是否得体。说什么、怎么说都是学问。你说话有人在听吗？是否经常喜欢指挥别人做这做那的？有人抱怨过你太吵吗？脏话、挖苦、讽刺和阴阳怪气都是不入流的语言，公共场合说这些话无疑给别人留下不好的印象，进而导致大家不愿意接近你。

友善比强硬更有力量

生活中这样的情景太多了：公交上，为了一个座位大动干戈；菜市场里，矛盾总是由于谁挤到了

谁；走路时，都可能因为谁踩了谁引发一场争斗；子女没听父母安排就是一顿惩罚；员工稍有不从便被老板炒鱿鱼……迷恋暴力的人，渐渐迷失了自我。当我们遇事不懂缓和退让，理智与爱就会渐渐远离我们。

因此，有了矛盾，试试一个包容的拥抱，试试一个暖心的笑脸。生活中，微笑比拳头更有力，它能抚平之前所有的创伤。

《人生与伴侣》上曾经讲过这样一个故事。

有一名电视台记者参加台里的世界艾滋病日宣传活动，任务是扮演艾滋病患者。当天，他来到繁华街区，站到了人最密集的中心位置，这里人潮涌动，往来者络绎不绝。他将一块木牌挂起来，牌子上有一行醒目的大字："给艾滋病患者一个拥抱，你愿意吗？"其他工作人员躲在隐蔽处准备拍摄。不一会儿，一大群人前来围观他，然而当"艾滋"二字映入眼帘时，人群像受惊的羊群，一哄而散。这名记者事前考虑过这种情况，便保持镇定，依然坚守岗位。

路人仍是往来不绝，但一看到牌子上的字就马上散去。随着时间推移，慢慢地，他按捺不住了，开口对路人请求道："请不要拒绝这么简单的请求，平常接触是不会传染艾滋病的。"听到这些，路人躲得更远了。晴空万里，人头攒动，然而他顿时产生了被世界抛弃的悲凉感。世人的冷漠，让他如坠深渊，他已经投身其中忘了自己的演员身份。

最后，有一位中年男人路过，看到他，一句话没说就走上前去，给了他一个深深的拥抱。"感谢您！"这名记者无法抑制感动，很奇怪，他大声哭了起来，虽然只是一个普通的拥抱，但他再也无法抑制住内心的情感。不久，一对情侣路过，也分别给了他拥抱，就笑着离开了。随后，不断有人来，有人走……

活动结束后，记者收获的是无尽的温暖。之后，回忆这次活动时他说："很不好意思，当初自告奋勇是觉得好玩，却没料到自己会这么投入，甚至引发当街痛哭。我不知多少年没落过一滴泪了，不过，当第一个拥抱到来时，怎么都忍不住了。很神奇，不亲身体会，是不会知道的。"

遭遇不幸固然痛苦，而围观者的麻木与冷漠却能彻底击垮一个人。因此，他人危难之时，善意的拥抱，友好的援助之手，一个小小的善举就能将人从悬崖边拉回。现实中，矛盾在所难免。尽管我们经常遭受伤痛，有时漠然也是迫不得已，但我们并非有意去非难别人。因此，卸下冷冰冰的面具，争斗不是强硬的唯一方式，微笑与友善更加有力，要知道这世上还是真情永存。

他人失意时莫谈你的得意

人生路上，总有一些人自命不凡，认为自己高人一等。于是，嘴边的话题总是自己如何了得、如何聪明，从不考虑听者感情，不考虑听者处境。他们认为受到别人的尊敬与羡慕是理所当然的，其实，或许人家根本没心情听你说，你越是显摆自己，获得的认可就越少。

王昭之母总爱显摆自己，有客人来，刚坐下，就听她喋喋不休地自夸，字里行间都透着骄傲的情绪。有次有个朋友失业了，生活窘迫，她母亲听说后，不仅不关心同情，还对人说："我们家宽裕得很，月月都有剩余。"王昭孝顺母亲为她买了件大衣，她逢人便夸耀道："这衣服是进口的，知道多少钱吗？一万二。"句句充满了炫耀的语气，仿佛在说：都看看，你们买得起吗？日子一长，大家都不愿意去她家，没人愿意跟她说话，因为没人愿意自取其辱。

为人谦虚、随和，特别是在别人不顺心不如意的时候，因为你的趾高气扬必会刺痛别人的失落，有时候炫耀自己的同时也无意中伤害了对方，让对方感觉到一种侮辱，尤其是处于困境中的人，更会厌恶你。

凡是成大事者，再高兴再自得也都会将其深埋内心。与人交流，多说说对方的成果，如此才会讨得对方欢心与高兴，让其从心底里接受你、喜欢你。

新近调动的员工，单位一个人都不愿意跟他来往，他很不解。其实，他自己心高气傲，自命不凡，成天都在自吹自擂，跟人显摆自己的地位多重要，炫耀前来“求助者”络绎不绝。然而身边并没有人为他高兴，反而对他很反感。

最后，一个老者道破其中玄机，让他认清了自己的问题。从此，他放低姿态，多夸耀别人成绩，并表示赞同，时间一长，大家都喜欢跟他聊天交往了。

待人处世，记住一点：万不可在别人低落时表现得自鸣得意。

当然，取得了什么成绩都希望别人认可，但要分场合，分对象。报告里可以说，因为报告正是做这个的；对家人说，让大家一起高兴；但对于一个身处困境的人，万不能说，因为这是往其伤口上撒盐，你的夸耀于他却充满了尖酸的讽刺，对他来说是一种间接的“侮辱”。

因此，将心比心，谦逊包容，大家都会欢迎你。

社会中，有着天生的踊跃参与者，以为自己是世界中心，凡事都想赢个“头奖”，却不懂给别人留点时间留点机会。谁不想参与？然而，这些人却从不停嘴，依旧冷落他人。对别人不尊重，自然也得不到别人的友谊。

你是否还在喋喋不休

小李曾与一家公司的公关经理谈生意。女经理不但人长得美，工作能力也很强，出国是常事，但她有一个缺点，就是话太多，一旦打开话匣子就停不下来，就像是离弦的箭，没法回头。就连自认口才高手的业务员小李，想要发发言，也没有开口的机会。女经理口若悬河，一旁的小李却是百无聊赖，很没有意思。半小时后，小李再也忍不住了：“不好意思，我有业务没处理完，先告辞了！”

看吧，没人会喜欢没完没了的个人表演。

很多情况下交谈主要是一方说，其他人补。因此，很多人并非用心去听，他要么心有所思，要么就是等着聊自己的事。“闻”与“听”，其实是不同的两种行为。“听”，是一种感官行为，不用控制；“闻”，则需要主动去听，代表了听得很认真。

“听”，是被动接受；“闻”，是主动接受，是用心去听去思考。人通常都有注意力不集中的现象。不仔细听，那么最终所给出的反应只能是敷衍附和。其实，你听没听，对方看得出。若是用心在听，反应就会是正面的，对方愿意对你开口。一旦获得这个角色，俘获人心就绝非难事。

一次，猫妈妈对自己的孩子说：“亲爱的，以后你就要靠自己了，好好学习觅食，才能活下去。”而孩子不知道什么能吃，它问妈妈，应该吃什么。妈妈笑笑：“你不用问我，你自己到别人家待几晚，注意听人们说什么。”于是小猫照做了，不出所料，它听到这样的对白：“嘿，关好厨门，小心猫，它们鼻子灵着呢，提防别把鱼让它们叼了去。”小猫知道了鱼能吃，第二天又有同样的对白：“嘿，香肠藏好，当心猫。”小猫又知道了一种食物。几天后，小猫掌握了很多食物方面的知识，兴奋之下来找妈妈：“妈妈，听是一种学习，以后也要这么做。”由此可见，倾听很有用。

听比说更受欢迎。静心沉默，用心倾听，这才是对别人真正的尊重。认真听人说，就能赢得别人的欢心，交到朋友。听人说，无论对事业对友谊，都有莫大的帮助。大家都对自己相关的事感兴趣，用心倾听别人，其实也是一种语言。你的全神贯注，你的真诚，你的理解，都是一种友好的传递，收到的将是同样的待遇。

认真倾听的人，口边常挂："对，是这样"或"真有意思"的话语，时不时发表一两句意见，很有必要。大家都愿意与这类人交谈，并且会很高兴，因为谁都希望别人能把自己说的话放到心里。

交流，是一种互动的行为，懂得倾听才能赢得他人的信任与喜欢。

宽容别人是在解脱自己

学会宽容他人，也便懂得了解脱自己。

不管你用什么方式指责他人，都会直接打击他的智慧、判断力、荣耀与自尊心。这会叫他想反击，而非顺从你的心意。即便你搬出所有柏拉图或康德的逻辑，也改变不了他的看法，因为你伤了他的感情。

因此，避免说这样的话："好，我证明给你看。"这句话相当于是说："我比你更聪明。我要告诉你一些事，让你改变看法。"

这是一种挑战，若你挑起战端，在你还未开始之前，对方已经准备迎战了。

即便在最温和的情况下，要改变他人的主意也不容易。

假如有人说了一句你认为错误的话，即便你知道是错的，也该虚心接受，随后，用探讨的语气提出自己的观点，这样对方才可能接受。

很少有人的思考极具逻辑性。我们大部分人都有武断、偏颇的毛病，也都具有固执、嫉妒、猜忌、恐惧与傲慢的缺点。所以，假如你十分想指出他人犯的错误时，请读一读下面这段摘自哈维·罗宾森《下决心的过程》一书中的话。

> 我们有时会在毫无抗拒或被热情淹没的情况下改变自己的想法，但是假若有人说我们错了，反倒会让我们迁怒于对方，更固执己见；我们的想法形成得毫无根据，但倘若有人不同意我们的想法时，我们反倒会全心全意维护自己的想法。很明显，不是那些想法对我们珍贵，而是我们的自尊心受到了威胁……

我们想一下，自己在说"不"同时心里想着的也是"不"时，身体是处在怎样的一种状况下？那也许会是所有的身体组织，从内分泌到神经再到肌肉，都会表现为抗拒状态，一种拒绝接受的状态。当然，情况倘若相反，说着"是"，心里的本意也确实是"是"时，便没有这种收缩现象发生，身体组织呈现出的也是前进、接受与开放的状态。

当我们错的时候，或许会对自己承认。但假若对方处理得当且态度和善可亲，我们也会对他承认，甚至因自己的坦白率直而自豪。

换句话讲，不要与你的顾客或对手争辩。不要说他错了，也不要刺激他，而应运用一点外交手腕。所以，倘若你的目的是让对方赞同你，切记："尊重他人的意见，切忌指出对方错了。"

这里有一个国外案例。

> 一位名叫卡尔的卖砖商人，因为与另一位对手的竞争陷入困难之中。对方在他的经销区域内定期拜访建筑师和承包商，告诉他们，卡尔的公司不可靠，他的砖块很坏，其生意也将要破产。
>
> 卡尔对他人解释说，他并不以为对手会给他的生意带来严重伤害。然而，这件麻烦事让他心中生出无名之火，真想"用一块砖来敲碎那人肥胖的脑袋当作发泄"。

"有一个星期天的早晨,"卡尔讲,"牧师讲道的主题是:向故意与我们作对的那些人感恩。我将每一个字都记了下来。就在上个星期五,我的竞争者让我失去了一份25万块砖的订单。然而,牧师则教我们应以德报怨,化敌为友,并且举了许多例子来证实他的理论。当天下午,我在安排下周日程表时,发现我住在弗吉尼亚州的一位顾客,恰因为盖一间办公大楼而需用一批砖,但是所指定的砖的型号与我们公司生产的不相符,但和我竞争对手出售的产品十分类似。同时,我也确信那位满嘴胡言的竞争者完全不知道有这笔生意。"

面对此事,卡尔左右为难,是应遵从牧师的忠告,给对手介绍这笔生意,还是依自己的意思去做,让对方永远也得不到这笔生意?

他的心中满是困惑,该如何抉择呢?

卡尔的内心挣扎了一段时间,牧师的忠告一直盘踞在他心中。最后,或许是由于十分想证实牧师是错的,他拿起电话拨到竞争对手家里。

接电话的恰是对手本人,当时他拿起电话,难堪得一句话也讲不出来。但卡尔还是礼貌地直接告诉他有关弗吉尼亚州的那笔生意。对手激动地表示感谢。

卡尔道:"结果令我很意外也很开心,他不仅停止散布有关我的谎言,甚至还将他无法处理的一些生意转给我做。"

卡尔的心里也比以前好受多了,他和对手之间的阴霾也得到了驱散。

以德报怨,化敌为友。这就是对那些整日想要叫你难堪的人所可以采用的最上策。

宽容是一种处世哲学,同时也是一种崇高的思想境界。

第三节　用包容代替责备

因包容而避免冲突

拳王争霸赛正上演着一场看似普通的比赛。

交战双方都是美国人，一个年龄较大，叫卢卡，约莫32岁；另一个年轻点，叫拉瓦，大约26岁。大战几个回合后，两个人半斤八两，各有千秋。下半场决胜局，拉瓦几次重击，卢卡的脸上伤痕累累。

第一回合结束后，拉瓦立即向卢卡表达自己的歉意。他先帮对手擦干净血迹，又用水为他清洗。整个过程都带着内疚，好像自己做错了什么事。由于上了年纪，体力下降，拉瓦的出击让卢卡一次次倒地。规定是，一方倒下，裁判便计数，时间规定内如果起不来，对方就输了。然而不等裁判数完，拉瓦就主动扶起对手。起身后，双方总是相视一笑，然后继续比赛。

之前的比赛从没出现过这样的情景。

最后，拉瓦赢了，大家都为他喝彩。拉瓦却很平静，他走向一旁的卢卡，把一大束鲜花送给了他。

最后双方相拥，互相祝贺，就像久别的亲人。虽然是对手，但不失情谊。他们紧握对方的手高高举起，向观众道谢。人群激动，报以更为热烈的喝彩声。

懂得包容才是智慧的体现，包容比暴力更有用。宽容待人是大智慧，做到这一点，便能应付不同的人，不断提高自己的威望。摆正自身与他人的位置，才能一直保持谦逊，不断进步。

“丢开责怪的包袱，才能飞得更高。”包容，解放的不是别人，而是自己。

一天，老板命麦克外出谈生意，并告诉他：“你需要助手的话，自己挑。”

麦克道：“林肯吧。”他的选择让老板很不解。林肯出了名的懒，缺点又多，怎么会选他呢？

麦克解释道：“这次生意很重要，林肯本是项目组成员，把他丢下了，他肯定不高兴。他若是搞内部破坏，那后果谁能预料？带着他，给点功劳，他就会安分。于己于人，这么做都不会错。”老板一听，觉得很有道理，对麦克大为称赞。

包容与谦让，是不可或缺的品质。适时地退让与包容绝不代表胆小懦弱，畏首畏尾。将心比心，设身处地，就能做到友善待人，平易近人。以柔克刚，才是大智慧，最终，你收获的将不可限量。

与他人争执时，懂得后退一步

与人相处，起了冲突，应学会忍让。忍一时之气，才能成大事。

《广笑府》中有这样一个故事：

有一对父子，都很要强，从不懂谦让，事事都想赢。一天，有人来访，儿子便出门买菜。买完肉,提着回家,走到城头,迎面遇上一人,双方僵持不下,谁都不肯退让,因此,两人就那么站着,一直僵持。

到了正午,儿子还不回,家里很着急,父亲遂出去寻找。到了城头,父亲看见儿子丝毫不肯避让。父亲很骄傲:好儿子,真像我;一看对峙者:哪来的小子,敢在我们面前撒野。他急忙走近,对儿子喊道:"很好,你拿肉回家,这儿交给我,我来会会此人,看他能坚持到几时?"

于是,父子二人调换位置,儿子招待客人;父亲代替儿子,继续与人对峙。一旁的路人见此景都捧腹大笑。

听完故事,不觉好笑:要想有所得,先要学会谦让。

由于一件鸡毛蒜皮的小事,两大文豪——列夫·托尔斯泰和屠格涅夫一度绝交。

1880 年,托尔斯泰终于忍不住给屠格涅夫写了一封致歉信,信中说道:"这些天回忆起我们的往事,不禁惊喜参半。我是您的朋友,一直都是,希望您也是这么想的。您的善良世人皆知,所以请接受我的歉意!"

屠格涅夫回信道:"读了来信,很高兴。我们不是敌人,就算曾经不快,早已忘怀——只有对友谊的怀念。"就这样过节没有了。然而,没多久,紧随而来的一次事件却又差点酿成恶果。还好,由于以前的教训,两人都很聪明地解决了。

一次,二人相约,来到一个庄园度假。某一天,二人相约打猎。屠格涅夫发现一只山鸡,立马开枪射击。

"打中了没?"托尔斯泰问。

"快放猎狗!打到了。"屠格涅夫高兴地回答。

不一会猎狗归来,嘴里却什么都没有。"应该没打中。"托尔斯泰说,"不然不会没有。"

"不可能!肯定打中了,我听到它掉下来了,定是猎狗没找到。"屠格涅夫很坚定。

二人没有争吵,但心里已经有了疙瘩,好像谁故意欺骗了谁似的。但这回两人都很理智,马上岔开话题,保持住了整个下午的轻松欢快的气氛。

傍晚,托尔斯泰让自己的儿子再去认真找找看。真相大白:确实打中了,只是不巧落在了树上。

儿子拿回山鸡时,两位老人终于释怀,哈哈大笑。

由此知道,有了争端,应该"求同存异"、"化干戈为玉帛",通过包容代替争吵。懂得让步,是一种智慧,而且是一种迂回的智慧。

生活中,正确的人际关系应该是以礼相待,与人交流、探讨时,不同的声音都不能轻视,要认真思考。学会为别人着想,生活就会多出很多路。多肯定他人的想法,如此一来,广采众言,才能不断提高自己,改善缺陷。所以,时刻谨记,对于反对的意见也要虚心听取。细想,或许错在自己,谁也不能保证自己永远是对的。

与人交往,懂得退让是必要的,适时地谦让绝不等于胆小怕事,它代表了一种智慧与大度。退让有时也是一种前进,要想走得更远,需先学会让一寸。让步才能带来更多和谐,才能更容易与人相处。平常所说的包容、忍让、开阔、韧性都是相容的一部分。

调节争端,最好的办法就是"双赢",从而轻松避开不利的情况。要知道,一味争吵毫无意义。有效地转移矛盾,才能做到双赢。

以高姿态化解对方的挑衅

相传古时候有这样一件事:

张琪接到调任,前往大名府接替陈强的职位。接手后,张琪发现院中有破损、坏掉的陈设,就雇人修理,以恢复原样。有什么缺失的物品器件,就尽量找回;有什么不合适的法令,也认真改进,弥补不足。待他调走时,陈强恢复原职,看到张琪的所作所为,大为感慨:“张公乃是高人,他的心胸比我宽广多了!”陈本以为之前二人不和,张必然会借机报复。然而张琪心胸宽广,并没有对过去的恩怨耿耿于怀,调任时,诚心工作,以自己的大度赢得了别人的信服。

大海正因为宽广,才能容下万千河流。入海的河流无不携沙带泥,若大海小肚鸡肠只想要干净清澈的水流,只能自掘坟墓。

生活在世上,不可能不跟周围的人接触。矛盾在所难免,沉着应对、平和相待才是正道。

鲍尔做啤酒生意,有个叫罗伯特的私营商欠了他2000美元久久不还。

一天,罗伯特找到鲍尔,大发雷霆,说他的啤酒质量太烂,顾客们都很生气,没人愿意再喝他的酒了;还说欠的钱也不会还了,因为鲍尔的啤酒太烂,并扬言要与他的公司断绝合作关系。

鲍尔努力忍住怒火,耐心跟罗伯特谈过之后,鲍尔竟向罗伯特道了歉,承认是自己公司的啤酒质量出了问题,他说:“你反映的情况,我会尽快处理。你欠的钱,就算了,就当赔偿你的损失,都怪我的啤酒质量太差了!至于以后是否继续合作,你来决定,不强求。你对我的啤酒不满意,我可以为你引荐其他的公司……”

鲍尔以柔克刚的迂回战术,很出人意料。直接要钱,肯定行不通。对方只不过找理由不还钱,曲解是非想要蒙混过关。谁料,鲍尔用了另一种方式,以柔克刚,处处表现出虚心退让,鲍尔等罗伯特示弱,立刻抓住机会,真诚劝说,解释了最近公司状况与将来的计划。

鲍尔最终用真诚赢得了胜利,说服了罗伯特继续与自己合作,还联系其他商家,与他建立了长久的合作关系。

鲍尔的这种行为,不仅赢得了罗伯特,还为自己赢得了新的商机。古语云:“退一步海阔天空。”争端总会有,若挥之不去,一味斤斤计较,最终痛苦的只能是自己。

低姿态消融他人嫉妒的壁垒

拿破仑说过,有才能的人处境其实很危险;被别人忽视很正常,而遭人嫉妒也不可避免。智者都懂得藏匿,使自己抽身于麻烦之外。

古语云:“木秀于林,风必摧之。”解释过来,就是大家希望人跟人之间没什么差距。现实中,过于出众,或多或少会引人嫉妒。这样很可能导致不必要的麻烦,为你的工作带来隐形的困扰、阻碍,既处不好关系,也办不成事。莎士比亚说:“嫉妒的朋友狠过敌对的敌人。”不懂得驱除他人的嫉恨,很容易遭人陷害,因此,要留心他人的眼光,是很必要的举措。

一旦发现周围有嫉妒的眼光,不妨尝试下面的方法:

第一,倾诉自己的不幸。一方胜利了,注定就有一方失败,此为嫉恨的根源。这时,胜利者的不幸将会是一种安慰,可有效地降低双方的落差。让人感受到你的谦逊,削弱你强我弱的敌对感,从而使其心态平衡。

第二,主动向他人寻求帮助。时不时示弱,表示自己不行,也是一种很好的方式。此外,多寻求别人帮助,能让其产生自豪与价值感,让对方认可你的成果。

第三,多称赞他人的成绩。你的出色令他人脸上无光,由此便会产生不自信,甚至自卑,这很容易让他人产生嫉妒。所以,经常对别人的成绩表示肯定,能缓解其心态上的不平衡。前提是不要虚情假意,要真心。不然会适得其反,后果只能是无果而终,甚至会引来更大的仇恨。

第四，主动示好。由于缺乏信任，彼此又不是很熟悉，使得嫉妒之火很容易燎燃。容易嫉妒的人，朋友不会多，眼界也狭隘。与人交往，不计较，不记仇，才有助于我们学会包容、体谅他人。所以，主动示好，互相帮助，加深感情，就能慢慢消除隔阂。骄傲最不可要，懂得体恤下属，嫉妒之矛就无法攻破他的坚强之盾。

第五，与人分享。有所成就时，不可盛气凌人，骄傲自满。与人分享成功，便能很好地缓和气氛。或许有人不领情，但不用强求，一切随意。

记住，“小不忍则乱大谋”，处处谦虚低调，是一种智慧，它有利于解决争端，并保证你的成功绝不会被扼杀于嫉妒的摇篮中。有人嫉妒，是好事；而能够有效解决，成功将来得更容易。

既往不咎，冰释前嫌

有了过节，有两个选择：一是大度释怀；二是争斗到底。当然，第一个才是正确的，应该好好掌握。

梅兰芳刚出道时，由人引荐拜了朱前辈为师。朱老见他一般，没什么特色，便没了兴趣，但因是人推荐觉得拒绝不太好，就应付着答应下来。次日，老师便让梅兰芳跟着自己学习眼神表演，朱老看他眼神愚钝，不开窍，给他判了“死刑”。而后教他唱《思凡》，开头是“昔日有个目连僧，救母亲临地狱门”。简单两句，一遍又一遍教，却不见成效，依旧唱得很难听。随后，气急败坏的老师将梅兰芳赶回了家，告诉他“不是这块料”。

之后，梅又拜入乔老门下，新的师傅耐心指导，他也很认真地学习，勤学苦练，夜以继日，最终学有所成，成为名角，刚到20岁便红遍大江南北。

一次，朱老听他演出，很吃惊，羞愧难当向他致歉，笑自己“有眼不识金镶玉”，请他原谅。谁料梅兰芳竟跪在他面前道：“朱师傅，快别说了，不是您到处鞭策，我可能就不会有今日！”然后又关切地询问朱老近况，隔日便去拜访。一年年过去了，他经常去向朱老师请教，非常尊敬这位从前的老师，直到老师离开人世。有人不理解：当初他赶你回家，现在为什么对他这么好？他说道：一日为师终身为师，尊敬爱戴，就算只学过一天，也不能忘记恩德。

或许只是偶然，但不难发现，能够做到不计较过去的人真的不多，不计前嫌是一种大智慧。不管是亲朋好友，还是左邻右里，不记仇，不记恨，以和为贵，生活将会变得更加和谐愉快。

小李跟小张以前是同学，为了感情，二人曾大打出手！几年后，小李找工作，谁料冤家路窄来到了张先生的公司，刚好他还负责人事部！小李知道后，准备离开，谁知小张主动叫住他，客气地询问他是否过来求职。小李回忆道：

“我本以为完了，已经放弃了，不料他却很热情地跟我拥抱，而且很高兴，希望我能来，最后，邀请我共享午餐。吃饭时，我提起从前打架的事，还说，若是方才面试的时候羞辱我一番，不是能顺便教训我？他却说，那时都是小孩，才会因为小事大打出手，这种事，出校门就忘了，就算记得，也是一笑了之，不值一提了……有了小张的帮助，小李很快便升迁了！小李认为，我比他要更优秀，然而我知道，为人处世，我比他差很远……作为同事，张先生真心相助，这样的人，怎么能不把他当知己呢……”

小李的故事，告诉我们一个很实用的道理。

有了冲突，特别是利益受损，脑海里第一个想法便是报复。可是，逞一时之快，暂时性地平衡落差，只是治标不治本，将来还有恶化的可能，“以怨报怨”何时了？化解矛盾，只有一个方法——包容。“宰相肚里能撑船”，宽容待人，才能赢得他人的好感。

《宋朝事实类苑·祖宗圣训二》有说:“以大度包容,则万事兼济。”人要学会宽容待人,这样才能做到大度,待人处世就能如鱼得水。

用爱消除隔阂

现实里,大家皆为凡人,自己是普通人,周围人也一样。相处中难免会出错,倘若对象是爸妈,我们还要去计较吗?难道不应该去体谅、包容吗?不用说,应当做到后者。

亨德尔很小的时候就表现出了自己的音乐天赋。父亲却反对他学音乐,强迫他学法律。父亲很严厉,为了让儿子按自己的规划走下去,父亲不让他念公立学校,不给他一点接触音乐的机会。

然而,他对音乐的执着却一点不减。亨德尔想方设法买了一把小提琴,并把它藏在一个十分隐秘的地方。入夜后,待大家都睡了,他便悄悄出门演奏。不料,事情最终败露。父亲很生气,大发雷霆,抢了小提琴,并砸成碎片,大骂儿子不懂事。父亲的所作所为,深深刺痛了小亨德尔的心,他觉得父亲不可理喻。父亲狠狠地警告他,今后再也不能这样做,不然就别再叫他父亲。小亨德尔没说话,心中却更为坚定,仍然决定要走音乐的人生道路。

然而,亨德尔却没有改变,甚至达到了一种忘我的境界。在母亲的帮助下,亨德尔又重新买了小提琴,一有机会就练习,一心一意钻进了音乐的世界。父亲知道后,恼羞成怒,对他说道:再这样,就跟他断绝关系,将他赶出家门。亨德尔很坚持,一心追逐音乐梦想,愤然离开了。然而没有了经济支持,他生活窘迫,十分艰辛,四处漂泊。

亨德尔流浪到巴黎,被一个善良的酒店经理接纳,一边工作,一边练小提琴。亨德尔努力工作,更是拼命学音乐。工作一结束,他便沉迷于音乐中。艰苦的环境下,年轻的亨德尔创作了像《伊多门里奥》、《费加罗》、《堂吉万尼》、《安魂曲》等享誉世界的名曲。

一天,来了一个特殊的顾客,顾客认准亨德尔是个天才,便请他上门教他的孩子,为他提供优越的环境。环境有了改善,亨德尔更加疯狂,将自己的才能充分发挥。很快便有人向提琴大家推荐他。听完他的演奏,列奥达多很激动,并耐心指出了几个小问题。在老师的帮助下,亨德尔终于获得了个人表演的机会,而他没有让人失望,表演很成功。

表演前期,他寄给了父亲一封邀请函,希望父亲来看看自己的演出,认可他当初的选择。这时,父亲正处在深深的自责中,碍于面子,他没有主动联系儿子。如今,接到邀请,父亲再也没有迟疑,他一刻不停地出发了。

表演结束,亨德尔手握着观众送来的鲜花,一脸兴奋地来到父亲面前。此时的父亲忐忑不安,准备接受儿子的指责。不料,儿子很高兴,握住父亲的手,说了一句谢谢,说自己的音乐天赋与创作灵感来自父亲,没有父亲,就没有今天的他。父亲心里知道,儿子并没有计较,儿子的心胸是多么的宽容,没有这种心态也不会有这么好的音乐。

之后,有人问道:“父亲的所作所为阻止你接触音乐,跟你断绝关系,你就这样原谅他了?”亨德尔很淡然:“不能忘了感恩,没有父亲,哪来的我?父亲的反对,反而激励了我的执着。他确实犯过错,谁不犯错,上天赐予人的最大天赋就是包容。这是我应该做的。”

亨德尔很大度地原谅了父亲,他用真情化解矛盾,主动邀请父亲,希望父亲好好感受自己的音乐。其实,正是包容之心才能使他最后走向成功。

包容的心能让人生活更顺心,不管是朋友、家人、夫妻之间,都需要这点。所以,现实生活中,对父母、子女、上级、同事、朋友,甚至路人……都应该这么做。包容,是为人处世的智慧和自身崇高修养的证明。

能真正做到以德报怨，离成功就不远了。

以包容之心接受建议

世上没有绝对的完美，人也一样。子曰："三人行，必有我师焉。"对于别人的指责与批判谦虚接受，你会发现除了极少数的恶意伤害外，主要还是好的建议。而遇事就想逃避或争执，只会越来越糟。

良药苦口利于病。面对批评，小气的人会耿耿于怀，而对于懂得包容的人来说这是一种财富。

面对不同的意见，应保持平和与谦虚。

赫金斯刚毕业的时候，从事过的职业包括伐木工、售货员、家教、作家。如今，却身为名校——芝加哥大学的校长。

然而接任初期，他面对的是批判、反对声不绝于耳，大多数人的理由是：他还这么小，又没经验，对教育体系认识尚浅，没有文聘……

赫金斯听到这些没有生气，相反表现得很兴奋。赫金斯宣誓任职时，有人告诉他的父亲："看看报纸怎么说你儿子的，说得很可怕。"

然而他的父亲却表现得更淡定，说道："对，说得很严厉。不过反过来想，死狗是没人屑于责骂的。"

由此可见，豁达、乐观的人更能有效地抵制外界的攻击。

现实中遭受了攻击，可以尝试以下几种办法：

(1)面对怒火中烧的人，针锋相对没有任何意义。可能批评的人正在气头上，与他争吵，只能痛苦自己。

(2)试图静下心慢慢说，使气氛缓和下来。保持冷静，同时能够保全自己。

(3)不要发怒，不要争论，否则让人觉得自己小气，就算批评很"无理"，也要坚持听完。

(4)不要打断别人，尽量听人说，如此一来对方发泄完便消了气，你也能保持平和心态与之交流。

(5)听完后再回复他人。你的主动谦让退步，是给对方最有力的回击。

(6)不时地重复两句对方的观点，说明你在听，并认真在听。这样不管你接不接受，别人都能消气。

宽容让摩擦去无踪

现实中，充满了各种琐碎繁杂，它们会影响我们的情绪、心境，会一点点消融我们的耐心。包容、原谅他人无心之过，不仅为我们驱除烦恼，更使我们赢得成功。

弗里德家境窘迫，为帮助家用，他开了个租书摊。一次，他被一群孩子围住。一个小孩故意将弗雷德绊倒在地，然后，其余人一哄而上，制服了他。其中一人问道："钱呢？藏在哪？拿出来！"孩子们在他身上乱摸，他倒在地上，气急败坏的弗雷德猛然发现有名警察正站在街对面，叫道："有警察！"抢劫者见有警察很害怕，准备逃走。其中一个稍一迟疑，让弗雷德抓住了。

警察走过来，厉声道："怎么回事？"看着没能逃脱的孩子已经脸色惨白浑身发抖，弗雷德道："恩，他是我朋友，过来帮忙的，我们闹着玩。"警察听完后，说道："弄完就快离开。"

之后,小孩很吃惊地问道:"为什么,为……为什么放过我?"弗雷德不答,而是反问道:"为什么出来抢劫?"小孩吞吞吐吐,道:"我们在这一带晃了几天,其实我们不是强盗,但是这两天没要到食物,太饿了,因此……""我看出来了,不是迫不得已你们不会这么做,我们都是穷人,我理解你们。"弗雷德很诚恳。

听完后,被抓的孩子很惭愧,弗雷德却笑着道:"你们如果想看书的话,可以随时来,我不收钱。"最后他们成了最好的朋友。

待人处世,要包容、体谅别人。古语云:"大度集群朋。"宽容的心,能够赢得更多的友谊。因此,有冲突,要容忍,体谅他人;不顺心,也要坦然,保持心态。生活中,遇事斤斤计较,最终吃亏的是自己,不如谦让些。学会发现别人的美,你就会觉得,其实很多人并没有那么讨厌。

把心放宽,学会克制

生活中,与人交往不可避免,大家位置不同,立场各异,有冲突、矛盾是很正常的。人际关系的不确定性正在于此,稍不注意,就会惹来大麻烦,于人于己都没有好处。

一天正上课时,怒发冲冠的两个男孩纠缠在一起,眼看冲突就要爆发,一人喊道:"快松开,老师来了!"他们松开各自的拳头,回到座位上,冲突暂时被制止了。放学后,"肇事者"不约而同地来找老师,老师心想这矛盾还没解决呢,其实老师想错了。

"我知道错了,对不起,我不该一味争强好胜,不知谦让。"一个率先说道。

"对不起,我也知错了,只是小事本没什么好计较的。"另一个也很惭愧。

"你们都知错了?"老师没想到两人转变得那么快,但仍然故作严肃。

"现在想想,太冲动了,您常说,要学会包容,才能与人和睦相处。现在我已经想通了。"他们都这么想。

"很好,具体的细节我就不再问了,都让它成为过去吧,希望你们从中受益。握个手,大事化小,小事化无吧。"

他们真诚地伸出了自己的手,仿佛都很理解对方。二人又和好如初了。

现实中,经常会由于无法控制情绪,最终导致矛盾激化,甚至大打出手。无意的冒犯,一句不顺耳,都能酿成恶果。要知道,很多案件发生的原因只是因为一时冲动。

马蒂是法国的一名普通警察,一天他便衣出门去市区。他想买包烟,正巧碰到一个要烟的流浪汉。马蒂买完烟,流浪汉便立马上前讨烟。马蒂很奇怪,不准备给他。二人越吵越起劲,气氛开始紧张。马蒂亮出警徽,说:"知道我是谁吗,叫你好看。"流浪汉不屑一顾:"一个小警察,能把我如何?"最后,两人大打出手。行人见了拉开他们,大伙都说为了一根烟不值得。

流浪汉松开手准备离开,临走的时候叫骂:"笨蛋,来抓我啊!"谁料彻底被愤怒填满双眼的马蒂冲了过去,只听到四声枪响,流浪汉怦然倒地……因故意杀人,马蒂将在监狱里度过余生。

一个人死,一个人坐牢,只因为一根香根。

个人情感总会有起伏。感情,即心中所感,对我们的人生有巨大的导向作用。所以,不懂得克制自己的人必然会犯错。懂得克制自己,才能控制好情绪。没有好的情绪,幸福就无从谈起。心中不悦,还谈什么幸福。因此,所谓的幸福也是一种感情,需要学会控制自身情绪来保证它。

自制,能很好地缓解矛盾,调节情绪,不要把自己看得过重,这样才能做到包容、谦让、理解和爱护他人。

第五章

职场成功需要包容

第一节　包容宽待下属

宽待下属，制造向心效应

宽容是一个成功的领导者不可缺少的品质。如果领导非常小心眼，每天为了鸡毛蒜皮的小事生气，对属下过于苛责，甚至会伺机报复、公报私仇，我想他的属下肯定会离他而去，最后他也变成了光杆司令。

对于下属不小心犯下的不是什么原则性的错误，不妨大大方方地原谅他，这是拉拢下属最好的手段之一。因为那些不触及原则性的事情，实在没有必要浪费过多的时间去纠缠，如果你懂得宽容地看待下属所做的一切，那么整个团队的凝聚力和向心力将会大大增强。

汉文帝时，吴王刘濞的丞相是袁盎，不料他的侍妾竟然和手下的侍从私通。这件事被袁盎知道后，不但没有处罚他们，更没有大肆张扬。但是有居心不良的小人去吓唬那个侍从，说袁盎一定要杀之而后快，吓得侍从狼狈而逃。袁盎听说这件事后，主动带人去找他回来，将侍妾赐给了他，还像从前那样对他委以重任。

汉景帝时，袁盎担任朝廷太常一职，被派往吴国当使臣。当时的吴王对朝廷已有反意，所以想伺机杀了袁盎。他让兵士将袁盎的住所围了个水泄不通，而这时袁盎对这件事情还一无所知。凑巧的是他之前赏赐侍妾的那个士兵正好在吴王军队中，还是这次围宅士兵的校尉司马，他自己去买了好酒，和五百多个士兵一起喝酒畅饮。当晚兵士们一个个都喝得大醉，倒头就睡，一个个全都躺在地上不省人事。这时侍从趁机去找袁盎，他叫醒了睡梦中的袁盎，并告诉他："赶紧逃命吧，天一亮吴王就会杀了你。"袁盎面色大变，连夜逃走了，可以说由此保住了一条性命。

上面的历史故事中，袁盎不仅有包容人的气魄和胸襟，更让人见识了他深谋远虑、目光长远的一面，也看到了他在用人任人方面的技巧和艺术。

公元199年，曹操与袁绍在官渡大战，在兵力上袁绍就拥有十万大军，且粮草充足；相比之下，曹操的兵力无法与袁绍十万大军抗衡，并且军粮十分短缺，在战争形势上没有任何优势。大家都认为曹操此举无疑是以卵击石、自不量力。更糟糕的是，在曹操的阵营里，早就有兵士及大臣打退堂鼓，还提前写信告知袁绍，表明自己早有投降之意。

双方在官渡扎寨半年多，许攸向曹操献妙计破袁绍，先攻其粮仓，让战争的形势对自己非常有利，接着一举打败袁绍。曹操从袁绍军营收缴了大量的文书材料，属下在清查这些书信的时候，缴获了那些和袁绍信件往来的证据。曹操二话没说，毫不犹豫地让属下全部都烧掉，还对属下说，这场战争敌强我弱，实力悬殊，我自己都担心战果，何况是别人呢。

曹操的举动，让那些有过投降之意的大臣们全都一心归顺了，极好地稳定了全局，笼络了人心。

曹操的这一做法确实非常有远见,他一举将分散的人心收回来形成合力。但是,并不是所有人都能做到这一点,这需要统治者具有非凡的气度和胸襟。当你能宽容地原谅下属的过错时,他知道自己的领导有海纳百川的胸怀,就能心甘情愿地为你效力。

以高姿态对待下属的顶撞

“宰相肚里能撑船”绝对不是表面文章和口头功夫,纵观那些有非凡成就的人,他们绝不会因为鸡毛蒜皮的小事情斤斤计较,因为这样毫无气度的人很难取得什么大的作为和成就。

领导者,说到底领导的是人,因此只有自身先做好功课,真正理解什么是人性,才能更好地选拔人才、任用人才。南怀瑾先生和彼得·圣吉分享管理经验的时候,就直言:“要成为一个杰出的、优秀的领导者,你自己首先得是完整意义的人,必须对人性有全面的把握。”怎样才是一个有真正意义的领导者呢?博大的胸怀是第一要具备的。只有博大的胸襟和气魄,才不会把自己禁锢在偏执狭隘的钩心斗角之中,才能体会到生命的真谛,才能发现人才、任用人才,成为发现千里马的伯乐。

不管在什么时候,人才都是世界所必需的!从古至今,人才的需求永远都不会达到饱和状态。优秀的领导者都有强烈的爱惜人才之心,枭雄曹操就这样放声感叹:“青青子衿,悠悠我心。但为君故,沉吟至今。”正是因为人才的难能可贵,所以历史上许多领导者为了获得难得的人才,对那些冒犯自己,甚至是对方阵营的人都不予追究,将他们笼络过来收在自己麾下。正是在这些人才的辅佐下,他们才有了经天纬地的成就。

齐桓公即位,马上下令全国通缉公子纠,还要一并治管仲的大罪。管仲获罪是因为他是公子纠的师傅,曾经想射杀齐桓公,幸亏齐桓公诈死才保存了一条命。管仲被囚,然后被送到齐桓公那里。鲍叔牙听到这个消息,在齐桓公面前极力推荐管仲。齐桓公非常愤怒地反驳他:“管仲曾经想用箭射死我,这种反贼还要我重用,你觉得可能吗?我一定要把他千刀万剐才能解心头之恨!”鲍叔牙还没有死心:“管仲射杀您那是因为他是公子纠的师傅,他的做法正是出自于他的忠心。并且说句老实话,我的能力远在他之下。主公要想成就自己的事业,管仲就是一个不可多得的人才。”

齐桓公心胸开阔,乐观豁达,听完鲍叔牙的推荐和解释,不仅将管仲无罪释放,还采纳了鲍叔牙的建议,任管仲为相,帮助齐桓公治理国政。管仲为辅佐齐桓公,进行了一系列大刀阔斧的改革,从内政到农业到经济发展,管仲开铁矿、造农具、开源节流,让齐国逐渐走向强盛。

齐桓公能将原来的仇恨大度地放下,对管仲射杀自己的谋逆之罪也既往不咎,他如何做到这一点的呢?首先,当时齐桓公与管仲是为不同的人谋事;另外,管仲的确有经天纬地的治世之才。当然最重要的还是齐桓公博大的胸襟。用博大的胸怀将对方阵营中的得力人才收入自己麾下,古代的领导者常常采用这样的策略。作为现代的领导者,如果能原谅属下的无心之过,原谅他们对自己的冒犯就是更难得的品质。

对一个领导来讲,首先应该把属下看成平凡的人,只要是人,大大小小的毛病肯定都有,至于犯些小错误更是在所难免。因此,每个成功的领导者都知道宽容地对待属下和员工。如果领导懂得原谅属下的无心之过,这样就能巧妙地赢得下属的好感。对于一些无关痛痒的小错误,领导可以“睁一只眼闭一只眼”,不要吹毛求疵,抓着一点小错误不放手。

《孙子兵法》最精髓的思想就是“攻心”。如何做到“攻心”?首先需要有一颗包容天下之心,对下属的无心之失能宽容地原谅。成大事者不拘小节,社会上的法令规则不能束缚他们,依旧坚持自己的原则,有自己的风格,根本不把领导放在眼里,甚至还会出言不逊、顶撞上司。如果领导对这样个性的人忍无可忍，绝对不能原谅，那么你可能就会终身遗憾了，因为这样的人才已从你的身边溜走了。

有张有弛是驾驭人才的刚柔策略

曾国藩的手下曾会聚了大量的能人奇士。殊不知众多的能人异士在一起，也会产生很多棘手的麻烦事。在奉命对太平天国的镇压过程中，曾国藩的部队组成非常复杂，有自己的湘军、李鸿章的淮军还有一部分绿营兵。刘铭传是当时淮军的一个将领，他精通兵书，带兵骁勇善战，在他的带领下，“吉字军”创下了无数奇功。同时，其他的将领也嫉恨他的部队拥有精良的武器。

有嫉妒之心就会做出不好的事情，清军将领陈国瑞就特别嫉妒刘铭传，趁他不在营地的时候，悄悄地带着一百多个绿营兵冲入刘铭传的阵营，在双方对抗中杀死了二十多个士兵，还趁火打劫抢了三百多条最新式的洋枪。陈国瑞甚至直捣刘铭传的房间，将他的长枪和古铜盘据为己有。

回来之后得知此事的刘铭传简直怒不可遏，带着五百名“吉字军”进行疯狂报复，发誓要让陈国瑞血债血偿。他们一路打杀，夺回被抢去的武器，但是他的古铜盘却怎么也没找到。这件事闹得人尽皆知，后来传到了曾国藩的耳朵里。他一听自己人内讧，顿时就气得火冒三丈。但不能否认的是，刘铭传和陈国瑞都很有才，尤其在镇压太平军的关键时刻，如果得罪了这两个将才，肯定对战事有不利的影响。

陈国瑞曾经是太平军的一员，一直和清朝作对，后来降清，效力于蒙古王爷，为他做事。蒙古王爷去世后，被曾国藩收入帐下。曾国藩对他也是心知肚明，陈国瑞是性情中人，脾气暴躁，就是当时的蒙古王爷，也对他客气有加忍让三分。但不管怎样，这件事情是由他挑起的，如果姑息纵容，今后自己又如何领军服众。

曾国藩思来想去，让人叫来陈国瑞，决定首先在气势上威慑他：“你曾经在太平军的时候可是杀了不少大清将士，这个我们还没好好算过吧？”陈国瑞天不怕地不怕，但是太平天国的这段经历是他的软肋，只能忍气吞声，不敢发表什么意见。曾国藩一看一招制胜，马上见好就收，又缓和下来：“我们都知道你骁勇善战，是难得的带兵将领和人才。”陈国瑞看曾国藩态度不强硬了，自己也就放轻松了。在二人的交谈中，曾国藩表达自己的态度，以后决不能再发生欺压百姓、在自己军营中械斗的事情了。陈国瑞得了好处欣然应允了。

像陈国瑞这样不好管理的人，宽容包含是绝对不够的。他当时答应得好好的，转身出了曾国藩的门就全抛到九霄云外了。看到这样的情况，曾国藩也没有一再退让，上奏皇帝对陈国瑞撤职定罪，要给他严厉的处罚和惩治，陈国瑞自然就不敢那么嚣张了。刘铭传通过这件事情也学乖了，他本以为曾国藩肯定要杀鸡儆猴，严厉制裁自己，没想到他只是批评教育了几句，并没有什么大的处罚。他当然感激曾国藩的宽容大度。从此，他也不敢这么放肆地惹是生非了。

作为领导者的曾国藩十分清楚，假如管不好自己的手下，让他们随心所欲，肆意妄为，那么肯定会出大乱子。但是，犯了错误就该严惩并不是通用的，要分具体的情况而定，有时候严厉的惩罚反而激发了人的反叛心理，结果可能会越来越糟糕。但是如果姑息纵容，听之任之，肯定会天下大乱，导致无法治理。

纵观那些取得巨大成绩的人，都能做到张弛有度，收放自如，这和放风筝的原理类似，拿着手中的线盘，就要做到该收就收，该放就放，收放有度，张弛自如，才能将全局牢牢地握在自己手中，才能将人心聚拢在一起，做出一番大事业。

我们的管理策略也要根据对象的不同及时做出调整。作为一个优秀的企业管理者，第一步就是弄清楚自己的手下是怎样的人，也要清楚怎样才能激发出他们的才能。关于这个问题，克劳利的做法值得我们学习借鉴。

克劳利在任段长的那些时间里，有一次险些因为疏忽发生大的错误。有两个在铁路上服务多年的工程师，经验丰富，技术过硬，但是有一次两人犯了个大错误：因为一时大意，差点导致两辆火车直接正面相撞。这种错误绝对是原则性的错误，按照上级命令，克劳利必须解雇这两个人，但是克劳利不同意这么做。“我们应该具体考虑事情，”他提出自己的观点，“确实，这种错误肯定是不能宽恕的，惩罚是必需的。但是可以通过批评教育来处罚他们，而不是将他们解雇，因为一旦解雇，他们就失去了谋生的手段。

“综合这些年的表现，他们的成绩非常优秀，铁路事业今天的成就，里面就有他们付出的汗水与辛劳。如果因为这一次过失，而将以往的功绩全部抹去，我认为这是不公平的，也是没有人性的。惩罚他们是应该的，但是开除他们是绝对不可以的。如果你一定坚持自己的意见，那么，就请你把我也开除好了。”

克劳利据理力争，最终取得了胜利，这两人继续留在铁路上工作，这次事件之后两人更加认真细致，努力地为铁路事业继续贡献力量。

许多人仍在坚信，只有严厉的上司才能激发员工的潜力，但实际情况往往不是这样。有的人天生就很叛逆，如果你对他苛责太多，反而会事与愿违；而对那些自控能力差的人来说，如果不严厉些，他们就容易走神，因马虎大意而酿成大祸。所以，管理者首先要了解下属是怎样的人，根据不同的性格特点再制定相应的策略加以管理。

广开言路，不可独断专行

看似非常强大的领导者会独断专行，但本质上反映出的是领导的弱智无能。我们仔细想想什么样的领导者会闭目塞听、一意孤行呢？往往都不是那些精明干练、睿智有为的领导者，反而是那些头脑简单、外强中干、懦弱无能的人。

项羽最后乌江自刎、无颜见江东父老的结局，很大程度都是因为他的独断专行。项羽当年大摆鸿门宴，本意是坐等刘邦赴宴然后杀之。但他坚持自己一贯的独裁专行，事前的部署也不够详尽周密，也没有和大家商议应对之策，就连在自己阵营的高层都没有统一思想，没有形成一致的建议，项伯和范增意见相悖，导致项伯反助刘邦逃走。

席间范增多次举起随身佩戴的玉玦，暗示项羽一定要作出决断，把推住这千载难逢的好机会。但项羽就是下不了决心。范增发现了主公的犹豫不决，便去找项庄，让其在舞剑的时候借机杀掉刘邦，才有了后来的“项庄舞剑，意在沛公”。见此情景，项伯开始拔剑对舞，实则是“以身翼蔽沛公”，竟然让刘邦安全地离开了鸿门宴，项羽失去了绝妙的杀掉刘邦的机会，造成后来乌江自刎的悲情人生。

这就是历史上有名的鸿门宴，我们不难看到，个人英雄主义不可能成就伟大的事业。无论个人的能力多么强大，要想实现自己所在集团的远大理想，就必须和自己的左膀右臂，甚至手下员工达成共识，得出一个共同的行动方案，集思广益之后形成最终意见，固执己见、一意孤行肯定是不可以的。

群体决策可以避免陷入个人决策的误区,从而在根本上避免失败。表达的意思非常明确,群体决策就是由多人共同参与,而不是某核心人物独断专行,民主是其本质特征。当我们制定某个发展决策的时候,除了企业的高层要参与,执行这一战略的相关部门、员工不是更应该参与其中吗?包括相关的技术专家、具体执行中的主管和员工代表等。群体决策的好处是显而易见的,群体作出的决策一定有广泛的群众基础,而每一个参与决策的人都不会把这些决定看成是被动地接受上级指示,而是自己参与其中商议后形成的"我们"一致的想法。

当然群体决策也有自己的问题,主要面临三种风险:首先,时刻以民主为原则,得出的结论往往是不同意见的"中和",因此决策的结果可能会走向平庸;其次,群体决策杜绝一言堂,鼓励不同的观点,很容易让居心不良之人拉帮结派,趁机争权夺利,这样一来会严重影响决策的效率;最后,在不断的民主商议中,仅决策过程就会耗费大量的时间,管理者的耐心也就被磨得越来越少,往往在简单的民主讨论之后就拍板决定,这样就违背了民主决策初衷,还会产生不好的错误导向及决定。

即使群体决策的风险犹在,但考虑其稳妥性、科学性还是利大于弊的。现代企业面临着日趋激烈的竞争和复杂的局面,如果想在竞争中取得优势地位,就必须保证决策的准确。创业者必须采用群体决策,才能从根本上首先避免失败,再集思广益作出最有利于企业发展的决定,才有可能取得最后的成功。

群体决策的应用技巧包括:

(1)随着年龄的增加和职务的提升,群体决策执行的效果就会不断地减弱,这时要多听取底层人民以及年轻人的意见和建议;

(2)群体决策的效果与人群数量有关,以 5 ~ 11 人为最佳,2 ~ 5 人小规模群体相对而言更容易得出一致性的观点;

(3)在进行群体决策时,平等地排列座位,不刻意突出领导,这样做出决策的效率更高,执行起来的效率也更高;

(4)领导者如果能让各成员参与评论,要开诚布公地对任何意见做出大胆评论,鼓励各参与者大胆发表不同意见;

(5)在群体决策会议上讨论某件事情的时候,切忌在讨论之前就对某种观点有明确倾向;

(6)会议的主持者可以"用心"安排一人专门负责表达不同的观点,发表不同的声音,在双方的辩论中明辨利弊。

尊重差异,有分歧才能有收获

事物是多面的,如果想要全面地把握某一事物,切忌闭目塞听,一意孤行,必须广开言路,听取多方面的意见,只有这样才能更加深入地了解事物的本质,才能选择出最合适的解决办法。因此,很多成功人士都以"兼听则明,偏听则暗"作为自己的人生格言,会听取各个方面的建议,博采众长,让自己作出科学合理的决策。

合作的本质,就是综合不同个体和不同心理作出决策,同时还要重视每个人眼中看到的不同世界。如果不同的两个人得出完全一致的见解,那么这二人留一个就够了。因为本质意见相同的两个人在一起交流,就不会产生分歧,如果在一起进行交流碰撞也得不出任何结论,是没有任何好处的。

聪明的管理者一定懂得博采众长、广开言路,能有博大的胸襟包容不同的质疑的声音,因为这是保证自己作出科学决策的根本条件。

本田车系的创始人是本田宗一郎。他因为对日本汽车和摩托车的发展作出了重大贡献而获得了“一等瑞宝勋章”的特殊荣耀。可以毫不夸张地说,在整个日本乃至全世界的汽车制造行业,本田宗一郎都享有盛誉。

1965 年,本田在研究所内开会,这次开会的矛盾问题就是汽车内燃机是“水冷”还是“气冷”。本田的观点是采用“气冷”内燃机,因为在他的领导下新开发的 N360 小轿车的内燃机都是“气冷”式的。

1968 年,一级方程式冠军赛如期在法国举行,在参赛选手中,有位车手参赛开的车就是本田汽车公司“气冷”式车型。但是在第三圈的时候,由于车速过快,车子完全失控,赛车直接飞出撞到围墙。没多长时间,油箱被引爆,车手来不及逃出被烧死在内。这件事震动了整个汽车行业,从那之后,本田的这类“气冷”式车子基本没有了销售市场。发生了这样的事情之后,大家一致提出研究“水冷”式内燃机车型,但是本田宗一郎没有通过这一提案。在气愤但又万般的无奈之下,有几名重要的技术研究人员决定辞职离开本田。

藤泽是本田公司的副社长,几名研究员的辞职让他意识到事情没那么乐观,他就这件事情打电话和本田宗一郎沟通:“如果公司没有技术人员,您认为这样的公司还能经营下去吗?”本田一时间无以应对,哑口无言。藤泽直截了当地告诉他:“我知道您一直反对水冷技术的研究,但是现在事实就摆在眼前。希望您能尊重那些致力于为公司发展奉献自己智慧和技术的同事!同意他们的提议和研究!”

本田宗一郎犹如遭受当头一棒,警醒的他马上果断地同意了他的想法:“好!”

于是,这几个主要的技术人员开始了水冷引擎研究,很快他们研究出了受市场欢迎的产品,大大增加了公司产品的销量。当初准备辞职的技术人员现在也都得到了重用。

柯维是美国著名的领导学家,他认为,博采众长、取长补短就是综合高效的本质与核心。而本田宗一郎也就是立足这一点广泛听取了公司各部门的观点,才得以让公司向更高的平台发展进步。就算有的人提出和自己意见相悖的观点,那也要听得进去,用包容的心态从中选择出最适合的方案。这样一来,每个参与者都会感到自己存在的意义和价值,当个体的自我价值得以实现的时候,整个团队的凝聚力和竞争力也会有质的飞跃。

所以,如果想要提高决策的效率和准确性、科学性,那就不要把自己封闭起来,闭目塞听,而应该广开言路,集思广益;多一些真诚,少一些争斗,给彼此多一些信任和尊重。

做一个给下属台阶下的领导

人非圣贤,孰能无过?生活中的尴尬场面是每个人都无法避免的。当一个人陷入尴尬境地的时候,一定会觉得颜面扫地,尊严尽失,如果这时你能为他铺一个巧妙自然的台阶,不仅化解了对方的危机,还给对方留下了很好的印象。

现在的领导者中不乏优秀的年轻人,刚刚走出校园就能走上领导岗位,这确实是可喜可贺的事情,但是他们也都会遇到一些棘手的人和事,特别是面对公司里那些资历很老的员工、出了名的“刺儿头”,还有对工作敷衍了事、马马虎虎的应付分子。作为领导者,往往会对他们进行批评教育以稳定人心,但你也会发现有的时候说服教育没有什么用处。

实际上,如果你发现了他的错误,自知即可,不要当面指出来让他下不了台。你可以找个合适的机会给他台阶下,让其既有机会改正错误,还保存了他的颜面。这样一来,下属意识到领导能顾全自己的颜面,改正错误后就能尽心尽力地为企业做事。

一家外企公司为了拓宽市场、提升自己的知名度，对环境卫生方面的细节工作非常重视，曾明令禁止工作时间不准抽烟，“禁止吸烟”的标牌在厂里随处可见，同时还有人不定期地巡视。有一天，几位老工人公然地在禁烟牌前大肆地抽烟，恰好遇见老总亲自巡视。不料他们依旧肆无忌惮地吞云吐雾，而且越抽越厉害，完全一副“天不怕地不怕”的样子。

我们都认为，这时候老总的反应肯定是气得火冒三丈：“禁烟牌你们都没看到吗？还想不想干了？”但是如果这样发脾气，事情就会更加糟糕甚至难以收场。因为那几位老工人肯定不是好惹的，不然他们也不敢这么放肆。谁知这位老总并没有像大家认为的那样破口大骂，而是拿出一包更好的香烟分给几位工人，态度很和蔼客气地对他们说：“哥几个，咱们一起出去抽个痛快！”这样一来，几个“刺儿头”反而感到羞愧了，这几位抽烟的工人主动向他承认错误，还承诺以后再也不会了。

有的人总是感情用事，遇到和自己行为意见相悖的员工，自己的情绪就很容易爆发失控。最好的方法，就是让自己先冷静下来，思考之后再作决定。

人在社会中立足离不开良好的人际关系，这也是取得成功不可缺少的条件之一。如何建立和谐的人际关系呢？首先要尊重他人，同时还需要有博大的胸襟包容他人，只有尊重他人才能赢得别人的尊重和认可。不难想象，如果连适应都做不到，爱戴与尊重又从何说起呢？至于从他人那里获得帮助与支持更是无稽之谈，想合作共赢、互利互惠成就自己的事业也是绝对不可能的。

善于推功揽过

《菜根谭》中有这样一段话：“完名美节不宜独任，分些与人可以远害全身；辱行污名，不宜全推，引些归己可以韬光养德。”中国古代贤人尤其注意推功揽过，这也是由人性的弱点决定的，作为领导者更应该具备这样的品质。哈佛大学肯尼迪政治学院的哈斯教授告诉我们，如果想成为一个伟大组织的领导者，推功、揽过和成人之美是必须要具备的三个要素。

子曰：“孟之反不伐，奔而殿，将入门。策其马曰：‘非敢后也，马不进也！’”这里描述的是一个战场中的细节之处。败仗之中无人愿意走在最后，但是孟之反却不这么认为，他让前方败走的人先撤，而自己却在危险中主动断后，逃到城门口了才敢快马加鞭，等赶上大部队之后，他却对大家说：“这并不是因为我勇敢为大家挡住敌人，而是因为这匹马根本就跑不动，险些丧了命啊！”

当你已经在人群中脱颖而出的时候，如果依旧锋芒毕露就很容易树敌。所以孟子提出，要有不为自己表功邀功的风格，如此才可避免引发同事的记恨和怨怒。

推功揽过更是一种道德上的美德，孟之反的精神是每个优秀的领导者都应该具备的，他留心观察身边的每一个人，从不为自己邀功，更不会推脱责任，这样才能在下属中树立威信赢得他们的尊重。但有的领导者经常在成绩面前为自己揽功。殊不知不论做什么，一人之力肯定无法完成，就算是不起眼的人尽的绵薄之力也是不容忽视的。当下属为公司作出贡献的时候，领导一定要记住绝对不能对这些功劳视而不见或者假装没看见。

能让下属死心塌地为自己做事的领导，在成绩面前，肯定不会将功劳全揽在自己身上；在错误面前，肯定不会推卸责任，找人当替罪羊。因为人们总是认为，就算领导没有直接参与，而下属因为一时疏忽犯了错误，领导也有不可推卸的责任，毕竟是他用人不当，也没有尽到督导的作用。当自己的下属犯了错误，领导不能将错误推得一干二净，更不能只想着找替罪羊承担责任，应该站出来力挺自己的下属，客观地澄清事实的真相，承担自己该有的责任，这样的领导才会受到下属的欢迎，下属跟着他才会有安全感，才会放心。

司马炎曾任魏扶南大将军一职,他率领征南将军王昶、征东将军胡遵、镇南将军毋丘俭合力征讨东吴,而东吴一方则派出大将军诸葛恪对阵。东征军兵败后,毋丘俭和王昶就各自逃命了。

朝廷要对这次带兵的将士作出惩罚,司马炎却说:"是我没有听公休的建议,才导致了今天的悲惨局面,既然是我自己的过失,就不能让将士们一同领罪,他们没有错。"雍州刺史陈泰请旨和并州的将士们共同讨伐胡人,而居住在雁门和新兴两地的士兵们,一听说要离开妻儿去远方作战,都决定要造反以示抗议。司马炎再次主动承担责任:"玄波伯何罪之有,罪责在我个人。"

老百姓都知道司马炎大将军从来不会推卸责任,有责任有担当,都非常敬佩他的勇气和心胸,因此愿意跟随司马大将军为朝廷尽一份力。司马炎主动承担了这两次失败的责任,丝毫没有影响自己的威望和声誉,还让自己在百姓和将士中获得了很高的支持。

有的领导在下属犯错误时,首先想到的是如何将自己撇在外面,和他们划清界限,也不管自己有没有责任就冲着别人乱发脾气,还埋怨下属不听自己的话,总强调"犯了错误我也管不着你们",这样一来既不能解决问题,而且还容易引发下属情绪失控,越来越鄙视这样的上司。聪明的领导者懂得在事后敢于毫不犹豫地承担责任,学会揽过应该是领导者必须具备的精神品质。

"知荣守辱",做自谦自省的高明领导者

"江海所以能为百谷王者,以其善下之。"越是能谦虚下来,放低自己的姿态,就越能将身边的人聚拢在一起。老子的这句话反映的就是谦虚自省对一个人的重要意义。

每个成功的领导者都知道自谦自省的重要意义。那些杰出的领导者,不仅仅是某个领域的专业技术人才,而且在各个专职部门都有建树。我们不仅要以权力、学识和所获荣誉来评价一个领导,还要看他是否具备虚怀若谷、谦虚自省的品质,是否能在不温不火中运筹帷幄、决胜千里。这也就是无为而无所不为的管理方式。任正非正是在不断地自我批评、否定和反省中取得进步,进而让企业不断发展进步的典型代表。

自我批评的意义是什么呢?任正非的《为什么要自我批判》一文中有详细的记载:

"那时候华为还非常年轻,具有年轻公司该有的活力与激情,但是幼稚与自傲却同时并存,特别是管理方面还有很多漏洞与不足。这时候想让公司尽快地成长壮大,就必须进行不断地自我批评。批评并不是全盘否定自己,批判的目的是进一步优化结构,从而使公司的竞争力有全新的提高。

"当今世界瞬息万变,变化发展是永恒不变的真理。只要有稍稍的犹豫不决,可能就会满盘皆输。如果闭目塞听,狂妄自大,听不进任何批评质疑的声音,那么和其他企业的差距就不是一星半点了。如果为了所谓的面子,企业只会一点点地衰落下去,兼并破产没准还是最好的结局;只有肯丢下虚荣的面子,承认自己的错误,想办法进行改革从而挽救危机,才能取得长足的发展。想要站稳脚跟并长期存活,超越是唯一的生存之道;超越的前提就是战胜自己,超越的条件就是及时发现错误、改正错误,因此自我批判是最起码的要求。古人云:'三人行,必有我师。'对企业而言,这三人,除了竞争对手之外,还包括敢于对华为提出质疑和不同意见的客户;对于非常谦虚的那些人来说,第二人就是那些对自己严格要求的领导和敢在你面前讲真话的下属。真正懂得爱惜人才、礼贤下士的人,没有什么困难是战胜不了的。"

华为之所以发展迅速,是在不断的自我批判中实现的。任正非表示:"少了长期坚持的批

评与自我批评，就没有华为今天的质量提升。中国人从骨子里就有自由散漫、坚守传统、不愿尝试新事物的性格缺陷，对那些日复一日、枯燥乏味的研究非常不屑，对那些相关的章程制度更是不屑一顾，这样一来，首先从态度上就不可能做到专业；没有尼姑面对青灯时的淡定与坦然，就不可能有在每天都重复进行的流水线前的态度端正和严肃认真，更何况同样的动作要重复几千次。不断地自我批评让华为战胜了中国人固有的那些不良习惯，使华为超越同行的业务水平，成为国际品牌。华为在不断地自我批评中，适应了日本和德国市场的发展模式，让公司在市场竞争中处于优势的地位。如果故步自封，不与国际接轨，就没有今天如此成功的华为。"

2000年，任正非发表《华为的冬天》，再次谈到了自我批判的意义，他说："华为鼓励员工进行自我批评，但并不意味着是相互之间的批评，因为如果那样，就会激发团队的内部矛盾。但是很多人进行自我批评时，总会有所保留，经常对自己心慈手软。但就算对自己心慈手软，所取得的效果也比不打好很多，更关键的一点是要长期坚持下来，如此才能有所成就。"

严于律己，宽以待人。任正非多次强调下属要积极展开自我批评，这样既能及时发现错误并纠正错误，还增强了公司的凝聚力和向心力，因此公司的进步是突飞猛进的。任正非是一个智者，因为他知道仅用商业手段创造的是暂时的、有限的小财富，只有用高深的智慧与谋略才能创造无限的大财富。我们在追寻梦想的道路上一定要时常进行自我批评，扫清前进路上的各种阻碍，为你的财富之路铺平道路。

春秋战国时期社会扰攘纷乱，动荡不安，老子要求每个领导者都应该像溪谷那样，谦虚自省，包容属下。一个领导对"道"在从认识、理解直到践行的过程中，做到言行一致，表里一致，对外需要用自己的智慧应对问题和挫折，对内更需要用智慧时刻检讨自己，躬身自省，时刻保持内心的清明澄净。只有这样，才能取得长足的发展。深谋远虑是领导者应该具备的品质，这也就要求领导者一定要有远见卓识，也就意味着领导者需要有掌控全局运筹帷幄的能力。

依靠强大影响力进行无为管理

在老子眼中，有四个不同层次的统治者：第一等的统治者，人民意识不到自己处在被人统治之下；稍次一点的，人们会对他发出赞美之语；再次一等的，人民对他的态度是畏惧和恐慌；最不好的统治者，人民唾弃他瞧不起他。人民是不会信任一个一次次失信于民的统治者的。统治者不应该是忙碌刻板、严肃苛责的，不能滥用权威发号施令。只有这样，才能取得自己想要的成绩，让人民发自内心地说："我们习惯性的就是这样做的。"

最高层次的统治者是让人们意识不到自己被人统治着。做到这一点就是领导的最高境界，是所有管理者学习的榜样。领导要无为而无不为，即无为而治。将所有的权威都揽在自己身上，出门前呼后拥，那不是成功的领导者。除了为企业发展谋得利益，还要尊重员工们作为人的基本人性，打心底里觉得在这个企业是幸福快乐的，努力营造自由的发展环境，让他们在你的企业积极发挥自己的价值。沃尔玛就是典型的公仆式领导方式的代表。

在最初刚刚创业起步的时候，沃尔玛公司的创始人山姆·沃尔顿立下了三条座右铭并流传至今：顾客就是上帝、尊重每一个员工、每天追求卓越。沃尔玛的组织关系呈倒金字塔状，也就是说金字塔的最基层是沃尔玛的领导，中间的基石由沃尔玛的员工组成，而最顶端的是顾客。"员工为顾客服务，领导为员工服务"是沃尔玛的经营理念。这种理念与现代商业规律运作非常契合。企业竞争归根到底就是人才的竞争，而企业的员工就是孕育人才的摇篮。企业的管理者要做的就是营造良好的发展环境，为员工创造发展机会，激发员工更大的热情为公司服务。当上级为下级提供良好的服务时，下级才能尽心尽力，真诚地为上级做事。员工这些重要的基石稳固了，才能谈公司的发展和提升。整个企业是一个巨大的磁场，企业管理者与员工只有互相吸引才能产生最大的能量。

但是，许多企业的管理者不明白这个道理。管理者每天都在埋怨员工工作不热情，业务素质低，总是偷工减料等。你可曾想过，领导给员工带来了什么？你为他们做了什么？你是一个合格的领导吗？很多领导从来没有考虑过给予员工什么，也不知道为他们的利益着想，因此在这样的企业里，员工没有安全感，也看不到希望，在这样没有希望的企业还不如选择跳槽。

沃尔玛的运作理念就是这类企业管理者应该学习的榜样。当公司颁行一些新的制度规则之前，肯定会在员工间进行民意调查："你们觉得如果实行这些制度，对工作有没有意义？具体表现在哪些方面？"在沃尔玛的领导者看来，最大范围地让每位员工参与到公司制度理念的制定上来，能让员工亲近企业，找到归属感。当员工对公司提出某些要求的时候，公司绝不会不予理睬，也不会将提建议的员工视为无理取闹者。相反，当员工反映自己的要求时，公司会给予高度的重视，组织相关的部门进行研讨，还会弄清楚为什么员工提出了这样的要求，是不是哪方面的工作没有做好，然后结合具体的实际情况进行适当的让步妥协达成一致，尽量满足员工提出的合理要求。

在沃尔玛，员工不是无关紧要的，而是公司组成的一部分，他们一直以来的理念都是：沃尔玛是由这些员工组成的，整个沃尔玛公司属于这里的每一位员工。沃尔玛员工佩戴的名牌上，只有自己的姓名，而没有经理与员工职务上的差别，总裁也是如此，因此对彼此的称呼就是最直接的姓名，不涉及职务上的称谓。这样做的目的就是让员工觉得自己就是公司的合伙人之一。虽然沃尔玛员工的薪酬福利不是此类行业中最多的，但这里的每个员工都是快乐的，因为自己是公司的一个组成部分，公司属于这里的每一位员工。

在薪酬及物质保证方面，"利润分红计划"、"购买股票计划"、"员工折扣规定"、"奖学金计划"等一系列物质奖励都是员工可以享受的。不仅如此，像带薪休假、每逢节假日应该有的各种福利、补贴、医疗、人身及住房保险等基本福利更是沃尔玛每个员工都能享受的。沃尔玛每一项计划制定的立足点都是"真正的伙伴关系"这一理念，在这一理念的指导下，员工、顾客和企业三方都可以获得利益的最大化。总而言之，这一系列的措施都让员工切实地感受到沃尔玛是所有员工的沃尔玛。

看了这些，我们就知道沃尔玛之所以取得今天成就的原因了。许多企业都从沃尔玛的管理模式上有所启发。在国内，沃尔玛就是一家饭店企业学习的榜样，"只有满意的员工才能带来满意的顾客"。这就是管理者提出的核心管理理念。某饭店员工近400人，这里面大部分是正式的员工，外聘人员也占了一小部分。而饭店的高层领导首先做的工作就是创造公平、和谐的工作环境，只要你有能力，不管你是正式员工还是临时外聘，都一律平等地给予培养和鼓励。

春节的时候，每个员工都可以享用饭店高层主管亲自下厨为他们包的饺子，还有主管们提供的全天候服务。那些有特殊贡献的员工，每年都可以获得晋级奖励，目前已经有10%的员工得到了这样的晋级奖励。定期地外出旅游、节假日的联欢活动也很丰富多彩。管理者的付出没有白费，付出的每一分努力换来了饭店业绩的一步步提升。整个饭店的环境是和谐舒适的，员工素质高，服务一流，到这里的宾客无不满意而归。因此饭店的生意也是日益兴隆。

企业人员的素质是企业无为管理的最大制约因素。清静无为、致虚守静、无为而治、无私不争是道家思想对个人品质修养提出的境界，现代企业领导者都可以从这些方面加强自身修养。无为管理实际上是化无形为有形，无为管理想要有所成就，主要依赖于管理者的人格魅力，即在不断地自身修养中提高自己的人格影响力。

引导下属进行良性竞争

水的作用在于清除污垢，使事物保持清洁如新，在自然法则中代表着修身养性、持正治身。这就是水德，管理者在具体的管理中也可学习水德，遵循事物的发展方向和规律，采用有效的治理方略，带领团队不断向前发展。

想做到“政善治”有没有什么具体的方法呢？“以正治国，以奇用兵。”管理人才的道理就如同治理一个国家，不是打仗用兵，所以根本上一定会“以正治国”。怎样做到“以正治国”呢？根本上就是遵循“万物负阴而抱阳，中气以为和”的规律，中和才是王道，才是管理之本。“和”就是在协调、求同存异中达到和谐。人才管理中的“中和”，就是说要明白每个员工的个性差异，做员工之间的润滑剂和调节器，将性格各异的员工和谐、有序地组织在一起，大家心往一处想，劲往一处使，形成强大的合力，发挥潜在的优势与潜力，扫除那些内部自我消耗的不良因素。

领导者还必须清楚，员工之间一定是存在竞争的，而竞争又有良性与恶性之分，良性竞争有利于提升员工的素质和能力，同时增强他对工作的热情。而恶性竞争不仅影响员工之间的感情，更对工作产生不利的影响，让企业处于内部的自相残杀之中，严重的恶性竞争还会导致人才跳槽，对企业而言是重大的损失。为了最大限度地激发下属的工作热情，恶性竞争是一定要避免的，而领导者要做的就是促成下属彼此间的良性竞争。心理学家提出，每个人都是有自尊心的，而“自己处在更有利的位置”或“自己在别人眼中是很重要的”是每个人潜在的心理，这就是心理学上潜在的自我优越的欲望。正是潜在自我优越欲望的存在，人类才有了不断向上的斗志，从而促使人类不断向上奋进。

当我们有明确的竞争对象的时候，这种自我优越的欲望就会更加强烈。如果我们能巧妙地利用自我优越欲望的潜在心理，找到一个与自己旗鼓相当的合适的竞争对象，同时也告知对方他是你的竞争对手，这样一来你们二人能在彼此的相互刺激和激励下共同进步。

德里克·泰勒被称为现代科学管理之父，他曾经在费城米德维尔钢铁厂担任工程师，当他对自己的下属进行管理时，就十分重视激发他们之间的良性竞争。他曾经对一个工作勤快、技术熟练的工人这样说：“杰克，这个工作很简单，你怎么完成得这么慢呢？你什么时候能向汤姆看齐呢？”

但是在汤姆面前他又说：“汤姆，你看看杰克，做事情勤快麻利又有眼色，你不能学着点吗？”

一个星期后，汤姆出公差刚刚回到厂里，看到一张字条，字条是泰勒留下的，让他做一个铸件，然后送到铁道开关及信号制造厂。泰勒写这张纸条的时间是星期六，第二天一早汤姆就完成了。星期日早晨，泰勒见到汤姆就问他：“汤姆，我给你留的纸条收到了吗？”

“收到了。”

“那你什么时候开始做呢？”

“已经开始了。”

“啊，预计什么时候完成？”

“已经完成了。”

“是吗？现在在什么地方？”

“按要求送到制造厂了。”

泰勒听了他的回答非常满意。同时他也惊奇于这种员工之间良性竞争的手法居然有这般效果。上司泰勒对汤姆的赞许之意溢于言表，汤姆认为自己的工作得到了认可也非常开心。

很多时候,找到一个竞争对手并不是一件容易的事情,这种情况下,领导者不妨特地为下属找一个竞争对手。看到那些没有工作热情的下属,你就告诉他:“你和某某某未来的发展前途都是不可限量的。”一句话就为他设定了竞争对手。

日本有一个多厂连锁的铸造厂,但是在诸多的工厂中有一个效益一直提不上去,员工慵懒倦怠,没有工作热情,总是不能在规定的时间内按时交货。生产出来的产品质量也不高,消费者经常来投诉。总厂的经营者也斥责过分厂的负责人,也尝试了很多改进的办法和策略,但是这些情况还是没什么改变,员工依旧没什么工作热情。

有一天,经营者发现自己安排给这个分厂的工作,耽误了很长时间都没有落实到位,这次他决定亲自上阵。工厂上班采用的是昼夜轮流倒班,夜班快结束了,他问身边的作业员:“一天下来能进行几次一个流程的操作?”作业员告诉他:“6 次。”听了他的回答,经营者拿起粉笔在黑板上写了一个“6”。到早班员工进厂上班的时候,看到了黑板上的数字,但是他们没有遵守“6”的标准,因为 6 次很轻松地就完成了,他们的标准是“7”,又到了夜班作业时间,夜班的作业人员为了超过白班的 7 次,竟达到了 10。就这样,一个月之后,这个工厂的业绩成了所有厂中最好的。

一支粉笔写下的一个数字一扫之前散漫不齐的阴霾,员工们为什么瞬间就爆发了?他们的力量就来自于竞争对手的存在。原本慵懒懈怠,缺乏热情和动力,有了竞争对手和奋斗目标以后,他们就士气大振,斗志昂扬。

但是,如果下属不愿意主动执行上司的目标,恐怕没什么实际效果,甚至负效也是有可能的。因此只有下属发自内心地主动去做事,才能有积极性和创造性,才能提升企业的经济效益。

由此可见,企业的发展离不开良性的竞争,它的存在,有利于员工在相互刺激和鼓励中共同进步,营造你追我赶的学习气氛,让大家积极思考怎样提升个人素质及工作效率,如何才能进一步创造更好的业绩……只有这样,整个公司才能团结一心,紧密地凝聚在一起。

不要放位不放权,不要干预下属的工作

老张是某超市的总经理,他在这个岗位上已经二十年了,在总结自己的管理经验时他这样说道:“用别人的手完成你的任务就是管理。想要进行行之有效的高效率管理,你就要懂得如何合理安排属下完成任务。如果总是怀疑自己下属的办事能力,他们做什么你都不放心,那也是对自己工作能力的质疑和否定。”

生活中不乏那种每天忙得晕头转向的领导,无论什么时候总是匆匆忙忙,什么时候见他都是忙碌不忆,关键是还没取得什么效果和作用。实际上他的这种状态都是自己造成的:永远都有做不完的事情需要自己亲自动手,因此就越来越忙,就越觉得时间紧张不够用。因为他怀疑自己下属的工作能力,怕他们出什么纰漏,总在担心如何才能将下属掌控在自己手中,每件事都亲力亲为,所以他总是很忙。换个角度去想,如果老张相信自己的下属,放心地将任务交给下属去做,给他们充分的自由,那就能将自己从那些琐碎的事物中解脱出来。

《吕氏春秋》记载,鲁国君主任命孔子的弟子子齐为某地的地方官,子齐又担心鲁国君主会被小人谗言所影响,会制定各项干预措施,让自己不能自由地去工作,在行使职权上被限制。所以,在他去上任出发前,向君主请求要两名近臣随他去上任。

到了任职地,子齐让随行的近臣写一篇报告,而他却在旁边干扰二人写字,故意在边上使坏,拽他们的胳膊,让他们的字写得歪歪扭扭。然后,子齐就大发雷霆骂他们,这两人也非常生

气，但是又不敢还口，所以请求回到君主身边。鲁君见派去的两个近臣这样快就回来了，就问了其中的原委，二人委屈地说："子齐命我们写报告，但故意在边上捣乱，故字写得不整齐，他就责备我们，然后无理地冲我们发脾气。我们是待不下去了，只能返回。"

鲁君听后长叹道："子齐是想告诉我不要限制他的工作，不要从上面用政策干预他。"于是，鲁君就命人去找子齐，表达了他的态度："从今以后，只要所做的事情是对国家有利的，你可以自行决定，五年之后，再向我汇报你所取得的成绩。"

子齐没有了后顾之忧，可以自由地行使职权，发挥自己的聪明才智，终于取得了非常不错的成绩。这就是历史上"掣肘"的故事。

子齐把这件事情告诉了自己的老师孔子，孔子对这样的做法也是点头称赞："鲁君是贤明的君主。"

这个道理在当今也是适用的。领导者用人的时候要充分放权，你既然任用此人，那就不要怀疑其能力，要免除下属的后顾之忧；切不能给了职位，却不给实际权力，空有一个头衔而没有实际的行使权力。

卡尔松是北欧航空公司的董事长，他曾制定一系列的改革措施欲改革航空系统中的弊病，改革的立足点就是信任下属充分放权，对他们的做法予以绝对的信任和支持。开始时，他致力于将公司改造成为欧洲最准时的航空公司，但一时间无从下手。在寻找该工作的理想负责人时，卡尔松一直致力于寻找最适合这项工作的人。终于有了答案，他找到理想中的那个人问："你能帮我个忙吗？如何将公司改造成欧洲最准时的航空公司？想一想这个问题，几星期后我们谈一谈，看我们能不能达成共识。"

他们在几个星期后进行了会面，卡尔松问他："现在你对这个问题考虑得如何？可以完成吗？"那人回答："可以，只不过时间有点长，花费有点高，大约六个月150万美元。"卡尔松插了一句："没有问题，愿闻其详。"因为他本来的预算远在150万美元之上。那个人也觉得有些意外，接着说："下面我将自己具体的想法和安排跟你汇报一下。"卡尔松说："这个就不用了，按你的意思大胆地去做就行了。"四个半月过去了，那人请卡尔松来验收自己的成果，他果然没有看错人。除了汇报自己取得的成果，他还为他省下了50万美元的预算花费，前后一共花费了100万美元。

卡尔松后来回忆说："假如当时我告诉他，'好，你现在最重要的任务就是把北欧航空公司改造成欧洲最准时的公司，你拿着200万美元按照我的要求怎样怎样。'那么又会是怎么样的呢，结果不言而喻。几个月之后他就会来向我汇报，'按照您的要求事情取得了一些进步，不过还没有达到预想的效果，可能还需要多加三个月，经费上也还需要100万美元。'这样拖拉下去永远都不能完成。无论现在他有什么要求，我都满足他，他按照自己的想法完成了你的任务就可以了。"

上文中的鲁君和卡尔松有一点是一致的，他们在用人时都明白：领导者用人如果只是开空头支票，没有充分放权，所有的事情都要自己亲手去做，这是对自己下属能力的怀疑。久而久之，属下的工作积极性会严重受挫，工作热情也会大减，让他们没办法尽情展示自己的能力。所以，领导要学会充分地放权给属下，如果他确实做出了一些背离工作中心的事，你再进行适当的干预和控制，将其带回工作主旨上即可。这样的做法能激发属下的工作热情，让他们的工作业绩不断攀升，同时对你更加死心塌地。

别让员工因你的责备而如坐针毡

说起兵器，很多人都对它唯恐避之不及。但是在今天的人力管理上，它却有非常特殊的与众不同的意义:成功的领导者一定懂得合理使用责备这一“兵器”。

当员工的情绪紧张时,工作效率很难保证在很高的水平。管理者又不是吃人的老虎,所以不要整天板着个脸,让员工见了你就像老鼠见了猫,看到你就浑身发抖紧张不安。企业管理者绝不能营造紧张压抑的工作环境,给员工制造大的压力,而是要学会充分调动员工的热情,让他们快乐地工作,把工作当成享受而不是负担。

一家著名的制药工厂的会议室里正在进行会议,这次会议围绕的议题是关于人才培训。首先,总经理发言表达自己的建议:“我们公司的人才培训是相当薄弱的环节,整个培训体系没有任何实质性的内容,即便现在有新员工的入职培训,但是后续的在职进修又跟不上。初入职的员工做工作多半都靠摸索,所以公司员工的整体素质不高,工作能力相对较差,这对公司的发展是非常不利的。”经理的这一番话让大家非常紧张。会议的核心本身是讨论改进人才培训的体系,但是总经理一上来就是一顿牢骚,让与会者都不敢多说什么,此时此刻真的就应了“沉默是金”这句话了。

可想而知这次会议不会有什么进展。几日后,由公司副总经理牵头,再次针对这个问题开会讨论。他和总经理的指责埋怨不一样,而是采用商量的语气和大家一起讨论。他说:“经过我对公司员工培训进行抽样,发现它确实存在一些问题。所以,今天咱们坐在这里谈谈如何改进人才的培训。希望大家就自己的观点谈一谈,集思广益!”副总经理刚说完,大家就积极地进行头脑风暴,提出了很多建设性的想法,最后达成了一致性的改进建议。

由此,我们又联想到,员工要是犯了错误,可能少不了领导的指责,或许领导的本意就是希望员工能多一些责任心,让他下次不再出现类似的问题,训斥或者指责只是一种警示,关键是下次不要再犯。然而,有时候批评没有这样的效果,因为批评的时候没有注意语气和方式,批评太多,员工就会产生更大的逆反之心。英国行为学家波特说过:“当领导批评自己的下属时,他们记住的往往是开头的两句,剩下的基本都没听进去,因为他们的注意力一直集中在搜寻论据反驳领导的批评上。”所以说,领导千万不要揪着员工的一次错误不放,不要时不时地把以前的错误拿出来唠叨个不停。

人都渴望被人认可、被赞扬,只有高涨的工作热情才能带来最佳的工作效率。如果员工已经意识到自己的错误,公司的领导者就不宜再做过多批评。很多时候,鼓励和赞扬的效果远比批评指责好得多。批评也是有学问的,让员工真心觉得在批评中学到了东西才是有价值的批评教育。我们简直难以想象,如果员工对工作毫无兴趣,又怎么可能尽心尽力,更不可能有什么突破性的工作成果。因此管理者需要把员工当成自己身边的朋友。

杰出的企业领导者懂得如何开导犯错误的员工,他们绝不会抓着一次错误大做文章,对于批评和质疑都很少用。洛克菲勒以勤俭节约闻名于世,他告诉我们,紧靠吝啬是不足以取得成功的,重要的是面对犯错误的员工,不能紧抓着错误不放手。爱德华·贝佛是洛克菲勒在生意上的合作者,由于自己的疏忽,爱德华·贝佛的一个小差错给公司带来了近百万美元的损失。包括自己在内的几乎所有人都确信,贝佛这次绝对会被洛克菲勒骂得狗血淋头。不料,洛克菲勒却告诉他:“你让我们全部投资的60%得以保全,做到这一点真的很不容易,但是我们不能保证下次还能这么幸运。”

犯了错误之后,责备已无意义,因为这时候的责备可能完全无济于事,最重要的是看看有没有挽救和弥补的措施。无休止地对他人的错误加以指责和批评的人是愚昧的。有远见的管理者更看好员工的未来和潜力,至于过去的错误就别再提了,只有这样,才能在错误之后扭转乾坤。如果因为职权允许就责备员工,那会让管理者越来越蛮横无理,还会严重挫伤员工的积极性和热情,久而久之,管理者就会失去自己的员工成为孤家寡人。

第二节　用人之长，容人之短

唯才是举，不以个人好恶用人

子曰："善用人者为之下。"要想收复他人为己所用，要学会礼遇他人，处处把自己放在低位。要知道，人才必有自傲的一面，一味打击，伤害他人自尊，是不可能真心服你的。孔明说过："士为知己者死。"你不用真情，是得不到别人的诚意的。

汉武帝刚即位，权力由窦家掌控。他礼贤下士，下诏各地，推荐有才之人，由此，公孙弘、庄助等一批人才奉诏进京。董仲舒也是因此来到了京城。

董为当世奇才，年少成名，熟读各类史书，早在先帝时期就位列博士，游学讲书，博学众采，令人称服，四面八方学子都前来求学。武帝看到他一篇文章，大加称赞，十分钦佩。武帝有次下令群臣进言，董仲舒发挥才能，表现出众，给武帝留下了深刻的印象。

如此，武帝身边的有才之人越来越多，均受到重用。被赞为"为人多大略，智足以当世取舍"的韩安国，起先去北方做了都尉，转为大司农，武帝得权后，更升为副相。说到汉赋，其中最著名的就要数司马相如了，他的才能其实不仅如此。武帝懂得用人，建元时封他为郎官并将他调回京都，主管文章公告颁布。随后，以朝廷使节的身份远行南夷，安抚南方部落。唐蒙、庄助擅长谋略，口才极佳，武帝便命二人为夜郎国与东欧国的使臣，二人也没有辜负圣恩，于建元时顺利完成使命。

武帝真正掌握大权，是在窦太后去世后，他才开始放手治理国家。首先，清除了窦家余党，以其舅舅田玢为相，提拔韩安国。随后又命各地推荐人才，并诏告天下，凡有才或有功之人皆可破格提拔。

那时有个叫朱买臣的吴国人，爱读书，但家里贫困，年过40岁，连供给家养都困难，不得不以砍柴为生。妻子嫌弃他太穷，离开了他。朱便独身一人，边砍柴，边读书。50岁时才去了京城。入京后，经人推荐，得到召见。武帝对他的才能很欣赏，封为大夫，伺候左右。朱买臣一夜之间平步青云。

之后，朱上书："越王把守东方，拥兵自重，一夫当关，万夫莫开，如今他迁都大津，离泉山很远，没有了天险，如今去攻，必可势如破竹，直取大津，破掉东越又有何难?"武帝闻言很赞同，即刻命他为会稽太守，说："大富大贵没有什么，都是身外物，今此一役你便可光荣退休了。"朱果破越王，归京后武帝封他主爵都尉，位列各卿首位。

《汉书》有这样的记载："汉之得人，于兹为盛。"的确，汉朝武帝时期，先后提拔了卫青、霍去病、程不识等一批人才，这些人都为武帝开创盛世立下了汗马功劳。

纵观历史，凡是有所成就者均以"江山社稷用人为先"为准。会用人则国兴——桓公有了管仲，终为霸主；有了韩非、李斯的帮助秦王才能击溃六国，统一天下；孔明相扶，促成三国鼎立；明太祖朱元璋用真心诚意征服了刘伯温,使其甘心为自己效劳。

唯有良好的人际才能助你取得成功。聪明的领袖知道:任人唯贤,而非凭借一己私情。

千里马常有,而伯乐不常有

国内最大的房地产公司万科集团,被誉为地产人才的“摇篮”。什么办法使万科既能实现自身发展,又能人才辈出?

万科的诀窍是“50”加“500”。万科的人事部门有个特别任务,即定期审核,将底层有才能的员工提拔为后备军,包括中下层五百人、中上层五十人。就像赛马一样,业绩越高职位越高。对于五百人,审核采用问卷、培训、规划的方式,充分发掘职员的能力;对于五十人,则是深度座谈、单个沟通的原则,不但发现了员工的潜能,更能发展这些潜能。

很关键的一点,便是更多的审核时间,同时提供了很多机会实习,所以,对于能力出众、才华横溢的“潜力股”,在需要的时候,随时都能派上用场。采用“50”加“500”的延续策略,万科有效地保证了人才链的不中断。

上述例子说明,最可靠的人事升迁,便是实践。实践需要时间、环境的检验,由于此种方式的根据是平日的综合表现,所以反映的情况更为真实。招聘也是一样,面试时确认,工作中观察,理论实践结合,才能不走眼,找到你想要的人才。不管什么标准,不给人才展现的机会是不行的,再好的马也得有条跑道。

《已亥杂诗》中有:“我劝天公重抖擞,不拘一格降人才。”意思是,国家兴旺,离不开人才。放在如今,也是一样,无论什么公司要想持续发展,都离不开人才。

英雄不问出处,有才能皆可利用。舜是一介贫民,傅为普通工匠,胶鬲卖鱼出生,管夷吾出狱后被提拔为宰相,孙叔敖来自南夷,百里奚当上宰相之前只是一个市井小人。人才到底怎么挑选呢?所谓慧眼识英雄,具体怎么做,可以借鉴下面的故事。

春秋时,魏国国君文侯对人才很礼遇,一天,一个位置出现空缺,两个人选都很不错,他感到很为难。他便召见谋臣李克,询问道:“俗语说‘家贫思良妻,国乱思良将’,目前我们国力衰弱,因此急于寻找能助我渡过难关的良相。这两个人都很合适,选谁好呢?”

听后,李克思索片刻,道:“王,你之所以不会选,是因为缺乏观察啊。”文侯忙说:“什么意思?你有什么看法?”李克道:“自然是有,看一个人,首先观察与他来往的是些什么人,由此可得其品;再者看大富大贵后又与哪些人来往,若是自己富贵便忘了穷朋友,一味往上攀交,则此人不可用;再看他举荐的都是谁,若是诚心诚意辅佐您,就会广推贤良;最后再看他离职后,什么做什么不做,已无官职,却还是一副官老爷的架子,就像当官的时候心安理得地接受百姓和其他下属官员的钱财,就表明他的心是不忠诚的,是心口不一的一个人;因为太穷所以不忍心拿他的钱,但是如果因为家穷就去偷钱,那也说明他的品德是有问题的。参照这五个标准来审视这些人,你就能作出自己的判断了。”魏文侯听了之后点头表示赞许。

李克刚出来恰好碰见翟璜,于是翟璜就走上前去着急地问他:“听说魏文侯关于相国的事情召你入宫,情况怎么样了?”李克说:“相国确定为魏成子。”翟璜觉得这对自己非常不公平,满心的怨气:“魏成子究竟有什么好?大王需要一个西河太守,我向他举荐西门豹;大王想取得中山,我又及时地向他推荐了乐羊;大王需要一个师傅来教自己的儿子,我又忠心耿耿地推荐了屈侯鲋。事实证明,西河治理得很好,中山也如大王所愿,王世子的品德也越来越好,你怎么不推荐我做相国呢?”

李克说:“你和魏成子具有可比性吗?魏成子所获的俸禄,绝大部分都用来招罗人才,才有了从外国招来的子夏、田子方和段干木。他向大王举荐这几个人,大王以师长之力尊敬地对待他们。再看看你推荐的那些人,充其量只能算是魏文侯的臣仆,所以你不能和魏成子相提并论。”翟璜默不作声,满心无奈地说:“你说的这些听起来都非常在理,看来我真的不如魏成子。”果不其然,魏成子成为魏国的相国。

历史上选能任贤都有这样一个规律可循,当朝代的政局逐渐稳定下来之后,很多臣族的门第之见往往会影响人才的选拔。“拔识于稠人”意思就是从百姓中选拔优秀的人才,这基本是不可能的事情。因此才有很多人壮志未酬,对国家的各方面建设也非常不利。

选拔人才需要真正有眼光的伯乐,需要公正客观,品德才能是选拔人才的唯一标准,不能刻意地包庇自己的亲人。《红楼梦》中贾雨村言:“玉在匣中求善价,钗于奁中待时飞”,正是那些想一展抱负的人心底的声音。大文学家韩愈也曾仰天感叹:“世有伯乐,然后有千里马。千里马常有,而伯乐不常有。”千里马难寻,但是发现千里马的伯乐才更是不可多得的人才。

能发现人才、任用人才,是每个伯乐必须具备的领导能力。

选人才应以德为先

团队想要取得成功,领导者的能力再强也是不够的,在他的身边必须有得力的助手。但是想成为协助领导的左膀右臂并不是容易的事情,这时,领导者必须具备从人群中选拔人才的能力。

选贤任能是基本原则,挑选出最适合某个职位的人,就是大家需要的最优秀的人才。有的人自觉身边的人是最优秀的,因此肯定能成就一番伟大的事业,实际上很多时候并不是这样的。在一个集体中,各方面最优秀的人未必就是最合适的人选。

选人最先考虑的应该是德,其次考虑的才是一个人的能力,我们不能因重才而刻意地轻德。有才而无德更是不可取的,这样的人会成为危害社会的奸邪之人,没有本事而空有德行也是不可取的。有德无才的人也只能成为老实巴交的人,他们为人正派,但是恰恰缺少个人能力和技术,这样的人也没有实际的用武之地。

诸葛亮的大德大才堪称千古一绝,举贤任人也做到了德才兼备。他选贤任能、精心栽培出蒋琬、费祎、姜维等一干人才,继承自己理政、治军的本领。蒋琬刚来到蜀国阵营的时候担任丰都县长,刘备巡视时恰好遇见蒋琬喝得大醉,完全不理会一县的政事,刘备看到这种情况气得暴跳如雷,一怒之下欲杀之而后快。诸葛亮非常了解蒋琬的品行才能,于是当即为他求情。刘备一向很尊重诸葛亮的意见,毫不犹豫地采纳了诸葛亮的建议,蒋琬才逃过一劫。在诸葛亮的提拔下,蒋琬为丞相府长史,每遇带兵出征的时候,蒋琬都可以保证士兵和粮草的供给。诸葛亮用“忠雅”二字高度评价蒋琬的为人,称其为成就蜀汉王业必不可少的人才。诸葛亮病危之际,在给刘禅的密信中写道:“臣若不幸,后事宜以付琬。”

诸葛亮死后,蒋琬执政蜀国,对蜀一片赤诚之心,他还有着宽广博大的胸怀和气度,懂得团结身边的人才,审时度势制定国策,使国泰民安。蒋琬重病奄奄一息之时,又举荐了费祎。费祎知事明理,通晓天文地理,有他在无人敢犯境,魏人丝毫不敢打西蜀的主意。姜维继承了诸葛亮毕生的技能所学,以兴复汉室为己任,虽然在多次的北伐中没有取得完全的胜利,但至少魏人也不能随意侵犯。直到司马昭带大军讨伐蜀国,昏庸无能的刘禅拒绝了姜维提出守住阴平的建议,才让邓艾有机会攻下成都。刘禅不仅自己投降卖国,并且下令让姜维也跟着投降,姜维的计谋是先假投降再伺机复蜀,虽然他的心愿一直没能实现,但是他的忠烈后世可表,堪称万世典范。

刘备临终托孤于诸葛孔明,诸葛亮、蒋琬、费祎、姜维等人鞠躬尽瘁地辅佐蜀国,才保证了刘禅41年的皇帝之位。与蜀国相比,曹操死了之后曹丕篡汉,虽然魏国政权也存在了45年之久,但是自从17年前司马懿发动政变夺取曹爽军权之后,魏国早已名存实亡,可以说大权掌握在司马懿手中,这样算来魏政权也就只有短短的28年而已。吴国在孙权死了之后,孙亮继承帝位,集团内部矛盾重生、利益冲突不断,国家一天天衰落,最后被晋灭国。孙权的后人也只坐了27年的皇帝。纵观魏蜀吴,只有蜀汉的政权稳定,没有内部的钩心斗角和争权夺利,正是得益于诸葛亮用人重视德才兼备。

吴魏政权中不乏专业技能和素质非常高的人,但是做人的基本道德素质很低,这种人能力再强,也不可能成为杰出的人才。

宋朝的司马光对德才关系的了解最为精确独到。他认为德与才一定是不能分开的整体,德统率着才,而才发挥着德。根据他说的才与德之间的微妙关系,司马光把人分为四个大的类别:圣人就是德才兼备的人,愚人是既没才也没德的人,君子是德比才强,小人是才比德强。如果用人的时候圣人与君子都没有,那么在小人和愚人中必须挑选一个的话,还不如选择那些德才兼亡的愚人。因为有才无德的人会成为奸邪之人,这种人比无才的人更具有祸害性。

司马光指出,人们在挑选人才的时候,首先看到的就是人的才,而没有重视一个人最重要的内在的品德。历史上的奸臣小人、卖国求荣之辈,他们绝不乏才,但却无德。在举贤任人等关系重大的时候,一定要选出最合适的人,所谓最合适的人不能只看能力不看品格,而要综合考虑其德,还要有团队合作的精神。只有这些德才兼备的人做助手,才有可能成就一番大的事业。

任人唯贤,量才录用

古人云:治国之道,唯在用人。与世间万物相比最宝贵的是人。国家领导人深谙其中的道理,那么大大小小的企业管理者通常也要懂得任人唯贤,量才录用。用人与决策是紧密相连的。当领导者统筹全局,作出决策之后,还有许多工作需要落到实处,用人就是选择最合适的人选完成这些事情。

国际竞争日趋激烈,人才竞争直接决定着能否在竞争中处于优势地位。美国钢铁大王卡内基曾说过:“就算我现在的公司一夜之间化为灰烬,只要和我一起努力的团队集体还在,我相信给我三年时间我还能成为钢铁大王。”领导者的首要要求就是重视人才。

当然,一位领导者只懂得重用人才是远远不够的,合理利用手上的人才是最重要的,这就是“任人唯贤,量才录用”。李世民在这方面堪称表率,成为后世学习的榜样。

自汉代大一统,又经历了魏晋南北朝的动荡局面,虽然后来隋朝统一了全国,但是在魏晋长期的动荡战乱和隋朝短暂的繁荣之后,唐太宗面对的是政治、经济百废待兴的局面。大力发展经济,提升国家实力,是他上台执政面临的第一要务。唐太宗深知要想治国安邦关键就是人才的选用,因此他有明确的任用人才的标准:“今所任用,必须以德行、学识为本。”为了更好地践行自己提出的目标,唐太宗一直以“任人唯贤,量才录用”为选贤任能的准则。

在朝政安邦上,唐太宗任用勤勤恳恳具有治国大才的房玄龄;在国家军事事务管理中,大胆任用能文能武、精通兵法的李靖将军;在面对文武群臣纳谏的问题上,敢于大胆直谏、不徇私情的魏徵深得皇上赏识;谈到上传下达皇帝的诏令,文彦博的公平公正得到他的认可……这正是“任人唯贤,量才录用”的具体表现，唐太宗以此为原则形成了自己优秀的人才治国团队，成就了政治、经济、文化和民族关系的太平盛世，开启了“贞观之治”的盛大局面。

“夫争天下者必先争人”，历史上很多人才的得失直接关乎国家的安危，这样的事例在历史的长河中不胜枚举。不管统治者登基时面临的是怎样的动荡或安稳局面，也不管他自身有多么强大的能力，如果他狂妄自大，不以人才为重，那么，最终肯定是飞蛾扑火走向灭亡。

无数的历史事实都说明这样一个道理：能否重用人才直接关系着天下的得失。作为一个集团的领导组织者，除了知道自己产品的市场销售情况，对人才市场的把握更是不容忽视的，应最大限度地掌握人才的信息。另外，善于寻找人才也是非常重要的，还要有一双善于发现人才的眼睛，选用多种多样的方式吸纳各方面的人才。同时广开言路，海纳百川，将天下的才能人士收在自己麾下。

日本三洋公司的总裁井植薰深谙人才的重要性。他认为，要想成为优秀的企业领导者，除了成为能发现千里马的伯乐，更要学会爱才、用才。笼络人才已经是非常不易了，但是对一个企业来说，是否合理地使用人才，发挥他们的价值才是最重要的，这个问题关系着企业的存亡。

一次，井植薰大费周章地挖墙脚才得到了一个知名高校的高才生。这个人的才华绝对没有任何问题，井植薰决心好好栽培他，于是安排他到对技术要求很高的三洋电机工厂去锻炼本领。但是，去工厂待了一段时间以后，这家厂长向井植薰申请调离这名高才生，他说：“他在这里根本没有用武之地，什么事情都不会做，看还有没有其他适合他的部门呢？”井植薰听完之后又问他：工厂安排他做什么工作？厂长说具体的安排他没有经手，具体的安排要看技术部门。他又说：你觉得这个年轻人哪些方面有不足？厂长还是支支吾吾讲不出个所以然来。

于是，井植薰很真诚地跟厂长交谈：“让他去其他的部门当然没问题。但是他确实是同时被招录的新员工里最有才华的，那些当时不如他的职员在其他部门都能表现很好，为什么在你们厂就无用武之地呢？我认为这中间肯定有你的安排失误。假如真的有人要职位调动，那我看就应该最先从你开始。”

井植薰重视人才，爱惜人才，得到一个人才已经是非常来之不易，而任用人才却是难上加难。如果属下不懂得合理地用人，那么他为了留下难得的人才，会选择让下属离开，而那些不会用人的人只能离开。人才是一个集团的灵魂，如果组织者不懂得爱惜人才，重视人才，再强大的组织也会慢慢衰落，如此一来发展更是无从谈起。纵使一个人才华横溢，如果上司不懂得将他安排在合适的位置，他的一身才能也无用武之处。

孟子说：“夫人幼而学之，壮而欲行之。王曰：‘姑舍女所学而从我。’则何如？今有璞玉于此，虽万镒，必使玉人雕琢之。至于治国家，则曰：‘姑舍女所学而从我。’则何异于教玉人雕琢玉哉？”孟子的话非常明确地告诉我们一个道理，用人的时候一定要懂得将人才安排在合适的位置，让其发挥本身所学的知识，遵循“任人唯贤，量才录用”的原则。拿破仑也曾说，选拔人才并不是最困难的事情，之后该如何使用人才，让他们发挥自己的本领才是最重要的事情。不管用什么方式和渠道发现人才、笼络人才、选拔人才，这一切目的都是善用人才。

不拘一格看人

每个人都有自己独特的优点，每个人也都有自己的不足和缺点。有缺点是人之常情，不是什么大不了的事情。人非圣贤孰能无过，就算是圣贤也有缺点，也会犯错误，不管是待人接物，还是对人对事，都要善于发现别人的优点和长处。

懂得欣赏别人同时也是让自己被人赏识的方式。每个人身上都有自己的闪光点，学会发现他人的长处和闪光点，我们能从中体会到欣赏的快乐和趣味，他人也会因为被人赏识而感受到存在感和喜悦感，在这样的欣赏与赞美中相处会更加自然。金无足赤，人无完人。我们要善于发现别人的优点，学习他人的优点。如果想要虚心向人求教，取他人之所长，前提条件应该是发现并认可他人的长处。

老王长期研究咖啡，开一间属于自己的咖啡馆是他一直以来的愿望。只要有时间，他就会四处品尝咖啡。在咖啡馆除了喝咖啡，他还会留心不同咖啡馆的精心装潢和布置。有一天，他和朋友约好一起喝咖啡。朋友知道他素爱咖啡，这一次更是带着朝拜的心情和他一起来到咖啡馆。但运气不佳，这家咖啡馆似乎不对他的胃口。

朋友问他："味道如何，这里的咖啡还对你的胃口吧？"

他脸上没有任何表情地回答道："没什么！"

朋友还不死心接着问："装潢有什么值得赞赏的地方吗？"

他依旧冷冷地说："没什么。"后来朋友和他一起陆续去了各种各样的咖啡馆，也喝到了各种口味的咖啡，"没什么"，是他对所有咖啡的评价，所有他曾经去过的咖啡馆，"没什么"已经成为他的口头禅，听起来还是不屑一顾的语气。朋友心里琢磨：可能他喝了太多的咖啡，自然要求比较高，而这些咖啡馆或许真的不怎么样。

无独有偶，有个女孩对西点蛋糕特别感兴趣。从前，无论什么时候她的口头禅也是"没什么！"除了品尝西点，她也抓紧时间去学习专业的糕点知识，闲暇时间就去向专业老师请教，自己还会亲自动手做西点蛋糕。刚刚开始跟老师学习的时候，她依旧保持自己的脾性，不管在什么地方，也不管吃着味道怎样的蛋糕，她所有的评价标准都是三个字："没什么！"这不冷不热的评价，让别人感觉她在鸡蛋里头挑骨头。

半年之后，她在"西点蛋糕初学班"的课程结束，她现在对待问题的态度和以前截然不同，现在是不管在什么地方品尝哪种风味的西点蛋糕，她都会细细品味并研究糕点的配料、制作过程和烘焙时间。如果做糕点的师傅恰好在现场，她肯定会去找她问蛋糕的制作过程，一起探讨怎样才能做得更好。

朋友回应她："你现在和以前真的非常不一样。以前的口头禅是'没什么'，现在变成了'有什么'"。

"没错，你刚才说得非常正确，每件事情的存在都有它的价值和意义，都是'有什么'的，可能你还没有发现它的重要性。"

人们总是存在着挑毛病的心理，总是看这个不满意，那个也不能让自己顺心如意，但是自己又提不出合理有效的解决办法。如果将对他人的挑剔和不满，代之以各种方式努力改变自己，不要对什么都"没什么"，应该是"有什么"地看待一切，你就能发现别人身上的很多优点。

生活中，每个人都渴望别人发自内心地赞美，也都渴望得到别人的赏识和赞扬。如果你用欣赏的目光看待别人，那么对方也能如你所愿。因为期待别人的肯定和赞赏是人之常情。

当你带着欣赏的眼光看待对方，我们也能从中收获一份愉悦和快乐。因为在欣赏和赞许的目光中，我们看到的是和谐与美好。如果你每天都能发现身边人的一个优点，并且发自内心地赞美他的长处，那么我要祝贺你，你有了最宝贵的乐观谦虚之心，你还拥有谦卑高贵的灵魂。一味地和别人攀比是白白浪费时间，应该学会欣赏别人，感受心灵的愉悦。

每一处黑暗的地方都渴望光明，禾苗都渴望雨露的滋润，每个人都向往着美好的未来。或许他只是被人丢弃的瓷器碎片，凝脂般的釉色从来不属于他，不会被人收藏，甚至没有人会多看一眼，但是，你一个鼓励的眼神，可能就给他了生存下去的勇气和希望。

人尽其才

一个成功的管理者明白这样的道理:对待人才,如果“学非所用,用非所长”,那就是浪费人才,只有懂得知人善任,才能使人才发挥自己的聪明才智。管理学大师德鲁克说过:“一个人拥有的最好机会就是自己的长处。”但凡那些优秀的领导者都知道这个道理:作为管理者,一定要善于发现他人的长处,制造机会让人发挥自己的长处,最大限度地使其能力得以发挥,还要有包容他人缺点的胸襟,把劣势逐渐转化为优势,这样才能把握机会取得成功。中国的管理者们一直努力践行这样的用人之道。

孟尝君来到秦国,秦国昭襄王借机把他软禁起来。

孟尝君得知秦王非常宠爱一个妃子,就找人请她说情,帮忙把自己解救出去。妃子让人转告他:“救他也不是什么难事,但是要以他那件银狐皮袍作为交换条件。”但是事情就是这样巧合,孟尝君刚到秦国的时候已将自己的银狐皮袍献给了秦王,现在这件皮袍就收归在秦王的内库里。孟尝君有一个特别擅长偷盗的门客,他趁黑夜摸进王宫,趁人不备的时候悄悄地潜入内库中,偷出了那件袍子。孟尝君用银狐皮袍和秦王的宠妃做交换,妃子提出的要求实现了,她也遵守诺言向秦昭襄王说情放了孟尝君。看在爱妃的面子上,秦昭襄王发了过关文书,就同意放孟尝君回国去了。

孟尝君拿着过关文书,但还是担心秦王会出尔反尔,马上领着门客头也不回地奔向函谷关。半夜的时候终于到了函谷关。当时秦国的惯例是,听到早晨鸡鸣的时间就是开城门的时候。孟尝君有个手下特别擅长模仿鸡叫,很能以假乱真,人们根本分辨不出来到底是真是假。于是他灵机一动,就让这个门客学鸡叫。连续的鸡叫声把附近的公鸡都带动起来跟着打鸣。不知内情的守关人还是按照惯例,听到鸡叫声就放心大胆地打开了城门,看到孟尝君手中的过关文书就放他过去了。后来秦昭襄王果然反悔,马上派人去函谷关紧追,但是早已人去楼空。

平时不被人待见的贩夫走卒、鸡鸣狗盗之徒,关键时刻也能发挥重要作用。孟尝君身边如果没有这些人,他的后半生恐怕要在牢狱中度过。唐代陆贽就深谙这一道理:“若录长补短,则天下无不用之人;责短舍长,则天下无不弃之士。”唐代韩愈说:“大匠无弃材,寻尺各有施。”用人何尝不是这样呢?在世界上存在着的每个人,总会有用得着他的地方和机会。而领导就要善于发现人的价值,给他发挥能力的机会。只有将每个人都放在合适的位置上,才能最大限度地发挥其用处。优秀的领导懂得知人善任,而能否做到这一点也直接关系到做事情成功与否。

《贞观政要》详尽地记载了李世民的用人之道。李世民说:“明主之任人,如巧匠之制木。直者以为辕,曲者以为轮,长者以为栋梁,短者以为拱角,无曲直长短,各有所施。”李世民并不是纸上谈兵,他也确确实实做到了这一点。

李世民在大臣的集会上对王珐说:“你擅长鉴别不同类型的人才,评论人才更是你的强项和优势。请你从房玄龄开始,对他们一一点评,然后进行纵向的比较,看你自己在哪一方面更胜一筹。”

王珐回答说:“为公事勤勉认真,为国事勤恳尽力,全心全意地去做好职权范围内的所有事情,这一点上房玄龄做得比我好得多;敢于直言纳谏,大胆地向皇上质疑,甚至提出批评和不同见解,魏徵确实让我佩服;李靖将军能文能武,精通兵法,在外能带兵打仗,入朝后还能胜任宰相的职务,这一方面是我不能企及的;汇报国家事务,条目清晰,详尽准确,便于查找,能公平公正传达皇上的政令，温彦博在这方面强我很多；所有繁重细碎的事物都能处理得有条不紊、井井有条，戴胄又值得我好好请教和学习；我的强项应该就在于鉴别官员，对贪官严厉制裁，对廉洁好官加以赞赏，这就是我比他们强的地方。”

唐太宗听完之后不断地点头称是，在座的大臣对他的评价也是心服口服，一个劲地点头表示认可和赞许。

王珐的评价集中反映了唐太宗手下大臣的典型特点，每个人都有自己最擅长的部分和领域，而唐太宗恰能抓住每个人的特点，知人善任，故在所有人的努力下共同营造了“贞观之治”的太平盛世。在真正懂得如何用人的人看来，没有一个人是所谓的废物，就像真正武艺高超的人那样，根本用不上刀剑等利器，在他们手里一片树叶就能克敌制胜，关键就看你如何使用让他们各自发挥优势。

没有赏识千里马的伯乐出现是不幸的，如果领导不能做到知人善任，就是优秀人才最大的悲哀与不幸。因为，你只能靠着“是金子在哪都能发光”的信念存活，总是用“天生我材有用”进行不断的自我安慰。让每一个人都能学有所长，长有所用，在合适的位置上发挥自己的能力，就能安邦定国、家庭幸福。

管理人才重在扬长弃短

人都会有自己的长处，当然也有不足和需要改进的地方。作为领导者，如果致力于寻找完美的人才而过于挑剔，那么肯定会让你失望。过度的苛责只会带来失败和挫折，即便严格要求也要把握好其中的度。我们不能苛求星星发出太阳般闪亮的光辉，只要它能将黑暗的天空点缀；不能苛求小草长成参天大树，它能有片绿荫就够了；不能苛求一朵花能带来一片春天，它能给我们带来一丝生机和希望就足矣。有了这样的德行和修养，你就能在生活中得到更多的快乐和趣味。

曾国藩曾说：“概天下无无暇之才，无隙之交。大过改之，微暇涵之，则可。”这句话的大概意思就是在说，没有缺点的人是不存在的，没有缝隙的朋友也是不存在的。无论犯下了多么不可原谅的错误，给他一个改过的机会，殊不知饶恕是最大的美德，做到这些就足够了，就有了包容人的气量。

能够成就一番大事业的人，首先要具备博大的胸怀和包容人的气度。他们有一双善于发现别人优点的眼睛，而不是一味挑剔缺点，因为他们懂得扬长弃短地看待别人，以此来弥补自己的短处和不足。相反带着挑剔的眼光去看人，你见到的任何人都是一无是处的，并永远发现不了别人的优点，人与人相处带来的矛盾与摩擦也就在所难免。如果遇到什么事情都要斤斤计较，那只会虚度光阴，一事无成。因此不要为那些小事情斤斤计较，海纳百川，学会用博大的胸襟包容他人，这样你才能在有限的时间里去做更多有价值有意义的事情。

这一点在企业用人上也是非常重要的，企业在选拔和任用人员的时候，更要包容自己的员工。不能因为下属的一个缺点而将整个人都否定，只有以包容的心看待自己的属下，才能成为受人尊敬的领导。

李强是刚刚从外地调回北京的教师，他已经41岁了，至今还没有找到合适的工作单位。终于他从许多应聘者中脱颖而出，被一家私营公司录用。面对上层的质疑，人事经理回答道：“他与别的应聘者不同，回京后一直处于待业状态，如果我们能给他这个工作机会，他就会觉得这次机会来之不易，在工作上会更加努力。至于年龄，虽然有些大，但是这样的人比那些年轻人更加踏实稳定。虽然只是本科学历，但是他已经有过教师工作的经历，加上吃苦耐劳的精神，学起来肯定上手特别快。我可以打包票，他以后肯定大有作为，能成为人上人。”果然李强成为公司业务上的骨干精英。

每个单位的员工都是参差不齐的，总会有力量相对弱一些的人存在，这个时候管理者切记不能把他们视作累赘，如果你够英明，就将他们放在适合的位置上，让其学有所用，那么他们就能为企业的发展贡献力量。特别是对公司那些偏才怪才，领导更应该花心思对其进行打磨，创造机会，让他们展示自己的特长和优势。当他们去除了锋利的棱角之后，可能会成为公司不可多得的人才。

其实，改造偏才的棱角不是像择菜那样，不应该一味地要求他们改掉所有的“棱角”。真正有智慧的人都知道，无论长处还是短处，二者的共同存在才是一个完整的人，因此要长短结合，优势互补，让他们互相配合紧密协作，最终将力量汇入企业的大集体中。世间本来没有完美的人，当然也没有谁身上全是缺点无一处优点。在其位，谋其政，管理者应该学会知人善任，让他们在适合自己的位置上发光发热。

用欣赏的眼光看待他人之短

林语堂先生的著作《童仆阿芳》中，有对一个叫阿芳的童仆的描述：

15岁的阿芳看上去古灵精怪的，做事勤快、手脚麻利还很有眼色，是一等一的工作好手，但是还有些小脾气，也容易闯祸，难以管教。虽然她勤快麻利也有眼色，但是论起她打碎的杯子盘子，却比其他佣人多得多。她领导着手下的众多佣人，别看人小却也没人敢不服她的。

阿芳也挨了很多骂，无外乎就是好好干活，其他的事情就不要费心了，但也丝毫没起到任何的作用。后来索性就放弃了。这样做并不是纵容她的错误，而是林语堂先生真的认为阿芳的能力绝不只是做佣人这般。阿芳没来的时候，家里换灯泡、修马桶等各种杂物事都需要先生操心。而这些琐碎的杂事又会影响先生读书写作，阿芳来到家里后，这些事情完全可以自己摆平，这才让林语堂先生腾出时间做其他的事情。因此他才得出“阿芳有特赋的天才，多能鄙事”的结论。

至今还有一件事让林语堂先生记忆犹新。先生非常爱惜家里的打字机，阿芳对那个东西也很好奇，没事的时候也去研究研究。突然有一天这台机器“罢工”了，先生埋怨是阿芳玩坏的，然后就出门办事去了。先生办完事回到家后，阿芳兴奋地告诉他，打字机已经让她修好可以用了。这可让先生大跌眼镜。这件事情后，他就认定阿芳是聪明的同胞。

读了上面的故事我们不难感觉到，阿芳果然聪明伶俐，当然也有那个年龄孩子的叛逆和个性。这些也曾经困扰着先生本人，可是他没有整天想着怎样让阿芳服从管教。因为在他看来，阿芳虽然有些难管，但做事情麻利勤快。所以先生的生活更加丰富多彩，阿芳对先生也更加尽心尽力。

这则小故事启示我们：我们都渴望得到他人发自内心的赞赏和肯定，因此要学会欣赏别人、理解他人、尊重他人，苛责与挑剔只会让事情更加糟糕。

老李的女儿今年上初二，正处在青少年最有逆反心理的时候，基本听不进父母的话，三天一大吵两天一小吵。老李在一本书上看到欣赏他人是非常重要的，他决定在家里试试欣赏别人。一天晚上，女儿告诉他要外出约会，很晚才回来。他才开口劝了两句，正值叛逆期的女儿脾气又上来了，直接和父亲吵了起来。

这个时候，老李改变了自己平常一贯的做法，他满脸微笑地欣赏着自己的女儿，一改往日以牙还牙的做法。老李的改变也让女儿觉得意外，对他的做法也是非常不能理解，慢慢地她自己也平静下来，问：“爸爸，你今天似乎和平时不太一样！”父亲神秘地笑了笑：“女儿，我欣赏你。

你有足够的勇气争取自己想做的事情，你的行为是非常难能可贵的！你真是我的骄傲。爸爸爱你，也希望你能健康快乐地成长。”

爸爸的话让女儿非常感动和意外，她一把搂着爸爸说：“爸爸，你是我最爱的老爸！您放心，我今天肯定早早回来，不让您在家担心。”女儿高兴地出门了，妻子过来温柔地对他说：“你今天怎么这么聪明，真的难以想象，你也能这么温和地跟女儿说话。”老李突然灵机一动，不妨在太太身上也试试“欣赏”，就说：“以前是我脾气不太好做事也太强硬了，还经常冷落你。现在我知道了，要欣赏和感激我爱的你们，讲话方式和处理事情当然就变啦。聪明的不是我，而是你既聪明，又蕙质兰心。”

听到这样的夸奖，太太有点受宠若惊：“我还蕙质兰心？40 多岁的女人了，豆腐渣喽，美丽早就离我远去，已经不属于我这个年纪了。”老李马上严肃认真地强调：“不！亲爱的，你真的很漂亮，尤其你的眼睛最为漂亮迷人！”

“我 20 岁的时候还差不多。”太太开始羞涩起来。

“不，现在你的眼睛更加迷人，真的！”丈夫的话语依旧非常坚定。

“真是这样吗？”太太被他说得不好意思了，满脸的灿烂微笑，脸上洋溢着幸福和满足。

懂得欣赏和感激，你看到的是和谐与美好，如果是憎恶与挑剔，你看到的就是黑暗与不足。因此不要只看到别人的短处，并且还无限制地放大，带着欣赏的眼光发现别人的长处，你将会更加快乐地生活。

对他人能力的充分肯定和最大利用就是用人之长，对包容智慧最巧妙的运用就是包容他人的短处。没有人是完美的，我们不能一味地纵容忽视自己的不足，而将他人的短处无限制放大。相反，有海纳百川胸襟的人，能带着欣赏的眼光看别人的短处，从中看到这个人独特的长处。不仅是包容一切的伟大气魄，更是尊重别人的一种美好品德。

不管处在什么样的场合和境遇，也不管是对朋友、家人甚至陌生人，首先要允许弱点的存在，不要因为这些弱点自己一直耿耿于怀，只有带着欣赏的眼光看待别人，我们才能成为受人尊敬和欢迎的人。

合适的才是最好的

不尝试是没有发言权的。企业要想取得长足的发展，离不开一流的管理团队，更离不开一流的企业管理者。作为企业的经营管理者，如何任用企业中形形色色的人成了关键。有才能的人就应该“竭其力”，有计谋的人就应该“尽其谋”。当今世界国际竞争日趋激烈，说到底就是人才的竞争。从发展的长远角度来看，人才的归属决定了企业的前途。

有智慧的管理者往往挑选的不是最有才能的人，而是挑选出最适合自己需求的人，即使他现在还有很多的不足。因为，只要能将此人放在合适他的位置上，不仅公司能发展，他本人也会随公司的发展而不断进步。

列尼·雅布龙是一名理财专家，但他的“小气”也是远近闻名、人尽皆知，下班时间到了，冷气不会多开一分钟，欠别人的贷款也是一拖再拖。马孔·福布斯看重的就是他的小气，因为“大气”的人是理不好财的。果然，担任总裁的列尼·雅布龙，开源和节流两手都同时抓。列尼·雅布龙最出色的一笔理财就是卖掉了“美国领上”。

距今很多年以前，在科罗拉多州丹佛市以南约 32186 千米的地方有一个占地面积达到 680 万公亩的地方，马孔·福布斯花 350 万美元将其买下作为牧场。马孔·福布斯的本意是把它开发成狩猎场。万事俱备，即将开业的时候，他却接到了科罗拉多州政府的通知，土地上的野生动物应归属于科罗拉多州，任何人不能以私人的名义任意处置。这无疑将马孔·福布斯开发狩猎场的想法打入了十八层地狱。

350万美元就这样没了？其实加上他后期的投入，远不止350万美元了，总不能就这样全部打水漂吧？正在事情陷入僵局的时候，列尼·雅布龙想出了一个应对之策。他以202公亩（1公亩=100平方米）为单位，把土地分成若干的小块，目的就是将其出售。为此他们还进行了积极深入地宣传，他们的宣传非常诱人，“实现美国梦的最佳场所”、“不受污染的天堂”，因此有许多人争相购买这些小块的土地。这个高招果然很有效用，招来了很多人竞相购买。

202公亩的土地一共卖了3500万美元，平均下来每公亩是17.33万美元，当初他买地时的价格，每公亩单价还不到0.54万美元。就这样转变思维方式之后的生意，获得了3400万美元的盈利额。

福布斯在对其亲弟弟的任用上也表现了其用人的不同之处。

他的弟弟是华里士·福布斯，毕业于哈佛大学的工商管理硕士专业，还具备与此相关的工作经验。在一个家族企业中，有此学历和能力的华里士·福布斯完全应该得到重用，这也是意料之中、理所当然的事情。

但马孔·福布斯给自己亲弟弟的职务却是投资部的副主管，还亲自向主管雷·耶夫纳打包票，投资部的重大事情由他全权负责，华里士·福布斯职权范围内的事情就是处理业务。马孔·福布斯有他自己的原因，因为他深知弟弟的长处在于做企划，高层管理并不是他的强项。华里士·福布斯对公司的安排欣然接纳，还与自己的主管相处融洽。

选择最适合的人才是明智的，作为高层领导，首要任务就是让员工在合适的位置上做好该做的事情。只有每个人各得其所，才能学有所用，才能最大限度地激发出人才的本领和潜力。人都有优点和不足的地方，在欣赏属下长处的同时，还要包容他的短处，如果能做到这样，属下就能在这里找到归属感和自己存在的价值，也能积极地尽自己的力量推动公司的发展。

一天，庄子带着自己的学生经过一座大山，他们发现有一棵大树因为长得太高大没什么用处，因此没有被伐去，看到这一情景庄子不由得感叹：“这棵树存活下来的理由却是因为它没什么用。”

到了晚上他们翻过大山来到了友人的家中。主人热情地款待他们，对家里的仆人吩咐道：“家里养的两只鹅只有一只会叫，不会叫的那只没什么用，杀了来招待客人吧。”

庄子的学生甚是不解，就向老师请教：“老师，我们在山上见到的那棵大树因为无用得以存活，而客人家里的鹅因为不会叫而无用，所以要被杀死，在这样的社会中我们该如何处事呢？”

庄子告诉他：“不管怎样还是以有用和无用为原则吧，虽然他们之间没有明确的界限，甚至与人生的规律也是背道而驰的，但足以让你应对多变的社会和人生。”

世界上没有什么是固定不变的。当我们在不同的情况下面对问题的时候，就会产生不同的评价标准，在人才的管理及任用上，这一点表现得尤为突出。一个对其他企业相当有用的人在自己的企业可能就是一无是处，而把一个看似没什么用处的人放对了位置可能就有意想不到的收获。

另外，优秀的管理者必须具备博大的胸襟，选贤任能的时候不能鼠目寸光，只看到他现在的发展及能力，更应该保持长远的目光，看他未来的发展潜力。你的下属取得一定的成就甚至处在事业的巅峰，在人群中熠熠生辉的时候，你应该居安思危，不要只是一味地褒奖赞扬；当你选拔的人正处在艰难险阻中、悲伤难过之时，鄙视和不屑是最不可取的。所以我们说选贤任能能力固然重要，但更应该带着包容的心看待这个人的短处，也许他现在还不是一帆风顺的时候。

总之，优秀的领导一定是懂得发现人的优点，只有这样才能学有所用，使每个人都各得其所，让身边的人才都能充分发挥自己的作用。

第三节　理解包容领导

老板与员工不是对立，而是合作

互惠共生是自然界一种很重要的生存法则。比如附着在豆科植物上的根瘤菌能够固氮，从而保证了豆科植物生长所需的营养，同时豆科植物又为它提供了足够的生存空间；还有大象、犀牛等热带雨林中的动物，它们经常会成为一些寄生虫和小鸟的寄生、栖息之地，而那些小的寄生虫就成了它们的食物，同时，小鸟的存在也让大象、犀牛免受其他虫害的侵扰，二者互惠共生。这些互利共生的生物现象在大自然中可谓比比皆是。

老板和员工的关系也可以用这一原则来解释。从自然界迁移到社会学，老板和员工也是互惠共生的。老板为员工提供了谋生的机会，员工为老板创造了更多的利益。

对于老板而言，只有每个员工都敬业奉献，公司才有可能生存发展；对于员工来说，他们需要老板提供丰厚的物质报酬和精神上的满足作为回报，因此二者是互惠互利的关系。只有对公司忠诚、业务素质较高的员工才能保证业务顺利进行，只有公司这一平台的存在，员工才有机会实现自己的人生价值。

为了追求企业利益的最大化，老板都会倾心于优秀的、对公司忠诚的员工。同样，员工为了维护自己的合法权益，必须清楚公司的发展就是自己的利益所在，愿意全心全意地付出为公司做好工作。保持这样的心态才能做到爱岗敬业，才能获得上司对自己的信任和重用。

公司在招录员工时，能力自不必多说，但更加看重的还是个人的品德修养。行为不端、思想不正的人肯定不能用，也不值得公司投入资金培养他成才。所以优秀员工应该认识到这一点：因为你付出了智慧和辛勤的劳动，老板付你薪水，看似理所当然，但你应该带着感恩的心看待这一切，站在他的立场为他考虑，将公司的利益视作自己的利益。

如果企业有自己先进的企业文化，还有明确的奖励机制，员工从老板那里获得了物质的薪酬及精神的满足，他就能站在公司的立场去考虑问题，全力以赴地投入到自己的工作中去。就算企业出现了暂时的危机，他也能坚持到底，帮助老板一起克服困难，共渡难关。团结就是力量，只有公司上上下下心往一处想，劲往一处使，才能保证企业长足的发展。

只有企业处在优势地位，获得发展，才能更好地保证员工的持久利益。帮助别人就是帮助自己，帮助他人对你肯定没有什么坏处，或许你暂时花费了一些时间，多加了一会班，但是这个时候也是你最佳的表现时刻，你的突出表现会让老板记住你、信任你，你也能获得更多的锻炼及晋升的机会。因果祸福都是有源头的，归根结底还是你自己获得利益。

很多员工都觉得老板舒服，每天的任务就是打几个电话、坐在办公室吹空调、喝咖啡，其实这种想法不仅是错的，更是对自己非常有害的，因为你很容易把自己和老板的关系变得紧张对立。其实老板也不是那么轻松的，作为一个大公司和企业的领导者，他每天的压力可想而知，时刻都要想着公司的运作和发展,每天都在巨大的压力下高负荷地工作。老板肯定不喜欢每天踩着点上下班的员工,因此不要太吝啬于自己的几分钟时间。就算你加两次班且没有加班费,那也不要斤斤计较。

斤斤计较刚开始是为了一些蝇头小利,但是时间长了,你就会养成小气的习惯,为了一点私利,你会耿耿于怀。这样不仅会影响整个公司的利益,还会大大破坏同事之间的工作热情和责任心。

老板是能够让员工赢利的顾客

单纯地从字面来理解,花钱买商品的人就是顾客。从商品经济意义上看,员工作为一个劳动力将自己出售,那么这时候由谁来购买这个商品呢?答案很明显,就是老板。既然员工的劳动力价值归老板所有,那么员工就应该做一个合格的商品,为自己谋划持久的长远利益。

如果一个人想在职场取得一定的成就,那么,请你现在就确定这样的理念:“你自身就是一所公司,而你现在从事的职业就是自己将要用心经营谋划一生的事业。”你可以是世界五百强,或者也可以是某一件具体的产品,你出售的产品就是自己能提供的服务,因而你需要一个老板。

赢利是所有经营者最终的共同目的,盈利的前提就是获得顾客的认可,保证你的产品有销售市场,这样才能创造价值。只有那些有质量保证的产品,才能获得顾客的青睐。对公司的一名普通职员来说,老板、上司、公司级客户都是我们的顾客。说得简单点,我们的老板就是自己的顾客。如果将自己作为一家经营公司,你既是老板也是上司,所有的事情都由你自己负责,因为只有认真负责才有可能赢利。

如何让自己这家公司盈利呢?唯一、确定的办法就是为你的顾客创造价值。付出是你获得的前提条件,这是大自然亘古不变的运转规律。同样的道理拓展到经济领域也是适用的,不管怎样的公司,如果想要获得利润,就必须以让顾客获利为前提条件,进而才能获得同等价值的回报。

不管质量和服务多么一流的企业,如果没有了顾客的认可,就不可能将其产品的使用价值变为价值。企业的直接服务对象就是顾客,顾客直接决定着我们能否获得利润。只有顾客认可了我们的产品,并愿意出钱购买此商品,我们才能让渡使用价值,进而获得价值。

在公司,对每个员工来说,最大的顾客就是自己的老板。如果一个员工想要获得利益,那就必须让自己的顾客——老板认为自己是有价值的。

许多员工在工作中总是以赚钱为目的,从头至尾满脑子想的就是这件事。当然,工作是我们谋生的手段,因此想着获得利益也是人之常情。但是,如果你时刻只想着加薪晋职,但是从来不想着为公司多作贡献,试想一下有哪个公司的老板愿意雇用你呢?

金钱是我们赖以生存不可或缺的东西,特别是当今社会,没有钱可以说是寸步难行、万万不能的。但是,只有具备价值的商品或服务用于交换,你才能获得金钱。当你出售的商品或提供的服务有价值时,你才能收到更大的回报,也才能从中获得更大的利润。同样,如果你出售的产品没有价值,提供的服务也没什么意义,那么赢利就只能停留在你的想象中。

每个经营者都有追求赢利的想法,这是人之常情,员工在自我经营中亦是如此。但是无论什么时候,经营者都必须清楚,你赢利的多少取决于你为顾客创造的价值大小。只有满足了你的顾客——老板的需求,让他感受到满意的服务,才能因此创造出更多更好的价值,你从他那里也就能获得更多的利润。

老板也在为我们工作

在很多员工心中,老板就是只出钱不做事的投资者,享受着权利还不用做什么事情,有了这样的心态,很多员工特别是那些刚刚入职的年轻人就出现了认识上的误区,他们认为老板付给薪水的多少就是自己努力的程度,谁也不待见谁,有的员工甚至一开始就和老板唱反调。殊不知,这种认识是有害无利的。

有的老板可能在人前表现得非常潇洒自在,其实在人后他们承担的压力和责任是常人难以想象的。黄宏生是创维集团的总裁,他的人生格言就是苏格拉底的“宁做痛苦的人,不做快乐的猪”,这句话应该道出了许多企业老板的心声。

在企业经营中,老板究竟面临哪些责任和痛苦呢?

1. 风险之痛

企业的规模越大、资产越多,随之而来的风险也就越大。对企业来说,每一次收益都伴随着风险的存在,特别是对那些有了一定规模的企业来说,管理体制、发展模式都会滋生出许多潜在的危机,会影响公司发展的大局,这些都是老板必须要面对的风险和挑战。

2. 抉择之痛

如果将公司看作海上航行的大船,那么老板毫无疑问就是船长,企业的航向就掌握在自己的手中。当企业颇有成就时,老板在人前当然非常风光潇洒,但是老板也开始面临着选择企业未来发展之路的矛盾,作出这种艰难的抉择是非常艰辛的。企业究竟还要不要继续扩大生产规模?如果继续扩大,那么由谁来管理企业?选择自己继续做,时间和精力能不能保证?如果聘请职业的管理团队介入,自己和他们之间的矛盾分歧肯定不可避免。当矛盾激烈的时候,职业经理人可以选择一走了之,剩下的烂摊子还是要老板自己收拾。但凡企业的经营者、经理人都会纠结这些矛盾问题。

3. 责任之痛

老板决定着企业的前进方向,在企业的战略发展、人力管理、财务、福利保证等环节,一点疏忽可能就会造成巨大的损失,稍不留神还会引起员工的不满,罢工跳槽也很常见,甚至这些变故会震动整个业界。可见,老板身上背负着重大的责任,看似管理着一个企业和众多的员工,多么风光无限,其实荣耀和光环围绕着他们的同时,也让他们承受着巨大的压力和责任。

4. 身体之痛

很多老板在事业有成的时候,也拖垮了自己的身体,付出了沉痛的代价。除了高负荷的脑力活动,交际应酬也是老板不可缺少的,就这样在每天的应酬中弄坏了身体,很多老板的成功都牺牲了自己的健康。例如,知名企业家王均瑶很大程度上是因为过度劳累而离开了人世。

5. 感情之痛

作为企业的领导者通常比常人付出的要多得多。我们不妨看一下老板一天的工作日程:八点就到单位,忙碌一上午,中午还要开会或者有应酬,下午会见接待,就算下班之后还有各种各样的应酬。很晚才回到家,家人早已入睡,而自己也疲惫不堪,因此老板基本上没有时间陪自己的家人,在一起的时间都很少,双方进行任何沟通似乎就更不可能了,久而久之彼此间就会产生隔阂,缺少感情的共鸣。

可以说老板默默地承受的痛苦是不为人所知的,有的人将其称为公司众多员工的人家长,实际上,老板和员工更应该是事业上的合作伙伴,老板除了在经营着自己的公司,同时他也提供了一个平台让员工得以展示自己的聪明才智。

给老板多一些理解和支持

世上没有什么是固定的、永恒不变的,只是我们观察问题的视角和心态发生了变化。员工基本上都有这种感觉:事情永远都没有做完的一天,老板就是冷血无情的人;但是如果你自己做了老板,这种想法就会改变,你就会认为自己的员工工作不积极努力。

待人如己是成功者共同认定的法则,意思就是遇事多为他人考虑,设身处地地为他人着想。因此作为员工的你,就应该设身处地地为老板想想,想想老板的难处,理解老板;作为一个老板,你要以自己员工的利益为考虑的核心问题,站在他们的立场考虑处理问题的方式。

这是科学的成就之道,它能带给你前进的不竭动力,能极大地改善你的工作状态。如果你能待人如己,站在老板的立场多为他考虑,你就会在无形之中流露出为他人着想的善意,这种善意会蔓延、扩散到身边的每一个人,老板也能感受到你的善意,因此你会得到好的回报。所有的成功都不是平白无故取得的,设身处地地为对方着想,这就足以引领你逐步走向成功。

老板在经营中总会遇到各种各样意料之外的突发事件,还有来自公司内外的巨大压力,当他难以承受的时候可能会犯错误、发脾气,当然这是人之常情,是可以理解的。人非圣贤,孰能无过?老板和我们一样,也是正常人。如果懂得这个道理,不要总看到老板头上那层神的光环,他就不再是我们的雇主,而是一个普通的人,甚至为了公司的发展,当所有人都休息的时候还在为公司忙碌,因为他们在普通员工下班之后还要忙于各种应酬。

许多年轻人总是抱怨自己怀才不遇,认为这都是因为自己的老板没有眼光,自己就是他身边发光的金子却不知晓,不知道重用人才。因此他们觉得跟着这样的老板,根本无处施展自己的才华,时间长了定把自己变成无能之辈,让自己与成功背道而驰。

实际上有一点是他们并不知道的,有智慧的老板一直在不断地挖掘身边的人才,那些满腹牢骚、没有真本领的人,有慧眼的老板会选择请他们离开。只有那些真正有真才实学又爱岗敬业的员工才会得到老板的赏识和重用。

为了公司长远的发展,老板对每一个员工都会进行多方面的考察。当发现有的员工既不具备基本的业务素质,而且必备的道德品质还很差,老板肯定会毫不客气地请他离开。因为公司的发展关系到所有人的生存,谁都不敢将公司当成游戏之地,而那些在这里游戏人生的员工只能被解雇,因为老板也不想看着自己一手创办的企业被人一点点地破坏。

当今世界竞争日趋激烈,企业之间的竞争归根到底就是人才的竞争,人才保证了公司的发展,而庸才会阻碍公司的进步,毫无疑问当然会被老板解雇。

把问题留给自己,把业绩留给老板

员工取得的业绩是老板重视的,老板会去看员工取得了怎样的成果。因此,出色的员工都知道自己的责任是什么,怎样做才是对公司有益的,而问题应该是留给自己去解决,带给老板业绩就行了。但是很多员工不明白其中的道理。生活中似乎有很多怀才不遇的人,他们甚至德才兼备,还有远大的理想,但为什么壮志难酬,没有老板赏识他们呢?相反,有很多能力不如他们的人却事业有成,家庭和睦。相比之下,怀才不遇的人就会一直抱怨:自己为什么没有得到上天的垂青?

实际上,这是因为他们关注的重点始终是自己做了什么,而不是自己做到了什么,他们每天都在统计自己干了什么事情,但是从不考虑其中哪些是对公司有用的。当然,他们这样做出的成绩不是老板满意的。

认为自己的工作就是完成某项任务,与取得的结果没有什么直接关系,这是非常不正确的想法。要知道,公司与员工的关系并不是全部直接的金钱关系,员工必须明白,公司付给你薪水,你就理当为公司创造相应的财富。带着这样的想法进行自己的工作,才能把问题留给自己并解决好,进而更加出色地完成自己的工作。

很多员工对工作的认识仍旧停留在完成了这件事上,对其背后承载的意义和作用就是我们说的工作使命却不知道。对工作使命没有清醒的认识经常会导致这样的问题:员工可以出色地完成自己的那一部分任务,但给公司和老板却留了一个烂摊子,"做什么"不能等同于"做到什么"。

林克在一家著名的管理咨询公司上班,现在已经是业务经理了。多年的工作中他养成了一个习惯——客户委托他做事之前,他会先去拜访该客户组织的高级主管。当了解了业务委托的基本问题后,林克还有一些必问的问题,例如贵公司现在聘用的员工数量有多少,这一数据的依据又是什么。根据林克的访问统计,得到的答案多数是"我主管财务"、"这个问题不是我负责的",只有很少的一部分人会具体地回答出"我的责任是向管理者提供作出科学决策的相关信息",或者是"我的责任就是在去年的基础上提升30%的任务量"。

正是对工作价值认识上的差异导致了两种不同的回答方式。在不同的认识下,有的人把业绩留给老板,而有的人却把问题留给老板。知道自己的工作使命、把问题留给自己、业绩留给老板的人,更专注公司的整体业绩,更关注贡献而非个人的加薪升职。他们具备开阔的眼界,会思考如何将自己的专业所学与公司的业务发展相结合,甚至还考虑了自己现在的工作与公司的整体发展有着怎样千丝万缕的关系,接着,他们会站在客户与消费者的角度总结思考公司的战略发展。因为他们的目标非常明确——所有的产品和服务都以解决消费者的问题为原则。

把业绩留给老板的员工总是在问自己:"我为公司做到了什么?"这样一来,员工对公司的责任感会大大提升,并进一步开发自己的潜力。相反,只管完成自己的任务、给老板留一个烂摊子的员工,从来不会去思考自己的工作使命,不会总结反省,只是草草地完成任务敷衍了事。抱着这样的心态,他们慵懒散漫,不会尽心尽力去工作,还可能弄不清方向,白白浪费时间,做了很多无用功。

学会与老板"换位思考"

圣诞节那天,母亲玛丽带着自己5岁的儿子杰克上街。整个大街上到处都响着圣诞赞歌,橱窗里灯光闪烁,还有很多小精灵唱唱跳跳,柜台上更是摆放着琳琅满目的商品。

"杰克看到这绚丽夺目的世界将会是多么兴奋啊!"母亲理所当然地认为。但她觉得很奇怪,儿子使劲扯着自己的外衣,居然哇哇地哭了起来。

"发生什么事情了? 宝贝,你要还是这样一直哭个不停的话,就没有圣诞礼物了!"

"我……我的鞋带开了……"

母亲只好停下来先帮儿子系好鞋带,当她无意识地抬起头时突然发现,世界完全不一样了——闪烁的灯光、橱窗里精美的礼物、跳舞的精灵、五光十色的玩具全都看不见了……原来那些摆在高高的柜子上的东西,五岁的儿子全都看不到。在儿子的世界里,看到的只是一双双大脚和晃动的裙摆,彼此摩擦碰撞……

太可怕了! 母亲第一次蹲着仰望世界,这就是5岁的儿子面对的世界。这个无意的发现使她非常震惊,她马上抱起自己的儿子……这件事情之后,母亲时刻记着,自己认为的快乐在儿子那里未必如此。这位母亲以自己的亲身经历体会到要站在孩子的立场看问题。

同样,工作中的我们也要设身处地地为老板考虑。只有懂得“换位思考”,才能真正了解对方。在职场中学会换位思考,有利于改善自己的工作环境和工作心态,从而对自己的生活有极大的推动作用。

作为一名员工,从你第一天入职的时候开始,你要让自己尽快了解你的工作环境和身边的同事,公司的运作章程、制度规则、市场实力到公司文化都需要你去学习,并时刻铭记在心。你要清楚地知道你身边都是怎样的人,包括你的老板、你的上司和同事,他们性格怎样、行事作风如何、喜好如何,甚至还需要去思考为什么他们和你的处理方式很不一样。

员工站在老板的角度和立场去考虑问题就是换位思考,你要体谅老板面临的压力和责任。如果你自己做老板,你也希望不论你在不在公司,员工都能勤奋努力、兢兢业业、尽职尽责地做好自己的本职工作,把公司的利益看成自己的利益,这样你才没有后顾之忧,可以安心处理对外的事务。如果你是一个公司的领导者,你派员工到外地出差,你当然愿意看到他们保质保量、高效地完成相关的任务,保证公司的各项进度顺利进行,给公司带来利润和收益。

如果你对员工有上面的期望,那么,重新审视你现在所处的位置,你就知道自己的做法是否妥当,哪些还需要改进。

当员工与老板换位思考时,可以真正从老板的立场去考虑问题。老板也是正常人,不是有魔力的神仙,他每天面临着巨大的压力,需要考虑很多的问题,每天要面对形形色色的各类人。员工和老板的关系是什么?最表面的就是雇佣与被雇佣的关系,但本质上员工与老板是互惠共生的关系。现代企业中,老板和员工需要相互信任和理解。当然这不代表对老板长期拖欠工资的行为也要理解和迁就,而是在公司遇到困难时,如果老板真真切切地跟员工讲清楚现在的困难,以及今后该如何发展,员工就要给予支持和理解,并主动站在老板的立场,以公司的大局发展为重,和老板一起共渡难关。

老板代表着公司,时刻站在公司的角度看问题的职员,当与老板的对立情绪滋生的时候,他能及时作出调整,对老板予以支持和理解,积极地为老板建言献策。

第四节　包容同事，处好关系

他人的蜡烛灭了，你的也未必亮

面对日趋激烈的企业竞争，人们的信念也逐渐地发生了改变。为了个人私利竟然采取一些不正常的竞争手段：看对方受重用，总会在背地里做点小动作破坏，时不时地在上司面前打小报告；看对方成为一个重大项目的负责人，就一直在心里羡慕嫉妒恨，还想着在背后使坏。于是，只要看到别人比自己强一点点，就想方设法搞破坏，千方百计地阻挠他人取得更大的进步。

持这种阴暗心理的人，在职场中确实不在少数。你见不得别人比你强，总是想从中作梗予以破坏，但是当你成功地破坏了别人的项目、损害了别人名誉的时候，实话告诉你，你也不能取而代之。你要知道，在你去向领导打小报告时，领导表面上给你的是微笑，但领导的心里是非常反感同事间的内斗的。每个人都有自己的评价标准，领导也是心知肚明，这些都是看在眼里的。

王明和李强同在公司做事。平时，表面看来两个人的关系还算亲近。李强时不时地叫王明和他一起喝两杯。而李强这个人，只要喝上两杯酒，就打开话匣子滔滔不绝地说个不停，往往就口不择言，家里的事、公司的事什么都说，他把王明当成自己的知己好友。可是，王明就很有心计，绝对不会在李强面前表达自己内心的想法或是对某事的态度。有时候，在李强的一再坚持追问下，王明就瞎掰两句，象征性地敷衍他一下。

这样的生活虽不是很好，但是基本上两人也算是和平相处，李强总体上也过得去。但是好景不长，公司的一个部门经理跳槽了，现在这个职位就暂时地空下了。领导对李强寄予厚望，觉得这个小伙子一贯工作努力认真，还有不错的人际关系交往，也具备一定的组织管理能力，决定任命他接任部门经理一职。

这件事传到王明耳朵里，他总是觉得这事很别扭。两个人经常在一起，李强的那些事他什么都知道，他也没觉得李强有什么过人之处。凭什么让李强做经理呢？这个结果他很不服气。

所以，王明开始按捺不住，频繁找领导活动，他告诉领导，李强没事就喝酒，而且把李强酒后对公司的很多牢骚话也告诉了领导。本来都是一些鸡毛蒜皮的小事情，王明却总会自己发挥一番，听得领导满脸的怒色。王明观察着领导的表情变化，认为时机到了，就开始说自己如何优秀，一个劲地夸自己很适合这个位置。

听了王明的毛遂自荐，领导当时也没有直接表明态度，而是告诉王明等公司安排。几天之后，新的部门经理到任了，不是李强，但是王明也没有达到自己的目的，反而是能力不如他们的宋刚。李强什么都不知道，当然无所谓，但是王明知道内情自然非常纳闷。他又去找领导谈，领导告诉他："员工之间存在竞争没什么，但是这种踩着朋友抬高自己的做法，公司是绝对不会纵容的。李强的能力毋庸置疑，但是他身边有你这样的人居然完全不知晓，还把你当成朋友，真是被人卖了都不知道，将来肯定也成不了什么大事。你好自为之吧。"

这件事情告诉我们:虽然现在的竞争很激烈,但是无论如何必须要正当竞争。或许你的不正当竞争手段成功地破坏了对方,但同时也是搬起石头砸自己的脚。

你灭了他人的蜡烛,恐怕也不能一枝独秀吧。因此不要使用不正当的竞争手段,如果你脚踏实地、兢兢业业地做事,领导终究会看到你的优点和长处。

与同事相互扶持

安妮和玛莎是多年的同事了,这天,经理汤姆叫她们来办公室,给每人一项重要的任务,汤姆说:"这次开发大客户的项目非常有难度,遇到什么问题可以直接和我联系,当然也需要和其他部门配合行事。"

安妮的业务素质是公司出了名的好,她的成绩一直让人羡慕,这也是她非常自豪的一件事,同事甚至都觉得她有些得意忘形了。两人各自从办公室回去之后,安妮心想:"汤姆不过是比我在公司多混了几年而已,能力还不如我呢,遇到问题找他也没用,何况这种大项目跟其他部门不可能配合,就是说了其他的部门也不懂。以我的能力肯定可以自己完成。"

玛莎的业务能力虽然不及安妮,但是她谦虚好学,积极上进,这一点比安妮强很多倍。从经理那里接到任务后,她来到相关的企划和售后服务部门,对大家说:"这段时间我可能会有很多问题请教大家,会耽误大家的时间,希望大家鼎力帮助,先谢过各位了。"玛莎自己也琢磨,安妮为人向来都很骄傲,但是她的能力确实很强,业务上的很多问题必须请教她;如果在客户沟通方面出现问题,只能靠汤姆先生出面了。

这次的任务确实难度非常大,但是玛莎积极向安妮和汤姆学习,努力和相关部门沟通交流,在公司上下的配合下,她出色地完成了任务,给公司带来了利润,当然公司也少不了对她的奖励和赞许,组织这次大项目中的优秀员工到夏威夷度假。安妮也和一些大客户进行了洽谈,但是她没有和企划部门说明具体的情况,因此没有做出客户需要的详细方案,客户就考虑放弃这家公司;有的是因为安妮没有对客户做出具体的承诺;还有的客户觉得自己没有受到安妮公司的足够重视,因为自始至终他们都没看到高层管理者出面与自己洽谈。"这些大客户架子越来越大了。"安妮心里一直愤愤地想着,无奈之下,面对巨大的损失,她不得不和小客户联系,尽量弥补一些损失。由于失去了这些大客户的合作,公司少了很多的利润。

人们常说:"完美的个人是不存在的,完美的永远是一个相互合作的团队。"如果缺乏团队的合作意识,个人能力再强也不能做好一项动作。而如果是会合作的人在一起,就能在最短的时间里、以最少的支出,取得最大程度的成功。

寺庙的布局通常都是这样的,进了庙门,先看到满脸笑容的弥勒佛,接着背面是黑口黑脸的韦陀。但是最初的时候,他们并不是像现在这样的关系。弥勒佛和韦陀负责不同的庙宇,弥勒佛笑容可掬,待人热情,因此香客很多,但是他为人有些粗枝大叶,在账务管理上更是丢三落四,虽然来的人多但最后依然入不敷出。

而韦陀特别擅长管账,但是每天都很严肃地板着脸,见谁都像仇人一样,所以香客逐渐减少,最后竟然没人去他的庙前烧香了。佛祖在查香火的时候注意到了这个现象,决定让二人合作,在同一庙里弥勒佛只负责接待,无论何时都做到笑脸迎客,保证香客络绎不绝。而韦陀虽然脸黑,但却是管账的好手,将财务交给他负责肯定不会错。由于二人的巧妙合作与互补,庙里的香火大旺。

那些成功的人都清楚这样一个道理:只有合作才能互利双赢。一棵枝繁叶茂的参天大树不可能成就一片森林;一块巨型的石头也不可能在任何时候都能独当一面。工作中也是如此,单枪匹马行动恐怕很难取得成功,只有和同事搞好关系,彼此合作,才能达到双赢。

尊重单位里的“老前辈”

在工作中,搞好和同事的关系非常重要,如果人际关系不好,工作中就会遇到重重的阻碍。有位年轻的职员凭着出色的个人能力,深得领导的信赖和赞赏,不久就做了部门主管。但在他的员工中,有位老职员工作三十多年了,对公司的发展也是功不可没,对这个年轻的干部却特别不待见,这让他处理问题变得非常棘手。怎样处理这种情况呢?

首先你必须知道:每个人都觉得自己各方面都做得很好,对自己的能力也深信不疑,对别人很不服气,这都是人之常情。所以,年轻的主管就应该尊重老职员的优点,承认他的优势,通过沟通和交流逐渐地解开心结。

战国的廉颇和蔺相如就曾出现过这样的问题。蔺相如原是赵国宦官的门客,没什么地位,一个偶然的机会得到了赵王的赏识,赵王派他带着和氏璧出使秦国,他出色地完成任务使和氏璧完璧归赵。此后他的仕途之路一帆风顺,晋升速度之快让周围的人都觉得惊叹。最后,蔺相如官拜上卿,排在廉颇的前面。

这样的排名就让廉颇心里不舒服了,他说:“我堂堂赵国大将军,保家卫国,功不可没,一个蔺相如就是比较会说而已,现在居然排在我的名字前面。况且,蔺相如什么出身,就是一个太监的门客。本来我就以和这样的人为伍为羞耻,现在他居然排在了我的前面,简直是对我的侮辱。”他当时就放话:“什么时候见到蔺相如,一定好好教训他一下。”

这话传到蔺相如耳朵里,他就刻意地避免和廉颇直接碰面。只要朝会他就装病请假,不愿意和廉颇争什么排名前后。后来在街上蔺相如老远见到了廉颇,马上转身就走,门客对他的做法表示非常不理解。

蔺相如告诉自己的门客:“不是因为我害怕廉将军,我这么做也是为国家考虑。秦国对赵虎视眈眈却一直不发兵,正是顾忌我和廉颇将军。如果我们两人之间发生矛盾,肯定会有一方受伤。我一再地避让,就是考虑到国家可能面临的危难,没有计较个人的恩怨得失。”廉颇听到这些话,为自己之前的言行感到惭愧,他觉得自己没有蔺相如的气魄,就负荆请罪,两个人开诚布公地为赵国效力。

刚刚上任的主管对待同仁们要尊敬真诚,例如在聚会等公开场合,不要吝啬对他们的赞美,要肯定他们为公司的发展立下的功劳。工作中不明白的问题多和他们沟通,不要因为对方职位低就将其忽略,这样的老职员其实就是一部活的历史,听他们讲述公司的发展历史,新主管又何乐而不为呢?一方面,新主管对公司有了更深入的了解;另一方面,在老员工心中树立了良好的形象。

新主管如果能和老下属建立和谐的关系,表明你非常关心他们的生活和工作,当他需要帮助的时候,大方地伸出援手,他就会对你今后的工作表示大力支持。当然这都是辅助手段,最重要的还是自己的业务能力,用事实说话,告诉他自己因为实力而获得晋升,而不是其他歪门邪道胜之不武的手段。

别过多地表现自己,给他人更多的重视

在工作中,很多人的热忱看上去像是刻意为之。也就是说,这些人是在刻意地表现自己,说白

了就是做作,他们的热情是一种公关手段,是虚假的。因为发自内心的热忱同事是可以感觉出来的,他们不喜欢这种刻意的表现。

当同事需要帮助的时候伸出援手,在工作中该付出的时候不要吝啬,才是明智的做法。而那些抓住一切机会做表面文章,把自己打造成“关心属下的好领导”、“有雄心壮志的人”,会让人觉得这是一个虚伪的人。不可否认,自我表现是人类的天性,人类天生就喜欢展示自己的长处。但是什么事情都有一个度,如果太多刻意,那就是虚伪做作。

很多人在会议上讲话的时候,从不考虑这次会议的话题,总是时不时地凸显自己的重要性。表面看来他们口齿伶俐,擅长辩论,但会让人觉得太过肤浅;抑或是故意吸引别人的注意,将自己的表现欲望完全暴露出来,让别人非常反感。

丘吉尔在平时的讲话中,常常使用特别夸张的词汇表现自己,但是在特别重要的时刻他就会这样说:“我们要奋斗在沙滩上、田野上、街巷里、山冈上——我们,绝对不会轻易地妥协投降,我们不会轻易地被打败。”注意,他的措辞是“我们”,而不是强调个人的“我”!

真正懂得自我表现的人往往能够做到既不露痕迹地表现了自己,还不会让人察觉到。他们在和同事说话时,措辞都是用“我们”,因为如果一味强调“我”,就会拉开与同事之间的距离,而用“我们”直接拉近了彼此间的关系。看似简单的“我们”二字,将对方带入团体中,让对方产生一种亲近感和好感,同时还能不知不觉地将那些和自己意见相悖的人拉入自己阵营,在潜移默化的过程中影响别人。

懂得巧妙地自我表现的人讲话的时候,表示停顿的词语使用很少,因为“嗯”、“啊”、“哦”之类的词语官腔太重,而且是敷衍塞责的表现,听起来让人不愿意接受。

我们鼓励适当地进行个人魅力和才能的表现,但最愚蠢的是没什么才华还要刻意地炫耀。卡耐基曾指出,如果我们只是为了表现而表现,妄图借此引起别人的兴趣和关注,那么我们肯定会哗众取宠,失去朋友。同在一个单位,同事之间本来就存在着或明或暗的竞争关系,如果你一定要刻意炫耀自己,那么同事不仅对你没有好印象,还会将自己和大家对立起来。

还有一种不恰当的自我表现,就是在同事面前故意显露自己的优势,进行个人炫耀。工作中经常会见到这样的员工,他们确实反应很快,而且有一定的想法,但只要一开口就感觉这个人狂妄自大,即便是好的建议,人们也在主观上不愿意接受。就是因为他们陷入了自我表现的一个误区,总想着显示自己的优越性,想炫耀自己的优势,以期获得别人的赏识与赞美,殊不知正在这样的炫耀中丧失了自己的威信。法国流传着这样一句格言:“表现得比朋友优越,那么你得到的就是仇人!表现得没有朋友优越,你将找到自己的朋友。”

同事之间相处,平等互惠才是生存之道。凡是那些自高自大、目中无人、不把别人放在眼里、总是自以为是的人,总是特别让人讨厌,他们只会在逐渐的交往中失去朋友,别人对他只有畏惧之心,见到他都躲得远远的。办公室里,每个人都渴望得到别人的认可,都会有意识地展示自己好的一面。如果有同事在谈话中总是表现出自己的优越感,那么在不知不觉中他就树敌了,因为他挑战了朋友的自尊,其他同事自然而然地就会对他很反感。

与人为善,不随意批评抱怨

“真是烦死人了!”刚进办公室就听到小蔡在抱怨,听到这话的同事小关心里就不愿意了:“大清早的好心情,都被她破坏了!”

小蔡是行政助理,每天有很多细碎繁杂的事情,这样的工作确实非常讨厌,但工作需要,也没办法,行政助理嘛,大家出了问题不找管事的找谁呢?

而小蔡本人性格开朗外向,对工作一丝不苟,即使嘴上一直不停地挂着牢骚,但是该做的事情她肯定不会出什么纰漏。购买必需的办公用品、买机票、订房间、维修设备……小蔡每天都匆匆忙忙的,真希望自己有三头六臂。总体来说,她的人缘不错,有的同事中午想多休息一会,还请她带外卖回来。

小蔡刚订好一个客房,财务部的老王进来找她借胶水,小蔡就有些不耐烦地说:"怎么天天借胶水?昨天才给你拿胶水,怎么天天都在忙你的事情?"说着狠狠地拉开抽屉,在里面噼里啪啦一阵子乱翻,然后拿出一个固体胶扔在桌子上,嘴巴里嘟囔着:"下次借东西不会一起领啊!"在旁边的小李看到这一切,又不敢直接和小蔡顶撞,没办法只好脸上赔笑地说道:"你每次去财务报销的时候可是一口一个亲爱的叫着,现在人家有事来找你帮忙了,你还成老爷了。"

正说着呢,在销售部工作的小玉急急忙忙地冲进来,说是复印机不知道哪里出了问题。小蔡刚出现的笑容立刻凝固在脸上,又开始不耐烦了:"嚷什么呀,说过多少次了,先填保修单。"说完就气冲冲地把单子甩给她,"你先填单子,我去看看。"小蔡又嘟囔着出去了,边走边唠叨:"综合部那么多人全死了,遇到什么事情都往我这跑!"坐在对面的小王听了这话非常生气:"怎么说话的呢?我哪里招惹你啦?"

虽然总是在嚷嚷、总是满腹牢骚,但是离了小蔡公司还真是不行。就算她一句话让人下不了台,大家嘴里也都没说什么。这话也没法说不是吗?该她做的事情她也确实做好了,但是那些"就你多事"、"说过一百次了"之类的话听着确实让人觉得非常不爽。尤其那些和她在一个办公室工作的人,每天都深受其害,听到她的嚷嚷声,大家都头疼,"好心情全被她破坏了"成为现在大家共同的想法。

每年年底,公司都会投票选出先进工作者,虽然这种方式大家都很不屑,但是每个人也都希望自己能够获得这个称号。至于奖金的多少倒也无所谓,对自己工作的肯定才是最重要的。领导都以为先进工作者称号肯定是小蔡的了,但是结果却出乎他们意料,在五十多名投票者中,小蔡的支持者只有12人。

同事们私底下议论:"小蔡的工作没得说,但就是她那张嘴不饶人。"

小蔡也很难过:"我每天为公司上下忙得团团转,但大家都不理解……"

在这个故事中,我们也知道,公司的正常运转确实离不开小蔡,但她不能因为自己重要就随便批评同事、拿同事撒气,因此在同事中就不怎么受欢迎了。

同事和你一样,除了工作的压力还有生活和家庭的重担,加上领导时不时地指责批评,已经是一个头两个大。这个时候,如果作为同事的你还不消停,还在边上抱怨,那他肯定对你没什么好印象,心眼小的甚至还会一直嫉恨在心。因此当我们在工作中和同事相处的时候,要学会站在他人的立场上多想想,不要总是在同事身边抱怨、牢骚。

摘下有色眼镜看是非

工作中类似下面这样的抱怨并不少见:"我和小李毕业后一起来到公司,她做的事情我也做了,为什么这次又是她晋升啊?""老板居然怀疑我的能力,只让我做这些皮毛的事情。"这些抱怨的存在就是因为当事人缺少发现问题本质的眼睛。

每件事情都是事出有因的,我们应该摘掉看问题的有色眼镜,更不能遇到问题就推卸责任。戴着有色眼镜看不到问题的本质,会直接影响我们作出正确的判断,同时自然会带来截然不同的后果。

罗伯特是美国哈佛大学博士，他曾经做过一个实验证明了“态度”的神奇力量。实验的对象是三组学生和三只完全一样的老鼠。

他告诉第一组学生说：“这只老鼠的智商是最高的，六周的时间足够你们训练好它，让它能用最少的时间走出迷宫。作为对它的奖励，不妨在出口处多放一些奶酪。”

他对第二组学生说：“这只老鼠是随机抓的一只普通老鼠，它的智商也就是正常水平，六个星期的训练之后，它能不能走出迷宫谁也说不好，你们不要抱太大的希望，在终点处随便放点奶酪就行了。”

他对第三组学生说：“这只老鼠本来智力就有问题，六个星期的训练时间让其走出迷宫，这是绝对不可能的事情。所以，没必要在终点处准备奶酪，因为那根本就是浪费。”

六周过去了，最终的结果是：

第一只老鼠完成了任务冲出了迷宫。

第二只老鼠也走出了迷宫，但是时间比第一只用的要长。

第三只老鼠正如人们期待的那样没有到达终点。

最后，罗伯特告诉了大家真相：这三只老鼠是完全一样的，根本不存在智商的差异。

为什么会出现这样不同的实验结果？同学一样，老鼠一样，不同是罗伯特博士交代任务时进行的引导截然不同。通过这个实验我们知道：面对相同的实验对象，如果对待它们的态度不同，当然就会产生不同的实验结果。而原因就是人们已经戴着有色眼镜看待实验客体了。

戴上有色眼镜，你的生活中就没有了宽容，你就会把身边的一切都当成自己的敌人，看别人做什么都不顺眼，这样别人对你也没有好印象。相反，如果你能抛弃有色眼镜，你就可以收获更多的友情。因为你不会对一些小事耿耿于怀，在工作中对事不对人，不会刻意夸大扭曲事实，办公室里的政治矛盾就不会存在。

如果办公室来了一位出色的新同事，一旦你产生了他会取代你的想法，你会怎么做呢？你是不是会苛责他，他的一点小错误都会被你无限制地放大，变成不能原谅的原则性错误？当他向你请教问题的时候，你会将你知道的都告诉他吗？你对他的苛责和保留，归根结底源于你内心的恐惧，从而因为恐惧而嫉妒，因嫉妒而生恨。

做办公室里的“老好人”

和办公室同事的关系直接影响着你的工作成果。对于刚刚进入职场的新人来说，如果你能和同事保持良好的关系，获得了同事和领导的认可，那么对你即将开始的工作都有积极的推动作用。并且在这种舒适愉快的工作环境下，你不会被繁忙的工作弄得筋疲力尽，你会对未来的生活充满期待。要做到这一点，考察的就是你与人相处和沟通的能力与技巧。当和同事相处的时候，懂得把握合适的时机展示自己魅力的人，才是大家喜爱的，才能建立良好的人际关系。

1. 不私下向上司争宠

如果办公室中有人私下向上司争宠邀功，肯定会成为其他同事鄙夷的对象，接着就会破坏彼此之间的交往。假如特殊情况下一定要讨好上司的时候，那也要邀请其他的同事一起，不要背着同事做一些不好的事情，让同事觉得你是一个心口不一的两面派，严重的还会认为你品行不端。如果同事对你心存芥蒂，就会对你产生防备心理，那么原本想和你做朋友的人都会对你敬而远之。因此，不要背着同事私底下向上司争宠，这是建立良好同事关系的重要原则之一。

2. 乐于从老同事那里吸取经验

比你早到办公室的同事，经验和阅历都比你丰富，他们都能成为你的老师，你可以向他们讨教经验，从而可以让你多走捷径，同时大家还因为你尊重谦虚的态度对你有一个好印象。特别是那些资历很老，但是其他方面能力不如你的同事，你能谦虚地向他们请教，他们不仅会支持你，还会感激你，其他同事也会认为你是积极上进的人，有合适的机会他们一定会关照你。

3. 用乐观和幽默使自己变得可爱

就算你做着单调乏味、每天重复百遍的工作，也不要垂头丧气失去信心，更不能一群人在一起满腹牢骚。你要学会积极乐观地面对这一切，学会风趣幽默地做事做人。因为一个幽默故事，可能就拉近了你们之间的距离，能让周围的环境变得轻松愉快，同时也有利于你自己放松下来，赶走工作中的疲惫。除此之外，在他人眼中你还是一个活泼可爱的好同事，大家都愿意与你交朋友，愿意亲近你。当然，幽默也要在合适的场合下进行，不然也会让人产生反感和厌恶。

4. 帮助新同事

刚到公司的新同事因为不了解公司环境，十分渴望有老同事的照顾和指点，但很多时候因为初来乍到，又不好意思直接开口向老同事提问。这时，作为老同事的你如果能主动伸出援手，主动给予关心，可能他们会永远记得你的好，会感激你一辈子，而且在以后的工作中肯定会支持你。

5. 与同事多沟通

有很多这样的企业，员工“内耗”，内部的互相争斗非常厉害，这既不利于企业本身的发展，同时还会产生特别不利的舆论影响。因此每一个员工都应该处理好个人与集体的关系。不论职位高低，凡事多和同事交流，因为个人的能力肯定是有限的，独裁专断、一意孤行肯定是不利的。当然，同事肯定有意见不一致的时候，当你们产生分歧的时候，你也要切记“对事不对人”，及时地解决出现的问题才是关键。换个角度去想，这时候正是你展示自己能力的机会，用自己的能力证明一切，让同事不得不打心底里佩服你。

6. 适度赞美，不搬弄是非

如果想赢得同事对自己的认可与支持，还要学会适度地赞美他人，如“你今天的裙子很漂亮”，一句简单的赞美就赢得了同事对你的好印象。但是赞美也要掌握好一个度，否则就变成了阿谀奉承。同时，不要在同事面前嚼舌根、搬弄是非，学会尊重他人的隐私是起码的要求。如果你弄不清楚自己的身份，越俎代庖是很惹人烦的。

摆正竞争心态

为什么很多人都在抱怨自己能力不错，但一直没成功？这或许是机遇的原因，还有可能过于聪明，以至于聪明反被聪明误。真正的成功 100% 是真实的，来不得半点虚假，更不允许要小聪明，否则会离成功更远。

而这些抱怨之人心态没摆好，自作聪明，最终阻碍了自己的成功。比如窃取别人的研究成果、夺同事生意、抄袭别人的方案等。他们以为这样做能省下很多力气，别人也不会知道，其实不然，纸永远是包不住火的，只要你做了，一定会被曝光，那一天就是你失败的一天。

黄莺和白露两个人在一家公司工作，交情不错。一次公司搞了一个策划评比活动，每个人都可以拿方案，优胜者有奖。

黄莺觉得这是一个好机会，经过半个月的深入调研，观察市场工作，黄莺很快做出了一个非常出色的策划案。

就在方案征集截止的前一天，白露对黄莺说：“我好紧张，心里没底儿。你帮我看看方案，提点意见。”

黄莺没多想。白露的策划很一般,没有什么创意,黄莺看完没好意思说什么。没想到白露突然说:“让我看看你的方案吧。”黄莺心里阵阵懊悔,但现在没有理由不让别人看。她想明天截止,白露想改也来不及了,于是就把自己的策划给白露看了。

第二天开会评比时,白露因为资历老先发言,可是没想到,白露把黄莺的方案讲述了,在讲解时,她对老板说:“昨天电脑中了病毒,文件被毁了,我现在只能口头讲述自己的方案。我会尽快整理出书面材料。”

黄莺呆住了,她根本没想到白露会来这么一手,轮到她发言时,她推说自己准备不足,不参加比赛。黄莺也没有当面揭穿白露,因为她资历浅,不会让人信服。一气之下,黄莺辞了职。

经过评比,白露的方案获得了老板的认可,但因为是窃取别人的,有一些细节不清楚,在执行方案时出现了漏洞,结果失败了。后来当老板得知真相时,毫不客气地炒了白露鱿鱼。

其实在职场之上,“白露”们很常见,他们自认为自己很聪明,却不知道聪明反被聪明误,毁了自己前途。那么在日常工作之中,我们该如何摆正自己的竞争心态呢?

1. 全力以赴去做事,不要挖空心思占别人便宜

要想成功,需要全力以赴,而不是挖空心思地去占别人的便宜。虽然占别人的便宜能得一时的优势,但不是长久之计。再说你占了别人的便宜,别人肯定会想办法打击报复,到时候,目的没达到,还会损害自己的名声。

2. 不要抢别人的功劳

抢别人的成绩,不管别人知道也好,不知道也好,都是一种自作聪明的做法。这种做法将会搬起石头砸自己的脚。普通人也好,职场人员也好,都应该坦坦荡荡,凭能力吃饭,找准自己的位置,这样才能受到别人的尊敬,赢得自己的好人缘。可是很遗憾,职场之上,有人不愿劳动,而是想方设法地不劳而获,把别人的劳动成果据为己有。这样的人,眼前也许风光,也会像故事中的白露一样,但最后会因为事情败露而遭到惩罚的。

3. 要有实干精神,不能三心二意

《小猫钓鱼》的故事大家都很熟悉,故事中的小猫就是这样一个三心二意的家伙,一会儿要抓蝴蝶,一会儿要抓蜻蜓,能钓到鱼才怪。看到这个故事,我们都会笑它荒唐,但在我们身边,这样荒唐的事情还少吗?我们或许可以扪心自问一下,我们是不是也曾经这样荒唐过,有时我们也是小猫,是不是在各种各样的诱惑面前,不能专心“钓鱼”呢?

很多人面对工作,总是三心二意,那么这样的结果是什么呢?毫无疑问,是成功无望。但如果大家都全力以赴,即便是能力一般的人,也能取得很好的成绩。相反,如果是三心二意,就算能力超群,也会归于失败。每一个老板都喜欢勤勤恳恳、全神贯注、充满热情的员工。他们也喜欢提拔这些员工,因为会提高士气、提高公司运营的整体效率。

当然,多数员工三心二意的话,其他的员工乃至老板本身,也会觉得压抑,对工作失去信心,不求进取。一旦出现这种情况是非常危险的。不仅仅是这些员工本身有危险,企业也会有危险,经不起考验。因为这样的企业,没有竞争力,更没有团结协作可言。就像一具行尸走肉,走得慢,倒得快。

不要以为别人自作聪明得了一时的便宜你就去学,要知道,这种成功也只是一时的,而且还对自己有害。

第五节　包容对手，提高自己

生活处处有对手

《山上宝训》的作者福克斯曾经讲到这样一个故事：西拉斯在突然到来的灾难面前不知所措，险些让家人跟着一起遭殃。西拉斯在镇上经营着自家祖传的杂货铺。最初爷爷经营这家铺子的时候，正值南北战争。西拉斯坚持公平生意，恪尽职守，在小镇附近的声誉一直都很好。他的铺子卖的东西相对较全，渐渐地镇上居民也就离不开他的铺子了。

西拉斯的儿子一天天长大，小铺子也就要换主人了。但是这一切很快改变了，一天镇上来了一个嬉皮笑脸的外地人，说是特地来拜访西拉斯，这个人直言自己的目的就是买西拉斯的铺子，让西拉斯随便开个价。

不管出多少钱西拉斯也不会卖掉这个铺子啊！对他来说这不是一间普通的小铺子，更是自己的遗产，还有经营多年的信誉甚至习惯！外乡人听了之后感到非常震惊，脸上带着无奈的笑说："抱歉，看到对面的空房子了吗？那是我新买下来的，我准备把那里装修出来，再进一些上好的货品，物美价廉地卖出去。到时候你肯定就没什么生意了！"

西拉斯看了看对面正在装修呢，木匠在里面忙得不亦乐乎，还有一些漆匠忙着粉刷墙壁，他真的是心如刀绞！但同时他又以自己的老店为骄傲，因此在店门口贴了一张字条：敝号是95年前开张的老店；对面的店铺也向他学习："随即将是敝号下礼拜开张的新店"这一字条挂了出来。

看到这两张字条，人们都在心中暗自发笑这两个竞争对手。新店第二天就要红红火火地开张了，西拉斯坐在自己的百年老店里心里特别不是滋味，他恨不得冲过去把对面的店铺砸了。西拉斯的妻子非常明事理。"西拉斯，"她慢慢地走过去对自己的丈夫说，"你现在是不是想去烧了对面那房子？"

"不错！"西拉斯怒火中烧，"要是能把它烧了当然好了！"

"人家有保险，你去烧了不久之后还能再开张。况且，这种想法本身就是不道德的。"妻子说。

"那你让我怎么办？"西拉斯早就已经忍无可忍了。

"你现在应该去向他表示衷心的祝愿。"

"祝愿他们生意兴隆来收购我们吗？"

"西拉斯，你总是诚信老实地经营生意，但这件事情上你就开始犯糊涂了。现在怎么做不是明摆着吗？当然要去祝贺新店开张，祝它生意兴隆。"

"你脑筋没出问题吧，亲爱的？"

虽然西拉斯说是这么说丁，但他还是听了妻子提的建议。第二大一早，还没到新店井门的时间呢，整个镇上的人就都已经围在门外，"新百货店"的镀金牌匾挂在正门口，大家都想看一下新店的庐山真面目，西拉斯也围在人群中。他开开心心地大步走上台阶，大声地宣告："老弟,诚心地恭祝你新店开张,祝你生意兴隆,给全镇朋友们的生活带来便利!”

话音刚落,全镇人就欢呼起来,还把他高高地举了起来。大家和他一起参观装饰一新的店,谈论着商品的标价,而新店的老板更是全程都引着西拉斯参观,还时不时地拉着他的手,两个竞争对手俨然就是多年的好朋友。

后来,两家店都生意红火,不断壮大,小镇也逐渐地变大了。

我们不难发现,上述故事中的主人公西拉斯诚信经营着自己的老店,以豁达和善良对待新开张的竞争者,他用智慧和大度赢得了人们的尊重,成为受全镇居民欢迎的人。活在这个世界上的人,嫉妒和愤恨在所难免,但是人之所以为人,就是因为他懂得用道德进行自我约束,从而让这些嫉妒之心被控制在合理的范围内,才保证了社会的有序运转。

当代竞争的压力无处不在,严厉的控制和打压对我们的发展是没有好处的。面对威胁与竞争,我们要做到从容不迫。理智应对,待人谦和有礼,我们才能成为受人尊敬的人,才能在竞争中处于优势地位。

朋友比不上敌人

老王在街上巧遇了多年不见的老朋友,他说:“我是因为不想让他看见我才故意离开的,为什么一定要碰面然后虚心假意地问候一番呢?他以前出卖我,我绝不会忘记,他自己也知道我不会原谅他。”

几个月之后,老王在街上与他的敌人不期而遇,这个人曾经深深地伤害了他。老王看到他的态度和上次截然不同,他主动迎上去打招呼问好,两个人像多年的老友似的寒暄。老王说:“不用计较了,他之前的那些做法也是为了自己好,俗话说人不为己天诛地灭嘛。”

与原谅自己朋友相比,原谅敌人似乎更容易一些。为什么会这样呢?因为对敌人我们是不带感情的,但是对待朋友就不是这样的,我们在朋友身上倾注了自己的感情。真诚地对朋友,就希望朋友也能那样真诚地对待自己。

我们可以有风度、有气量地原谅敌人,因为这时候,我们将自己摆在了一个较高的位置,认为自己有权利原谅敌人,会有“大人不计小人过”的感觉。但是对朋友我们就没有这么大度,我们从心底里认为原谅就等于放纵,就是心甘情愿地让自己被朋友耍。因为我的事情都对他讲了,所以他也应该这样待我,因此当朋友背叛我们的时候,就是绝对不能宽恕的错误。

因此当你始终不能原谅曾经伤害过你的朋友时,不要一直耿耿于怀,这也是人之所以为人的一种天性。

敌人可能没有朋友那么虚伪,因此在敌人面前我们更容易清醒地认识自己。我们往往对自己身边的爱人非常严苛,却对其他人表现得宽容大度,我们应该以感恩的心对待敌人,因为他们让我们学到了更多。

让你的敌人都相信你

做人成功的秘诀是什么?那就是征服你的敌人,让敌人相信你。具体来说有下面几步,最首要的就是诚信。只要是自己承诺的事情,就算自己吃亏也要做好,有了诚实守信的好口碑,大家都知道只要是我应允的事情，比签书面协议还有效力。曾经有人问李嘉诚是否可以信赖，那个被问的人说，信守承诺就是李嘉诚最大的优点，只要是他答应的事情，无论给自己造成什么损失都会办到。连自己的对手、敌人都信任你，你就离成功不远了。

一天李嘉诚和一家拥有大片土地的公司谈生意，恰好公司的一位董事有很多好朋友是其他公司的同行，大家就讨论选长江集团合作，而没有考虑其他的合作伙伴。他们主席（指董事长）非常确定地说，如果合作伙伴是李嘉诚，那么你在合约签订后就不用劳神费心，就不会再有其他的麻烦事情，但是如果选择其他的合作伙伴，即使签订了合约，也还有一大堆麻烦事接踵而来。这家公司从上到下都知道李嘉诚的信誉，听了这样的提议自然没有什么反对意见。长江集团在这次合作中取得了巨大的利润，对方也从中取得了不少的收益，这就是互惠互利的双赢合作。

如果敌人相信你，除了你的诚实信用，更相信你不会对他有什么伤害。例如我与对方是竞争关系，而对方相信我肯定不会伤害于他，更不会在竞争中不择手段，或者是伤害对方的某个人。诚信是取得成功的必要条件，另外还要有自强不息的毅力和信念，再次是在繁杂的信息中能透过表面看到问题的本质。

我们应该欢迎对手，对自己的对手表示衷心的感谢！如果不是他们的存在，你也不会取得成长进步，敌人的存在会让你更加成熟自信，更加有魅力。

养在温室里的花朵在烈日不能成长，只有经历了日晒风吹才能长成参天大树。促使我们积极上进的并不是舒适优越的条件，而是源于你强大的对手的刺激。因此，我们不应该憎恨对手，是他们的存在给我们一定的压力促使我们不断进步，所以应感谢他们。

宽容地对待“敌人”，这就表明你不是一个平庸之辈，你的宽容大度，能让对手真正地尊敬你，既征服了自己的对手，同时你也能取得更大程度的提升。

感谢对手

珍爱身边关心自己的人，对我们来说并不是一件难事，憎恶让自己厌烦的人也不是难事，但是爱自己的对手和敌人就是非常不容易做到的了。

什么是对手呢？就是那些一直和自己站在相对的立场，被我们视为眼中钉的人。在工作中，竞争对手是和自己共同竞争某个项目的人，他们会成为我们发展道路上的障碍。正因为如此，我们对对手常常是敌视愤怒的态度，但是我们依然要向对手表示感谢。

我们不应该对他们表示感谢吗？因为对手的存在，我们的生活更加有滋有味，绚丽多彩；因为对手的存在，我们才没有那么不堪一击，而是越来越强大；因为对手的存在，我们体会到了快乐的真谛。

一位著名的动物学家专门研究过非洲大草原奥兰治河两岸的羚羊。在羚羊的品种及生存环境并没有什么差异的情况下，东岸羚羊的繁殖能力及奔跑速度远强于西岸的羚羊。于是他在东西岸各取10只羚羊送到对岸，经过一年的追踪研究观察发现，送到东岸的西岸羚羊，繁殖了14只；而送到西岸的东岸羚羊，却成了安于享乐、懒于奔跑的弱者，最终只有3只羚羊存活了下来。为什么会这样呢？因为东岸羚羊时刻面临着附近狼群的威胁，而西岸羚羊的生存环境就比较安稳，缺少了狼的威胁，自然体弱。

物竞天择，适者生存。有天敌的存在，动物们才能不断生存繁衍。这一现象在大自然动物世界中非常普遍，而人类社会亦是如此。敌人的存在能激发对手的潜力和奋斗意志，创造出自己都难以置信的成绩。

今天，各行各业的竞争已经无处不在了，正是在不断的竞争中才有优秀的人才崭露头角。要问他们取得成功的重要秘诀，正是坚韧的毅力和品质，让他们在对手面前积极进取，奋力拼搏，除了个人坚持不懈的努力和百折不挠的意志，以及来自朋友亲人的鼓励帮助外，更多的时候促使他们上进的是竞争对手的存在，得以创造出惊人的成绩和结果。

在我们奋斗的道路上，能成为对手的一定是自己的同行，也是不断激励自己进步的挑战者，它们可以是具体的某个人，也可以是无形的存在于精神之中的；它们让我们的人生更加多彩多姿，也是它们不断地改变着你的心灵，让你绽放笑容，让你抹去泪水继续前行。每一朵绽放的红花下面都有无数默默奉献的绿叶，阳光也总是在风雨之后才更加灿烂，每个成功的人都付出了自己辛勤的努力，但是每个强者的身后一定有许多可敬可叹的对手。

因此，我们要对自己的对手表示感谢！正是他们一直在我们的身边，才让我们知道“山外有山，人外有人”，让我们摒弃妄自尊大的意识，回归到清醒冷静的正常状态，让我们脚踏实地地走好每一步。尊敬地看待身边每一个对手，让我们不断调整人生的航向，只有这样我们才能一步步地向目标靠近，最终收获美好的前程。

感谢对手是我们成功的必要条件。没有对手就没有竞争，有了竞争进而才激发出我们不断探索与前进的动力。让我们怀着感恩的心正视自己的对手，能让你赢得对手发自内心的尊重，你还能从对手那里吸取经验教训，从中汲取力量。在一个团队中需要成员的相互合作，与对手真诚地交流，相互鼓励，才能互惠双赢共同进步。

感谢对手的存在，他们是我们的老师，同时还是一面镜子，是我们努力奋斗追赶甚至超越的目标，正是因为对手的长期存在以及威胁，才一直告诫我们“逆水行舟，不进则退”。

换一种眼光

当老黄在图书馆做管理员的时候，丢书的事情屡见不鲜。为了杜绝丢书的事情再次发生，他在墙上挂了一块警示牌：偷书者罚款200元。但是图书还是经常不翼而飞。

有一天老朋友来图书馆看他，老黄把这件事情向对方抱怨。朋友看到挂着的警示牌，笑了笑说：“就你一人肯定看不住那么多的书呀？”

“问题是管理员就我一个呀。”老黄有些无可奈何地解释道。

“为什么不找读者帮忙呢？要知道读者就是你最得力的帮手呀。”

“怎么可能？偷书的人就出自读者，让他们帮忙，这简直就是异想天开。”

“话虽如此，但偷书的只是极少数读者，你总不能把所有读者都一棒子打死吧，你必须换一种眼光看待读者，把读者当成你的助手，请他们帮助你管理图书。”

朋友在一张纸上重新写了一条警示标语：凡检举偷窃书籍者，奖励200元。自从换了这个告示以后，图书馆的书再也没丢过。

不要把所有人都看成敌人，如果用不同的眼光看他们，那就是你最得力的朋友。不要敌视身边的人，学会把他们看成你的朋友，当你能够化敌为友的时候，你做起事来也更能得心应手。

我们都知道待人要友善，但做起来却不是轻而易举的，我们在不断地思考和交流中才能更深入地了解他人，进而才可能信赖别人，并且有包容他人的博大胸襟，从而取得理想的管理效果，做起事情来才能称心如意。

聪明的员工肯定不会和自己的服务对象成为敌人，当面对他人非难的时候，他不会因此而激怒自己或者埋怨别人，他会用友善的眼光看待别人，化敌为友，才能事事顺心，让自己满意。

搏击的智慧

在竞争中我们可能为了某些利益和对手正面交锋，也会出现这样那样的问题，但这个时候“不是你死就是我活”的想法是非常愚蠢的。如果彼此的争斗不可避免，那也不要使蛮力，否则最后只能是两败俱伤。不妨多动动脑筋，用些技巧，巧妙地取得胜利。

聪明的人知道在危险的境遇下如何保护自己不受伤害，而只有愚蠢的人才只会用蛮力，一定要争个你死我活，就算勉强打败了对手，也会弄得自己下不了台。

有一个运动员参加搏击锦标赛，赛前他对自己非常自信，认定冠军奖杯非自己莫属。但是在最后一轮的决赛中，他和对手实力不相上下，可谓旗鼓相当，双方几乎拼尽了全力，但是他依然没看出对方的招式中存在的漏洞，而对方已经发现了自己在搏击中的漏洞和弱点，总是能准确地打中自己的要害。

结果不言而喻，这个自信的搏击高手被对方打得站不起来，冠军的奖杯当然也和他没什么关系了。他非常不服气地来找师傅帮忙，把比赛中的对打招式全部展示给师傅，希望师傅能帮他找出破解之法。他想细心研究这些破绽和漏洞，一定要找出战胜对方的绝招，便于在下次决赛中爆发，把属于自己的冠军奖杯赢回来。

听完他的话师傅没说什么，只是拿一支粉笔在地上画了一条白线，要求他不准用抹布擦，但是让线变短。这个运动员思来想去：我能采用什么办法既满足师傅的要求，而又把线变短呢？想来想去也没有什么合适的办法，于是再次请师父指点迷津。师傅的办法很简单，在那条线下面画了一条更长的线。与现在这条长线相比，那道线的确变短了。

师傅告诉他：“如果你要想取得冠军，不能只想着怎样找到对手的缺点，这就好比刚才给你出的题，如果你不能完成我的要求将线变短，那你就不能一味地使劲琢磨这条线，你不妨转变角度，找出一条更长的线不就能解决问题了吗？所以你要不断地提高自己的能力，原来的那条线代表的就是对方，二者相对而言不就短了吗？现在让自己变得更强大，才是你最应该做的事情。”

徒弟终于明白了师傅的良苦用心。

师傅还对他说：“搏击必须要用智慧，使蛮力是不够的，应巧妙地攻击对方的弱点。还要学会适时地果断地放弃，硬拼是不可取的，只有发挥自己的优势，打击对方的弱点，你才能取得最终的胜利。”

当我们为了目标而不懈努力的时候，总是有许许多多的挫折和障碍，我们只有战胜了挫折才能继续前进。通常情况下人们面临着两种选择：

一是从对手的薄弱环节入手。就像双方的搏击，找到对方的弱点之后，方可一招制胜，直取要害，以迅雷不及掩耳之势解决问题。

二是适时地果断放弃，不要和对方硬碰硬地死拼，而是全方位地提升自己的能力，让自己的智慧与能力有全面的提高，让自己逐渐强大起来，用自己的优势攻击对方的弱点，通过这种方式来化解问题。

有智慧的人知道不使蛮力硬拼。不硬拼，能有效地规避许多风险和挫折。给对方多一些机会，多留些余地，也有利于缓和彼此的关系，使双方化干戈为玉帛多结识一个朋友。而给自己多留一些余地，就是多一条后路，我们才能拥有更多的机会取得成功。

是对手让我们弹出了生命的高度

“物竞天择，适者生存”是大自然永恒的法则。没有竞争，发展和进步也就无从谈起；对手的存在让我们更加强大；敌人的存在才有了胜利和失败的区别。因此不要敌视你的对手和敌人，要学会感激他们，没有他们就没有你今天的成绩。

古印度的一个王子英勇无比，有一次出征，大获全胜之后带兵回朝。在庆功的宴会上，谦虚有礼的王子端起酒杯，感谢他的前辈、大臣，尤其是一起出征的将士和自己的百姓，即使是他的马夫仆人也都一一感谢，大家都感动不已。此时，他的父王还提醒他说：“孩子，你忘记了最重要的人，你必须感谢他。”王子想了半天，不知道父王说的是谁，最后请父王明示。老国王坚定地说了四个字：“你的敌人。”

不管处在怎样的境遇中，人都在与大大小小的对手竞争、战斗，自己永远不变的身份就是“战士”。战争中当然有真刀真枪的敌人，就算是安定和平的年代，从伟大的事业到办公室里的职场生活，都要和对手战斗，才有可能取得最后的胜利。

有时候朋友是虚伪的，而敌人是真诚的，因为对手打败你的时候，肯定不会给你留什么面子。他对你“发自内心”的嘲讽，绝对能让你铭心刻骨。

强大的对手的存在，让我们寝食难安努力练习，才有了现在的好本事；狡黠无比的敌人的存在，提醒我们要时刻保持警惕；敌人的强大让我们卧薪尝胆、寻找机会；敌人的智慧激励我们不断提升自己，使自己更加强大才能战胜对方；敌人的威胁让我们时刻保持高度警惕、居安思危；对手的时刻威胁让我们在批评与自我反省中不断进取，最终让我们战胜自己！也是因为对手一时的麻痹大意或者疏忽，我们才有机会反败为胜、取得成功。

在第27届奥运会上，孔令辉代表中国队参加乒乓男单的决赛，以3:2的成绩击败瓦尔德内尔，获得金牌。全国人民都为之振奋雀跃，当时的主持人白岩松说“我们感谢瓦尔德内尔”，这句话让我终生难忘。

是的，白岩松的话的确非常在理，瓦尔德内尔是强大的，而他的存在更让中国队一直精益求精，不断提升自己的竞技水平，垄断世界乒坛地位才更有价值。正是瓦尔德内尔这个强劲对手的存在，一直激励着我们自强。因此我们当然应该感谢对手的存在。

生活中，时时处处都存在着各种各样的竞争，有竞争就会有对手。有了对手才可能产生战胜对手的信念。这就是人对胜利的欲望，也正因为如此，人才有机会展示自己。优胜劣汰就是竞争存在的本质和根本原因。正是因为对手的重重阻碍，我们对成功的追求欲望才更加强烈；对手妨碍我们享受幸福的生活，而我们就偏偏要好好地生存下去。如果不想被淘汰，那就不断奋发向上让自己更加强大吧。

对他人的欣赏实际上也是给自己一次机会，不具备欣赏别人的眼光的人，自己也不能取得长足的发展。你要知道给别人一个台阶下就是给自己多一个机会。可以包容对手错误的人，他肯定拥有博大的胸襟，他能爱身边的每一个人，能赢得身边的人的尊重与支持。反之，为了战胜对手而不择手段，甚至昧着良心做事的人是狭隘自私的，这种人无论在哪里都让人讨厌，最终只会自取灭亡。

对付对手最有效的手段不是打击报复，感激和包容取得的效果可能比你想象的好很多倍。竞争无处不在的职场中，任何人都有可能是你的对手，而怎样和对手过招看起来是小事一桩，却直接关乎你的成败荣辱。

对手强大是件幸事

日本北海道以盛产鳗鱼而著名,而捕捞鳗鱼成了当地渔民的生存手段。但一个很大的问题就是,这些鳗鱼想生存很困难,离开了海水的生存环境它们就活不长,就因为这样的原因,被捕上岸的很多鳗鱼都死掉了。

在一个古老的村子里,有位经验丰富的老渔民,他每天都出海捕鳗鱼,而他还能将这些鳗鱼活着带回岸上,基本上没有死掉的。但是其他的捕鳗鱼者想尽办法,还是改变不了鳗鱼死去的事实。市场上的活鳗鱼太少了,物以稀为贵,因此活鳗鱼和死鳗鱼的价格也是天差地别。几年过去了,老渔民靠捕鳗鱼发家致富,而其他的渔民只能在温饱线徘徊。

渔村甚至流传着一种说法,认为老渔民有特异功能,只有他才能让鳗鱼活下来。老渔民年老病重,他知道自己将不久于人世,因此决定将自己捕鳗鱼的秘密告诉大家。其实他根本没有什么魔力保持鳗鱼的生命,只不过他在捕捞上岸的鳗鱼中,掺杂几条狗鱼在里面。狗鱼和鳗鱼有什么关系呢?它们是鳗鱼的同类。当几条狗鱼发现自己生存在天敌鳗鱼群中时,就会到处乱窜逃命,狗鱼的存在极大地激发了鳗鱼的斗志,使它们一直处于备战的兴奋状态。

对手狗鱼的存在让鳗鱼保持着持久的生命力,我们说老渔民是智慧的。生活也是如此,没有竞争的地方肯定没有生命力,只有竞争的存在,才能激起人们旺盛的斗志,生活中的激情就源自无处不在的竞争。因此我们要感谢那些强劲的对手。

西方流传着这样一句话:“没有敌人你也不会这样坚强,所以感谢他们吧。”这句话反映了人们的智慧,我们说朋友是雪中送炭之人,而敌人往往在危难时刻能成就你的大事。

很多人谈到自己的对手就色变,恨不得马上消灭干净以解除后顾之忧。但是如果你换一个角度,就会发现有一个实力强劲的对手,是一件非常幸福的事情。所以,不要仇视你的对手,正是他们的一直存在和威胁,才激励着你一直努力。感激你的敌人吧,他们正是成就你的恩人。

乐于向对手学习

职场之上,对手是不可少的。很多人经常抱怨这些对手抢走自己的成功机遇,其实竞争对手的存在对我们来说是非常有好处的。好处有两种:第一,能让我们主动自发地去提高自己,以求超越对手;第二,从对手那儿学到很多,让对手充当我们的另类老师。特别是第二个好处,可取得短时间进步。不过有一个前提:你必须放低自己的姿态,善于向对手学习。

对手为何成功,你为什么会落后于对手?对手身上有什么是比我们厉害的?这些问题的答案就是我们要学习的内容。

晨凯最近很郁闷,因为他又失业了,在这半年时间里,他失业了三次。按理说,大学本科毕业、有着三年工作经验的晨凯不会如此惨,为什么他会频频失业呢?事情还得从晨凯自身说起。

晨凯之前供职了一家公司,专门在公司下属的店铺推销数码产品,对于学电子出身的晨凯来说,这本应该不是件难事,但事情超出他的想象,因为在这个店铺周围,诸如此类的店铺非常多,竞争非常激烈。虽说晨凯推销的是名牌产品,可是他的竞争对手——也是推销名牌,更重要的一点是,他的竞争对手推销手段极其了得,三言两语就能让顾客乖乖地掏钱包。

多次较量中,晨凯都败下阵来,情绪开始变得有些低迷,抱怨也越来越多。老板在总结大会上安慰晨凯:“失败不要紧,但要找到失败的原因,对手有什么优势的地方,努力去学习,否则就永远处于失败的地位。”

可是晨凯不但不听老板的话,还“推卸责任”地对老板说:“我觉得不是技术的问题,而是产品知名度不高。再说,对手身上有什么优势我们根本没有必要学习,我们应该有自己的风格。”

听了晨凯的话,老板很失望,然后开除了他,理由就是:不善于向对手学习,如果让这样的人继续做下去,一定会继续失败。

果然不出老板所料,换了一个推销员之后,销售业绩突飞猛进,而这个推销员最大的特点就是善于向对手学习,不像晨凯,只知道抱怨,不懂得学习。

和对手竞争的过程也是相互学习的过程,我们身上有什么优势,对手肯定会过来学习,而他身上的长处,我们也应该去学习,只有这样,我们才能得到提高,不至于被对手拉开太大的距离。

那么在日常工作中,该如何向对手学习呢?

1. 正确认识对手

在工作中,每个人都有竞争对手,并且不是固定的,许多人都想打倒对手。其实,竞争是一个相互提高、进步的过程,竞争对手能激励你。从这个层面上来说,对手应该是自己感谢的人,是自己的朋友。要尊敬对手,即使失败了,同样没有遗憾。

2. 看到自己的劣势和对手的优势

只有在看到对手的优势和自己不足之处时我们才能向对手学习,才会有学习的方向。可是应该如何操作呢?很简单:剖析。你可以将对手的优点列在一张纸上,然后将自己的缺点列在旁边,形成鲜明的对比,然后就明了了。

3. 学会在欣赏对手的同时向对手学习

职场竞争激烈,如果在与对手竞争时,能抱着欣赏对手、向对手学习的心态,学习对手的长处,那么就可以提高自己,最后战胜你的竞争对手,走上成功之路。

4. 善于向对手挑战

有人以向对手挑战为耻,说这不是一种学习行为。其实不然,我们在这个过程中,才能真正了解对手,才能从对手那里学习到自己所需要的东西,这同样是一种学习行为。

在职场之上,要想获得成功,不仅要努力,还要有一个好的竞争对手。一旦你有了几个好的竞争对手,相当于有了督促,有了几个好老师。在他们的身上,我们有动力前进,而且还能学习到很多知识、技能以及做事的方式、方法。所以我们要正视我们的对手,善于向他们学习。

第六章

幸福婚姻需要包容

第一节　包容让爱情走得更远

早一点宽恕，会避免悲剧的发生

下面的故事非常感人，但是同时也让人欷歔感叹。我们能从中获得些什么呢？

男人和女人在大学校园里相识相爱，当时可以说她是委身下嫁于他。女人的家庭显赫，父亲是那个城市的政府高官，母亲是某著名研究所的研究员。而男人家庭普通，只不过是平常农民的儿子，情况如何不用我们细说大家都心知肚明。但是女人死心塌地地爱着他，愿意放弃一切跟他回去建设家乡。后来两个人一起成了乡村教师。他们对现在的生活非常满足，她和心爱的他在一起别无所求，也不羡慕所谓的荣华富贵。

他毕业于名校，工作出色，各方面表现得非常优秀。十年的时间，他已经从普通教师做到了教育局长，一切晋升加薪都非常顺利。39 岁那年他成为县长，丈夫的这些成就妻子当然为他高兴，她也认为自己的选择是正确的，当然他也感谢妻子对他的支持与帮助。成为县长之后他每天都要忙于各种应酬，有很多身不由己的事情，但是妻子都理解他。

一次他喝得大醉，竟然和一位年轻漂亮的女人发生了关系。发生这样的事情，他非常后悔也感到很恐慌，尤其觉得没脸面对妻子。然而这一切就这样意外地发生了，那个年轻漂亮的姑娘更是让他难以忘怀。妻子有段时间恰好出差在外，他竟然每天都和那个姑娘同床而眠。直到有一天，这一切赤裸裸地展现在妻子面前。妻子没有像他想象的那样大闹一场，而是微笑着走向那个姑娘，告诉她不用这么紧张，还帮她整理好衣服。

就这样放走了那个姑娘，而后她什么话也没说，不到万不得已她不会和丈夫多说一句话。万不得已的情况，也就是有下属来家，或者是儿子回来的时候，就这样在外人眼里他们还是非常恩爱的夫妻。外人一走，她继续保持沉默，丈夫早就懊悔不已，他今天的一切，离不开妻子对他不离不弃的爱。他依然深爱着自己的妻子，他无数次地跪在妻子面前向她忏悔自己的过错，恳求妻子的原谅，希望妻子能再给自己一次改过的机会。就这样他忏悔了 12 年。但是无论自己怎样忏悔反思，妻子一句话都不说。

终于有一天，妻子终于肯和他单独说话了，她说："我得了乳腺癌，已经到了晚期，我已经活不了多长时间了。"听到妻子多年来说的第一句话，他觉得天都塌了，抱着妻子一遍遍地喊："为什么，我们可以去找医生治疗啊！"带着妻子来到医院，医生告诉他们已经错过了最佳的治疗时机。妻子快不行了，她对丈夫说："我错了，这么多年来，我不应该这样痛苦地折磨你。等我死了，你一定找一个比我好的女人，你们一起好好地生活，忘记我吧。"男人早已泣不成声。

三个月后，男人也死了。原来在一年前的体检中他被查出患有胃癌，而他选择一个人独自默默地承受。他在弥留之际，对儿子说："你妈妈终于肯原谅我了，现在我死了也可以瞑目，可以放心了。"儿子听得云里雾里的，后来，有一个学医的朋友对他说："你父母遭遇这样的不幸，很大程度上是因为心情长期郁闷导致的。如果你妈妈早些原谅你爸爸,可能就不会是现在这样的结果了……"

妻子用12年的沉默惩罚着丈夫,但是她却因此失去了幸福和生命。面对丈夫保持了12年的沉默,她的心在流血,她确实受到了沉重的伤害,因此她惩罚自己的丈夫。当她恍然大悟的时候,却已经付出了生命的沉重代价。

人无完人,犯错误在所难免,一味地惩罚对解决问题没有任何帮助。婚姻需要夫妻二人共同维持,当婚姻中出现问题的时候,就必须及时寻找解决问题的办法。如果置之不理,这些问题最后将完全侵蚀你的婚姻。

在婚姻生活中,如果你能原谅对方犯下的错误,那这何尝不是给自己轻松与自由呢?你把怨恨深深地埋在心里,其实这是对你自己的折磨。因为怨恨,你失去了快乐,失去了健康,失去了幸福。怨恨,其实伤害最深的还是你自己,而不是你所恨的那个人。

幸福的家庭都有它们共同的地方,而不幸的家庭却是多种多样的。所有幸福的家庭中都有包容的因素,包容让你的温情传递给家人;包容让家里的气氛温馨和谐;包容让你们的爱情还能历久弥新,持久保存。

换位思考,走入他心灵的栖息之地

柴米油盐酱醋茶,这样的生活总会渐渐地平淡下来,当激情与浪漫渐渐消减,初恋时候的体贴将不复存在。平淡无味的生活会给你一种错觉——你已经不爱对方了,于是你将爱转移到别人身上,但是最后你才明白每天和你过日子的那个人才是你的最爱。

女人移情别恋,向丈夫提出离婚。但丈夫就是不签字,于是女人每天又哭又闹。最后实在拗不过,丈夫同意离婚。不过,丈夫提出一个要求,就是见见妻子的男朋友,妻子很爽快地同意了。第二天一大早,一个高大英俊的男人跟着妻子来到家里。

女人预想的场景是丈夫刁难现在的男朋友,但是丈夫没有这样做,他很有礼貌地跟对方打招呼。然后,他说他需要和这个男人单独交谈一下,请妻子回避。女人虽然在门外站着,但是心里一直忐忑不安,怕他俩会打起来。实际上,她确实是杞人忧天。几分钟后他们肩并肩地出来了。

女人送男朋友回家,她实在压不住心中的好奇,问:"你们俩谈了什么?他是不是讲了很多我的坏话?"听到女人这样问,男人有些失望,他说:"你根本不了解自己的丈夫,而我也不了解你!"听到男友这样说,女人急忙为自己解释说:"这世界上没人比我更了解他,他没有生活趣味,一板一眼像个保姆,根本就不是个男人。""如果你真了解他,你就该清楚他和我讲了些什么。""究竟说了什么?"女人坚持发问。"他告诉我你心脏不好,但平时又很容易发脾气,所以让我一定要关心你,让着你;他说你有胃病却喜欢吃辣,让我一定监督着你。""就这样?"女人也觉得非常意外,简直难以置信。"他就说了这些。"听到这样的话,女人有些不好意思地低下头。

男人过去抚摸着女人的头,对她说:"你有一个好丈夫,他拥有开阔的胸襟和爱你的心。现在回头吧,你的丈夫值得你爱他一辈子,没有人比他更懂得如何爱你。"然后,男人就离开了,头也不回地走了。

经过这次分手事件之后,女人再也没提出离婚,因为她知道眼前这个男人是多么的爱自己,仅这一点就值得她为之珍惜一生。每个人都渴望轰轰烈烈的爱情,然而在漫长的生活中,成为能读懂自己的知己是多么不容易。在一起生活的时间越长,你就越能从中体会到这样的想法,在茫茫人海中,能找到心心相印的人就是莫大的幸福,而能相伴到老更是幸福之至。

我们不要把期望都寄托在别人身上,总是对别人提出这样那样的要求,总让人家照顾你,关心你,如果一直对别人寄托太多,你在无形中就给别人很大的压力,还会激起对方的反叛。如果你设身处地地为对方着想,尊重对方,理解对方,你或许就能恍然大悟,之前为那些小事争吵是多么愚蠢,多么不值。多一分理解与包容,你的生活就会更加甜蜜快乐。

猜疑、嫉妒是咬噬爱情之树的蛀虫

诗人纪伯伦曾说:"恋爱和疑忌绝对不可能在一起和平相处。"

一个多世纪之前,拿破仑三世,就是拿破仑的侄子,深深地爱上了特巴女伯爵玛利亚·尤琴,很快他和这个全世界最美的女人一起走入了婚姻的殿堂。他们的婚姻让所有人羡慕,财富、权力、名声、爱情应有尽有。拿破仑三世对这次的爱情也是非常用心投入。

但是恋爱时的激情并没有长久,慢慢地失去了原来的激情归于平淡。拿破仑三世成就了尤琴的皇后梦想,但是无论爱的力量多么强大,也不论他拥有多么至高无上的帝王的权力,都不能控制这个女人的猜忌心和嫉妒心。

强烈的嫉妒心在作祟,她把他的命令全部当成耳边风,在她那里,拿破仑三世一点私人的空间都不允许拥有。即便是和政要们讨论国家的重大事务,她也不分场合突然闯入;还会在一边喋喋不休地讲些无关紧要的琐事。只要丈夫一个人在办公室,她就会怀疑丈夫身边有别的女人,所以她不能给他这样的机会。

她还经常在姐姐面前抱怨自己的丈夫这不好那不好。不管什么人在场,她都会随意地出现在丈夫的书房中破口大骂。身为皇帝的拿破仑三世,拥有富丽堂皇的宫殿和至高无上的权力,但是却没有一个不受她打扰的地方。

尤琴这样的做法对她自己究竟有什么好处呢?莱哈特的巨著《拿破仑三世与尤琴:一个帝国的悲喜剧》中这样写道:

拿破仑三世会在夜深人静的时候,将自己裹得严严实实的,带上一个亲信从小侧门出去,去寻找真正了解他的女人,或者只是欣赏一下巴黎古城的夜色,让自己舒缓一下心情。

毫无疑问,成为皇后的尤琴是许多女人迷恋羡慕的对象,但她因猜疑和嫉妒让自己失去了甜蜜的爱情。

人们说恋爱中的人智商为零,这句话更适用于热恋中的情侣。嫉妒和猜忌是恋爱中的情侣最容易犯的毛病,这两种心态的存在,对爱情的进一步发展非常不利,还会损害个人的形象,甚至让你在爱人面前形象全无,进而破坏你们的爱情。所以恋爱中的情侣都要严防这两种心态影响自己的爱情。

重新接纳悔过的爱人

爱的定义是什么?无限的宽容和了解会聚在一起就是爱。如果对方是你深爱的人,他犯了什么错误是你不能原谅的呢?给你爱的人一个重新改过的机会吧!

失去爱情之后人们常常会自我安慰“天涯何处无芳草”、“兔子不吃窝边草”，这样自我安慰的态度其实是不懂爱情的本质。因为他们关心的是自己的面子和所谓的尊严，面对对方一次次真心的悔过，就算你心里还深爱着对方，但是总不愿意承认自己已经原谅他，最后挨不过面子落得个分居离婚的下场。

枫和丽相恋于大学校园。丽有傲人的身材和优雅的气质，思维活跃，有丰富的想象力。枫才德兼备，是一班之长。两人经过甜蜜的热恋，毕业的时候决定一起南下找工作，并且很快都找到了工作单位。工作一年他们按揭了一套房子，就在所有的事情顺理成章的时候，他们的爱情出现了问题，婚姻之舟抛锚了。他们吵架冷战，竟然走到了离婚这一步。两个人一起去办离婚手续的时候，彼此都很难过，谁也没想到事情会变成这样，但是现在这种情况，离婚是最好的选择。

离婚以后，枫没有再娶其他的女人，丽也没有交新的男朋友。一天，丽的妈妈听到女儿偷偷在房里哭泣，心里很不是滋味：“这真是不是冤家不聚头！我看你现在还是忘不了他吧！我也不顾什么老脸了，再跟你们去撮合撮合！”但是丽死活不同意母亲这么做：“不准去，这事哪有女方主动的？”离婚以后枫也常常会想起以前和丽在一起的日子，把自己关在家里借酒浇愁。

一个朋友故意逗他：“枫！你还在想着丽吗？天涯何处无芳草啊，再说了好马还不吃回头草呢！”这话一下子说到了枫的心里了，他有些生气：“我怎么可能想到她？我肯定不会再要像她那样的女人！”后来不知怎么的，丽知道了这件事情，半年后丽的结婚典礼如期举行，婚礼当天，枫一个人抱头痛哭。

“好马不吃回头草”阻断了多少人再次找回真爱的想法。很多人在爱情面前，往往考虑维护面子和尊严，结果感情用事，虽然爱着对方，但是为了面子还硬撑，为维护自己的面子不愿低头，不愿意再去找对方。其实，在你考虑是否要回头的时候，面子和你所谓的尊严不是最重要的，你应该立足现实，考虑你是否还爱着她。你对那段感情仍然没有放手，为什么不大胆告诉对方呢？

你的心里明明有对方，为什么不能冲破面子的限制，而要被外界的声音左右呢？幸福需要自己把握，只要你确定那棵草就是你寻找的，就不要因为“好马不吃回头草”而有所顾忌，可能不回头才让你遗憾终身！

在爱情的天平上，迁就等同于包容

婚姻是建立在爱的基础上的，需要彼此身心合一，而在婚姻中最佳的智囊团就是家庭，只有夫妻二人真正身体和心灵相通，向同一个目标努力，才能携手创造辉煌的未来。

人们常说每一个成功的男人背后都有一个伟大的女人。

而成功的“香港金王”胡汉辉就是这样幸运的人。胡汉辉的太太是杨铭榴，两人相识于抗日救亡运动中，随后感情日渐升温。胡汉辉每每谈到自己的太太，都很难抑制激动的心情。

“太太总是迁就于我，为我着想。因为我喜欢游泳而她不会，就为了我专门去学习游泳。一有时间就去苦练游泳。”“我们家里都不喜欢吃辣，但是我在所有的菜系中唯独就偏爱川菜，就为这一点她特地跑去学习川菜烹饪。她一再地迁就着我的喜好。”

胡太太从学校毕业之后，一直留在学校里任教，后来成为香港职业学校的女校长，在教育事业上投入了很多感情。但是丈夫的事业一天天发展起来，工作上忙不过来，想请太太来帮忙，太太二话没说，果断辞职，放弃了自己投入多年的教育事业，来帮助他。

除了为丈夫的事业做贡献，太太还是丈夫事业上的帮手。

胡汉辉自小在广州念书，刚开始他的英文水平并不是很好，而杨铭榴可是香港的高才生，英文水平一流。刚开始胡汉辉和外商洽谈生意的时候，太太总是会留在身边帮他把关，久而久之她就成了胡汉辉事业上的“外交官”。后来丈夫事业有成了，她还是一如既往地在他身边，丝毫没有富家太太的娇贵，上下班依然搭乘公共汽车，在家也是勤俭朴素，很少穿金戴银。

在胡汉辉事业发展到顶峰的时候，他却因病不治身亡，但是他没有留下什么遗憾，太太不仅继承了原来的事业，还让自己的事业得到了更高的发展。

在婚姻中，离不开彼此的包容与互相迁就。这种迁就是相互之间的一种体谅，更是一种欣赏与尊重。在这样和睦的婚姻关系中，双方能保持愉快的心情，相扶到老。

古话说“相敬如宾”、“举案齐眉”，意思就是要求夫妻之间学会体谅对方，尊重对方，这是令人羡慕的夫妻关系。很多男人都希望自己的妻子也是他事业上的贤内助，就算妻子在事业上不能帮助自己，但是起码不能妨碍自己未来的事业。真正有大智慧的女人一定知道迁就自己的丈夫。这样有利于创造温馨和睦的家庭环境，让他结束辛苦的工作后能在家里得到身心的放松，这何尝不是对丈夫事业的支持呢？

话虽然是这样说，但妻子在迁就丈夫的时候也要在合理的范围之内，不能没有底线和原则地一味退让。伟大的爱情不是一方盲目地服从另一方，而是有一定原则地迁就与妥协，仅一方的无原则退让并不是真正意义上的爱情。

在婚姻里，很多时候没有是非对错之分，但是我们为了保证家庭关系的和睦，还是应该设身处地地为对方着想。爱情发展到最后的归宿就是步入婚姻的殿堂，需要夫妻双方彼此用心地去经营，发自真心地尊重对方，理解对方。女人能找到自己的爱人是幸福的。当你在他面前小鸟依人的时候，也要懂得为他营造一个避风的港湾，然后将你的快乐传递给他。

爱情需要善意的谎言

真诚是爱人之间的相处原则，在爱情里不允许有任何的欺骗行为，但是有时候需要善意的谎言。如果你刻板地遵循每句话都如实相告的原则，可能会引起很多误会和麻烦，给原本的爱情关系制造裂痕。有的男人待人处事非常不明智，当说起自己的前女友时，想到的就是她如何如何不好，如何不善解人意，并将这些埋怨一五一十地告诉自己的现任女友，殊不知这种想法是非常要不得的。

如果一个男人在现任女友前一个劲地夸赞前女友，那么女友正常的心理反应一定是：“既然她那么好，干吗还爱我？”因为有了这样的心理，男人的麻烦就会接踵而至，在今后婚姻生活中的日子也不好过。

已经过去的恋情就不要再和你现在的恋人分享，因为那是你的过去，既然过去了就不要再拿出来说了。适当地隐瞒和欺骗都是善意的谎言。

也许你对现在的恋人深信不疑，认为你们的感情坚不可摧。但是很多事情毕竟过去了，如果说出来没有意义，那就不要说出来自找麻烦，这样才可以称得上你好我好大家好。在爱情中隐瞒是必要的，甚至有时候谎言也是需要的，这时候往往能取得很好的效果。恋人在很多事情上都离不开善意的谎言。

“只要来见你，我总会费劲地找合适的衣服穿，看哪一件穿着都不好看，自己都受不了自己了……”这就是俏皮可爱的谎言，至于它其中包含的深远意义，早已不言自明，而且相信对方肯定能体会得到。

很多女孩特别为自己的男朋友着想，不愿意让对方承受太大的经济压力，所以约会的时候，她会说："我们不能打的，我一坐出租车就总是晕车。"或"在这种高级餐厅吃饭弄得我浑身不舒服，可能这种庄严的地方不适合我这个俗人。我更喜欢在草地上看星星，在家吃自己做的饭，这样反而更舒服也更加温馨。"不是富二代出身的男朋友听到这样的话，肯定能体会到女友的体贴识大体。

为了给恋人留下好的印象，你要学会巧妙地不露痕迹地修饰自己。例如，你们讨论到了文学创作，无意中聊起了某个人的著作，但是在他出的五本书中你只读了两本，那么你可以这样回答："我看过他写的五本书，确实写得非常好。"这样一来对方看你的眼神肯定就不一样了，你在对方心中的地位马上就得到了提升。但是重点是你必须尽快抽时间去读剩下的三本书，让原来的谎言变成真实。如此，你暂时的谎言才能维持下去，而你自己的阅读量也会有提升。

因而，既不会影响大局，又不是关系原则性的大问题，适时的谎言对相恋的人是需要的。

偏见会折断丘比特的翅膀

女人最幸福的年龄是二十几岁，因为这时候女人会遇到自己生命中的另一半，和他一起步入婚姻殿堂，开始另一阶段的生活。俗话说"家和万事兴"，有了幸福温馨和睦的家庭，你才能全身心地投入到自己的工作中，但是当你们真的到了结婚的这一步，你就要小心谨慎地思考这个问题了，那些条条框框的择偶标准是僵硬的，更不能让世俗的眼光成为你们的障碍。

女人对男友的选择标准往往会受到过去经验、世俗的眼光和家里意见的影响。同样选择恋爱对象时也有这些因素的影响，他人的建议、社会的评价及自己的知识结构都会影响女人的判断。如果不能克服这些因素的干扰，很多女人都难以摆脱偏见的影响。

1. 社会刻板印象

在选择对象时，女人们大多依赖自己的刻板印象。有一个女孩经人介绍，相亲对象是中学教师，她一听马上就反对见面。因为她认为教师就是一板一眼、说教式的人。这就是凭刻板印象办事的典型。当今社会知识、人才和教育越来越受到重视，教师的角色内容和以往已经大不相同。准备介绍给她的那位中学教师，不仅才华横溢，而且有广泛的兴趣爱好，很受学生欢迎，完全不是那种迂腐的老夫子。女孩由于自己的偏见，也很可能因此失去了一段美好的姻缘。

2. 第一印象

有的女人会根据双方见面时对方给自己留下的第一印象来评价这个人，这些评价又直接关系到自己择偶的方向。如果男人留下的第一印象是长得漂亮，而且形象好、气质佳，那么这件事情就有下一步发展的可能；相反，如果留下的第一印象就不好，那肯定不会有下一步更深入的交往。但是第一印象只能作参考，不应该成为交往的决定条件，否则幸福就悄悄地从你手边溜走。

3. 先入为主的印象

女性择偶的时候，常常会有先入为主的观念，特别是有人介绍的那种。因为介绍人一定在两人面前讲对方如何优秀，让两人迫切地想要与对方见面。在介绍人介绍的时候，彼此都先入为主地有一个印象。有的女人就因为先入为主的不好印象，本意上就不愿意和他见面，就算勉强见了面，也总是带着放大镜来挑对方的缺点；相反，有的女人是先入为主地对对方有好印象，在交往的过程中，眼里看到的全是对方的优点，会淡化所有的缺点。因此，有了先入为主的印象会直接影响双方交往的效果和可能。有些女人没有主见，因此她们作出的决定就会受到社会舆论及别人观点的左右。

有一个女人经常听到朋友称赞一个男人。在众多的赞美声中她倾慕这个男人,就大胆地去表达了自己的爱意,不久两人闪婚。但是结婚没多久她就发现丈夫是个两面派,有姑娘在场的时候风度翩翩,而其他时候懒惰暴力,让人难以忍受。此时,她才发现自己之前太武断了。

因此,择偶时女人一定不能贸然行事,必须经过仔细的考察和了解。一定要在与对方的交往中了解对方,不能受他人评价的左右。别人的意见只能作参考,更需要自己的实地考察和交往。人们羡慕"郎才女貌"的恋人,但是随着历史不断地发展到今天,女人择偶时考虑的应该是和自己志同道合的人,不要被这些世俗的偏见影响你的选择。

忍耐让爱情之花更艳丽

一对小情侣在咖啡馆发生激烈争吵,两个人谁也不愿意作出让步。后来男孩摔门出去了,女孩独自默默流泪。女孩将心中的怨气发泄在眼前这杯柠檬茶上,用匙子使劲将杯中的柠檬片捣得稀巴烂,柠檬皮的苦味渐渐地飘了出来。女孩要求服务生泡一杯去皮的柠檬茶。

服务生看了看这个脸上带着泪痕的女孩,什么话也没有对她说,给她换了一杯冰冻的柠檬茶,不过这里面的柠檬没有去皮。看到这种情况女孩更加生气了,她再次叫服务生:"我要去了皮的柠檬泡的茶,难道你听不懂我的意思吗?"

服务生用清澈的眼睛看着她说:"小姐,请您先冷静下来,不要这么激动,柠檬皮在泡过水之后,茶水中就会蕴涵着它独有的淡淡的苦味,清爽甘洌,沁人心脾,它是最适合你现在的心情的。因此泡茶的时候先不要着急,操之过急只会把茶搅得浑浊,事情也会因此变得更加糟糕。"

女孩反应了一会,服务生的话让她若有所思,她抬头看着服务生明亮的眼睛,问他:"多久才能使柠檬的香味都发挥出来呢?"

服务生笑了:"12 小时足矣。只需 12 个小时,柠檬的香味就能发挥到极致,你将品尝到美味的柠檬茶,但是接下来的 12 个小时需要你的忍耐和等待。"

服务生停了片刻,接着说道:"生命中的很多事情就像是泡茶,如果你愿意忍耐和等待 12 个小时,你就会变得豁然开朗、积极乐观,你会发现事情都有转圜的余地。"女孩满心疑惑地看着他。

服务生微笑着说:"我说的只是泡柠檬茶的常规方法,不好意思竟然不由自主地就想到了人生。"说完,他就转身离开了。

服务生走了之后,女孩陷入了深深地思考之中。女孩回到家后决定自己泡一杯柠檬茶,她细心地把柠檬切好,将它们小心翼翼地泡在茶里。女孩目不转睛地看着杯子里的柠檬,仔细地观察着它们发生的变化。她被这些柠檬感动了,杯子中的柠檬正在一点点地释放它的香味,女孩仿佛看到了它们灵魂的升华。

12 个小时以后,她终于品尝到了自己泡制的从未喝过的美味柠檬茶。女孩恍然大悟,明白了其中的道理,这杯茶之所以美味,正是因为渗透着柠檬的灵魂。

这时候门铃响了,女孩开门发现男孩捧着一大束玫瑰呆呆地站在门外。

"原谅我好吗?"他诚恳地问道。

女孩没有说话只是把他拉进门,温柔地递给他一杯刚泡好的柠檬茶。

女孩说:"现在我们一起约定,今后无论发生什么样的事情,我们都不要吵架,想想这杯柠檬茶,好吗?"

"柠檬茶? 想柠檬茶?"男孩被弄糊涂了,有点语无伦次。

"因为,我们需要付出12个小时的等待来解决那些烦恼。"

中国人常说"吃亏是福"、"小不忍则乱大谋",其实这是非常高深的做人的智慧和学问。女性特有的温柔和细心,让她们在很多事情上都能体贴入微为对方着想。并不是所有事情都要寻根究底的,当某一件事情刺痛了你的心,或者损害了你的利益,如果你忍一忍,那就没什么,死拽着不放可能没什么好处。再说了,人们追寻爱情,是为了幸福与快乐,如果因为一时愤怒导致爱情无法挽回,那才是赔了夫人又折兵。

生活中总是有大大小小的矛盾,看你持怎样的态度对待这一切。忍一时风平浪静,只有用忍耐浇灌出的花朵才更加娇艳。

没有堤坝的河流,迟早会干涸

小丽和丈夫携手走过了十年的婚姻生活,老百姓常说"七年之痛,十年之痒",但他们还是按部就班地过着日子。丈夫天生就不懂浪漫是什么意思,情人节没有玫瑰,生日没有礼物,更不会哄妻子开心,但是丈夫非常清楚家庭的含义和责任,他知道婚姻就是一份责任。

一位作家说:"如果将婚姻比作河流,那么堤坝就是责任铸成的。如果婚姻中没有了责任这个堤坝,迟早有一天会干枯,会断流。"

在神圣庄严的结婚典礼上,有一个环节是新郎给新娘戴结婚戒指,牧师在这时都会问这样一个问题:"无论生病或健康、富有或贫穷,你都愿意爱她、关心她、照顾她,直到永远吗?"这其实就是在说婚姻中的责任,失去了责任,那么他们的爱就不会持久保持下去。

婚姻的责任就是在每天的相处中慢慢地将两颗心结合在一起变成同心;家庭的含义就是为对方着想,让对方过着幸福健康快乐的生活。无论贫穷还是富有都不离不弃,相濡以沫。他微笑你也开心,他难过你也哭泣,这样的爱才是真正意义上的爱情。

爱情和婚姻一定是两方面的,不是一方奉献,一方只索取。当一方遇到困难遭到不幸的时候,我们依然携手并进,共渡难关,这就是源自爱的力量和能量,有爱才有坚持的力量。不要总觉得只有自己在奉献,觉得对方配不上你。不管是困难和辛苦,还是幸福快乐,既然你们携手组建婚姻,就应该共同经历。

爱的意义不等同于喜欢,而是奉献与理解,当你们选择步入婚姻殿堂的时候,就注定祸福与共。有了爱情做基础,然后用婚姻的形式组建成家庭,而家庭最重要的支柱就是责任,责任是维持婚姻的动力。

不论何时,夫妻双方都应该做到相知相守,互相尊重,彼此理解,共同承担家庭的支柱——责任。

有人用鱼和水比喻夫妻关系,但是我们又常常出现这样一个认识的误区——对方是鱼,自己是水。这本质上反映了人的自私,殊不知自私是不可能幸福的。唯有共同面对、同舟共济,才能共同经营幸福的家庭,才能共同享受幸福的喜悦和温馨。

爱情需要有温柔的滋润

小杨在一个机关工作。到了单位他明白了这样一个道理:那些阿谀奉承、溜须拍马之辈一定是升迁加薪快的，而为人正派的老实人只能在原岗位上奋斗。虽然他也有积极进取之心，但是他天性秉直，为人正派，是个脚踏实地、不折不扣的老实人，根本做不到溜须拍马、阿谀奉承。正是这样他也尝到了很多苦头。

一起进机关的新人，有的积极入党了，有的提拔成部门负责人。但是他坚持自己的原则，所以这一切他也没怎么在意，也没放在心上。但是妻子并不知道他的处事原则，埋怨他："你看看和你一起上岗的同事，人家入党的入党，升职的升职，就你还在原地踏步，你一个男人怎么这么没用呀？"一天，小杨在家听收音机，恰好在放音乐，他还跟着唱了起来。这时妻子又不停地在耳边开始唠叨了："科长都没戏，每天还在这穷开心，我都替你着急！"一句话把他的好心情彻底浇灭。

这样的事情已经不是一次两次了。面对妻子的冷嘲热讽，小杨没和她争吵。但是他很痛苦，因为妻子根本不了解他为人处世的原则，只是图名利职位，无奈他们只好选择离婚。妻子总是冷不丁地用言语刺激他，或许她的本意不是让丈夫一定去入党或是当科长，但是妻子的讲话方式确实让丈夫很受伤。

挖苦和讽刺不能达成你的目标，相反，会让你们的婚姻出现裂痕直至破裂。在下面的例子中，这位夫人用亲身经历为我们上了一堂婚姻课。

路·巴斯德是法国著名的微生物学家，他写信给洛朗先生，想娶他的女儿玛丽小姐为妻。他在信中直言：他家里很穷，现在自己也没有物质保障，是真正意义上地地道道的穷汉子。同时，他也写信给玛丽小姐表明自己的倾慕之意，同时也坦言自己确实家境贫寒，并说："小姐，我希望您能仔细思考，作出慎重的决定，不要急于下判断……"3 个月后，巴斯德终于娶到了玛丽小姐为妻。

婚后的巴斯德只顾着没日没夜地忙自己的工作，根本不记得丈夫应该尽到什么责任。巴斯德进行了各种各样奇妙的、甚至无厘头的实验，而妻子就默默地在一旁，每天除了等待还是等待……巴斯德是实实在在的穷小子，在艰苦的条件下工作着，也没有人愿意来帮助他，甚至清洗实验瓶子这样的工作全都要自己做。妻子总是默默地坐在身边支持他，或是坐在桌子边上，帮丈夫记录着论文……

妻子的所作所为，丈夫看在眼里并深深地感动着，后来他问妻子跟着他这么受罪，有没有后悔嫁给他时，妻子告诉他："这些在结婚前你都说过了，现在的我更了解你说的一切，我一点也不后悔。"

时间长了妻子也明白丈夫每天在做些什么。现在她可以从巴斯德每天的速记中搜集有用的信息，并能将这些整理成逻辑通顺的文章。很快妻子成为丈夫工作中的得力助手。

巴斯德走进婚姻的殿堂之后，依旧是过着贫苦的生活，也没有对妻子施以过多的关怀和体贴，但是，夫人总是在身边默默地支持着他，无怨无悔。妻子的作为深深地温暖着巴斯德的心，他也用生命珍惜着这份难得的爱。现在工作依然占据着他多数的时间，但不管再忙他都会抽时间陪陪妻子。

爱情中最需要温柔，"柔能克刚"，即使社会发展到现在也非常适用。但是更多的人不懂得温柔地对待别人，而只会苛责他人，喜欢给别人增加压力和负担，不懂得用心去理解对方的难处。

也许你认为对方脾气好，我们的大声苛责对方不会介意，说的每一句话都掷地有声，对方虽然没有说什么，但是心中一定是难过的，在叛逆情绪的作用下，今后遇到什么事情，都会故意地躲着我们，不愿意和我们交流。隔阂与嫌隙就是这样产生的，长此以往婚姻关系也会出现问题。

夫妻二人是一种平等的关系，如果总有一个人在挑刺，看什么都指指点点，那么另一方可以忍一时，但不可能忍永远，久而久之就会厌倦，如果你产生了这样的想法，对方也会身心俱疲，就不愿意再继续这么辛苦的爱情。爱情中需要温柔,因为严厉的苛责和攻击会加深彼此间的误会与隔阂,最后既伤害对方又伤害自己。因此如果双方都渴望幸福,那就多一些理解多一些温柔,责难对婚姻是有害无利的。

要“示弱”不要“示威”

在婚姻生活中,夫妻之间难免会发生争吵和摩擦,殊不知在争吵中误会会越来越深,小事变得越来越大,进而破坏彼此的亲密关系。尤其是年轻夫妻往往都是以自我为中心,生气的时候谁都不愿意先低头认错。当夫妻发生激烈的争吵以后,性格内向的人常会选择沉默进行冷战,但是进入到生闷气的阶段,情况可能就会演变得更加糟糕。因为斗气的时候,为了维护面子和尊严,双方全都保持沉默,夫妻双方谁都不愿意先低头示弱。

冷战对夫妻的影响需要依情况而定,如果夫妻二人一个是“室内型”的人,一个是“室外型”的人,那么情况可能还不至于那么糟糕,一个没事不着家,在外面游荡,一个就闷在家里做自己的事情。但是如果两人都是不着家的“室外型”,情况就不太妙了;同样都是在家做事的“室内型”夫妻,在一起生活会更加别扭甚至产生新的矛盾。多数夫妻争吵之后,都不愿意长期冷战,要摆脱冷战就必须有一方先示弱,才能打破谁都不理谁的局面。

婚姻生活中主动示弱是顾全大局,这有利于保持爱情的新鲜感。不论丈夫或妻子,太争强好胜是没什么好处的。双方都要在爱情中学会自我修炼,养成主动示弱的“好习惯”,以保证夫妻关系正常。下面是几招常用的示弱小技巧。

1. 留有余地

当夫妻双方陷入争吵的时候,不妨说一些好话,主动示弱。夫妻之间吵架是不可避免的,但是在争吵过程中,有时候可能会使自己的情绪失控,说出严重伤害对方的话,甚至还会激动地提出离婚,这些都会严重破坏夫妻之间的感情。如果这时候丈夫确定妻子肯定要搬回娘家去住了,示弱或许还可以挽回这种局面,丈夫可以马上追上妻子大喊:“你不能走啊,你走了我怎么办呢?”“今天太晚了,明天再走吧!”听到这样的话,对方可能会破涕而笑,一句软话就能让对方因此而回心转意,就算她坚持要走,也不会让彼此闹得不可收拾,起码给她回娘家找了一个台阶下。

2. 电话沟通

夫妻在一起过日子,就是茶米油盐酱醋茶的平凡生活。快下班的时候你可以打一通电话故意制造沟通,如:“我今天在外面办事,办完事正好回家得比较早,顺便去买菜,你就别买了啊。”“我今天去看父母,你要带话吗?”“早晨忘了告诉你,今天晚上有同学来咱家,你说咱们晚上吃些什么好呀?”这样的方式让对方比较容易接受,同时也加深了彼此间的交流。

3. 来个意外惊喜

忙了一天下班回到家里,是不能错过的夫妻打破僵局的好机会。你可以故意表现出因为某事很兴奋的样子,让对方觉得你早已忘记之前的矛盾。你可以一进屋就兴奋地说:“告诉你一个好消息,今天单位发了300元奖金!”“老公,今天大哥打了国际长途,他很快就从国外回来啦!”“听说你最喜欢的那部电影明天就上映了,周末咱一起去看吧!”听到这些“振奋人心”的好消息,我想对方肯定不会无动于衷。就算第一次对方没反应,第二天你可以制造另外一个惊喜,只要打破了谁也不理谁的僵局,冷战的局势就有可能得到缓和。

4. 创造一个公众场合

如果夫妻处在冷战阶段,可以创造一个公众的场合打破这种尴尬和窘迫。例如邀请家里的亲朋好友来做客，为了顾及彼此的颜面和在朋友中的形象，面子上还是要过得去的，所以即便是冷战，有些必要的话还是会说的，想化解矛盾的一方可以主动地和对方搭上话，给对方一个台阶下，巧妙地打破沉默无语的状态。再如，事先去买两张对方喜欢听的音乐会门票，并假装说是朋友或者同事送的，或者约配偶一起去参加公司聚会，在这些公共社交活动中，打破僵局，重新恢复友好关系。

5. 示弱求助

夫妻冷战了好几天，早晨起床的时候丈夫突然对妻子说："上次你帮我洗的白衬衫怎么就找不着了呢？搁哪了你说。"妻子本来早就想缓和这种尴尬局面，现在有机会了，肯定就会自然地回应你："你看你整天稀里糊涂的，总是找不到自己的衣服在哪，我去帮你拿，前天我还给你买了件红色的，忘和你说了。""真的呀，我现在就穿，还是老婆最疼我，什么时候都不忘记给我买衣服。"心中再有怨气也都烟消云散了。

在打破夫妻间僵局的时候，女方也可以主动示弱。例如假装身体不舒服，或是胃病犯了这样的举动，都能打破和丈夫冷战的局面。因为男人在表现出对女人的关心时，并不是主动示弱，这对他大丈夫的形象没有一点损害。

聪明的夫妻会想各种办法化解沉默尴尬的局面，无论如何不会让情况愈演愈糟。我们常说"忍一时风平浪静，退一步海阔天空"。夫妻之间的感情是千差万别的，每个人的性格又各不相同，差异很大，因此夫妻间需要多一些宽容理解，少一些苛刻指责，要立足现实，面对现实，这样，夫妻二人才能把婚姻、家庭经营好。

第二节　拥有一颗接纳包容的爱心

爱,就是谁先向谁低头

虽然两个人一起步入了婚姻殿堂,但是他们彼此的性格可能是千差万别的,就因为这样才有摩擦和矛盾的产生,每天为了柴米油盐酱醋茶的琐事生气。看似琐事,但如果没有处理好这层关系,更大的麻烦就接踵而至,就会对婚姻生活造成不好的影响。

很多时候夫妻间的矛盾就是双方都要面子,不肯认错,谁也不愿意主动作出让步,才会像滚雪球一样将小事积成大事,直到最后弄得难以收场。所以,如果你是真心想和你爱的人一起携手走向幸福的生活,就要学会主动让步,主动示弱。

1983 年的冬天,一对夫妇在商讨离婚的事情。为了挽回彼此的爱情,他们有一个伟大的设想,那就是一起去旅行,如果能在旅行中挽回这一切他们就继续生活在一起,如果无法改变那就和平友好地分手。他们旅行的脚步来到了加拿大魁北克地区的山谷,这个山谷不是什么特色旅游景区,但是由于东西两侧截然不同的植被而成为奇观,西侧松柏常青,而东侧却只有雪松挺立。许多科学家和地质学家都研究这一奇观,但是都没能揭示出谜底。

傍晚山上下起了鹅毛大雪。夫妻二人在帐篷中欣赏美丽的雪景,他们注意到因为风向不同,东坡的雪比西坡的雪大而且密集得多。没多久,雪松被厚厚的积雪覆盖。随着雪越积越多,雪松的树枝开始自然弯曲,弯曲到一定程度雪自然就从枝丫上滑落。在积——弯——落的这个过程中,雪松才傲然挺立没有被压倒。而不懂得弯曲的树木就被积雪压断了树枝。而西坡的雪就比东坡的小很多,就算不弯曲也不至于被压断,所以才有了雪松、柏树、女贞等诸多树种。

妻子看着这一切,对丈夫说:“东坡肯定也有很多其他的树,就是因为不具备弯曲的本领而被压断了。”丈夫表示同意。突然两个人都恍然大悟,紧紧地拥抱着自己的爱人。

我们当然需要去承受婚姻中的压力,但是当压力过大的时候,一定要学会弯曲,学会减轻压力,向东坡的雪松学习,这样才能永远挺立。婚姻中,我们不要用完美去要求对方,因为你自身也根本做不到完美,该低头时就低头,你就能有新的收获,会看到新的天空。

在我国,婚姻中的很多问题都源于大男子主义的作风。丈夫觉得自己做什么都是天经地义的,所以和妻子起冲突的时候,就一定是妻子先承认错误,否则自己多没面子。但是作为妻子,她们也希望丈夫能先低头理解自己。如果此时没有人愿意先低头,那肯定就会造成长时间的冷战。久而久之矛盾越积越深,最终导致婚姻破裂。

当然,不理解自己丈夫的妻子也是有很多的。她们总惦记着过好自己的小日子,追求夫妻美满恩爱的幸福生活,而对丈夫从事的事业漠不关心,丈夫的辛勤劳动她们从来都不闻不问,还一味地抱怨丈夫整天不着家、不做家务、不管事,动不动就和丈夫吵架,让丈夫没办法专心于自己的事业。

妻子必须明白,正是自己的支持与理解才让丈夫更加爱自己。当丈夫心怀感激和爱意地说:“最了解我的是妻子,最支持我的也是妻子。”这样的家庭会不幸福吗?

生活中的每一个人都面临着各个方面巨大的压力,如果对方已经身心俱疲,那么你就不要再增加他的压力,而应该用温柔和体贴抚慰对方,给对方温暖和进步的力量。有时候我们也不是故意制造麻烦或者引起双方矛盾,并且错误也不是一个人造成的,但是对方已经感到很累了,我们不如用自己的爱给对方多一些支持与理解,让彼此更加温暖。

给予,让你的生命增值

一位著名的儿童教育家说:“现在的独生子女大多面临一个共同的问题,那就是从来都以自己为中心,只知道索取,从不知道付出。”懂得付出表现的是人性中的灿烂,同时更是一种智慧的处事方式。

有的人有令人羡慕的金钱、名誉和地位,但是他依然不开心。每个人都渴望快乐,但是只有付出和奉献,你才能从中体会到幸福与快乐。

有位作家曾经写了这样一篇文章:

巴勒斯坦有两个海,一个是淡水海伽里里海,水里面有很多鱼类共同生存。这个海里的水主要是山脉中流下来的约旦河水。浪花每天都在这里欢快地歌唱,人们沿河而居,建造幸福的家园,鸟儿也在这里栖息,这里的生物在一起是幸福快乐的。

还有另外一个海,没有鱼,没有树,听不到鸟类的欢歌笑语,也没有人类的家园。往往不到万不得已的时候,旅行者绝对不会走这条路。连水面上的空气都是凝重的,所有的动物都不愿意喝这里的水。

相邻的两个海为什么差别这么大呢?和约旦河没有关系,它本身就是淡水。和土壤也没有关系,更与周边的国家没有直接的关系。原因是伽里里海接受了约旦河汇入的水之后,它没有死守不放,而是将汇入的河水放出,在接受的同时也在奉献着自己。

另一个海却只会精打细算地索取,每一滴汇入它的水都被它控制,没有一滴水能流出。

伽里里海因为不断地奉献所以充满生机。而另外一个海只知道索取,因此它就变得了无生趣。

巴勒斯坦的两个海代表着索取和奉献的两类人。那些只懂索取而从不懂得奉献的人,生活没有任何生机,幸福也会离他们远去。

付出有很多的种类、方式和途径。而对世界的看法和对生活的态度就是其中两种重要的付出,因为这决定了你将过着怎样的生活。然而在更多的时候,我们的付出都是为了自己。我们总是想着付出汗水来获得回报,但在生活中更重要的是为别人付出。同时,为别人付出也能得到精神上的满足。

生活是相互的,懂得为别人付出,你的人生就充满了生机和快乐,你也就实现了自己的人生价值。有爱心的人生更有价值和意义。与爱相对立的是冷漠,一个不懂得爱人的人,肯定要经历黯淡无趣的人生。当我们能给他人提供帮助的时候,对自己是有利无害的。并且,当你给别人提供的帮助越多的时候,你从别人那里得到的回馈也就越多。因为你对他人的善良之心是可以感染对方的,你收获的将是两颗跳动的爱心。

我们经常为那些乐于奉献的人而感动,感动于人间“不似亲人胜似亲人”的真情。当两颗跳动的真心发生共鸣的时候,心灵就被这优美和谐的旋律滋养着,从中感受到温情的力量,这力量足以拂去世间的蒙尘,让心灵澄澈清明。久而久之,你可以超越自己的内心,逐渐通往美好的精神家园。

爱需要我们彼此扶持

如果你能发自内心地去爱一个人，将爱传递给对方，让对方感受到你的爱，那么此时爱就会产生意想不到的力量，因为爱是建立在相互支持和宽容之上的。

第一次世界大战期间，美、德双方在一个平原上展开了激烈的战争，两军中间是一条无人带，密集的枪声响彻云霄。这时有个年轻的德军士兵想爬过这个无人地带，却没想到挂在了带钩的铁丝上，他痛苦地哀号着，在那边不停地呼救呻吟。

美军士兵真真切切地听着他的哀号。其中一个美军士兵听不下去这样的哀号，他冲出战壕，一路匍匐前进，目标就是那位被钩住的德军。其他的美军明白他的意思，马上收枪停火，而德军不知道缘由，还在开枪扫射，后来德军的指挥了解了情况，也马上下令军队停止开火。

这个时候战场上变得鸦雀无声。美军士兵终于爬到了德军士兵那里，帮助他脱离了铁丝钩，扶着他走向德军战营，亲自把他送还给迎接他的同胞，然后他才返回，向自己的阵营走去。

忽然他感觉到肩膀上有一只手，他马上警惕性地转过身来，发现拍他的是一位德军军官，他曾获得过铁十字勋章，只见这位军官把自己的勋章摘下来别在他身上，以保证他顺利走回美军军营。直到这位美军士兵安全回营，双方才再次交火，继续激烈的战斗。

在这个五彩缤纷的世界上，有冷血无情的杀人犯，有贪污腐败的高官；每天都有流血和死亡发生，每时每刻也都有钩心斗角和欺骗存在；除了奢侈享乐的生活，还有各种各样不同名利的诱惑。这些，不会因为我们的漠视就不复存在，我们凭一己之力也无法清除它们。但至少我们可以让这些东西不侵蚀我们的内心，让自己的心保持一片洁净与清澈。

我们始终都坚信这样的道理："自己的生活掌握在自己手中"，我们要抵制世间的名利诱惑，保持自己心中的善良与淳朴，爱护自己的心灵，坚持理想与正义，坚持真爱与美好，坚持对人性中所有的美好品德。那么就算我们不能完全清除世界的黑暗，但起码也能保证自己世界的美好。

我们相信世界充满爱，坚持用真心将其传递下去。长期坚持下去，我们就能感受到爱的力量，它能让我们的心灵感觉到温暖。就算是我们认为穷凶极恶的人，他们内心深处肯定也有一片充满爱的地方，那里是可以被感动的。就如有句歌词这样唱道："如果人人都献出一点爱，世界将变成美好的人间。"这样美好的世界有谁不向往呢？生活中不乏做好事不留名的"微尘"，他们的作为正源自心中的爱，是他们的爱心温暖了你我，温暖了世界。

爱自己必先爱他人

想让别人喜欢你，那么你必须先真诚地喜欢他人。这样的喜欢来不得半点虚假和做作，必须是发自内心的。这可不是轻而易举就能做到的事情。有人会说自己很难喜欢别人，但是请你尝试去做，只要努力了，以后你就很容易对人产生好感。这样的效果远比只在嘴上说喜欢要好得多。

"喜欢别人"是在长期的生活方式下形成的思维模式的产物。积极的思想是让你能"喜欢别人"的思维方式，这其实也在告诉我们用积极的态度面对生活，取代你那些消极的思想。

永远以自己为中心的人，人们也很难对他产生什么好感。想要受人尊敬必须学会真心地喜欢他人。哲学家威廉·詹姆斯说："每个人都有强烈的受人尊敬和仰慕的欲望。"生活中每个人都有这样的心理,而对方也是如此。但如果你总是以自己为中心,你就会无暇顾及身边的其他人。别人无法从你这里获得关爱,肯定也就不会关注你今后做的什么事情。

如何成为受人尊敬的人?首先要做的就是学会关爱别人。发自内心地关爱别人,鼓励他们将自己最优秀的一面展示出来,那么你也就能获得他人的关心和爱护。好朋友一定能将你心中最好的潜质引导出来。我们要在众多的表面现象中,看清楚一个人内在的本质。如果你能帮助对方达到他期待的目标,那么他就会尊重你,信任你。当身边的人处在艰难困苦的环境中,你及时给予理解和帮助,除了他,就连他身边其他的人也会对你尊敬有加。

不仅是语言,行动也可以表现你的思想,而且是更直接明了的表达。我们用听觉的方式去了解别人,而忽视了用行动去表明思想,所以我们觉得与人有距离。

然而,很多人是不知道该如何倾听的。面对他人的求助,我们很多时候都在说,在为对方提各种建议,其实这个时候沉默是最需要的,把耐心、爱心和理解用行动传递给对方才是最重要的。

那些人缘好的人有一个共性:他们知道怎样将自己推销给别人,让对方喜欢自己。如果你成功地做到这一点,你就能成为受人欢迎的人。所以,一个以自我为中心的人很难体会到快乐。

很多人以自我为中心,他们连接受自己都做不到,还会常常产生挫败感。因为他们的心里总是痛苦悲哀的,身边人的举动还会无形中加剧他的紧张不安,他们越是这样想,人际关系就越糟糕。

所以,如果你真的关心对方,并且在你的心里非常重视他们,就请你给他们多一些关心,这样你更有可能收获幸福,也能让别人发自内心地喜欢你。你还要懂得如何帮助别人,为困难中的人提供帮助,巧妙地与人交流。一个懂得如何帮助别人的人,能赢得持久的信赖和真挚的友情。

所以,我们必须再说一遍:爱己必先爱人。

用爱打破心中的“冰点”

有位资深的建筑大师一生做了很多杰出的作品,但他认为最遗憾的地方就是因为自己的设计将城市隔离,或是划分片区,由此使都市人彼此之间更加冷漠。根据计划,大师65岁寿辰之日就是他封笔之时,因此在最后一个作品的设计中,他一改往日的传统设计理念和风格,不再让人们彼此隔离,而是让大家体会到相互交流的快乐与温馨,因此他特地设计了供住户之间进行交流的通道。

一位有远见卓识的房地产商一眼就看上了他的设计理念,愿意花大价钱买下他的设计。当图纸方案面世之后,业界和媒体的评价都很高。

然而根据这一图纸建造出房屋以后,市场的反应却是出乎意料的冷淡,房产的成交率一度创下了楼市新低。

房地产商赶紧组织市场调研,想挽救这一切。但是调研的结果几乎令所有人都觉得非常意外:正是这种风格的房间使邻里之间的交流增多,这不利于相互之间的关系,所以大家不愿意购买这样的房屋;有的是因为孩子们活动起来虽然方便了,但是不利于大人照顾小孩子;另外就是因有足够的空间,人员之间的流动性相对就比较复杂,有安全隐患……

这种结果是大师无论如何也没有想到的,他万分难过。这次的事情让他决定彻底封笔,回家养老。在他准备回家的时候,感慨万千:“我的设计没有考虑到人,这真的是我一生中最失败的设计。”

用砖砌的墙轻而易举就能拆除,但是人与人之间建立的心墙可不是轻而易举就能拆除的。心墙阻隔了人们彼此之间的交流,久而久之人就会冷漠孤寂。

在人际交往的过程中,我们更多的时候都是在应酬。例如在单位,我们待在属于自己的那个小格子间里,从来不愿意主动和人打招呼,至于建立友好的人际关系,我们也不愿意做些什么。不管开心或是悲伤,我们也不愿意和人多说一句话。这就是一种非常冷漠的处事方式,对人对事都冷眼旁观,眼中只有自己没有他人。

冷漠的人肯定孤老一生,因为没有人愿意和冷漠的人相处,这样的人总是以自我为中心,所以他们没有朋友,他们肯定不会幸福也不会快乐。

我们在艰难的处境中,多么希望别人对自己伸出援助之手,但是现实告诉我们的是冷漠,是“事不关己高高挂起”的眼神。为什么会这样呢?正是你一贯的冷漠造成了今天的局面。你冷漠地对待别人,收到的也同样是冷漠的眼神。

有一首歌的歌词这样写道:“这是心的呼唤,这是爱的奉献,这是人间的春风,这是生命的源泉。再没有心的沙漠,再没有爱的荒原,死神也望而却步,幸福之花处处开遍。只要人人都献出一点爱,世界将变成美好的人间。”在人与人之间的相处中,冷漠是最要不得的,我们需要发自内心的爱。只有付出爱、感受爱,你才能发现身边的美好人间。

爱是治愈病痛的良药,爱是滋润万物的雨露。爱的核心就是和谐,围绕在它周围的就是满满的温馨、幸福。爱会让周围的人觉得幸福温暖。如果社会没有爱,难以想象它将是怎样冷漠、无助的死寂状态。用发自内心的爱可以打破冷漠,用真挚的爱可以温暖冰冷的心。

当你和人相处的时候,敞开心扉,主动关爱别人,只有先爱人才有可能被人爱。当你处在艰难险阻中的时候,你会得到许多发自内心的关爱。

微笑着面对犯过错误的父母

一天吃过晚饭,母亲又在为家务事忙碌着。今年刚10岁的女儿在旁边问道:“妈妈,我有一个问题想要和您交流一下,我想知道您的心愿。”

母亲显然被女儿的问题问到了,但随后敷衍地回了一句:“我的心愿多着呢,就算我现在说了你也不懂。”

但是女儿很坚持:“您不说怎么知道我不懂呢,您就告诉我吧。”

在女儿的追问下,母亲回答:“好吧,我有很多个心愿。我希望你成绩优秀;我希望你现在和长大以后都能乖巧懂事;我希望你能考上好大学;我希望你…………”

女儿听不下去了,她打断了母亲的“我希望”,说:“这些都是对我的希望,我想知道您自己的心愿是什么?”听完女儿的提问,母亲就开始畅想着,想着她心中的美好:“我嘛——我希望身体健康,工作顺利,自己的事业能取得一定的成就;有一个幸福美好的家庭……”女儿又一次打断了母亲的设想:“妈妈,这些心愿听起来都太空太不具体了,您现在最想要什么呢,立足现实的……”

母亲瞬间被激怒了,她似乎一下子恍然大悟了:“我就知道你故意耽误我时间,肯定是不想写作业,就故意和我说话,想偷懒是吧。我现在就实话告诉你,我的心愿是什么!我要豪宅,我还想要有自己的小轿车,我要高档的衣服和手包,我要出门车接车送,这些难道不空大吗?你问了有什么用?你能实现我的心愿吗?你的目的达到了,你现在可以去写你的作业了吧。”

女儿被骂得狗血淋头,难过地回到房间,母亲生气地坐在那里感觉还是不过瘾,又冲进女儿房间里。看到女儿一边写着作业,还一边流着眼泪,母亲的气更不打一处来,她嚷得更厉害了,吼道:“你委屈什么呀?我说你两句不行啊?你就故意跟我过不去是吧?”

女儿非常委屈地向妈妈解释:“妈妈,我不是……”

“不是什么呀，你还学会顶嘴了啊！在学校老师是这么教你的吗？”母亲用自己的权威对女儿吼道，然后就直接摔门出去了。

第二天晚饭后，女儿照例回房间写作业，母亲还是在为家务忙活着。

她无意间用眼睛一瞥，看见茶几上摆了一束康乃馨，边上还有一个贴着小卡片的包装袋，上面非常秀气地写了几行字：

“妈妈：

您今天过生日，我用零花钱和这几年的压岁钱买了一个手包送给您，希望能让您高兴，这就是我现在最大的愿望了。

真的非常对不起，不小心惹您生气的女儿。”

母亲看了这张字条呆呆地愣在那里，眼泪夺眶而出。

孔子曾经教导过我们对父母的缺点该如何处理，他认为委婉地劝说是第一位要做的事情，如果知道父母确实做错了，而你听之任之，这是非常不对的，因为发现父母的错误却不指出来，这可不是一个孝子该有的作为。但是必须要注意自己的态度和措辞。

但子女在规劝父母改正错误的时候，父母一般是听不进去的，这时候该如何处理呢？孔子又说，就算父母听不进去，子女依然要保持恭敬和顺的态度，绝对不能对父母产生怨恨之心。

怎样才能让父母的行事更有君子之风呢？要婉转地劝说父母改掉那些不好的习惯及行事作风。就算你的劝说没起什么作用，也要温顺谦恭地孝敬他们。因为在你面前的是生养你的父母，就算他们有过错，而你不能不孝。否则，你为人子女连起码的孝都没有做到，你有什么资格劝谏父母改正过失呢？除了劝说，也许正是孝心的感召，父母认识到了自己的错误，他们也会主动改正的。

让自私无处停留

人活着要有自己的价值，要让别人因为你的存在而获得益处，这就是告诉我们，人要学会分享和奉献，从中你能体会到舍己为人、无私奉献的快乐。人生的幸福就好比是香水，当你给予他人的时候，你也会散发芳香。的确，懂得无私奉献、帮助需要帮助的人、和善友好地对待别人……幸福与快乐就会常伴我们的左右。对此，罗曼·罗兰说：“快乐与幸福是发自内心的高贵与正直，而无关乎外在的物质条件。”

自我封闭就是画地为牢，契诃夫笔下的套中人别里科夫就是自我封闭的典型，他用套子把自己封闭起来，于是伴随他的就是孤独和寂寞。殊不知当你自我封闭的时候，也就隔绝了幸福与快乐。

俗话说“人不为己，天诛地灭”，但是人更是群居的、社会性的动物，独自一人是不可能生存于这个世界上的。人际交往是每个人都需要的，我们总是需要别人多多少少的帮助，所以要学会与人分享。懂得分享，也许就多了个朋友少了个敌人，能让你多一条路。

每个人心中都在精心打理着自己的小花园，如果你邀请身边的人在你的花园里种下快乐的种子，与此同时自己也享受着这份快乐，那么我们心灵的小花园就快乐永在。

远离吝啬的魔鬼

罗素说过，最能阻止人们幸福生活的就是吝啬。这就是在告诉我们要远离吝啬的魔鬼。

但凡吝啬的人绝对是自私又贪婪的。这种人总是在梦想着能快速发财一夜暴富，总想着如何快速地揽财，梦想着天上掉馅饼的好事，所以他们为了财富不择手段，算计身边的每一个人，包括自己的亲人朋友。

吝啬的人共同的表现就是只索取而从不奉献。

勤劳的汤姆有一个属于自己的单间小屋，还有整个小镇上最美丽的花园。汤姆年纪小但是朋友很多，汤恩就是其中一个。汤恩是个很有钱的磨坊主，他标榜自己是汤姆最忠诚的朋友，所以他每次来找汤姆，都毫不客气地在花园里摘一大篮子鲜花，或者是一大篮子鲜美的水果。

汤恩的口头禅就是“朋友该分享一切”，但是他从没有跟汤姆分享过自己的任何东西。

冬天到了，百花凋零，汤姆的花园变得一片荒芜。汤恩这个最忠诚的朋友就再也没有出现过了，只留下汤姆孤独、寂寞地过日子。

汤恩告诉家人：“这个时候是非常不适合去看汤姆的，现在汤姆心情不好，肯定想一个人独处，想平静地休息，我们真的不应该在这个时候去打扰他。但是到了春天，小汤姆的花园里姹紫嫣红，他的心情好起来了，肯定非常欢迎我们去做客，还希望我摘一篮子瓜果蔬菜带回来。”

磨坊主的小儿子天真无邪地问：“爸爸，我们邀请汤姆来家里做客好不好？我有这么多好吃的好玩的，都可以和他分享。”这话让磨坊主暴跳如雷，他指责孩子这么不懂事。他说：“如果现在我们请汤姆过来，他看到我们丰盛的晚餐，看到你各式各样的玩具，还有那么多好吃的，就会非常嫉妒我们所拥有的东西，那么就会破坏我们之间的友谊。”

磨坊主汤恩用自己一套冠冕堂皇的理论掩饰着自己的吝啬。吝啬者可能享有丰富的物质生活，但是他们的精神是贫穷的，灵魂是丑陋的。

吝啬的人真的快乐吗？绝不可能。他们时刻都处在算计之中，每天想尽办法挣钱，但是又无时无刻不在担心，担心被贼惦记，担心因为什么意外而损失自己的钱财，担心家人买什么东西，所以他们惶惶度日，费尽心思，当然不会快乐。

所以，我们应抵制吝啬，摒弃吝啬，学会分享。想要与人分享是没什么限制的，无论曾经是多么吝啬的人，如果有一天想和人分享，那么只要敞开心扉，开诚布施就行了。快乐地与人分享吧，因为这样我们才能有更多的收获。懂得奉献，你才能体会到真正的快乐与幸福，才能取得更大的收获。

第三节　谅解是通往幸福的门

站在对方的立场上才能传递温暖

美国经济危机让90%的中小型企业都受到了波及，开齿轮厂的丹娜也没能逃过此次金融危机。丹娜一向待人友好，慷慨大方，有广阔的人脉和人际交往关系，和她往来的客户都很信任她。在经济这么不景气的时候，丹娜写信向老朋友寻求帮助，但是，当她写完信准备邮寄的时候却发现，现在的自己连邮票都买不起了！

这个讯息也让丹娜明白：自己连买邮票的钱都没有，其他的人也不会很宽裕，如果给老朋友写信过去，总不能让人家自己买邮票回信吧？况且是现在这么危机的时刻，可是如果不回信，又如何能获得他人的帮助呢？

所以丹娜回到家中把能卖的值钱东西全部变卖，拿出一部分钱买邮票，一封一封地往外寄信，还有一部分钱作为回信的邮票钱，她在每封信里放了两美元就是这个意思，真心地希望获得大家的帮助。收到来信的朋友都非常震惊，一方面是这两美元大大超过了邮票的单价；另一方面，更是被她的诚意所感动，想起了丹娜平日里对他们的好。

很快丹娜收到了几个订单，还有朋友给她回信，谈了一起合作投资的事情。丹娜的生意重新有救了。在巨大的经济危机面前，像她一样坚持下来的企业家可谓是凤毛麟角。生活中总有人抱怨没人理解自己，殊不知其他的人也是这样的想法。当我们渴望理解万岁的时候，总是说“你怎么就不能为我想一想”的时候，那么请你先为对方考虑一下，你可能会发现不一样的结果，原来的很多误会也就解除了。

吉拉德是著名的沟通大师，他说：“只有当你非常重视别人的感受的时候，你们之间的关系才是和谐融洽的。”我们要站在他人的角度考虑问题，如果对方在你那里得到的是理解与赞赏，那么他对你也会是同样的欣赏与尊重。如果总是以自我为中心，你们之间只能是敌视对立的关系。

设身处地地为对方考虑，双方的关系就马上不一样。请你相信，每一个有过失的人身上都有值得人同情的地方。一个人犯下了错误往往是很多因素造成的，所以请多一些理解和体谅，从对方的立场考虑问题，用你的宽容大度温暖他的心，通过他们继续传递这份温暖。

多给对方一些谅解

心理学大师卡耐基提出，应对狂躁暴动，谅解是最有效的手段。在与我们相识的人中，渴望得到理解的有75%以上，那么请你不要吝啬，多给他们一些谅解，你将收获他们对你的爱与尊重。

如果你想用一句话阻止彼此的争吵，消除那些不良的感觉，营造温馨融洽的气氛，那不妨尝试下面这样的做法："我非常理解你的感受，因为如果换作是我，我的想法肯定和你现在想的一模一样。"

就这样简单平常的几句话，能在第一时间让对方的暴躁情绪平复下来，并且这句话不带有任何的虚假成分，因为如果真的换作是你，你的想法就是如此，你并没有欺骗别人。

眼前的一切是在多方面的原因共同作用下造成的。所以，你讨厌某个人心胸狭窄、斤斤计较、小气吝啬，那不全是他一个人的过错。我们同情怜悯这样的人，但是我们更应该理解他，尊重他。你可以尝试去学习约翰·戈福看见一个喝得醉醺醺的乞丐在街上游荡时所说的话："感谢上帝的眷恋，不然我现在的境遇肯定和他没什么区别。"

佳衣·满古在一家电梯公司做业务员，吐萨市最好的旅馆的电梯维修工作就由他们负责。旅馆的负责人考虑到把给旅客乘坐电梯的影响降到最小，决定维修电梯的时候，只允许电梯停开最多两个小时。但是每一次维修至少要耗时八小时以上，并且旅馆认为方便停运电梯的时间，维修公司却不一定恰好就有技术人员闲着。

满古先生决定和经理沟通一下这个问题，他想安排最好的电梯维修工一次做好维修工作。

他没有和旅馆经理争吵，而是心平气和地说："瑞克，你提出尽量减少电梯停开的时间，我非常理解你的初衷和想法，我也会尽量配合你的要求。但是经过检查你们的电梯确实需要维修，不然电梯可能会进一步损坏，那个时候停开的时间就不好控制了，而给客人带来接连好几天的不便肯定不是你的本意。"

就这样，经理同意电梯停开八小时进行集中维修。满古正是站在旅馆经理的角度考虑，使经理很快接受了他的要求。可见，当我们与人相处的时候，尝试站在他人的立场多去理解他人，就能使双方的沟通和交流更容易。

很多时候，面对自己不理解的事情我们会非常生气，但是如果我们能设身处地地为对方着想，带着理解和尊重的心情看问题，我们就会恍然大悟有新的发现，原来我们愤愤不平的事情，其实也不是像想象中的那么难以接受。

理解是座舒心桥

梅兰芳先生是著名的京剧表演艺术家，他就是个通情达理、懂得为人着想的人，所以他赢得了人们的尊重和认可，"白玉无瑕"的美名他受之无愧。

抗日战争结束以后，一则"艺人梅兰芳卖画"的小广告出现在上海的一家小报上，很明显，这是一些小商贩在打着梅兰芳的旗号赚钱。梅兰芳的朋友们对这种恶劣行径感到愤愤不平，他们决定去那家报社问问清楚，找出那个打着旗号卖画的人，一定要给他点颜色看看。

梅兰芳却制止了他们的行为，他告诉自己的朋友，这人确实想靠卖画挣钱谋生，只不过借了我的名字而已，我想他肯定也是个有学问有才能的人，只是无处施展自己的才华而已。

朋友们还是私底下打听了这个冒名的卖画者，情况真的和梅兰芳猜测得差不多。

不仅梅兰芳有这样的胸襟，毕加索也是这样一个善解人意、胸襟豁达之人。面对那些冒充他的假作品，毕加索不会去追求他们的法律责任，只是把有他签名的地方去掉。人们对他的做法感到非常疑惑，毕加索说："那些画假画的人，没准就是自己的朋友，或是没被人发现的有志画家，他们的生活更是步履维艰。再说了，专门有鉴定真伪的人靠这个吃饭呢，没有假画他们怎么活，况且那些假画对我也没有什么损失，不要追究了。"

这两位艺术大师值得我们敬佩，因为他们懂得处处为他人着想，才让更多的人有生存之道。他们的大度与宽容对自己没有任何损失，反而赢得了更多人的尊重和敬仰，自己的心情也不会被破坏，这种有利无害的事情为什么不做呢？

汤姆很难过地写信告诉自己的朋友杰克，说自己的妻子病逝了。不久之后，杰克的回信寄到他手里。信的开头就是："玛丽的不幸真让我意外，我也完全没有想到会如此不幸。"就一句带过，然后他就开始讲自己现在的处境如何艰难。直到信的结尾，也没有对朋友丧妻之痛表示安慰。

"怎么可以这样！态度竟然会这样冷淡，我们认识二十多年了！"汤姆难以抑制心中的愤怒，于是他又给杰克写了一封信，在信中发泄着自己的不满，最后还说："请便！"

难道二十年的友情就这样没了？再次接到汤姆的信，懊悔不已的杰克也非常难过。他为当时那封回信而忏悔，但是现在去解释恐怕没什么效果。半个月之后，他想汤姆的情绪应该平复了一些，就主动给汤姆写信承认自己的失误，说明了当时的情况，解释了缘由。

适当地妥协和真诚挽救了二人之间的友谊，解开了彼此之间的心结与隔阂。汤姆收到老朋友的解释信，他也不那么伤心了，他还给杰克回了一封信："感谢你的这封信，以前的不好印象早已不复存在了，并且让我感到非常幸运的事情是，我虽然失去了自己的妻子，但还有老朋友在身边。"

懂得换位思考是人际交往中重要的方式。生活中，我们一定要有这样的信念，任何一个有过错的人一定有他值得谅解的地方。当一个人犯了错误的时候，不能全怪他。试着站在对方的角度考虑问题，用宽容和理解对待他人，用关心和爱温暖他人。

我们常说理解万岁，理解还能让彼此的心更加亲近，拉近彼此之间的距离，减少不必要的误会和争执。理解是连接你我心灵的桥梁，我们只有学会理解对方，才能被人理解。理解会让别人心情愉快，同时也解除了自己的烦恼，于人于己都有好处，我们何乐而不为呢？

谁是谁非不重要

人生就像一场考试，总是在回答各种各样的问题，选择题、判断题和填空题一应俱全。

选择题相对容易，就算你不知道正确答案是什么，但因为有选项所以你也有机会蒙对。是非判断题非对即错，也有50%做对的胜算。填空题就没那么容易了，因为既不能猜也不能蒙。其实，做判断题的时候，就算你分清了对与错，也不意味着你已经对了一半。

是非对错之间真的有明确的界限吗？我们该如何看待是非对错呢？小时候我们深信不疑的东西长大之后却令人心生质疑，现在的社会似乎已经不是小时候看到的那样，因为小时候，对错曲直非常明确，但是现在似乎对错都不那么清晰了。

很多时候对与错没那么重要，我们是否达到了目的才是最重要的。顾客因为想退货和售货员吵得不可开交，因为司机多绕路乘客大发雷霆，闹得不可收拾。最后想退货的没能如愿，想省时间的却浪费了更多的时间，还使彼此都非常生气，有必要吗？有的人认为，"我就是要争一口气，我是在理的"。没错，你争了一口气，你觉得自己占据了上风，可是你为了争这个理浪费了多少时间，付出了多少代价？

很多情况下为了这个"理"和这口气，你用了大半天时间去争吵。遇到那些脾气火暴一些的，还可能引发争斗，严重的甚至还会触犯法律，构成犯罪。既然是这样，我们不妨忍一下，说不定会柳暗花明又一村。下面的例子就非常典型。

小李进办公室问老总："您好，昨天那份文件签了吗？"老板慢慢地反应了一会，翻箱倒柜地找了半天，有些抱歉但是又非常无奈地说："抱歉，我没见到那份文件。"如果还是刚走上岗位的小李，他肯定会很较真地对老板说："我亲眼见到秘书拿着文件放在您桌子上的，是不是您不小心丢进纸篓里了！"但是现在他不会这样做了，因为他最终的目的是让老板签字。所以他心平气和地回答："这样啊，我再回自己办公室去找一下。"于是小李回到办公室把文件备份重新打印了一份，交到老总手里，老总二话没说直接拿笔签字。小李聪明地解决了和老总的冲突。

聪明的人是大智若愚的，有的时候真没必要这么计较。生活中不需要针尖对麦芒，因为在错综复杂的生活面前，孰是孰非真的没有必要较劲。

走在路上看到两个人吵得不可开交，好奇地走上前去，在一旁听了老半天，你也不知道二人因何争吵，你也不知道该如何判别。那么，你就不要判断孰是孰非了，告诉他们忍一忍风平浪静，退一步海阔天空。

做一个善解人意的人

肯尼斯·库第在他的著作《如何使人们变得高贵》中这样写道："暂时放下你手中的工作，想想你最感兴趣的事，再想想你漠视的事情，然后将它们做个对比。那么，你整个人就会变得豁然开朗起来，因为所有的人都是现在的态度！这就是，当我们在和别人相处的时候，你能否理解他人的观点，设身处地地为他人着想，这将直接决定你有怎样的未来。"

为此，卡耐基曾经讲述了这样一个故事：

多年来，我养成了在公园散步和骑马的习惯，这是我最喜欢的放松休息的方式。我对一棵橡树非常崇拜，就像基督教徒一样。因此，每次我看到树木被大火焚毁的时候，我的心里非常难过。火灾的原因不是烟头，而是小孩子们在树底下野炊、烧烤造成的。有的时候因为火灾比较严重，消防队都要出动来灭火。

在公园一个不起眼的角落里，有一块从来都起不了作用的警示牌：严禁在公园里使用明火。但是在那样偏僻的角落，基本上没人会注意到这里还有一个牌子。但是我想尽自己的能力去保护公园。

刚开始的时候，只要看到孩子们在点火，我心里就愤愤不平地想要教训他们。我每次都骑着马来教训他们，用威严的语气严肃地警告他们：要是再引起火灾，就把他们全部抓起来送进监狱。我用不容拒绝的强硬口吻强制他们灭火。要是孩子们不同意，我就用把他们送进监狱来威胁他们。我将心中的愤怒释放出来，完全没有考虑到他们的想法。

在我的威胁恐吓之下，孩子们听从了——但是还是心不甘情不愿的。我骑马离开之后，他们再次点火做自己的事情，并且点的火更多更大了。

伴随着阅历和人生经历的增加，我懂得了更多的人情世故，知道人在做事情的时候需要站在对方的角度去考虑问题。于是，我不再用威严的口气命令他们，而是走到他们的火堆边，对他们说：

"孩子们开心吗？晚餐你们想吃些什么呢？我从小到大一直都喜欢火堆，但是我想你们可能都知道，在公园点火很容易引起火灾，非常危险，我知道你们都是懂事的孩子，会小心翼翼的，但是有的小孩子特别不小心，他们看到你们在这里点火，就学你们也要在这里点火，而走的时候没有把火完全扑灭，风一吹火苗就蔓延开来，所有的树木花草都被烧死了。要是因为不小心，这里高高的树木就再也不会有了。很高兴看到你们玩得这么开心，但是我还有一个小小的愿望，希望咱们一起把火堆附近的树叶清理到一边，并且等离开的时候用泥土把火堆盖住，这样就不会有火灾隐患了。你们能实现我的愿望吗？如果下一次还要在公园烧烤，那么咱们能不能去山丘那边的沙坑里点火。如果在那边的沙坑里点火，就会非常安全……太感谢你们了，孩子们！你们真的是懂事听话的好孩子。”

这种方式非常奏效，孩子们非常乐意接受，心甘情愿地主动配合。他们不是被动地接受，也没有觉得自己没有面子，心中自然乐意。我的心情也很好，我想到了孩子的感受，站在他们的角度来处理这件事情。

上面的故事告诉我们站在对方的角度来考虑问题的重要性，这样一来对方不会觉得是被强迫、被命令的，因此也更容易配合。

爱情要有激情，更要有理性

如果说恋爱的时候是激情的，那么到了婚姻阶段就会趋于理性。美满的婚姻必须以爱情为基础，爱情让我们快乐，婚姻让我们品味人生。如果人生的快乐不复存在了，婚姻就只剩下一个躯壳，只有爱情和婚姻的完美结合，才能形成成熟稳定的婚姻。但是现实生活中却出现了这样的情景：

两秒钟的差距和金牌失之交臂；两分钟泡一袋快餐面；一场精彩的球赛需要两个小时……时间不是无限的，我们能做些什么事情呢？闪婚的人说：“两秒钟时间就能爱上一个人；两分钟可以进行一次约会；两个小时就能找到自己的另一半。”速度至上的当今时代，原本让人幸福向往的婚姻也变成了高速行驶的列车：闪婚的模式在城市中越来越受到追捧，但是闪婚一族在结婚前对彼此的了解不够深入，对婚姻中的弊病没有免疫能力，闪婚的同时也存在着离婚的巨大风险。

和传统社会不同，现代社会的讯息非常发达，人与人之间的交往方式越来越多，交流也越来越方便，随之而来的还有感情的各种诱惑因素。许多年轻人常常会选择闪婚，瞬间爆发的激情让他们兴奋、难以自拔，也就是我们常说的一见钟情。但是因为激情，他们忽视了对方的缺点，而步入婚姻后面对的将会是残酷的现实，对方的缺点就赤裸裸地暴露出来。面对内外的双重压力，离婚率也越来越高。

对每一个个体而言，情感的投资是人生中最重要的，也是风险最大的投资，与另一个人组建婚姻关系，不仅是二人的结合，更关系着两个不同的家庭及其社会关系。婚姻的影响非常大，就算你们选择离婚，但是还有很多问题依然存在。我们不建议这种闪婚的结合方式，闪婚也是结婚，选定之后将和这个人相扶到老，并不是过几个月的体验生活，因此结婚是婚姻大事必须谨慎。

快节奏的生活给人们带来了各种各样的压力，人有的时候会脆弱得不堪一击，就想找一个避风的港湾暂时休息，就像吃盒饭，能快速地填饱肚子就行了，至于营养和卫生全都不考虑，但是营养恰恰是维持婚姻的条件。这种营养又不是瞬间就能摄入的，是在长期的生活中积累下来的，有婚前的沉淀，更有婚后长期的磨合与了解。婚姻可不是一场儿戏，不是随便领证住在一起就完事，步入婚姻组建家庭以后，就要对对方负责，就要承担应尽的家庭义务。综合考虑以上这些原因，闪婚需慎重对待。

专家经过调查研究发现，因一见钟情到最终步入婚姻的成功率只有10%。同时，闪婚也违背了婚姻的基本规律，婚姻是建立在爱的基础上的，更需要彼此之间的相互了解。在快速发展的今天，一见钟情后瞬间爆发的激情让人们丧失了理性。但是完美的婚姻一定是建立在理性和感性的共同基础上，只有这样你们的爱情才能稳固，你们的家庭才能幸福，爱情列车才能行驶得更远。因一时的激情选择闪婚，婚姻列车肯定不能行驶长久。

抱怨抓不紧，不如给对方自由

美好的爱情大家都向往，但是现实总是不尽如人意，残酷的现实一次次摧毁着人们的美梦。你以为那就是爱情，不过是在爱的陷阱中沉沦，这让很多人痛苦绝望，在挣扎中耗尽心力。这时候只有你自己勇敢地走出来，才能拯救自己。

人生本来就是瞬息万变的，懂得珍惜，懂得放弃，该哭就哭，该笑就笑，该出手时就要果断地出手，该放弃的时候就不要有任何犹豫……就算你种下的种子没有开花结果，就算你的努力烟消云散，但曾经拥有过，你就不应该遗憾终生。

是的，有了朋友和家庭的陪伴我们不再孤独，不再没有安全感。但是很多情况下，虽然彼此已经不再爱对方，但是因不想陷入孤单寂寞，就选择痛苦地纠缠在一起，反而让彼此都很难过。

所以，当你和爱人在一起已经是痛苦多于快乐的时候，你就该毫不犹豫地放手。选择从他人生活中转身离开，是很寻常不足为奇的，因为这时候只有果断地放弃，才有机会拥抱接下来的幸福。

一个丈夫前后八次向妻子提出离婚，但是妻子就是死拽着不放手。即便到了法院，依旧是女方胜诉，就这样他们耗了29年。漫长的29年时光，妻子从少妇变成了中老年妇女，两鬓斑白，原本红润的脸颊也变得蜡黄了，脸上的皱纹更像岁月的流逝一般，她早已身心俱疲。

因为一直不能离婚，他们维持着表面上的婚姻关系，但是没有爱情的婚姻是没有生命力的。她耗尽了自己的青春，换来了一身的疾病和心灵的创伤，也让自己没有机会重新寻找爱情，孩子也陷入他们的痛苦之中。

结果，法院最终判定二人可以离婚。两年之后，这个女人心情抑郁，病情加剧，不治而亡。

多么不幸的妇女，但是更多的不幸是因为她不懂得放手，当她知道对方不愿意继续这样的婚姻后，她依然拽着不放，因此坚持不和丈夫离婚，既折磨自己又折磨丈夫。所以，放弃也是爱的另外一种方式。越害怕失去，反而越容易失去。当你试图用绳子牢牢捆住对你没有爱的对方的时候，还不如给彼此自由的空间。爱也需要自由。

即便是身边最爱的人也应该拥有属于自己的空间，能去做自己喜欢做的事情，例如他喜欢集邮或收藏，在你看来似乎有些不可理喻，但是你不能因此就阻碍他做这些事情，你要学会尊重他的这些爱好。

很多时候爱人要有自己的空间去做自己喜欢的事情，让他觉得自己是有自由的。我们不能用爱的名义给爱人设置一个锁链，让他们没有自由。如果这个时候我们能给予一定的支持和理解，鼓励他们做自己喜欢的事情，让他们自由地享受，那么他们也能感受到我们带给他的快乐。

我们确定，真爱不会受到时间和空间的阻隔。因此，夫妻二人除了关爱对方，更需要保持一定的距离，给彼此自由的空间。在这个空间里，你可以彰显自己的个性，发扬自己的兴趣，保留心中的隐私，永远都带着一层神秘的面纱，永远都不要揭开它……不要什么时候都黏着他，如果他决定离去就不要勉强挽留，不要苛求他眼中只看到你一人，一切变化顺其自然就好。因此彼此间需保持一定的距离和自由空间。

你是否给第三者留下了婚姻的空隙

所有的感情最后都要归于平淡自然，很多人谈到爱情就想到轰轰烈烈，殊不知爱情被磨去锐气之后，变成生活中寻常的事物时，他们就不相信这段爱情了，甚至会寻找新的欢愉——外遇。外遇是婚姻中的毒药，不要轻易去触碰它，一旦尝试，你的生活定会截然不同，你让爱人伤心，自己痛苦，分手的时候更是伤心欲绝。所以我们对待外遇的态度一定是严厉抵制的，因为它会将我们带进痛苦的深渊。

通常情况下，男人有外遇就是下面几种观念在作祟：

1. 外遇是男人成功的标志

人们说“男人有钱就变坏”，当男人事业有成、有一定地位的时候，人生阅历丰富，也有了相对成熟的人生经验，就更有男人味，也就更容易获得女人的欢心，进而有外遇。

2. 情人是男人事业败落后的知己

不只是成功的男人有外遇，事业失败的男人也会有外遇。看上去可能有些奇怪，但经过分析，你会发现这并没有什么大惊小怪的。男人受到的最大打击莫过于事业的失败，这时候他的尊严、信心和成就感全部跌到谷底。如果现在有红粉知己表示关心和爱慕，他很容易为之动心。

3. 外遇是男人寻求刺激的结果

男人是重视感官的动物。有的男人家中已经有一个红粉佳人，知书达理，但还是感情出轨，这就要从妻子身上找毛病了，也许是太过含蓄，无法满足男人的欲望，才让外遇有机可乘。

丈夫有外遇，直接伤害的是自己的妻子，同时也会伤害自己的孩子，进而引起家庭战争和矛盾，让原本的幸福生活不复存在。因此妻子对于丈夫出轨一定要提高警惕，防患于未然。

女人出轨也是有原因的：

1. 丈夫每天不在家，和丈夫在一起她没有任何安全感

女人天生缺乏安全感，往往很多男人却忽略了这一点，让妻子独守空房而自己忙于工作或应酬。这个时候，如果有人趁机对她们献殷勤，那么妻子很可能就跟别人了。

2. 寻求刺激

有的女性有幸福的家庭，有爱她的丈夫，但她还是有外遇，这是因为她欲望太强，想要寻求更加刺激的生活。

3. 虚荣心理

当一个男人不能满足自己的要求时，女人就会将情感寄托在另一个男人身上。有的女人觉得辗转于几个男人中才能显出自己的魅力。因此她们有外遇。

对此如何能防患于未然呢？

1. 平时多理解、体谅对方

有一对恩爱的夫妻，妻子升任经理后，早出晚归，很多个周末都在加班。自然，家里的许多事情都由丈夫操劳。妻子为此特别过意不去，说：“我当了经理工作更忙，反而让你操劳，以后我尽量早点回来做饭。”丈夫说：“我能理解你工作的辛苦，当了经理事情一大堆，家务事我理应多干一些，你先不用担心。等工作都上手了，再干家务也不迟嘛。”这话说得妻子心中暖暖的，也更加爱自己的丈夫、爱自己的家庭。

只有关爱与理解才能让夫妻更加恩爱，才可以巩固彼此之间的婚姻关系。

2. 别太束缚对方

夫妻之间一定要给对方自由的空间，不要让对方觉得和你相处喘不过气来，这样就不会给外遇任何机会。

婚姻的列车有爱才能行驶得更远。爱不是对对方的一种束缚，因为彼此的信任，他们给对方自由,绝不会黏着对方,最后才能相亲相爱,携手白头到老。

收起你的猜疑和嫉妒,用一颗包容的心对待你的爱人。只有这样才能保证幸福稳定的婚姻,不然的话就不会拥有幸福。

3. 给爱人一份关怀

从精神上关心你的爱人,平时多一些问候、关心和支持,生活中多一些嘘寒问暖。生活不可能总是一帆风顺的坦途,每个人都有不如意的时候。当夫妻双方遇到什么困难的时候,另一方首先应该站出来支持自己的爱人,给他精神上的关怀与呵护。因为,当爱人遇到麻烦的时候,你的关怀能及时给对方力量。

4. 多变换角色,时刻保持新鲜

家庭中的每个成员都应该扮演好自己的角色,如果找不到自己准确的角色,那么你就是导致家庭不幸福的罪魁,甚至会使婚姻关系破裂。而家庭成员要是还懂得适时地调整自己的角色,就能时刻保持新鲜和幸福。

我们常常认为是第三者破坏了自己的幸福家庭,其实正是自身的问题造成了彼此间的隔阂,才让第三者有机可乘,破坏了你的家庭。

宽恕他的过错,给自己一片广阔的天空

古人有云:“处事难,为人更难。”世间没有圣人,人生在世,每时每刻的心情都千变万化,每个人在生命的长河中,与人打交道很难,真正能提高生活质量的唯一原则,就是忍让。

惠能大师说:“若真修道人,不见世间过。若见他人非,自非却是左。他非我不非,我非自有过。但自却非心,打除烦恼破。”这世间谁都会犯错,如果你计较他人的过错,那么真正有错的人,却是你自己。慈悲之人对待伤害他的人,不仅要容忍,而且要用智慧、善良去感化他,这才是大慈大悲。

雪莹是在知道自己怀孕的时候才知道丈夫有外遇的,可是为了孩子,为了曾经的爱情,为了不伤胎气,她依旧装着毫不知情,高高兴兴地过。孩子出世后,看着孩子一天天快乐地长大,她很幸福,可丈夫却不为所动。

有一次,说好了下班早点回家给孩子庆祝生日的丈夫,很晚才回来,蛋糕摆在餐桌上,孩子听到开门的声音,脸上一下子绽放出了笑容。雪莹差点儿就想和丈夫吵一架,可是当她看到孩子脸上那种在失望之后欣喜的表情时,只是抱怨了几句。孩子很听话,她就更不忍心毁掉这个家,一直忍让着。一晃7年过去了,儿子也上了小学,她都没说什么。可谁愿意和自己的丈夫同床异梦,为了不让儿子受到伤害,雪莹决定将自己这7年来的感受向丈夫坦然相告。

有一次,雪莹要出差,便乘此机会给丈夫留下一封信,告诉他自己其实早知道他的隐情,然而,作为深爱他的妻子,她仍然希望他能幡然醒悟。读完妻子的信,丈夫的灵魂被深深震撼了,当夜,丈夫即给妻子挂去长途,电话里,七尺男儿竟然痛哭流涕。从此,丈夫更加深爱妻儿。

如果雪莹也像世俗中的人那样,一定要惩罚他,殊不知那不是在惩罚丈夫,而是在惩罚自己和孩子。以爱的方式去善待对方的缺陷,学会包容,给他人一次机会和空间,这样的爱才是值得称赞的真爱。

社会上有不少为情自杀的例子。所谓“浪子回头金不换”,如果用忍让和包容去接纳他人的缺点,让他洗心革面,不是更好。冲动是魔鬼,其实很多时候我们都会有一颗包容他人的心,一般会劝合不劝分。可很多时候,我们都做不到三思而后行,往往意气用事,伤人伤己。

与其伤人,不如救人,人之初性本善,要记住,暴力永远解决不了问题,宽大的胸怀更有力。

第四节　包容促进家庭和睦

家庭是人生的幸福天堂

法国启蒙思想家伏尔泰曾说："在亚当眼里天堂是家，而亚当的后人们却认为家就是天堂。"

聪明的人都能处理好工作和家庭的关系，他们不会因为工作而影响家庭，甚至把自己弄得疲惫不堪，两头受气。当需要在工作和家庭中作出选择的时候，智者都知道家庭是第一位的。因为幸福的家庭仅此一个，但是工作的机会却有千万。

女作家爱琳·詹姆提出"简单生活"的理念，她说："这段时间我和身边那些有'实权'的朋友聚会。我们讨论休闲时候的目标是怎样的，讨论自己有没有真正安静的休闲时刻。我们将自己想做的事情列在小纸条上，而大家的内容无外乎看日出，看星星，散步，逛公园，登山，家庭旅行，和自己的爱人享受平静的时光……"

而另一位作家鲍勃也说，停电是他最快乐的时刻，因为突然的停电，就让大家有正当的理由停下手中的工作。本来都在各自忙碌着自己的事情，或看书，或写作业，或加班，停电以后全家人都能聚集在一起，感谢停电给了大家团聚的时间。

可见，每个人都非常想拥有幸福温馨的家庭。因此有些不必要的应酬就不要去了，不如多找点时间和家人在一起共享快乐，这是每个家庭都需要的。

但是在残酷的现实中，压力越来越大，很多人认为家庭不再那么重要，工作和应酬似乎变成了他们的重心。他们的物质生活越来越好，但是他们真的幸福吗？他们每天的奔波劳累及疲倦的表情回答了这个问题。

> 岚是个典型的忙于工作和应酬的一类人。下面是她一天的时间安排。
>
> 早8点：到办公室，浏览重大新闻，迅速处理前一天的电子邮件；
>
> 9点：召集部门开会，大约用一刻钟时间；
>
> 9点20分：与客户谈判；
>
> 1点：部门经理会议，筹备公司产品展示会的具体事宜；
>
> 2点10分：盒饭快餐、咖啡一杯，不管什么就在公司随便吃点；
>
> 下午4点：赶飞机到海口出两天差。
>
> 每天就这样奔波于会议室、机场，还有三分之一的时间在外地出差。因为舍不得这份高薪的职业，岚六年来都不要孩子。然而岚很享受这种充实的生活，她自己都说要是哪天闲了，都不知道应该做些什么。有时候她也会表达自己对生活的期望：可以毫无顾忌地和老公一起旅行，有自己的宝宝……但这只能是幻想，归根结底就是她舍不得这份高薪职业。

岚虽然精明干练，但是浓妆掩饰不了她的疲惫，和她生活完全不同的另一种女人会觉得自己是幸运的：她们虽然没有高额的薪水，但是足以养活自己，过着悠闲的生活，能自由支配工作之外的时间，可以照顾家庭和孩子。工作带给她们的是快乐，并且也自得其乐地享受着生活，她们不会让工作破坏自己的家庭幸福，她们珍惜家庭中的每一个幸福瞬间。这样快乐工作又享受生活的女人，才是真正有智慧的女人。

美国著名的作家马克·吐温就曾说过："在一群陌生人中间，不管怎样都找不到在家里的那种安宁。"法国启蒙思想家卢梭也说："世界上最美丽的现象就在家中。"歌德也曾经感慨地说："幸福的人能在家中找到安宁。"由此可见，不管在怎样的境遇和处境下，家庭一定是摆在第一位的！

无论什么时候，家都是避风的港湾，无论你遭遇了怎样的不幸，只要想到你的背后还有家，你就不会悲观绝望。只有家才能让你的心灵找到休憩的港湾。

从呱呱坠地到安然离世，谁可以脱离家庭而独立存在？无论在哪里你都怀念家的那份温暖。从小到大，我们在父母的悉心呵护下飞出鸟笼，虽然羽翼丰满能自由飞翔，但父母又无时无刻不牵挂我们，因为我们既脆弱又坚强。结婚后，家里有柔情蜜意、知书达理的妻子，有可爱淘气、爱你想你的孩子。当进入壮年逐渐老去的时候，家中有和你携手到老的老伴，有无限的天伦之乐。

家在我们的生命中是永恒的。无论是漫长寒冷的黑夜，还是冰冷刺骨的寒冬，只要有家，我们的生活就充满希望，充满战胜困难的勇气和力量！

家是一艘船，乘客就是你自己和你的家人，你们一起顺流而下，驶向大海。

家是一栋高楼大厦，它的基石就是爱，深深地扎根在地上，承受着所有的压力与负担；宽容是结实的墙壁，不管风吹雨打，都能为你遮风避雨、遮阳蔽日；家这座大厦的屋顶是尊重，能经得起狂风暴雨的洗礼；大厦的房梁就是责任，纵观整个屋顶，责任构成整个大厦坚实的脊梁；在家的大厦里，用积极组成的炉火，让屋里的温度适宜、舒服；门窗由知足构成，透过这里你能欣赏到外面的风景，你可以看到蝴蝶翩翩起舞，可以登上巅峰绝顶欣赏风光；从窗外吹来的赞美之风，让你信心满满，让你沉着自信地走向远方。

完美婚姻可"欲"而不可求

你眼中的太阳只有黑子，那么你的生活就是寒冷的；如果你只能看到弯弯的残月，那么你的人生就是悲哀的；如果你的眼中看不到朋友的优点，那么你注定孤苦地行走于人世，没有朋友。关注你拥有的一切，不要管你没有什么，让生命充满希望，你才能明白生命的真正意义。

婚姻大致可以分为可恶的、可忍的、可过的、可意的四种类型。可恶的婚姻太过劣质，肯定不会长久；可意的婚姻太过理想，就像神仙眷侣，这种状态是人们一直追求的理想境界。而我们多数人的状态，大多是第二和第三种婚姻类型。它确实不够完美，甚至还存在着很多缺陷，让我们无奈、痛苦，当你想放弃的时候你舍不得，而坚持下去你又非常痛苦。它就像插在我们心上的一把刀，虽然心中一直在隐隐作痛，但是又不忍拔去。

面对可恶的婚姻，任何一个理由都会让我们轻易地将其放弃，并让自己有勇气继续寻找婚姻。但是第二、三类，就是可过、可忍的婚姻常常让我们矛盾，没有果断的决心和毅力是无法放弃的。当然放弃这样的婚姻又何尝不是冒险呢？因为我们不知道这是给自己新的机会，还是向悬崖更靠近了一步。很多人有过多次婚姻的经历，但是他们的生活依旧不理想，最后还是孤独一人，一次次的失败经历让他们沮丧，他们都不敢再去尝试。

随着离婚率越来越高，人们离婚已经不再需要任何理由，如果一定要作出什么解释，那多数的回答都是"没感觉了"。这样的婚姻在外人看来是风平浪静的，如果愿意将就一下也可以继续维持，但只有当事人知道这是让他们窒息的婚姻，他们必须要冲出这个牢笼才能活命。他们一直在追求理想的婚姻状态,因此他们大胆地作出决定——先让自己没有任何退路,再去寻找新的道路,这就是置之死地而后快、绝处逢生的办法。

婚姻就像射击游戏,不管你在准备阶段工作做得多充分、瞄得多么准,但是离弦的箭一旦搭弓射出,究竟能射中几环,恐怕在出结果之前谁都说不准。也许当时临时起风,发生了剑走偏锋的意外,总之,随时都有新情况出现,那么结果就会完全出乎意料。

其实,正常的婚姻生活总是有这样那样的缺陷,完美的婚姻只是柏拉图式的美好理想,让人永远可望而不可即。如果你一直苛求完美,并且你也实现了自己的愿望,那么没有缺点就是你的缺点。

当然,很多婚姻失败的人还在坚持寻找完美的婚姻。上帝总是公平的,他不会把所有美好的事物都集中在一个人身上,有了爱情可能缺乏物质,有了物质却没有健康,有了健康却没有快乐,有了快乐可能又缺乏激情。但人们总是有追求完美爱情和理想婚姻的美好愿望,就如同想控制花园里的花朵开放一样。

与其不断地寻找完美的婚姻,还不如用心经营现在的婚姻。生活中有很多婚姻是大家认为的郎才女貌、门当户对的,但如果夫妻二人不用心经营,甚至吹毛求疵要求对方,那么婚姻很快就会解体;而很多不被人祝福和看好的婚姻,在夫妻二人悉心的经营下稳固长久,就像用心浇灌成长的小树苗,最后也可以长成参天大树。可忍或可过的婚姻就是这样的情况,只要当事人对此有所懈怠的时候,它就会出现问题和矛盾,最后解体。但是如果夫妻二人能用心经营,去修复出现的问题,就有可能一次次地创造奇迹。

有人欣赏凝固的静态美,有人崇尚运动的动态美,有人欣赏流畅的直线美,而曲线带给我们的美感是婉转含蓄的;城市有喧闹繁华的美,乡村有宁静淡雅的美。生活中的美是无处不在的,你需要用眼睛去看,用自己的心去感悟。有的人认为离婚是一种解脱,但很多时候这并不是最佳的选择,因为,这样的婚姻也不是理想的婚姻。美满的家庭和幸福的婚姻需要用心去经营,在家庭生活中,爱的方式和技巧也是一种学问。

婚姻是需要用心培养、呵护的花园,如果你随意应付,敷衍塞责,原本美丽的花园就会变成长满杂草的荒原。只有做一个辛勤的护花使者,认真地耕耘,才能让这片属于你的花园四季如春,芳草萋萋。

包容与理解是美满婚姻的保障

婚姻除了对彼此的承诺,更是一种必须承担的义务和责任,夫妻二人要懂得给彼此关爱与体谅,理解对方,尊重对方,用你的爱去温暖对方。婚姻中更需要忍让和包容,需要相知相依,只有这样才能保证婚姻幸福美满。

有位名人曾说:“不管你多么有才,抑或是富可敌国的大富豪,你都需要避风的港湾,能让你随时停下来休息,这个温暖的地方就是家。当你心情好的时候,这里是你快乐的天堂;当你悲伤难过的时候,这里是最好的医院,能静静地治愈你受伤的心灵。”除了世外高人,每个人都会有自己的家庭。我们从家里能获得亲人的关怀和帮助,获得前进的不竭动力,家庭不断地纠正着我们的劣行和缺点,治愈我们心灵受到的伤害,如果没有幸福的家庭,生命就没有温馨和幸福可言。但是我们知道生活中很多家庭都是不幸的,似乎处处都充满了矛盾和冲突。

纵观家庭的组建过程,第一步就是夫妻双方在爱的基础上缔结婚姻。如果没有夫妻组建婚姻,就没有子女,也就没有完整意义上的家了。因此只有美满的婚姻才有可能组建幸福的家庭。美好的姻缘会让双方都感到幸福，通过加深感情的了解和认识，双方心情愉悦，做事情也更顺心如意。就算遇到困难，爱人也依然站在身边支持着自己，能鼓足勇气重新站立起来。但是一段不愉快的，甚至失败的婚姻，会让夫妻双方都陷入低谷，还会破坏幸福和谐的家庭关系。

托尔斯泰是世界著名的大文学家，他的夫人也是出身名门，两人可谓是“门当户对”，大家都认为优越的家庭背景会让两个人生活幸福，但这却成为二人感情出现裂痕的罪魁。托尔斯泰是享誉世界的大文豪，他的《战争与和平》和《安娜·卡列尼娜》两部小说，在世界文学史上都有重要的地位。

托尔斯泰得到了人们的赞赏和爱戴，无数赞赏他的人一直围在他周围，甚至把他说的每句话都仔细认真地记在随身携带的本子上。就算他随口说“累死了”这样寻常的话语，他们也不会放过。不仅有了名誉地位，托尔斯泰和夫人也有了自己的孩子，家庭生活也越来越幸福。他们二人能这样走在一起，几乎所有的幸福都降临在他们身上，他们也为现在这样的幸福生活真诚地向上帝祈祷，希望永远维持这样的幸福生活。但生活不是一成不变的，他变得和以前完全不一样了，以前的作品让他感到惭愧，甚至羞辱。从此之后，他将自己的生命奉献给人类的和平事业，为了化解战争、消除贫困孜孜以求，这就是他的作品。他默默地忏悔，年轻的自己曾经做了许多不可原谅的错事。于是他按照耶稣基督的要求去忏悔，将家里的财产、田地分给身边的人，自己甘愿过着穷困潦倒的生活。他在田地里劳动、砍柴、种庄稼，自己烧饭、做家务，还用包容的心去爱自己以前的敌人。

托尔斯泰经历了非常悲剧的一生，这一切的源头就是自己不幸的婚姻。他鄙视奢侈虚荣，但妻子最爱的就是这些。妻子总是向往步入上流社会和显赫的地位、崇高的名誉、骄奢淫逸的生活，但这正是托尔斯泰最痛恨的。她渴望无限的财富，他却将这些视为罪恶的根源。妻子动辄打闹、哭泣，就是为了托尔斯泰作品的出版权，因为丈夫坚持放弃所有作品的出版权，写的东西从来不收取任何稿费，但是妻子却希望用出版权换取更多的财富。当托尔斯泰指责她的做法的时候，她就一哭二闹三上吊，还经常用跳井去恐吓自己的丈夫。

托尔斯泰原来家庭幸福美满，但是从妻子开始因为这些事情一哭二闹三上吊的时候，他的安稳日子就再也没有了。在48年痛苦难熬的婚姻生活中，他再也不想见到眼前的妻子了。一天晚上，妻子在默默地期待心中向往的爱情，她在丈夫面前凄凄地跪着，哀求丈夫朗诵专门为她写的爱情诗。当托尔斯泰诵读到那些美好的语句时，想起了50年前幸福的生活，再想到现在遭受的境遇，他竟然泣不成声。1910年10月，托尔斯泰82岁高龄的一天，他终于忍无可忍了，在大雪纷飞的夜晚他走出了自己的家门，他宁愿选择酷寒与黑暗，也不愿在家里，谁也不知道他将要去什么地方。离家11天后，托尔斯泰因感染肺炎倒在一个车站里。死前他唯一的要求就是，绝对不见妻子。

妻子这个时候才开始反省自责。她在病重弥留之际，终于认识到自己的错误，她对女儿说：“是我害死了你的父亲，这一切都是我造成的。”孩子们什么话也没说，接着放声大哭。她们承认母亲说的都是事实。因为这么多年来，她们看到父亲是在怎样的批评、抱怨和指责中一天天过日子的。

有的人评价家里的争吵为“激烈的沟通方式”，这种说法也是有一定道理的。家庭中总会有这样那样的摩擦和冲突，如果什么话都不说出来，都压在自己的心中，那么心中郁结就越积越多，等到无法忍受的那一天一下子迸发出来，造成的后果将不堪设想。但是通过争吵这种“激烈的沟通方式”来宣泄也要掌握好度，否则就不能解决问题。

夫妻之间的摩擦和冲突是在所难免的，可以说生活离不开这些磨合，但是这不应该成为婚姻中的主旋律。真正的爱情是温馨的，夫妻之间相互恩爱，体谅对方，为对方付出自己的感情，给彼此爱的鼓励，不掺杂任何的虚伪和做作。在这样的婚姻生活中，彼此才能幸福快乐地经营下去。

婚前睁两只眼,婚后闭一只眼

常听很多女人说,婚前和婚后的生活是截然不同的,生活的变化让她们的心理也发生了微妙的变化。比如,结婚前会对另一半要求很严格,因为这关系到自己一生的幸福。但是步入婚姻的殿堂之后,开始用心地经营自己的这段婚姻时,原本的严厉就被现在的温柔取代了。这是非常明智的,女人就应该懂得婚姻前后的变化,婚后不妨闭一只眼,多给丈夫一些自由空间,有了包容才能有幸福的婚姻。

男人在为了家庭、事业而奋斗的时候,再苦再累他都可以承受,但一定要注意的是作为一个男人的尊严。很多男人都直接或间接地告诉自己的女友或妻子,在家里无论怎么着都行,但是在外面一定得留点面子给他。现实生活中也是这样的,男人是需要一定面子的。女孩在一定的限度之内,不妨委屈一下,给男人该有的尊严对你有什么损失呢?有气量的人一定是幸福的,同样能包容自己丈夫的女人肯定能有幸福的婚姻和家庭。

然而在生活中,很多妻子不知道丈夫的这种自尊心理,还把在家的作风带到众人面前,对丈夫动辄指责、管制,甚至还自以为很了不起。这样一来无外乎两种结果:要么丈夫听之任之,在朋友面前面子和尊严全无,由此成为被人笑话和戏弄的小丑;要么丈夫当即作出反抗,双方又会激化矛盾,还有可能就此引发家庭战争。无论哪一种结果,都会出现非常不好的结局。这都是源自妻子忽视了丈夫的面子和尊严。

聪明的女人就不会做这样的傻事。她们知道在什么场合做什么事情,能把握好其中的度。下面是几条参考建议。

1. 适当时候不妨示弱

一位先生是一家餐馆的老板,在自己的努力下餐馆经营得非常不错。一天收工之后,妻子又开始咆哮了,这位先生在混乱中钻到了桌子下面,正好有位客人把手机落在店里了,又返回找东西,正好遇上这样的情况,真是走也不是,留也不是。妻子看到这样的情况,灵机一动说:"我说一起抬桌子吧,你非要自己一人扛,现在正好有客人来帮忙了,你的力气就省着下回用吧!"先生听了这话也顺藤摸瓜,化解了一个尴尬难堪的场面。

2. 待他不妨谦和些

你不要妄想对丈夫说什么,他都会全部听你的指挥,如果你想达到自己的目的,一定要采用让对方易于接受的方式表达出来。例如丈夫进门总是忘记换拖鞋,你可以提醒他"请记得换上拖鞋",不要总是将"不准"、"不要"挂在嘴边,只有在他的接受程度内,他才能听你的要求,才不会被你说得恼羞成怒。

3. 聪明的女人家里家外有所区别

无论你在家里如何管制自己的老公,但是在外面只要关系到他的尊严和面子,你就必须注意了,一定要注意维护他的尊严,你才能赢得老公更多的爱。

4. 不妨陪他一起流泪

事实上做男人真的很辛苦,每天被各种责任和压力弄得喘不过气来,他们没有时间也没有机会承认自己很累,需要人关心。当他事业有成的时候,你要毫不吝啬地去赞美他;当他遇到挫折、受到委屈的时候,你尽可以陪他伤心难过,只是事情过后,就不要再提起。

5. 聪明的女人多练心

要注意,练心不等于操心,练心能让你知道什么时候维护男人的尊严和面子。因为作为妻子,你的一举一动、一言一行、内在修养、外在形象都会影响男人在朋友面前的面子。身边没有佳人陪伴左右,再风流倜傥的丈夫也是无济。

总之,妻子要顾及丈夫的面子和尊严,一方面可以维护丈夫在人群中的形象和地位,另一方面也有利于家庭和睦,夫妻恩爱。

夫妻吵架,本没什么成王败寇

夫妻之间吵嘴、摩擦,是再平常不过的事情——牙齿还有磕到嘴唇的时候呢。

的确,没有绝对完美的婚姻生活,吵架更是寻常事,因此不要因为一次吵架就觉得婚姻不能继续了,也不要以为吵架就意味着婚姻破裂,夫妻应该多以平和的心态对待彼此之间的争吵。和谐美满的婚姻,并不是要求双方完全没有分歧,没有任何争吵,关键是争吵之后采用怎样的方式面对和处理,这是婚姻中重要的技巧。即便是争吵,也要讲究一定的原则:

一是及时调整心情,等平静下来再去谈事情。很多夫妻争吵并不是因为什么大事,而是心情不好。因为心情不好的时候,看什么都不顺眼;而心情好的时候,就算一些错误都可以忽略不计。在很多夫妻眼中,看待对方的长处似乎就认为是理所当然的,而对对方的缺点总是耿耿于怀,甚至拿着放大镜去看这些缺点,总是唠叨个不停。如果夫妻中的一方长期生活在这样的环境中,每天被指责和挑剔包围,其心情肯定很郁闷,夫妻之间必然会有摩擦和吵架,而且一定是越吵越厉害,本来是善意的劝告也会演变成恶意。

二是先改变自己,而不是强制改变对方。夫妻一起经营着婚姻的小舟,但是彼此的兴趣爱好、性格以及思维模式和行为习惯肯定不可能完全一样,因此即使生活在一起,还依旧保持着自己的处事方式和原则。生活幸福的夫妻有一个共性,那就是知道包容和理解对方,而不是勉强对方去改变,更不应该强迫对方接受你的行为原则和处事方式。

三是争吵绝不是拼个你死我活,沟通才是最重要的。争吵是有目的的,那就是将你心中的不满和意见以吵架的方式告诉对方。很多人经常说,吵架也是一种沟通,只不过这种方式比较强烈,虽然在争吵,对方或许不同意你的观点,但至少达到了交流的目的。尽管我们不赞成这种被动的沟通方式,但是总比什么都不说,全闷在心里好很多倍。

夫妻之间的争吵不是要分出胜负输赢的,一定要讲道理。夫妻之间的吵架拌嘴,本来就是因为一些鸡毛蒜皮的小事,没必要太较劲。如果非要在争吵中评出个谁对谁错,这就是跟自己过不去。因为吵架的时候,双方都比较激动,情绪基本失控,平常不会说的话也说出来了,不会做的事也做出来了。但是争吵中做的事,例如摔东西,从根本讲是自己的利益受到了损失,情绪失控时说的很多话更是让自己后悔终身,由此会引发更严重的家庭矛盾,甚至婚姻解体。

类似下面这样的话,在争吵中无论如何一定不要说,这些话的杀伤力是极强的,是破坏夫妻感情的毒药。如果你渴望和爱人相扶到老、相伴一生,那么无论多么生气,也不要说这样的话。

(1)你怎么这么窝囊。

(2)跟你结婚真是这辈子作得最错的决定。

(3)人家好,那你就去找他啊。

(4)当初我真是瞎了眼,怎么会嫁给你这个窝囊废!

(5)我现在都是看在孩子的分上,你以为我想和你在一起啊,要不是为了孩子,早就和你离婚了!

(6)你现在就滚出去!我再也不想见到你!

(7)我一句话都不想和你说了,随便你想怎么样,我无话可说,你满意了吧?

婚姻如鞋子,只有经过磨合才能合脚

每当一段感情以失败告终的时候,我们常常抱怨自己没有认清楚人,可是,却忽视了自身存在的问题。

很多童话故事的结局都是一样的:王子找到了公主,最后他们结婚了,从此过着幸福的生活。然而,现实可不是这样美好的童话故事,因为现实生活中的家庭是必须用心去经营的,不然幸福就会遥不可及。

江天和方惠从相识、相知到相爱,后来也算是修成正果了,但是他们的结局不是童话故事,并没有过上幸福的生活。结婚以后,方惠才体会到家里面“柴米油盐酱醋茶”的琐碎。所有的事情都要自己操心,每天都有忙不完的事情,并且更糟糕的是,她发现了江天身上无数的缺点,让她更加手忙脚乱。方惠本来是怀着美好的希望和期待,想把自己的小家照顾好,但是丈夫突然出现的毛病让她招架不住,不仅让她的希望全无,甚至让她在婚姻生活中看不到一点美好。

丈夫在外面绝对是干净体面的帅哥一个。但只要进了家门,就一点君子形象都没有了,只穿着短裤在屋里走来走去,只要不出门连脸也不洗,头也不梳。烟蒂和衣服扔得到处都是;为了看球赛,他甚至在小便后不冲水;只要他在看书或者写文章,绝对是书、纸满天飞,原来整洁的房间瞬间一片狼藉,弄得她心烦意乱。方惠实在看不下去了,便会去帮他收拾,江天还不愿意了,说什么找不到书,找不到稿子的,因此又会和她争吵。丈夫还有说梦话的习惯,半夜唱歌也是常有的事。有一次大半夜睡得正香,江天不知道梦见了什么打斗场面,突然踹了身边的方惠一脚。每天都有这样一系列的小打小闹,每件事情都让方惠不顺心。

那天,方惠买了一捆葱想当调料,但是江天又有情况了,菜还没炒熟,江天已经蘸着大酱津津有味地开始吃葱了,几棵葱下肚,满嘴都是大葱的刺激味道。到了该睡觉的时候,他还激情万分,气得方惠将他推开,一个人跑去客厅休息。

就这样,丈夫对妻子也看不顺眼,尤其对妻子出门前的磨蹭特别不满,虽然没有挂在嘴上,但心里总觉得别扭得很,时不时地就想刺激一下妻子,出出气。

一天下班,江天买了妻子最喜欢的音乐会门票,马上很兴奋地跑回家。妻子正在忙着晚饭,一进屋丈夫就喊:“快,快,先别做晚饭了,换衣服出门。今天这音乐会是你最喜欢的,咱们要抓紧时间,不然一会赶不上了。”江天说这话的时候,还故意强调了“你最喜欢的”,但是方惠听着“快”、“抓紧时间”这样的措辞就觉得不舒服,也没搭理他,继续做自己的饭。

“我说你怎么回事啊?到底去不去!”江天看妻子没有应声也没任何反应,就着急了。“不去。”妻子就这么没有表情地回了一句。

江天一听就不干了。为了买这两张票,他下了班就冲到音乐厅排队,费了很大劲才排到两张;为了节省时间,出门打了出租车就往家赶,上楼的时候险些摔了一跤,结果妻子居然还不领情!江天怒不可遏,当着妻子的面把门票撕成碎片扔进垃圾桶,气冲冲地回书房看书去了。

此后,这样的矛盾接二连三地发生,两人也没想着如何解决这些矛盾,最后导致越来越严重,终于走上了离婚之路。

家庭关系的基础就是夫妻关系,这是家庭诸多关系中最难处理的一类。两个素昧平生的人,因为相识、相知到相爱，最终才能步入婚姻的殿堂，将自己与另一个人结合。可是，毕竟是两个完全迥异的个体，此前的生长环境、性格爱好或许完全不同，每天生活在一个屋檐下，摩擦和冲突都是在所难免的，矛盾更是时刻存在。所以，夫妻肯定有不在一条线上的时候，因为一点小事情争吵更是很平常的事情。这时候最需要的是忍耐，不要一味地指责对方的错误。当冲突和争吵不可避免的时候，要尽量控制自己的情绪，为对方多想想，不要在情绪激动的时候说出让自己终身后悔又伤害对方的话。

在现实的婚姻中，我们常常凭主观臆测给爱人贴标签，用自己的意志去设计别人的作为，但这只是我们一厢情愿的做法。因此，你看到的应该是你欣赏他的那一面，对于那些你不喜欢的，要带着包容的心去看待。无论经济还是心理，夫妻之间应该是平等的关系，谁也不应该处在被谁统治之下。

彼此相爱的两个人，谁都没有权利凌驾于另一个人之上，去指责别人该如何如何，我们要学会宽容与体谅，相互尊重。或许夫妻双方性格差别很大，兴趣爱好也不尽相同，但是因为爱，可以包容这一切的差异。婚姻必须在磨合之后才更加舒适，正如你买了一双新鞋都要经历一个磨合的过程才能更合脚。我们羡慕那些金婚的老人，而他们也是经过了一段时间的磨合才有了伴随至今的美满生活。

欣赏你的爱人

要学会欣赏你的爱人，这样你们之间的爱才会历久弥新。

有一位画家的作品极富生命气息，并且运用色彩的能力也是超乎寻常，这是其他画家难以企及的。周围但凡见过他的画的人，无不被他的创作折服。

的确，他的绘画技术在绘画领域堪称一绝。他的每一幅作品都给你身临其境、栩栩如生的感觉，他的山水画会让人产生“人在画中游”的感觉。在他画上出现的人，那就是一个个有生命的个体。

一天，这位画家遇到了一位让他一见钟情、倾慕不已的美丽女士。在和她交流之后，画家更加倾心于她。他对女士频献殷勤，无微不至地关心她，终于，他娶到了这位美丽的女士。但是二人结婚没多长时间，女人发现原来画家对她的倾慕不是爱情，而是因为他所从事的艺术，因为当他欣赏妻子的时候，就像眼前站的不是自己的爱人，而是一件美丽的艺术品。不久，他就想将妻子的美展现在画布上。妻子很配合丈夫的事业，每天在画室一坐就是一天，对此还从来没有一点抱怨。时间一天天过去了，她总是任由丈夫的指挥和安排，而她因为深爱着自己的丈夫，总是面带微笑、顺从地坐在那里。

很多时候她也想对丈夫说：“不要再把我当成艺术品了，好吗？我是有血有肉的人！”但是她还是勉强忍住了，她只说丈夫喜欢听的、与绘画有关的话，让他开心。画家作画的时候充满激情，有的时候又会沉默不语。当他将注意力放在画上时眼中就看不到其他的事物。他从来不知道，眼前的人总是面带微笑的，但是她的生命正在一点点地耗尽，身心饱受煎熬。他也根本不会注意到，妻子用自己的生命让他的画中人一天天鲜活生动。

终于要大功告成了，画家的作画热情也逐渐到了高潮。他只会偶尔地一瞥，才会将目光转移到妻子身上。只要他稍微留心一些，就能看到妻子的脸颊一天比一天苍白，嘴边的笑容也一点点地消失了，原本的红润和微笑都出现在了画布上。

就这样又过了几个星期，画家在最后定稿的时候，认为嘴角还要轻轻地抹一下，眼睛周围的色彩还要再亮一些。

妻子知道这幅画就要完成了，她也跟着精神振奋起来。最后收笔的时候，画家简直兴奋得快要发疯了！看到自己精心雕琢的艺术品，他难以抑制心中的激动。他凝视着这件艺术珍品，难以抑制心中的喜悦，忍不住喊了起来："生命真伟大！"这时候他想听听妻子的赞美，却没发现妻子已经死了。

这个画家的人生是悲哀的，美丽温柔的妻子在他面前，他却不会欣赏。婚姻不是建立在工作的基础上的，他甚至不知道自己还是丈夫的角色，只是以职业的眼光把妻子当成艺术品欣赏，但妻子是有生命的个体，丈夫的爱才是她最需要的。

婚姻生活中，应欣赏对方展示给你的部分。当妻子展现出女性的柔美和风情时，你就欣赏柔情即可；当她对你无微不至地关心时，你要赞美她的关心和体贴；当她包容你的错误时，你要对她的雍容大度表示赞美……

一件小事就能让我们学到欣赏的真谛所在。

小孩拿着糖在父亲面前，非常自信地说："爸爸，我敢保证你没吃过这么甜的糖。"父亲尝试着剥了一颗，哇，这是什么糖呀怎么这么酸！父亲竟然把糖吐了出来。母亲很好奇，特意尝了一颗，她坚持了20秒，终于因酸涩难耐吐了出来。儿子显得非常失望。妻子和丈夫为了儿子，又进行了尝试，这次他们无论如何也要忍住，大约在一分钟之后，他们终于品尝到了甜甜的香味。

婚姻又何尝不是如此呢？幸福和甜蜜总是要先经历平庸和苦涩的生活，你需要的只是坚持之后的又一分坚持。夫妻吵架本来就不是什么关系原则问题的大事，无外乎家长里短的琐事。儿子吃的糖的包装袋上这样写道：这就看你人生的毅力如何了？10秒坚持住！20秒滋味强劲！但是只要你努力坚持下去！30秒你的感受我们知道。40秒奥秘显现。50秒你就尝到了成功的滋味！

夫妻之间的欣赏也是这样的道理，在经历一堆琐碎复杂的事情之后，想想对方的好，你就能收获幸福与快乐。

善待自己的妻子

有的人总结出了如何应对妻子的几点建议：理解妻子，对妻子有耐心。无论你在外面遇到多大的麻烦和苦恼，都不要把这种情绪带回家，因为此时你的妻子也许正在为另一些事情烦恼——虽然是不起眼的琐碎之事，但是可能已经到了她承受范围的极限。在这个时候，你对她的安慰鼓励，或是温柔地爱抚，可能都可以让她重新恢复信心和希望。

珍惜妻子为你做的一切。别以为这就是她应该做的，另外，不要指责你认为她该做但是没做的事情，更不要纠缠于这些小事。

不要用冷漠的表情和态度回应妻子对你的热切情感，如果你认为听她的，就违背了你男人的尊严，那么你就大错特错了。你是否考虑过：如果你认为做出让步很困难，请你三思而后行。这样，你就能体会到妻子为你做的一切，你就能理解她的苦衷和良苦用心。如果你总是和妻子争吵，她会认为你对她没有感情了。虽然你是无心的，觉得这是你的习惯，但是她很在意。你应该表现出男子汉该有的大度和气概，赢得妻子对你的尊敬和信任，她和你在一起才有安全感。

弗朗西斯·威德说："毋庸置疑的是，在婚姻中更容易破坏另一个人的生活。丈夫对自己妻子的贬低、侵扰和毁坏可能是致命的，而妻子对丈夫信心和志气的打击也无人可及，你会让他失去希望和信心。一个恶毒的妻子能将丈夫的活力销蚀殆尽；同样，女人如果嫁错了人，那也将会是一生的悲剧。”正如乔治·艾略特所说的，在夫妻两人的相处中，最重要的就是两人相互支持，携手共进。工作中他们是相互扶持的伙伴；难过的时候他们给彼此安慰；有委屈时，他们相互做对方的倾听者缓解压力；寂寞的时候他们一同解闷；最后离别了，还保留着两人最美好的回忆。也许你非常优秀，但是个体的力量绝对不能超越有机的整体。如果是相互排斥和相互抵触的两个个体组合在一起，那就是悲哀的，是不幸的。

西奥多·帕克先生和太太进行了甜蜜的结婚旅行。在新婚期间，帕克先生列出了一些有用的建议来减少婚姻中可能出现的矛盾：

(1)尽可能地满足妻子的意愿。

(2)尊重妻子的要求，履行各自应尽的义务。

(3)无论什么时候都不要指责妻子。

(4)重视自己的妻子。

(5)切忌抱怨妻子的要求太多。

(6)和妻子沟通。

(7)帮妻子分担压力、减轻负担。

(8)包容妻子的不足。

(9)珍爱妻子、保护妻子是永远的准则。

(10)记住，无论什么时候都为妻子祈福，只有这样才能幸福。

帕克的建议归根结底就是因为爱。爱是维持整个婚姻的必要条件。

感谢“小三”令婚姻生活更美满

挪威人尤其钟爱活的沙丁鱼，因为活的沙丁鱼能卖到很高的价钱。于是，渔民们想尽办法让沙丁鱼活着回到渔港，这样才能卖一个好价钱。然而，沙丁鱼喜欢安稳平静的生活，懒得游动，很多沙丁鱼在被运回岸上的途中会因为窒息而死亡。只有一条渔船上的沙丁鱼总是能活着回到渔港。原来，这个智慧的船夫发现，鲶鱼是沙丁鱼的克星，只要在沙丁鱼群中放上两条鲶鱼，原本失去活力的沙丁鱼就会变得斗志昂扬，为了活命就会四处游动，这样它们就不会因为窒息而死。所以，才保证了一船的沙丁鱼活着回到海港。

“鲶鱼效应”在管理学上非常有名。其实，这种现象不仅在管理中很常见，夫妻生活中也是如此。

在平淡的生活中，夫妻每天面对的都是柴米油盐酱醋茶的琐碎事情。而我们将其定义为生活，却忽视了如何改善彼此之间的关系，总是认为事情就会一直这么不温不火地发展下去，对大家没什么影响，会相亲相爱，相伴到老。这种状态就像是安于现状、不思进取的沙丁鱼，对生活和生命都没有任何希望与动力，被动地接受命运的安排。

在每天平淡的生活中，婚姻和感情也就很容易出现危机，很容易让第三者介入你们的生活。但是，当人们将指责的目光投向第三者的时候，经济学家却发现第三者发挥的作用正如沙丁鱼群中的那条鲶鱼，让原本的婚姻恢复最初的活力。

通常第三者都是年轻帅气、美丽漂亮的，更能让你的另一半恢复激情，这一点你或许不能与之相比，但是你们多年来的夫妻感情，还有你对配偶的了解就是你最大的优势。当你和小三斗智斗勇的时候，一哭二闹三上吊是没有用的，这个时候你应该提升自己的魅力和修养，唤起对方的激情，刻意地改掉自己一些不好的家庭生活习惯,在你的爱人身上多花些心思,去修补你们之间的关系。就算到了最后你们还是离婚了,那么你也明白了该如何去爱,这是你在婚姻生活中最大的收获和成长。

当年克林顿和莱温斯基的丑闻曝光,希拉里除了不可避免地愤怒之外,还有一个重要的举动——在纽约做了大腿的抽脂手术,让自己显得更加年轻,身材更好。

其实,和第三者相比你可能暂时处于弱势,但是如果你能理智地看待这一切,你就能突出自己的优势,占据主动权,拯救你的爱情和婚姻。

当沙丁鱼安于现状的时候,鲶鱼出现了,因为恐惧它们会本能地逃命,会变得兴奋起来,有了战斗力,这样当然能保持持久的生命力。类比到婚姻生活中,我们可以将突然出现的小三看作“鲶鱼”,如果你能巧妙地应对,你们的婚姻将会更上一层楼。

在婚姻生活中,随时都会发生很多的事情,谁都不敢说自己的婚姻会一直幸福下去。那么,当第三者威胁到你的婚姻的时候,你应该如何应对呢?那就是摆脱慵懒懈怠的生活状态,重新找回生活的激情和希望,为沉寂的婚姻注入新的血液和激情。

无数事实表明,战胜小三重新回归平稳的家庭,以后的生活会更加幸福美满,夫妻双方对待感情也更加成熟理智。从这个意义上说,小三是起到积极作用的。

唠叨是婚姻的致命伤

威逼利诱不会让人心服口服。无论你对自己的配偶多么不满意,沟通才是最好的解决方式,责骂或者强制地命令都是无济于事的。

罗斯福的家庭和睦,子女孝顺,这在美国已传为佳话。一天,一位好朋友跑到罗斯福面前,讲述自己的小儿子离家出走、跑到姑母家去的事情。男孩本来性格倔犟,又比较叛逆,父亲正好又把儿子骂得狗血淋头,还说儿子和每个人关系都很僵。

罗斯福回答说:“谁说的,我没有觉得你的儿子哪里做得不好。只有当他在家中没有受到合理的对待时,才会选择离家出走。”

恰好罗斯福在外面碰到了这个孩子,就问他:“听说你不在家待了,这到底是怎么样一回事呢?”男孩回答:“事情是这样的,每当我去和爸爸商量事情的时候,他总是莫名其妙地先发脾气。我还没讲完他就开始数落我,总之在他眼中我做什么都是错的,他觉得我就没有做对的事情。”

罗斯福说:“孩子,可能你现在还没真正地感受到你的父亲是真的爱你,在他看来,这个世界上没有什么比你更重要。”

“可能吧!上校,但是我更希望他用另一种方式表达对我的关爱。”

罗斯福回头就去找老朋友,两人见面之后却让他大跌眼镜,因为他就像儿子说的那样开始发脾气。于是,罗斯福说:“朋友,如果你每次跟儿子说话都是这样,那么他离家出走我一点都不觉得意外,反而奇怪他竟然可以忍受你这么久,到现在才离家出走,我觉得你们父子俩必须静下心来谈一谈,你们需要沟通来解决问题。”

发牢骚对解决问题是无益的,因为牢骚只会将对方推得更远。只有退一步,才能海阔天空。当一个人因为某件事情唠叨不停的时候,他会变得丑陋可恶,他平时的优点都会掩埋在愤怒之下,暴露出的全是缺点。唠叨就是毒药,将我们带入不幸的地狱。谁都不想自己的另一半每天在耳边不停地唠叨。

如果你对别人数落唠叨个不停,明明得理了却还不依不饶的,那么对方对你的反感和厌恶只能更进一层。长此以往,就算你说得很有道理,恐怕他一个字也听不进去,你们就不可能坐下来进行沟通,婚姻生活中便会问题百出。

唠叨常会让对方感觉不被尊重,在上面的故事中,父亲不管什么事情总是对儿子发脾气,儿子认为自己没有受到公正的待遇当然会选择离家出走。在婚姻中,相互的尊重和信任是非常重要的,你的唠叨和牢骚只会让对方对你产生反感,他在你那里没有得到应有的尊严和礼遇,你们的婚姻又怎么会幸福呢?

因此,唠叨解决不了问题,如果对方真的有什么不合适的做法,那么请你们创造一个温馨舒适的环境,让彼此平心静气地把话讲清楚,在表达了彼此意见的同时,也有利于解决问题。

争吵,会让幸福悄悄溜走

仙崖禅师云游四海,在途中,发现一对夫妻正吵得不可开交。

妻子:"有你这样的丈夫吗?你还是个男人吗?"

丈夫:"你骂,你再敢多说一句,信不信我打你!"

妻子:"我骂你怎么了,你就不是个男人!"

这时,仙崖禅师听到了他们的争吵,就在路边喊:"大家快来看呀,斗牛斗鸡斗蛐蛐都要买门票,现在是真人斗,免费欣赏,大家不要错过机会!"

夫妻还在不停地吵着。

丈夫:"你再敢多说一句,信不信我就杀了你!"

妻子:"你杀!杀呀!我就说怎么着了!"

仙崖:"到高潮了,要杀人了,大家不要错过呀!"

路人:"和尚!人家夫妻吵架,你在这掺和什么呢?唯恐天下不乱吗?"

仙崖:"怎么能和我没关系呢?他刚说要杀人,杀了人就要请法师念经,我就等着念经挣钱呢!"

路人:"你怎么连一点起码的良知都没有,为了念经钱,就希望别人杀人啊!"

仙崖:"不杀也可以,我可有话要说。"

这时,这对夫妻也不再争吵了,他们反而来打听禅师和大家说了什么。仙崖师傅对他们说:"无论冰层多么厚,太阳都能将其融化;再冷的天气,有火炉房间就能四季如春。夫妻能够在一起亲密地生活就是缘分,我们要做照亮别人的太阳,做温暖对方的火炉。夫妻之间应该相敬如宾相亲相爱!"

很多婚姻,在大风大浪中都顽强地走了过来,但是当生活归于平静之后却没法继续。每天都在争吵和谩骂声中度过,动辄拳脚相加。也许你只是在表达自己的意愿;也许你是宣泄在外受的委屈;也许你不过是一时的情绪失控,但是你必须清楚,这样的争吵对问题的解决没有任何意义,反而还会加剧矛盾,让情况越来越糟糕。

争吵,最能销蚀婚姻,它让你们没有一天太平日子,它让幸福离你们越来越远。很多争吵都是因为一些小事情,如果当时有一方能忍让两句,一场吵架风波就能因此而化解。俗话说:十年修得同船渡,百年修得共枕眠。夫妻之间难得的缘分是多么珍贵,如果在争吵中葬送了不是很可惜吗?

让夫妻生活远离争吵吧,当对方感到寂寞无助的时候,沏一杯热茶去温暖对方的心;在对方处于困难的时候,给对方一个有力的拥抱;当对方失意不得志的时候,给对方爱的鼓励,让他重拾信心,继续前行,在这个幸福的港湾积蓄力量。

包容孩子的错误

有个极美的意境出现在张秀亚女士的诗里面，她的诗只有五句：

小白花，
像一个托着牛奶杯子的天真
孩童到处倾洒着，
风吹着，小杯子一歪，
又洒出去一些。

这首诗给人感觉心里很干净，看过之后，让人意识到应该用这样的心态对待自己的孩子。

一个歪歪斜斜拿着杯子的小孩子出现在大人面前的时候，大人一定会紧张地看着他，担心他把杯子里面的东西不小心泼出来。当他不小心把东西洒出来的时候，大人们哪次不是大声批评他？哪怕不批评他，也不会有很好的态度，还暗示他："我犯了错误吗？"为何不对他好一点呢？

相较于沙发、地毯，孩子自然更加可贵。但是事实上，大人的表现难道不是更爱沙发吗？但是，谁也不想在孩子泼洒东西的时候鼓励他，鼓励孩子多犯错。

犯错也是孩子的权利。事实上，大人应该告诉他犯错的事实，带着他收拾残局。

人生处在不同的时期有不同的特点，我们别的阶段都有办法欣赏，为何不能欣赏小孩子的失误呢？

他因年幼而犯错。但是，他每一次犯错都是一份成长，都是对你的需要。他的脚小小的，他的手嫩嫩的，他的心软软的，都需要我们的爱啊！

当他不再犯错，我们也许就不再那么必不可少了。

虽然他依旧是你的孩子，却开始有自己的人生了。越不犯错的他离家越远。你的拥抱和亲吻也不足以安慰他的悲伤了；很多事大人们帮不了他们了。也许，他还会不时地犯错，却不再是曾经的软软的错误了。

孩子很小的时候，父母亲都颇受折磨，但也安慰自己"孩子大一点就好了"。

然而等孩子长大之后，大人才意识到这是一段多么美好的时光，自己却将它浪费。所以，享受这些吧，朋友！因为那是一个世界最初的年华，纯粹又简单。

第七章

包容让你拥有更好的生活

第一节　心宽量大，保持一颗宽容的心

抱怨只会让事情更糟

生活中总有人常常在抱怨自己抑郁不得志，抱怨自己无人赏识，平添许多烦恼的事情。

有的人通过怨恨来找到一种被重视的感觉。有的人在“别人对不起我”的指责声中找到心中的满足感。站在道德的角度来看，我们总是同情那些遭受不公正待遇的受害者，而指责那些造成不公正的罪魁。

那些心中充满怨恨的人，总是想方设法证明自己的怨恨是有根据的，如果他真的证明自己受到了不公正的待遇，说明他的怨恨是天经地义的，那么对他不公正的人就会弥补他的损失。从这里出发，怨恨是从心底排斥发生在自己身上的事情。

怨恨只会让你的形象更糟糕。即使你怨恨的正是那些不公正的地方，那也不能解决这些不公正的问题，久而久之这也就成了你的习惯。当一个人总是认为自己遭受不公平的待遇时，那么他就会把自己当成一个受害者，并为自己找各种理由和借口，也许一句无心之语都是他最有力的证据。

抱怨会激发我们的烦躁情绪，认为什么都是和自己作对的，然后自己每天郁郁寡欢，消极厌世，渐渐地就养成了抱怨的习惯。当稍微出现一点不顺心的事情时，就会习惯性地开始抱怨。

一位伟人曾说：“生活的最高境界就是有所作为。抱怨却是什么作为都没有，是逃避自己的应尽的责任，是一种自甘堕落的消极行为。”遭遇困难的时候，如果只知道一味地抱怨，不仅对问题的解决无益，反而会使事态恶化。而这并不是我们所期待的。

你的抱怨没有任何价值，根本的措施就在于要转变心态，让积极的心态取代你的消极心态，化被动为主动，从自身找原因。就算你的抱怨合情合理又合法，那还是请你停止抱怨！逆境可以激发人的潜力，这条定律是亘古不变的。因此下次当你遇到困难的时候，你就想这是一个千载难逢的好机会。抱怨不能改变现状，所以停止抱怨吧，实际行动强过所有的抱怨！

因此，从现在做起，不要抱怨父母管你太严格，不要抱怨老板没有发现你这块金子，不要抱怨环境太恶劣；当我们无法改变身边的环境的时候，那就请你先改变自己；过去的已经无法改变，那就从现在开始努力改变未来。

按照下面的行动步骤一步步进行，有利于你克服抱怨。

行动1：选五件事，写出你的不满和抱怨。

根据你写的五件事，然后反问自己，当你抱怨之后问题得到解决了吗？结果很明显，抱怨不仅没能解决出现的问题，还不利于我们进一步前进去解决问题。

行动2：写出困扰你很长时间的一件事情，仔细地回忆事件中的每一个细节，接着用滑稽的想法去处理它。

你坐在高高的椅子上，微笑淡定地进行这个步骤。有人说你坏话，你可以将其说话的语音语调语速经过特殊处理，例如童声版；如果你觉得这样还是不能解气，你可以将卡通中的形象随意地附在他身上，然后按照自己的意愿随意地配乐。经过多次反复，你发现这件困扰你的事情非常幽默滑稽搞笑，你会清楚地意识到抱怨已经没什么用处了。

行动3：寻找倾诉者，将你的抱怨和不满全都告诉他。

行动4：找出一张纸，将你的感觉随意写出来，在纸上发泄你所有的不满和牢骚，写完以后，尽情地把纸撕碎；然后再按照同样的程序写一遍，再撕碎，直到你的情绪能完全平复下来。

改掉了抱怨的弱点，你的心中就会充满阳光和温暖，就能享受到温暖和快乐。

原谅生活是为了更好地生活

在这个世界上跟自己过不去是非常愚蠢的，因此你不要和生活较劲，为什么要让自己不快活，还让爱你的人跟着操心呢？生活中随时都需要包容和原谅。

宋代大文学家苏轼说："人有悲欢离合，月有阴晴圆缺，此事古难全。"古人也面临着许多困难和烦恼，但是古人就不和自己过不去，而是把悲欢离合的人间事都看成自然存在的现象，这也是亘古不变的真理。有了它，可以随意地掌控世界，让世界呈现出完全不同的形态；现代人又有了新的烦心事，"此事古难全"就是最好的解释。

一位哲学家还没结婚的时候，和朋友们一起住在一间小房子里，虽然空间狭小，但是他每天还是满脸笑容地看待身边的事物。

有人问他："这么多人挤在一起不难受啊，你究竟在穷开心什么呢？"

哲学家说："正是因为很多朋友能聚在一起，我们交流、聚会都很方便，我能不开心吗？"

没多久，朋友们结婚有了自己的家，就搬出了集体居住的小屋。只有哲学家一人独守小屋了，但是他的快乐依然没有减少。

那人又问："你现在可是孤孤单单一个人了，没人交流，你还在高兴吗？"

"当然，我有那么多的书，我的身边有这么多的老师陪伴，它们是我的良师益友，你说我能不高兴吗？"

几年后，哲学家也结婚了，他住进了一座居民楼，只不过他居住在大楼的最底层：底层采光不好，环境尤其差，因为上面的住户常常往下倒脏水，丢垃圾，什么死老鼠、臭袜子一应俱全。哲学家还是依旧开开心心的，人们很好奇，就问他："这种又脏又差的屋子，你也能这么开心？"

"是呀！一楼的好处真是太多了！首先不用爬楼梯；买了东西往家搬还不费力；要是有朋友来串门，进楼就能看见我家，多方便呀……这些都没什么，最重要的是，我有空地种菜养花，这样的田园生活特别舒服，真的是乐在其中，好处不要有太多哦！"

后来，那人偶遇哲学家的弟子，问道："你的老师什么时候都是快乐的，但是在我看来，他都在不好的环境中啊。"

学生笑着说："决定人是否快乐在于你所持的心态，而不是处在怎样的环境中。"

人们经常抱怨生活，认为自己天生命不好，抱怨生活不公平。殊不知生活就是实实在在地摆在你面前，就看你用什么心态对待生活。人们经常探寻人生的意义，人生不正是赌局吗？我们用青春赌事业，用健康赌事业，同样用爱赌爱。

当我们心情低落的时候，我们就对生活失去了原来的兴趣，看到的什么都是灰色的，天空总是笼罩着厚厚的乌云，你的脸上就写着"心烦"二字！很多事情都会让我们感到沮丧烦恼。失恋、失业、落榜、被冤枉，在这样的事情面前，我们真的很难做到完全的豁达。就算做不到豁达，也不能被忧郁烦躁控制你的心,你要从反方向考虑:我就要好好地生活,我坚信自己的美好愿望肯定能成功。那还有什么可以烦恼的呢? 人最大的敌人就是自己,如果你无法打败自己,那么你注定会失败;如果你硬要死钻牛角尖,别人也管不了,因为不管怎样这些都是你自己的选择。

我们要原谅生活中的这些不如意,因为它们的存在,你会变得更加坚强。在世界上生存,人最需要包容的心,原谅所谓的命运不公,殊不知这就是对你我的考验。

付之一笑,人生才会活出大境界

古语云"成王败寇",又云"不以成败论英雄"。我们都渴望成为成功人士,渴望成为顶天立地的大英雄,但是你必须要有博大的胸襟和气魄。只有具备了博大的胸襟和开阔的胸怀,你才能具备长远的目光,才能有远见卓识,高瞻远瞩。

胡雪岩小的时候因为父亲为官,家境也还不错。但是随着父亲殉职之后,他家的生活就陷入了窘境。胡氏是当地的一个大家族,祖上也出过大官,只不过到了胡雪岩父亲那里,家道中落。整个家族还曾经把希望寄托在胡雪岩父亲身上,希望他能光宗耀祖,但是没能如愿。不仅如此,还因公殉职,丢了命失了官。但是,家族却将所有的愤怒怪罪到胡雪岩和他母亲身上,所以胡雪岩从小生活在族人的冷嘲热讽和白眼中。

后来,胡雪岩为了闯荡事业和张老板一起离乡,但在族人看来不过是一个笑话,因为他们从来没指望胡雪岩能有什么成就。因为他们认为,胡雪岩的父亲饱读诗书,也只不过是个小吏,像他这种不读书的人,还能指望他有什么大的出息? 再者,当时封建思想很重,大家认为胡雪岩的父亲就是被自己的妻子克死的,她天生就是个没有福气的女人。在一个克星身边长大,胡雪岩身上也就没有了贵气。

可能是小时候经历的磨难比较多,胡雪岩对那些冷言冷语的讽刺,早就已经习以为常,不管别人怎么说,他都坚持自己该做的事情,一点都没被他们的情绪和语言影响。其实很多时候,你越把别人的话当回事,说话者就会越开心。相反,你要是对他们的话置之不理,他们自己说说觉得没意思也就停止了。离家很多天后,胡雪岩在阜康钱庄从底层跑街开始做起。这时胡雪岩已经有了对人生的规划和目标,他想出人头地,做一番大事业,每天都专心地学打算盘,想着总会派上用场的。钱庄的一个胖伙计就看不惯他学算盘,讽刺他说:"真把自己当成这儿的掌柜的了! 你整天跑街,算盘打得再好,也没机会使啊。"

师兄们知道这件事,怕胡雪岩因此而悲伤就来安慰他,没想到他很豁达地说:"人在成功之前都会有人在一边冷嘲热讽,不过没什么,我不放在心上就是了。"

几年以后,阜康钱庄的老板换成了胡雪岩,当年嘲笑他的胖伙计早就调到别的钱庄去了。师兄们希望胡雪岩去找胖子出出气,让他看看算盘到底用上了没,但是胡雪岩只是笑而不语,因为他不愿意和这样的人理论。

胡雪岩知道每天要做的事情已经够多了,如果什么事情都要去理论一番,哪里还有时间做重要的事情。并且每个人都有言论自由,人家想怎么说,自己本没有必要计较,不必将此放在心上,随便他们怎么说都与我没有什么关系。

是的,别人说什么是他们的自由,只要自己不将这些闲言碎语放在心上,那么对我们而言不过是一阵风吹过。可是,如果我们对别人的话耿耿于怀,而心中又计较着该怎样报复,那么你可能就偏离了事业的重心,同时也白白浪费了很多良好的机会。

人生中,雅量就是博大的胸襟和高贵的气质,它让斤斤计较无处可藏,它能包容地看待别人对你的伤害，面对敌人的恶意攻击能做到忍让。有雅量的人一定是有气魄的人，他们不会为生活中的得失斤斤计较。朱德曾说："腹中天地阔，常有渡人船。"法国作家雨果说："世界上最宽阔的东西是海洋，比海洋更宽阔的是天空，比天空更宽阔的是人的胸怀。"

生活中那些心胸宽广的人，懂得站得高看得远，他们知道带着包容的心看待身边的人和事。面对别人的误解、偏见、谩骂、冷嘲热讽，他们都能做到不以为意，更不会对这些耿耿于怀，伺机报复，与他们相处，人们觉得可亲可敬。

曾经有位名人说过："既然眼前的这扇门足以欣赏美丽的日出，那么为什么要舍近求远去听窗外的鸟鸣呢？有的人喜欢听鸟鸣，有的人喜欢看日出，本身就有喜好的差异。人与人之间之所以会有冲突，很多时候就是不能理解别人的喜好。所以，为了让彼此间多一些理解和包容，雅量是我们必须要注意培养的。"

雅量，并不是说要出家要看破红尘，更不是消极避世的人生态度，它是一种内在的人生气质和修养。有雅量的人知道该怎样善待自己，怎样谅解别人，由此才能走向至高的人生境界。

心宽才能长寿，长寿才能幸福

在青岛浮山后的小区里，有一位快70岁高龄的于女士，别人看来她已经是个年迈的老人，但是因为她的母亲今年104岁，所以她还是一个永远都长不大的孩子。

母亲腿脚利索，神志清醒，整个小区的人都非常羡慕她。人们也很关心老人家如何保持长寿的，于女士告诉我们："母亲心胸豁达，知道知足常乐的道理。

"母亲出生于清朝末年的小山村，以前受过很多的苦，解放以后生活才慢慢好起来，她总是说现在只要多活一天，就多享一天的福，她对现在的生活非常满足，所以每天都特别快乐。因此母亲长寿的秘密就是心胸豁达，无论面对怎样的困难和艰辛，她都不会逃避退缩。

"母亲还一直乐于助人，以前因为自己家里很穷，但是只要邻居有需要，她都会力所能及地帮助他们。现在在老年公寓里，要是其他老人遇上什么烦心事，她都会主动去开导鼓励他们。她这样开导他们：'我们在党的关怀下，住在条件这么好的老年公寓里，有人照顾不说，还有退休金，现在过着这么好的日子，咱们只要好好地活着什么都不用想，其他的事情也就那么回事。'"

"好好活着就行了"，看上去是一句朴实平淡的话语，但这就是104岁老人长寿的秘诀。心这个器官，控制着人们的情绪变化，有生命的时候，它时刻都在运转。如果心脏不跳动了，那我们就可以说一个人已经死亡了。人的生命动力就是心跳。

我们只要时刻悉心地爱护自己的心脏，才能保证它正常地工作，其他别无他法。否则，心脏正常的机能被破坏以后，影响的就是人的生命健康。

那么怎样让心脏机能保持生命力，还能让它保持正常的运转状态呢？放宽心是最直接有效的办法，正如民间所说："心宽体胖，活得健壮；没心没肺，活得不累；与世无争，活得轻松。"只有放宽心才能长寿，也只有长寿才能体会到更多的幸福。

心宽，顾名思义就是一个人的心境要开阔，要比海洋还宽广，具有包容万物的心境。为人放宽心，就是能包容天地万象，包括你喜欢的和你不喜欢的，全部都能容纳。正如无所不包的宇宙，除了太阳、月亮地球、星星，很多尚未被人类发现的小星系它都能容纳。只要存在的，都是天体的一个部分。这就是包容万物的心境。

包容和忍让是人生的必修课，这需要我们用知识和智慧去体味其中的真谛，宽容地对待你身边的人和事，不要什么事情都和他人过不去，更不能没事找事，故意惹是生非，因为在人与人的交往中只有沟通、交流，才能互相帮助共同进步；只有对彼此信任和尊重，才能寻找解决问题的合适方法，才能互惠双赢。因为一点小事就斤斤计较、睚眦必报的人，太小气了，在他们心中没有任何的宽容和忍让。与人为善是做人的准则，我们要锻炼自己的这种美好品质，保持和他人的和谐人际关系，让自己的品德和修养不断得到提升，这样你才能体会到帮助他人的快乐与幸福。

总之，想要成为一个健康长寿的人，共存共生、求同存异才是长寿之道。如果每个人都能放宽心，包容他人，那么我们的地球将会成为一个没有邪念的美好世界，这里充满的将是友善和幸福。如果每个人都能真的做到这些，健康长寿自会伴随着你。

心境平和，对自己说“不要紧”

当我们在生活中遇到不顺的事情时，大胆地告诉自己，“一切都会过去，没关系”，这样的生命才能更加绚烂。

田丽以前是一个多愁善感、郁郁寡欢的女孩，生活中的一点挫折就让她非常郁闷，但一次教授的一堂课让她转变了自己多年的想法。有一次，一个老教授在上课的时候说：“我有三字箴言和大家一起分享，这三个字能让我们坦然地面对生活中的一切，还能让各位变得心境平和，坦然淡定，这就是‘不要紧’。”

田丽当时就体会到这三个字的含义，她将这三个字工整地记在自己的笔记本上。从此她决定转变自己那些多愁善感的想法。生活的很多事情都在考验着她重新树立的“不要紧”的心态。周云玉树临风，对她也是无微不至地关心，田丽不可救药地爱上他，并且确定这就是自己一生的爱人。

直到有一天晚上，周云婉转地告诉田丽，自己没有那方面的意思，对她其实一直就像自己的妹妹一样。这几句话打破了田丽美好的爱情世界，田丽默默地在卧室里放肆地哭泣，她想到“不要紧”这三个字，根本就是无稽之谈。“非常要紧，”她自言自语地说，“很要紧，没有他我就活不成了。”

田丽昏昏沉沉地睡去，早晨醒来之后她分析着现在的一切：现在这种情形真的很要紧吗？我确实很爱周云，但是我的快乐更重要不是吗？如果我和一个不爱自己的人结婚能快乐吗？

就这样，生活的脚步没有停止，没有周云的日子也就这么过来了。田丽还是快乐地生活，因为她知道属于自己的那个人终究会出现的；就算那个人一直没有出现，快乐还是属于她的。

果然过了几年，她真的找到了适合自己的这个人。在结婚典礼上，她将“不要紧”三个字彻底抛弃。因为她觉得自己再也用不上这三个字了，她自信今后的人生一定是幸福快乐的，困难和挫折都不再属于她。

但真的是这样吗？不是的。婚后的一天，一个噩耗传来，丈夫和田丽的公司破产了。这消息犹如一颗重磅炸弹，她愁眉紧锁，不知所措。一阵钻心的疼让她歪倒在沙发上。此时她再次想起了“不要紧”这三字箴言，但是她心底的声音却在对自己说：“不，这一次是真的要紧了！”

正当他们愁肠百结的时候，她被儿子敲打积木的声音吸引了。儿子注意到妈妈正在看着他，就不再敲了，而是微笑地看着自己的妈妈。这就足够了，儿子的笑容就是田丽最宝贵的财富，她将视线转移到窗外，恰好看到两个孩子在玩沙子。看到了这样温馨的场面之后，田丽突然发现阳光还是这么的灿烂，天还是这么的湛蓝。她的心情也平复了很多，脸上洋溢着微笑。她走到丈夫身边，坚定地告诉他：“不要紧，一切都会过去的，就是损失了一些金钱而已。”

生命中总有很多我们无法应对的突发事件，这些事情让我们承受着巨大的压力，让我们感到窒息，甚至对生活失去信心和希望。

卡耐基告诉我们，杨柳必须接受暴风雨的洗礼，我们必须面对生活的压力，现实已经真实地摆在你面前，不会因你而改变，因此请你坦然地接受这一切。在人生的突发事故面前，记得告诉自己这三字箴言——“不要紧”，你就能摒弃所有的痛苦。不要再让过去的事情困扰你的心，包容一切，理解一切，这样一来你就远离了痛苦。

不思八九，常想一二

人生不可能尽善尽美，如果每件事情你都苦恼，那么你的人生就被苦恼填满了，永远都没有快乐，每走一步都沉痛万分。长此以往，你将被悲观和绝望压得喘不过气来。

人生不如意之事十之八九，但是不能因此就放弃生活的乐趣，应该带着包容的心看待身边的一切，你要知道世界不会因为你的意志而有任何的改变。很多时候，情况根本没你想象的那么严重。也就是说，忘却那些不开心的事情，用心经营好自己的生活，不需要在意别人的想法。因为能来到世界上的每个人都是幸运的。不要带着心灵的伤痛与负担在世界上煎熬，幸福快乐地享受自己的生活吧。

电视台正在转播梅达大师的音乐会。他在出场前为自己准备了一个花环。只要他在台上动作比较大的时候，花瓣就会一片一片地散落在脚下。

“当他指挥完这一场演奏，”来听音乐会的一位女士说，“他的身边就簇拥着一堆花瓣。”

男士不无伤感地说：“最后就只剩下一条绳索在他脖子上。”

同样是对待花瓣这件事情，乐观者看到了美好向上的一面，悲观者总是看到不好的一面，最后取得的效果必定有天壤之别。显然，乐观者那里更有催人奋进的力量。就像我们课本上所学的马克思主义哲学：“意识来源于物质但是对物质有反作用，即使有的时候处于被动的状态，但并不影响其发挥主观能动性，能够对事物的发展起到一定的促进或阻碍作用。”

你对生活的态度决定了你快乐与否，这对你的身体健康也有很大影响，甚至你的一生都会因此而改变。当我们遇到事情的时候，多往好的方面想想，杜绝悲观失望的侵害，只有这样，你才能保持健康的心理，也是你能体验到人生幸福的关键之所在。

于右任是著名的书法大师，他的一生经历了很多的挫折，但是他从不计较个人的名利得失，因为淡泊名利，所以健康长寿。一天，朋友和他讨论养生之道，他什么话也没说只是指着墙上的一幅字画。

原来大师指的是一幅《写意莲花图》，看到旁边有一副对联：“不思八九，常想一二。”

生活中这两类人非常常见，一种人遇到一点点困难，就郁闷沮丧不能自已，认为生活已经没有乐趣可言，有了这样的心境，困难和挫折就真的变得不可战胜了，无时无刻不在困扰着他们；还有一类人面对困难和挫折的时候，总能用灿烂的微笑去面对，迎难而上，最后战胜困难。事实证明，任何困难、挫折都不能将其打败，阳光和温暖总是充满着他们的生活。

或许你现在的生活压力很大，问题重重，和你期望的还有很大的差距，但你因此失望、沮丧是不值得的。你现在的这种心态亟待改变，因为不同的心态决定了你不同的思想，思想又会直接影响到你的行动，不同的行动当然有不同的结果。如果你持有积极乐观健康的心态，无论你的生活是富贵还是贫穷，你都能乐享其中。因此珍惜现在的一切，无论处在怎样的生命境遇中，都珍惜拥有的，用心经营生活,感受其中的乐趣。

包容是指路的明灯,是照亮你心灵的一米阳光,希望它能永久地驻扎在你的心中,让你在迷雾中拨云见日,重见光明,欣赏到雨后的彩虹。因为包容,你能心怀感激地珍惜今天的一切,能将烦恼抛去,看云淡风轻,你收获的将是宽容、支持与信任。

少一分怨恨,多一分快乐

人非圣贤,因此对很多人来说原谅敌人、爱敌人可能很难做到,但是,仇恨只能带来一个结果,那就是更大的仇恨,所以,我们要努力地让自己学会宽恕。有位哲学家说得好:“忘记怨恨是人最大的美德,喜怒哀乐在包容这里全都化为平常。忘记怨恨更是一种崇高的人生境界,指引我们不断向上向前。”

范仲淹就是不计较仇恨的人。范仲淹曾担任吏部员外郎,当时执政的主要是宰相吕夷简,他的门客遍及朝野上下。范仲淹向皇帝上奏了《百官图》,依次说明哪些人是通过正常的官员提拔而升职的,而哪些又是破格提拔任职的;还会说明哪些人徇私枉法,任用亲信。他向皇帝进言:任用大臣的时候,只要是破格提拔的,不能由宰相一人全权作决定。吕夷简完全不认同他这种狂妄的作为,将他贬到饶州当知州。

西夏王李元昊曾侵犯宋朝边境,皇上任命范仲淹为陕西经略安抚副使,将防御西夏的军务交由他负责。这个时候,神宗希望范仲淹不要因为过去的事情和吕夷简闹别扭。范仲淹向皇上陈辞说:“臣向论盖国家事,于夷简无憾也。”意思是说,我历来都是就事论事,谈论国家的事情,从来没有针对吕夷简本人。

这话传到吕夷简那里,他心中感到非常惭愧,懊悔又不无敬佩地说:“范公胸襟,胜我百倍!”

忍耐就是要忘记以前的冲突怨恨。面对朋友的误解、同事的埋怨,争辩甚至直接的冲突都是没有用的,只有冷静与忍耐才能解决问题。

温斯顿·丘吉尔告诉我们:“报复看似很宝贵,但对解决问题也是最无济于事的。”因为报复,你心中的正义和真理全部被蒙蔽,让你失去朋友的信赖和尊敬,从而只会怨恨社会。同时怨恨对人的生理和精神都有极大的伤害,将自己与社会永远地隔离开来,在一个封闭的空间里一点点地堕落。

一天,蜂后拿出了最上好的蜜献给天神。天神对蜂后的表现非常满意,说答应蜂后提出的任何要求。蜂后的要求就是请求上帝赐给它一根刺,它说:“再有人想取我的蜜的时候,我就能用刺刺他。”听了这话,一直爱护人类的天神是非常不情愿的,只是因为自己已经有言在先,不能食言于蜂后,就答应了她:“我可以给你这根刺,但是你刺人的时候将刺留在对方的身体里,同时你也会因此而死亡。”

从上面我们看到报复确实是有利有弊、既伤人又伤己的。当你的心被报复占据的时候,你产生的行为一定是丑陋的;心中的恶念元神就会占据着你的心,满脑子想的都是报仇、报仇,殊不知最终的这一切都会落在你自己头上。

懂得放下仇恨的人是快乐的。每个人都有自己的痛楚和缺陷,如果你时不时地去刺痛这个伤疤,它就不能愈合。只有忘记这些怨恨,你才能重新看到希望,才能快乐地生活。不懂得放下,人就不能体会到真正的快乐,并且在懊悔、痛恨、报复和恐惧中一点点销蚀你的智慧,让你坠入黑暗的深渊。

忘记怨恨是一种潇洒的做法。很多事情没必要都放在心上,懂得放下那些无谓的怨恨,你才能赢得他人的尊重，才能享受幸福的生活。相反，如果你把什么都攥着不放，就会变得神经质，每天都活在纠结与痛苦之中而无法自拔。

别为打翻的牛奶哭泣

每个人都向往美满、幸福的生活，都喜欢大团圆的结局，也幻想着自己的付出都能有高额的回报，能按照自己预期的那样发展。但是这注定是可望而不可即的理想状态。当我们犯了错误、绕了弯子的时候，难免会有懊悔和自责，这也是正常的自省状态，也正是存在这样的“懊悔和自省”，我们才能总结经验教训，不再犯类似的错误。

然而不能因此走向另一个极端，陷入极度的懊恼和羞愧中，从此堕落沉沦；或是将自己贬得一文不值，甚至有自虐倾向，这种做法也是不可取的。成功学大师拿破仑·希尔曾说：“每一个历史传记中伟人的故事都让我意外，因为他们总能战胜艰难的处境，并忘记曾经经历的那些不幸与悲剧。”

不论你今天如何为昨天做的事情懊悔，但是昨天都已经过去不再回来了。就算你有一千个合情合理的理由，也没有后悔药可以吃。因此不管昨天发生了什么，请让它过去吧。

1871年春天，有位年轻人从一本书中的一句话受到了很大的启发。当时的他就读于蒙特瑞综合医科学校，以前总是对生活充满各种担心，类似如何顺利通过考试、今后该干什么、如何赚大钱、怎样才能更好地生活等都会成为他担心的内容。

正是书中的一句话，成就了这位最有名的医学家，才有了闻名世界的约翰·霍普金斯学院，他自己也成为牛津大学医学院的资深教授，这是所有学医的人梦想得到的最高荣誉。英国国王为了奖励他还册封他为爵士，他就是威廉·奥斯勒爵士。

究竟是怎样的一句话具有如此强大的力量，改变他一生的经历和境遇呢？这就是托马斯·卡莱里的一句话：“现在你最应该做的事情不是幻想未来看不到的、虚无缥缈的事情，而是做好现在可以做的事情。”

40年后，威廉·奥斯勒爵士受邀在耶鲁大学演讲，他对台下的听众说，他实际上并不是像大家想的这样有特殊的头脑，只要了解他的人都知道，他和普通人一样。

那么他是如何取得成功的呢？他将自己成功的原因总结为自己一直活在当下，不去幻想明天也不懊恼昨天。就在他站在耶鲁演讲的前一个月，他在横渡大西洋的海轮上。有一天他突然注意到，船长轻轻地按动了一个按钮，然后就听见一阵机器的轰鸣声，这艘船就被分割成完全防水的几个隔舱了。

“在座的各位，”奥斯勒爵士说，“我相信大家都有美好的前程，当然这条路也还要走很久，但是想让自己走得更远，你们也要像船长控制海轮那样控制一切，因为保证航程最安全的办法就是让自己活在当下，活在完全独立的今天。因为你真真切切拥有的就是当下，所以要果断地抛开过去的一切，毫不犹豫地将其埋葬。不要给自己留任何回到昨天的退路，也要把未知的明天隔绝在外面。你今天的作为就决定了你拥有怎样的明天。因为每天为未来担忧，你白白浪费精力，消耗意志。因此培养自己养成一个好的习惯，生活在完全独立的今天才是当下最有意义的。”

奥斯勒博士还说：“不断地为明日做积累的最好方法，就是集中你的聪明才智和奋斗精神，尽可能好地做好今天的事情，这样你就具备了应付未来最好的筹码。”

奥斯勒博士的话非常有道理。每一个今天的累积，构成了人一生的成就，总是缅怀逝去的昨天或是空想未知的明天，你只会白白浪费了今天，永远都不会有成绩。珍惜今天，你的未来才是光明的！

昨天好比作废的支票，而明天又是一张期票，你手中的现金只有今天，珍惜今天，把握今天，你的明天才会更好。过去的日子已经一去不复返了,打碎的镜子你再伤心也不会重圆!

每天的生活都是新的,时光荏苒,根本不容你有任何后悔和懊恼的机会。总结过去的经验教训,今后不要再犯类似的错误,你要知道"昨日之日不可留"。

因此,活在一个完全独立的今天,不要总是停留在对未来的幻想中。总想着"明日复明日,明日何其多"的人,最后就会走到"万事皆蹉跎"的地步。因此,好好地珍惜今天、把握今天吧!

忘记惹你生气的人

什么是宽恕?当你有权力责罚而你选择原谅,这就是宽恕;能够报复却选择放弃,这也是宽恕。宽恕是人的一种美德和博大的胸襟。

英国小说家路易斯写下了很多美妙的儿童故事,而他的童年却常常受到老师的侮辱,这在他幼小的心灵上留下了深深的印记。这位老师的作为让他一生都不能原谅,但正是无法宽恕又让自己非常苦恼。就在他快要离开人世的时候,他在写给朋友的信中说:"直到现在我才恍然大悟,原来我终于释然了,宽恕了那位老师。这也是我这些年一直在努力的,我以为自己做到的时候总是还差一步。这回我终于原谅了他。"这就是伟大的宽恕!

真的,宽恕面临着很大的困难。就像努力改掉一个坏毛病一样,我们总是反复很多次才能彻底将其摒弃。而某件事对你的伤害程度越重,想要摒弃这些就更加困难,但是只要你坚持,你终究能做到。

斯宾诺莎说:"武力不能征服心,只要宽容和爱才能做到。"面对别人的过失和冒犯,宽容地对待,那么他就具有包容万物的内心,具有宽恕别人的美好品德。如果你能做到宽恕别人无法原谅的,那你就具备了一种高尚的美德和气魄。

当一个人受到冒犯的时候,往往会产生憎恨和宽恕两种截然不同的情绪。

因为憎恨,人们陷入痛苦与挣扎。久而久之,你原本的生活状态就会被打乱,你的行为会偏离常态,由此产生的后果将不堪设想。宽恕就与这种行为截然不同。宽恕的第一步就是转化自己的情绪,不要想着怨恨报仇,而是告诉自己"没什么大不了",最后能认识到宽恕的很多好处,然后你才能尝试着去原谅对方。

约翰是艾森豪威尔将军的儿子,一天有人问他:"你的父亲会一直怨恨一个人吗?""不会,"他说,"我的爸爸从来不会浪费自己的时间去想那些自己讨厌的人。"

有人说不懂得生气的人是愚蠢的,但是真正聪明的人是不会去生气的。因为生气是拿别人的错误惩罚自己。纽约州前州长盖诺就深知其中的道理。他先是被一份小报告批驳得体无完肤,随后又中了一枪,差点让他失去生命。当他在医院接受治疗的时候,他说:"当一天结束的时候我会让自己原谅这些不愉快的事情,所以我很快乐。"

一次,有一个人采访巴鲁曲,他曾经做过威尔逊、哈定、柯立芝、胡佛、罗斯福和杜鲁门六位总统的顾问,来人问他,敌人攻击他,他会觉得难过吗。"谁都不可能用他的言论影响我,"他回答说,"我不允许自己做这么愚蠢的事情。"

没有任何人能够用言辞或行为对你造成侮辱——除非你愿意被人羞辱或困扰。

或许一根木棍就可以让我们头破血流,但是语言永远不能伤害我们,我们可以一直拥有自己的快乐。因此学会宽容,不要和那些让你生气的人计较,这才是聪明人该有的做法。

面对他人犯下的错误,你不妨努力让自己这样想:

第一,事实可能不是你现在看到的这样。他人的做法不一定就不对,也许他还有什么难言的苦衷,你还没有真正了解。我们的主观因素会成为判断人的一个重要条件,因此不一定就是没有失误的，凭一时的主观意念判断出来的想法很多是不科学的。所以，当你要作出决定的时候，最好先弄清楚事情的来龙去脉。

第二，已经毫无疑问地确信就是对方做错了，那你更要坚持对自己说："这样也是难免的"，人本来就不是完美的，然后告诉自己原谅对方，只有这样才能继续下一步的工作，你也能获得朋友的信赖和尊重。

第三，如果你已经因此而大发雷霆，那你就静下心来扪心自问，你真的要因为别人的过失而闷闷不乐吗？

第四，锻炼自我控制和约束的能力，尽量避免情绪失控而导致一发不可收拾。

与错误握手言和

大学的一堂课上，教授讲述的内容是有关阿米西人的民风民俗，并配有一部影片加深大家的理解。这部影片是教授深入宾夕法尼亚州阿米西人的聚居地——兰开斯特，进行调研后精心拍摄的，主要介绍城市的风光及当地的民俗风情风貌。兰开斯特也因为特殊的民风民俗吸引着广大的游客慕名前来。

观影结束以后，大家都积极踊跃发言，探讨着有关阿米西人的问题。其中有位女生站起来说："我认为教授拍摄这部影片是不对的，因为在我看来你拍摄影片的这一做法，在很大程度上是侵犯了阿米西人的自由权和隐私权。他们也是独立的、应该被尊重的人，我们不能因为他们坚守传统习俗而将其视为异类，把他们当成动物似的进行欣赏讨论。这是不对的，所以我不赞同你的这一做法。"

可以说这部影片倾注了教授很大的心血，所以听了这些话犹如遭到了当头一棒，又被学生在课堂上当众指责，这种境遇实在难堪。他说："我不同意你的看法，我拍摄影片是出于对教学的需要，并且兰开斯特本身就是旅游观光的胜地，也没有说此处禁止拍摄留影，那就是为游客提供参观游览的城市。"这名学生还是不理解，继续表达自己的观点，和教授争得面红耳赤，两个人的讨论异常激烈，教室气氛也非常紧张，谁都不愿意作出让步。最后这位女生恼羞成怒，扔下一句话说："我绝对不会再听你在这里胡说八道，我走了。"教授也不退让："随便你，我根本不会介意你来不来上课。"

本来临近期末考试的时候，大家当然都很关心自己的学分，如果现在那名女生退课，除了得不到相应的学分之外，成绩单上也会有不及格记录。因为退课往往是学生上课听不懂才会做出的选择，争吵完之后的第一节课她没有出现，同学们都觉得这样一来非常可惜。

但是又过了一天，她来了。当教授进教室的时候，她主动走上前去赔礼道歉，她说："教授，请您接受我最诚挚的道歉。我一直在反思自己的言行，我只顾着自己的想法和信仰，但是我忽视了您对教学的认真负责的态度，也忽视了您拍摄影片付出的心血。这件事我做得不对，请您原谅。"教授也说："再次看到你真的很高兴，我也有不对的地方，因为我只注意到自己应该做什么，却没有考虑别的感受。因此我也非常感谢你，让我学到了这个道理。"就这样学生和教授握手言和，微笑地看着彼此。

人不是完美的，都会出差错。我们对待这些错误一定要保持平和的心态。我们说犯错误是人之常情，只要能改过自新，改正错误，你依旧是大家信赖和尊重的人。在错误面前，恐惧的态度是最要不得的，你应该保持平和冷静的心理，正确地看待自己的错误和过失。只有对错误有了认识，才能进一步改正。

第二节　包容生活中的不公平

不要抱怨生活的不公平

生活中我们或多或少地都会受到委屈，每次遇到这样的情况，很多人都会因此而愤愤不平，发一顿牢骚，还让自己委屈半天，希望以此博得更多人的同情和关注，吸引他人的注意力。这种心理安慰行为是正常的。但是这样的安慰心理对人也是有伤害的，因为抱怨，你的责任心会减弱，对工作缺乏热情和积极性，这些问题都会随着抱怨而来。

当你为了成功而努力的时候，困难和挫折是无法避免的。有时候生活的压力、事业的不如意，让你觉得自己似乎在茫茫的沙漠里，没有一滴水，也没有一户人家。这种持久的难过和连绵的压力具有极强的杀伤力，而且很难战胜。当我们遇到挫折的时候，很多人不积极找寻解决问题或是降低损失的办法，而是变得焦躁不安，开始怨天怨地怨社会，抱怨老天无眼，抱怨自己生不逢时、无人赏识。

奎尔是一名汽车修理工，从他进汽修厂上班的第一天开始，他的抱怨就从来没有停止过。"你看我身上的这一身油，这活也太脏了吧"，"真要命啊，这份工作真是让人讨厌"……奎尔就这样抱怨着度过一天又一天。他觉得自己就是被人折磨的仆人，他就像奴隶一样被人随意地驱使。因此，奎尔的注意力总是在师傅身上，他关注的是师傅什么时候没注意到他，他就可以偷工减料，敷衍了事。

就这样，时间慢慢地过去了，和他一起进厂的员工，后来都学到了真本事，有的晋升加薪，有的被公司派到大学再深造，而奎尔还是在抱怨声中做着他的修理工作。

当你抱怨生活的时候，最大的受害者就是你自己。生活中很多失业者自身非常有才华，而你和他们深入交流的时候，你最大的感受就是他们对工作的不满和牢骚。或者埋怨环境恶劣，或指责老板苛刻，没有眼光，没有发现自己才是真正的千里马……他们一提起原来的工作就是抱怨和牢骚。但是他们没有意识到这就是自己失业的本质原因，因为抱怨和指责，他们的责任感一点点被削减，每天热衷于寻找各种不利因素，最后把自己带入了狭窄的死胡同。他们不能融入到公司的大环境中，对公司没有任何价值，这样的人只能失业。如果你觉得不可能是这样的结果，那你不妨随意地对失业者进行调查，问他们离开原岗位的原因，恐怕90%以上的人都在怨天怨地怨社会，很少有人会从自身找原因。

有位很成功的企业领导者在谈到抱怨与责任时就直言："抱怨只是失败者为自己寻找的冠冕堂皇的理由，是不负责任的表现。总是在抱怨和指责的人一定是心胸狭隘的人，因此也很难成就什么大事业。"随便找一个企业公司，你都能发现那些总在指责和抱怨的人是不可能做出什么业绩的。这都是非常容易理解的事情。我们不难想象，如果一艘大船航行在海上，船上的水手总是抱怨：怎么还有这么破的船，这里的环境这么恶劣，还有船上的食物实在太难吃了，最关键的是船长还是那么愚蠢的人……那么你认为这位抱怨的水手会认真工作吗？会以严肃认真的态度对待工作吗？换你做船长，你能放心地对他委以重任吗？

假如你正在为某公司效力，那就请你负责任地对待自己的工作！只要你处在这个集体中，不管怎样你都不要埋怨它，谴责它，否则你会对公司越来越不满意，也亲手埋葬了自己为之奋斗的事业。如果你确实有一肚子的不满无处宣泄，你也不要抱怨，因为你可以选择改变。要么你到外面尽情地释放不满情绪；要么你留下来好好干。一旦你决定留下来，那你就必须全身心地投入到自己的工作中，做好你的本职工作，尽职尽责地做好每一件事情。因为在其位谋其政，这是你的责任。

人的发展会受到方方面面因素的制约，而这些因素往往不在自己的掌控范围之内，努力工作却受委屈、无处施展自己的满腹才华、领导根本不认同自己的设计、同事的误解和冷眼……这时，你能做的只有暂时的忍耐。比尔·盖茨告诉年轻人："这个社会本身就是不公平的，它表现在各个方面。"面对生活中残酷的现实，指责和抱怨根本无济于事，你只有让自己平静地接受现在的一切，才有可能打破现在的窘境。

生命本身并没有残缺

生命本身没有残缺。即使你的身体可能有什么缺陷，但这不代表你的生命也残缺，你完全可以拥有完整的人生。

1967年的夏天，是美国跳水运动员乔妮最煎熬的日子，因为她在跳水时发生了意外，脖子以下全身瘫痪，也就是说现在的她只有脖子以上的部位能自由活动。

乔妮哭湿了枕头，整夜睡不着觉。她总是做噩梦，为什么自己恰恰在跳板滑的时候跳下？无论家人朋友如何安慰，她都不能接受这一切，觉得这太不公平了。出院后，她坐着轮椅来到跳水池旁边，她只能看着泛着波光的水面，抬头看着高高的跳台。想到跳板再也不属于自己了，再也不会有跳入水中溅起水花的身姿，她又陷入万分的悲痛之中。就这样她离开了跳台，跳水这项运动和她再也没有关系了。

她一度悲观绝望，但是，她最终走出阴影重新站立起来，开始重新审视生命的价值。她从图书馆找来很多励志向上的书籍，认真地投入其中开始阅读。虽然她的眼睛没有受伤，但读书还是很困难，翻书的时候要借助一根竹片，用嘴衔着竹片完成翻书的动作，伤痛难忍让她不得不停下来。但是只休息一会之后，她又投入到阅读中去。在这些书籍中，她明白了一个道理：现在虽然身体残疾，但是残疾人成功的例子也有很多，有的成了杰出的作家，有的成为音乐家，他们能做到的，我也可以。于是，她想到自己中学时候的兴趣是绘画，现在有时间了为什么不继续开发这一兴趣呢？于是，她找出自己曾经用过的画笔，用嘴代手，开始画画。

说起来轻松，但是其中的困难不是常人可以想象的。家人又实在担心她的身体承受不起，就在旁边劝慰她说："乔妮，别再折磨自己了，哪有人用嘴画画啊，我们会照顾你一辈子的。"但正是这几句话让她的决心更坚定了，"怎么能让家人照顾我一辈子？"于是她更加发愤图强地锻炼，自己常常觉得头晕目眩，眼冒金星，想到这些委屈的泪水又夺眶而出。艺术来源于生活，绘画也是如此，她常常坐车外出积累素材，亲自拜访绘画大师。就这样她在这条路上走了很多年，终于，她艰辛的努力得到了回报，她绘的风景油画得到了美术界的高度评价和认可。

随后，乔妮准备向文学领域发展。没想到家人还是劝阻她："乔妮，你现在绘画已经有了成就，不要再搞文学了，这样自己太辛苦了。"她当时什么也没说，但还是坚持自己的想法。一家刊物向她约稿，希望她将自己绘画的感受写出来和大家分享。她费了九牛二虎之力还是没完成稿子,这件事情狠狠地打击了她,她发现了自己写作上存在的问题,觉得必须踏实地走好每一步。

这条路承载着光荣与梦想,但是注定荆棘丛生,无论前方的道路多么坎坷,乔妮眼中看到的是美好的未来和艺术的皇冠,正在等着她努力走过去摘取。

这确实是一个美好的理想,乔妮一定要实现自己的这个梦想。终于皇天不负苦心人,她成功了。1976年,她的自传《乔妮》一经出版就震撼了整个文坛,无数的读者向她写信表示祝贺与鼓励,和她分享自己的生命体验。就这样又过了两年,她又出版了《再前进一步》,这本书就是告诉残疾人该如何战胜病痛,让自己重新燃起生活的希望,这是她人生的写照。后来,她还主演了以本书为剧本的电视剧,她成为无数青年人追捧的偶像,为那些自强不息、拼搏奋斗的人树立了良好的榜样。

乔妮是伟大的,她用自己的亲身经历告诉我们:生命本身没有残缺,不论你现在境遇如何,这些都不会影响你通过努力实现自己的人生价值,相反,如果开掘得好,这些将是你人生中最宝贵的财富。

耐得住寂寞,才能获得成功

每一个成功者,在初期的奋斗中都克服着常人难以想象的寂寞与孤独,古今中外都是这样。门捷列夫排列的化学元素周期表,居里夫人对着一屋子的沥青提炼镭元素,爱迪生的每一项发明,都是忍受着常人难以想象的寂寞,经过无数次的实验才取得的成绩。人与人的经历是不同的,但是如果你能克服寂寞和孤独,通过不断努力完善自己,当机会出现的时候,你就能准确把握住机遇,取得一定的成就。王顺友被人亲切地称为"马班邮路上的忠诚信使",他就是能耐得住寂寞和孤独的人。

王顺友,四川省凉山彝族自治州木里藏族自治县的一名普通邮局投递员,在2005年被评为"全国劳动模范",2007年又被评为"全国道德模范"。他的乡邮工作就是通过一个人、一匹马和一条路走出来的。他一个班期历时14天,往返路程达360公里,每月有两个班。他投递的22年的送邮行程有26万多公里,累计的路程可以绕地球六圈!

王顺友走的邮路,不仅有高山的阻隔,还经常遇到极端恶劣的天气,甚至一天就要经历几种完全不同的气候。晚上在荒山岩洞中休息,还经常在乱石丛里过夜,至于被野兽袭击、意外受伤更是家常便饭。他终年奉献在漫长的邮路上,一年中可能有11个月都耗在了大山里,根本没时间和妻子儿女在一起,但是他从来没有任何怨言。

他有排遣寂寞和孤独的方式——唱山歌,他也有很多水平很高的作品,像《为人民服务不算苦,再苦再累都幸福》等山歌都是他自编自唱的。为了保证能第一时间将信件送至收信人手里,他不畏风雨艰辛和路途险阻。他还乐于助人,常常帮助沿线的群众购买良种、介绍致富信息、捎带生活必需品。他不怕绕远路,热心地帮助乡民,群众对他的这种无私奉献的精神都赞不绝口。

在二十多年的投递之路上,他从来没有延误过,在他手上,每一封邮件都能按时送达,无论报纸杂志还是信件,投递准确率达到100%,他的精神诠释着中国邮政普遍服务的意义。

王顺友成功了,他承受了寂寞和孤独,让自己获得了成功。要想取得成功,必要的条件之一就是耐得住寂寞。只有脚踏实地地走好每一步,本着严肃认真、谨慎细致的态度,才能实现自己的目标。重要的是当你取得一定的成就时,还能不骄不躁,向下一个目标努力。浮躁的人正好与这个相反,他们总是追赶时髦,为了个人利益而奋斗。在利益的驱使下,变得浮躁盲目,最后取得的结果也是浮躁的。这果实空有浮华绚丽的表面,没有任何实质的内涵。

耐得住寂寞,这种品质不是天生就有的,并且也会随时发生改变,只有在长期的坚持中自我锻炼,才能一步步完善这种修养。耐得住寂寞对生命而言是增加权重,耐不住寂寞只会白白浪费宝贵的时间和生命。

生活中的挫折和困难时有发生,当然挑战也与机遇并存,如果你能耐得住寂寞,坚持做好自己,用心守望,你就能有机会取得成功。

水温够了茶自香

生活中有很多这样的人,当看到有的人出了一本书并且反响很好的时候,于是自己也想进行创作;看到生活中电脑的应用很广泛的时候,顿时又对电脑技术有了兴趣;看到学音乐的一夜成名,就又想去学音乐……但是他们都没有持之以恒的毅力,没有打持久战的准备,对什么都只想要速成,只有三分钟热度;当困难出现了,他们就想另谋他职,到最后一无所获。这样的事情时有发生,明代也出现过类似的情况,边贡《赠尚子》诗中描写:“少年学书复学剑,老大蹉跎双鬓白。”意思就是很多年轻人拿出书准备看的时候,又想跑去练剑,这样心浮气躁,只是白白浪费了大量的时间,最后落得满头白发一事无成。

小张刚进单位,却遭受了接二连三的打击,单位领导也没有给他足够的重视和锻炼机会,至于加薪升职更是没有任何可能……因此他决定去拜访高人以指点迷津。小张听说普济寺的高僧释圆法师颇有修为,他就慕名前去求教,他说:“没有一件事情是让自己满意的,这样的生活还有什么意义呢?”

释圆听他在一旁絮叨完之后,才对小和尚吩咐道:“烧一壶温水送来。”

没过多久,小和尚按照师父的要求送来一壶水。高僧拿着茶叶,用温水为他沏了茶,将水递到他前面,杯子里稍微有些水汽冒出,刚泡的茶叶还在水面上飘着。释圆的做法让小张感觉很纳闷:“您泡茶怎么用的是温水?”

释圆没有回答,只是微笑着示意小张喝茶。小张细细地品了一口茶,皱着眉头说:“没味啊。”

释圆说:“这是上好的铁观音啊。”

小张听了又试探性地端起茶杯喝了一口,非常确定地回答:“还是没有茶味。”

师父又对小和尚说:“现在去烧一壶开水来。”

又没过多久,一壶刚烧开的沸水送到两人面前。高僧又用这壶开水重新泡了一杯茶,放到小张面前。小张伸着脖子再次去看,茶叶不像原来那样浮着不动,而是上下沉浮着,慢慢地茶的清香溢出来了,沁人心脾。小张准备端茶饮水,释圆法师挡住了他的手,而是在杯子里又加了一些开水。茶叶顺势翻腾,这时的茶香更浓了。就这样反反复复地重复了五次之后,杯子里的水已经满满的了,一杯上好的铁观音就泡好了,闻起来香气扑鼻,细品一口真的是沁人心脾。

释圆笑着问:“同样都是铁观音,怎么能有这么大的区别呢?”

小张想了一会,回答说:“因为泡茶用的水不一样,先用的温水,后来的是沸水。”

释圆点头:“正是因为水的差异,一个茶叶是浮在水面上,一个是上下翻腾。用温水的时候,茶叶只是浮在水的表面,味道当然不能散发出来,你喝起来自然没有茶味。而用沸水沏茶的时候,又间断地反复几次,茶叶经过不断地翻腾,代表着一年四季的不同风致:春的生机、夏的热情、秋的丰收和冬的清冷，全都蕴涵其中。人活在这个世界上，不正是沏一杯好茶的过程吗？如果水温达不到，茶叶的香味就不能渗透出来。当你自身能力有限的时候，你若想万事都称心如意肯定是不可能做到的。要想改变现在这种情况，那唯一的方法就是提升自己的修养，锻炼自己各方面的本事和能力。”

听了释圆的话，小张恍然大悟，到公司上班时积极热情，虚心向前辈们请教，很快就得到了领导的赏识和提拔。

水温直接影响了茶的香味，这就要看你的功夫是否到家。但凡那些历史上的成功者，无一不是勤奋努力、积极上进的人。想要在某个领域有所收获，都离不开勤奋和努力地付出，你要记住，“功夫到了自然成”。

在贫穷面前抬起头来

面对贫穷困苦，我们不用低头沮丧，因为金钱远不是我们生活的全部，还有更多有价值的东西值得你为之努力，物质上的贫穷根本不算什么。并且贫穷只是暂时的，只要你付出努力，这种情况随时都会发生改变。贫穷只会打倒那些懦弱胆小的弱者，意志坚定的人会把这当成最好的锻炼机会。

拿破仑的父亲虽然本性高傲，但是他们的经济条件其实并不宽裕。小的时候，身为科西嘉人的父亲却一定要将拿破仑送到贵族学校读书。而贵族学校的大部分同学都自视很有钱，对家里条件不好的同学常常冷嘲热讽，拿破仑在学校当然成为他们欺负的对象。刚开始的时候他虽然生气，但还是让自己努力忍了下去，可是忍了之后只会加剧这种情况，他写信告诉父亲自己想转学，只是想要摆脱这种恶劣的环境。但是父亲在回信中坚定地回绝了他的想法，告诉他必须要在那里读书。他没办法，只得再次忍下这口气，一忍就是五年的时间。面对富人的嘲笑和侮辱，他没有自暴自弃，反而坚定信心要努力学习，于是更加发愤图强。

16岁拿破仑就成为少尉，但这一年父亲永远地离开了他，本来薪俸就不多，除了自己生活还要预留一部分钱赡养生病的母亲。后来他接到命令，要到远在千里之外的凡朗斯服军役。到那边以后，他看到很多同伴都无所事事，终日里狂嫖滥赌，拿破仑非常清楚自己不能这样。因为他不想再让贫穷成为自己的代名词，他想让自己的人生从此与众不同。他没有英俊潇洒的外表，更没有足够的资本一掷千金，因此他将平时多余的时间都放在读书学习上。他早就树立了远大的目标，在这样的艰苦环境中他依然坚持学习，经过多年的累积和努力，留下了大量的手稿笔记，后来整理的时候竟然有四箱子之多。

他亲自绘制了科西嘉岛的地形分布图，还在上面一一列出了具体的设防计划，这些都按照数学的逻辑做了精密准确的计算。有了这样的基础，他的才能很快被长官发现，上级放心地对他委以重任，自此他的人生改变了。以前嘲笑他的人对他更是前倨后恭，因为他们现在都在他的手下做事，对自己的上司当然是极尽讨好；至于曾经瞧不起他的人，现在都希望这位新晋人才能多看自己一眼；还有那些认为他只会读书、是书呆子的人，对他的态度也是毕恭毕敬。

拿破仑的成功，除了自身的天赋和学识修养之外，更离不开他坚强的意志和毅力。他在艰难困苦中磨炼出来的韧劲和毅力是他成功的决定因素，没有经过困难和风雨的磨砺，世界上也就没有了军事天才拿破仑。

面对艰难的环境，有的人意志更强，而有的人就会消沉堕落。如果你不能驾驭困苦的环境，那么你就会被环境所控制。如果在困难和打击面前,你自我贬低瞧不起自己,认为人生已经没有意义,就听之任之不做任何努力,那么等待你的除了失败肯定不会有第二种结果。但是拿破仑绝对不会这么想,他相信人可以战胜任何困难,他相信事在人为,人定胜天,因此他不会放纵自己任其堕落。

与其每天都为钱的问题而担心,还不如让自己保持充沛的体力去赚钱,保持良好的健康心态开创美好的未来。

吃亏有时是种福

有远大目标的人不会只关心眼前的蝇头小利,他们是懂得放弃的人。因为很多时候吃亏是福,只有懂得舍弃,才能收获得更多。

亨利是英国哈利斯食品加工工业公司的总经理,他无意中在实验报告单上发现,他们公司起保鲜作用的一种添加剂是有毒物质,虽然不是什么致命的剧毒,但如果长期服用就会危及身体健康。但是如果没有这种物质,产品就无法保鲜,那么产品的新鲜程度又会受到影响。

亨利反复思考其中的利弊,他认为对顾客诚信是起码的准则,因此他把这件事情的前因后果告诉顾客,并且实事求是地说明,这种防腐剂是有毒物质,会影响人的身体健康。

他的这一举动简直就是丢了一颗重磅炸弹,使他的公司陷入了困境。食品的销售量锐减,并且还有很多食品加工的老板落井下石,趁机联合起来想扳倒他,说他这么做是另有所图,是想树立自己的良好形象,并意图将其他公司一网打尽。于是他们商量共同抵制亨利公司生产的产品,这让亨利的公司一度走向倒闭边缘。亨利的公司原来有一定的规模和基础,但是这样入不敷出地熬了四年也吃尽了老本,基本到了破产的边缘,但是他诚信经营的名声却远播在外。

在这紧要关头,政府及时地扶持了亨利。哈利斯公司重新崛起,有了政府的资金支持,亨利扩大了生产经营规模,并且他还有广泛的群众基础,很受顾客欢迎。经过这次危机,哈里斯公司成了英国食品加工企业的龙头老大。

很多人怕吃亏,他们觉得那些东西就是属于自己的,或是因为属于自己却没有得到,心里一直耿耿于怀。殊不知如果你不懂得放弃自己的利益,不懂得成人之美,那么你永远都不会取得大的成就。

有一个农村妇女来深圳打工,做保姆、街头摆摊、卖胶卷什么样的活都干过,她卖胶卷的时候坚持每个胶卷永远只赚一角钱,这是她一直坚守的原则。现在的她已经有了自己的摄影器材店,生意越来越好,但是只赚一角钱的原则从未改变;在市场上一个胶卷的零售价可达两元,她坚持只赚一角钱,在深圳搞摄影的大小公司、个人没有不知道她的,还有外地的顾客慕名找她,她店里的胶卷批发量绝不是一个小数目。有的外地顾客不小心将钱包丢在她那,她会想尽各种办法联系失主;因为成交量很大,算错账的情况时有发生,多收了钱她还会找给人家。看上去这种做法很傻,但是她却赚了很多的钱,深圳很多名气很大的摄影厂商,宁愿跑远路也喜欢和她做生意。

也许你觉得这个深圳的农村妇女傻乎乎的,但正是这种敢于吃亏的原则,让她有了今天的成绩,她才能有那么多的回头客,才能成为顾客心中的诚信老板。不要把吃亏想得那么恐怖,更多的时候吃亏可以带来福气。

做到勇于吃亏并不是一件容易的事，这需要你有潇洒的态度和难得的魄力。看似舍弃一些平常的东西，也不是很值钱，可是要将属于自己的东西拱手送给他人，没有一定的勇气和风度是做不到的。

懂得吃亏是福，一方面表现了我们博大的胸怀和气度，另一方面也是我们想成就一番事业必不可少的条件。懂得吃亏是福，能让你笑到最后，收获更多。

失去可能是另一种获得

在漫漫的人生旅途中，除了欣赏一路的美景，我们也必须面对随时出现的挫折和挑战，也许在与困难战斗的过程中，你失去了许多的东西，但是与此同时你的收获也有很多，因为，失去可能也是另一种收获。

一位农民长期住在山上，他总是觉得环境很恶劣，这样的环境简直让他很难生存下去，因此他总是致力于寻找发家致富的途径。一天，有个外地的商贩送给他一样很好的东西，商贩告诉他，这是一包苹果的种子，它很不一般，只需将种子埋在土里，过不了几年，种子就能生根发芽，长成苹果树，树上还会果实累累，然后把苹果摘下来就能卖很多钱了！

农民小心翼翼地把这些神奇的种子收好，但是他马上又想到这样一个问题：这个种子这么好，万一被小偷发现了那该怎么办？所以他在山上找了特别隐蔽的一块地将种子种了下去。

接下来的几年，他一直悉心地浇水灌溉施肥，终于一颗颗苹果树苗壮地成长起来，树上也结满了丰硕的果实。农民的心里别提有多高兴了。但是因为种子数量有限，果树的数量还不多，不过现有的果实已足以改善自己的生活了。

于是他挑选了一个黄道吉日，准备摘下苹果拿到集市上去卖。那天终于到了，他的心情真是激动万分，早早起床准备去摘苹果。

但是当他来到苹果树旁，被眼前出现的景象吓呆了：飞鸟和野兽将一个个红彤彤的苹果全吃了，现在留给他的只有满地的果核。

几年的努力全都付诸东流，还是在这样丰收的时刻，他趴在地上，竟忍不住放声大哭起来。苹果没了，发家致富的梦想也破灭了。他又回到了原来艰苦的日子，每天郁郁寡欢地挨着日子，只能想尽各种办法维持性命。时光匆匆流逝，几年就这样过去了。

一天，他无意中走到了原来种苹果的山野。眼前的一切又让他惊呆了，因为在他面前出现了一片苹果林，而且每棵树上都硕果累累。

谁会在这里种树呢？他想了半天才恍然大悟：这就是自己种下的。

原来当初飞鸟和野兽把苹果吃了，只是给他留下了满地的果核，但是这几年里，果核里的种子又生根发芽，如今这里已经变成了果实累累的苹果林。现在，农民再也不用担心生计问题了，这一片树林就能让他发家致富。

上面的故事告诉我们，很多情况下"塞翁失马，焉知非福"，失去何尝不是另一种形式的获得呢？失去了温室的安逸舒服，却收获了灿烂的阳光；小鸟可能会失去几根美丽的羽毛，但是却收获了翱翔蓝天的机会。人生也是一个得到与失去的过程。如果没有失去，获得又从何说起呢？

上帝为你关上了一扇门，那么肯定还有一扇窗为你开着，因为失去就是另一种获得。但是你必须保持积极乐观的心态，相信得失之间的转化，懂得放弃和吃亏，才能收获更多。

接纳成功，更要悦纳失败

乐享成功对每个人来说都很容易做到，但是多少人还能做到悦纳失败呢？失败是一种痛苦的经历，但是失败却告诉我们很多宝贵的经验教训。再说了，不仅成功是生活的一部分，更多的时候挫折和烦恼才是生活的主要组成部分。接受当下的失败和不如意，就是要敢于面对生活中的一切考验。

南非残疾人选手纳塔莉·杜托伊特就用她坚强的毅力告诉世界，24岁的她是如何面对失败的，在她的字典里，没有失败，只有暂时的不成功。

纳塔莉·杜托伊特同时参加了北京奥运会和北京残奥会。杜托伊特在女子10公里马拉松游泳决赛中取得第16名的好成绩。当她准备参加决赛的时候，她知道自己一出场绝对可以吸引世界的眼光，这并不是因为她的成绩如何。而是因为自己的腿，她的左腿膝盖以下被截肢，并且和右腿对称的部分不一样宽。

在四肢健全的人的比赛中，她的腿更加惹人注意。杜托伊特书写了奥运历史，她是奥运历史上第一个和健全人一起比赛的残疾游泳队员。比赛中，全场最热烈的掌声是给她的。杜托伊特告诉我们："我就是要向世界证明，只有一条腿也能游泳。"

杜托伊特没有让我们失望，她用自己的毅力和奋斗的精神，在北京残奥会女子100米蝶泳比赛中，以1分06秒74的成绩一举打破世界纪录并夺得该项目金牌。她用自己的坚韧不拔改写着奥运的历史传奇。

早在悉尼奥运会时，16岁的杜托伊特就成功晋级三个项目的决赛。但是人生就是这样旦夕祸福地变化着。2001年2月，在一场严重的交通事故中她的左腿被截肢了。原本有望冲击金牌的泳坛之星却瞬间成了只有一条腿的残疾人。但是就在三个月的治疗之后，杜托伊特重新出现在了游泳池，即使只有一条腿她还是要游泳。但是因为只有一条腿，当蛙泳的时候她总是在水中打转，于是杜托伊特转变了策略，开始练习长距离游泳，因为这个不需要太多的腿上动作，经过一年的练习她进入了英联邦运动会女子800米自由泳决赛；2008年5月，她以世锦赛女子10公里马拉松游泳第四名的成绩，为自己赢得了北京奥运会的参赛资格。

北京奥运会上杜托伊特没有取得任何奖牌，但是她拥有残奥会的金牌。我们想说的是，作为残疾人参加健全人的奥运会比赛，杜托伊特的勇气和毅力就是最好的成绩，不管她的名次如何，她都是最棒的，因为在观众眼里她早就是当之无愧的冠军了。她用自己的实际行动向人们证明什么是斗志、什么是信念。

如果你也想取得一定的成就，首先要对自己有十足的信心，你要相信自己能做到最好。只有坚持不懈地努力和持之以恒地拼搏，才有可能取得更大的进步和成功。我们允许做事情暂时的失败，但决不允许永远失败。要想将命运掌握在自己的手里，那么第一步就是将自己折服。

人生在世，挫折与不幸都是在所难免的。但是一念之差就有成功与失败的区别：失败的人很容易认输，一点小小的挫折就让他们动摇退缩；成功者从来不会承认自己失败，面对挫折和打击，他们告诉自己："我没有失败，只是暂时还没有取得成功而已。"暂时的失败不要紧，只要你重新鼓起勇气，改进策略、继续努力，那么就没有失败。同样，一个没有战斗勇气的人才是真正意义上的失败者。

莎莉·拉菲尔是美国家喻户晓的电台广播员，她有30年的广播生涯，在这30年中她遭遇了18次被解雇的经历，但是每一次被解雇之后她都没有放弃，总是为自己设立更高远的目标。刚开始的时候无线电台常有这样的想法，就是女性不能让观众产生兴趣，因此她被很多电台拒绝。好不容易纽约的一家电台没有性别歧视录用了她，但是没过多久又因为她跟不上时代而将她解雇。但是她没有因此而放弃自己的努力。

她总结一次次的失败教训，再次提出了新的节目构想，国家广播公司电台说可以考虑她的想法，但有一个条件就是她必须先在政治频道做主持。"我不了解政治，可能不能得心应手地主持。"她非常犹豫，但还是以坚定的信心和勇气进行了尝试。她在节目中充分发挥自己的特长与优势，在7月4日国庆节到来前夕，她在节目中谈了这个节日对自己的重大意义，还邀请观众分享自己的体验。顿时这个节目的收听率就升得很高，她也因此一夜之间红遍全美。

如今，莎莉·拉菲尔有了自己的电视节目，还在主持领域拿过两个大奖。她说："我以为自己被辞退18次，这样噩梦般的经历肯定不能再主持节目了。但事实不是这样，正是这些经历激励我不断前进。"

有的人只关注挫折给自己带来了哪些痛苦，陷入无尽的痛苦之中就不能思考下一步的行动，如何才能改正错误继续前进。一个拳击运动员说："如果你的左眼被人打伤了，那么你只有将右眼睁得更大，随时盯着对方，才有可能反败为胜。如果因为左眼受伤，你就将右眼也闭上，那么你除了失败，甚至还会有生命危险！"拳击比赛就是如此，面对对手猛烈地攻击，你也要让自己睁大眼睛，否则你绝对会输得一败涂地。其实人生也是这样。

尼采曾说："受苦的人没有权利让自己悲观失望。"因为如果你不想生活在痛苦之中，必须让自己走出困境，悲伤和痛苦只会适得其反，因此你不能悲观绝望，你还要更加积极地面对人生。如果你行走在冰天雪地之中，如果在半途告诉自己："我好累，我要躺下来休息一会。"那么你肯定就活不长久了，因为你一旦停下来，体温就会迅速降低，等待你的只有被冻死的结局。在人生的道路上，如果你没有勇气在失败中站起，你可能就真的输得很彻底。成功意味着你达成了最后的目标，不等于从未经受过挫折。成功者是最后到达了胜利的彼岸，但是不代表没有经受过翻船的挫折。

虽然我们都不想经历挫折，但是它真实地存在着，并磨炼着我们；虽然生活中的不幸让人扼腕，但它让我们更加坚强。我们不能因为挫折就停止前进的步伐，不能因为失败就绝望颓废。像接受成功那样悦纳失败，这也是生活的一部分，更是取得成功的必要因素。

第三节 给自己重新开始的机会

人生随时都可以重新开始

没有人一生是固定不变的，你可以一夜暴富，也会一夜间由亿万富翁沦为乞丐，改变就是刹那间的事情。无论得失、成败、荣辱，都有可能在一个瞬间发生巨大的变化。

举个例子，一个想要戒烟的人，总认为这是一个缓慢的、循序渐进的过程，需要一点一点地戒掉，那么他这辈子可能都戒不了烟；如果他能幡然醒悟，下定决心，然后果断地采取措施说戒就戒，可能他就会戒烟成功。

CNN的老板特德·特纳年轻的时候和现在绝对不一样，那时候的他也是花花公子一个，绝对不会遵守什么纪律和规则，父亲的管教对他丝毫不起作用。布朗大学因此先后两次将他开除。不久，他的父亲面对企业的巨额债务压力选择了自杀，这件事深深地触动了他。他终于明白了父亲此前为家庭付出的一切，而他每天都在虚度光阴，给父亲制造了一系列的麻烦，至于帮助父亲更是无从谈起。

于是他真心悔过决定痛改前非，他决定将父亲留下的公司打理好。从那之后，他完全改变了，全身心地投入到工作中去，不放过任何一个能将公司做大做强的机会，终于才有了享誉世界的CNN。

其实，人在一瞬间就能发生巨大的改变，只要你的思想在某个时间点突然受到了某种刺激，你下定决心改变这一切，那么你就能改变。而这个瞬间做出的改变可能就成就了你精彩的一生，当然也能毁了你的一生，所以，瞬间改变的力量千万不能小觑。

面对西方列强对中国“东亚病夫”的称谓，鲁迅先生决定改变这一切，因此他决定医学救国。但是他在电影中看到了这样一个片段：日本人拿军刀砍向中国人的时候，围观的却是中国人，并且麻木不仁，和他一起看影片的日本同学当时就说：“看中国国民的麻木，就知道中国必定会灭亡。”这个瞬间改变了鲁迅的思想，他说：“现在我认为让国人的身体强大起来不是最重要的，如果思想上愚昧麻木，即使拥有再强壮的身体也无法改变国家的命运。因为他们只会成为体格强健的看客。因此精神上的改变才是第一位的，而我认为最能改变人的精神的就是文艺运动。”从此，鲁迅先生改变了医学救国的观念，开始用自己的笔讨伐敌人，去唤醒沉睡的国民的心，并成为中国伟大的思想家和文学家。

禅宗强调人的最高智慧在于顿悟，当你的思想顿悟的那一刻，你就发生了改变。人生又何尝不是这样呢，就一刹那的工夫我们的思想就能发生巨大的变化。一旦当我们醒悟过来，我们就会领悟生命的真谛，从被动地接受生活到积极主动地生活，激发自己的内心仁慈和潜能。

人如果想要取得事业上的成就，也必须领悟其中的道理，让自己彻底地顿悟过来，你的人生就会发生巨大的变化。

把心重新放到起点上

归零就是把心重新放到起点，就像广阔的大海有包容一切的气魄。归零，就是保持心灵的谦虚与温和，并不是全盘否定过去，而是将过去彻底放下、让自己释然的一种状态，只有这样才能借他山之石，让自己有更大的提升。俗话说：谦虚使人进步，骄傲使人落后。只有谦虚才能赢得他人对你的尊重。当你站在一片丰收的麦田，不难发现腰弯得最低的一定是最饱满的麦穗，因此做人也是一样，不能扬扬自得、自我炫耀，因为只有谦虚才能使人获得进步。

有一个关于知了学飞行的故事。大雁每天都能在空中自由地翱翔，知了看见了特别羡慕，向雁学习飞行的本领，大雁很爽快地答应了知了的请求。

但学习并不是轻而易举的。

大雁教它飞翔的本领和技巧，可是自己才说了几句，知了就在一边说："知了！知了！"大雁让它亲身实践，练习飞行，可是没几次它又自以为是地喊道："知了！知了！"秋天来了，大雁要到南方去过冬了，知了也特别想去，但是它拼命地拍打着翅膀，却只能在近地面滑翔总是飞不高。

大雁越飞越高最后都看不见了，知了开始后悔了。但是现在后悔已来不及了，于是只能无奈悲戚地叹息："迟了！迟了！"

其实在我们身边，像知了那样自以为是的人有很多，最后他们也只能像知了那样，发出"迟了"的悲叹。自以为是的人总以为自己有多么的了不起，从不愿意向他人请教，这样狂妄自大，只能是一步步后退。

很多人存在这样的一个认识误区：只要是自己掌握的本领就永远是自己的，凭着这些就能混得不错。但是在瞬息万变的今天，如果你的知识不能与时俱进，很快它就会失去原来的价值，只有懂得谦虚求教，将自己归零，把心放在起点重新去学习，才能保持持久的生命力和永久的价值。

每个人的人生境遇和经历各不相同，看问题的立场和视角也是千差万别，同一个故事讲给不同的人听，因为立场的不同，对他人来说是制胜的法宝，但是在你看来却是荒诞滑稽的。因此，当你不知道某个观点提出者的立场、人生际遇及经历的时候，请你姑且接纳他，经过理性的思考之后再取其精华弃其糟粕。如果你目空一切，最终只会导致你盲目自大，逐渐被社会淘汰。

如果水壶里的水已经满了，那么就很难再容得下其他的东西，人的心也具备这样的特点。

人生下来的时候都是一样的，但是为什么最后的结果却千差万别呢？有的成就一番丰功伟绩，有的却碌碌无为甚至锒铛入狱？归根结底就是因为前者懂得虚心向他人学习，不让自己太满，而后者总是狂妄自大，对自己满意得不得了，最后就只能被社会所淘汰。

漫长的人生征程中，我们需要很多的养分和能量。如果你还没出发就已经负重太多，正如装满水的水壶，很难容下多余的一滴水，你的人生注定会以悲剧收场。行走在人生旅途道路上的人必须知道，无论在什么情况下，懂得给自己放空、归零，只有这样你才能继续汲取能量和养分。因为只有预留空间，你才能容得下其他的事物。

昨天的总要在今天归零

玛丽年轻的时候总是有些贪心，对所有的事物都很苛刻，不想放过出现的任何一个机会。

曾经有一段时间，她的广播节目多达13个，每天忙得晕头转向，她将自己那时候的生活状态形容为“狗”。

事情具有两面性，利弊也总是相伴而生，当你的事业有一定规模的时候，随之而来的压力也越来越大。后来玛丽发现自己拥有很多，但是并不快乐，而是一种负担让她喘不过气来。她每天都为这些患得患失。

1995年发生了一件非常不幸的事情，她经营的一家广播公司因各种问题造成了将近五千万美元的损失，而这个时候相处七年的男朋友也离自己而去……这些打击对她都是致命的，就在她悲痛欲绝不能自已的时候，她想亲手结束这一切。

在高度的紧张和压力之下，她向朋友倾诉：“要是现在没有公司了，我能做些什么呢？”朋友思考之后告诉她：“任何事情都可以，但是你要清醒地知道，我们的起点就是从零开始！”

这句话让她大彻大悟，让她产生了活下去的勇气和信念：“对啊！本来我就是从零开始的，现在只是回到原点，还有什么困难和挫折能打败我呢？”她轻生的念头消失了，在未来的15天里，她竟然成功地接到两笔大的业务，挽救了濒临破产的公司，逐渐运转正常走上了正轨。

经过这次人生的巨大波折，玛丽真切认识到人生的变幻无常，不是你的东西，即便你费力得到，也不会长久地留住；而当你把一切都清零之后，你才能汲取更大的能量前进。

这次的经历让她学会了给自己减压，生活中不只有加法，减法也是必不可少的。为此，她婉拒了很多不必要的应酬，卖掉了原来150平方米的大居室。直接就将一个小办公室改造为家，去掉了很多用不着的家具摆设，只有一张茶几和可供自己休息的小床，还有两只小狗一直陪伴她。

玛丽这时候才明白，人的需求只是这么一点点就足矣，很多东西都是自己平添烦恼。朋友看到她的变化，非常不能理解：“亲爱的，究竟发生了什么？你似乎不爱自己了。”她回答：“我没有任何时刻比这个时候更爱自己的了。”

如果我们认为自己一无所有，没办法做任何事情了，然后就要死要活的，这是非常错误的。生活在社会上，没有什么决定着你的存在权利，只要你自己愿意，随时可以把心放回起点从零开始。

就在今天将过去的一切归零，然后重新扬起风帆，轻松快乐地重新上路、重新出发。

太阳每天都是新的

人生的挫折是不可避免的，但是逃避不能解决任何问题，只有保持积极健康乐观的心态，才有可能取得更大的成功。在乐观的人眼中，太阳每天都是新的，他们拼搏努力，并有源源不断的前进动力。

19世纪浪漫主义小说家罗勃·史蒂文森在作品《金银岛》中写道：“无论多么沉重的担子，我们都能顺利地度过一天直到夜晚。”他说：“无论从事着怎样的工作和事业，不管你的职业如何，你都可以保持快乐豁达的心，度过美好的一天，直到夜幕降临，生命的真谛和意义就在于此。”这就是生命对我们提出的唯一要求。但是薛尔德太太直到很晚才明白这个道理，而在此之前她一度伤心颓废，甚至想自杀结束自己的生命。

1937年薛尔德太太不幸丧夫，她觉得天都塌下来了，并且身上一点钱也没有。没办法，她向以前的老板李奥罗区先生寻求帮助，希望能让她回以前的地方工作。她之前的职业是书本推销员。因为丈夫两年前得了重病，她为了给丈夫治病卖掉了汽车，现在她东拼西凑的钱也只能勉强买一部二手车，还是分期付款，但是有了车她可以卖书筹钱。

她本来以为有了工作就能让她不再颓废下去。但是当她一个人开着车推销书,回家之后独自一人吃饭的时候,她简直难以想象那样的生活惨状。即使自己怎么努力也不能改变现状,虽然这部二手车价钱不高,但是还是没办法付清贷款。

1938 年的春天她来到了密苏里州的维沙里市,这个地方学校破落,道路状况也非常的差,在这么穷的地方根本不会有人要她的书。于是她又陷入了孤独和颓废之中,甚至又产生了轻生的念头。她觉得自己现在在世界上活着没有任何意义,她不敢想象每天应该怎么度日。她担心所有可能会发生的事情,付不起房租,还不起汽车贷款,怕自己吃不饱肚子而挨饿,怕生病没钱看医生。但是她这种轻生的想法一直没有付诸行动,就是因为担心自己的姐姐会伤心,还担心姐姐也没钱来承担自己的丧葬费。

但是有一天无意中读到的一篇文章,改变了她的思想,让她找到了重新活下去的勇气。文中有这样一句话成为她人生的信条:“在聪明人的眼中,每天都有全新的太阳升起。”她将这几句话打印出来,并且将它一直挂在自己的车里,下次她一个人开车的时候,就能看到这句话。从那之后她发现,生活其实没那么困难,她将过去的悲伤全部放下,也不再为莫名的未来担心,因为她每天都告诉自己:“太阳每天都是新的。”

她成功了,因为战胜了孤独与颓废。现在的她快乐地度过每一天,事业也有一定的成就,最重要的是她热爱生命。因为她明白,不论遇到什么样的挫折和困难,担惊受怕或是杞人忧天都没有用;她知道每天担心未来也是无济于事,只要活好现在的每一天;因为她更知道,对聪明的人来说,每天都有全新的太阳升起。

生活中的很多事情都能让我们精神振奋,当然也就会有消极的不好的事情,这都是正常的世界变化,但如果你总是停留在那些悲伤的事情上停滞不前,相当于你在倒退,那么,你肯定就会跌倒。因此,将自己的注意力和目光集中在那些快乐的、积极向上的事情中,你要相信每天升起的太阳都是全新的,每天的生活也都是与昨天不一样的。

相信下一次会更好

人生的漫漫征程,也是不断做出选择的过程。我们不害怕失去什么,但是我们害怕一旦失去就绝望颓废,对未来不抱有任何希望和信念,因此,当你在生活中失去了一些东西的时候,请你告诉自己:你将得到更好的,下一件事情一定比现在做得好很多。

当你问一个演员对哪一部戏最满意的时候,可能他们常说没有最好的,他们相信未来的自己会做到更好,因此他们的答案惊人的相似:“最好的是下一部戏。”

桑兰是中国女子体操队原队员,她用自己灿烂的微笑征服了世界,让全世界人民敬仰。

桑兰已经拿过国内外很多的大奖,但是在 1998 年的美国友好运动会上发生意外。当她试跳的时候,从空中直接跌落,造成胸部以下全部瘫痪。

面对这样的事故,桑兰表现出了超强的毅力,主治医生都惊叹:“桑兰太勇敢了,她也没有埋怨什么,用实际行动告诉我们什么是勇气和勇敢。”很多人问她现在变成了这样,有没有后悔选择体操,她的回答是:“从来都没有后悔,因为我始终都相信自己,我不会放弃生活,放弃希望。”

之后,桑兰转向主持行业,在星空卫视主持《桑兰 2008》这个栏目,还在多个媒体上开设了体育评述专栏。

虽然自己不能在赛场上拼搏起跳,但是桑兰没有放弃,她说:“我可以以主持的方式进行我热爱的体育运动。虽然我身体不好,也没有主持的经验,但是我相信自己能做好。我每天都在为自己充电,努力进步。我相信自己一定能更好地完成主持工作。"

虽然不能重新站上跳板,桑兰还是拥有同样精彩的人生,美国几任总统卡特、里根和克林顿都亲自给她写信,他们为桑兰的勇气喝彩。美国的ABC电视台曾经播放了一期节目,内容是桑兰与超级影星克里斯托弗·里夫会面的经过,在过去的50年只有两位中国人接受过这家电视台的采访——邓小平、桑兰。

桑兰在重大的事故面前没有绝望,更对自己的未来充满了信心,她相信自己能做得更好,她用微笑和信心赢得了世界的尊重。

如果论身体条件,生活中的我们都是健全的,都比桑兰好很多,但是很难有她那样良好的心理状态——在困境中依然保持坚定的信心,并且相信明天会更好。人的一生不可能全都万事如意,如果你对生活没有信心,又怎么能活出精彩的人生呢?我们不应该让悲伤与颓废占据自己的内心,而应该快乐地生活,选择希望还是绝望的选择权都在你手里。

第四节 包容让情绪更平和

操纵好情绪的转换器

人有悲欢离合，情绪的变化更是无常。但是如果人不能掌控自己的情绪，而任其自由发展，那么对一个人的发展是非常不利的。

面对生活中的不同事物，我们都有自己的看法，并且对此作出自己的判断，这都依靠我们的心灵来完成。但是那些不好的事情常常会左右我们的心灵，让我们判断失误。因此，只有控制好自己情绪的人才能取得成功，如果你不能管好自己的情绪，就会浪费很多重要的机遇。

一位歌手刚刚进军音乐领域，他将凝聚着自己心血的录音寄给了著名的音乐制作人，接下来他做的事情就是守在电话旁边等待。第一天，他信心满满，整个人心情大好，谈自己的创作，谈自己的理想。半个月过去了，他不知道对方是否认可自己的音乐，整个人情绪烦躁，看到不顺眼的人就想发脾气教训他们。一个月过去了，他感觉希望不太大了，整个人情绪低落，闷闷不乐。两个月过去了，他知道完全没戏了，整个人就像一颗炸弹，随时都有爆发的一天，他接到一个电话就开始大发雷霆，但是打电话的正是他苦苦等待的制作人。他亲手毁了自己的希望，毁了自己大好的发展前途。

泼出去的水是收不回来的，后悔和自责都没有什么用。一天，一位著名的心理学教师正在上课，他拿出了一只做工精细别致的咖啡杯，学生们都赞不绝口，教师却故意将杯子摔在地上，精美的咖啡杯瞬间变成了碎片，学生们都发出一片扼腕叹息之声。

教师看着这堆碎片对学生说："你们一定觉得非常可惜，但是你们再觉得可惜也不能将其恢复原状。因此当你们在今后的人生中遇到什么无法改变的事情时，想想这只破碎的咖啡杯。"

这节课上得非常成功，因为老师摔碎咖啡杯的例子就告诉同学们，当面对无法挽回的事情时，请你坦然地接受它，学会适应现在发生的变化。

拉莎·贝纳尔被称为世界剧坛女王，就师从这位心理学教师。有一次她不慎在横渡大西洋的船上摔倒了，但只这一摔就摔伤了脚部。她只有截肢才能保全生命，在手术台上，她竟然还振振有词地背着台词。大家都以为她是想让自己放松下来，谁知她说这么做是想告诉医生护士不要那么紧张，因为他们看起来非常严肃。

威廉·詹姆斯说："坦然地接受发生了的事情才是克服不幸的开始。"既然这是克服不幸的第一步，那么第二步是什么呢？拉莎的手术进行得非常顺利，但是她再也不能演戏了，那又如何呢？她选择了演讲，用精彩的演讲同样赢得了戏迷的掌声与喝彩。

拉莎·贝纳尔面对突如其来的毁灭性打击，没有悲伤难过，而是重新扬起生命的风帆，这说明她掌握了自己的情绪"转换器"。

当我们遇到灾难的时候,原本平静的情绪就会发生变化,这时候请你牢牢掌握好自己的情绪。既然事情都发生了,已经无力回天,请你告诉自己:“这根本算不了什么,我是不会被打败的。”或者深呼吸,然后大声地对自己说:“请将这些忘记,一切都会好的!”人的情绪不是一成不变的,如果你能将情绪的转换器掌握在自己手里,并且不断地鼓励自己,那么你的情绪就能好起来。但是,如果坏情绪突然来袭,情绪转换器又该如何发挥作用呢?

下面的几种方法可以借鉴:

第一,散布是非常好的放松方式,当你散步的时候,你的情绪会逐渐平复下来,心境也会渐趋平静,情绪转换器就发挥了作用。

第二,让自己投入到忙碌的工作中去,或者去进行一些自己感兴趣的活动。因为在这些工作或者活动中,新的想法很容易被激发出来,这些都是转换情绪最好的契机。

凡是能掌控自己情绪的人,往往能很好地把握自己的命运。因为具备掌握自己情绪的能力也就有更多的奋斗动力,最终能实现自己的目的。一个能够让情绪转换器发挥作用的人,能勉励自己为目标持之以恒地努力,无论遇到什么挫折和困难,都能通过努力一个个地迎刃而解。

做自己情绪的主人

只有将情绪控制在自己手中,不被情绪左右,才能让自己的心保持冷静,才能战胜一个个的困难,最终达到目的。

我们常说要保持平常心,殊不知最大的敌人就是情绪化。只有做情绪的主人,将情绪控制在自己手里,才能让自己保持平和的心态,才不会随便对人发脾气,才能通过努力一步步地走向成功。

一对年轻的情侣可谓是羡煞旁人,女孩出落得亭亭玉立,乖巧懂事又善解人意;男孩英俊潇洒、聪明帅气,办事也很沉稳,而且还非常懂得幽默,只要两个人在一起,他总是有很多奇思妙想,正是这种幽默感深深地吸引着女孩。

他们在一起很长时间了,关系也是不冷不热的,因为女孩认为男孩似乎不像恋人,总说男孩更像自己的亲人。但是男孩却深爱着女孩,把她视为自己一生的挚爱。就因为这样,两人如果闹别扭,总是男孩先道歉;有时候真的是女孩子错了,但是他也说是自己不对,他总是想办法让女孩开心快乐。

不知不觉两人在一起五年了,男孩对女孩的爱丝毫没有减少,就像他们刚开始在一起的时候一样。

一个周末,女孩要出门办点事情,男孩原计划和女孩一起去看电影,但是听说女孩有事情,就想着不去打扰她了。他就在家宅了一天,一直没有和女孩联系,因为他觉得既然女孩有事情,那就不要去影响她了。

可是女孩在办事情的时候,心思还在男孩身上,但是男孩一整天都没和她联系,她就感觉很不高兴。晚上一回家就发信息指责男孩,语气和措辞都非常严重,还说要和他分手,那个时候已经是12点了。

男孩收到短信非常焦急,疯狂地给女孩打电话,女孩都不接。他又打家里座机也无人接听,肯定是女孩故意拔了电话线。男孩拿上外套就往女孩家冲,他现在就要去找女孩当面跟她解释清楚。出门时他根本没注意到当时已是半夜12点25分了。

10分钟之后,女孩的手机又响了,还是男孩打来的,她还是直接按断没有接听。

就这样没有下文了,一晚上过去了,女孩再也没接到男孩的电话。

第二天女孩的手机响了，是男孩的母亲打来的电话，那头传来的是阵阵的哭泣声。原来昨晚男孩发生了意外。根据警方的现场调查，当时车速过快撞在了一辆在路上抛锚的货车上，根本来不及刹车。等救护车赶到现场的时候，男孩因为受伤太严重一切都已经晚了。

女孩一下子傻了，但是说什么都没有任何的意义了，男孩成了她永远的回忆。女孩鼓起勇气来到了车祸发生的现场，因为她想在这里感受男孩的气息。车子撞得已经完全没形了，男孩的血迹还滴在方向盘和仪表盘上面。

男孩的母亲知道儿子很爱她，决定把男孩当时身上的钱包、手表，还有那部给她打了无数次电话的手机都送给女孩。当女孩打开钱包的时候，看到的是自己被血浸透的照片。

女孩又捧起手表，下意识地看了手表的时间：12 点 35 分，这一刻时间停止了。

女孩终于明白了，男孩发生车祸以后，还在用最后一口气给她打电话，而她却依旧拒接。但是他再也没有打出去第二个电话，虽然他很爱这个女孩子。女孩永远都不会知道男孩会对她解释什么，但是所有人都知道，她再也没机会听了……

上面例子的结果很大程度上就是因为情绪化造成的，我们也常会因为情绪波动，造成了难以想象的后果。如果那个女孩懂得控制好自己的情绪，可能结果就不是现在这样。所以我们应该将情绪控制在自己手里，不要被情绪支配。

情绪是人面对某个事件最直接、最表面的情感反应。它的反应往往是最直接的，不会经过复杂的考虑和深入的分析，这个时候的情感反应，很容易给自己带来灾难，或者被不法人士利用。本来，情感就与智谋相距很远，情绪是最外层、最表面的，如果完全跟着情绪走，恐怕不会得到什么理想的结果。

如果你想取得一定的成功，那么在面对逆境的时候，你必须学会控制自己的情绪，只有这样才能实现自己的目标。

冷静方显大勇气

面对危机时能临危不惧，能坦然地面对问题，这就是有勇气的表现。

或许现在的你正在遭受人生中最大的危机，这次的情况决定着你一举成功还是一败涂地。在这一面临抉择的关键时刻，保持冷静理智的头脑和平和的心，是你渡过危机最有效的方法。只有冷静下来，你才能激发自己的潜力，再加上你坚持不懈的努力，终究能度过危机，化险为夷。

在印度，下面这个故事家喻户晓。

英国的一对夫妇请朋友来家中聚会，宴会地点就是家里的餐厅，那里宽敞明亮，地面是大理石的，房顶的椽子没有经过任何的修饰，一扇玻璃门直接连着走廊。这次他们宴请了很多贵宾，其中有政府官员、陆军军官，还有一名来自美国的自然学家。

到了午餐的时候，一位女士正在和一位上校争辩着什么。他们争论的问题和妇女有关，女士认为现在的妇女是新时代的女性，与以前的妇女全然不同。上校认为妇女还是以前的样子，例如见到一只老鼠就会在一旁乱跳乱叫，不知道该怎么办。男士在面对危机的时候，虽然也会害怕，但那是暂时的，他们能让自己很快地平静下来，用理智和智慧去分析问题、解决问题。可见，男士的勇气还是比女士强的。

美国学者在旁边静静地听着，他一言不发，只是看着这里的每一个人。突然他注意到女主人的表情非常奇怪，两只眼睛眨都不眨地看着前面，表情变得非常严肃。很快她叫来身后的一位仆人，对他嘱咐了一些什么事情。仆人听了主人的话，满脸的惊惧和不安，然后就马上离开了。

当时只有美国学者注意到了这一变化,其他人都没关心主仆二人的举动,更不会有人知道仆人在门外的走廊上放了一碗牛奶。

美国学者吓了一跳,因为在印度只有引蛇的时候才会在地上放一碗牛奶。这意味着现在屋子里有一条蛇。他本能地抬头看了看屋顶,因为毒蛇常在那里出没,但是现在屋顶没有任何东西,不可能会有蛇出现在那里;而饭厅的四周,只有第四个角上站满了仆人,正在忙碌地给客人端菜,其他三个角什么都没有;现在唯一有可能的就是餐桌下面有一条蛇。

美国学者明白这一情况,本能地第一反应就是跳出去,并告诉大家这个严肃的事情。但是他很快明白如果这么做了,无疑会打草惊蛇,到时候肯定更加危险。于是他放弃了刚才的想法,而是对大家说了一些话,他讲话的语气非常威严,不容置疑,很快屋子里就静了下来。

"现在我们来玩一个游戏,考验大家的自控能力。我将从 1 数到 300,大概需要五分钟的时间,这五分钟要求任何人都不能随意乱动,如果谁动了,将会受到 50 个卢比的惩罚,现在计时开始!"

美国学者按照自己的节奏数着数,而餐厅里的 20 个人都很配合,一动不动地保持着。已经数到 288 了,学者看到一条眼镜蛇正在向走廊外的牛奶爬去。他马上冲过去,迅速关上走廊的玻璃门,将蛇隔在了走廊外面,室内这才出现了一片混乱的奔跑号叫声。

"上校,我现在同意你的观点是正确的。"男主人有感而发,"这个男人的表现就是从容冷静的最好明证。"

"等一下!"美国学者转向屋子的女主人,问道:"温兹女士,你是如何知道屋里有蛇的?"

女主人笑了一下淡淡地回答:"它刚从我的脚背上爬过去。"

面对刚才那样危急的情景,女主人和美国学者都表现了超强的定力,他们从容不迫,冷静理智。生活中我们随时都会遇到紧急情况,如果你能保持冷静的心去沉着应对,那么你成功的概率会高很多。

保持冷静与理智,是一个人素质的体现,更是智慧的表现。冷静是一种大彻大悟的情绪状态,是理性思维的成果。在物质世界高速发展的今天,我们必须让自己保持这种大彻大悟的智慧,不然,即使成功就在你触手可及的地方,我们恐怕也会因为毛躁而把握不住。

不要为小事抓狂

很多人都会因为一点小事而烦躁抓狂,所以,他们失去了很多重要的机会。只有将情绪的调控权掌握在自己手里,你才能走向成功。

在非洲的大草原上生活着一种吸血蝙蝠,别看它们的身体很小,但就是野马也拿它们没辙。吸其他动物的血是这种小蝙蝠的生存手段。它们会出其不意地附在野马的腿上,然后迅速地、毫不留情地将嘴刺入野马的腿,开始尽情地吸血。被袭击的野马狂躁、奔跑,但是对蝙蝠没有丝毫的影响,它们依旧享受着美味的佳肴,直到自己饱了才会离开。而暴躁、狂怒的野马就这样死去了。

动物学家们觉得这个现象非常奇怪,因为每个人都难以想象,小小的蝙蝠能将奔跑的野马置于死地。

为此,动物学家们专门搞了一个研究实验,旨在弄明白野马是如何死亡的。研究结果让大家都很意外,吸血蝙蝠附在野马腿上吸走的那点血,根本不会导致野马死亡。专家们一致认为,野马死亡的根本原因就是自己因暴躁狂奔大量失血所致,而根本不是吸血蝙蝠造成的。

凡是成熟有智慧的人,一定能将情绪控制在自己的手中,他们不会像故事中的野马那样控制不了自己的情绪。你静静地站在镜子前,看着镜中人你会发现,里面不仅是你的好朋友,也是你最难战胜的敌人。

早高峰赶着上班,却又堵车,十字路口又赶上红灯,但是时间快来不及了,你不耐烦地看着时间。终于等到绿灯亮了,但是前面的车还没开,可能司机走神呢。你更加不耐烦了,使劲按了几下喇叭,终于惊醒了那个在打瞌睡的司机,慢慢地将车开走了,但是就这几秒钟,你已经让自己变得不愉快、烦躁不安了。

理查德·卡尔森是美国研究应激反应的专家,他认为:“人类大多数的愤怒都是自找的。”他正在教人们不生气的诀窍。卡尔森作了这样的总结:“首先你必须客观冷静地承认,世界就是不公平的。完美的人是不存在的,所有的事情不可能和预想的完全一样。”什么是应激反应呢?那就是从20世纪50年代起才被医务人员用来说明身体和精神对极端刺激的防卫反应,例如噪声、时间压力和冲突等刺激问题。

经过大量的医学研究之后我们知道,应激反应产生于头脑。就算你的愤怒只是一点点,也会有很多的应激激素产生。你会心跳加快,血糖的含量急剧升高,因为你的大脑和心脏需要吸入更多的氧气。

曼弗雷德·舍德洛夫斯基是埃森医学院著名的心理学研究所所长,他曾说:“短时间内的应激反应不会影响人的健康。”他说:“正是长时间的应激反应让人觉得压力很大。”根据他的调查研究:多达61%的德国人会觉得在工作时力不从心;30%的人的压力来自处理工作和家庭的关系;20%的人认为和上级的关系不好;16%的人认为自己即便走路的时候精神都非常紧张。

理查德·卡尔森最重要的一条理论就是:“千万不要让一些小事情影响你的情绪。”他说:“人必须学会控制自己的情绪。”为此他还提出这样的论断:当你沉着冷静地应对问题、尊重他人、感激他人的时候,对方也会开心,而你会更开心。

如果你是一个善于倾听的人,你会发现生活中的无限乐趣,同时你也会更加受人欢迎。尝试着每天对身边的一个人说,你非常欣赏他,不要追求完美,只求做到更好;不要坚守自己所谓的权力,它只会占用你更多的时间;不要总是试着改变别人的想法,学会对人微笑;不要随意插话,更不要因你的过失让所有人都遭殃,你的错误就该自己负责。就算不成功也要坦然接受,因为太阳依旧东升西落;放弃你那些完美主义的想法,因为你自身就不完美。如果你这样想,生活就会多很多乐趣。

如果你心中怒不可遏,不妨静下心来扪心自问:假设一年过去了,你还为现在的事情生气吗?这时你的很多观点就改变了。

时刻让你的内心绽放微笑

灿烂的微笑是最能打动人的一种名片。

一个穷困的妇女带着自己四岁的儿子走在百货店里。在快照摄影机的面前,孩子停下了脚步,问:“我想照张相可以吗,妈妈?”母亲蹲下来和蔼地告诉儿子:“算了孩子,你看你穿的衣服又旧又破。”孩子想了想说:“妈妈,但是我还是会笑得很灿烂的。”一想到儿子灿烂的笑容,母亲的眼中充满了幸福的泪水。

法国作家拉伯雷曾说:“生活是最公平、真实的镜子,当你微笑地对它时,它也用微笑回应你;而如果你对它哭泣，当然它也会对你哭泣。”每天愁眉苦脸、郁郁寡欢，生活也会这样回应你；你乐观豁达、笑对生活，生活就是阳光明媚的。所以亲爱的朋友，现实就摆在眼前，不会因你而有任何改变，面对困难和灾难，你不妨告诉自己要微笑，笑一笑就没什么大不了。

微笑能化解烦恼，也是治疗疼痛的良药。当你微笑的时候，肺部呼吸加快，肺活量也得到了锻炼；同时也有利于血液循环，增强血液中的含氧量，抵抗力也随之增强。微笑反映的是人的心态，这种心态下，枯萎的花朵也可以逐渐恢复往日的生机，还能让你体会到幸福的人生。

微笑蕴涵着无比强大的力量，代表了人对生活的信心和希望，是一种真诚和乐观的生活态度，同时也是一种面对人生的勇气和信念。并且身体和心灵是相通的，当你保持微笑的心，你的容貌也会因此而美丽，进而影响你周边所处的环境。

约翰·内森堡心理学博士是犹太人。“二战”期间，因为纳粹分子一时的疏忽，他得以保全性命，但是还是难逃在集中营里的非人生活。他曾经痛不欲生，因为在这里每天见到的都是屠杀，丝毫没有一点点人性可言。那些拿着枪的人和野兽没什么分别，不管是妇女还是孩子，抑或是年老体衰的老人，都会死在他们的枪下。

他的生活充满恐惧和死亡的威胁，这种恐惧几乎让他精神崩溃。确实在他的身边，每天都有人因此而发疯、精神失常。内森堡非常清楚，假如自己不能将情绪合理地控制，自己也会慢慢地精神失常。

一天，内森堡跟着大部队去工地劳动，走在去工地的路上，他总是在想，晚上还能回来吗？今天的晚餐能吃些什么？说不定哪天就见不到早晨的太阳了。他就是这样患得患失地生活着。为了改变这一现状，他尽量让自己转移注意力，想象着自己正在去发表演讲的途中。他眼中出现了一个大的礼堂，他正在讲台上激情地做着演讲。

渐渐地，他微笑了。他知道这笑容已经很久没有出现了。此时此刻他确定自己不会死在这里了，他要活着离开这里，因为他还会微笑，还能微笑。等到真正被释放的那一天，内森堡精神焕发。他的朋友简直惊呆了：还有人微笑着从魔窟里走出来。

微笑是你最好的名片，能让见到它的人看到希望。在那些每天愁眉不展的人面前，你的笑容就是最灿烂的阳光；对那些承受着上司、家长或学业压力的人来说，微笑能给他们带来希望，因为他们会从笑容中发现：生活很美好，世界很多彩。

微笑的脸庞是最美的，所以不要吝啬自己的微笑。

争吵只会给你带来不幸

人的时间和精力都是有限的，所以我们应该在有限的时间内完成更多、更好、更有价值的事情，无谓的争吵只会白白浪费精力和时间。

当生活中不再有争吵的时候，生活就充满了关爱与温暖；彼此之间就会相互尊重与理解；彼此能心平气和地坐下来沟通和谅解；能极大地提高工作效率，让真诚的爱温暖身边的每一个人。

有一次卡耐基去参加宴会，这时候“二战”刚刚结束。坐在他左边的先生讲了一个非常有趣的故事，在故事的结局他引用了一句话，大概想表达的意思就是：此地无银三百两。先生还非常确定地说这是《圣经》里的话。

卡耐基知道他把出处弄错了。他非常确定这句话不是《圣经》里的，而是出自莎士比亚的著作，昨天他才读过，他很确定这位先生记错了。因此他就对这位先生说，这句话是莎士比亚说的。

“怎么会是莎士比亚？简直太荒谬了，我非常确定，前几天我又读了《圣经》，才看到了这几句话，我说的肯定没有任何错误，绝对是《圣经》中的话。不信的话，我现在就当着你的面背出出处的那一部分，要不要试试？”卡耐基就说了一句，这位先生竟然说了这么多话反击他。

卡耐基还想继续争辩，突然他反应过来自己的好朋友维克多·里诺是研究莎士比亚的专家，他就在自己的身边，只要一问他，问题的答案就很清楚了。

卡耐基就回过头问他：“维克多，你来帮我们确定一下，这句话是否出自莎士比亚的作品？”

维克多对卡耐基说：“戴尔，这个问题真的是你记错了，《圣经》里确实有这句话，这位先生说的没错。”说完之后他还在桌子下面踢了卡耐基一下。卡耐基非常不理解朋友的做法，但是出于礼貌，他必须向刚才的先生表示歉意。

宴会结束以后，卡耐基问维克多：“你知道那句话就是出自莎士比亚的书，为什么还故意帮他，你今天表现得也太不够意思了。最后我还要给他赔礼道歉，你还有没有是非评判？”维克多听完之后笑了笑，说：“这句话出自《李尔王》第二幕第一场。但是我亲爱的朋友卡耐基，我们只是去参加宴会，而和你争论的那个人也是著名学者。我们当场揭穿他有什么意义呢，就算证明了你说的没错，大家对你会如何看待呢？会认为你很有文化吗？不会，肯定不会是那样。既然这样，为什么还要和他较真？为什么一定要让他那么难堪而下不了台呢？况且他也没有和你讨论这个问题，你只需要听着就行了。无论什么时候都不要和别人正面争吵冲突！”

争吵会增加我们心中的烦躁与恼怒，加深彼此之间的误解，还可能因此搭上多年的友谊和交情，让生活充满了争辩和不愉快。真理绝对不会因为你吵架获胜就认同于你。当你正面和人争吵发生冲突的时候，你的情绪会越来越激动，心中会烦躁不安，还可能会情绪失控大打出手。你讨厌对方不明就里，只会喋喋不休地争吵，殊不知对方看你，也是同样可恶的一个人。当你的愤怒达到高潮、失去控制的时候，你的理智就不存在了，难以抑制的仇恨就在你心底产生了。

即使争吵中你一直占据上风，把对方驳得体无完肤，你认为你就胜利了吗？没有，就算别人真的错了，那又怎么样呢，你胜利了吗？这样能证明你比他聪明、比他有文化吗？绝不会，因为你让别人尴尬、下不了台，不给人留一点面子，你让人家陷入尴尬与窘迫的境遇中，别人对你只会痛恨。你在争吵中胜利了，挣回了你的面子，满足了你的虚荣心，但是对他人来说，你就是强词夺理、夸夸其谈、让人讨厌的人。因此生活中不要和别人正面冲突。

拥有生气时微笑的气度

人们说“生活就像一团乱麻”，而这些大的麻烦又被分成了很多个小的麻烦。所以我们的生活就是去摆平这些麻烦。当我们与麻烦作斗争的时候，我们始终要保持微笑去面对这些，只有这样才能走出麻烦，如果过于斤斤计较这些事情，你就没有开心的时候，生气自然是伤身又伤心，对事情的解决也是非常不利的。

生活就是五味瓶，酸甜苦辣咸一应俱全，但也正是这些不一样的滋味，你的人生才更加绚丽多姿。将生活中的烦心事看淡一些，不要总想着一帆风顺，酸涩和辛苦能磨炼我们的意志。对生活中的每个细节都要善待，心平气和地看待生活中的一切，包括对自己，学会微笑，你就能体会到不一样的人生感觉。

微笑是一杯暖暖的热茶，温暖你冰冷的内心。微笑能让你忘记生活中的不愉快，能让人多记得美好快乐的事情。生气与微笑本来就是一墙之隔，但是它们的意义却有天壤之别。

有一个女人脾气特别暴躁，常常为了一些小事斤斤计较。她自己也知道这样不好，但就是会情绪失控。

朋友告诉她，有一位得道高僧精通佛理，可以将自己的烦恼告诉她，请大师帮助。于是，她尝试着去找高僧指点。很快她找到了那位有道高僧，将自己的苦恼全部告诉了他。她非常谦虚有礼，言辞恳切，希望高僧能给自己指点迷津。高僧默默地听她把话说完，然后什么话都没说把她带到禅房，直接出来把门一锁，然后转身离开。

这个女人想大师肯定会开导自己，谁料到禅师一个字也没对她讲，还把她关了起来。简直太可恶了，她非常生气，但是不论她在里面怎么喊，禅师都不搭理她。女人一看来硬的不行，就苦苦哀求，但是禅师还是不理她，随便她怎么请求都没用。

很长时间过去了，房间里逐渐安静了下来，禅师才问："你还生气吗?"

妇人说："我在生自己的气，我生气自己竟然来找你指点迷津，真是太愚蠢了。"

听了妇女的抱怨，禅师对她说："一个连自己都不肯原谅的人，你觉得还能原谅别的人吗?"说完他又走了。

就这样又过了一会，禅师又来问："现在还在生气吗?"

妇人终于平静地回答："不气了。"

"怎么会这样呢?"

"因为我现在就算生气也没用呀，生气也不能让我离开这个黑屋子。"

禅师说："其实你陷入了更可怕的境地，你将心中的愤怒积压，一旦情绪失控爆发出来，将有一场更大的暴风雨。"然后又走了。

过了一会，禅师又来了，妇女回答："我真的不气了，因为你根本不值得让我生气。"

"其实你的心里还是在生气，你依然是生气的状态。"禅师告诉她。

就这样过了很久，这个女人开口问："禅师，你能告诉我究竟什么是气吗?"

高僧依然不理他，只是将手中的一杯茶倒在地上，妇女恍然大悟：如果你自己不生气，气又从何而来呢？如果心中澄澈清明，气又从何而来呢？所以当你生气的时候，你不妨让自己静下心来，微笑地对自己说"没什么大不了"。

生气是一种非常不好的情绪，一旦爆发就会毁了所有美好的事物。生活中总有让自己烦恼的事情，如果你因此而暴跳如雷，不仅会伤害朋友，而且会深深地伤害你自己。只有学会乐观豁达地生活，做到不以物喜不以己悲，微笑地面对一切，你才能体会到人生的幸福与快乐。例如上面的故事中有了禅师的帮助，妇人不仅改变了爱发脾气的毛病，还领悟了"如果自己不生气，气又从何而来"的道理。而妇人顿悟出这个道理之后她今后的人生就不会有气了。

影响人身体健康的罪魁祸首之一就是愤怒之气，因为生气直接会损害身体健康。当你心情不好、中气不顺畅的时候，身体机能的平衡状态就被打破，造成体内部分器官紊乱，各种疾病也就随之而来了。古人早在《内经》中就指出："百病生于气矣。"由此可见，对身心健康影响最大的就是生气和愤怒。如果你想享受幸福快乐的生活，首先就要合理地掌握"气"。这考验的就是我们的气度和心胸。

做事不温不火

在一个小县城的铁匠铺里有一位老铁匠。随着现在的时代发生的巨大的变化，打制铁器已经没有生意了，而他现在经营的主要是拴小狗的链子。

老铁匠依然使用传统的经营方式。不管什么时候你路过这，他都躺在躺椅上，悠闲地半闭着眼睛，听着旁边半导体收音机的录音，一个紫砂壶放在身边。就这样，每天挣的钱只够养活他自己。他现在的年纪用不着买什么多余的东西，所以他对现在的生活非常满意。

一天，有一个文物商人来到这个小县城，无意中看到了老铁匠身边的紫砂壶，他一眼就看出这个紫砂壶古朴雅致，于是仔细地端详着那把紫砂壶，果然不是凡品。

原来紫砂壶里面有清朝戴振公的印章，商人非常兴奋。研究文物的人都知道，戴振公是享誉世界的大家，他有“捏泥成金”的美誉，而现在他的作品仅有三件保存下来：一件收藏在在美国纽约州立博物馆；一件珍藏于中国台湾“故宫博物院”；还有一件在伦敦的一次拍卖会上，泰国的一位华侨用了56万美元将其拍了下来。

商人肯定不会放过这次机会，他提出10万元的高价想买这个壶，老铁匠直接吓呆了，因为他从没想到这个壶值这么多钱，但是他果断拒绝了。他拒绝并不是因为钱太少，而是这把壶对他的重要意义：从爷爷那一代起就用这把壶喝水了。

自从这个商人出现以后，老铁匠晚上就睡不着了。跟了他60年、看似再普通不过的水壶居然是个宝贝，还能卖10万元，他简直觉得这是天方夜谭，难以置信。

这个消息在小县城犹如一颗重磅炸弹，自此他的生活和以前完全不一样了，他现在都不知道这把壶是否还能用来喝水。爱文物的商人还是没有死心，这次他带着20万元现金登门拜访，老铁匠既没有拒绝也没有同意，并且他将街坊邻居都召集过来，当着大家的面毫不犹豫地把紫砂壶砸了。

老铁匠还是像以前一样过着平常的生活，而他现在已经有106岁高龄了。

我们尊敬这位老铁匠，因为他的身上具有一种将金钱视为身外之物的气魄。他淡泊名利，在简单的生活中享受幸福。虽然卖小狗的链子不会发财，但是他从中享受着快乐，满足于这种简单的生活。即便他最后忍痛砸碎了祖上传下来的紫砂壶，目的也是想继续过着他原来平静的生活。

因此不要过于计较生活中的金钱、名利和地位，只要这样，那么简单、快乐的幸福生活一定属于你。

有位学者告诉我们，生活的真谛就是享受真实平淡的生活，人生不也是这样吗？所以不管生活中发生了什么，你要学会冷静对待，这样的你能坦然地面对生死与疾病，能在困难面前沉着冷静，能做到“乐而不淫，哀而不伤”，你就能体会到自在的真正含义。

我们在日常的工作中，有时会因为一时疏忽、犯错误而受到批评，有时也会因办事得力而获得赞赏。但是不管批评还是赞赏，我们都要保持处变不惊的心态，告诉自己高兴时不要得意忘形，失败时不要自惭形秽，遇到困难的时候也能奋斗崛起。保持这样的冷静平和，才能体验到生活的宁静之美。

“不以物喜，不以己悲”，表现的就是一种宠辱不惊的生活态度，更是智者的生活准则。

第五节　包容生活中的不快乐

快乐不快乐，完全取决于你

凭一己之力改变整个世界是很难的，但是改变自己的思维方式，就没有想象中的那么困难。很多时候你都会发现，退一步海阔天空。其实换个角度看，快乐与否的决定权都在你自己的手中。

相传很久之前人们还没有穿鞋的习惯。

一天，国王微服出巡到了一个乡村，光着脚走在碎石头上让他的脚很不舒服。随即他就下令，把国内所有的道路都铺成牛皮的，因为他觉得这样一来走路的时候脚就不会那么痛了。

但这谈何容易，手下告诉他即使杀光所有的牛，也满足不了他提出的这个要求。

有个仆人非常聪明，他想了一个好主意："陛下用牛皮铺路不仅要杀很多牛，还要投入大量的银子。但只要把脚包住走路不就不疼了吗？"

国王听了恍然大悟，马上改变主意，采纳了仆人提出的这个建议。

这就是皮鞋的来由。

贵为一国之王都很难改变世界，而转换一下思维方式，相对来说就成为比较容易做到的一件事情。从另一个角度考虑问题，你就能收获完全不同的别样人生。

日本著名的风景区伊豆半岛又迎来了两个旅游团，这里景色秀美，但路况条件实在是非常差，坑洞很多。

一个团的导游接连向大家致歉，说这个路面实在太差劲了。而另一个团的导游灵机一动告诉游客："各位，现在脚下这条坑坑洼洼的路，就是我们熟知的酒窝大道。"

游客们的脸上出现了满意的笑容。

因为思考问题的方式不一样，所以面对同一个问题时的态度就千差万别。人的思想是非常奇妙的，用哪一种思维方式完全取决于你自己。

我们在考虑问题的时候，很难摆脱固有的思维模式。殊不知如果你能换个角度考虑问题，你就有完全不一样的想法。敢于打破常规，才能有创造性的想法，才能体验全新的人生。你的手提包被人摸了，辛苦上班一个月的工资也没了。请你不要怨恨任何人，你要告诉自己，还好存折都在家里。

你下班回家看到家里很乱，请你不要埋怨孩子、埋怨爱人。你应该告诉自己终于有机会收拾房子了，这种锻炼身体的机会真是千载难逢！看到你将房屋收拾得干净整齐，家人肯定对你赞赏有加，你的家庭也会更加和谐美满。

只需要换个角度、换一种思维方式，你就会发现生活中充满了乐趣。

摆脱内心的羁绊

有一个喜欢在冰天雪地打猎的猎户。一天，外面已经是天寒地冻了，他又拿起猎枪，全副武装，准备外出打猎。

如果他能幸运地成功捕到一头鹿，那么整个冬天就能很舒服地度过了。他刚来到野地就发现有鹿从这里经过过。

猎手的欲望被完全点燃了，他一刻也没有耽误，沿着地上的痕迹追赶那头鹿。没一会沿着鹿痕追踪下来，猎人面前出现了一条河流，宽阔的河面上结满了冰。但是猎手不能判断冰层的厚度，虽然刚才鹿在冰面走过，但是他无法判断鹿的大小，也就不知道冰面的承重和厚度。冰面能否承得住他的体重还不得而知，对此他可是完全没有把握。但是猎人难以抑制心中的欲望，决定冒险一试。

猎手蹲了下来，蹑手蹑脚地爬上了冰面。安全度过了一半的路程，他就开始浮想联翩。

他觉得耳边传来了冰面碎裂的声音，他感觉自己马上就要掉进冰窟窿里了。而在这冰天雪地的寒冬，野外一个人都没有，一旦掉进冰窟窿里，绝对不可能有逃生的希望，只会被活活冻死。

猎人的心被恐惧占满了，捕鹿的欲望已经没有了，现在他唯一想做的就是赶紧回到岸边。但是他现在的位置基本上处于冰面的中心，不管向前还是退后，都非常的困难。他可以听见自己的心跳声，他开始在冰上发抖了，前进也不是后退也很难。

突然耳边传来了一阵喧闹声。他顿时胆战心惊，原来是农夫驾着马车，带着一车的货物如履平地地从冰上驶过。

农夫也看到了冰面上趴着一个人，还满脸的紧张和恐惧，他觉得非常惊诧，还以为这是受了刺激的精神病人。

因为农夫每天都要驾着满载货物的马车来来回回，从来没有发生过什么意外。多数情况下我们会犹豫不决、徘徊不前，并不是有外界的压力阻碍我们进步，而是因为来自心中恐惧的牵绊。在通往成功的道路上，来自内心的羁绊更有杀伤力。

如果有人告诉你，用一根小柱子和一截细链子就能拴住一头大象，你会信吗？这听起来不是很滑稽吗？

这是因为驯象师在大象还没长大的时候，就用一根细铁链把小象拴在一根水泥柱上，以小象的力量不管怎样都挣脱不了。

慢慢地小象就习惯了这种情况，它不再挣扎了，因为它认为无论如何自己也挣脱不了。所以当小象变成大象，能轻松地挣脱锁链时，它也不会去挣扎。因为它早就认定那个铁链非常牢固，是挣脱不开的。

没错，是一个铁链拴住了小象，而拴住大象的却是它自己的心。小小的一条铁链就制服了小象，但是想拴住大象是不可能的，而事实却是大象也被锁链拴住了。在我们的成长道路上，我们是不是也被很多无形的铁链拴住了呢？

所以，我们扼杀了还在萌芽状态的创造性思维，妄自菲薄地贬低自己；我们明示或暗示自己不是好妻子、好丈夫，也不能成为一个好孩子、好父母。最后我们失去了拼搏的意志，变得安于现状，开始抱怨命运的不公。归根结底就是因为我们被心中的铁链拴住了。生活中有很多这样的情况，是内心的牵绊让你陷入烦恼和痛苦之中。

时刻保持乐观的心境

若想要高薪的工作，想要幸福的家庭，想要成为受人欢迎的人，只有乐观快乐的心境才能满足你的愿望。

一个小乡村住着一个天性乐观的人，他的乐观在当地是无人不知无人不晓。一天他挑了两筐鸡蛋去县城的集市上卖。

当他翻过一个山坡的时候，脚底一滑，筐里鸡蛋掉出来几十个，满地都是摔碎的鸡蛋，谁知他看都没看，继续前行。

有人不解地问他："那么多鸡蛋都摔碎了，但是你却连头也不回就走了。"

他笑嘻嘻地回答："就是因为知道鸡蛋碎了，我看了也起不了什么作用，为什么还要看呢？还不如挑着剩下的鸡蛋赶紧去集市卖钱。"

这是一个懂得快乐真谛的人。人生中有很多事情不尽如人意，并且烦心的事情总比快乐的多得多。既然已经这样了，为什么还要让过去不开心的事情成为你现在不快乐的理由呢？你自己的心态就决定你能否快乐。如果你能放一步想，其实根本没什么大不了的事情。如果你能放正自己的心态，你就不会被这些事情烦恼，快乐与幸福自然属于你。

文森特天性乐观，豁达开朗，因此切克专门去向他取经。文森特微笑地听着她的提问。

切克问："如果朋友都离你而去了，你还能像现在这么快乐吗？"

"会呀，因为这时候我会告诉自己，我自己还在这里。"

"如果你走在路上突然遭人袭击，你还能快乐？"

"当然，我当时肯定在想，我最宝贵的生命还在。"

"你去拔牙，而医生不小心拔错了，你会怎么想？"切克问道。

"我会非常庆幸地想，不过是一颗牙，要换成内脏还得了啊！"

"假如你被妻子背叛了呢？你还能高兴？"

"我心中会庆幸，还好她只背叛了我，而没有背叛我们的祖国。"文森特笑着回答。

"假如你现在马上就要死了，我就不信你还能快乐？"切克问道。

"为什么不快乐呢？我的一生都很快乐也没有遗憾，现在我将要去另一个世界继续快乐地生活了。"

切克这回心服口服了："对你来说，生活中没有痛苦的事情，全是由快乐组成的吗？"

"你说的没错，只要你保持乐观的心态，你就明白快乐其实就在你身边，只等着你发现它。"文森特还是很快乐地回答他。

文森特的心态确实是健康快乐的，有了这样积极乐观的心，当然能战胜一切困难。

快乐的人时刻充满着希望。他们不论处在怎样的环境下，都能微笑地看待一切，包括生活中的挫折和重大变故。这种乐观的生活态度值得每个人学习。乐观对于人类，就像太阳之于万物，乐观的人心中充满阳光。

英国《太阳报》曾举行了有奖征答活动，问题是"什么样的人最快乐"。编辑们从应征的八万多封来信中挑出了四个最满意的答案：

(1)刚刚完成一幅作品，潜心欣赏它的艺术家。

(2)在沙滩边堆城堡的孩子。

(3)为人民服务的志愿者。

(4)经过了几个小时紧张的手术,将病人从死神手中抢回来的医生。

第一个答案说明,认真工作的人能体会到快乐的真谛。有个医生在治疗一位抑郁症患者时,给他开的处方就是让他每天想方设法地工作,每天都给自己一个快乐的理由,两周以后,病人痊愈了。

第二个答案说明,充满想象的人是快乐的,要时刻保持对未来的美好希望,保持最本真的童心和童趣,这样人才是快乐的。

第三个答案说明,心中有爱的人是快乐的——那是一种无私奉献的精神。

第四个答案说明,能用自己的能力帮助他人是快乐的。这样的人,能获得社会的认可和尊重,因为赠人玫瑰手留余香。

我们要养成乐观的生活习惯。每天早晨醒来想一件快乐的事情,开启这一天的快乐,因为人不是为了烦恼来到世界上的。每天都憧憬一些美好的事物,慢慢地就由憧憬成为现实,并且乐观还成为你的一种好习惯。

给自己一点暗示

行动是燃起的一堆火,如果没有不断的燃料补充,熊熊燃烧的火苗也会很快熄灭。而行动的燃料就是不断地给自己暗示,这是激发你前进的不竭力量。用对成功的渴望激励自己不断前进,你就有源源不断的力量走向成功。暗示蕴涵着有无穷的力量,它是你战胜困境的源泉,让你脱胎换骨,整个人的面貌焕然一新。

才刚到通用公司上班一个月,罗杰·史密斯就当着同事的面说:“我想当董事长。”上司听到这话觉得非常可笑,认为这人真是不知天高地厚,还告诉身边的朋友说:“公司新来的员工说他想成为董事长。”但是让所有人感到意外的是,过了很多年,罗杰·史密斯实现了自己最初的梦想——成为通用的董事长。

这就告诉我们:用对成功的渴望不断暗示自己、激发自己,对自己的期望越大,取得成功的可能性也就越大。你一定要对自己有信心,还要不断地激励自己前进。自惭形秽的人肯定不会取得成功,成功属于那些充满自信并激励自己前进的人。

心理学家对“二战”时期的集中营展开了一项调查,他们发现大多数自然死亡的人都是无牵无挂的,而活下来的都是牵挂着亲人的人,因为他们每天都对自己说:我要活着!在这种强烈的暗示下他们的求生意志很强。

暗示对人的影响非常大,当然暗示有积极和消极之分。在积极暗示的影响下,人们保持自己身心的健康,一步步努力,实现了自己的目标;在错误暗示的误导下,很多人被烦恼和忧虑左右,失去了快乐,多少次与成功和机遇擦肩而过。就算这样,他们还不知道是暗示在发挥作用。

暗示可以将你带入幸福的天堂,也会带你走向十八层地狱,从此万劫不复。

有一个凶狠残暴的国王,他总是想尽各种残忍的办法折磨犯人。

一天,他又决定处死一个犯人,处决的时候会在他手上开一道口子,最后这个人就会因失血过多而死。犯人听到以后整个心都提到了嗓子眼,直接吓晕过去了。

第二天行刑的时间到了,士兵将人犯带到一个小黑屋,屋子的墙上有一个小洞,便于手臂能伸过去,他整个人像被钉在墙上一样不能动弹。

一切准备就绪,刽子手在他的胳膊上划开一道口子,还在手臂的正下方放了一个罐子盛血。他的血正在一滴滴地往下流。

“滴答，滴答……”血一滴滴地落下，周围的环境鸦雀无声。屋子里的犯人听着自己的血一滴一滴地落在罐子里。他感到全身的血正在一点点地通过那只手臂流走，身体内的血液越来越少。几分钟后，他的意志力被摧毁，他死了。

然而让人意外的是，在他伸出胳膊的另一个空间里，胳膊上划破的伤口早就不再流血了。他听到的只不过是旁边水瓶中流下的水滴声而已。

这个人犯死于心理暗示，他用意识把自己杀死了。既然暗示的作用这么大，我们就应该抵制消极暗示带来的负面影响，让自己接受积极的暗示。生活中的很多事情都可以用积极的暗示，让自己克服恐惧，让积极的暗示给你力量，从而体验到人生的乐趣。

生活中无处不在的是挫折和挑战，但是想做到屡败屡战还不气馁，对很多人来说都是非常困难的。所以，在生活中应该创造积极的暗示，给自己不断向前的力量，保持乐观豁达的心，让自己学会坦然面对这些挫折。具体来说就是：

(1)让自己的精神振奋起来。比如，用名言警句和各种事例激励自己，从书中汲取向上的力量。当你发现在众多的人消沉的时候，你却选择了坚强，那么你就不会被琐碎的事情困扰。你身边就是积极向上的力量，心中的痛苦和郁闷就被打倒了。

(2)自己取得一定成绩或进步的时候，千万不要吝啬给自己一个微笑，或者给一些奖励，作为对自己的犒赏，再接再厉。

(3)将你偶像的照片贴在醒目的位置，在自己的心里树立一个目标：我一定要做一个像他那样成功的人！

(4)每天起床之后就想象着今天会是很不错的一天。对于那些心态不是很积极的人来说，更是应该想象这个道理，这样的话事情就有可能朝着积极的方向发展。当你在心里对这件事情深信不疑的时候，这个心中的信念也会冥冥中影响着事情的结果。

(5)我们每天只需要花短短的几分钟时间来进行积极的自我暗示，就会摆脱束缚我们很久的消极思想的影响。这就如同我们的身体每天都需要用一些有益健康的食品来补充能量一样，我们的心灵也同样需要这样的营养来补充。那些能够坚持的、积极向上的自我暗示能改变我们的态度甚至是思维方式。

有一些成就的人在做事情之前，就坚信自己一定能够成为最后的成功者，并在最后真的取得了成功，这其中少不了人的意识的积极作用。人最大的障碍就是多想，给自己想象出一些并不存在的障碍。不管做什么事情，不要在心里就给自己消极的暗示，我们想要取得最后的成功，应千方百计地将失败的观念排除脑后，让自己变得更加自信。

成就取决于心态

心态就是你对生活采取的态度，就是在面对各种情况下的心理反应。心态积极的人即使在困苦中也能看到生活下去的希望，而消极的人却在机会中看到了隐藏的忧患。

杰克·韦尔奇曾经这样说：“在人生中，心态比技巧更重要，习惯比知识起着更加重要的作用。”说到一个人的生活和事业，心态起着决定性的作用。我们每个人都有着两种截然不同的心态。一种就是积极的心态，这就包括了自信、热情、勇敢等情绪，有了它，就有机会拥有财富、成功、幸福等令人愉悦的东西；另一种就是消极的心态，指的是自卑、绝望、伤心等情绪，它限制了你潜能的发挥，不断消耗着你的精力，使人的一生都不能做出什么大的成就。曾经有两个秀才赶考的故事，就很好地说明了这个道理。

很久很久以前,有两个秀才一起去赶考,路上遇到了出殡的人。甲秀才心里很不开心,心灰意冷了一些,心想道:遇上这种事情真是倒大霉了,真的是霉透了。在考试的时候,就不断地想起那个倒霉的棺材,最后,限制了自己的发挥,没有考上。乙秀才同样也看到了那个棺材,心里也同样被吓到了,但他想的却是:棺材,棺材,有官又有财呢!顿时觉得心情大好,在考试中于是有源源不断的思想,最后考上了。回家之后,两人对家里人说了同样的话:“棺材的确很灵验!”

人生就是一个追逐的过程,一个人在追求的过程中拥有什么样的心态,远远重于他最后取得的成就。心态能够从很大程度上影响我们的生活,抱着什么样的心态,就会拥有什么样的人生。

一个著名的心理学家曾经说过:“我们这一代人发现的最重要的事情就是,人是可以改变自己的心态的,通过改变自己的心态来改变自己的人生。”地狱和天堂并不是虚构的,而是摆在眼前的事实。我们可以使自己每天都生活在地狱,也可以让自己每天都生活在天堂,就看你是怎么选择的。

曾经有一个西方哲人这样说过:成功者与失败者之间仅存在着很小很小的差异,但就是这一很小的差异让他们之间最终有了很大的差距!这个很小的不同就是他们各自的心态是积极向上的还是消极悲观的,而最后巨大的差异就是取得的是成功还是失败了。

对于心态,哲人曾经精辟地概括过:

心态要是改变了,那么你的态度就会随之改变;
态度要是改变了,那么你的习惯也会随之改变;
习惯要是改变了,那么你的性格也会随之改变;
性格要是改变了,那么你的人生也会随之改变。

著名的哲学家叔本华曾经说过:“事物的本身不能对人有什么大的影响,人们只是受了对事物看法的影响而已!”你一生所能到达的高度是由你对生活的态度决定的。你要是觉得自己十分贫穷,并且已经到了不可改变的地步,那么你的一生势必要在贫穷中度过;要是你觉得自己的贫穷是可以通过自己的努力改变的,面对贫穷你就会采取积极的态度。在困难中的人,需要把自己的心态调到最好的状态,让自己能够有战胜一切艰难险阻的信心和勇气。

打造良好的心态

自己心里的平静和生活中遇到的各种快乐,并不在于我们生活在何处,有了什么,又或者是我们是什么样的人,关键在于我们拥有什么样的心态。拥有了好的心态,就能够跨域一切艰难险阻,不管是来自自然环境,还是来自你身边的人。哈佛大学的一项研究发现,一个人事业的发展,他的态度决定其中的75%,仅仅只有5%是由个人的智力和知识决定的,剩下的20%就是机遇了。

一个好的心态在我们取得职业成功的过程中起着至关重要的作用。人说到底还是一个情感型的动物,健康和心态从很大程度上影响着我们。心态的外在表现也会成为一种精神面貌,心态的体现则表现为它还会直接影响到我们对工作投入的程度。心理学家威廉·詹姆斯曾经说过:“要是你觉得不开心,那么只有振奋精神这个方法才能让你发现快乐,让自己的行动和言语都能让人感受到快乐的存在。”这是一个能够让生活中充满奇迹的方法。

长时间做同样的事情会使人感到厌烦。事实上,问题的症结或许并不在工作上,而在于人的心态。在工作的时候,要谨记随时保持一个好的心态,能够取得工作的突破往往也是取决于自己心态的突破。尝试着按照下面的方法去做,这对于培养良好的心态是很有益处的:

(1)做人要乐观向上,凡事都要看到积极的一面。

(2)让笑容常常挂在自己的脸上。

(3)和他人一起分享快乐。

(4)让自己保持着一颗年轻的心。

(5)和各种人都能够和睦友好地相处。

(6)让自己成为一个幽默的人。

(7)学会镇静,要能够临危不惧。

(8)对他人有宽容的心。

(9)有几个能够交心的朋友,可以很好地了解交流。

(10)能够和他人很好地合作,从中得到一些收获。

(11)对自己充满自信。

(12)对弱者抱有尊重的心态,乐于助人。

(13)偶尔对自己放纵一下,对自己好一点。

(14)要有霸气和勇气。

快乐是可以练习的

每个人都有拥有快乐的权利,可以在练习中获得快乐,可以在一次慢跑中获得快乐,也可以在一次深呼吸中获得快乐,还可以在美妙的音乐中获得快乐。快乐,获得它其实很简单。

快乐的情绪可以影响到周围的人,忧郁的表情同样也能够影响人。科学研究发现,忧郁也会在很大程度上影响到周围的人。只要你稍微留意一下,你就会发现类似的情况:在午休的时候,办公室里很是热闹,气氛很好。过了一会,一个同事黑着脸进来了,大家不再继续说笑了,办公室里顿时成为一个压抑沉闷的房间……忧郁,就是这样的,不管你怎么尽力去避免,它仍旧会在默默中影响着你。不过好好想想,快乐一天也是生活,郁闷一天也是生活,既然这样的话,又为何不让自己过得开心一点呢?

比尔是一个会计师,是一个有远大抱负的年轻人,他常常告诉自己,不管什么事情都要计算得很好,任何资源都不能浪费,也绝对不能让机会溜走,要使得自己时时刻刻都保持在最好的状态,不管事情是大是小,千万不能让别人侵犯到自己!他甚至还采取了一些见不得光的手段,把许多的业内人士都踩在了脚下,以此来保证自己的地位。当然,比尔因此获得了很好的收入,得到了所有的好处,成为了一个大名鼎鼎的商场大人物。但是他心里并不觉得开心,总是感觉生活中像是缺少了什么,他为此变得一天比一天郁闷,越来越不喜欢笑,到最后,忧郁症终于找上了他。

一个朋友给他推荐了一个有名的心理医生,医疗师仔细地了解了他的情况,只见医生写了一句话:“每天都尽自己的努力去帮助身边的一个人。”告诉他,让他三个星期之后再回来复诊。比尔对治疗师的行为很不解,但依然把处方带回了家。

三个星期过去了,比尔去找心理医生,这次他却是很开心地推开了门。“感觉怎么样?”心理医生问道。比尔很是开心地回答道:“这真的是太神奇了!当我在懂得了帮助他人之后,有一种难以言表的快乐!”

我们的生活中永远不能缺席快乐，付出就是获得快乐的一个有效的途径。一副快乐的面容，会让自己觉得很快乐。相反，一张愁眉不展的脸，不管它走到哪里，也会把沉闷带去那个地方。郁闷的心情，不但会对你的工作和日常生活产生影响，还会破坏人的抵抗力，抑郁成疾就是这样形成的。

因此，当你特别疲劳、心情觉得很不好的时候，不妨给自己放一天假好好地调整一下。这个世界不管少了谁还是依旧会转，因此，我们不要把自己想得那么重要。为了生活得更快乐，不妨给自己一些时间好好地调整自己。这样一来，你就会觉得精神好了很多，郁闷的心情很快就会离你而去，你的整个人生也会充满阳光和快乐。

给自己一个橡皮擦

如果失败已经成为现实的话，不断地自责是毫无意义的。面对着失败和苦恼，最好的解决办法就是学会去忘记。将失败从头脑中清除，但却要把失败中的教训牢牢地记在心里。

林语堂的次女林太乙，曾经是美国耶鲁大学的老师，后来成为《读者文摘》中文版的总编辑。她的自传体散文《女王与我》读起来真是感人至深：

我在6岁的时候进入上海的觉民小学上小学一年级，从那以后我就像变了一个人。我不再是家人眼中无忧无虑的“戆囝仔”，而是成为了一个说上海话的林如玉，学校里的人都是这么叫我的。

妈妈给我买了一个新书包，里面装着要用的练习簿和拍纸簿，也是在这些上面写上了“林如玉”三个大字。

母亲还给我买了一把木尺，还有一个木盒子，只要把盒子的盖子滑出来，就可以看见里面的两支铅笔和铅笔刨。我很是开心。那支笔的笔管是金色的，呈六角形，木盒子的一端还有一个用铁皮夹住的红色的橡皮擦。我用新的橡皮刀把铅笔刮得很尖，掉下来一卷卷的木屑，也都全部收集在了自己的纸盒中。我背着新书包去上学，心里觉得很是自豪，我是一个名副其实的小学生。

但是在学校做的任何事都要由分数来评价，简直是出乎了我的意料。不仅如此，各种事情都要评一个等级，要是在60分以下了的话就算是不及格了。虽然说我的功课肯定是能够及格的，但我向来是一个比较好面子的人，凡事都想得到100分。在教室的后墙上贴着一张大大的表格，成绩好的学生就贴一颗红星，谁得到的红星越多，在学期末的时候就能够领到相应的奖励。

我感受到了竞争的存在，我六年的无忧无虑的幸福生活从那一刻起就画上了一个句号。我学习很努力，但还是会有写错字或者答错问题的时候。要是错误发现得比较早的话，就会找到一个救星，就是那个神奇的红色的橡皮擦了。开始的时候，它还是很有用的，虽然也不能完全擦得很干净，但是能够将就。但是情况一次比一次差，因为铅笔上面盖了一层层的铅笔末，越是用力的话，纸就变得越脏，到最后甚至可以看到橙色的横纹。用口水试着去洗掉，这就是很大的错误了！这样的话，只会在纸上看到一大团污渍，就别再奢望能够弄干净了！

我把我遇到的问题告诉了爸爸。在他的书桌上也有一块橡皮擦，他告诉我说：“你再用这个擦一擦。”嘿嘿！爸爸的那块橡皮真的很好用！把本子上黑的地方擦得干干净净，完全没有一点痕迹！爸爸说道，那是专门给画画的人准备的橡皮。我问，能给我吗？爸爸答道，你要是喜欢的话，放学之后让你姐姐带你去买吧。但是你自己一天天在长大，要自己学会去说，不能什么都让姐姐帮你说。

这对我来说又是一个很大的挑战,因为虽然我在家里面的时候话还是挺多的,但是在陌生人面前却很腼腆,自己也没有去买过什么东西。但是为了得到我心爱的橡皮擦,也只有这样了,只好拿着几个铜板,和姐姐一起去了文具店,用很小的声音对店员说:“我想要一块橡皮擦。”店员问我想要哪一种。我找到了我想要的那一种,他把橡皮擦取了出来,我把钱给他,他就把橡皮擦给了我,就这样完成了我的第一笔交易。我心里觉得很轻松,其实买东西也没有我想象中的那么困难,跟不认识的人说话,他也不会把我怎么样!

我有了一块管事的橡皮擦,学习生活中就少了很多麻烦。写了错字,答错了问题,可以把错误擦得干干净净的,给我一个重新做人的机会。

在过去的生活中,你们成功过,也失败过,但都已经成为了过去。只有将失败从自己的脑海中清除,走出失败的阴影,才能迎接新的生活,取得新的成就。

不知道是不是温室效应越来越明显,近几年来只要一下大雨就会发生水灾。李老板最怕淹水了,因为他做的是卖纸的生意,纸比较重,不能堆在楼上,唯一的选择就是把纸放在一楼。

“天啊!就只差半尺了……我的天啊!还有两寸就淹到了……”每次下大雨的时候,李老板都很操心,不断地看着外面积水的情况。幸运的是每次都还好,快要淹进来的时候,就不再下雨了,前几年都是这样过来的。有一天,刮起了大风,除了下起了大雨之外,还出现了严重的河水泛滥,门前一下子就成了一条小河,一下子水就漫过了门槛,李老板连堆沙包的时间都没有,店里的几十万元的货全都化为灰烬。

李老板全家都出动了,想着抢救一点就是一点,但问题是,纸是吸水的东西,从下面到上面,一包向着一包渗去,更糟糕的是外面的水还在不断往里渗。在大家都不知道怎么办的时候,只见李老板一个人冒着大雨出去了。

“可能是去找人了吧。”李太太说。但是几个小时过去了,大雨停下来了,水也退下去了,这个时候李老板一个人回来了。只见他带回了十几个救兵,但无济于事了,店里所有的纸都没用了,又由于黏上了泥土,就连免费送去做回收的纸浆,他们也不会要的。

李老板收拾了一下,就将自己的店搬到了一个旧公寓的一楼。他还是做着他的老本行,一口气进了很多的货。“他是没有吸取这次的教训吧,就等着亏大本呢。”有店员在私底下议论着。果不其然,过几天台风又袭来了,下起了大雨,河水泛滥了,而且这次的情况比上次更严重。很多行驶在路上的车子都熄了火,很多的地下室俨然成了游泳池,好多人不得不爬上屋顶。

李老板一家人都聚集在了门楼,向左看,大街的那一头被水淹了,向右看去,街角也成了一片海洋;只有李老板家的店这里地势比较高,一点也没有受到洪水的危害,就连李老板停在门口的新买的车子,都在这次洪水中没有受到威胁。李老板这下子发了大财了,因为其他纸行的纸都在这次大雨中遭殃了,连纸厂的纸也在这次的洪水中没能幸免,人们急需用纸,印刷厂也急着要补货,出版社也要赶着出书,大家都来找李老板。

“你这次的地方找得真好。”有人问道,“平时不管怎么看,也不能发现你这里很高啊,你是怎么发现的呢?”“这个很简单嘛。”李老板笑笑说,“上次我的店里进了水,我看着已经不能弥补些什么了,干脆就冒着大雨,到处走了走,看看是不是有什么地方不会被水淹,我就发现了这个地方。”

当处于困境的时候,我们应该做的不是去抱怨,而应积极地去寻找解决问题的办法;当遭遇了失败的时候,我们也不要沮丧,而是去看一下有什么方法能够解决存在的问题。只有这样做了,才有可能摆脱困境,才能够走出失败取得成功!

笑对人生的挫折与苦难

在日常生活中,我们遇到的不好的事往往比好的事情要多得多,当心情不好的时候,我们应该采取怎样的方式呢?

当面对这些的时候,最好的解决方法就是笑。当你心情愉悦的时候,你会很自然地露出笑容;当你心情郁闷的时候,你能不能也笑一笑呢?或许你笑一下,从另一个角度来看问题,一切就会变得简单轻松得多。当你看到了自己的亲朋好友的时候,你会很会心地笑;当你看到了自己不是很喜欢的人时,你也该礼貌地对其表示笑容,这是可以显示出你的豁达开朗的笑,或许我们常说的"相逢一笑泯恩仇"就会成为现实。

因此,当你心情好的时候要笑,心情郁闷的时候也要笑;感到自豪的时候你要笑,失意时也要笑一笑;天气很好的时候你要笑,天气不好的时候你也要笑;一切顺风顺水的时候你要笑,遇到苦难时还是要笑一笑。笑着去面对一切,时刻都在笑,那还有什么艰难困苦能够成为阻止你前进的理由呢?

根据哥伦比亚大学的一项研究表明,开心的笑容能够增加唾液的分泌,还能够使得人唾液中的抗体增加。人应该自己学会调控自己的情绪,面对人际关系的变化要时刻保持理智,面对各种刺激时保持清醒的头脑,逐渐养成积极向上、乐观开朗的性格。瞧瞧,即使是轻轻地笑一笑,也能够带来这么多的好处,那我们为什么就不能开心地笑一笑呢?

笑对人生并非说只是在面对困难的时候才笑一笑,困难和挫折就会离你远去,而指的是在追求自己目标的过程之中,当你在面对着困难的时候,凭着自己坚持不懈的精神,靠自己积极向上的心态去逐渐战胜它。简而言之,人需要活着,而且要顽强地活着。

说起人生,就能够想到那些生长在沙漠、在沙漠中成长、最终在沙漠中死亡的骆驼草。那些看似柔弱的幽蓝色小花给整个荒凉的戈壁带去了生机,用自己脆弱的身体在无情的风沙中保护着西域。在它抗争风沙的那一刻,人们像是听到了它用自己的语言和沙漠在对话,你会发现,它在恶劣的环境中展示着自己生命的色彩。物尚能做到这样,那么人呢?当人们面对生活中的逆境的时候,总是会去抱怨,抱怨自己没有好的运气,抱怨自己的能力不够,于是人们最后只有向困难投降。

事实上,在大部分时间,打败自己的并不是我们看到的困难,而是被我们认为的困难给吓到了,自己将自己打败了。要不是这样的话,为什么会有很多谈虎色变的情况呢,为什么有那么多的人面对沙漠却不敢前进呢,而那些看似很小的骆驼草却能够在恶劣的条件中顽强地生长?有的人之所以做不到,是因为他们不能笑对生活中的种种苦难。因为那些能够笑对人生的人既不会轻易放弃,也不会轻易失败。

笑对人生其实也是一种境界,或许有着丰富经历的老者知道,而那些满怀壮志的少年却不知道;或许那些看淡名利的人能够了解,而那些只知道追逐名利的人却不明白。但这却是战胜困难的必要武器。

让自己远离地狱,亲近天堂

其实,地狱和天堂的澡堂比邻而建,而且两者并不像人们想象的那样有很大的差别,它们的形状甚至是规模都是相同的，包括建造浴室的材质，只是，天堂和地狱里的情况截然相反罢了。

在地狱的浴池中，从来没有终止过争吵、咒骂，人们因为一点儿小事而对对方破口大骂，甚至大打出手，而起因常常不过是因为一个人不小心碰到了另外一个人。这里的每一个人都在防备着别人，每个人都是别人的敌人，没有人拥有朋友。即使小心地生活，他们也都有烦恼，每个洗澡的人，都够不到自己的后背。

然而，天堂这边的浴池就完全不同了，这里没有争吵、咒骂的声音。甚至很远的距离，就会有风把快乐的笑声送到你的耳朵里。原来天堂浴池中的人依次围成一个圆圈，后面的帮前面的洗背，如此循环，每个人都能得到别人的帮助，每个人都享受着帮助别人带给自己的快乐。

可是，地狱里的人却一直想不明白，为什么天堂那里的人总是那么快乐，他们认为，一定是上帝偏心的缘故。现在，他们正破天荒地集体策划着让上帝调换天堂和地狱的浴池。

你在天堂还是地狱，这要问问你自己。如果你的心态乐观，不计较付出与收获，那你的生活即使拮据，也是天堂；如果你锦衣玉食，却处处算计着自己的得失，你的心填满了贪念与欲望，那么怎样你都不会满足，生活哪有阳光？付出就不要期待回报，否则一颗心老是牵挂着结果，反而不容易有收获。

不要埋怨任何人，不管任何事情，其实所有的选择权都掌握在自己手上，选择了，不管是对与错都要面对。一个人的快乐，不是因为拥有很多，而是因为计较很少。拥有一颗简单纯净的心，才更容易获得快乐和幸福；一个欲望太重、自私自利的人是无法体会帮助他人所带来的快乐的。

生活品质如何，往往在你的一念之间，就看你想要做一个正直善良的人，还是一个贪婪自私的人。

有一个双目失明的人，院子里种满了鲜花，这里所有的花都是他精心栽种的，一年四季花开不断，吸引了好多人驻足观赏。

盲人的院子是没有大门的，所有人都可以来到他的花园，人们常常一边赞叹着花朵的娇艳，一边暗自奇怪，一个盲人为什么要栽培这些花呢？他不是看不到吗？要知道，有一些花是很娇贵的，照顾起来很麻烦，因此盲人每天都会很辛苦，可是他如此辛勤地工作，却看不到自己的劳动成果。

终于，一个年轻人忍不住对盲人问了这样的问题："你这样做，究竟为了什么呢，你又看不到这些花儿？"

盲人笑了，他告诉年轻人说："可是我可以触摸到它们啊，而且我还能闻到花香。"盲人顿了一下，继续说道，"最重要的是，为了每个经过院子的人。"

"你都认识那些人吗？"年轻人依然不解。

"认识不认识没有关系，只要他们经过这里的时候，感到快乐就好。"盲人手里抚摸着一株清新淡雅的百合花，阵阵花香沁人心脾，"而且很多人都乐意跟我聊天，我为此感到十分快乐。"

年轻人看到盲人淡定的笑容，觉得他和手里的花朵一样美丽。

帮助别人，温暖的是自己。当你过分计较得失，往往就会在无休止的周旋中迷失了自己。时刻紧绷的神经不仅是在算计别人，更是在算计自己，人生中很多宝贵的东西都被你放弃了，很难感受到真正的快乐。

其实，越是喜欢计较付出与收获的人，越是收获得有限。因为这样的人目光过于短浅，因眼前的细微利益放弃更大的利益。当没有人愿意心甘情愿地帮助你的时候，处于孤立无援境地的你，其实是很渺小的。

很久以前，走兽和飞禽相互之间看不顺眼，它们之间的矛盾不断激化，最终演变成一场激烈的战斗。这场爆发在森林里的战争涉及了森林中的每一个动物，大家都为了捍卫自己族类的尊严，不惜流血牺牲，也要战胜对方。

狡猾的蝙蝠觉得为此让自己陷入危险之中，实在划不来。于是，它想出了一个聪明的办法，不加入任何一方，旁观哪边会取得胜利，然后它再加入到取得胜利的那一方去。

起先，飞禽战胜了走兽，蝙蝠就加入飞禽，跟它们一起飞，表示自己是飞禽；后来，走兽开始占优势的时候，蝙蝠就投到走兽那边去了。给他们看自己的牙齿、爪子和奶头，证明自己是走兽，同时保证自己热爱同类。

没想到这场战争的最后，飞禽居然转败为胜，取得了最终的胜利，蝙蝠又投到飞禽那边，只是，这回飞禽把它撵走了，它们看不起蝙蝠的无耻行为，永远地将它清除出队伍。蝙蝠没有办法，只好转投走兽这一边，可是走兽这边也已经知道蝙蝠是一个没有原则的叛徒，于是它们拒绝了它的请求，痛打了它一顿。

从此以后，蝙蝠两边都不能待了，它既不是飞禽，也不是走兽，成了所有动物的公敌。它为了躲避别的动物的嘲笑和追杀，只好待在地窖里，或者待在窟窿里，只有黄昏的时候才敢出来。

蝙蝠自以为聪明，然而它最终却成为了一个可怜虫，没有朋友，远离希望，厄运缠身。真诚是这个世界上最美好的品质，它不但能够让你受欢迎，而且能使你成为幸运之神的宠儿，旁门左道的把戏不过是为了一己之私，不能让你收获更多。

人只有把握住自己才能获得真正的自由，别再迷路了，让美好的品质带你走进真正的快乐王国，而自私贪婪的人，从来不曾真正地得到更多。

第六节 包容过去，活在当下

给今天一个积极的笑脸

有一首家喻户晓的诗《明日诗》里这样说道："明日复明日，明日何其多。我生待明日，万事成蹉跎。"就是告诉人们应该学会珍惜眼前，珍惜现在的时间。而不被世人熟知的，还有一首《今日诗》这样写道："今日复今日，今日何其少。今日又不为，此事何时了。人生百年几今日，今日不为真可惜。若言始待明朝至，明朝又有明朝事。为君聊赋《今日诗》，请从今天开始努力。"昨天已经成为了过去，明天还没有到来，我们唯一能够操纵的就只有今天。好好地利用今天，就相当于留住了时间，当明天来临的时候，又会成为一个崭新的开始。

很久以前有一个十分年轻英俊的国王，他拥有了很多人都想拥有的一切，但是有两个问题始终困扰着他，他常常问自己，他一生中什么时候才是最开心的呢？谁对他来说又是最重要的呢？于是他说，只要能够很好地回答出这两个问题的人，就能够得到他的一部分财富。世界各地的哲学家们纷纷赶来，但国王还是没能找到他满意的答案。这个时候有人跟国王说，在遥远的山中有一个比较年长的智者，或许他能够帮国王找到答案。

国王假扮成一个农民，来到了智者住的地方，正看见老人盘着腿坐在地上，像是在挖什么东西。国王就问道："敬爱的老人家，你能告诉我谁对我来说是最重要的吗？什么时候才是最重要的呢？""来帮我挖一点土豆吧，"老人说道，"然后将它们拿到河边去洗干净。我烧些水，然后我们一起喝一些汤。"国王心想这或许是对他的考验，就按照老人说的去做了。就这样好几天过去了，老人都没有正面回答过他的问题。

国王觉得很生气。他把自己的玉玺拿出来，说明了自己的身份，宣布老人是一个大骗子。

老人说："当我们第一天相遇的时候，我就已经回答了你的问题，只是你自己没有明白到我的答案。""你是什么意思呢？"国王不解地问道。"你刚到的时候我对你表示了欢迎，并让你住在了我家，"老人继续说道，"要明白过去的都已经成为了过去，将来的还没有到来——你生命中最重要的时候就是当下，你生命中最为重要的人就是那些在此时此刻跟你在一起的人，因为是他和你一起分享着此刻的生活。"

最重要的时候就是现在，而那些此刻和你在一起的人就是最重要的人。我们生命中又有多少个今天呢？答案是唯一的。只有很好地把握了现在的时光，把那些当下和你一起分享生活的人看作最重要的人，才能很好地留住时光。

悲观消极的人常会这样想：时间就像手中的沙，是留不住的，时光悄悄流去，他们怀着一种惆怅的心情度过了今天，也将会继续悲观地度过明天，最后不但没能享受到生活中的幸福与快乐，也会悲观地度过一生；乐观的人会把今天当作一个新的起点，用生命中最好的状态去迎接生命中的机遇，这样才能够看到未来，才能看到希望。学会去包容今天，学会去包容容易流逝的今天，认真地活在当下，笑对当下的生活，我们会在今天之后，迎来一个更加美丽的明天。

顺其自然，活在当下

《庄子》这样说道："不忘其所始，不求其所终，受而喜之，忘而复之。是之谓不以心捐道，不以人助天。是之谓真人。"这段话就是说，不要忘记自己来自何方，也不要去纠结自己将要去向何处，无论面对什么情况都快快乐乐的，忘掉自己的生死回到自己原本的状态，这就是说不花费心思去破坏自然的规律，也不人为地去改变些什么。

这就是人活着的意义所在。一切的行为，不要过分在意最初的出发点，也不要刻意去追求结果会怎样。一个人要是忘记了时空观念，积极地接受现在的生活，觉得冷的时候就加衣服，觉得热的时候就脱衣服，善于去接受生活，才能做到顺其自然，真正地活在现在这一刻。

有一个小和尚主要负责清扫寺院里的落叶。这是一件费心的事，在秋冬时节，每次刮风的时候，树叶总是随着风飞舞。每天早上都需要花很多时间才能打扫干净，这让小和尚很苦恼。他一直想让自己变得轻松一些。

后来有个和尚对他说："你明天在清扫之前先用力摇一摇树，把树上的叶子给摇下来，接下来的一天就不用再打扫了。"小和尚觉得这是一个不错的办法，于是第二天他很早就起床了，很用力地摇树，认为这样一来就能将今天和明天的落叶一起扫干净了，那么他一整天都有一个好心情。

第二天一大早，小和尚到院子里去一看，傻眼了，依旧还是满地的落叶。

老和尚走过来，跟小和尚说："我的傻孩子，不管你今天作出了什么努力，明天落叶还是会照常落下来的。"小和尚恍然大悟：世界上有很多东西是注定不能提前做的，只有认真地过好现在的生活，才是应该有的人生态度。

佛家教导人应该珍惜当下的生活。我们所说的"当下"指的就是：你此刻正在做的事情、正在待的地方、你身边的人；这就要求我们必须把心思放在这些事上，认真地去接受自己身边存在的一切。其实活在当下也是一种对待生活的方式。当你真正地活在了当下的时候，你全部的能量就会聚集在这一时刻，生命也会因此变得更加有力量。

人们之所以总是遇到各种各样的麻烦，是因为人们总是让自己活在已经无法挽回的过去和还未到来的未来，而经常忽视生活的当下。只有那些真正活在当下的人才能更加真切地体会到快乐和幸福，痛苦来临的时候敢于接受痛苦，不管是面对着黑暗还是光明，都不逃避，时时刻刻都是很坦然地面对生活。

美国的圣地亚哥是一个充满浪漫和魅力的地方，离它边境不远的地方就是墨西哥的一个小城。来到墨西哥，你顿时就会感受到一种别样的氛围，从市容来说，不容置疑，和邻居比起来——那个幽静而美丽的圣地亚哥，简直就是一个在地狱，一个在天堂。落后的墨西哥，映入眼帘的是尘土飞扬的马路、简陋不堪的餐厅、卖一些小东西讨钱的小孩子……

但是，游人却被这里幸福的氛围所感染，穿着简单、热情好客的人们脸上洋溢着喜悦的表情，带给人的是一种挥之不去的感动。不远的地方，几个墨西哥男子一边拉着手风琴，一边卖着烤肉，烤肉诱人的香味散发到空气中。事实上，当地人每天都过着这样的生活。

墨西哥人典型的性格特点就是热情好客、无忧无虑、自由自在。他们崇尚顺其自然的人生哲学，只要活着就要享受生命。在比较之中，和更加富有的国家比起来，人们却更多地表现出焦虑等很不好的情绪，好像生活欠了他们很多一样。活在当下就是要对自己现在的状况表示十分满意，要坚信发生在自己身上的每一件事情都有着它独特的意义，要相信自己的生命正在以最好的方式进行着，如果你总是对现状表示不满，要是不活在当下的话，就会失去当下。

人只有活在当下，才能把已经过去的烦恼抛在脑后，不再担心未来，鼓足精神面对眼前的一切，因为此刻失去了就不会再重来了，如果连现在都不能珍惜那么也就没资格说向往未来了。

立足当下，才能抓住幸福

有一天，富人遇到了一个有钱人，富人问道："你知道幸福是什么东西吗？"穷人很满意自己现在的生活，回答道："我现在生活得就很幸福。"富人却不这样看，看着穷人破烂不堪的茅屋、破破烂烂的衣服，说道："我拥有的生活才是真的幸福，有无数的豪宅，几千个下人，过着锦衣玉食的生活，你现在生活得这么艰辛，怎么算得上是幸福呢？"

谁料到这样的好生活并没有持续很久，富人的财产在一场大火中全都化为了灰烬，下人们也都走了，在一夜之间，富人变成了身无分文的乞丐。他走过穷人的茅屋，想要喝口水。穷人给他端来一大碗水，问道："现在的你觉得什么是幸福呢？"富人有感而发："在口渴的时候有水喝就是幸福了。"

每个人都对幸福有着不同的理解，在自己还很风光的时候认为生活上的富足就是幸福了，在什么都失去的时候才真正明白了什么才是幸福，幸福就是想喝水的时候就有口水喝，幸福就是能够快乐、满足地过好当下的生活。

有这样的一句话："幸福的人都差不多，不幸的人却有着千差万别的不幸"。即是说，每个人都能够产生幸福的感觉。也就是说，当我们在面临幸福的时候，心里都会产生差别不大的愉悦和幸福感。但是能让人觉得幸福的事情却是各不相同的。"在饥饿的时候吃饭甜得像蜜一般，在吃饱了之后即使是蜜也不会很甜"说的就是这个道理。

其实幸福很简单，就是能够活在当下。幸福就是指一种恰到好处的幸福，是一种发自内心的自我满足。当你觉得幸福的时候，人们生活也会觉得舒服很多，也能够更加平静地去对待生活。

人并不能够对过去有什么影响，也不能预测到未来，唯一能够做到的是，紧紧地把握住当下。很多人都有灰暗的过去，有的甚至是失败的事情，即使是那些名人也一样。命运会锻炼出各种各样的人，只有经得起考验的人才能成为最后的精英。过去的事情已经成为过去，如果我们只是一味地受着过去的影响而忽视了现在，那么我们的整个人生都将被灰暗所笼罩。

上帝把能够带来快乐的种子交予了幸福之神，让她撒向人间。在出发之前，上帝若有所思地问道："你打算把它们撒到哪些地方呢？"幸福之神见状说道："我已经想好地方了，我打算将这些种子放在深深的海底，让那些想要寻找快乐的人，只有经过严厉的考验之后，才能将它找到。"上帝听过之后，摇了摇头。幸福之神见状继续说道："那我把它们放在高山之巅吧，让那些想要得到快乐的人，只有经历了艰难的跋涉才能够找到它。"上帝听说了之后，依然是摇了摇头。幸福之神有点摸不着头脑了。上帝语重心长地说道："你选的这两个地方并不难找到。你应该将快乐的种子播撒在每个人的内心深处。因为，人们最难到达的地方，只有他们的心灵。"

确实是这样，幸福其实并不用去寻找，就算需要去找，也是向自己的内心深处去找。只要我们的心活在了当下，懂得去放下，学会满足，我们就是幸福的。生活中处处都有幸福，用一句俗话说：

"我们的生活并不缺少幸福,缺少的只是一双善于发现幸福的眼睛。"看看现在在你身边的人和事:家人身体健康,我们应该觉得很幸福,因为在我们生活的世界中还有很多连自己的亲人都没有见过的人;有一份还不错的工作,我们应该觉得很幸福,因为我们能够靠自己的力量养活自己,能够体会到劳动可以给我们带来的快乐和知足;我们还好好地活在这个世界上,我们就应该觉得很幸福,因为还有很多人都没有机会来到这个五彩斑斓的世界。你的欲望越大,离幸福就会越远。简单的生活,也包含着大量的幸福。

不要老是在抱怨获得幸福很难,不要埋怨上天让自己没能抓住获得幸福的机会。其实只要你能够做到放松自己,让自己感恩地活在现在,就能够获得幸福的滋味。幸福其实很简单,气量大的人,能够坦然地面对生活的人,就已经觉得很幸福了。

不执着于烦恼,别跟自己过不去

有一天,渡边法师来到禅堂,向僧徒们讲佛。几分钟过后,渡边法师敲过木鱼,看了在屋内的僧人,只见一个小沙弥满头大汗,双手不停地颤抖。渡边法师问其原因,小沙弥说:"刚刚听到师父讲佛法,自认为自己的课业能够取得圆满的成功,不料无论如何都不能集中心思,就成这样了。"渡边法师微微地笑了笑,双手合在一起说道:"会有烦恼,只是因为考虑得过多了。要是把心放在了当下,又怎么会有烦恼呢?"

上班下班,走路吃饭,又或者是说挤公共汽车,有的人即使闭着眼睛也是在思考着很多问题,有的人虽然微笑着却面色憔悴;看着天上的浮云却忧着人生的岁月,看到现在的生活却担忧着明天的事情。为了名利等事情一刻也停不下来。这样的人,说到底还是对现实的生活有些不满。因为习惯于感慨现实,就会有过多的牵绊,明天会变成什么样,以后又会是什么样的,自己是否会在现在的居所里度过一生;因为感伤时事,而变得喜怒无常,想要谋求安宁的地方,看着世上的人来人往,空间就会被挤压了,甚至觉得连呼吸也变得有些困难了。就如同故事中的小和尚,心里有一定的障碍,就不能得到彻底的觉悟。

在古人眼中,这就像是身心被外物给束缚了,即被自己想象出的事物给束缚了,更是被自己的内心世界给束缚了,要想得到想要的生活,却始终不能得到。他们虽然也是一样在工作着、生活着,但却像是一群被放逐之后的幽灵,在其他地方生活。对充满了变数的未来抓着不放,就成了雾非雾、花非花的状态,他们本来的纯真朴素也被世俗的狭隘给掩盖了,不知道该去往何处。世界中的万事万物不管有多么复杂,都是从一物种诞生,最后归结于一物。归结于一物即是说注重现在。更加注重当下,那些自找的烦恼和无谓的感伤还会影响到我们的心情吗?也只有关注了当下,内心才会变得真正充实起来,才能用平静的心态去面对跌宕起伏的人生。

一个女孩子身患重病,需要立刻进行手术,当她的丈夫在同意书上签字的时候,他的手不自觉地抖了起来,因为他担心手术会带走他亲爱的妻子。最后手术很成功,女孩子听到了丈夫喜悦的叫喊声。但是她怎么努力都睁不开眼睛,因为她身上的麻药劲还没有过。看着面无血色的妻子,丈夫心疼不已。当女孩睁开眼睛之后,大夫告诉丈夫:女孩要是能排气了,那时候就可以吃东西了。但是她就是没有排气,她肚子里有气可就是排不出来,疼得女子十分痛苦。

女子事后跟丈夫说,在做完手术之后,她想好好地哭一次,因为她没有死,他们又可以像往常一样吵架了。丈夫紧握着妻子的手说:吃饭的时候就应该好好吃饭,睡觉的时候就应该好好睡觉,不许随便乱想,不许随便生气,我要和你一起好好地生活。女子紧紧地抱住了丈夫,她想珍惜此刻的幸福。

过去了的，就已经成为了过去，未来的事情，此刻还没有发生！或许人们只有在遇到不幸的时候，才会觉得当下的时光是多么的宝贵。就如同故事中经历了生离死别的女子，她之所以会痛苦是因为她对手术能否成功的担忧。

生活中的艰难困苦常常会让我们不自觉地想到过去，让我们不禁叹息：为什么之前不作出这样的选择？为什么要到了不能挽回的时候才后悔？也会因此产生一些慌乱和手足无措的感觉，甚至会怀疑自己的人生。但要是我们每一天都实现了自己的愿望，又怎么会有明天的烦恼呢？永远不要跟自己的过去较劲，不要让自己被太多的事情束缚，让自己活在当下，才能把外界的纷纷扰扰拒之门外，才能实现自己心中的愿望。

卸下包袱，在当下解脱

很久以前，有一个流浪汉在不见尽头的路上艰难地前进着，在他的背上有一大袋沉重的沙子，还有一根装满了水的管子系在他的腰间。他的右手拿着一块奇奇怪怪的石头，左手上还拿着一块岩石，在脖子上还用一根绳子吊着一块磨盘，在他的脚腕上还套着一条锈迹斑斑的铁链，铁链上还有一个大大的铁球，在他的头顶上还有一个已经霉变的大南瓜。

这个流浪汉迈着沉重的步伐艰难地走着，每走一步，就听到铁链发出的哗哗的响声。他痛苦地呻吟着，抱怨着自己不幸的命运，抱怨自己无时无刻不受着疲倦的折磨。正在他艰难地行走在炎炎夏日之下时，有一位老人朝他走来。老人不解地问道："辛苦的流浪者，你为什么还要抱着手中的石头呢？"

"我真的是一个傻子，"流浪汉恍然大悟，"我怎么就没有意识到呢？"于是他把石头扔掉了，顿时觉得轻松了很多。

不久之后，他又遇到了一个老妇人。老妇人也是不解地问道："跟我说说，我疲倦的流浪者，你为什么不扔了你头上那个又臭又沉的大南瓜呢？为何要拖着那么沉重的铁链子呢？"

流浪者回答道："你能给我指出问题我真的觉得很开心，我并不是十分清楚自己在做些什么。"于是他又解开了脚上的铁链子，将头上的烂南瓜扔到了路边。他又一次觉得轻松了很多。但是他继续走着，他又开始觉得费力起来。

不久，他又和一个小伙子相遇了。小伙子很不解地问道："跟我说说，疲倦的流浪者，你扛着这么大的一袋子沙，但是路上的沙子很多呀；你还随身带着一根水管，像是要去穿越大沙漠一样，但是你看看，这里就有一条清澈的小溪在流淌着，你已经把它带在身边有一些时间了吧。"听到小伙子这样说，流浪汉又把自己身上的大水管给卸了下来，将水管里的水倒得一干二净，随后把自己口袋中的沙子也倒了出来。

他静静地站在路边，看着缓缓落下的夕阳陷入了深深的沉思。落日的余晖打在他的身上。突然他发现自己脖子上还挂着一个磨盘，才明白了这就是让他不能直起腰来的关键所在，随之他就解开了脖子上的磨盘，把它扔得远远的。他丢掉了所有的负担，在傍晚凉爽的微风中漫步着，他觉得找到了自己的心灵圣地。

就像故事中流浪汉明白的道理一样，其实生命本身可以不必这么沉重，只有让自己从这些束缚中解脱出来才能让自己真正变得轻松起来，解脱才是获得快乐的源泉，只有摆脱了自己身上的重负才能让自己的心灵得到解放。

但是，在日常的生活中，人们又经常给自己增添很多无形的压力。昨天已经发生了的事情，应该学会及时去总结经验教训，记住那些曾经的悲伤；明天还是一个未知数，在明天会发生些什么，都是我们现在所不知道的，总是忧心忡忡就会给自己的生命带来很大的压力。

要是背着过多的包袱前行，就会觉得行走得很艰难，只有把自己身上的担子都卸下来才能让自己走得更轻松些。我们总是给自己的生命太多的负担，这个舍不得舍弃，那个也有着纪念意义，最后受不了的只会是我们自己。学会把过多的虚荣、功利、金钱给放下，让自己的心灵变得轻松起来，让自己的身体变得轻松起来，快乐简单地去生活。

要是人们想要从诸多的负担中解脱出来的话，就要学会把自己以往的执着给放下。怎么才能放得下？关键就在于要懂得去遗忘。要是有人问你是否对你的仇人还有怨恨之情，你说你并不恨他了，别人可能不会完全相信，要是你的回答是你并没有什么仇人，自己早已经忘记了的话，这就证明你真的是解脱了，就不会被烦恼所束缚了。

所以人们生活中的烦恼都是自己找的，只有将自己真正地解脱出来，才能获得快乐和幸福。如果人们想在现在获得解脱，就应该扩大自己的心胸，不要过多地去计较名利得失，让自己生命中每分每秒都变得有意义。让自己的气度变得大起来，不要过多地重视外界的一切烦恼，生命才会变得更加真实。

得意不忘形，失意不失态

每个人都对春风得意的人生境界有着一种向往之情。但是一时得意的人千万不要忘形，一定要对自己的一举一动有全面清楚的认识，要时刻看看自己是不是过分骄傲了。只要是露出了自己失态的一面，就很有可能会被别人抓住把柄，到时候就可能有不好的下场。既然要活在当下，就要对生活中的得与失保持平常的心态，不能得意忘形，在失意的时候也不要影响自己的形象。

在工作中，当上司表扬你的时候，会觉得自己很了不起吗？要是这样的话，那么你就需要好好地锻炼一下自己的涵养，学会压制因为升迁而带来的过度兴奋。或许你已经有了一个自己的人生奋斗目标，有些目标可能确实是值得认同的。但在你还没有实现自己的理想时，中途的一些小升迁并不是什么重大的事情。或许你在执行自己的计划的时候，一开始做的时候就得到了大家的表扬，但是你必须保持清醒的头脑，继续好好地努力，直到实现了自己心目中那个最远大的目标。到那个时候你得到的赞扬，是那些开始时的夸奖远远所不能比的。

美国的汽车大王曾经说过："一个人如果已经对取得了的成就很满意时，那么他的成功持续的时间也就不会很长了。很多人在开始的时候都很努力，一旦取得了一丝的成就之后就开始扬扬得意起来，于是接下来他离失败也就不远了。"

洛克菲勒曾经也说过："当我的石油事业发展得一天比一天好时，我每天晚上在睡觉之前总是会对自己说：'千万不要被现在的成就给欺骗了。'我觉得我的一生从自己的这种自我教育中获得了很大的好处，因为通过这些自省，我就能够很好地平复自己那些沾沾自喜的情绪。"

一个人是不是伟大，从他对自己的评价中就可以看出来。在希腊有这样一句名言："让幸福维持下去，比获得幸福要艰难得多。"同一个道理，让人觉得自豪的事情也是来之不易的，更充满挑战的是如何始终保持这令人自豪的成绩。

"在得意的时候不自大，在失意的时候也不失态。"这个道理，海尔集团的总裁张瑞敏用自己的实际行动说明着，始终都是认真对待。

1997年的时候，美国杂志公布了全世界发展最快的家电企业，海尔名列第一；1998年11月30日，英国的《金融时报》曾经报道：在亚太地区声誉最好的企业中海尔居于第七的位置，是唯一一家进入前十的中国企业；2000年5月19日，在"全球最佳营运公司"的评选中，海尔成为获得此殊荣的亚洲唯一的企业;2001 年美国杂志对全球前 10 位的家电制造商进行了排名,海尔排到第九的位置,获得第一位的是美国的菲尔普公司,在这名列前十的十家企业中,有 3 家美国公司、2 家欧洲地区的公司及 1 家日本的公司,只有海尔一家中国公司上榜;在 2001 年的白色家电品牌的排名中,海尔获得第六名的好成绩。

海尔取得的这些让人咋舌的巨大成就,离不开张瑞敏个人的努力,张瑞敏也因此获得了世界人民的尊敬和爱戴。

1998 年 3 月 25 日,张瑞敏在哈佛大学开展演讲,“海尔文化激活了休克鱼”的案例被写进了哈佛大学,他是第一个登上哈佛讲坛的中国企业家,中国企业家的成功第一次被写进了哈佛的案例;在 1999 年 12 月 7 日,在英国《金融时报》公布的全球最受尊重的 39 位企业家中,张瑞敏排名第 26,这是中国的企业家在世界范围内获得的最高的荣誉;2000 年 10 月 7 日,张瑞敏在演讲“海尔管理创新”的案例时,再一次在国际管理界引起不小的反响,他成为了第一个在瑞士国际管理学院讲台上演讲的亚洲企业家;2001 年 7 月,《福布斯》把张瑞敏设置为封面人物,并且把“中国走向世界,雄心勃勃的海尔,内地跨国集团推出的国际品牌”介绍给了全世界。

客观来说,张瑞敏有很多值得骄傲的地方,现在已获得了很多的宠爱,但张瑞敏有因为这样而扬扬得意吗?他没有。在他看来,作为一个企业家 ,必须十分懂得修身的重要性,才能实现对社会的责任,才能形成有责任感的商人品质。

虽然说张瑞敏取得了如此巨大的成绩,但是他从来没有骄傲自满过。1998 年 9 月,当他取得了如此好的成绩之后,张瑞敏却说:“要是有一点的满足,有一点的放慢脚步的观念,海尔品牌就有可能在一瞬间被这个世界淘汰。”

在取得成绩的时候就骄傲自满,取得了一点的成绩就觉得人生已经达到最高的境界了,说明一个人已经失去了自己的方向和目标,这些人中有很多都是很有能力的,他们要是真的用心去做了是会取得不菲的成绩的。只是有的人缺乏向前看的眼光,有的人又太善于谄媚他人了。得意忘形可以看成是一种误解,就是一种把暂时的成绩当作永久成就的误解,是一种把暂时的不如意当作长久的倒霉的误解。只要我们认识到这个世界上没有什么东西是永恒的,所有的一切都是处在发展变化中的,我们就不会出现得意忘形的情况,每个人的生活都会是美好而幸福的。

人在一切顺利的时候最容易失去警惕性,这个时候也最容易遭遇失败;人在遇到困难的时候又会变得消极,变得畏首畏尾,没有了继续往前的动力。因此,做人最重要的就是要用平常心去看待生活中的得与失,做到在得意的时候保持清醒,失意的时候一样保持镇定。

随时随地知足

对荣华富贵充满渴望的人,是永远都不会知足的。他们每时每刻都在追逐和奔波,但是怎样才算是拥有了自己想要的那种生活?他们心里并不清楚。难道只有锦衣玉食的生活才是幸福的吗?人们一直忙于追求自己所谓的幸福,但何时才是一个头呢?懂得知足的人会跟你说:不管什么时候,你时刻都能感受到来自生活的压力,条件就是你必须懂得知足。每时每刻都觉得很知足,这就是能够获得快乐的一个秘诀。

有这样一则寓言。

一次,皇帝在花园里散步,他突然发现,花园里的植物都已经枯萎了,毫无生机。原来橡树觉得自己没有松树那般高大魁梧,就羞愧地死掉了;松树觉得自己不能像葡萄一样结出果子,也死掉了;葡萄觉得自己只能依靠架子生长,不能直立起来,没有桃树那么娇艳的花朵,也死掉了;牵牛花也快死了,它觉得自己没有紫丁香那样迷人的芬芳;其他的植物也是毫无生气,只有那些小小的草还在顽强地生长着。

皇帝不解地问小草:"其他的植物都快要死了,为什么你能够做到这么坚强勇敢,一点也不觉得伤心呢?"小草答道:"尊敬的皇帝,我丝毫也不感到沮丧,因为皇帝要想得到一棵松树、一棵梨树、一棵核桃树等,您就会吩咐您的园丁去种,我心里很清楚您只是希望我做一棵安心的小草就好了。"

就是由于小草没有太多的欲望,只是专注地做着自己,所以它能够始终保持着自己的风采,显得勃勃生机。但是,在日常的生活中,很多人都对自己现在的成绩不满意,总以为自己没有的东西才是最好的,却没有意识到就是这样的心态,他们始终不能获得幸福。

随时都要学会知足,不去和他人比较,珍惜自己现在有的东西,才能活得快乐。

在山里有一个很神奇的山洞,里面有让人受用不尽的金银珠宝。但这个山洞100年里只会开一次。

一个流浪者无意中经过那座山,碰巧遇见那个大门开了。他十分好奇地进去,看到了里面大量的金银珠宝,他用最快的速度往自己的口袋里塞珠宝。因为洞门随时都有可能关闭,他必须加快速度。

当他十分满意地装了大量的珠宝之后,十分快乐地出了山洞,出了山洞才发现自己的帽子掉在里面了,就又回到洞中,不料时间已经来不及了,他再也出不来了。当地人等了很久,也没有看到他,就卖掉了所有的珠宝,大家平分了他的财富。

这个流浪人不知道知足,到最后丢掉了自己的性命,真是可怜。

知足是一种为人处世的态度,懂得知足的人可以从繁杂的世事中解脱出来,享受独处的快乐。对于自己,发现自己心中的快乐因子;对于外界,能够发现生活中处处都有美的一面,将生活中的烦恼等扔掉,用快乐去感染生活中的其他人,让人际关系变得更加和谐,进一步拥抱生活中的美好。因此,知足者才能常乐。

那些只知道奉献的人,在任何事情上都能够做到知足。正是由于他们并不是刻意去追求,能够坦然面对生命中的各种失去,因此他们能够得到生命更多的馈赠。

总会有各种各样的不幸伴随着我们短短的一生,你可以有着"逝者如斯"的感伤,也可以有"西风独自凉"的惆怅,也可以有"一江春水向东流"的悲伤愁苦。可是,只要将心中的情感抒发出来就好了,没有必要太在意,过多的惆怅会阻碍你获得幸福,唯知足者才能常乐。

合适的才是最好的

知足并不意味着自满、自负等,更不是说装饰或是自谦,而是一种知道荣辱、乐于生活的自然。知足的人懂得努力去实现可能的目标和愿望,在自己能力能够达到的情况之下严格要求自己,而不是强迫自己去做一些不可能实现的事情。懂得知足,才能心平气和地享受生活。

一个哲学家去乡间。他朋友的家是一栋十分豪华的私人别墅。几年之前,这是最漂亮的房子。那个朋友却不开心,哲人问道:"你为何觉得不快乐呢?"朋友跟他说是由于对面有一个邻居建了一栋巨大的花岗岩别墅,那栋房子比自己的房子更出彩。当他们正在谈论的时候,对面的邻居来拜访他们,邀请他们到他家去做客。哲人答应了。

可是朋友却说:"不,不行,我晚上已经安排好了,我实在是没有时间!"当邻居走了之后,哲人问朋友:“你也没有什么可忙的呀!你晚上已经有约了吗?”友人回答道:“不是的,我晚上并没有约会,我也很闲,但是从现在开始我要让自己忙起来。当我还没有一幢比他更好的房子之前,我是绝对不会去参观他的房子的。我们等着瞧,等到我盖起了一座比他家更豪华的房子之后,我会到他家,请他和我一起吃晚饭。”

只有懂得知足,才会获得永久性的满足。可现实生活中总是有人就像故事中的那个人一样,总希望能够获得比现在更好的东西,于是常常和他人进行比较。事实上,每个人都有自己不一样的生活方式,都有属于自己的路,你没有必要去羡慕别人的生活。拥有了车子和房子的人,或许此时此刻正在为自己巨额的贷款而发愁呢;收入一般的人,也许他们生活得很累;经常休假的人,有可能只是为了去躲债务而已。人应该明白怎样通过自己的努力去到达自己的目标,能够明白适合自己的位置才是最珍贵的。

有两只老虎,其中一只被关在笼子里,另一只生活在野地中。在笼子里的老虎不用担心自己的一日三餐,生活在野外的老虎每天都是自由自在的。这两只老虎经常谈心。生活在笼子里的老虎总是羡慕生活在外面的老虎的自由,外面的老虎却羡慕同伴的安逸舒适。有一天,其中一只老虎提议说:“要不我们换一换角色吧。”另外一只老虎同意了。就这样,笼子里的老虎回到了大自然,生活在野地里的老虎被关在了笼子里。走出笼子的老虎觉得十分开心,在空旷的田野中自由自在地奔跑;生活在笼子里的老虎也觉得很是快乐,它再也不用担心没有食物了。

可是不久之后,这两只老虎都死了。其中一只是被饿死的,另外一只是忧郁而死的。重回大自然的老虎重新获得了自由,但是它没有捕食的技能;到笼子里生活的老虎生活得很是安逸,却不能在狭小的空间里安分地生活。

要是此刻你正在羡慕别人的生活,你或许可以好好地想一下这两只老虎的故事。只有适合自己的才是最好的。很多时候,人们常常忽视了自己拥有的幸福,对别人的幸福却是羡慕不已。却不料,别人的幸福或许并不适合自己;更加想不到的是,别人此时的幸福或许会葬送自己的幸福。

这个世界是丰富多彩的,每个人都有属于自己的位置,有适合自己的生活方式,有自己的幸福,没有必要去羡慕他人。把自己拥有的东西看在自己的眼里,想在自己的心里,能够觉得快乐,安心地享受自己已有的生活和幸福,用心去经营,就能够拥有一个独特的、美丽的人生。

但我们说的这种知足并不是说强迫自己去接受自己现在的生活,要培养自己能够包容一切的心境,这样才能感到快乐。

幸福,只需要一点知足达观

在林中生活的小鸟,只需要一根能够立足的树枝,它就会觉得自己仿佛拥有了整个世界;口渴的田鼠,只要能有一点水就会觉得幸福,而不会对一个粮仓羡慕不已。所说的“知足者常乐”,小人物也有小人物的世界,只要自己觉得知足就好了,不需要去追求过多的东西。所以,懂得知足,学会放下,便能取得获得幸福的主动权。

每个人拥有的财产,不管是看得见的,还是看不见的,没有任何一件是真正属于自己的。那些东西只是暂时属于你,有的是暂时让你使用,而有的仅是暂时让你保管而已,最终,这些东西会归于何处,都是未知数。真正有智慧的人会把这些东西全都看成是身外之物。如果索求得太多,只会给人增加更多的负担,只会给人带来痛苦和无助。

知足常乐是一种看待事物的心态而已。《大学》中说道:“止于至善。”讲的就是人应该学会怎样通过自己的努力去实现自己的目标,懂得什么才是适合自己的最后的位置。这就是知足常乐的真谛所在,在知和乐之间,也是一个解剖自我、了解自我的过程。人们因为不懂得知足,所以才会一直执着于自己的追求,去追求那些虚无缥缈的东西只会把自己弄得十分痛苦。

庄子在其《逍遥游》中曾经提到过蟪蛄和朝菌等动植物,它们在世间停留的时间是很短暂的,不能和世间其他能够长命百岁的物种相比较。对于这些渺小的生命,许多人都会对它们表示同情和怜悯,然而庄子却觉得它们是很幸福的。他解释道,它们即使是只存在了短短的几秒钟,却也是它们的一辈子,它们也有它们自己的快乐。人的一生也是这样的,每个人都有属于自己的活法,有着自己不同的感受,最重要的是自己能够感受到自己生命中的幸福就行了。

生命虽然是短暂的,但在某些时候,它是可以给人们带来幸福的,要是追求得过多的话,反而得不到自己想要的幸福。

有一个富人到海边的小渔村去度假。傍晚的时候,他到海边去散步,看见一个收获颇丰的渔民。他们聊了起来,富人看着渔夫捕的鱼,问他为什么不再捕一些。

"这些鱼已经够我们一家人食用了。"

"那你剩下的时间又干些什么呢?"

渔民很是自豪地说:"我嘛?我会和孩子们玩一会,太阳下山的时候到小酒馆喝点小酒,跟好朋友们一起弹弹吉他,我的日子过得很充实很丰满!"

富翁摇了摇头,给他出了一个主意:"我倒是想帮你一下!每天你应该抽出更多的时间去打鱼,等你有钱了你就能够买一条大一点的船。之后你就可以打更多的鱼,接着买更多的渔船,最后组成一个船队。到那个时候你就不用再把鱼卖给私人了,就可以直接卖给工厂了。接下来你可以自己再开一个罐头工厂,不再留在这个小小的渔村,搬到像纽约一般的大城市中去,在那里经营你的企业。"

"这个过程需要多久呢?"

"十几二十年吧。"

"在这之后呢?"

这个富翁笑着说道:"那时候你就是一个富翁了呀!到那个时候,你就可以让你的股票上市,把你公司的股票卖给公众。那时候你就成了大富翁了!你可以大笔大笔地赚钱!"

"然后呢?"

富翁继续说道:"到那时你就可以退休了!你可以搬到海边的一个小渔村居住。每天出去捕一点鱼,和孩子们一起玩耍,太阳下山的时候再到村子里去喝点小酒,和好哥们一起玩弄吉他!"

渔夫很是得意地说:"我现在不就是过着这样的生活吗?"

很显然,这个渔夫生活得很幸福,他对自己现在的生活很满意,他没有被金钱名利等蒙蔽了双眼。人们奔波劳累了很久,最后却常常是回到了最初的出发点,却发现自己最终的生活和最初的生活差不多,顿时觉得失望之极。事实上,人们在很多时候都不用为生活中的不如意而感到悲伤,毕竟每个人的生活方式是不一样的。

人生在世,最初是没有什么烦恼的,因为那时需要的东西很少,负担也很少,因此感受到的快乐也最多。随着自己想要的东西一天天增加,自己的要求也就一天天提高,就产生了各种各样的负担和烦恼,除了辛苦追逐到的自己想要的一切之外,没有剩下的时间去思考自己是否过得快乐了。最终,当终于明白了幸福的真谛的时候,生命的守护神已经离我们远去了,自己只有默默地走向死亡。

真正的快乐是源自内心的,是不受任何外界因素干扰而形成的思想与态度。这些都是来源于人们内心的知足感。在我们平凡的人生之中,宁静和温馨的生活常常是那些执着于奋斗的人心灵的栖息地,怎样获得安静、温馨的生活?只有懂得知足常乐的道理,才能让人多一份从容和乐观,从而找到自己的乐趣。

享受现在，让昨天成为过去

在日常的生活中，我们有怀旧的情绪是可以理解的，这也是很必要的，但是因为怀旧而全盘否定了当下和未来，就会陷入一种病态。不要总是摆出一副对现状充满抱怨的样子，更不要因为这样而停留在对过去的回忆之中。当你一遍又一遍地重复过去的往事的时候，或许你就忽视了今天经历的一切。花过多的时间去在乎过去了，会在一定程度上影响到我们现在的生活。

我们应该做的，是用心地去享受现在的生活。那些已经成为过去的东西是不能挽回的。要是你经常因为已经过去的昨天而忽视今天的话，那么在未来的日子里，你又会追悔今天犯下的错误。这只会是一个没有尽头的恶性循环，你就会永远成为一个赶不及的人。还不如把心思都花在现在的生活上，比如说认真地去看一本书，了解并接受生活中新生的事物，积极主动地去参加各式各样的实践活动，学会站在历史的高度看待生活中的问题，跟上时代的潮流，不能总是停滞不前。

要是觉得马上接受新事物会有困难的话，可以在新旧事物之间寻找一个衔接点，比如说如何改进以往的做法。不断追求创新，牢记老朋友、结识新朋友，在传承的过程汇总创新，努力寻找一个最好的结合点，从这点做起。要不然的话，太过于看重过去的回忆，只会给自己带来心理上的不安和压力。

赵红是某校一个极为普通的学生。她曾经一度不能从自己考入重点大学的喜悦中缓过神来，但是这样的好运并没有持续很久，大学才开学三周，她对自己没有以前那样的信心了，多次与同学之间发生矛盾，功课也不是很好，她对自己是彻底失望了。

她一直觉得自己是一个十分坚强的孩子，在困难面前很少会低头，但是她没料到大学才开学，自己就没有了面对大学四年生活的信心。她曾经多次给自己打气，也多次让自己重新充满希望，到最后却是一次又一次的失望。

从前在上中学的时候，所有的老师都很关心她，很照顾她，她也有着很好的学习状态，学什么都能学得很好，她还有一大群很要好的朋友，那时她觉得自己仿佛就是一个小明星。可是进入大学之后，所有的东西都不太一样了，人与人之间存在很大的隔阂，自己的学习成绩又这么差。此刻的她觉得很孤单，她常常会想：我付出的和别人一样多，和别人一样努力，凭什么别人能够做得很好，我却做不到呢？她已经对明天失望了，她想这么多年以来的努力就这样化为灰烬吗？这样的话自己太不甘心了。

来到一个新的学校，学生常常会和以前作比较，当遇到艰难险阻时，有这种回归心理也是很能理解的。赵红在学校没有得到足够的安全感，不管是和他人相处，还是自己的自尊和自信等方面，这都让她不自觉地回想以前那些美好的生活，要是不去正视自己所面临的困难的话，那么就更难适应现在新的生活了。

一些人在与人交往的过程中只是做到了“不忘老朋友”，但是做到结识新朋友却很有难度，个人的人际交往圈也就随之变得很小了。诸如此类的怀旧行为往往会阻碍你去适应新的环境，让你逐渐与时代脱节。回忆只适合于过去的岁月，可是过去的东西只是存在你的脑海中，现实生活中并没有。一个人如果想要继续前进继续进步，就要尝试着摆脱过去的影响，不管是好的还是不好的，不能让如今的生活受到过去的干扰。

有人曾说：“流逝的并不是时间，而是我们。”在已经过去的岁月里，我们没有能力阻止生命的流逝，却还做出一个分秒必争的样子。

回到从前也只是一种自欺欺人的心理安慰，是对现在的一种不负责任。史威福曾经说过：“没有人是活在当下的，我们都是为其他时刻而活着的。”所说的“活在当下”，指的就是活在此时此刻，应该好好地过好今天。要做到其实也并不难，我们每个人都能够做到，只要我们真正地放下了过去，不让现在的心情受到过去的束缚即可。

第七节　包容自己才能更好激发潜能

反击别人不如充实自己

古者云，人之所以呱呱落地，是因为知道人生来便是承受苦难的。

人生难免痛苦，如何才能做到离别之际彻底脱离这伴随一生的苦痛呢？一条路：自我修行，打败痛苦，绽放出人生的无限光芒。用心体会万物万事，坚持不懈，在痛苦中不断成长，不断强大。自身越充实，人生便越精彩。

卡耐基事业起步之初，常常奔波于各地，开展各种形式的讲座。

一天演讲后，一名记者恶狠狠地批判了卡耐基的工作。当时的卡耐基还是个血气方刚的小伙子，报道如当头一棒，将他打入谷底。他越想越生气，怒不可遏。报道的内容不仅仅是对他本人的批判，还无情地侮辱了他热爱并一直坚持追求的理想，这是赤裸裸的宣战。

愤怒之下，他立即与报社交涉，斥责并要求对方发表发表发表道歉声明，说明情况。这种事怎么能忍耐？卡耐基已经昏了头，对于冒犯他的人决不能心慈手软。

若干年后，随着事业的不断膨胀，回想起这件往事他却倍感羞愧。最终，他明白了，那时候坚持要求对方发表道歉声明，希望真相大白天下，人人皆知，而事实上，可能不超过1/10看报的人会注意到那篇文章；看到的人也不足一半会留心，就算真正留意了那篇文章，又有一半，不到一星期就忘了，这样算来，道歉声明还有什么好发表的呢？

细想之后，他更加精明能干，并渐渐悟出了其中道理：竭你所能，完成职责之内的任务，然后默默提升自我，摒弃外界干扰，不断充实自我，你会发现任何外来的干扰都会自己烟消云散。

有批评，你就怒目相对，或许能逞一时之快，得到的却并非什么好结果。要知道，你跟对方辩论、争吵的时候，自身没有任何改变，没有任何提高；与你相近的人不会变，讨厌你的人也不会回心转意。

好比冲着大海扔下愤怒的石块，溅起的水花稍纵即逝，立刻又恢复了原样。不断提升自我，空中的云也依附于你身下，此刻再回首，往日的艰难困苦，反而成为了人生巅峰的铺垫。

积极心态能激发无穷潜能

数不胜数的成功例子告诉人们：成大事者需保持积极乐观的心，并以此心态坚持不懈地努力。

乐观积极，再多的挫折磨砺也只是通往成功的垫脚石。人生苦短，有人活得五彩缤纷，丰富异常；有人的生活一成不变，毫无生气，原因是什么？人生像琴，像鼓，弹之悦耳，击之宏大，怎么弹怎么敲全看自己，人生的蓝图是靠自己描绘的。

确实，自己的人生不容浪费，不容懈怠。消极怠工莫过于浪费生命，拖拖拉拉时间是不会等你的。

有这样一则寓言。

青蛙们组织了一场比赛，目标是一座高塔顶端。其余的青蛙在一旁观看，呐喊助威。

枪响开赛。其实，谁都认为小青蛙不可能成功，大伙七嘴八舌：

"这么高！不可能完成！"

"是啊，太难啦！"

议论之声入耳，选手们不禁开始退缩，只剩几只坚持着。身下不断有声音传来："这么高！办不到的！"

放弃的大流涌过，选手们接连退赛。然而，唯独有一只青蛙却丝毫不为所动继续坚持。它竭尽全力，最终完成了看似不可能完成的任务。

众青蛙很好奇：它是怎么坚持到最后的？于是大家都去问那只青蛙是怎么办到的。

最后大家发现，原来这只青蛙听不见！

生活中总会充斥着各种消极的声音，要学会从正面出发。脑子里多装些乐观积极的信念，毕竟所听所看都或多或少地会对我们产生影响。凡成大事者，必备乐观与积极的心态。没有乐观向上的态度，人们便会不思进取，从而埋没自己的才能。

生命的潜能是无穷的

有一个很有名的学者说过："相信这世界是完美的，相信世上没有不可能。"听起来没错，要知道一个人的存在相对于宇宙是微不足道的，然而我们确有无尽的潜力。欲成大事，先要充分发掘自我。

有一种鱼叫"腔棘鱼"，脊柱是空心的，属于稀有物种。考古学家找不到它们的化石，便以为这个物种已经不存在了。然而，有人在非洲却发现它们奇迹般地活了下来！原来数亿年前，它们进化了。面对环境的残酷考验，一部分腔棘鱼渐渐习惯了陆地，成为陆地生物；另一些无法适应陆地生活，折回水中，躲进了很偏远的海域，从此永不上岸。

它们生活在万米以下的海域，要知道潜入深海的困难程度是很大的，光是惊人的水压就不可小觑。随着深度的增加，压力会不断增大。水深达万米时，压力相当于气压的数千倍，钢筋铁骨在这里也会成为粉末。再加上极度的寒冷与黑暗，阳光无法透过深海，十米以下便已漆黑一片，百米下几乎更没有光存在。没有光，热量流失极快，深海中充满了无尽的黑暗与彻骨的寒冷。腔棘鱼在万米以下海域生活，它们把巢安在海底岩洞中。在极度残酷的深海中，为了生存，它们不断压迫自身，渐渐适应了高压环境，最终幸存下来，进而延续至今！

根据研究，正常人潜力一般只用到一成不到。由此可知，我们很大比例的潜力都被埋没。人的潜力无限，足以经受所有的挫折磨砺。经受洗礼，深度发掘，才能光芒万丈。不堪重负的人，是得不到五彩缤纷的生活的。

做你自己的伯乐

老天赐予每个人的并不多，也不同。

举个简单的例子，山东只有泰山，四川只有峨眉。对于个人情况同样如此，牛顿在树下，收获的是落下的苹果；爱迪生在实验室，最终让灯泡发亮，并且是在其极为穷困潦倒时发明的。

老天赐予的不多，但充分运用也已足够。用心思索，就不难发现自己真正拥有的其实很多。有人外表俊秀，有人体格健壮；你或许不懂附庸风雅，但头脑清醒，反应灵敏，这也是不错的才能……每个人拥有的有限，但也公平，因此要学会发现自身的才能，并懂得充分利用它。

有这样一个故事。

寒冬深夜，一个年轻人在缅因州森林区单独开车前进。道路太滑，车子抛锚了。将近半小时过去，没有车辆经过。继续等待已经没有意义，他打算去寻求帮助。简单穿上几件御寒的衣物，他便出发了。没过一会儿他就被严寒与缺氧折腾得筋疲力尽，全身发软，内心恐惧至极。“再这样下去我会死的！”年轻人不禁产生这个念头。

恐惧一起，他止住脚步思考。片刻之后，他仔细分析了当下情况，暂时克服了内心的恐惧。他安慰自己道：“真是天意如此，担心也没用。”想到这儿，他不再害怕，转而向远处望去：空旷的森林，白白的雪地，一片银色的森林。不可思议的是，只休息了一会儿，力气就又奇迹般地回到了身体内，他一路小跑，最终获救。

令年轻人惊奇的是，为什么绝境之中突然有了这股能量，这为他将来的成功奠定了基石，后来他据此提出了一种绝境逢生的“与自我竞赛”的理论。凭借着多年运动员与教练的经验，他认识到，那股神奇的能量正是人体内在的无限潜能的爆发，关键是会不会调动并运用它。

下面是另一个例子。

一名冒险者来到非洲旅行。除了几件装饰品他没有带什么贵重东西，而这些装饰品都是准备送给当地人的。装饰品中有两块镜子，跟真人一般大小。一回他将镜子倚树摆了出来，与同伙商议行程。不料有一土著恰好经过此处，一看镜子，有个人与自己一样，便朝镜子进攻。最后，镜子被打碎。后来，探险家问他这么做的原因。土著答道：“有人要攻击我，我自然要还手。”探险家听完后说，你误会了，于是带他看另一面镜子。探险家笑着说道：“瞧，镜子有这样的作用——站在它面前，能看见你的形态是否合体，涂色是不是鲜艳，曲线是不是健美，体格是不是强壮。”土著很吃惊，不好意思道：“这，这么神奇。”

很多人也是如此，就像那个土著。竭尽全力不停地斗争却不知所斗所争的为何物。每到一个地方，就剑拔弩张准备着，于是不断有挑战，不断有敌人，挑战源源不断而来。大多数情况下这种预计是对的。“不可能这么顺利，总会有什么等着你……所以要时刻戒备着。”但大部分人并不知道原因为何，只是习惯了一直如此，不曾想过转变。人的生活其实很平淡，一旦错过了这种神奇的潜力，再想找回就难了。要学会发掘自身潜能，不要盲目四处争斗迷失了自我。要想有所作为，首先要学会发掘自己的潜能。

不要让别人拿走你的潜能

要知道，每个人都有自己的优势，然而，没有适当的保护，再好的潜能也可能被荒废掉，最终只能碌碌无为。

成大事者，需懂得保护好自己的潜能。相传有这样一种蚂蚁，能事先预测天气，非常神奇。近些天它们预测到暴风雨将至，于是行动起来，准备迁往高地。

最令人称奇的不只是这项技能，要知道这个能力并非它们独有。它们最大的特色是每个成员只有五足，而不是六足。

五足的蚂蚁爬起来很费力，搬迁行动自然进展不快。眼看风雨将至，大家都很着急，却毫无办法。长队中，有一只很出彩的蚂蚁，速度奇快，来回奔波，不遗余力地工作着，不知疲倦，兢兢业业。

很快大家都注意到它，认真一看，最终发现了蹊跷，这只蚂蚁多了一只脚！

大家都停下脚步，开始七嘴八舌地议论，商讨如何处理这只与众不同的蚂蚁。过了一会儿，大家意见一致。只见它们齐冲向那只蚂蚁，一拥而上展开攻击，硬是卸下了它的一只脚。断掉一足后，这只蚂蚁跟其他蚂蚁一样，只能跟随蚁群，保持缓慢的步调移动。

大家反而很快乐，觉得自己除异求同，但此时，暴风雨已在眼前了。

每当你交上好运，收获成果，或是取得了好的成绩时，像五脚蚂蚁的人们就会一拥而上。你听到的都是，这是个圈套，天下哪有这么好的事儿，总有人告诫你放弃，告诫你小心提防。总之尽一切可能，就是让你成为平庸的一分子。

你所表现的潜力越大，人们对你的嫉妒心便越重，阻挠的声音便会朝你扑来，目的旨在断掉你多出的那条腿，跟他们一样慢。在这种情况下，最重要的是坚定自己的内心，不妥协，守住自己的那项“与众不同”。保持自我，把握机遇，独立思考，静心做事，充分施展才能，唯有如此才能成就大业。

在行动中激发自己的潜能

抱怨人生不顺、命运多舛有什么用呢？明知无用，不如趁早放弃！行动起来，成功或许就在眼前。

著名教练、经历颇具神奇色彩的杰克逊，在 12 年的职业生涯中，赢下了超过十次的冠军。取得此等佳绩，成就了他最伟大教练的美名。

有人问他：“教练，你的积极乐观从何而来呢？”

他很简单地答道：“每场比赛结束后，我都对自己和队员说，今天很出色，明天要继续保持做到更好。”

“就一句话？”人们很怀疑。

他笑道：“你认为很简单？这可是数十年如一日地坚持！内容多与少不是关键，但是一天不漏，就很困难了，否则再多的心得也没有意义。”传奇教练的这份乐观，不仅用于工作，生活中也是如此做的。一回与朋友开车去市里，遇到堵车，朋友很不耐烦，不停地诉苦，他说道：“堵车才说明这里热闹嘛。"

对方很奇怪:"你的这些奇怪想法都是哪来的?"

他答道:"其实很简单,我看人待事都是根据自己的内心,好事坏事,其中都会有机遇,你是悲是喜都决定不了什么,自身乐观,坚持不懈,便可抓住机遇,充分发掘自身潜能。"

谁都有能力像他那么做,但要做到着实不易,时刻怀着乐观确实很难。真正做到的人,必定会收获成功,保持一颗积极进取的心,成功便无处不在。

挖掘你的潜能

其实人类最大的浪费是自己的大脑而不是环境资源。研究指出,连爱因斯坦也只不过开发了大脑潜能的10%,一般人只有6%,更有甚者低于1%。这是一种极大的浪费。我们都已经足够聪明,关键是怎么去调动它并充分运用,唯有充分发掘自身的潜能才能为我们的成功保驾护航。

有这样一种说法:杀伤力最大的不是天灾,不是人祸,核武器也不是,最大的其实是人人都无所作为、麻木不仁地过活,茫然不知自己有多大的潜能。

柏拉图说过:"智慧与生俱来,知识是永远填不满大脑的。"确实如此,若是实现大脑的100%开发,他将成就非凡,学历超群,脑子里所储存的东西将会惊人无比。

大脑好比身体,也会老去,大脑也会适当地锻炼来保证其正常运转。有一所著名大学提出过这样的方法——心智运动,通过外部感官联系沟通大脑相应的位置。运用这些方法,便可有效提高大脑的敏捷度,以备不时之需。

通过调整不同感官加强注意力,提高敏捷度。比如我们可以这样做:

(1)起床后,尝试换一只手写字、穿衣、系鞋带等。

(2)关着灯洗澡,通过触觉完成清洗动作。

(3)将一些图片海报倒贴在墙上。

(4)去新开的水果店和菜市场走走。

(5)每到一个新的地方,全身心进入陌生之境。比如,身处异地,没人听得懂你的语言,积极尝试新事物体验当地人生活。

(6)多听歌,多锻炼,经常练习反手。

(7)尝试不同的有助于智力的游戏,如数独、投掷类。

第八章

包容人生成败，乐观豪迈

第一节　挑战逆境，笑对命运安排

点一盏信念之灯

在15世纪的时候，哥伦布船队从海地岛海域返回西班牙。船队刚刚离开海地岛还没有多久，天气突然变得很恶劣。顿时天空乌云满布，到处电闪雷鸣，从远方的海上也可以看见巨大的风暴向船队扑来。这是哥伦布航海以来遇到的环境最为恶劣的一次，风浪已经吞没了好几艘船，船长对哥伦布说："我们再也回不到陆地了！"哥伦布叹了口气说道："我们可以死去，但是我们要将我们的资料留给这个世界。"

哥伦布在颠簸的船舱中，用最快的速度将最珍贵的资料写在了几页纸上，然后放到一个玻璃瓶中装好，将这个玻璃瓶扔进了茫茫的大海之中。"相信终有一天，这些资料是一定能够漂到西班牙的海滩上的！"哥伦布十分自信地说。"这是不可能的！"船长说道，"它可能被鱼给吞噬，也有可能会被海浪给击碎，又或许会被埋在海底。"哥伦布却坚定地说："或许需要一两年，又或许需要几个世纪，但是总有一天它会到达西班牙的，这就是我的信念。上帝可能会剥夺生命，却不能剥夺生命中坚持到底的信念。"

幸运的是，大部分船在这次的劫难中存活了下来。回到了西班牙之后，哥伦布又派人到处寻找那个漂流瓶，可当哥伦布死的时候，还是没能找到那个玻璃瓶。

1856年，就是那次风暴过后的三个多世纪，那个玻璃瓶终于来到了西班牙比斯开湾。我们可以从中看出，信念是创造人生奇迹的起点，拥有了信念，就没有不可能的事。

信念，是所有取得成功的人心中永远的旗帜，有了信念，任何奇迹都有可能发生。信念在人的精神世界中起着十分重要的作用，少了信念，一个人的精神很有可能就会坍塌。

信念是获得力量的来源，是获得胜利的重要保障。

劣势有时能成为优势

从前有一个年轻人，一次不幸的车祸夺去了他的右臂，但他却很渴望学习柔道。

之后，少年成为了一个柔道大师的徒弟，开始学习柔道。他很认真地学习，但是练习了三个月之后，师傅只是教了他一招，少年觉得有些不解。

有一天，他问师傅："师傅您是不是该教我一些其他的招数了？"

师傅答道："是的，你确实是只会一招，但是这一招就足够了。"

少年还不是很明白，但是他对自己的师傅很信任，还是照着师傅说的练下去了。

几个月的时间过去了，师傅带着少年第一次去参加一个比赛。出乎少年意料的是他很轻松地取得了两轮比赛的胜利。在第三轮的时候遇到一些困难，但是对手不久就变得很是急躁，接连进攻，少年使出自己的那一招，打败了对手。就是这样，少年进入了决赛。

决赛时，对手的身体比这个年轻人要强壮很多，经验也比他更加丰富。少年好几次觉得坚持不下去了，裁判担心年轻人会受伤，就要了一个暂停，打算说就这样停止比赛，可是师傅却坚持说："一定要将比赛进行到底！"

比赛再次开始之后，对手放松了戒备，少年又使出了自己的那一招，将对手制服了，因此赢得了比赛，成为了最后的冠军。

在回家的路上，年轻人和师傅一起回顾了比赛的每一个画面，少年向师傅说出了自己心中的疑问："师傅，我怎么能够就凭着您交给我的一招就赢得了比赛呢？"

师傅笑着回答道："原因有二：第一，你已经很好地掌握了柔道中难度系数最高的那一招；第二，根据我的经验，只有抓住你的右臂对手才有可能制服你。"

有时，我们可能会处于下风，但是只是怨天尤人并不能改变什么。只有敢于去挑战，敢于去用心，才能把不利变成有利。

加利福尼亚州有一个农夫，在他买下了一块农场的时候，他觉得十分不开心。那是一块十分不好的地，既不能种水果也不能养猪，只有白杨和响尾蛇能够在那块土地上生存。但是，他想出了一个利用响尾蛇的好主意。对于他的做法大家都表示不能理解，因为他做的是响尾蛇的罐头。此外，每天都有大约2000人来参观他的农场，他的生意也越来越好。

从他养的响尾蛇的体内取出的蛇毒，被送到很多大药厂去生产能够防蛇毒的血清；响尾蛇皮也是用来做鞋子和皮包的上好材料；响尾蛇制成的罐头也是卖到了世界各地。这个村子随即也改名为响尾蛇村了。

俗话说，天生我材必有用。要真正地去面对生活中不完美的境地，相信自己总会做好一些事情的。真正聪明的人能够客观地看待自己，能将自己从并不如意的环境中解脱出来，去做那些自己应该做的事。

把自己的劣势转化为优势，对每一个人来说都有着至关重要的作用。

四个字：坚持到底

在丘吉尔下台之后，有一次牛津大学邀请他在毕业典礼上致辞。那天他坐在首席的位置上，和平常打扮得一模一样，还是头戴高帽，手里拿着一根雪茄。

在主持人念了一大串的介绍词之后，丘吉尔上台，看着下面的观众，沉默了一会，他说道："永远，永远，永远都不要说放弃！"接下来又是长长的一阵沉默，他再次强调："永远，永远，永远都不要说放弃！"接着他又注视着台下的观众，之后回到了自己的位置。

毫无疑问，这是有史以来时间最短的一次演讲了，也是丘吉尔最有名的一次演讲。

很多年以前，美国曾经有一家报纸刊登了一则园艺所重金征求纯白金盏花的启事，在那时引起了不小的轰动，高额奖金让很多人都跃跃欲试。但是在丰富多彩的世界中，金盏花大都是金色和棕色两种颜色，从来没有人见过白色的金盏花，这是一件很难完成的事情。所以很多人就只是一时兴起之后，就忘记了这个启事。

20年的时间过去了。有一天，那家园艺所收到了一封充满热情的应征信和一粒纯白的金盏花的种子。那时，这件事情就传开了，引起了很大的轰动。

寄来种子的是一个70岁的老人。那是一个对花十分挚爱的老人，在她20年前无意之间看到那个启事之后，就对此充满了兴趣。她不顾自己儿女的极力反对，一直坚持着做了下来。她种下了一些最为普通的种子，精心地栽种。一年的时间过去了，花开了，她从那些花中选出了颜色最淡的那一朵，让它自然枯萎，得到最好的种子。

第二年，她又把得到的种子种下去，之后，她又挑选出颜色最淡的那朵来做种……就这样日复一日，年复一年。最终，20年过去了，她看到了一朵不太一样的金盏花，它并不是接近白色，也不是和白色相似，而是那种如银如雪的白。于是乎，这一个连专家都很难实现的事情，经过这个老人的长期坚持，这个问题最终解决了。这难道不能算是一个奇迹吗？

有一句话说：滚石不生苔。坚持到底的乌龟也能胜过身手敏捷的兔子。要是每天能坚持学习一个小时，坚持十二年的话，这样所学到的东西，一定远远多于在教室里接受九年教育所学的东西。就像布尔沃说的那样："征服者们都有着强劲的恒心和忍耐力，并成为支持人类反抗命运的力量。从社会学的角度来看，考虑到它对民族和社会制度等问题都有着各种各样的影响，怎么强调它的重要性也是合理的。"

一个人能够获得成功，并不是上天赐予的，而是一天天积累起来的。只有那些辛劳的人才能幸运和成功，有毅力并永不言弃的人，能够坚持到最后。

来一次破釜沉舟

项羽破釜沉舟的故事家喻户晓。这样的事情并不少见，西方也有着类似的故事。

恺撒大帝在还没有掌握大权之前，是一个十分出色的军事将领。有一天，他奉命带领舰队去征服英伦诸岛。

在准备出发之前，才发现随船队远征的人只有寥寥可数的几个人，而且装备也是破破烂烂的。想要靠这些击败英伦军队，几乎不可能。

但是恺撒还是决定服从命令，前往英伦诸岛。到达目的地之后，他们全部下船，随即就下令将所有的战舰都烧毁。与此同时他召集了全部的士兵训话，告知他们所有的战船都已经被烧毁了，现在大家只有两个选择：一个是勉强去迎战，要是打不过敌人的话，是没有退路的，那就只有死路一条。还有一条路是：不管自己的战备条件有多么的恶劣，勇敢地前进，拿下这个岛，那么每个人都有可能活下来。

这就是"置之死地而后生"。士兵们都是抱着必胜的心态，勇敢地向前冲，终于打败了敌人。恺撒也因为这次的战绩，为以后执掌帝国的权力奠定了基础。

当人们陷入了艰难的境地的时候，有的人会选择小心地打探一番，以做好万无一失的准备；很多人由于知道了困难的难以克服，而找借口多次推迟行动，甚至完全取消了原本的计划；还有一些人，虽然看似已经进入了那个环境，但却给自己留了很多的退路，一发现情况不对劲，就能够及时撤退；还有一部分人，一旦下定了决心之后，就全身心地投入进去，由于全部精力都是在应付眼前的困难，反而不会在意遇到的很多痛苦。

改变自己,改变世界

短短的一个晚上,一场意外的山火使美丽的森林庄园化为灰烬,才继承了这个庄园的年轻人心灰意冷,把自己关在房间里,茶不思,饭不想,眼睛里也出现了很多因为疲劳而显出的血丝。

一个月之后,年事已高的祖母知道了这件事,语重心长地对年轻人说:“我的好孩子,庄园被毁了没有什么可怕的,最可怕的是,我们的眼睛再也看不到任何艳丽的色彩,随着时间慢慢老去。试问一双已经老去的眼睛,又怎么通过它来看见希望呢……”

年轻人听了祖母的劝解,独自走出了庄园。他漫无目的地走在大街上,在一条街道的尽头,他看到一家店铺门口排满了人,那是主妇们正在买木炭呢。那一块块普通的木炭似乎给年轻人带来了灵感,他觉得有希望了。接下来,年轻人请来了几个烧炭工,把那些已经烧焦的树木加工成上等的木炭,之后送到市场上去卖。没想到,木炭的销量很好。接下来他用这笔收入买了新的树苗,已经可以看见新庄园的雏形了。几年的时间过去了,这个庄园再度焕发了生机。

在日常的生活中,每个人都会遇到各种各样的困难与挫折,或许还会有各种各样的障碍,比如说失明、瘫痪、贫穷……这个时候该怎么办? 自我怜悯是很难让你获得同情的,只有那些愿意对自己的生命负责,积极主动地改变自己的人,才能够享受成功的人生。

爱迪生在中年之后两耳就完全听不见了,要是他想要听到音乐的声音,只能通过牙齿咬住留声机的盒子的边缘,通过自己头盖骨的骨头受到的震动,才能感受到音响的感觉。

美国著名的科学家弗罗斯教授通过自己25年精心地研究,最终用数学的方法推算出了太空群及银河系的变化。他双眼失明,从来没有机会看清他挚爱了一生的天空。

达尔文被病魔折磨了长达40年的时间,但是他一直坚持着改变这个世界的探索。爱默生也受着疾病的困扰,他患有眼疾,但是他却通过自己的努力留下了美国文学一流的诗文集。狄更斯也是疾病缠身,但他的小说却是塑造了一个又一个健康的形象。米开朗琪罗也是受着胃功能紊乱的折磨,莫里哀患有肺结核,易卜生也是受着糖尿病的折磨……

美国的哲学家威廉·詹姆斯曾经说过这样一句话:“我们这个时代最为伟大的发现就是,人类可以通过自己的努力来改变自己的命运。”

人生中的很多时间,我们会觉得这个世界太不公平了。我们幻想着通过自己的力量来改变这个世界,结果却是遇到了各种困难挫折。为何不试着改变一下自己,或许世界就会变得更加美好。

失败是另一种收获

美国佛罗里达州有一个业余的药剂师罗姆,他试图研制一种可以让人感到兴奋的药,他开始用桉树叶作为原材料,尝试了很多次,取得的药效却并不是很理想。

有一次,他的诊所来了一个患头痛症的病人。罗姆让手下把自己配制的药给那个患者,但是,那个手下在给药的时候,并不是加入清水,而是误把苏打水给冲了进去。当病人喝下之后,他们才意识到配方出错了,所有的人都震惊了。

但是奇怪的事情发生了，病人的头痛情况得到了缓解，也没有丝毫的不良反应。几天之后，罗姆从这件事情中得到了启发，他将自己配置的脑药和苏打水进行了混合，开始自己的实验，发现这些液体散发出清香，还有提神的效果。最后，经过他不断的改良，可口可乐从最开始的药品成为了一种饮料，在全世界流行起来。

人们常说"失败乃成功之母"，没有经历过失败，没有遭受过挫折，就不能做成伟大的事。智者能从失败中汲取教训。而那些失败者却是接连失败，不能从中学到一点东西。

"我已经在这里工作30个年头了，"一个随从抱怨自己没有得到升级，"我比那些你提拔的人多20年宝贵的经验。"

"不是这样的，"将军回答道，"事实上你只有一年的经验，在你犯过的错误中，没有学会任何东西，你还是在犯着你最开始犯的错误。"

错误和失败是通向成功的一条途径，每一次成功都包含着失败的影子，每一次的失败都为取得成功提供了一个条件。真正有所成绩的人，并不是因为他们有着取得成功的诀窍，而是因为他们在失败面前不怨天尤人，不悲观抱怨。

成功和失败并没有明确的划分，成功就是失败的尽头，失败是取得成功的开始。失败越多次，离成功也就愈来愈近。成功常常是那个最后来的客人。失败也是生活中一个不可缺少的角色，是生命中一个必不可少的部分。只要你追求进取，就会出现失误；只要你还活着，就不是绝对的失败！

第二节　任何时候都不应该绝望

一切都会好起来的

一切都会慢慢好起来的。这句话看似简单,却饱含着很深的道理。即使你面对着诸多的不幸,但是一定要做到坚强,因为事情总会好起来的。

的确,人生中并不是时时都顺风顺水,总是会有一些不幸、一些烦恼。一旦遭遇了一些挫折,你必须要坚强地去面对,因为所有的事情都会有好起来的一天。

梅西20岁的时候身高169厘米,体重有68千克,被人们看作是马拉多纳的翻版。马拉多纳评价这个小老乡说:“他是一个天才的球员,他的前途将是一片光明。”

梅西12岁的时候来到了巴塞罗那,在青年队训练了五年之后才进入到了一线队,他在2004年成为了最佳射手。如今,他和小罗已经成为了巴塞罗那队中最出色的球员。有的时候,梅西获得了任何人都无法比拟的光辉,毋庸置疑,巴塞罗那和阿根廷的明天,是属于梅西的。

但是你绝对不曾知晓,在梅西的生活中也有着让他痛苦的经历。作为一个这么优秀的球员,他险些因为自己的身体条件而被忽视了。

1987年的6月24日,在阿根廷的罗萨里奥中央市,在两个哥哥之后,梅西出生了。这个穷苦家出生的孩子,身体十分虚弱,妈妈没有过多的精力好好地照顾小小的梅西,就把他寄养在了辛迪亚家,两个人从小到现在一直在一起,辛迪亚是梅西童年时候快乐和艰辛的唯一见证人,在梅西眼中辛迪亚也是他唯一可以倾诉的人。

作为梅西的铁杆粉丝,辛迪亚将梅西穿过的每一件球衣都珍藏了起来,这是梅西把自己多出来的一套送给她的。每次辛迪亚总是坐在高高的看台上,看着她心中的英雄表演,她是最早坚信梅西在足球方面有天赋的人。那是一段幸福的时光。

可是美好的光阴总是容易流逝,3岁时的梅西被查出患有荷尔蒙生长素分泌不足的症状,这会严重影响到他的骨骼的生长,即是说,他将不会再长高了。此时他所在的俱乐部也不愿意为他付医疗费了,梅西只能选择和父亲前往他乡,到西班牙去寻求帮助。那是在最后一场比赛之后的离别,梅西抱着辛迪亚伤心地大哭,此时的辛迪亚告诉他说:“别哭,你要坚强,坚强起来,一切都会过去的。”

情况真的变好了,通过积极的治疗他长到了1.7米,并在巴塞罗那获得了很好的发展,很好地展示出了自己的天赋,得到了很多教练的赞誉,他在向整个世界说明:梅西已经脱胎换骨了。小罗曾经说过:“世界上只有梅西才能够骑在我的背上,我们是好哥们。”

如今的梅西,因为足球而受到各界的热捧,不管是媒体、教练、队友还是球迷,他都是他们心中的偶像。可是在他的内心深处,他永远都记着辛迪亚在他耳旁说的那句话“坚强起来,一切都会过去的”。

任何时候都不应该绝望

美国电视台开展的极限节目,因为其难以想象的难度,让人看得胆战心惊,也因此吸引了很多的观众。每期节目中的6个人,一定会有一个人胜出,获得最少50万美元的奖金,对观众来说是一个不小的诱惑。

将不可能的事情变成可能可谓是极限运动的宗旨了。每一次的挑战,总会有一项是人和虫子一起合作完成。举办方将丑陋不堪的虫子放在玻璃缸中。挑战者将自己的脸伸进去,让这些让人作呕的虫子爬到自己的脸上……都说这项挑战比蹦极更让人害怕。

要说最丑陋最让人感到发毛的就是非洲大蛹了,它全身都长满了毛,口中吐着黏液。几百只这样的虫子在玻璃缸中蠕动,别说是让人将头伸进去,就是看一眼就够人受的了。结果是大部分的挑战者都不参加这项挑战。他们表示,就是不要奖金,也是不会碰这些恶心至极的虫子的!

但是,在这些不堪入目的大虫蜕变之后,人们都震惊了,它是世界上最为美丽的非洲蓝蝶。许多人都把它当作是珍贵无比的标本收藏着。你瞧,本来是给你50万美金你都会拒绝的东西,在短短的两个月之后,摇身一变成了大家都想要的美丽蝴蝶。事情完全改变了!你是多么的想要抓住它,和它亲近啊!

人的一生,任何事情都是处在发展变化中的。即使是在最坏的时候,也不必绝望。不要把事情看得毫无希望,在这个世界上是没有绝对的东西的!这就是一个看问题的角度了,这个角度会让你获得更多的希望。没有什么事情是绝对的,你的心才会永远充满着希望,才心甘情愿地去等待,心怀期待,等待着所有的事情都变得好起来!有的时候,创造奇迹的并不是那些伟人,可能只是心中一个小小的愿望。

莱克是一个信差,他一直觉得自己的使命就是把快乐带给他人。因而,他的口袋里也是常常装着很多小字条,上面写的全是一些积极鼓励的话。在他把信件和电报给他人的时候,也顺带着给他们一张小纸条,告知他们"今天是很美好的哦","要好好生活","不要总是充满了烦恼"。

在第二次世界大战的时候,莱克因为年龄太大了而不能去参加战争,但他却积极地去野战医院做了一名志愿者,帮助医院救死扶伤。有一次,他想到一个办法,在医院的墙上写上了这么一句话:"没有人会在这里死去。"大家都对他的行为感到不解,医院的人都认为他疯了,也有人说这句话也没有什么不好的,可以留着。

一直没有人去管那句话,就那样一直在那面墙上。到后来,不仅是伤员,就是医院的医生护士等,也慢慢地在心中记住了这句话。伤员们为了实现这句话坚强地活着,医生护士们为了实现这句话,尽自己最大的努力好好地照顾每一个病人。这个医院成了一个十分坚强的医院,每个人的心中都有着一种盼望和坚强。

因此,请你牢牢地记住:任何时候都不要绝望;就算是绝望了,也要继续努力,从绝望中积极寻找希望。你能够选择成为一个积极的还是消极的人。没有人天生就有好的或是不好的态度,只有你自己才能决定采取何种态度去面对自己的人生!

不要因失败而退缩

曾经有一个青年人去微软公司应聘，但是公司从来就没有刊登过任何的招聘广告。看到疑惑不解的总经理，青年人用不太顺畅的英语解释道，自己是偶然路过这里，就进来试一试。总经理听后觉得很有趣，决定给他一次机会。面试的结果是所有人都没有想到的，年轻人表现得很差。他的解释是事先并没有准备好，总经理觉得他不过是想给自己找一个台阶下而已，就随便说了一句："那等你准备好了再来试一试吧。"

一周过后，这个青年人再次来到了微软公司，这次他还是失败了。但是和前一次比起来，已经好很多了。总经理给了他同样的回答："当你准备好了之后再来试一试。"就是这样，这个青年人一共来参加了五次面试，最终成为了公司的一员，还成为了公司重点培养的对象。

再尝试一次，你就有可能获得成功。

在追求事业成功的过程中，实际上也是一个不断失败的过程。因为不管是什么事业想要取得成功，都会遇到各种各样的阻碍，或多或少会犯一些错误，遭遇挫折。比如说，想在工作上进行创新，越是革新矛盾就会越激化；想在学识上有所革新，越是深入面临的难度就会越大；想要在技术上取得突破，越往上遇到的艰难险阻也就越多。

著名的科学家法拉第曾经说过："世人们不会知道：那些由科学研究者们自己想出的理论和思想中，有多少是经过自己犀利地批判、精心地考察，被自己给否定了。即使是最有名的科学家，他们能够得到的最基本的结论，往往也没有十分之一。"即是说，世界上那些贡献卓著的科学家，他们成功和失败之间的比例是1:10。对于普通人，这个比例要低很多。因而，在追逐成功的道路上，能否经受住失败的考验，就是一个至关重要的问题了。

世界闻名的作曲家贝多芬曾说："优秀的人的一个优点在于，在不利的环境中仍旧不服输。"不管做什么事情，先要给自己确定一个目标，确定了目标之后，就需要全身心地去做了。

法国作家凡尔纳曾经写过一本著作，就是科幻小说《气球上的五星期》。当他满怀欣喜地将自己的作品交给一家出版社时，总编辑简单地翻了书稿之后，觉得书中全是一些不存在的幻想，而且写作手法也很奇怪，就婉言拒绝了出版的要求。在遭到了15家出版社的拒绝之后，凡尔纳觉得很受挫。他坐在火炉旁开始撕自己的手稿，一张张地将它们往火炉里扔。幸好被他的妻子发现了，阻止了他的行为，劝说他再去试一试。第二天他将书稿整理好之后送到了第16家出版社。让人很是意外的是，这家出版社的眼光很独到，不但决定立即出版这本书，还和他签订了长达20年之久的合同，请他将自己所有的科幻小说交给他们出版社出版。在《气球上的五星期》出版之后，轰动了整个文学界，凡尔纳也名声大振。

成功常常就是这样——即面对失败不灰心不丧气。想一想，要是凡尔纳不去尝试这第16家出版社的话，我们还能看到这部经典作品吗？还会有这样一个享誉世界的文学大家吗？因此，在遇到困难的时候，绝对不能退缩，不能轻言放弃。只有努力地去尝试了，才能取得最后的成功。

任何成功都是来源于失败的，每次的失败都是获得成功的一次机会。爱因斯坦曾经说过："真正的结果，是来源于大量的错误中的，没有大量错误的积淀，也就不能登上最后成功的顶峰。"有成就的人，并非他们有什么走向成功的秘诀，而是在于他们在面对失败的时候不怨天尤人，不轻言放弃。

爱迪生经历了几千次的失败，才发明了电灯，把世界人民从黑暗中解救了出来。当他总结自己的这段经历的时候说："我对于电灯这个难题，研究的时间最长，试验的过程也是最苦的，但是我从来没有灰心过，更是坚信试验一定能够取得成功！我把失败和成功放在同等重要的位置。"

世界著名的药物学家欧立希发明了一种叫作砷矾纳明的新药，这是一种能够治疗梅毒和昏睡病的药。在他制作的过程之中，失败了六百余次，这让他觉得十分痛苦，但他并没有因此而打退堂鼓，而是坚持进行试验，终于在第606次试验中取得了成功。因而，欧立希也给这种新药取名"606"。为了一盏电灯就要试验无数次，制作一种新药要试验几百次，这其中该有多少艰辛啊！

通常来说，成功往往诞生于无数次的失败之后。事实上，成功与失败之间并没有不能跨越的界限，成功是失败告终的地方，失败却是获得成功的希望。失败越多，离成功也就愈来愈近。成功与失败的差距或许只在于完全做对了一件事情和几乎将一件事情做对之间的差距。如果你在面对挫折的时候还能坚持向前，这样的话，你就一定能够取得最后的成功。

有了希望就能战胜苦难

公元前334年的时候，亚历山大在出发远征波斯之前，把自己所有的钱财都给了自己的部下。

一个侍卫很是惊讶地问道："陛下，这样一来您怎样踏上征途呢？"

亚历山大很是自信地说："我只需要一种无价的财富，这就是希望！"

希望，是人的一生中最宝贵的财富，它比世界上任何有形的财宝都珍贵得多。

在上大学的时候，张也最不喜欢上经济学的课了，因为他不喜欢给他们上课的李老师，甚至和李老师在课堂之上激烈地争吵过。

在大学的最后一年，求职不顺的张也又和女朋友分手了。他看不到任何的希望，张也因此得了抑郁症。从这以后，他就经常进医院。在夏天的一个傍晚，张也在医院遇见了李老师，他正在微笑着哄着一个和他年纪差不多的女人。他并没有看到张也。于是，张也冷笑着走进了病房。

当张也走出病房的时候，他却发现李老师一个人在洗手间里痛哭……

那次，他们谈了很久，老李告诉张也——他和妻子为了能在这个城市生存付出了很多，可是现在他们的孩子有可能就这样失明了——他还要不得不精心下来安慰伤心的妻子。

"每个人都像是一滴水银，即使是被摔得支离破碎了，也能够快速地凝聚起来，只要心中相信希望的存在，不管什么困难都能挺过去。"在分别的时候，老李擦干了眼泪对张也说。

从此，张也经常去听老李的课，没有其他的原因，只是被他那种乐观向上的精神所感动。的确，只要心存希望，就不会有跨不过去的坎，也没有解决不了的问题。

在1991年5月的《读者文摘》上刊载了一篇引人深思的作品。文中讨论了四部影片：《山水喜相逢》、《洛基》、《火战车》、《甘地传》。该文作者分析了它们之所以很受欢迎的共同原因，说："它们都反映了性本善的精神；都强调要勤奋、苦干和自重；要对社会、家庭等充满爱心；表现出了一个人可以对他人产生的重大影响；其中最重要的是，它们让我们看到了希望。"

从这一段话中，最能打动人的，就是最后一句"它们让我们看到了希望。"有时，奇迹的创造者并不是那些伟人，也许只是我们心中一个小小的希望。一句充满了鼓励的话语，就能给对方带去一个珍贵无比的礼物——希望。希望，在我们的生命长河中，看似并不重要，却有着不可替代的作用。

一个俄国的心理学家曾经做过这方面的一个实验：将两只大白鼠丢进一个装满了水的容器中，它们用尽一切努力挣扎，最后只是坚持了7分钟。之后，在相同的容器中放入了另外两只大白鼠，当它们大概挣扎了5分钟后，再将它们放在一个可以爬出来的容器中，这两只大白鼠活了下来。几天之后，再把这两只幸存下来的大白鼠放进器皿中，结果却出乎意料：这两只大白鼠竟然坚持了24分钟之久，大大超出了正常状况。

这个俄国的心理学家总结道，最开始的那两只大白鼠，丝毫没有逃生的经验，只能靠着自己的体力来挣扎着逃生；而有过逃生经历的大白鼠却多了一种精神上的动力，它们坚信在某一个时候，会有一个跳板让它们出去，这个信念可以支撑它们坚持更久的时间。这种精神上的力量，即是我们常说的希望。

那个实验并没有结束。有人想到那两只大白鼠，觉得心里不好受，就有些反感地问心理学家："就算有希望又能怎么样呢？那两只大白鼠最后不还是丢了性命吗？"心理学家说："它们并没有死，在24分钟的时候，我看到它们实在是支持不下去了，就让它们出来了。这种有着积极心态的大白鼠才有价值，它们更值得很好地活下去；人类应该对一切希望都充满敬畏，就算是一只大白鼠心中的希望。"

这个实验虽然有些残酷，但是却可以给人带来无尽的收获。实际上即使没有那样的实验我们也应该明白，在逆境之中，心中有没有希望，会对我们的行为产生截然不同的影响，最后的结果也会很不相同。大白鼠心中的希望，是人类给予的；而我们自己，不管在什么情况之下，都有能力给自己创造希望。

希望具有强大的力量。在诸多的情况下，希望往往具有比知识更大的力量。因为只有有了希望，才能更好地利用知识。在第二次世界大战的时候，中、美、英、法等反法西斯国家虽然没有很先进的武器和装备，但因为他们内心充满希望才有了最后的成功。

因此，一个人即使他什么都没有，只要他心中有希望，他就有可能拥有整个世界；要是一个人拥有了一切，心中却没有任何的希望，那他拥有的一切就很有可能会失去。

熬过去就是胜利

很多时候，只要再多坚持一下下就能够获得更大的成功。之前付出的所有，就不会白白被浪费掉了。然而让人觉得很悲伤的是，面对着接二连三的失败，大部分人选择了放弃，没有给自己再次去尝试的机会。

乔治的父亲曾经获得过拳击世界冠军，如今却只能卧病在床。

一次，父亲的精神状态很好，跟他讲了一次赛事的经过。在一次拳击冠军的争夺战之中，他遇到了一个很强大的对手。因为他的个子比较矮小，一直没有找到反击的机会，被对方击倒了无数次，牙齿都被打出血了。

在休息的时候，教练鼓励道："不要担心，你一定有实力坚持到第12局的！"

听到教练的鼓励，他说："我不会怕的，我还能撑得住！"

后来，在场上他跌倒了再坚强地站起来，站起来之后又被打倒在地，虽然他一直没有反攻的机会，但他却坚持到了第12局。

在第12局快要结束的时候，对手的手都打累了，他找到了最好的反攻时机。在这个时候，他用尽全身的力量打向对方，只见对方倒在地上，而他却坚持到了最后，那是他整个拳击生涯中获得的第一枚金牌。

谈话间，父亲流了满脸的汗，他紧紧地握住乔治的手，很是吃力地说道："没关系，就是有一点痛而已，我能行。"

在人生的海洋中前行，不会一直都是一帆风顺，总会遇上一些暴风雨。在巨大的困境中，我们更要坚定自己的信念，时时刻刻给自己力量，对自己说"我是可以的"。当我们有了这样的信念之后，困难就会在我们面前低下头来，我们自然会获得生活的快乐。只有那些坚信自己能够克服一切困难的人，才能激发出自己的勇气，在困难面前镇定自若，取得最后的成就！请谨记，只要你有了克服困难的决心和勇气，就一定能够挺过来。

当人问卡耐基成功的秘诀的时候，他说："假若成功只有一个秘诀的话，我想那就是坚持了。"人生中遇到的诸多困难都是这样的，只要是挺过去了，坚持住了，就没有什么不可能的。

只要能够坚持到最后，就一定能够取得成功，人生唯一的失败，就是你放弃的时候。因而，当你遇到困难的时候，你应该选择坚持到底，只要你做的是正确的事情，总有一天你会获得成功的。

第一个成功横渡英吉利海峡的女性是查德威尔。但她并没有停滞不前，下定决心从卡塔林岛游到加利福尼亚。

这是一个十分艰难的旅程，她的嘴唇被刺骨的海水冻得通红。她觉得自己快不行了，到那时还不知道自己离目的地还有多远，连海岸线都没有踪影。越想越觉得累，渐渐地觉得自己的四肢变得越来越沉重，一点劲都使不上，就对着陪伴着她的工作人员说："我再也坚持不下去了，把我拉上去吧！"

"就只差一海里了，你就再忍忍吧。"

"你骗我，我怎么没看见海岸线呢！快把我拉上去吧！"看她说得那么肯定，工作人员就将她拉上去了。

快艇继续往前行驶，不到一分钟的时间，就看见加利福尼亚的海岸线了，由于当时起了大雾，只有在半海里的范围内才能看见。

查德威尔觉得十分后悔，居然还差一海里就成功了！为什么就没有听别人的一句话，再坚持一会儿呢？

拿破仑曾经说过："要想达到目标只有两条路——毅力和势力。只有少数人拥有势力。毅力就是属于那些能够坚持不懈的人，毅力的力量会随着时间的不断积累而变得愈来愈强大。"大多数时候，只要再坚持一下就能够获得梦寐以求的成功。之前所有的付出，就会得到相应的回报。让人觉得很遗憾的是，面对无数次的失败，大部分人选择了放弃，没有多给自己一次机会。因此，无论我们是遇到了多大的困难，遭遇了多大的痛苦，我们都应该时刻激励自己：我和成功只有一海里的距离，只要坚持下去就会获得胜利！

发现你的优势

人各有所长，要能够发现自己擅长的地方，并把它适时地发挥出来。每一件东西都有着自己独特的用处，每一个人也有着自己独特的优势。一个人一定要对自己的优势有着清楚的认识，才能做好一件事情。

有一个很著名的理论叫作"短板理论"，该理论是把整体形象地比作一个木桶，木桶是由很多长短不一的木板组成的；能够对这个木桶的容量起着决定性作用的，并不是最长的那块板，而是其中长度最短的那一块。很多人都受着这个理论的影响，使得人们在关注每一个个体的时候，在自己的劣势上付出了过多的精力，而不是很好地去发扬他的优点。

有一个小孩，期末考试结束之后，把自己的分数交给家长，家人先是很开心后来就是觉得很惊讶：他语文得了100分，英语也是100分，而数学只有30分！绝大多数的家长都会说：哎呀！你的数学怎么这么差呀！要是再这么下去的话，你中学都会考不上的，更别说是考大学了！放假就别想着玩了，给我在家好好地补课。

事实上，我们一生中很多时候都是在这样地补短，什么差就补什么，生怕我们的发展会受到自己不足的牵连。就比如说上面的那个孩子，继续补下去，可能后来他的数学成绩有了一些提高，但是他的语文和英语可能就会下降到八九十分了，没有了自己突出的地方，什么都变得那么平庸了。

一个人的精力是十分有限的，要是把时间都用来补短了，也会影响到自己长项的发展。这样一来，孩子最后即使考上了大学，也只是一个普普通通的人了。

要是能够反过来看——花更多的精力在优势而不是劣势上，是不是会有不同的结果呢？

有这样一个学生，对语文和英语特别感兴趣，对数学丝毫没有兴趣，于是他的爸爸就让他专心学习语文和英语。在参加清华大学的入学考试的时候，他的英文和语文都得了满分，数学得了个零分，后来清华大学破格录取了他。他是谁呢？他就是钱钟书。

试着想一下，要是没有钱钟书父亲的优势理论，没有清华校长的独特眼光，世间只会是多一个普通的钱钟书，而不是这么出众的钱钟书！

我们中有很多人都开车，有的人开了几十年的车，但是没有一个人能超越舒马赫，因为他觉得自己是为赛车而生的；爱迪生没有读完小学，他连化学符号都看不懂，但他却有几千种发明；佛教六世祖慧能也是一个字也不认识，却能够很好地听经书解读其中的深意，但是他的徒弟读了一辈子的经都没有参透其中的意思，他只要听一遍就很明白了……

可是，我们谈的优势，并不是我们常说的天才，这样的人是少之又少。我们说的只是普通人的优势，是每个人都有的优势，既可以是先天都有的，也可以来自后天的培养，但是最重要的是能够发现自己的优势。

让兔子去比赛自己最擅长的赛跑，让鸭子去比赛自己最擅长的游泳。只有发挥自己的优势，才能充分体现每个人的价值。要是让聂卫平去踢球，让郝海东去下棋，就会闹出很多笑话了。

当然，不要觉得我们所说的优势指的是一种特殊的才能，或者是你的一些出众的才能。孔子有72名贤徒，他们有各自独特的优势：颜渊因为他的德行而出名，子贡因为他的口才而出名，子游因为他的文采而出名。因此，不要单认为优势就有一种超乎常人的能力，而使每个普通的个体都能有的品性中的特征，甚至是时时保持微笑、关注细节、说话算话、拥有承担责任等都是属于你自己的独有的优势。

一个人的事业能够达到的高度，在于你的优势而不是你的劣势。因此，用一个小时的时间花在你的弱势上面，还不如花十分钟来强化你的优势。人生本来就是公平的，你应该发现自己的优势，慢慢去培养它，并把它发挥到最好，你就可以获得自己的成功。

困境即是上天的恩赐

每一个困境也有其积极的一面。遇到的一个阻碍，就相当于一个新的已知的条件，你要想，任何一个看似不能超越的障碍都有可能成为超越自我的一个机会。

被称为“中国第一毛孩”的于震环全身都长满了长而密的毛，看上去就是一个“毛人”。此外，他的鼻子也很大，嘴唇比一般的人宽厚很多，牙齿却很稀疏没有一点整齐的感觉，一眼看去，就像是一个怪物。事实上,是因为遗传基因出了一些问题,他出现了"返祖"的病症,他一生下来就是这样,全身几乎都被毛发给覆盖了,成为吉尼斯纪录中毛发最多的人。

因为自己长成这个样子,他每天都要面对着周围人的异样的目光,还要忍受一些人的嘲弄。但是,长大后的他逐渐明白了:人们有好奇心也没有错啊?得到他人的注意又有什么坏处了?自己一生下来就被拍成了纪录片,6 岁的时候就主演了一部电影,不就是因为自己的毛发吗?

他决定进入演艺圈。他从生活中明白了,靠着自己的特殊模样,只要自己一上台,那就是一道风景,自己的毛发就是自己最好的招牌。通过自己不断地努力,他凭自己的努力买了房子,在 2003 年的时候,他还找到了一个漂亮出众的女朋友。

于震环在自己的博客中这样写道:"在我的世界里就没有妥协,也没有认输,人们的嘲笑只会更加增加我奋斗的信念,我不会被人们奇怪的目光所影响,我把自己的人生当作是战场,我一定要赢得最后的胜利,然后和自己的爱人一起去欣赏美丽的夕阳。"

虽然还是有人把于震环当作怪物,仍然会有奇怪的目光盯着他。但是他现在已经可以不在意别人异样的目光了。有人建议他去做一个全身的脱毛术,他坚决不同意,他说道:"谁都会唱歌,可是只有我才有这一身的毛。我能够有今天的成就,很重要的一点就是,进入演艺圈之后,我从来没有把上天对我的厚爱看成是一种负担。"

因此,可怕的并不是困境和缺陷。就算是一身让人觉得难以接受的毛发,只要自己不嫌弃它,不废弃它,这是上天最美的恩赐啊。

顽强的人生才美丽

霍金是什么人物?他是一个当代最为杰出的理论物理学家,是一个科学界里的巨人,又或者说,他只是一个坐在轮椅上与命运抗争的人。

史蒂芬·霍金于 1942 年 1 月 8 日出生,那也是伽利略逝世 300 年的纪念日。

在童年的时候,霍金就不擅长运动,大部分的球类运动他都参加不了。到牛津大学学习后,霍金觉得自己的身体变得更加笨拙了,一天几次无缘无故跌倒。有一回,他无缘无故地从楼梯上摔了下来,随即陷入了昏迷状态,差一点就丢了自己的性命。

到霍金在剑桥读研究生的时候,他的母亲才发现了儿子的情况不太正常。才过了 20 岁生日的他在医院待了两个星期,经过各种详细而复杂的检查,他被确认患上了运动神经细胞萎缩症。

医生告诉他,他会越来越不能控制自己的身体,只有心脏、肺和大脑还能正常地工作,到后来,心脏和肺的功能也会慢慢衰竭。霍金被告知只有两年的生命了。那一年是 1963 年。

霍金的病一天比一天严重。到了 1970 年,已经在学术上颇有成就的霍金已经不能自己行走了,他坐上了轮椅。直到现在,他仍旧坐在自己的轮椅上。只能坐在轮椅上的霍金,活得是那么积极和坚强。

有一回,霍金坐着轮椅回自己的公寓,在过马路的时候被小汽车给撞到了,造成了左臂骨折,头也被划破了,一共缝了 13 针,可是两天之后,他又回到自己的办公室认真地工作起来。

虽然自己身体的情况是一天不如一天,霍金却尽自己最大的努力像一个正常人那样生活,做着自己能做的每一件事。甚至可以说他是一个活泼好动的人——这听起来或许有些滑稽,当他已经完全不能动的时候,他仍然用自己唯一还可以动的手指指挥着自己的轮椅带他到自己想去的地方;在莫斯科大饭店中,他提出建议让大家跳舞,他转动轮椅的样子也是让人感动不已；在他与查尔斯王子谈话时，通过旋转自己的轮椅来展现自己，却不小心轧到了王子的脚趾头。

事实上，他也为自己的“自由”付出过代价，这个在量子引力界的佼佼者，曾经多次从自己的轮椅上摔倒，值得庆幸的是，每次跌倒之后他仍旧顽强地站了起来。

1985 年的时候，霍金接受了一次穿气管手术，从此之后他再也不能说话了，只能用自己的三个指头和外界进行沟通——到现在他只能依靠自己的眼皮了。就是在这样艰难的情况下，霍金突破困难完成了巨著《时间简史》，用自己的方式发起对宇宙起源的不断探索。

他的著作《时间简史——从大爆炸到黑洞》在全世界获得了 2500 万册销量的好成绩，自 1988 年以来一直都是畅销书，创下了一个难以超越的世界纪录。

从霍金的故事中我们可以看到，是不是有着艰苦奋斗的精神，或许才是取得成功的最重要的因素。虽然大家都觉得他的命运很是悲惨，但是他在科学上所有的成就全是在他生病之后取得的。他用自己坚强不屈的意志，打败了疾病，书写了自己的一个奇迹，也说明了残疾并不能阻碍成功的取得。

第三节　包容命运的各种挑战

勇敢地度过生命中的不如意

约翰很喜欢音乐，尤其钟爱小提琴。在国内学习了一段时间的小提琴之后，他看上了国外的学习条件，想到国外进一步深造，但在国外他不认识任何人，他在国外要怎样维持生活呢？这些困难他不是没有考虑过，但是为了实现自己的音乐梦想，他还是踏上了自己寻梦的征途。他要去维也纳，因为那里是音乐的诞生地。这次全家人是东拼西凑才凑齐了他出国的费用，但是想尽了所有办法都没能凑齐学费和生活费。因此，即使他来到了这个音乐的天堂，却进不了学校的大门，因为他交不起学费。他只能通过在街上卖艺来维持自己的基本生活。

幸运的是，他在一个大型超市的门口结识了一个还不错的琴手，和他一起在那边拉琴。这里的位置还算比较好，他们也获得了不错的收入。

但是约翰心中还是想着自己的梦想。一段时间之后，他赚得自己所需的生活费和学费之后，就和那个琴手告别了。他想学习，想到大学里进修，想要在音乐的学府里结识更多的老师，要和那些有着精湛琴艺的人互相学习。约翰花了自己所有的时间和精力来提高自己的音乐素养。十年之后，约翰有一次经过那个超市，很巧，当初的好朋友——那个和他一起拉琴的人，还在那里拉着琴，有着和以前一样的表情，他的脸上是得意、满足和陶醉。

那人很快发现了约翰，很高兴地停止了拉琴，热情地问道："好兄弟！很久都没有看见过你了！现在在什么地方拉琴啊？"

约翰说了一个颇有名气的音乐厅的名字，那个琴手充满疑问地问道："流浪艺人也可以在那里拉琴吗？"约翰一句话也没有说，只是微微地点了点头。

事实上，十年之后的约翰，已经不再是那个在街上卖力的流浪者了，他已经成长为了一个有名的音乐家，经常在著名的音乐厅里演奏，早就让自己的梦想变为了现实。

我们自己的才华、潜力和前程，如果没有足够的胆识，很有可能只是一场空，当自己变得清醒的时候，所有的东西都醒了。

生命就好比是一个存储罐，里面装着各种各样的财宝可供我们挖掘，如果想要尽情地享受生活，就必须要有勇气，只有用尽所有的力气来和生活斗争，你才能够尽情地享受生活中的美好。

生活永远也打不败一个充满勇气的人。就像米尔顿曾经说过的："即使是没有了土地，那又怎么样。即使是什么东西都没有了，但是意志和勇气是永远都不会被征服的。"如果你始终是怀着一种充满憧憬、充满自信的精神去工作的话，如果你期待着自己作出重大的贡献，并且坚信自己能够创造一番事业，要是你能很好地展现出自己的勇气的话——就没有事情能够阻挡你前进的步伐，你遇到的所有的困难都只是暂时性的，到最后你一定会获得成功。

另外，如果你觉得自己的力量很微小，要是你自己都觉得自己是一个小人物的话，并且觉得自己不可能很好地完成任务——这就会限制你自己能力的发挥。你永远都不能超越你自己。自我贬低和胆小怯懦很有可能会阻止你前进的步伐,还会严重阻碍你的职业生涯的发展,甚至你的身体健康也会受到损害。

自信和勇气是很重要的积极的力量,而恐惧和焦灼却是消极的向下的力量,二者在大脑中是很难兼容的。要么你是一个充满信心和力量的人,要么你是一个胆小怕事的人,你总是逃避任何重大的工作。任何破坏你勇气的东西都有可能会影响你做事的效率。

"勇气也是在偶然的情况下表现出来的。"莎士比亚曾经这样说。除非你时时让自己保持着一种接受勇气的态度,要不然的话,你就不要奢望自己能够时时都有巨大的勇气。在每天睡觉前,在每次起床后,你都告诉自己"我能够做到的,我可以",并把它当作自己人生的信条,然后自信地继续前进。

历练太少,就会被挫折绊倒

懂得及时总结自己生活中的得与失,坦然地面对生活给我们的一切。懂得及时地去总结,我们才会不断地完善自己,逐步获得成功。

美国著名的投资大师威廉·赛姆,他的事业发展得很好,在全球的金融领域里,他是一个赫赫有名的大人物。但在一次似乎已经很有把握的投资中,他由于分析失误损失了一大笔财产。

所有的人都对他很不满,但他却非常镇定,他将自己的这次投资过程完整地回想了一遍,找到了错误的根源。不久之后,他又有了一次投资的机会,亲朋好友都十分担心,都担心他会受到上次失败的影响。但是他显得十分镇定,坚持这次投资,最后获得了成功。

在漫漫人生长路中,谁也不能保证自己任何时候都是正确的,但是我们应该懂得从失败中汲取经验教训,不能一直不振下去。孩子只有经过了无数次的跌倒之后才能学会走路,伟大的发明创造都是经过了多次的失败之后才获得成功的。可口可乐的董事长曾经说过:"过去是走向未来的一个基石,要是不知道踏脚石在什么地方,就会摔倒。"失败和错误是人生中很重要的财富。

不管是在学习还是在工作中,一开始的时候总是会有各种阻挠,因为我们对那些事情还不是很熟悉,没有足够的经验。这时,我们就要认真对待自己所犯的每一次错误,珍惜每一个操作的环节,及时地去总结经验教训,只有从经验教训中得到成长,才能防止以后再出现类似的错误。也只有积累了一定量的经验之后,我们才能做到熟能生巧,做起事情来轻松无比。

失败不过是从头再来

要是看看世界上那些成功的人的经历的话,很容易就会发现,那些大名鼎鼎的伟人,都是在经历了多次的失败之后,东山再起才获得我们所知的胜利的。

帕里斯的成功的取得也是充满了艰辛的。帕里斯于1510年出生于法国南部,他一直是在玻璃制造业工作,直到有一天他看到了一只漂亮至极的彩陶。就是这小小的一眼,让他一生的命运都发生了巨大的改变。

"我也要做出这么美丽的彩陶。"这是他那时唯一的一个念头。

他开始建起了锻炉，买来了陶罐，将其打成碎片，开始试着烧制。几年的时间过后，碎陶片已经堆成像小山一般了，但还是没有造出他心目中美丽的彩陶，他甚至穷得没钱吃饭了。无路可走的他只好回到自己的老行业，来维持生计。

他赚了一些钱之后又烧了几年，碎陶片又堆成了一座小山，还是没有造出他心中想要的彩陶。

长期的失败使得大家都对他有了看法。都说他是一个大傻子，甚至家里人都开始对他表示不满。他只是默默地承受着。

他又开始自己的试验了，这一次他十多天都没有脱衣服，每时每刻都守在炉旁。没有燃料了，他就拆了院子里的木栅栏，说什么也不会把火给停了。用完了，他将家里的家具搬了出来，扔进火炉里。还是不能补给，他把屋子的地板都给拆了。烧火声和家人的哭闹声，让路人听了都觉得心里很不是滋味。马上就好了，很快就会有收获了，就在这个时候，发出了一声巨响，不知道什么东西爆炸了。所有的产品都有了黑点，成了次品。

就要到手的成功，再一次失败了！帕里斯也觉得打击太大了，他一个人灰心丧气地到田野里漫步。不知过了多久，在大自然的熏陶之下他又恢复了往日的平静，他又开始了自己的一次试验。

经过长达16年的艰苦试验，他终于取得了成功，而此时，他却是出奇平静。他的作品成了罕见的珍宝，是当时的无价之宝，艺术家们都争先恐后地去收藏。他烧出来的彩陶瓦，到现在仍是法国卢浮宫里的珍宝。

他获得的成功是付出了很大的代价的，在不断的失败中重新站起来，这就是他取得成功的秘诀。

艰苦奋斗的人的字典里并没有失败。他们把错误看作是自我提高的一次机会，而并非失败。有的人觉得失败是一点好处都没有的，只会让人生变得灰暗无望。事实上刚好相反，人们可以从失败中汲取到很多营养，并及时调整自己的路线，重归正轨。错误和失败是不能被逃脱的，可以说是必要的；它们是行动的最好的证明——表明了你的努力。你犯下的错误越多，你就越有可能获得成功，失败表示你还愿意去尝试。奋斗的人心中明白：每一次的失败就预示着你离成功又近了一步。

西奥多·罗斯福曾经说过：“敢于去尝试所有可能的事情是生命中最美好的事情，经历了无数次的失败之后赢得胜利和荣耀。这远远好过和那些可怜的人在一起，那些人既没有感受过获得成功时的喜悦，也没有感受过失败后的痛彻心扉，因为他们的生活实在是太平淡无奇了，从来不明白什么是胜利，也不知道失败的滋味。”

在这个世界上，有阳光的存在，就会有乌云的存在；存在晴天，就一定会有风雨。挣脱了乌云束缚的阳光才是最灿烂的，只有经历过了风雨，天空才会变得更加清澈蔚蓝。人们都希望自己过着平静稳定的生活，可是命运却给了我们无尽的坎坷。这个时候，我们应该明白，困难和不幸是人生赐予我们的礼物，它让我们更好地成长。

因此，不要惧怕失败，在面对失败的时候，那些永不言败的人能够坦然地面对这一切，只有这样才能取得最后的成功，事实上，失败只不过意味着再来一次！

每一次丢脸都是一种成长

我们听说过很多在丢脸中学会成长的有名的人，有“英语口语教父”之称的李阳就是这样的一个人。

李阳从一个英语不及格的学生到如今著名的英语教师，从一个不敢自己接电话、不敢和陌生人讲话的孩子,成为现在闻名世界的中英文演讲大师;从一个无比自卑的人,成长为无数人的偶像。李阳创造了无数的奇迹,但是在激励别人的时候,他总是爱说,我们要为那些热爱丢脸的人竖起大拇指!

中国传统的英语教学总是存在着“不敢开口、不爱开口”这两个较大的教学障碍和担心犯错误的心理陋习,李阳十分注重培养他的学生大声说英语的能力。在他看来疯狂英语的第一步就是要克服不敢开口、害怕丢脸的这个不好的习惯。

他曾说:“我很喜欢犯错误,因为犯的错误越多,你能取得的进步也就越大。如果你的一生都没有犯过错误,那只会有一个结果:当你在80岁的时候,你也只会说一句英语‘My English is very poor’,我的朋友们,请大家暂时把自己的面子丢在一边吧,大声地说出来吧!最重要的不是谋求现在不丢脸,而是在未来不要丢脸!”这样的话,“I enjoy losing my face”(我热爱丢脸)就成为了李阳鼓励大家说英语的一句口号。

不要害怕丢脸和犯错误,因为你犯的错误越多,学到的东西也就越多,你就越有可能取得进步。但是,在人们的眼中,人们总是通过各种各样的途径保护着自己的颜面,甚至有的人,认为用自己的性命去换所谓的面子也是值得的。

公元前206年,项羽自封为西楚霸王,又违背了之前定下的盟约,将刘邦改封为汉王,刘邦的心中很是不满。

项羽的谋臣深知刘邦非常不满,也知道他有东山再起的一天,就建议项羽找一个借口除掉刘邦。项羽找来刘邦,准备将其立为汉中王,要是他离去了,就说明他有自封为王的打算;要是他留了下来,就趁机杀了他。

刘邦得知项羽要召见自己,虽然知道这次是凶多吉少,但是又不能公然拒绝,就在心中计划着怎么去应付他。刘邦来到大殿前,很是恭敬地伏在地上,谦恭的表现让项羽心中觉得无比自豪,马上就放松了警惕,把刘邦放走了。刘邦谢恩离开了,赶快回到自己的营地,稍微打点了一下,就率军匆匆地前往巴蜀。他决定将巴蜀这块偏僻之地当作自己的依托,开始招兵买马,积蓄力量,等自己的力量强大了,再夺取天下。项羽听说刘邦率大军前往巴蜀,才知道亚父说的话是真的,即刻派兵去追赶,可是已经来不及了。

后来刘邦广交贤才,休养生息,最终在各位仁人志士的支持和帮助下,逼得不可一世的西楚霸王落得个自杀的下场,统一了天下。只是因为自觉“无颜见江东父老”,项羽就草草地结束了自己的性命,在乌江自杀。

但是,人生在世,谁又能保证从来不会犯错误呢?从来不会丢脸呢?要是你想要避免丢脸而从来不犯错误的话,那只会出现一个结果:当你老了的时候,你一事无成,因为你从来没有尝试着去做一件事。

有时候因为害怕丢脸,就是丢掉了一次可以成长的机会。因此,不要害怕去丢脸,更不要错过了这样一次难得的锻炼机会,而是应该让自己有勇气,勇敢地去面对每一次的失败,让自己在一次次的失败中能够逐渐成长起来。

命运的冷遇也是一种幸运

想把自己的梦想变成现实,这需要有胆识和胆量,要勇敢地去接受挑战,不断地去攀登生活的高峰,只有做到了这些才能到达人生的顶峰,欣赏到生活中美丽的风景。有的时候,弱者会被白眼、冷遇等吓退,但是对于那些真正强大的人,那却是一种前进的助推力。

她从小就和别人不一样,因为她的小儿麻痹症,不要说是像正常的孩子那样去嬉戏打闹了,她甚至连正常的走路都有困难。她对自己的情况觉得很懊恼,当医生教她做一些简单的运动,告诉她这或许会对她的康复起到作用,她就像没听见一般。随着她一天天地长大,她越来越觉得自卑和忧郁,甚至不让任何人接近她。但也有一个特殊情况,她和邻居家那个只有一只胳膊的老人是很好的朋友。一场战争无情地夺走了老人的胳膊,他是一个很乐观的老人,女孩很喜欢听老人给她讲故事。

有一天,老人用轮椅推她来到了附近的一个幼儿园,他们被操场上孩子的笑声深深地吸引了。当孩子们唱完了一首歌,老人说:"我们给他们送上掌声吧!"她吃惊地问道:"可是你只有一只胳膊啊,怎么能鼓掌啊?"老人笑了笑,解开了自己的衬衣的扣子,将胸膛露出来,用手掌和自己的胸膛鼓起了掌……

那是初春时节,风中还夹带着一丝的凉意,但是她觉得自己的心在那一刹那暖了很多。老人笑着对她说:"只要努力了,就算只有一个巴掌也会拍得很响。你也会站起来的!"

那个晚上,她让爸爸帮忙写了一张纸条,贴在了墙上,那是这样的一句话:"一个巴掌也能很好地鼓掌。"此后,她开始主动地配合医生的治疗。不管是有多么的痛苦,她都坚持着。取得了一点进步了,她就会承受更大的痛苦,来追求更大的进步。当父母不在身边的时候,她丢掉了支架,尝试着走路。她始终咬牙坚持着,她坚信自己也可以和正常的孩子一样,她渴望行走,她渴望奔跑……

在她 11 岁的时候,她终于不需要支架的帮忙了,她又开始朝着更高的一个目标奋斗着,她开始练习打篮球参加各种各样的比赛。在 1960 年罗马奥运会女子 100 米的决赛中,当她以 11 秒 18 的成绩冲到终点之后,现场响起了雷鸣般的掌声,人们都为她喝彩,大声呼喊着这个美国黑人的名字:威尔玛·鲁道夫。

在那一届的奥运会上,她成为了当时世界上跑得最快的女生,她一口气获得了三枚金牌,也成了拿到女子百米冠军的第一个黑人。

在日常的生活中,我们都会听见这样的话:"马上就干"、"做到最好"、"竭尽全力"、"不要退缩"、"我们能够带来什么"、"办法总是会有的"、"问题的根本不是这样的,而是在于它本身是怎样的"、"没去做并不是说不能做"、"让我们去试一试吧"、"现在就着手"。这些都是敢于奋斗者热爱的语言。他们是当之无愧的行动者,他们总是更加注重行动,追求着行动获得的结果,从他们的语言中也可以看出他们追求的方向。

在日常的生活中,当我们遭到他人的冷嘲热讽时,不要泄气,也不要怨恨,只有拼尽全力才能获得成功,这才是对那些人最有力的反击。不因为命运的垂爱而停止不前,不要因为一时的厄运而灰心丧气。真正强大的人,善于从一帆风顺中找到不足的地方,在逆境中看到光明,时时针对自己奋斗的目标做出调整,人生的不幸也会是你取得成功的一个新起点。

第四节　转换心境看成败

山不转路转，境不转心转

经常爬山的人，心里都很清楚“山不转路转，路不转心转”的道理，禅宗中也揭示过类似的道理，“山不转路转，境不转心转”，所有的景象都是生于人的内心，心是最好的画师，能够勾勒出生活中多姿多彩的景象。

“芭蕉叶上无愁雨，只是听时人断肠”。心的外面可能正是阳光明媚，自己的内心可能是一片乌云密布，甚至没有任何阳光可以照进心中的缝隙。人在快乐的时候，“绿杨烟外晓寒轻，红杏枝头春意闹”；当一个人心情不好的时候，“泪眼问花花不语，落红飞过秋千去”。因此，生活如意与否，常常只是在于一个人一时的心境。

在人生的道路上，有时候只有一路向前才能实现自己的目标，有时候要经过很多的曲折才能达到。应该向前直走的时候你不直走，这就会错失好的机会；应该转弯的时候你不转弯，这就是典型的不懂得退后。人们常常会纠结于某种念头而不放手，不达目的誓不罢休，却经常忽视了人生道路上原本就有很多的岔路口，适当地转弯说不定可以见识到不一样的美丽景色。

我们常说的“方便有多门，归元无二路”，在人生的道路上，只要能够到达自己的目的地，又何必只是死死地守着一条路呢？

两个在生活中遇到不幸的人，一起去拜望一个禅师。“老师父，我们两个在办公室被欺负了，心里非常痛苦，希望您能开导开导我们，我们是不是需要辞掉我们的工作呢？”两个人异口同声地问道。禅师紧闭着双眼，隔了半天，只说了五个字：“只是一碗饭。”然后挥了挥手，让两个人离开了。

回到公司后，一个人辞职，回家去种田了，另一个人却没有辞掉工作。日子一天天过去，不知不觉中10年过去了。那个回家去种田的人，凭借着现代化的经营方式，加上品种的不断改良，摇身一变成了一个农业能手。另一个继续待在公司的人也混得不错，他忍气吞声、努力学习，慢慢地受到了器重，也成了一个出色的经理。

有一天两个人碰头了，谈到自己的近况时，不自觉地感慨起来了。

“真是奇怪啊！师父给我们说了同样的话，我一听就明白了，不就是一碗饭而已嘛！日子有什么难过的呢？又何必死死地待在公司呢？因此就辞职了。”他问另一个人：“你当时怎么没有按照师父说的去做呢？”

“我也是听了的啊！”经理笑着说，“师父说道‘不过一碗饭’，多忍受一些，我只要是想着‘不就是为了混一口饭吃嘛’，老板怎么说就怎么做呗，少赌一些气，不要计较太多，就行了！师父说的不就是这个吗？”

两人非常不解，就又去请教禅师，禅师已经老了很多，还是闭着眼睛，隔了一会，又只是说了五个字:就是一念间。之后,又挥挥手……

在同样的指导之下,两个人却选择了不同的生活方式,一个选择继续往前,在以前的公司继续奋斗,最后成为了经理;另一个人则是选择换一条道路,从其他的地方寻找着自己生命的价值。

就是一念间,从表面上看他们都脱离了以前不如意的生活,获得了生活中的快乐,但是仔细想想,他们的心境仍有很大的差异:农业专家从自己以前的痛苦中解脱了出来,重新认识了自己;可是另一个看起来很是轻松,却始终没有掌握到主动权,只是他已经主观地把自己的心情给忽视了。

在禅宗的智慧中,学会转弯是一种很是高妙的艺术。我们常说的殊途同归,如果人活着就是为了找寻生命中的快乐与幸福,又为何非要走那一条路呢? 适时学会转一个弯,虽然说不上是绝处逢生,却也能够在另一个地方看到更加美妙的风景。

在战场上,有时候需要没有顾虑地向前冲,有时候也需要用上迂回战术;开山辟路,要想达到顶峰,就会有各种各样的转弯,没有迂回,就不能一直往上。在人生的直道上学会转个弯,即使是道路十分崎岖,前途难料,但是曲径通幽处,还是会有另一番天地的。

心灵的富足

懂得心灵的富足也是一种难得的美,这是一种发自内心的快乐,是一种在生命中融入了诗意的壮举。

获得心灵的富足才是生命中最大的满足,人的一切追求都应该以追求心灵的满足为最终的目标。这并不是说我们不可以去追求一些物质上的东西,任何的物质追求都要回归到心灵层次的富足上才有意义。在我们的物质需求得到满足之后,不管是什么追求要是没有了更高的追求,最终都会变得无聊和空虚。

我们每个人都有过这样的经历,在物质富余的今天,我们会觉得不知所措。酒喝多了会吐,饭吃多了肚子会很胀,肚子里有了太多的油水之后会变胖,人要是不劳作的话会生很多病……人类的很多疾病就是因为物质太丰富了。当一个胖胖的人牵着一条胖胖的狗经过的时候,有人会为胖人觉得很痛苦,也替这只狗感到痛苦。

它原本是可以健康地在田野中奔跑的,追逐着野兔或是白云,现在却是一副连路都走不动的情况。这条狗成了物质过剩的牺牲品,和它一起牺牲的还有它本来可以拥有的幸福生活。此外,当我们物质过于丰富的时候,我们在面对选择的时候就变得迷茫了。女人在装满衣服的柜子里千挑万选,不知道应该穿哪一件;男人们在满桌的酒菜面前看来看去,不知道从哪里下筷子;这些事情都让人觉得很头痛。

在我们小的时候就只有那几部电影,看过去看过来就是那几部,却是我们童年时候最美好的回忆;现在的孩子可以接触到不计其数的光碟,几乎每天都会出一部新片,但是长大后对儿时却没有什么特殊的回忆。这样的表达并不是对物质的丰富感到不满,但人们应该采取一种正确的态度来看待,以便在物质日益丰富的同时心灵也感受到满足。

就算不是物质上的东西,如果最终不能让心灵有所满足的话,也是会让人觉得很空虚的。当我们在和朋友谈天说地时,常常会由朋友们所带来的思想和看法而感到十分快乐,但是如果一帮人天天讲的都是一成不变的内容,听着相同的打趣,你会因为很是枯燥而不再参与。心灵对思想的渴望就像人在沙漠中对水的渴望一般,是对生命的一种不懈的追求。

当我们在上班的时候,我们可以采取两种完全不同的态度,一种就是把工作当成是维持生活的一种工具,只要每天都工作了八个小时,能拿到工资就行了;另一种态度就是争取在工作中获得快乐,能在工作中学到一些新的东西,迎接生活中新的挑战,实现自己的梦想从而实现心灵的满足。

要是我们用第一种态度去工作的话,我们会觉得工作越来越乏味,最后就不会觉得有成就感,唯一剩下的就只有无尽的失落和痛苦。

每当我们在做一件事情的时候,我们都要问一问自己,我们最后能够得到应有的满足吗? 要是回答是否定的话,我们就可以不用再去做这件事了。要是我们能够很好地区分心灵的满足和对自己虚荣心的满足的话,心灵的富足是长时间的,而虚荣心的满足就是很短暂的。人们互相攀比,今天你开了宝马明天我就要开奔驰,你戴着浪琴的话我就要戴劳力士,比别人好能够带来一时的满足,这仅仅只是虚荣心得到的满足。

追求虚荣心的满足常常会产生一些不好的后果。中国人把面子和虚荣看得很重,不管什么东西都追求表面上的光鲜,结果让自己活得很痛苦。最好的例子就是现在的年轻人结婚时都讲求一个排场,要租高级的汽车,到五星级宾馆吃饭,到头来因为欠下了大量的债而导致两口子吵得没完没了。是不是追求自己心灵的富足和自己小时候的接受的教育紧密相关,教育能够让追求逐渐变成一种习惯,比如说举办的向雷锋同志学习的活动,就出现了一批能够时时为人民着想的好人。

但是现在上学的学生,受着现在社会大环境的影响,整天讨论的话题就是谁家的房子更加豪华,谁的父母官比较大,谁穿的是名牌,谁的手机更高档。在这样的环境下长大的孩子,很容易就成长为迷茫空虚的一代。

追求心灵的满足还有一个标准,如果对一件事情越喜欢,常常能够很好地引导你追求心灵上的满足。当然这也需要排除那些可能会上瘾的事情,最后很可能却把人给毁掉了。我们一心读书,通常情况下就会越来越喜欢读书,因为在读书的时候,我们的心灵觉得很是满足;当我们远游四海,就很有可能会一天天喜欢到处旅游,因为在远游的途中,我们能够让自己的心灵得到满足。我们为何要奔向大海? 因为大海的广阔可以让我们的心灵感到更加满足;我们为什么要向着高山奔去? 因为我们能从高山的险峻中得到心灵的满足。

有一个喜欢收藏古董的人,倾尽了全部的家当,却生活得很是满足,因为他每次看到自己的收藏品时都开心地笑出来,这就是心灵上的一种富足;有一个每年都会去青藏高原旅游的人,基本上把全年的收入都花在上面了,可是每次回来的时候都像是一个不谙世事的人,什么都没有、全身轻松,这也是一种心灵上的满足。

心灵上的富足也是一种美,这种美是来自内心深处的一种知足,是一种赋予生命诗意的壮举。

生活中最能让人觉得幸福的就是满足了。满足可以来源于最简单的事情,任何时候都会出现在你的面前。只有自己掌握着自己满足的权利。实际上,满足就是在自己投入的事物上多花一点时间——太阳西下,湖光潋滟,你和心爱的人十指紧扣,共同欣赏眼前的美景。把自己的心灵放空,尽情享受着此刻的满足,那些意外的幸福也会填充着你的生活。

风景不转心境转

1082 年,苏东坡在回家的途中遇到了大雨,没有带雨具,一般的人可能会用狼狈来形容,雨声和竹林的碰撞制造出了巨大的响声,让人觉得很是寒心。不愧是苏轼,写出了人们喜爱的一首宋词:

"莫听穿林打叶声,何妨吟啸且徐行。"不是不听,而是默默地听。

不听所表现出来的那种坚决,就需要凭着自己的意志力,跟雨声坚决抗衡着,不要听,意味着你还是可以选择去听的,但是声音也是身外物,你的心可以选择不用在意不用听到,听不见,用一个"莫"字形容,境界就会随之变得更加具有自主性了。

那可以算得上是一种优哉游哉的状态,反正我们都没有能力去改变自己这么落魄的下场,还不如唱起当时流行的歌曲。不能改变的事情，就学会顺其自然吧。

苏轼当时身边只有竹拐杖，脚穿《倩女幽魂》中的那种草鞋，全身都湿透了，没有坐骑，只能步行。但是他却说："竹杖芒鞋轻胜马，谁怕？"从自己的自嘲中来寻找娱乐点，在大雨中拄着拐杖穿着轻便的草鞋，比骑马还来得更加轻便一些。

大雨停下来了，他作出了词的高潮部分。

"回首向来萧瑟处，归去，也无风雨也无晴。"其中境界稍微低一些的是，这下好了，雨也停下来了，身上也干了，雨过之后总会看见天晴的，做人没有必要在逆境中将自己变凌乱了。苏轼的境界更高，雨也可以不是雨，在逆境中可以凭借自己的心境寻找快乐，这样一来，晴天也可以不是晴天，万物的变与不变都和每个人的心境有关。

这几个字所表现出来的境界，可以当作我们在变化无常的世界中的口头禅。

在日常的生活中，不管给了我们多少物质上的满足，始终会有人觉得不满足。没有幸福感的人，总是容易老去，把生活的意义抛在脑后。

事实上，幸福只是内心的一种感觉，虽然有很多外面的因素，但更大程度上还是取决于自己的内心。

平和的心是金

建造金字塔的人，并不是奴隶，而是一群快乐幸福的人！这是瑞士著名的钟表匠塔·布克第一个作出的推断。在1560年的时候，当他在金字塔游玩时，就作出了这样的推断。因为他发现无论他在监狱里采取什么样的活动，都不会让他制造出日误差少于1/10秒的钟表。但是，当他是在自己的作坊的话，这就是可以实现的。

当一个人受到过分的指导和监督时，就不要去期待着会发生什么奇迹，因为人的能力只有是在身心处于一个和谐的状态的时候，才能发挥出自己的最佳水平。像金字塔这般浩大的工程，被建造得如此精细和完美，各个环节的衔接都是那么好，它的建造者一定是心怀虔诚的快乐的人。很难想象，一群整天只知道怎样偷懒和反抗的人，能让巨石之间衔接得如此的天衣无缝吗？

平和心十分宝贵，要想把工作做到最好就必须要有一颗平和的心。在配送卷烟的过程中，要是有了一颗平常心，就能够拿下各种各样的零售商，能够准确地把每天的收款和发货工作做得很好。面对客户们的抱怨，也会很有耐心地去解释，当一个人在心情不好的时候，当客户有什么不满的时候，我们的态度也不会很好的。

平和心也是对安全的有力保证，只有有了一颗平常心，才能有好的精神去开车，让自己有一个平和的心情，力争做一个快乐无忧的人，才不会去争那一分一秒，才能做到小心谨慎地去开车，细心地去观察，把交通安全准则牢记于心。急躁对于驾驶来说是万万不可的，一旦驾驶员变得急躁的话，头脑就会变得不清楚，把安全二字抛到脑后，出现危险驾驶的情况。

时时都有一颗平常心，可以保证我们明天都有好的心情，干起工作来的时候也会精神百倍，和客户沟通起来也会更加有耐心，才能很好地说服客户，实现自己的目标。如果对现在的工作表示很不满的话，和人交流的时候态度就不会很好，我们服务的水平肯定达不到客户的要求，只要有了一颗平常心，有舒畅的心情，才能够做好数据的统计和分析，准确地测算出客户的销售业绩，把预约订单做得更好，要是带着烦躁的心态去工作的话，那么数据的测算也会出现各种各样的失误，一旦出现错误就会到处出错，错误也越来越多。

拥有一颗平常心，努力做一个快乐的人，在身心保持协调的情况之下，才能用正确的态度去看待生活，发挥出自己最好的工作水平。

生活中，越是能够保持一颗平常心的人，就会生活得更加幸福，而那些整天都想着去算计、患得患失的人则会经常陷入苦闷之中。

快乐是心中一种很特殊的感受，只要是快乐真实地存在的话，不管是高雅还是庸俗，都会让生活过得丰富多彩，也不用花过多的心思，你会觉得生活本来就很好。比方说，不管你的本事是大是小，有很多的朋友，会有很多可以做出成绩的机会；你有了爱情的滋润，有了家庭的温暖，也有属于自己的精彩的故事，你的心中总会有一些期许，会收获一些有趣的故事，甚至是一个小小的消息、小小的话题、小小的现象都会让你觉得很开心。这种兴奋可能有一些俗气，让人看不上，或者是根本就不值得。只要你是真正投入地去感受了，也就足够了。

学会简单生活

幸福究竟是什么？只有简单的生活才能孕育幸福。文明只是一个外衣，成就、钱财都只是外在的一些东西，发现了独特的自我才能感受到真正的幸福，保持内心的宁静。

简单生活是不是就是像苦行僧般的清苦的生活，抛弃报酬丰厚的工作，靠着很少的存款维持基本的生活？这完全是对简单生活的一种错误的认识。简单是一种悠闲，就是这么简单。大量的存款，要是你喜欢的话，就不要让它失去，最重要的是要保持收支平衡，不要让金钱让你觉得焦虑不已。不管是生活在社会高层的人，还是生活在社会底层的人，都能够生活得舒心安逸，在过简单生活这一点上没有等级和身份的区别。

在这个时代，并不是每个人都需要像梭罗一般带着一把斧子到森林里去生活，才能够体会到闲适安逸的感觉。关键在于我们用什么样的方式对待我们的生活，在于我们是不是能够抵制住这个社会向我们灌输的“财富中心论”，我们怎么在现实的生活中挖掘生命的意义。

我们所说的简单，是能够化解外界的浮华喧嚣，回到内在真实自我的唯一的办法。当我们为未来有一幢美丽的别墅、一辆豪华的小汽车而没日没夜地工作的时候，每天只能疲惫地躺在电视机前时；或是为了得到一次小小的晋升的机会，默默地忍受着上司对自己无理的苛责，时时刻刻都要保持笑容；为了参加数不尽的约会，精心打扮，勉强自己笑笑，到最后只有自己孤单的一个人，我们真的需要好好问问自己：为什么要这样，那些东西值得我们这么做吗？

简单的好处就是：或许我们并没有豪华奢侈的别墅，只是因为租到了一套洁净的公寓，这样一来我们就能够节约出不少的钱来做自己喜欢做的事情，比如说去旅游或是买下自己喜欢的手机。我也不用在上司的面前活得低声下气，我是自己唯一的主人，我可以通过很多方式来证明自己的能力，很多人都是从事的半日制的工作或者是自由职业人，这样他们就对自己的生活有了更大的支配权。要是不是那么忙的话，就能把那些不太重要的应酬给推掉，可以和家人朋友们好好交谈，共同度过一个美丽的晚上。

我们总是过分重视物质的多少和外表形象的好坏，用金钱、精力和自己的时间去换取一种优越的生活，却丝毫没有察觉到自己的内心变得越来越空虚。实际上，只有那个真正的自我才能让人焕发出光彩，当你是为自己的内心活，抛开外界的一切虚荣，你才会觉得很是幸福，就仿佛是甘甜的雨露滋润着干枯的大地。

我们想要得越少，就会得到更多的自由。就像梭罗说的：“大部分豪华奢侈的生活，并不是必需的，反而可能会阻碍人类的进步，对于豪华和奢侈，有思想的人更愿意过凄苦无比的生活。”简单的生活有利于让物质和生命的本质之间的距离更近。为了更好地认识它，我们必须首先清楚生活中的嘈杂声，正确地看待我们生活中出现的一切。有哪些是我们生活中必不可少的，又有哪些是必须要丢掉的。

让舒畅多一些,焦虑少一些;让真实多一些,虚假少一些;让快乐多一些,悲苦少一些,这就是简单的生活应该具有的状态。物质生活的简单往往能够让我们的内心世界变得更加丰富,我们将会意识到我们面前有着另一种新的生活;我们会变得更加敏锐,我们能够更好地理解我们的生活,我们会因为一次花开、一次日出而感到无比开心;我们将重新面对我们珍爱的人,展现出一个真实的自我,和家人朋友友好地相处,关心彼此,分享快乐,真诚地对待他人。

到那个时候我们就会发现,我们觉得和他人之间的距离,因为存在的隔阂而不能很好地沟通只是疲惫等造成的假象。只有我们让自己身心放轻松时,过上了简单的生活才能够真正体味到亲密和友爱。我们不再只是生活在生活的表面,而是深入其里,去聆听生活最本真的东西,让生活更加充满意义。

爱丽丝是美国简单生活的积极倡导者,她用通俗易懂的语言讲述着什么才是简单的生活:简单生活并不是吝啬,也并非苦行僧,简单也并不需要回到田园,简单也并不意味着什么都不做,简单指的是回到心灵最初的那种纯净和轻松。简单生活是经过了认真地思考之后,呈现出一个真实本来的自我,过上一个目标明确的生活,是一种很丰富、健康、和谐的生活方式。

我们要从自己的内心世界出发,在衣食住行等各个方面都能把握一个适当的度,从而实现简单地生活,寻找自己内心世界的一个平衡点,可以实现真正的简单生活。

生活中本没有烦恼

曾经有一个心理学家做过一个很有意思的实验。他让参加实验的人在星期天的晚上,把在未来7天中可以预见的烦恼都记下来,然后放进一个大大的箱子里。

4周的时间过去了,他当着这些实验者打开了这个箱子,一个个和实验者核对他们当初写下的烦恼,结果发现其中的大部分并没有发生。

他又让他们把剩下的还是烦恼的事情再一次丢在箱子里。3个星期以后,当他打开箱子时,发现那些烦恼已经不复存在了。

于是他得到这样一个结论:大多数的烦恼都是人们自己想的,都是自寻烦恼。根据他的统计,一个人忧虑的构成中有40%是属于过去的,就是纠结于已经过去的事情;属于未来的占50%,即是未来那些不确定给人带来的烦恼;仅有10%是来源于现在的。那些忧虑的事项中有高达92%的事情根本就没有发生,而且也是不会发生的,剩下的小部分烦恼就是人们可以自己克服得了的。

一个医生曾经说过,有80%的病,是属于那种即使没有医生的诊治也会好的。同样的,我们遇到的80%的烦恼,在睡了一觉之后就会好很多了。美国的一个学者曾经说过:“担忧在工作中的危害是很大的,因为担忧的人比认真工作的人要多得多。”也有人说:“忧虑就好比是流经心灵的涓涓细流,要是水势过大的话,就会形成河流,把心中的想法都给驱逐走了。”

因而,不要为没有发生的事情过分担忧,不要让自己总是在忧虑中。要坚信所有的烦恼都会结束,就像很多病即使不医治也会好一样。要用一种超脱的态度去看待让自己担忧的事。与其说为明天担忧,还不如全身心地把今天的事情做好。因为忧虑并没有什么作用,要发生的事情注定都是会发生的,那些还没有发生的事也不要去担心它的发生。忧虑太多,不仅会给自己带来不小的压力,还会影响到周围的人。给生活带来了不快乐的并不是忧虑本身,并不是那些你担心会发生的事情。

人常常就是这个样子,很多的不如意其实都是自找的。实际世界上并没有这么多的事情,其实只是庸人自扰而已。只要想透了心里就没有石头。要是你还是想不开的话,就和那些不如你的人比一比,不妨让自己做一回阿Q!

第九章

包容中的忍耐功夫，百忍成金

第一节　不经寒彻骨，哪来扑鼻香

人生在世，能忍则忍

人生不如意事十之八九，在这变幻无常的世界里，要想活得精神，其中首要的一条就是善于忍。

忍是人生的一种大智慧。古今中外胸怀大志、高瞻远瞩之人，无不以大度为怀，不为琐事所牵绊，他们拥有忍耐的优良品质。相反，鼠肚鸡肠、竞小争微、对于只语片言也耿耿于怀的人，是难成就大业的。

有个小池塘里面住了一只乌龟，芦苇丛中的两只雁鸟是它的好朋友。后来发生旱灾，池水渐渐干涸，乌龟无法支撑下去了。岸边的两只雁鸟看到这种情况，很同情乌龟的遭遇，想帮它迁移到另一个有水的地方。

最后，它们终于想出了一个好办法。它们找来一根树枝，叫乌龟衔在口中，两只雁鸟各执一端，并交代乌龟在未到达目的地前千万不能开口说话。

乌龟听后非常高兴，马上答应了。当它们飞到一个村庄的上空时，忽然被一群孩子发现了，他们吃了一惊大喊道："乌龟被雁鸟衔去了，大家快来看呀！"

嘴巴紧咬树枝的乌龟，听到下面孩子们的叫声后，觉得自己很受侮辱，心中愤愤难平，于是忍不住开口解释。

乌龟刚一张嘴就开始跌落，最后，它摔在坚硬的石头上，摔得粉身碎骨。

天地间没有十全十美的事，盛极而衰，正如花开满枝时便注定会有落花飘零的情景。因此，要居安思危，在大难当头时要百折不挠，追求最终的成功。

与小人相斗是最不明智的，与其与狗争道被咬伤，还不如让狗先走。因为即使你将狗杀死，也无法治好被狗咬的伤。

教养是没教养之人的第二个太阳。

人生在世，当忍则忍。喜欢逞一时之强，图一时之快，不考虑后果，忘记自己的身份及所处的立场，不清楚自己最终要干什么的人，往往吃亏的是他自己。

学会忍耐，磨难变财富

不管是多么成功的人，也会有不开心的时候，也会有灰心丧气的时候，也会遭遇到困难与挫折，但是这些人不会太在意这些逆境的，而是会把它们看成是不完美的结局而已，他们会坚持下去，坦然地去面对，不断积累经验教训，直到取得最后的胜利。

李嘉诚的财富也是一点一滴积累起来的，比尔·盖茨的家产也不是轻易就得来的。他们都是经历了生活严厉的考验，都经历了生活中的不顺。在默默的忍耐中，积蓄力量，最后获得成功。

比尔·盖茨与保罗·艾伦一起从哈佛退学经营微软公司的时候，遇到很多困难。公司规模不大，BASIC（全拼为 Beginners' All purpose Symbolic Instruction Code，主要适用于初学者）并没有引起预想的轰动效应，IBM 以及当时的苹果公司根本就看不起微软。但比尔·盖茨并没有被这些困难吓到，他在努力摸索着。在推出 Windows'95 之后，比尔·盖茨终于闻名于全世界！

经营商业本来就会遇到各种变数，会遇到很多困难，古今中外的商业奇人，都不可或缺地拥有超人的忍耐力，财运与磨炼是成正比的。如果缺乏能屈能伸的气度，只求面子上的好看，这样钞票就会在你眼前白白地溜走。商场的忍耐推广到生活中，便是通往成功的道路。不要畏惧磨难，成功与否就要看你的忍耐力，做到心态隐忍，这样，成功就会降临。

是什么让拿破仑在困难中脱颖而出叱咤风云？是什么让光明常驻海伦心中？这两人的共同点就是他们经受了很多的磨难，成长伴随磨难随之而来。恰恰因为这样，这些伟大的人没有惊慌，"泰山崩于前而色不变，猛虎趋于后而心不惊。"

依靠轮椅生活的张海迪翻译完成了《海边诊所》这部国外名著；双耳失聪的贝多芬，完成了《命运交响曲》这样的传世之作；深处困境的陈景润，论证了哥德巴赫的猜想；既盲又聋又哑的凯勒，为我们留下了鼓舞所有人身心的佳作《假如给我三天光明》。这些伟人的经历，鼓励着那些被苦难折磨的人们，奏响了与命运抗争的激昂凯歌。

太过安逸的环境只能逐渐消磨人的意志，造成一无所成的结局。要实现自己的梦想就必须勇敢地与命运抗争。

磨难的作用不仅适用于文人学者，对市井商人同样适用，对于勇于忍耐之人，任何磨难都是一种帮助。温州人的赚钱能力很强，最重要的原因就是他们的超人的忍耐力。他们在赚钱的过程中忍受了各种痛苦：远离故乡亲人的思乡之苦；各种脏累活都不嫌弃所受的身体之苦；遭受讽刺白眼挖苦嘲笑的心境之苦……

要想成就大事就必须学会忍耐，不仅要忍耐各种艰辛，更要忍耐时时的不如意。如果已有赚钱、创业、成名的愿望，你首先应该思考一下自身：面对各种折磨，你是否拥有承受困境与磨难的忍耐力。因为，创业中会遇到更多的困难、挫折、痛苦以及孤独，即使这件事并非如你所愿，也要把自己的情绪管理好，否则，很可能之前的努力将付之一炬。

人生不是一帆风顺的，机遇也不是从天而降的，有时反而是在逆境中会遇到更多的机会，对人的一生造成改变，因此，一定要拥有忍耐逆境的坚强心性。虽然磨难很苦，却是人生不可或缺的财富。

感谢折磨你的人

罗曼·罗丹曾说："任何人都要有忍耐困境的耐力，利用这种耐力来奋发向上，这样的人才会成功。"面对命运的挫折磨难，有的人会脆弱委靡，也有的人会坚强冷静。忍耐至上，命运就在你自己手中。

不管你多么富有，或者权力多大，总不可能一帆风顺，那么，当你遇到从未有过的困难时，你是以忍耐来适应，还是愤怒抱怨，通过怀疑自己来逃避？很明显，成功之人必然会选择前者。

艾柯卡在美国汽车业位居翘楚，他曾经供职于国际汽车业巨头——福特公司。由于其才能卓越，艾柯卡的职场生涯风生水起，最后位居福特公司的副总裁这样显赫的位置。然而这样的好景不长，福特二世在艾柯卡风生水起之时将其职务解除了，原因是由于艾柯卡太过成功甚至超越了自己的名望，他怕自己的公司有一天会成为艾柯卡名下的财产。

功高盖主便是艾柯卡"牺牲"的主要原因。他的人生突然就跌进了从未有过的困境，他认真思考了自己走过的人生，最终做出了决定，选择离开。

从福特公司离开后，艾柯卡来到了当时在美国汽车业位列第三的汽车公司——克莱斯勒公司。对此很多人都不理解，因为当时的克莱斯勒千疮百孔、濒临倒闭。艾柯卡完全可以有更多更好的选择，因为有很多世界知名的公司都派人与艾柯卡进行接洽，但都被艾柯卡谢绝了。事实上，艾柯卡存着这样一种信念——从跌倒的地方爬起来！他要让全世界包括福特二世知道，失去艾柯卡是他们一生的损失！

在克莱斯勒公司上任后，艾柯卡勇敢地进行了大规模的改革，涉及人员以及机构设置的各个方面，为公司节省了很多不必要的经费。经过整顿，企业变得更加精简了。另外，艾柯卡运用天生的商业敏锐力，准确地掌握了人们的消费心理，充分利用有限的资金，通过市场调查，他迅速地推陈出新，与福特、通用形成三足鼎立的局面，用自己的能力书写了美国汽车史上的一个神话。

在这时，福特二世后悔不迭，但后悔已经太晚了。在1983年的美国民意测验中，艾柯卡成功地被选为"美国工业部门的掌控者"。1984年，盖洛普接受《华尔街日报》委托调查"最令人尊敬的经理"，艾柯卡名列榜首。就在这一年，克莱斯勒公司获得24亿美元的盈利。

给予你苦难的人，也有可能是成就你的人。事实上，你只有感谢自己曾经经历过的磨难，这样才能真正体会忍耐的含义、生命的意义；你只有宽容了自己不可宽容之人，才有可能拥有远大的目标，从而真正认识自己……

能忍之人才能有所成就，只有内心具有圣人的才德，在外才能实行王道，做到柔韧才能实现刚强。有磨难到来，不能随便就生气抱怨，先想想磨难的来由，才可以想到对待的方法。

狂风暴雨会对禾苗的生长造成影响，但禾苗要成熟也必须经历这些。当你遇到折磨你的人时，恰恰说明你获得了成功的机会。当然，你的忍耐力很重要，对那些肆意的折磨与侮辱淡然接受，能忍一时之苦，方可享一世之甜。

忍耐让生命更具张力

如果把人生当作一场表扬，那么要想表演拥有内涵，表演就必须拥有张力。就是因为张力的存在，水珠会变得更加有活力；拥有张力，人生才会拥有困境之后的成功。上帝赋予我们生命，关键在于你怎么使用。如果你的忍耐力足够，能够忍一时之苦，对不利的境况善于适应，这样，拥有张力的人生就将属于你，那么你的这张支票就将拥有最大的价值。

台湾著名作家柏杨一度脾气特别暴躁，是个尖锐、激进的人。1979年，因为"美丽岛事件"，他进了监狱，1984年才获得释放。他彻底地被这5年的牢狱生活改变了。"谦谦君子"成了他的代名词。这些改变震惊了他身边的人："柏杨现在懂得同情别人，为别人考虑，与以前完全不同，以前总是动不动发火。"

事实上，柏杨也有过怨恨、绝望，在他后来对狱中生活的回忆中讲道：怨恨也曾经充斥着他。他在那些日子里经常失眠，经常在咬牙切齿的愤怒中惊醒，这种状态持续了 1 年之久。后来，他明白了自己不能一直在这种状态中生活，否则，他可能死在自己手中。

想通这些之后，他淡然了，开始大量地研读历史传记，读了 3 遍《资治通鉴》。这些历史书籍改变了他，书籍告诉他：个人只是历史长河中的一滴水，人生在世本来就会经受多于幸福的苦难，每个人都经历着成功、失败、欢乐、忧伤，只要爱心、美感与理想在心中长存，磨难就可以转化成为推动人生的动力，让自己的人生更具张力。

明白这些道理之后，柏杨发现自己的心境变得平和，思路变得开阔，3 部史学巨著就是他在这段牢狱生活中完成的。

任何人想要成功，就必须能够忍常人之不能忍。忍耐能够磨砺心灵，充盈生命。拥有何种人生，关键都在于自身。上帝是非常公平的，将另一种获取人生幸福的方式赋予你，你如果明白了这一点，成功和幸福就将从此到来。

人生是坎坷的，所有人都不可避免要遇到各种磨难。从至高点走下坡路是必然的，这时的你需要坦然面对，平稳心态，坚强地忍耐各种的挫折，这样在你经历过这些磨难过后，成功便离你不远了。

忍辱负重，方成大业

“生当做人杰，死亦为鬼雄。至今思项羽，不肯过江东。”宋朝著名女词人李清照这样歌颂西楚霸王项羽，诗中不乏豪情壮志，但却也透露着一种英雄气短的悲哀。想象一下，假如那时项羽能够忍耐一时的失意，重整旗鼓，很可能历史就会大大不同。

一代帝王刘邦，则深谙“忍”之真谛。为了将来的前程，刘邦忍住了浮华和屈辱的考验。恰恰是这些品质造就了他的胜利。王室动乱，造成了秦军士气的下降，刘邦的招降之举正好符合了众位将士的心意，项羽被刘邦的西征军已经接近武关的消息搅得心慌意乱，焦急万分。章邯被招降后，项羽没有了障碍，率军火速攻向函谷关——这个号称关中盆地东大门的地方。

刘邦大军于十月到达灞上。这时的咸阳对于刘邦的进攻没有丝毫的抵御能力，子婴不战而降，秦王朝就此退出了历史。

刘邦在攻破咸阳之后，称霸天下的野心以及夺取天下的信心早已埋藏在了他的心中。同时，接踵而来的各种诱惑，不断侵袭着他，使他忘乎所以。他年少时曾经口出狂言：“男人就应该这样。”所有的一切对于自己来说是这样的唾手可得。

一介草民进城后，不断袭来的各种诱惑，让刘邦有些得意忘形。经过张良等人的劝说，考虑到更加长远的将来，刘邦再一次忍耐了下来。

一个“忍”字成就了刘邦，是它帮助刘邦打败项羽成就了大业。项羽在民心方面远不及刘邦。他生性好战，无论对方归降与否，一律格杀勿论，一夜之间，秦国 20 万降军被项羽全部杀害。这样残暴的行径让秦国人对他恨之入骨。

秦国兵士被项羽残杀，而刘邦却和秦国的人民许下了承诺，两人的做法形成了鲜明对比。刘邦就这样轻而易举地夺得了秦国子民的拥护，项羽勇猛有余，但是无法胜任一国之君。在这一点上，二者相较明显是刘邦更胜一筹。然而刘邦没有 直忍下去，仍然没有能够抛下咸阳的往事，这对他来说是一个致命的错误。

之后，鸿门宴上的刘邦又一次向世人展示了他超人的忍的功力。经过这场心理战，结局不言而喻。刘邦知道项羽进攻的消息后，用自己的谎言取得了项羽的信任，为自己争取了一条生路。项羽自大轻敌，他一点都看不起自己的这个部下。他不认为刘邦能够打败他。刘邦斗勇不行，但是智取是他的长处。

项羽的悲惨命运由此展开。从勇猛方面来说，项羽远胜过刘邦；论智慧，胆识与智慧集项羽一身；项羽在实力上也很强，自有傲视一切的霸气。然而缺乏忍耐，导致全盘皆输，最终失败，可见，一个忍字功夫了得。小不忍则乱大谋，忍辱负重，这样一来可以帮助自己脱离困境，同时也可以磨炼意志、毅力，能够为日后的奋发图强建立坚实的基础。如果不能忍受的人，就必将为自己的急躁付出代价。

委曲才能求全

通常，短暂的败退根本决定不了一件事最终的成败。反之，它会积蓄力量准备下一次的进步。人生于世一定要有勇于后退的勇气，以退为进，进退得当。委曲求全非常重要，要坚信不如意的事情不会是永远，它终将成为过去。

委曲求全这四个字凝结着古人对生命的感悟，通过委曲才能消除怒火，失败的概率才会下降。

赵像是明朝安素生人。宣德年间，他一度任松江知府一职，在职期间赵像无微不至地关心百姓疾苦，受到了百姓们的一致好评。赵像在处理公务方面有一个很奇怪的习惯——“明日办”。他在处理官司纠纷时，一旦事情不是非得及时解决不可，他总是劝说大家明天再来。最初，人们无法认同他的这种态度，骂他拖拉懒惰，私下还用“松江知府明日来”这样的白话来嘲笑他，甚至背地里称呼他为“明日来”。

赵像生性宽厚，闻得这个称呼，淡然处之，从不追究讽刺他的人。正由于他和蔼的态度，对待下属也总是和蔼可亲，因此，那些下属有什么话都会告诉他。

终于有个下属问他说：“你这么做的理由是什么呢？这样有损您的名誉啊。”赵像对“明日来”的好处作了阐释：“很多来我这里打官司的人，都是带着一时的愤怒而来的，而冷静下来后，又或者在经过别人的耐心劝解之后，也就消气了。官司根本没必要打，这样就会少了很多不必要的纠纷。”

赵像这样做非常好，即使让人觉得自己懒惰拖拉，但人们一时的愤怒却可以消去，平息了官司，缓和了百姓之间的关系，这就是我们所讲的：“委曲求全。”

“冷处理”各种事情，这样可以使情绪得到缓解，从而更好地解决问题。“明日来”这种处理打官司人纠纷的方法，与人的心理规律完全切合。过了一晚后，当事人情绪不再激动，这样才能冷静地对待所遇到的事情。在冷处理中蕴涵着大智慧，将这种智慧用于生活，就会化解很多纠纷。

这和跳高、跳远非常像，首先要后退以能够有个缓冲，这样在起跳时才能将冲击力发挥出来。生活也不例外，向后退一步，正是为了能够更快地前进。委曲一时安然一世。暂时忍一忍，于人于己都不是坏事。遇到不顺心的事，退一步海阔天空。生活中，不管你能力多强，心性多么无情，总会有人在这些方面远胜于你，比你更加无情。相比之下，何不暂时隐忍，过后再想办法。

纵观古今，运用这条原则为处事原则之人不少，伸张自如，退后一步对于最终成大业者是非常普遍的，也只有这样才成就了事业。暂时退让，即使行事不利于自己，但轻松、潇洒的感觉会油然而生，自己的心中，也就有了足够的前进的心理准备。

切莫感情用事

《增广贤文》这部经典书上曾这样写道："酒是穿肠的毒药，色是剐骨的钢刀，气是下山的猛虎，怒是惹祸的根苗。"怒火会如决堤的洪水般让人失去处事的理智，从而做出不可思议的蠢事，有时甚至为自己招来祸端。

脾气暴躁是张飞的特点，经常动不动就发火。当关羽败走麦城而丧命时，他气愤至极，发誓要帮关羽报仇。

张飞在军中下令，命令他们在三天之内准备白旗白甲，准备攻打吴国。第二天，张飞收到末将范疆和张达的禀报："您要的东西，我们一时做不好，必须再等几天。"张飞咆哮道："我报仇心切，几乎等不到明日就想打到逆贼的地方，你们连我的命令也敢违抗！"说罢，便下令将二人捆绑起来，鞭笞各人各50下。

事后，张飞还是没有消气，暴跳如雷地说："最迟到明天必须一切准备妥当！若是超过了期限，我便杀了你们二人泄愤！"浑身是伤的二人回去商量，范疆说："受罚倒是小事，但怎么才能够在这么短的时间内准备好所有的东西呢？张飞脾气暴躁，如若不能在明天置办齐全，那我二人就真的性命难保了。"

张达说："张飞每天都要喝酒。现在我们赌一下老天让不让我们死，如果不让那就让他醉在床上；如果就想我们死，那他现在就醒着。"两人都同意这一办法。到了晚上，张飞喝得酩酊大醉，还骂骂咧咧，在帐中酣睡。范张二人知道之后，非常高兴。

初更时分，两人拿着刀悄悄地来到了张飞帐中，看到床上的张飞睁着双眼。两人非常惊慌，想要赶忙逃跑，忽然又听到了张飞的打鼾声，可他的眼睛仍然是睁着的。原来张飞睡觉时眼睛不是闭着的。两人毫不犹豫地取了张飞的首级，乘着夜色骑着马直奔东吴去了。

西方谚语说："上帝在让他死亡之前一定会让他疯狂！"愤怒会像决堤的洪水一般将人的理智冲刷殆尽，使其做出的蠢事让人觉得不可思议。忍字头上一把刀，忍耐确实不易；忍字下面一颗心，煎熬与忍耐并存；忍耐是对自己心灵的手刃，过程痛苦而且需要时间去康复；一直隐忍等到头顶乌云散去，就会见到灿烂的阳光。

某公司领导到仓库巡视，却看到有个人没有工作而在看连环画。老板对工人的偷懒行为非常厌恶，便非常愤怒地问道："你工资多少？"

"一个月1000元。"工人回答。老板立马就从兜里掏出1000块钱甩给他，并大叫："拿了钱给我滚！"事后，老板对后勤主管进行责问："谁让那个工人来上班的？"主管说："那个人不是我们公司的，是来给我们送货的啊。"

这虽然只是一个笑话，但也在一定程度上可以窥见失去理智的后果。不问缘由，让愤怒冲昏头脑很可能会做出难以想象的蠢事，后果是非常严重的。怒火给人类造成的损失是全世界煤炭用量的上千倍。

康德曾经说过，生气就是自己为别人的错误埋单。事实上，愤怒时的冲动就是如此，无法控制自己，做出平时根本不会和不愿意做的事情，情绪非常极端，将自己一生的幸福葬送。所以，切忌冲动，一定要学会忍耐、克服冲动带来的影响，保持一颗平常心，冷静地去处理遇到的各种事情。

“绝望的处境”是相对的

第二次世界大战结束后,德国国内的一切都百废待兴。

美国社会学家波普诺带队访问德国,看望了许多住在地下室里的德国居民。之后,波普诺就问随从人员一个问题:“你看,德国会振兴起来吗?”

“难说啊!”一名随从人员答道。

“他们肯定能!”波普诺很肯定地说道。

“为什么呢?”随从人员奇怪地问道。

波普诺看了看他们,又问:“你们每到一户人家,看到他们的桌上都放了什么呀?”

众人齐声地说:“一束鲜花。”

“那就对了!如果哪个民族处在这样困苦的境地,仍然没有忘记那些美好的事物,那就一定能在废墟上重建家园!”

世上没有绝望的处境,只有对处境绝望的人。在绝望中仍能追寻希望之花的人,怎么可能轻易倒下?

马绍尔是美国雅丽服饰有限公司的总裁,他在家里浴室的镜子上贴了一张纸,纸上写着这样一句话:我痛苦,我没有鞋。但是,在街上我遇到了一个人,他没有脚!

马绍尔为什么要写这么一句话?

原来,马绍尔原本是一家服装厂的裁缝师,厂子因为效益太差倒闭了,马绍尔也因此失业。妻子和他离婚了,由于没有工作,法官把他唯一的孩子判给了妻子。

那段日子里,马绍尔的心情变得异常灰暗。在他看来,处境已经糟糕得不能再糟糕了,他开始以酗酒、抽烟来解愁。

那天,马绍尔去领取政府发放的救济金,走着走着,他突然看见一个失去双脚的人。那人坐在一个木制的小轮车上,两只手撑着一根木棒,沿街推进。他的脸上带着微笑,嘴里哼着小调,十分开心。

“早,先生。天气很好,不是吗?”那人对他说道。

“是的……天气不错。”马绍尔说。

“对不起,先生,我挡住了你的路。不,我到了。这是我的酒吧,有时间来坐坐,我保证我的酒吧会令你满意。”

那人指了指街道旁边的一所房子。马绍尔惊诧不已,在他的注视下,那人撑起手中的木棒,朝房子走去。

看着那人的背影,马绍尔惊呆了:他失去了双脚,却还能拥有自己的事业,而且很快乐;而我四肢健全,身体健康,却没有振作起来去奋斗!

想到这些,马绍尔突然觉得自己的心胸是那么狭隘,所有的痛苦都显得太矫情。羞愧包围了他,他转过身昂首向前走去,决定不再靠救济生活。

5年后,马绍尔有了自己的雅丽服饰公司,并且组建了新的家庭,还在华盛顿买了一所大房子。乔迁之日,马绍尔就在一张纸上写下了这样的话:“我痛苦,我没有鞋。但是,在街上我遇到了一个人,他没有脚!”

马绍尔把这张纸贴在了浴室的镜子上，每次照镜子时，他总要读一遍以提醒和鼓励自己：无论处境多么艰难，我也不能消沉！

是的，处境再艰难，哪怕真的身陷绝境，也要用顽强不屈的精神奏响生命的希望之歌！

弗洛伊德·柯林斯这个名字也带给我们很多启示，《美国普利策新闻奖名篇》中向世界讲述了这个人的故事。

当时是1925年1月，一位名叫弗洛伊德·柯林斯的洞穴探险者在探险时遭遇了不幸，这位美国阿肯色州山地青年的遭遇传遍了全国。

1月29日，当他在父亲的农场为寻找一个能够吸引游客的洞穴时，不小心跌入洞中。不幸的是，柯林斯被一块巨石卡住了左腿，动弹不得。人们想办法施以援手，却无法将其救出。

在人们难以想象的疼痛和折磨中，柯林斯整整坚持了19天。他的勇敢和顽强，在同情者的心里烙下了深深的印记。

19天的时间，一分一秒对柯林斯来说都是煎熬。在黑暗的洞穴里，柯林斯被压在巨石下，仅可容身的小穴如同绳索捆绑着他，他能动弹的只有自己的思维，而孤独、绝望、疼痛及无助，可以轻易让人崩溃。

当人们想方设法营救这位不幸的落难者时，一位名叫米勒的记者5次深入洞穴，并以细腻的笔触写出了自己亲眼目睹的一切，为人们记录下了这位落难者在绝境面前的表现及其内心痛苦与顽强的挣扎。

地面上的每一寸地方都是水，进入洞穴必须缓慢爬行。当米勒试图挤进柯林斯受困的小洞时，“疼——太疼了！”柯林斯恳求米勒放弃这样的努力。柯林斯躺着，向左侧斜着，左脸颊靠在地面上，两只胳膊牢牢地卡在他身边石头的缝隙里，像一位钉在十字架上的受难者。这样的姿势，他保持了19天！

他的脸上盖着一块油布，米勒想动手拿开。“放回去，”他说，“放回去——水！”

米勒这才注意到，水正一滴滴地从顶部的岩面上滴下来，拍打着柯林斯的脸。最初的几个小时，柯林斯并不介意，可是，随后持续不断的水滴让他难以忍受。

后来，他的弟弟给他带来一块油布。此情此景，与滴水的刑罚多么相似，再坚强的人也会不寒而栗，而柯林斯坚持了19天！

营救均以失败告终。终于有一次，柯林斯面对着米勒——这位身高只有1.57米、体重仅54公斤的好心记者，真诚并非调侃地开起了玩笑：“喂，伙计！你最好出去暖和暖和，不要回来了。你这么瘦小，我觉得你没法把我救出去。”

此刻，陷入绝境的人依然乐观，一如既往地关心他人，关心眼前这位来帮助他的瘦小记者。

柯林斯只是要求在他的头顶放置一盏灯。灯光如豆，可是，微弱的光在这位地下探险者的心里，却成为永存希望的火种，成为挑战黑暗环境和冷酷陷阱的象征。即使受困，勇敢的心也不会向灾难屈服。

19天后，柯林斯离去了，这盏灯仍然亮着……

柯林斯离去了，美国一位叫詹金斯的传教士为他写歌纪念——《弗洛伊德·柯林斯之死》。歌词这样唱道：

我们都知道的一个家伙，
脸庞英俊白皙，
心肠热忱而真诚。
他的身躯正在沉睡，

在沙洞中沉睡。

绝境中,柯林斯用自己的生命谱写了一首壮美的希望之歌!在一个人的精神和尊严面前,险境算得了什么!柯林斯面对绝境时所表现出的顽强意志以及对生命的留恋与渴望,每时每刻激励着在逆境中奋斗的人们!听到这首歌的人们,都会鼓起战斗的勇气:是的,这世界没有绝望的处境,只要对处境绝望的人!

值得庆幸的是,绝境并不常有,不是每个人都像柯林斯一样如此不幸。但是,几乎每个人都免不了遭遇逆境的折磨。当我们面对人生的逆境和磨难想放弃时,柯林斯不屈的灵魂就会出现,在生命的琴弦上弹奏他那坚韧的希望赞歌,安慰那些悲观哭泣的人们。

置身绝地是对一个人精神强度与韧性最好的考验,在绝境面前如何保持自己的尊严和希望?这个问题需要你自己来回答。

第二节　进退有度，懂得弯曲

退一小步为进一大步

聪明人是不会拿自己的弱处去与别人的长处相比的，那样，有可能是用鸡蛋碰石头，也可能会造成两败俱伤的结果。这时，聪明之人往往会先后退，以求将僵局打破，也为自己后来的奋斗积蓄力量。

退步并不代表着懦弱；忍耐是智慧的表现，并不是消极的表现，你要是不愿意接受两败俱伤的局面，那么就要忍耐，以期待可以依此取得胜利的时机。暂时的忍耐能够为自己争取时间，为自己的未来积蓄足够的力量。

西汉初年，冒顿可汗刚刚登基，势单力薄。当时比邻的东胡国不断地骚扰匈奴，想要趁机灭掉匈奴。匈奴人国中有一匹千里马，毛发黑亮，而且没有一点杂毛。它每天能跑一千千米，为匈奴国作了很多贡献，大家都很珍视它。东胡得知这个消息后，就派人向冒顿索要这匹宝马，匈奴群臣都认为东胡是霸道挑衅，都不赞成将宝马送出。

冒顿却对东胡的用意一目了然，认为这必是东胡准备用来发兵的借口，如果自己拒绝，就正中其下怀，因为这时的匈奴根本没有实力与东胡相较。有所得必要有所失，冒顿忍痛答应东胡的要求。他告诉臣下："东胡与我们是友好的邻邦，所以才会向我们索要宝马。我们怎么能因为区区一匹千里马就破坏了我们的友好关系呢？这样做损失太大了。"冒顿就把千里马送给了东胡。

冒顿想到了一个好办法，在面上对东胡毕恭毕敬，暗地里招兵买马，收买人心，就盼望有一日能够把失去的东西夺回来。此后，东胡国王便开始看不起冒顿，觉得冒顿没有胆量，便愈加狂妄。他听说冒顿有一个漂亮的妻子，便起了歹心，派人去匈奴说要将冒顿的妻子纳为自己的妃子。

冒顿确实有一个年轻貌美、端庄贤惠、深得民心的妻子。匈奴群臣都为东胡国这样的强盗行为愤恨不已，要与东胡一比高下。冒顿更加气愤得不行，觉得东胡欺人太甚！他想东胡敢这样的欺负自己，就是由于东胡的力量还比匈奴强大，如果东胡真的打过来，自己尚没有足够的实力，根本不可能取胜，还需要继续忍让，只等时机成熟，再把失去的全部讨回来。

反复思量后，冒顿又把态度变得和蔼，对群臣说："天下有很多女子，但却只有一个东胡！我们怎么能因为一名女子破坏两国的关系呢？"这样，他又把爱妻拱手送出。

他对群臣说出了东胡如此欺人太甚的原因，对当时的形势进行了分析，大力发展本国的政治经济，使自身实力得到壮大。冒顿的分析得到了群臣的赞同，对冒顿的吩咐严格执行，就盼望能够壮大国力，有朝一日能够报仇雪恨。

东胡王如此轻松便得到了自己想要的东西，扬扬得意，更加忘乎所以。又再一次派人去向冒顿索要两国接壤的大片土地。而此时匈奴经过多年的发展,实力大增,百姓们生活富足,综合实力已经远远胜于东胡。

东胡使臣来到匈奴后,又像以前一样趾高气扬地提出了要求。冒顿不再低声下气,他勃然大怒,铿锵有力地说道:“土地良田是国家的根基,怎么可能送与他人!东胡国王先是霸占我的王后,现在又来索要土地,太欺负人了!士可杀不可辱!我们一定要消灭东胡,报仇雪恨!”他御驾亲征,众将士同心协力,终于一举消灭了安逸多时的东胡。

俗话说:“三十年河东,三十年河西。”这就是说,世事难料,今天的你可能高人一等,高高在上,但很可能明天就会成为阶下囚,生活窘迫。也可能你今天看到的人并不出众,但明天就可能遍身罗绮。相反,今日的我们可能遇到了很多的困难,学会忍耐,当缺乏实力时,不要和别人去相较,待来日我们羽翼丰满,再进行反击。暂时的退让就是为前进积蓄力量,这和跳远很像,为了最终取得优异的成绩,退后数步来进行准备是必需的。

勇于承认自身的不足

丹诺先生曾经主笔纽约《太阳时报》,他阅稿时,有一个习惯非常特殊,便是经常将自己觉得不错的段落或句子用红笔做标记,以此对排校人员进行提醒。

这样的习惯从来没有改变过,但是有一天,这个永恒不变的习惯终于被一个年轻的校对员进行了改变。

这个校对员看到这样一段文字,而且红笔将这段文字勾勒出来了,大致意思是:“本报读者雷维特先生将一个很大的苹果送给了我们,有一行白色的字赫然呈现在苹果的表皮上,仔细一看才认出是主笔的名字。这真的是一个通过栽培创造出来的奇迹啊!试想,怎样才能在一个完整无缺的苹果皮上显示这样整齐的字迹呢?我们在惊讶中进行了各种猜测,却怎么也想不明白这其中的道理。”

校对员在这方面具有常识,他清楚地了解这个奇迹产生的原理,在苹果还没有变红之前,在上边贴上用纸剪出的字形,苹果成熟后发红时,将纸揭去,苹果上面就会呈现纸上的字迹。

他先是觉得好笑,笑过之后他却想到:如果把这段文字登出来,一定会遭到人们的耻笑,嘲笑他们的主笔没有常识,连这样的“小魔术”都看不明白。当时,年轻的他并没有去征求主笔丹诺的意见,便自作主张删掉了这段文字。

第二天一早,主笔先生把报纸看了一遍,很气愤地来询问,向他问道:“昨天原稿中我明明用红笔勾出了一段介绍苹果上字迹的文字,现在为什么没有了?”那位校对员心里很害怕但还是说明了自己的考虑,丹诺先生非常感激地说:“原来如此!你做得很好,从今往后只要你有合理的理由,就算我用红笔勾出来了,你仍然可以自己作出决定。”

丹诺懂得能屈能伸,并没有因为年轻人做出的这个会对他造成羞辱的举动发火,可能很多人会无法忍受,但是丹诺忍受住了,还许诺了校对员可以自己决定的权力。忍耐就是要做到这种境界,最重要的是什么呢?是事实的真相,而不是个人的脸面。人不是万能的。有名望的人,也会经常因经验的不足,而出现一些低级错误,当被人发现后,常常因为爱面子而死不承认错误,要么就是从此记恨那个指出错误之人。这就是一些人将自己的生涯停滞在一定阶段的原因。

可是世界上人们怎么可能都如丹诺一般豁达呢?大多数人把面子看得非常重要,他们的人生轨迹在顺境中还可以勉强延续,一旦遭遇逆境便可能会一蹶不振,从此消失。其实,适时低头,这有什么难呢?智者对这其中的道理非常明了,在必要的时候暂时低下自己骄傲的头。

做一支谦卑的稻穗

有这样一句话出自鲁迅先生的箴言:劳谦虚己,则附之者众;骄慢倨傲,则去之者多。意思是做人要谦卑,这样人们才会愿意与你交往。然而很多人在成功后无法控制自满心理,骄傲自大,甚至因此而看不起别人,就连著名的德国科学家阿道夫·冯·贝耶尔也没有躲过这种心理。

著名化学家阿道夫·冯·贝耶尔因发现靛青、天蓝、绯红这现代三大基本染料分子结构而闻名于世。贝耶尔在大学读书时,有机化学家贾拉古教授曾经名扬德国。不过,这位教授当时很年轻,经常会有科学界的泰斗以各种问题来刁难他。有一天,贝耶尔和父亲在交谈中提起了贾拉古教授。贝耶尔说:"贾拉古也不过年长我6岁……"言语中似乎对贾拉古颇为不服。

父亲很不满意他这样说,他对贝耶尔说:"年长你6岁,那又怎么样? 难道没有值得你学习的地方吗? 我读地质学时,有的老师甚至比我小30岁,我都会对他们非常尊敬,听他们讲课时非常认真。你要记住,学问和年龄没有关系。只要是有知识的人,我们就应该向他学习。"

一个人风头太劲,就会招致别人的嫉妒和打击;苛求完美的人,就会遭到更多的挑剔和非议。大多数的人对弱者都有同情心,对比自己强的人都有一种敌视心理;赞同认真踏实做事的人,对张扬跋扈的人都非常讨厌。所以后者拥有紧张的人际关系,行事张扬,便很难让别人喜欢,生活中拥有很多这样的情况。所以,我们做人做事一定要谦虚谨慎,务求实效,而不能太过狂妄,过度张扬。

一般低着头的都是成熟的麦穗,稗子才会昂着头随风飘扬。同样做人也不例外,埋头做事的人一般都是内心成熟、行事低调的人。只有内心平静之人,才可能会谦虚为人,无论身处何种地位,也不管是饱学鸿儒还是求学青年,闻道有先后,术业有专攻,尺有所短,寸有所长,从来没有任何一个人能够完美。

有些人之所以能做到谦虚谨慎,是由于他能够正确清楚地认识自己。他的冷静来源于他的低调。低调的人认为,骄傲是无比荒谬的,过去的无论什么作为都已经过去,将来要做的事情,才具有更加重要的价值。过去的价值,仅仅在于它对于自己将来的意义。

所以,傲慢自负永远不会出现在低调者身上,这是因为没有什么可以让他骄傲。他对自己的成就和能力谨慎对待,总是很清楚地了解问题的前因后果,对自己的成功也清楚明了,真正属于自己的有哪些,又有多少是由于外界的影响或者由于运气的成分。他知道,自己的成功,与这些外在条件密不可分,而自己也只不过是其中的一种要素而已。所以,他不会太过炫耀自己的功劳。

谦虚的人更加需要忍耐,这种忍耐能够让人不会骄傲,不会过度自负,让一切阻碍成功的来由都降到最低,因此,忍耐将美德与能力结合,是一种确保成功的来源。

别跟自己过不去

英国著名剧作大师莎士比亚曾经说过:"乐趣存在于各种生活之中,幸福存在于各种体验之中。"其实,没有过不去的火焰山,我们不妨旷达地去处理一切困难,隐忍对待所有的磨难,我们为人不应该太过注重完美，唯有此，人生才能得到快乐。

一个边远的山区里，有一颗特别繁茂的银杏树生长于两户人家中间的空地上，这棵树的归属一直不清晰，却没有人争执。到了秋天，地上落满了成熟的果子。村里的孩子会捡一些回家，却没有人敢送到嘴里，因为担心银杏果子有毒。

许多年就这样过去了。有一天，有一户人家到城中办事，突然得知可以用银杏果子卖钱。于是，他带着一袋去了城里，用银杏果换了很多的钱回来。

大家很快知道了银杏果可以卖钱的消息。另一户人家的主人上门要求对那些钱两家均分，前者当然拒绝了他的要求。一气之下，他把土地证翻了出来，发现那颗银杏树原本就是自家的财产。于是，他再次要求对方把银杏果的钱交出来，并且将土地证拿给对方看。对方自然不甘愿，他也开始寻证之旅，终于不负所望，老人说是他曾祖父种的这棵树。

两家争执不已，从此纠纷不断，反目成仇。乡里也不能判断究竟谁家可以占有这棵树，一个有白纸黑字的地契证明；但另外一家就有人说明树的归属，前人栽树后人乘凉，从来都是这样。

于是，两人到法院打官司。法院也不知道应该怎么判，建议他们自己商量着解决。

两人没有达成一致，他们从心里认定树归自己所有，拒绝共享，案子就这样一直拖着。从此他们每年都争执不休，有时甚至出手相搏。就这样一直拖了10年。10年后，村里通了一条公路，政府动员大家拆迁，砍倒了银杏树，这场10年之久的官司才终于结束。奇怪的是，现在的两家再也不争那棵树了，因为树干是空的，除了烧火就再没有别的用处了。

斤斤计较之人表面上利益相争，毫不相让地争夺银杏树的归属，到了最后，却也是竹篮打水一场空。这种精明是世俗的，没有内心的沉寂，必然对那些不可逆转的千疮百孔的伤害无法避免，时间不断地过去，便不再能够从容淡定。只有能忍者，人生才更有乐趣，才能真正得到幸福。

人的生命是短暂的，有那么多的事情等着我们去做，和自己较劲有什么意义呢？我们对未来无法预知，可以做的只是把握住现在，凡事忍一忍，就没有什么是不可忍耐的。有的人浑身带刺，虽然得到了一时小利，却因此而失去更多。只有能忍耐者，才会由于暂时的忍耐，最终得到永远的幸福。

学会适应对方

贤德之人，总是会不断地改变自己，隐藏锋芒，去适应别人。因此，他们会被人们所拥戴，自此常载后人史册。

有一个原始部落生活在美国印第安保护区内，这里的人从来都不穿衣服，甚至是集会。这样的行为自然受到了外界文明的嘲讽，因此，这个风俗的怪异特点，成为外人白眼与嘲笑的源头，即使这样，他们还是坚持自己的风俗。

有一年，瘟疫侵袭了这个原始部落，部落族人几乎人人都没有幸免。为了活命，他们要到邻近的镇子里避难，请当地的名医来帮助他们治病。然而，他们的传统让这位医生十分为难。但是，这位医生很是为病患着想，望着远道来求助之人，想着一生的使命感与责任感，思虑万分之后他还是同意了这个请求。

这个消息传回部落的时候，族人高兴地欢呼起来，但是接着，麻烦事又来了，源头便是那个特别的习俗：为对医生的到来表示欢迎，他们便召开紧急会议，为对这位医生表示尊重，他们决定当天要将衣服穿上。所以，医生来的时候他们都衣冠楚楚，有的人甚至连领带都用上了，聚集在教堂里，静候医生的身影。

教堂中想起悠扬的钟声，医生缓步走来，但是接下来的情境，却震惊了在场的每一个人，这也包括医生本人。因为，这位善良的老医生竟然一丝不挂地昂然走了进来！

有些人觉得这个故事很可笑，部落人和医生竟然这样阴差阳错，但这些人的善良会让你感动。外界的文明和部落的习俗共有，他们都懂得为他人着想，他们都有高尚的行为。他们将自己的不适忍了下来，为了对方，却适应那些自己原本不习惯的行为。态度愉快、礼貌、谦和、诚恳，又能够忍耐，这样的人就是幸运的。因为你适应了对方，对方也会更加尊重自己，由此实现了共同进步。

成功需要忍耐，细看人生，所有人都是在忍耐中得到了成长与成熟。可是，我们对“忍”的功用没有正确的认识，到最为重要的时候，却不能够用忍来告诫自己，最终造成不可弥补的大错。小不忍则乱大谋，要想成功，我们就必须能够忍耐艰辛，忍耐诸多的非议。

不将侮辱放在心上

真正的成功者从来不会惧怕别人的侮辱。所以，面对侮辱，大动肝火是没有必要的，要变换角度想问题，立场不同，不可避免地会有人与你“唱反调”不顺你的心。宽容处事会将你的气度彰显出来。有气度的人才算足够成熟。面对敌人的侮辱，依靠更强大的力量是最有效的办法。假若我们能够傲视一切，那么也就不会将一时的侮辱当成大事了。

世界著名足球健将齐达内，曾经四度参加世界杯。球迷多次将他评为“足球先生”。他拥有高超的足球技巧，他踢足球的动作就像是在练“七星剑法”，没有任何球能够在他脚下逃脱。在他的带领下法国队战果辉煌，往往在最重要的时刻力挽狂澜。

在他足球生涯的最后一次比赛中，齐达内所在的法国队与对手意大利队长时间以1:1僵持着，最后不得不进入加时赛。对于齐达内来说，这是他为全世界球迷送上一次完美告别演出的机会。全世界的球迷都对此十分期待。

在众人的关注下，赛时到了110分钟，此时，一场意料之外的举动发生在了齐达内的身上。他愤怒地用头撞向意大利队后卫马特拉奇的胸口而且动作与球无关，后者应声倒地，阿根廷主裁判埃利松多与助理裁判商量之后，对齐达内罚了红牌。

被球迷称为“齐祖”的一代大师竟然以这样令人无语的场景结束了自己的足球生涯，不仅成为齐达内自己的遗憾，也伤了全世界球迷的心。齐达内的下场给队友造成了不言而喻的影响，这张红牌也将本有机会获胜的法国队推向了深渊，比赛的结果，大力神杯毫不意外地被意大利捧走。

当然，马特拉奇可能首先使用了一种背地里的手段，但是让齐达内愤怒的原因，人们并不在乎，让人们在乎的是，经验如此丰富的他竟然这样失态，做出如此令人大跌眼镜的行为，让球迷感到非常失望，也给齐达内的足球生涯画上了不圆满的句号。人生都会遇到很多对手，不少人都会为敌人的侮辱而愤怒不已，最终做出很多丧失理智的事情。强迫自己对那些自大、傲慢、尖酸、刻薄、自私、自傲和粗鲁进行包容，这的确不是一件容易的事情。经受住考验的人，则必然会见到暴风雨过后的绚烂彩虹。

如果我们放弃怨恨，愉快的心情也将随之到来；将侮辱祛除，宽广的胸襟就在我们的心中。

挖掘自己的潜能

人生在世,各种痛苦往往会接踵而至,忍受痛苦,通过苦痛的煎熬,自己的潜能也能发挥出来。无论何时你都要明白,你并非什么都没有。生活的打击、各种问题的纠缠可能会使你身心俱疲,产生沮丧、筋疲力尽的感觉。面对这种情况,你无法真正认清自己的力量。但是只要你能够忍耐一时的失意,就能将快乐从生活的痛苦与沮丧中发掘出来,将自己的潜能挖掘出来。

全球闻名的演说家罗曼·文森特·皮尔曾遇到过这样一件事,有一次,他遇到了一位52岁的咨询者。这位先生内心十分绝望,意志看起来十分消沉,觉得自己生活没有希望了。他对罗曼·文森特·皮尔说,他奋斗一生的成就全都化为灰烬了。

绝望的神情布满了这位先生的眼睛。这样的情况让罗曼·文森特·皮尔十分同情,决心帮助他努力找回失去的生命的信心。罗曼·文森特·皮尔对他说:"那么,现在让我们在一张纸上列出你还拥有的东西。"

"什么都没有,"绝望不已的先生说道,"我现在一无所有。"

罗曼·文森特·皮尔对他进行诱导说:"你太太已经离开你了吗?"

"她当然没有离开我,我们有很好的感情。我们结婚30年了,无论遇到的事情是多么的难以接受,我们都不会分开。"一丝生命的光彩出现在先生眼中。

罗曼·文森特·皮尔又接着问:"很好,那我把这条写下来——太太非常善良,无论什么事情发生,她永远不会离开。那你儿女的情况呢?你有儿女吗?"

"有啊!我有三个子女,都非常懂事。他们总是会告诉我:'爸爸,我们爱你,我们永远支持你。'这样每次都让我很感动。"他回答时,骄傲的情绪蔓延在他的语气中。

"那么,"罗曼·文森特·皮尔说,"这便是你的第二项财产了——永远爱你支持你的三个儿女。那朋友呢,你有吗?"

"有。"他说,"有几个好朋友真的很好。我们的关系一直很不错。他们经常来看望我,然后告诉我说他们愿意帮助我,但他们什么忙都帮不了,没有什么他们可以解决啊。"

"你又有了第三项财产——这些愿意帮助你而且充分尊重你的朋友。那么,正直诚实是你的品格吗?你曾经做下过什么错误的事情吗?"罗曼·文森特·皮尔又问道。

"丝毫不用怀疑我的正直和诚实,"此时他有着坚定的语气和眼神,他回答道,"我从来是正直地做事。"

"很好。"罗曼·文森特·皮尔说,"这就是你的第四项财富——正直诚实。那你的身体状况如何?"

"我身体很好,几乎不生病,我认为我的身体非常健康。"他回答说,这一次,笑容出现在了他的脸上。

"那你的第五项财产就有了——拥有健康的身体。"罗曼·文森特·皮尔说,"现在,我们重新来看一遍你的这些财产:

"一个已结婚30年的好太太;

"三个愿意一直信赖你的可爱子女;

"几个愿意随时帮助你尊重你的朋友;

"你的正直诚实的为人;

"拥有健康的身体。"

罗曼·文森特·皮尔递给他这张列着他的财产的字条，说："这样看来，我觉得你的财产并不少，并非像你说的那样一穷二白啊。"

当他真正看到纸上罗列的资产时，真正地感觉到了自己的价值和宝贵财富。"我想我忽略了这些最珍贵的东西！我从来就没有这样子来看待问题。事情可能并不是很糟糕，也许从头再来也不是不行。"他不再失望和颓废，后来重新取得了成功。

每个人都有大大小小的缺点，但依然会有优点存在。人生价值的最大值取决于你的最突出的优点，而并非取决于缺点。你要用足够的耐心来对自己的优势和潜能进行发掘，当你清楚了解自己的优点之后，会觉得自己并不是一无是处，完全不必消沉。

人在屋檐下，要懂得屈伸

韩信能忍胯下之辱正是有时"必须低头"的最好体现：如果他不低头，就与无赖毫无区别；如果他奋起还击，就有可能闹出人命，吃官司不说，还会搭上自己的性命。

韩世忠和岳飞、张竣都是宋高宗时的抗金名将。秦桧因岳飞反对他与金议和，又屡次攻击他，心中怨恨，便罗织罪名把岳飞逮捕入狱，将其害死于风波亭。

岳飞死后，韩世忠知道秦桧难容自己，便呈请解除自己枢密使的职务，秦桧顺水推舟地授给他一个闲散的官职。

韩世忠赋闲之后，口不言兵，整日流连湖光山色，许多人都不知道他便是名震天下的韩元帅。

韩世忠的部将旧属路过杭州时都来拜访他，但他却一概不见。平时，他从不和军中大将通报消息，以免秦桧抓住自己的把柄。

秦桧害死岳飞后，对韩世忠也恨之入骨，欲除之而后快。然而，他没想到害死岳飞竟让民愤如此之大，便有些犹豫，又见韩世忠口不言兵，也和军队断绝了往来，不再出言阻挠自己与大金议和，就不再理会他。

其实，以韩世忠的忠义和抗金之功，秦桧万万不会放过他。若和秦桧争斗，那他只会落得与岳飞同样的下场。不如低下头来，避开深为昏君所信赖的奸臣秦桧，才能得以自保。

人类社会中的各种斗争极其复杂，所以，忍受暂时的屈辱，锤炼自己的意志，寻找合适的机会，是一个欲成大事者必不可少的心理素质。

要会冷静面对中伤

在20世纪60年代的美国，有一位大学校长十分有才，他想竞选美国中西部某州的议会议员。此人阅历丰富、资历很高，又精明能干、博学多识，然而，他有个缺点，即遇到不好的事情总是爱生气、发火。整体而言，他还是很有希望赢得选举胜利的。但是，意外发生了。在选举的中期，零星的谣言散布开来：三四年前，在该州首府举行的一次教育大会中，他跟一位年轻女教师"有那么一点暧昧的行为"。

这实在是一个弥天大谎,这位候选人对这种莫须有的诋毁十分愤怒,并尽力想为自己辩解。由于按捺不住对这一恶毒谣言的怒火,在日后的每次集会上,他都要站起来极力澄清事实,以证明自己的清白。其实,大部分的选民根本没有听到过这件事,但是,人们却越来越坚信这不是空穴来风,真是越抹越黑。公众们振振有词地反问:“如果真是无辜的,那你为何百般辩解?”这位候选人听到以后,气愤无比却又无可奈何,情绪失控,因而更加气急败坏、声嘶力竭地在各种场合下为自己洗刷,谴责谣言的传播。然而,不幸的是,此地无银三百两。最悲哀的是,连他的太太也开始相信谣言,夫妻之间的亲密关系被破坏殆尽。

最后,他与竞选无缘,从此变得消沉了。

故事中的候选人因为没有冷静地对待这件本来很小的事情,导致这件小事成为他竞选的最大阻碍。身正不怕影子歪,小事也需要忍。

人们在生活中偶尔会遇到小人对自己的恶意指控、陷害,甚至是种种难以忍受的恶语中伤。遇到这些不如意的事情时,如果头脑不能冷静,暴跳如雷,大动肝火,结果只能像上面故事中讲的一样,把事情搞得更糟。必须克制自己的愤怒情绪,只有冷静才能让你用智慧思考事情,想出真正解决问题的办法。

低头是为了更好地抬头

大丈夫当能屈能伸,要想实现远大抱负,干出一番大事业,就要具备承受打击的能力。这好比一个身材矮小的人,要想攀爬高墙,就必须以梯子为工具。假如身边没有梯子,那么,即使旁边有一个矮树墩,也未尝不可加以利用。若嫌它矮而不肯委身将就,那么他就无法爬到高墙上去。

韩信曾在年少时受过胯下之辱,但我们都知道他并不懦弱。他之所以忍受这样大的屈辱,是因为他有大抱负,而且小不忍则乱大谋。后来,他于硝烟战火中,跟随刘邦逐鹿中原,风云渐起,先后做过齐王和楚王。他在与部下谈起这件事时说:“我不是没有胆量和勇气杀死他,而是如果我杀了他,我的一生就完蛋了。”因为他忍住了,所以,才有后来的地位和成就。

人们在制定目标时,往往会遇到各种困难与挫折,致使你气愤、胆怯、自卑,甚至灰心丧气、绝望无助。立志越高,所遇到的困难就越大。猝然临之而不惊,无故加之而不怒,乐观、坚韧不拔、能屈能伸,这才是大丈夫的表现。

苦难是一种考验,只有意志坚韧者才能生存,而意志薄弱者却会被淘汰。要达到奇伟瑰丽的人生境界,要成就任重道远的伟业,非远大的志向和坚忍不拔的品质不能成也。

大雪过后,树林里出现了有趣的现象:榆树的很多枝条都被厚重的积雪压断;而松树的枝条虽然被压弯,却是一幅生机盎然的景象,没有受到丝毫伤害。原来,榆树的树枝不会弯曲,结果冰雪在上面越积越厚,直到其不堪重负被压断。而松树却与之相反,在冰雪的负荷超过自己的承受能力时,它便会把树枝垂下,因而积雪就掉落下来了,反而不易折损。所以,松树的枝干依旧挺拔,巍然屹立。能屈能伸,刚柔相济,松树正是有了这种气度和风范,才能经受住一场场暴风雪的洗礼。

人世间的冷暖难以掌握,人生的道路亦变化多端。当你遇到困难或某条路走不通时,退一步或许就会海阔天空;当你在事业一帆风顺的时候,也请记得保持谦让的胸襟和品德,不要独占功劳、自以为是,不要居功自傲,更不要得意忘形。进退取之有度,能屈能伸,这样才不失为一个成功者的风范。

富兰克林年轻时到一位长者家里拜访,聆听前辈的教诲。没料到,身材高大的他进门时不小心撞到了门框上,头上立马起了一个包。富兰克林疼痛难忍,不停地揉着头上的大包,两眼瞪着那个低于正常标准的门框。出门迎接的长者见他狼狈不堪,甚是滑稽,忍不住笑起来:“年轻人,很痛吧?”这位长者语重心长地说,“这可是你今天来这儿的最大的收获。”

所谓识时务者为俊杰,低头是为了更好更有力地抬头。现实世界纷繁复杂,要想一帆风顺并不现实,面对人生旅途中一个个低矮的“门框”,暂时的低头并非是屈服,而是为了长久地抬头;一时的退让反而是维护自尊、坚守原则的表现,前进之路也会更加广阔。只有采取这种积极且明智的方法,审时度势,才能实现超越,走向成功。对这些厚重的“门框”视而不见,凭借一身傲气前行,结果只能是头破血流,成为摆在风车面前的“堂吉诃德”。

富兰克林终身不忘前辈的忠告,秉承谦逊的准则,并且身体力行,后来终成大器。

第三节　谦虚忍让，成就事业

忍让获得好人缘

礼让、谦让、忍让是中华民族的优良传统：尧舜禹禅让之举，礼让先河由此而开，孔融让梨，成为千古传诵的佳话。忍让是我们五千年文明的优良传统，我们这一代人理应将此发扬光大。

然而，面对当今时代的激烈竞争，人们经常忽视这一项美德，经常遇到这样的人，因为一点蝇头小利而争吵不休，而且出手打架，造成两败俱伤的局面！何苦呢？其实，成熟之人就要懂得忍让，这样才是睿智之人的选择。

正如这句话：赠人玫瑰，手有余香。

遇事情懂得谦让，这才是聪明之人的处世之道，与人方便，自己方便；应该宽容待人，现在让别人方便了，也就是为了自己以后的方便。古人云："让之有余，争之不足。"

《菜根谭》中写道："路径窄处，留一步与人行；滋味浓时，减三分让人尝。此是涉世一极安乐法。"也就是说遇到狭窄的道路时，不妨侧身让别人先行，不要独霸好吃的东西，应该与更多的人分而享之。这样，就会拥有快乐的人生。

虽然现代社会充满了竞争，我们依然不应该忽视忍让的美德。一个懂得忍让的人，别人必然会臣服于他的涵养。你尊敬我，我会更加尊敬你。你谦让三分，对方会把你当作知己看待，从而能够与你相交以心。

谦让成就"将相和"

我们都非常熟悉"负荆请罪"的典故，蔺相如用自己的忍耐博得了与他一样德高望重的廉颇的敬重，成为忍让的典范。无独有偶，汉朝的两位名臣陈平和周勃，虽然一文一武，也同样为后人留下了一出"将相和"的佳话。

被封为代王的汉文帝是汉高祖的庶出。他以待人宽厚而闻名于世，吕后去世后，大臣们便纷纷上表拥护他称帝。

然而吕后的余党结党营私，意欲叛乱，就在这个关键的时刻，丞相陈平与太尉周勃一起商量计谋，终于铲除了吕后一党夺回了政权。周勃在消灭吕氏的过程中立下了汗马功劳。但是丞相一位却一直由陈平担任。武将周勃觉得不公平，尽管并没有在面上表现出来，但还是被陈平察觉到了，于是他便想在适当的时机向皇上说明周勃的功劳。

一天，汉文帝早朝时，在朝上没有见到陈平，他问道：“今天为什么没有看到陈平？”太尉周勃禀报：“陈平身体有恙，没有力气，无法上朝面见皇上，皇上恕罪。”汉文帝感到诧异，明明昨天见他时还好好的，怎么突然就生病了？然而他并没有当面说什么：“好，明白了，你退下吧。”

退朝后汉文帝到陈平家去探视。陈平感动异常，同时他也觉得这正是合适的时机，于是便把心里话对皇上讲了：“皇上仁慈，但臣不值得皇上待我这样好啊，请皇上定我欺君之罪！”并在这时说出了自己欲让位于周勃的想法。汉文帝问陈平原因。

陈平回禀道：“先帝在位时，我确实比周勃的功劳多；在铲除吕后余党时，却是太尉的功劳大啊。所以我觉得他应该担当相位，还请皇上成全。”

文帝不太清楚灭吕的具体过程，他是灭吕之后才到达长安的。知道这前后的过程后，才了解了周勃的功劳，便同意让周勃任右丞相，左丞相由陈平担任。周勃知道这件事情之后，内心愧疚不已，便称病递交了辞呈。汉文帝能够明白周勃心中所想，于是便批准周勃的辞呈，任命陈平为丞相(不再有左、右之分)。陈平对文帝尽心辅佐，成就了汉朝的兴旺。

陈平和周勃在汉朝初年功勋卓著，却能够谦虚为人，互相推辞相位，非常难得。他们对个人利益毫不在意，处处为国家黎民着想，相互谦让，很是令人尊敬。竞争占据了现代人的大部分时间，谦让往往被人们忽略。于是，人们常常为了一点利益，互相谩骂侮辱；为自身私利，互相攻击，这样的事情不仅浪费心力，而且往往徒劳无功。

人的境界的高低，一般就是体现在处理矛盾时的态度和方法上，对矛盾，有的人善于化解，而有的人则会激化。生活中，人们之间难免常会遇到各种矛盾。而争利夺位往往是最激烈的矛盾，有的人甚至会因为这样而变得仇恨交加，无法共存。

其实这是在钻牛角尖，茫茫人海能够相遇就是一种缘分，又何必因为一点小事而争得头破血流呢？即使要争夺合理的东西，合理恰当的方法也是必需的。有时你费了九牛二虎之力去争夺一些东西，也不会有结果，反而得不偿失，更加遗憾的就是可能会耽误你以后的生活。

人生与行路相似，不可避免地会有道路崎岖狭窄之处。此时我们可以侧身让别人先通过。这种想法长存心中，很多争执就会变得不再必要了。忍让是智慧的表现，是为了更好地前进，而一般往往是懂得谦让之人，获得了最后的胜利。

有时不必太认真

人际交往中我们不可避免地要适当地妥协，妥协的作用非常突出，但要坚持一定的原则。社会必将那些不愿意作任何妥协之人淘汰，群居生活不适合他们。如果能把妥协的分寸把握好，那么任何问题都将不再是问题。由此看来，妥协具有很强的艺术性，正如寻找两个数字的公约数一般。做人好，和谐美感油然而生。适度妥协有利于消除“应激反应”，以一种积极的心态去适应社会，妥协也是人际关系中的一种良好的合作行为。

妥协在日常生活中随处可见，和谐需要妥协，实现共赢更需要妥协。买卖双方经常会商讨价格，最后各自让一步妥协达到双赢；在商场里，两家公司只有互相妥协才能实现合作，让各自都能够获得一定的利润，这样良好的客户关系才能在合作共赢中建立起来。

妥协与放弃原则并不等同。明智的妥协和不顾原则的让步是有区别的。明智的妥协相当于一种交换。为了主要目标的达成，在次要目标上可以做一些妥协。这不等同于原则的丧失，而是曲线救国，为了实现既定的目标而做出的适当的让步。相反，一味地妥协，丝毫不在意自己的原则，或是本末倒置，这样就会因过度地妥协而损害自己的利益。

麻木、怠惰、迂腐和世俗并不能代表理性的妥协，妥协并不是做一天和尚撞一天钟，麻木不仁毫无心机。也不同于委曲求全，比如在一些大是大非上，如对子女的教育、对老人的赡养、将一些不良的行为和嗜好克服掉等方面，对无理的一方一定要坚持原则不能妥协。但是即便在这时，妥协也要晓之以理，用自己的行为进行引导，尽量达成共识，从而解决问题。

妥协是美德，是一种明智的表现。能够妥协，就是对双方的尊重，就说明自己将对方的利益看得和自身利益同样重要。现代生活中人人享有平等的权利和义务，人们之间要相互尊重。只有对他人尊重，他人才会尊重你。因此，通过妥协可以让别人更多地尊重自己，从而取得自己想要的成功。

让他比你更优越

法国哲学家罗西法古说："如果你要让别人仇视你，那你就尽情在你的朋友面前展示自己的优越吧；如果你要与对方交朋友，那就让你的朋友尽情展示优越吧。"在人与人的交往中，人们总喜欢和那些聪明、谦让而且豁达的人交朋友，相反，那些盲目自大、小看别人的人很难获得别人的好感，最后在自己遇到困难时才发现自己孤立无援。

明朝的徐达，文武双全，辅佐朱元璋打下了大明天下，曾经担任过很多重大战役的主帅。每次出征前朱元璋总会告诉他说："将在外，君不御，你自己遇事情看着办就好了。"虽然话是这样说的，但是朱元璋希望牢牢将徐达控制在自己手里，总是会有他的心腹将徐达的动向报告给朱元璋知道。徐达对其中的深浅非常清楚，所以，并没有按照朱元璋说的那样自己做主，而是向朱元璋报告每一件事情，事事让朱元璋来作决定，让他的优越感倍增，这样才能一直保持圣宠不衰，维持良好的君臣关系。

这种事情在现代社会中也是随处可见，他们让上司、同事以及下属一起来分享自己的优越感。通常一个领导想要受人尊敬，就一般行事低调，让周围的人都来分享自己的工作成绩，当他们在领功庆贺之时，通常会说："这个功劳不属于我个人，而是属于整个集体，我自己本人根本没有什么值得表扬的，在座的所有人都值得嘉奖，没有他们就没有我们的成功！"世人总会冷落那些处处凸显自己的人。

邱丽云就职于湖南省某市人事局。工作多年来她一直勤勤恳恳，成绩斐然，于是经过人事领导的多番讨论，决定调任她做某区人事局主任。

在她刚刚上任之初，她十分志得意满，非常满意自己的能力和机遇。她目空一切，不时地在各种会议场合中宣扬自己的功绩，对同事、下属甚至领导的功劳都很少提及。周围人对她这种言行非常不满意。她不明白问题出在哪里。就这样又过了一段时间，她发现自己虽然在主任的位置上，但很多员工都不买她的账，甚至有很多领导也很不待见自己。她感到孤独空虚，每天都哀叹不已。

最终还是有人对她进行了点拨，这时的她才恍然大悟是自己的高调惹的祸，没有和同事来分享自己的成绩。从那以后她便学着去倾听别人的事情，因为他们要说的事情也很多，由他们自己来讲出自己的成绩，能更好地满足他们的虚荣心。后来，再与朋友聊天时，她总会让别人讲述自己的成就和骄傲，而对自己的成就，只在别人问起时才稍稍提及，这样慢慢又有了好人缘。

当朋友比我们表现得好时，他们的优越感便会达到提升，反之，一种自卑感、羡慕和嫉妒的情绪便会出现在他们心中。智者对这一点都已知晓,对待荣耀,他们不独享,也不与朋友平分,他们做的是掩藏自己的锋芒将成就优越感让给旁人。

平时生活中有很多这样的人,他们说话思路清晰,滔滔不绝,但口气中总有一种狂妄,别人对他的意见会自然而然地升起一种排斥。他们总是希望向别人显示自己的能力,以为这样人们会敬佩自己,然而结果恰恰会损害自己在朋友中的威信。

如果你将与人争一时长短当成自己的目标,那么你不必改变自己的行事风格,如果你还有更高的目标,那么就不要再在乎这样无所谓的优越感了,要学会低头,让别人来分享你的优越感,这样,你将会得到更多。

饶恕别人等于帮助自己

古人在待人接物上,总是会谦虚待人不会步步紧逼,常言道:“处事须留余地,责善切戒尽言。”这里所谓的留余地,便是做事情留有缓和的余地,不能过于偏颇,于情于理都要说得过去。这样,才不会使自己受到不必要的伤害。

战国时,楚庄王与群臣共饮,陪酒的是他的宠姬。这场宴席一直持续到太阳落山,楚王让人点灯助兴。酒酣人醉,风把灯烛吹灭了。此时竟有一个人垂涎于楚王宠姬美貌,加上酒意作祟,无法自控,竟然胆大包天趁此混乱之时,将美姬的衣袖握在手里。

美姬惊恐之下,从那人手中奋力挣脱,并将那人头上的系缨扯了下来,悄悄地禀报楚王要求严查此事,并严惩此人。楚王思索不语,心想:“是我赏赐大家喝酒,因而他们饮酒过多而做出此不当行为,这是由我造成的,我怎么能因此而责怪将军呢?”于是命令左右的人都扯断系缨以助酒兴。于是群臣都把帽子上的系缨扯断了,室内重新亮起来后,大家继续畅饮,这样一直持续到尽兴方才散去。

三年后,楚晋交战,冲在最前面的总是同一个不熟识的臣子。楚王诧异,不禁问他:“我好像不太认识你也没有厚待于你,你为何如此卖力地打仗呢?”他回答说:“我便是那天酒醉调戏大王美姬之人啊。”

人生往往如此。自己要想得到别人的帮助,就不要轻易为难别人,多一点轻松给别人,自己也会多一点自在,留余地的妙处正在于此。给别人留有余地,他会对你感激,这样自己成功的机会也会更大。正因为楚庄王替大臣考虑,才有了大臣的奋不顾身。

对人斤斤计较,逼到极端,则更有可能让人生出绝处求生的渴望,很可能会不择手段行事,甚至有可能做出伤害你的行为,好比被关在房间内的老鼠,为了生存,就会将你家中的器物咬坏。给它一条生路,它便不会损害你的财物。而对于有思想的人类,当你饶恕他时,他不仅会对你心存感激,而且会将感激之情付诸实践。

松下幸之助作为日本著名企业家,因为其独特有条的管理方法闻名全球。他成功的关键便是他的极强的忍耐。

原三洋公司副董事长后藤清一,因仰慕松下之名,转而投至松下的公司,担任厂长。他本想大展拳脚,不料,由于他的失误,将自己管理的工厂在大火中付之一炬,严重损害了公司的利益。后藤清一非常害怕,生怕自己的职位会因此不保,甚至很可能被追究刑事责任,自己的前途就全毁了。他知道松下对下属一向严厉,对一点儿小事的处罚都很严厉。但这一次松下没有对他进行任何处罚,只是将四个字留在了他的报告上面:“好好干吧。”后藤清一对松下的宽恕深感愧疚，也更加忠心地对待松下，对待工作更加努力，后来的他创造了远胜于那家工厂的价值。

有位哲人说："让别人与自己进行换位。这样，快乐就会属于你。"尤其有人侵犯了你的利益时，你一定要学会从他的角度去考虑问题，对别人适度容忍，这样做你自己会得到快乐，珍贵的友谊也会从中诞生。

对友不必太较真

大鱼吃小鱼是自然界的生物链，小鱼要吃比它更小的虾米，最小的水生物要靠水藻为生，而只有浑浊的水中才会存在这些水藻，可以说非常清澈的水中生长不了水藻，鱼类也就没有相应的食物可以吃。

这个经典的现象得到了中国古代文人的高度概括："水至清则无鱼，人至察则无徒。"根据社会学的观点表达就是：不要指望身边的每个人做的每一件事都会有利于你。每个人都会不同程度，故意或者无心地，对你或者别人造成伤害，这是很正常的，如果你不想因此就放弃和朋友之间难得的感情，就不要太苛求朋友。

人生，偶尔地装糊涂是非常必要的。没有必要去纠结一些无关紧要的小错误。这样即不会伤及对方的面子，还能获得意外的收获——将自己良好的形象留在别人的心中。做人太较真是不行的，否则就会什么都看不过去，容不下任何人，还会把自己孤立起来。

容人之心是做人的必需品性，要有非凡的忍耐力，与多数人保持一致。不斤斤计较，凡事往前看而不是拘泥眼前，不对小事过于纠结，这才能成就伟业，让自己的生活不再平庸。

在平时生活中，不可避免地会出现各种小错误，有的是在称呼上，如将科长冠在经理头上，甚至将别人的姓氏弄错。在谈话内容表述上也经常会犯错，把"第二次世界大战"错误说成"第一次世界大战"、将"莫泊桑"表述成"巴尔扎克"等，如果这些口误不会影响你的理解，纠正它就是没有必要的，装作没有看到，没有听到就可以了。

人生短暂，有很多事需要做，何必将宝贵的时间和精力浪费在这些无所谓的小事上呢？明智的人对自己的行事界限非常清楚，明白何时应该认真做事，何时需要忍耐哪些事情。这并不是可以轻易做到的，长期的修炼是必不可少的。如果确定了哪些事情可以一笔带过，这样我们有限的时间和精力就会被腾出来，将该做的事情做好，从而大大增加成功的机会；与此同时，由于我们的宽容，别人也会喜欢我们，便会有越来越多的朋友来到我们的身边。

人生都会犯错。互相谅解是真正的相处之道，求大同存小异，有度量能容人，这样才会有更多的人喜欢与你做朋友；反之，什么事情都斤斤计较，芝麻粒大小的事情也要掰扯半天，无法容人，就没有人会愿意在你身边，最后，你只能是孤家寡人。

理直也要气和

有这样一家餐馆。

"服务员，你给我过来！"顾客大喊道，用手指向自己面前的杯子，怒气冲冲地说，"看看！这牛奶有问题，我的一杯红茶都被糟蹋了！”

“真对不起！”服务员不停地说着，“我给您重新换一杯。”

很快，新的红茶准备好了，但是端来的东西与前面的并无区别，新鲜的柠檬和牛乳摆放在一起。服务员礼貌有序地摆放着饮品，随后又小声地说道：“不知道我可不可以提醒您一声，柠檬和牛奶不能一起放，否则，柠檬酸会使牛奶结成块状。”

这句话让顾客知道了是自己的错误，非常尴尬，匆匆喝完茶就离开了。有人笑问服务员：“明明是他错了，你为什么不直接告诉他呢？他对你那么粗鲁，你何不以牙还牙？”

“因为他的粗鲁，我才要更加婉转地对他；道理很简单，和气地讲出来就行了！”服务员说，“只有没有理的人，才要靠气势来压倒别人。理直不用气壮，和气才能生财！”

顾客都被逗笑了，这家餐馆也因此赢得了大家的好感。此后，那位粗鲁的顾客也经常光顾这家餐馆。

理直气和作用非凡，这位服务员用自己的气和轻易化解了顾客的粗鲁，忍耐从中发挥了不可小觑的作用。如果没有她的忍耐，对方就不可能恢复理智，忍耐而气和，给人的性格以更多的张力，从而得到更多的朋友欣赏。

现实生活中，总会遇到各种让你生气不已的事情，但一个理智的人，为了不让工作和生活受到影响，不让不愉快占据主动，就要将怒气压下去，平和处理。如果肆意发泄自己的怒气，那么自己将最先受到伤害。如果这是你的对手，敌人有意而为之，如果你任由怒气占据了自己的头脑，就中了对方的圈套。所以孔子云：“一朝之忿，忘其身以及其亲，非惑欤？”这句话是说，如果因为一时的气愤，就肆意妄为，就是一个愚蠢的人的做法。只有平和处理这些恼人的事情，好的事情才会接着到来。

胡克是林肯在做总司令时的下属。林肯曾经一度得到胡克不公平的批评，这使胡克的上司——林肯的好友伯恩赛德不禁有些尴尬。不过幸而林肯似乎不这么觉得，而是对胡克的优点充分发掘，让他成为自己麾下的可用之人。林肯在伯恩赛德退休以后对胡克进行了提拔，让胡克接任了伯恩赛德的岗位。

但是两人之间仍然存在着误会，为了解除与胡克之间的这个疙瘩，林肯采取了一种既不让他出丑，也不点燃他怒火的方式。他写了一封密信，将他们之间的误会消于无形。

下面就是这封信的内容：

“少将：

你现在已是波托马克军的首领。我有充分的理由这样做，然而我还是要说，你还有很多的地方值得改进。

你是一名勇敢聪明的优秀军人，这一点，我深信不疑。

我也相信你能够将职业与政治倾向区分得很清楚，这也毋庸置疑。

你非常自信。如果说这一点不是那么必不可少的话，那么至少是你的优点。

你有雄心，这在一定的范围内，当然好处很大。但是，我认为你在伯恩赛德将军任统帅时期，他曾经挑战了你的雄心。在这一点上，你犯了严重的错误，不管是对国家，还是对你那位军功显赫、德高望重的上司。

最近，你跟我说，最高统帅无论对于军队还是政府都是必不可少的，我对你的观点毋庸置疑。正是由于这个原因，当然还有别的原因，我任命了你。只有那些赢得成功的将军才是统帅的不二人选。

我现在对你提出取得军事上成功的要求，而这样的任命也会让我陷入独断专行的危险之中。

政府会给你提供全力支持，不会多于以往的时候，当然也不会少，所有的司令官将会得到同等的待遇。对自己的长官不够服从甚至批评他顶撞他，我担心在你身上会出现这种思想。当然我会尽力防止这些事情的发生。无论谁，都不可能在这样一种军队环境中得到收获。

现在，请对这种轻率的举动认真思考，让自己能够集中精神，勇敢作战，获得最后的胜利。”

作为下级，胡克根本没有权利批评轻视上司，他的行为是轻率的。然而，林肯忍耐了胡克不公平的批评，并且对他进行了提拔，就这样化解了这位桀骜不驯的下属心中的戾气，为自己赢得了尊重。

有理不在声高。通常，就是因为太过激烈的争吵，我们也会由“有理”变得“无理”，不仅朋友会离我们远去，也是缺乏礼貌的表现，失去了应有的风度。而学会忍耐，低姿态处理矛盾，就会将自己的魅力展露无遗。

理直气壮是正常的，理直气和是为人处世的良策，是聪明人独有的智慧。气和谐，心胸宽，朋友就会更多。

适时的忍能成就一生

多数人的工作与生活总会有不顺心、不如意的时候，这时他们会选择离职，或因是否离职而犹豫不定，总认为别人的公司完美无瑕。殊不知，再好的公司也很难让每位职员称心如意。一旦发现新公司不如自己的预期，定会重蹈覆辙，永无休止地徘徊在求职和离职之间。

有家公司的老总是一位女性，工作中不太了解网站。小李在帮一个客户做网站时，老板考虑到客户的重要性，就亲自监工。但是，她在一旁的指手画脚让小李无所适从，听吧，不专业；不听吧，人家可是老板。结果网站做得一塌糊涂。反省责任时，老板竟把工作中出现的错误全部归结为小李工作不认真，小李没办法，只好哑巴吃黄连，认了。

经过这次教训，再有其他工作任务时，小李不再屈于权力，而是自己拿主意，做出的东西客户们都很满意。两个月后，老板就给小李加了薪。

如果小李第一次受气的时候提出离职，那么，后来就不会获得赏识和加薪。所以，大丈夫应该能屈能伸。

在职场中，不要计较一点点的得失，切忌逞一时之勇，图一时之快，不顾后果，将大量的时间和精力浪费在自己短期内遇到的不满上。如果换个角度，认真剖析工作中存在的问题，了解出错的真正原因，你的工作就会出现转机，既拥有了自己的发展空间又获得了别人对你的价值的肯定，也少了东山再起的辛劳，三全其美，何乐而不为呢！

一个人无论在什么时候都要能屈能伸，韬光养晦也是一门学问。当你意气用事的言行举止越来越少时，那么，成功就会离你越来越近。

报复最容易，宽恕最伟大。

只有在小事上能忍的人，才能克服道路上的荆棘，从而摘得成功的果实。只有努力摒弃工作中的怨气，在通往幸福和成功的路上才会少些崎岖，多些平坦。

第四节　循序渐进，由弱变强

在忍耐中养精蓄锐

必有忍，乃有济。要躲避不利的局面只有靠忍耐，而后积极改进来高自己的实力，这是古今通用的哲理。我们必须能够忍耐，将艰苦的环境看作对自己的磨炼，才有机会成就大事。先学会忍耐，这样才会离成功更近。

楚汉战争期间，刘邦实力不及项羽，屡屡打败仗以致兵困荥阳，处境非常危险。正在这时，韩信作为属下却常常传来战争胜利的消息。伴随着军事上的胜利，韩信夺取天下的野心也逐渐膨胀。他向刘邦提出给自己封王的要求。刘邦听了，非常生气，在信使的面前骂道："我被困在这里，盼望韩信来解围，没想到他竟然这样想。"

此时，张良也在，赶紧上前小声地对刘邦说："汉军现在势力稍弱，大王对阻止韩信称王有信心吗？反不如暂时就这样答应他，先稳住他再说。"刘邦顿时明白过来，将话圆了过来，反改口骂道："大丈夫做王就做得像样一点！"骂人是刘邦的一个嗜好，所以这一骂并无奇怪，而且前后并不突兀，信使根本没有听出什么问题。

不久，刘邦派张良去为韩信册封，忍住了心中的怒意。

刘邦把韩信称王带给自己的恼怒压了下去，这样才能够暂时稳住韩信，为汉军日后击败项羽奠定基础。试想，如果不能忍，就在那时与韩信翻脸，将会产生无法想象的后果。当时韩信势力强大，他想要独自称霸根本就不是什么太难的事情。

人生很多事情都是这样的，你无法改变风，也没有实力改变世界上所有逆自己意的事情，那就改变自己吧，让自己变得更具实力，这样你对变化就能很快适应，从而立于不败之地。同样，当你只有微弱的实力时，提升自己的实力，就显得尤为关键。而所谓加重自己分量的过程，就是指我们的忍耐。

一个七岁的小男孩，接到了父亲让他看守木桶的任务。每天早上，他将木桶用抹布擦拭干净，并且很整齐地一排排地摆放好。但意外的是，往往一夜之间，他摆放的非常整齐的木桶就会被风刮得东倒西歪。

小男孩儿觉得很委屈。父亲这样耐心地劝慰道："孩子，别伤心，我们可以让风来听我们的指挥。"小男孩儿把眼泪擦干后，就在木桶边开始思考，木桶为什么会被风刮倒呢？可能是太轻了。想了半天，他终于知道应该怎么做了，小男孩在桶里装满水，于是就回去睡觉了。

第二天，天刚蒙蒙亮，他早早地就起床了，赶紧跑到了放桶的地方去看，那些木桶纹丝不动地摆放在那里，没有任何一个像以前一样，被吹得东倒西歪。小男孩儿非常兴奋，他对父亲说："为了不让风把木桶吹倒，那就应该在木桶里装上东西。"男孩的父亲很欣慰地笑了。

任何一个人，只有对自己的能力有清楚的认识，并且尽自己的能力，为自己加重分量，让自己的实力更加强大，只有这样的人，才能在激烈的竞争中立于不败之地。

心急吃不了热豆腐

可以理解那些急于求成的心情，想要急于求成的愿望也是美好的，但这种方法是不可取的，因此，急于求成往往没有好的结果。急于求成会导致急躁冒进，会违背规律，最终会造成不可估计的后果。

理查三世要与亨利决战，英国未来的主人是谁就由这场战争来决定。决战前的一个早晨，马夫接到理查为他备好最喜欢的战马的命令。

“快点儿把掌给他钉上，”马夫对铁匠说，“它是国王打头阵必需的。”

“你得等等，”铁匠回答，“前两天所有的战马都用铁片钉了掌，没有铁片了。”

“我等不及了！”着急不已的马夫吼道。

铁匠埋头干活，他找来四个马掌，经过砸平，后又做了整形，将它们固定在马蹄上，然后开始钉钉子。完成了三个之后，他再也找不到一个多余的钉子了。

“我还需要几个钉子，”他说，“必须给我点时间来砸。”

“我说过我没有时间了！”马夫急切地说。

“我可以把它钉在马掌上，可我不能保证它是否牢固。”铁匠想了想，补充说。

“那能挂住吗？”马夫问。

“应该可以，”铁匠回答，“但是我不敢保证。”

“好吧，就这样吧，”马夫叫道，“快点，再晚的话国王一定会发怒的！”

就这样，在马夫的不断催促下，铁匠就这样草草地钉好了第四个马掌。

两军交战。远远的，理查国王发现几个自己的士兵有退却的意思。兵败如山倒，假如他们这样的举动被别的士兵看到，定会影响士气。理查迅速地将那个缺口堵住，鼓舞士气让士兵们继续战斗。

理查国王御驾亲征，鼓舞士气与敌人作战，却在此关键时刻，战马的一只马掌掉了，战马因此摔倒，国王也跌落在地。他还没有来得及作出反应，战马就跳起逃走了。理查环顾四周，发现他的士兵们更是士气大减纷纷撤退，给了对方冲上来的机会。

他在空中挥舞宝剑，大喊道：“马！一匹马，一匹马就断送了我整个国家。”

单靠三分钟热度，妄想凭着一时的努力，能量并不会得到大的积累，你的收获只能停留在局部和表面，如果你不能积极进取，那么失败就会降临。理查国王之所以会在战役中失败，将自己的国家失去，就是因为他的急躁。所以，这样的一个歌谣就流传了下来：“少了一个铁钉，丢了一只马掌，少了一只马掌，丢了一匹马，少了一匹马，败了一场战役，败了一场战役，失了一个国家。”

这并不是一个单纯的笑话，而是一个值得所有人铭记警醒的故事，对后世有着重要的借鉴意义。这个故事是急于求成导致失败的一个非常好的例子，如果只是一个单纯的铁钉，一个国家不可能因此而惨遭灭亡。但要看这个铁钉是用在什么环境，什么情况下的。有一种偶然与必然的微妙关系存在其中。

如果在平时，即便在战时，这个铁钉是被用在一个普通士兵的马上，对大局也不会造成很大影响。但是当处在战争的关键时刻时，偏偏是作为整场战争核心的指挥者的马用了它，就具有非常重要的作用和影响了，这个时候，铁钉的作用就至关重要了。国王的马夫耐心不够，对事情采取草率应付的态度，造成了自己无法承受也根本不曾想过的败局。这难道不值得我们深思吗？

我们经常会遇到这种事情，由于人们急功近利，忍耐力不够，但又不注重平时力量的积累，结果一塌糊涂，最终以失败收场。

这个故事告诉我们，等待急于求成的后果就是失败，只有时时忍耐自己的急躁，将自己的准备做到最足，只有这样我们才会成功。

放大你的格局

没有超越常人的忍耐力，就不会有广阔的胸襟，倘若胸襟不够宽广，眼光就不会更高更远。胸襟之度，说起来简单，却是决定一个人是否成功的关键。中国有句古话：宰相肚里能撑船。所以说，一个人的忍耐程度由他的格局决定，唯有将自己的格局放大，宽广的胸襟和能容的气度才会随之而来。

一位虔诚的小和尚，因缘际会，偶然获得了一粒种子。赠送他种子的人告诉他这是善之花，能够有缘看到花开的人就能够得道成仙。

小和尚对这颗种子进行虔诚的培育，这颗种子也没有辜负小和尚的期望，它生长发育得非常快，能够看出兰草的雏形。然而花开的季节都过去了，仍然只有翠绿的叶子出现在枝头。

年复一年，小和尚长大了，善之花的枝叶却仍然一如往常，不见有任何生长，只是任何时候都保持翠绿。小和尚并没有因此生气。后来，环境逐渐发生了变化，绿色和水源变得稀缺，风沙肆虐，寺庙冷落。最后原本热闹的寺院就剩下小和尚一个人。小和尚每天挑水要走10里路，化缘要走20里路。他对那朵善之花仍旧虔诚不已。

随着干旱的加重，每次小和尚挑水回来，常常会有一群乌鸦在头上盘旋。小和尚心怀慈悲，总是将担子放下来，让乌鸦们喝足了水他再继续行走。直至后来，乌鸦随着小和尚的步伐边走边喝。乌鸦们饮过后，小和尚还会浇灌沿途中不多的几棵小草。

此时，善之花逐渐开出饱满的蓓蕾。花开的情景几乎日日出现在小和尚的梦中，花朵美艳，馨香入鼻。早晨醒来，小和尚甚至仍然能闻到那醉人的花香。可是仔细看那花，还是以前的样子。

环境更加恶劣了，小和尚曾经浇灌的那几棵小草也不见了踪迹。小和尚搭了一个棚子给善之花，每天就在棚子中休憩睡觉，静待花开。

一天夜里，小和尚的棚子里被风暴带来了一个小男孩。他还带着一个快要死去的瘦弱羔羊。小和尚菩萨心肠，但没有办法帮助他。这个时候，小男孩突然发现了善之花，眼里散发出一种光彩，轻轻地说道："这只羊羔，从来就没有吃过新鲜的草……"

小和尚有点尴尬，看到善之花已经有了待放的花苞，这是自己辛勤劳动的结果，自己是否有缘成仙就在此一举了；可是想到那只快要死去的羔羊，又显得是那么可怜。

小和尚心中挣扎不已，他略带愧疚地说："等到花开了我就来救你。"

男孩却"扑通"一声，跪在了小和尚的面前。

小和尚发出一声叹息，闭上眼睛，自己多年的辛苦和努力就这样功亏一篑。然而救人才是最关键的，小和尚慢慢地将手伸向了那两片翠绿的叶子，意欲让羔羊吃掉它。但还没有费任何的力气，整株花都破土而出，小和尚感觉自己的心也如那两片叶子一般自己钻了出来……

花被递到那个男孩手中时，突然绽放了美丽的花朵。简陋的草棚中，立时弥漫着小和尚梦中见到的美丽的花朵的清香……

小和尚拥有足够的耐力来等待成功，这丝毫不用怀疑，也不用多说，更重要的是他的善良和全心为人的宽广胸怀。他没有在佛祖“花开开悟”的语言上局限自己的目光，而是深刻地体会了慈悲的含义。正是这一点使善之花开放。

同样，我们做人，就要放大自己的格局，眼光要高远，志向要雄伟，胸襟要宽阔，要有容人的胸怀。

人生也是这样的，拥有宽大的格局的人，忍耐力才能超出常人，从而达到更高的人生境界。

学会隐藏真实意图

如果你无法掩饰自己的行为，那忍耐就是为人处世的必需品性，不要让人们一眼就看透你的意图。如果你发现自己在某些场合处于不利地位，这时就更应该掩藏自己的真正目的，试试用一种与众不同、无法捉摸的行为来摆脱困境。

俾斯麦是德国著名的军事家。他一生的奋斗目标就是将普鲁士变得更加强盛，打败奥地利，统一德意志是他一直以来的梦想。他热情高昂，充满斗志，爱好战争。他有一句著名的话：“要解决这个时代最严重的问题，演说和决心根本没有用处，铁和血才是真理。”

然而在他35岁时，却违心作出了这样的一个选择。他的政治生涯的转折点就出现在他担任普鲁士议会议员时期。那时的德意志根本没有统一的迹象，奥地利位于普鲁士的南方，如果普鲁士要对德意志宣战，奥地利必然不会隔岸观火。

出乎所有人的意料，一向主战的俾斯麦在这时提出了和平的主张，他说：“如果没有清醒地认识到战争后果，就轻易地发动战争，这样的政客，那就自己去送死吧！战争结束后，你们能够面对农民看到化为灰烬的农田时的痛苦的脸吗？对于身体残废、妻离子散的悲伤是否有勇气来承担？”当然他其实并不真这样想，统一德国是他一直以来的梦想，这根本就不是他内心所想。

那么在国会上，俾斯麦对奥地利的行为进行辩护，并且赞赏，不同意发起战争的真正目的是什么呢？议员们感到非常困惑，好多人都倒戈相向，纷纷同意俾斯麦的观点。

若干周之后，国王对俾斯麦的和平宣言表示感谢，将内阁大臣一职授予他。若干年之后，俾斯麦出任普鲁士首相，此时，他终于不再隐藏自己的内心，攻打奥地利实现了德意志的统一。

很多智者都选择隐忍的处世谋略，当自己的力量还不够强大时，忍耐是他们的选择，不会让别人看清自己，不会让别人真正知晓自己的目的和计划，以免敌人攻其不备，使自己丧失准备的时间。“枪打出头鸟”是中国的一句古语。这句话同样适用于做人，亦即不要锋芒太露。“藏巧露拙”便是这个道理。俾斯麦的心机在政治史上是几乎无人能及的，他善用权谋。他力主和平，没有人会怀疑他真正的目的，如果他将自己的真正意图宣布出来，国王就不可能会支持他，群臣也不会支持他，那么，后来的大展宏图便不存在了。

在人际交往中，你的企图和目的总是会受到别人的揣测，你若能将内心的真实想法掩盖起来，让自己保持一定的神秘感，就会更加吸引人。当对方对你的行动无法猜测和解释时，他们往往不会轻举妄动。这是什么原因呢？因为外表是人们的第一直觉来源。人们往往将亲眼见到的表象当成事实，表象在某种程度上比事实更重要。要想让对手不明白自己的真正意图就要掩藏自己，让他们不至于轻举妄动。

善于忍耐，是保护自己的有利屏障，它有利于躲避灾祸，迷惑对手，可以帮助你在对手茫然之时，把力量积蓄起来，取得最后的成功。

急功近利不可为

股神巴菲特说过：只有退潮时，光着身子游泳的那个人才会展示出来。这是很多企业的真实写照，经济狂潮一经消退，便只会有投资者的无力的身影留在原本热闹的沙滩上，而这无力遮羞的身影就是由于急于追求利益而带来的硬伤。急功近利类似于杀鸡取卵，根本就不可能会有好的结果。

2006年的央视3·15晚会揭穿了地板界存在的一个很大的谎言。号称德国是其发源地，其实德国根本就没有他们的公司；仅8年的历史便自称百年，中国的工商注册部门根本就没有这个欧典（中国）有限公司。原来，欧典地板跟德国没有任何关系，但居然敢随便将价格定到2008元/平方米的超高价格。

当然，创业阶段的欧典地板，曾经也兢兢业业地制作地板，才在市场上有了一席之地。实话说，欧典也曾经拼命地奋斗，一度曾经创造过辉煌。2001年7月，中国消费者协会对欧典地板的市场销售状况、服务售后质量以及投诉与消费者反应等进行了严格审查，将北京欧德装饰材料有限公司认定为同行业中的翘楚，具有优秀的产品质量，较高的品牌信誉度，企业的管理水平和服务水平都十分优秀，与国家质量、安全、卫生、环保等标准相契合，将象征信任的“3·15”标志授予了欧典地板。

这个标志的获得是十分不容易的，因为中国消费者协会会严格审查每一个申请“3·15”标志认证的产品。到现在为止，全国通过“3·15”标志认证的企业也只有海尔、联想等十几家知名企业。木板行业的第一家获得此殊荣的就是欧典地板。

同时，欧典自称在德国有百年历史，产品销往全世界很多个国家，自己的企业是唯一连续3次6年使用“3·15”标志的品牌。2005年度北京人喜爱的消费品牌于2005年3月14日对外进行了公布，欧典地板还被评为北京人最喜爱的家居类地板品牌。

然而，这份荣誉并没有让这家企业再接再厉创造更好的业绩，而是开始了一系列的欺诈行为，为了获得更高的利润而欺骗广大的消费者。“真的很德国”这一口号，就是抓住了消费者大都爱慕虚荣的心理。

因为德国是木地板的发源地，所以欧典千方百计和德国产生联系，用炒作品牌来欺骗消费者自己公司的成功。据央视3·15晚会报道，欧典企业在自己公司的主页上宣称“德国欧典于1903年创立”，在欧洲的研发中心、生产基地为数可观。但是央视调查显示，德国根本就不存在欧典企业，德国当地政府部门也根本就没有欧典的任何记录。两位被宣传的德国总经理，其实仅仅是两个很小公司的负责人。欧典还声称自己的企业专门与中国合资建立了加工基地，但正在生产中的欧典地板的板材完全是由一家叫吉林森工北京分公司的厂家生产制造的，而产品标签上却标示的是欧典地板。

急功近利是不可能将企业经营成功的，做人亦然。在生活中，一般人只能看到眼前的利益。这样的人因看不到长远的利益而目光短浅,根本就不清楚还会有更大的利益等待着他们。“行大事者不近小利,有大谋者不矜小功”是能够忍耐的人的行为准则,他们往往志存高远,有着远大的眼光,对长远利益有着清楚地预见,这样的远利也是他们的追求。远利、近利、大利、小利到底是什么呢?对此每个人都有自己的不同理解,急功近利的人很难看到市场自身的规律,踏踏实实地奋斗之后得到的就是大利,远利要经过长久的努力追求才能得到。

耐心等待最佳时机

我们必须拥有足够的耐心来等待机会。在这过程中我们要积极准备,等待条件成熟,但等待并不是说就是什么都不做。《淮南子·道应》云:“事者应变而动,变生于时,故知时者无常行。”

相同的话,相同的事,只要出现在不同的时间,不同的情况下,自然会有不同的效果。机会不会给予那些缺乏耐心的人;耐心不够,就会错失适当的时机。所以,为了寻求最佳的时机,古人常常能够忍受很长时间的等待。

安陵君深受楚王宠爱,他门客众多,众多门客中有一个人叫江乙。一天,江乙对安陵君说:“您一点儿土地也没有,又不是什么皇亲国戚,却能够身居高位,俸禄优厚,国人对您极其爱戴,人人都愿意臣服于您,为您的马首是瞻,这其中有什么原因呢?”

安陵君说:“这就是大王对我的信任啊。不然哪能这样!”

江乙听后,便对他指出:“那些因钱财才靠近你的朋友,一旦用光了所有的钱,也就不会再与您交往了;若以美色诱人,一旦年老色衰就会遭到遗弃。因此狐媚的女子常常在短时间内被遗弃;曾经很受信任的大臣们可能还没等马车坐坏,已被驱逐。如今楚国大权掌握在您手里,但却没有让大王充分依靠信赖您,我真是替您捏了一把汗啊。”

安陵君觉得这很有道理,这样的认识让他不禁为自己的处境担忧起来。他对江乙行大礼说:“既然这样,那请您告诉我应该怎么做吧。”

“我的建议就是您一定要告诉大王这样一句话,生死听从大王的安排。大王听了您这句话,您的地位就可永保无虞。”

安陵君说:“谨遵先生吩咐。”

安陵君请教江乙是真心实意的,但是三年之后,那句话他仍然没能说出口。江乙感到非常不明白,他又去见安陵君:“我之前说过的那些话,为什么您到现在也不说,既然我的计谋您用不上,那我只好就此告辞了。”说完就要离开。

安陵君挽留江乙,说:“我没有忘记您的叮嘱啊,只是机会一直不合适而已。”

江乙只能继续等待。就这样几个月又过去了,终于等到了合适的机会。楚王出外打猎,期间数千匹战马奔腾,旌旗飘飘,景象十分壮观。

在车轮轨迹的引导下,一头狂怒的野牛奔跑而来,楚王赶忙拉弓射箭,正好将箭射进了野牛的头里,野牛被射死了。百官掌声雷鸣,对楚王称赞不已。楚王将带牦牛尾的旗帜抽出,将牛头用旗帜按住,仰天大笑道:“真是开心啊!寡人今天真是高兴,能够取得此战果!只是等我死后,又有谁能够与我同享这些富贵呢?”

此时安陵君进言道:“从我进宫伺候大王时就与大王同进退,誓死跟随大王。大王百年之后,我愿意继续陪伴大王共赴黄泉,为大王阻挡蝼蚁的侵袭,这又是哪些快乐所可以比拟的呢?”

楚王闻听此言，十分感动，正式将他封为安陵君，安陵君从此圣宠不衰。人们听说这件事都说道："江乙是善于谋划之才，安陵君就是善于等待时机的人啊。"

虽然江乙具有敏锐的洞察力，但毕竟无法准确预料事情的正常发展中可能遇到的情况，而安陵君正是由于他的耐心才能够取得楚王的信任，安陵君在楚王欣喜而又伤感的时候表白，正恰如是雪中送炭，为楚王的心中注入暖流，险境也由此摆脱，为自己的荣辱和富贵提供了一定的保证。

有人说这只是拍马屁的功夫。可就是这样的拍马屁之言，安陵君等待了三年才说出口，这句话因说得时机很妙，才真正地感动了楚王，也让江乙的妙计得以发挥出其最大的效果。人生也不例外，只有拥有耐心才能够把握机遇。急躁的人很难取得成功。如果你想要一直成功，就请忍耐着。

第五节　内精外钝，百忍成金

小不忍则乱大谋

孔子的“小不忍则乱大谋”精髓就在于“忍”字。苏轼《留侯论》中的“忍小忿就大谋”也是这个意思。孟子曾曰：“人皆有所不忍，达之于其所忍，仁也。”仁字在于内心，忍是基础，静是根本。要想达到仁的水平，就要忍其他人所不能忍的事情。但大多数的人只能够做到“忍小忿”最基础的水平上，而无法贯彻“忍”字的真正的内涵。

每个人都想一生安宁平静，没有人愿意经历大起大落的人生。那么，怎样才能平静安宁地度过一生呢？只有做到忍才可以。生活中有很多的事情需要人们忍耐。如果你一点都不能忍耐，什么事情都想争高下，那么安生与你无缘，也不可能实现与别人和平相处。

从前有个张家庄，庄里有一位人人称道的大善人，大家都说他心地非常善良，更大的优点就是能够忍人所不能忍。

这一年，张善人的五儿子娶亲。此时，远近的亲朋好友都纷纷登门拜访贺喜，络绎不绝。各界人士都前来道喜，其中还不乏衣衫破烂的乞丐。原来，张善人放出消息，不论是谁，任何来为自己道喜之人都赏赐银子一锭。

谁知，在喜宴开始时，管家进来通报说，有一个老乞丐对银子不稀罕，但求能够进来喝杯喜酒。花厅里坐着府台、知县、名绅等贵宾，怎么可能让一个乞丐进来，况且座位都已经安排好了，并没有空座位。

张善人非常发愁。知县大人却准备命人将老乞丐抓起来，被张公阻止了。他亲自来到大门口处，想请老乞丐在华亭之外的院内用膳喝喜酒，张家的亲朋好友都坐在那里。没想老乞丐却拒绝了他，他说他根本不稀罕那些酒饭，这次来只是听说张公是内心宽阔之人，然而并不是如此。说完这些话就起身离开，拄着拐杖准备走了。

张公解释说，花厅的人非常多，实在没有空位，并说乞丐可以坐在自己的位子上。老乞丐当然不会嫌弃，他不再生气，于是便穿过大院到了花厅里。宾客感到非常惊奇，都觉得乞丐太过分。然而老乞丐对这些都视若无睹，根本无视众宾客的冷眼。

等他吃完之后，老乞丐又说想要在张府睡一晚，并且要睡在芙蓉帐内。张公思考了一下，还是同意了他的要求。

第二天早晨，张公到洞房门口找老乞丐，却找不见老乞丐了，只有一个黄金人像横躺在床上，此金像与真人同高，重量达1800多斤。众下人都很是奇怪，管家招呼仆人费了很大的力气才将它弄了出来。

这时，张公看到了黄金上的字，上面写道：“有容之士福自在，无忍之心祸难消。自来黄金无足赤，却道世间有完人。”落款上分明写着——纯阳子吕洞宾。张公方才明白过来，家里的下人也都称赞张公的宽容之心。一时间，这个故事得到了大家的交口传颂。

唐高宗在游览泰山的途中，经过张家庄，听到大家谈起这件事情，龙心大悦，决定要见一下这位张公。入府后，高宗问张公要怎么样才能见到神仙，张公道：“臣遇非人则容，逢非事则忍，并将每桩忍记锦笺上。”说罢，向皇上展示了一卷锦书，一百多个“忍”字出现在上边。

唐高宗非常感慨，赏了张公一百匹好布，并将“百忍堂”三个字赐予他；又命令随行的御史将张公的善行昭告天下，称扬他的厚德……从那往后，“百忍堂”便成了张氏族人的堂号，“百忍成金”也从此流传于世。

清末时在动物学、古生物学、遗传学乃至优生学等各个领域都有所建树的学者潘光旦在他的著作《中国人的特性》中曾经写道我国人民都拥有耐性惊人的特点，“忍为高”已经深深地成为我们民族处世为人的准则。

但是很多人觉得“忍”字埋没了人的刚性，一度地忍让会显得没有原则和傲骨，因此，忍是不明智的，并不值得我们去尊崇。确实如此，“忍”字头上一把刀，可是忍让能够解决很多的问题，忍一时能换来百日的安宁。如果不能忍让，就不会平和，忍让人顾全大局，没有忍，就不可能成功，因此，人们说，忍能成天下大事。“忍”正是我们处世为人的最高境界。

以糊涂之道还治糊涂之人

佛认为：之所以生活中会有烦恼，是由于我们太过执着于小节，纠结于一些无关紧要的小事。实际上，世上的多数事情，太过执着也于事无补，无论再怎么纠结也出不了那个条条框框。

古今中外，有一种优秀的品质是任何成功之人都必须拥有的，他们宽容豁达，对一些无所谓的小事不斤斤计较，能够忍别人所不能忍，求同存异，能够笼络大部分的人。他们有着宽广的胸怀，正是因为如此他们才成就了自己的霸业，最终成了一代伟人。

之所以会出现那么多事事较真的人，正是因为事事妄想追求完美。但在实际的人际关系中，别人不可能事事都按照我们的心意来做事，因此，不能以自己的需求来要求别人，否则，别人也不会再信任自己。

老子处世非常淡然，不较真的处世哲学是他所崇尚的。

一次，有人到老子家中拜访。到了老子家中，却发现室内一点都不整齐，因此感到十分诧异。于是，他把老子贬损了一顿，笑话老子不将自己放在眼里，随即扬长而去。翌日，他又来给老子道歉。老子淡然地说：“你太过重视是不是智者这件事了，这件事对我来说毫无意义。因此，甚至你昨天说自己是一匹马我也不会反驳。因为你一定是有根据才会这么说的，如果我随便反驳，你反而会更加反驳我。这便是我从来都顺着别人的原因。”

根据这则故事，我们可以学到这些道理：当双方有了矛盾之时，我们除了要虚心接受别人的批评外，还要能够淡然处之。人与人之间经常会发生矛盾，因此，我们必须能够拥有宽广的胸襟，要有涵养，能容忍，不要因为一点小事而斤斤计较，事事较真。

生活中总是会有人喜欢议论他人，传播小道消息，如果有人在背后议论你，丝毫不要在意。只要自己生活得问心无愧，别人的意见和想法又有何紧要呢？

因此，我们说，并不是什么事情都值得我们认真。人非圣贤，孰能无过。我们必须在与人相处中相互谅解,必要的时候糊涂一下,忍耐非议,朋友就会多很多,而且事事如愿,事事顺心;相反,“明察秋毫”,太过计较,事事追求完美,不管事情多细都要计较思量,朋友都不会喜欢你,最后,你就只能变得孤苦无依成为寡人。

因此,不管怎样,我们都不能事事斤斤计较,必要的时候不妨放宽心怀,胸襟宽广,大可不必太过在乎这些事情,让它过去即可。

坦然面对流言蜚语

古人云:“口能吐玫瑰,也能吐蒺藜。”面对一些流言蜚语,若想不被它所左右,那我们大可不必太在乎。人生在世,难免会受到世人的非议。有些人对那些无中生有的污蔑常常愤怒不已,甚至反过来污蔑别人,这些都没有任何意义。如果任由我们正常的生活被这些小事打乱,那就是得不偿失了。

北宋吕蒙正,虽然年轻,却才华横溢,皇帝很是赏识他的才华,就让他任宰相一职。时间不长,便经常会有人在背后悄悄地议论吕蒙正:“这种没名没实的人怎么也能做宰相。”吕蒙正偶尔听见,也会装着没听见而不理睬,大步走开了。吕蒙正的手下感到非常气愤,就想想些办法好好地警告这些目中无人的人。吕蒙正赶忙对他们进行阻止,吕蒙正对他们说:“我一旦知道了这些人中有谁,那么这件事我永远都忘不掉。这样的话,我就会一直想着这件事,这多不好啊!因此,我觉得我还是不知道这些人是谁为好。”当时,手下的人都对他的恢弘气量表示赞叹。也是由于这件事情,便有人曾经向皇帝进言:“吕蒙正糊里糊涂的。”皇帝却说:“难得糊涂。正是他的这个特点,才是宰相的适当人选啊。”

流言曾经长时间困扰过几乎世界上的所有名人,美国总统罗斯福的夫人艾丽若也不例外,但她能够泰然面对每一次的流言蜚语,她常常说:“你要想避免受到这些伤害,可以模仿那种精美的瓷器,在架子上稳然地立着。”这句话道理深刻。世界上的事情非常复杂,我们不可能事事都做到尽善尽美,因此,不要太在意那些恣意的妄言,这一切都会随时间流逝而过去。而且别人对你进行攻击,就说明你有值得别人攻击的理由,别人才会对你进行关注、议论甚至是污蔑。

小仲马的一位朋友曾经对他说过:“有很多关于你父亲的坏话传到了我的耳中。”小仲马觉得这无所谓,他回答:“我们不用去管这些事情,我的父亲是伟大的。譬如我们可以这样说,他像大江一样奔腾不息,好好想象一下,如果有人在大江里小便,根本就不会对大江造成影响,不是吗?”

这恰恰应该是胸怀宽广的人该有的表现,面对别人的流言蜚语,我们首先该做的就是要分析这些流言是否值得生气。接着,如果觉得自己根本无可厚非,站得住脚,那样的话就不必太过在意,不必妥协。对于那些恶意诋毁我们的言论也不妨当作没有听见,大度忍让一点。摩擦在同事、邻里以至陌生人之间都是不可避免的,别人也可能会议论不已,如果你也说长道短,这样反而会将矛盾激化,伤人也伤己。如果能低调处事,就会少了很多不必要的伤害。

法国19世纪的文学大师雨果有这样一句话流传于世:“人的胸怀是世界上最宽广的东西。”人类最可贵的品质就是包容,这也是一种高贵的品质,是我们在对待流言时应采取的正确态度。正所谓:海纳百川,有容乃大。荀子认为:“君子贤而能容罢,知而能容愚,博而能容浅,粹而能容杂。”面对不可避免的非议,我们最好用宽容来对待。

善用“老二哲学”

人们将孔子信奉的哲学称为“老二哲学”。这是什么意思呢？这是由于孔子将自己的政治理想付诸这样一种社会：每个人都谦逊礼让，不主动谋求福祉，也不主动惹出祸乱。“中庸之道”就是这个理论的最好写照。

自古以来，“老二哲学”就成为了中华民族国人为人处世的重要准则：臣子在皇帝面前永远都是老二，老大当道，什么事情都要以老大为中心；君子之于小人也是老二，任他再张狂，也不要与其针锋相对；个人之于命运也是老二，谋事在人，成事在天，能够认清形势才是真正的聪明人。

因为做老二，就会有一个可以参照的目标，所以心中就会踏实；因为做老二，就会有一个执行的目标在上边，所以精神就会集中；因为做老二，所以心中就会抱有宽容，所以内心便会祥和。这正是为人处世的真理。在老二升级成为老大之后，对于欲望以及别人压在自己头上还要能够容忍。因此，当了皇帝，真正地成为了主宰天下的老大，也会想要成为老二，前头没有人了，便说自己的头上还顶着“天”，自称“天子”。

因此，在我国长期的历史长河中老二哲学意义非凡。这可以理解为一种节制，却也不失为一种另类的进取。

历史上，曹操以野心大而著称，但是当他可以做皇帝时，他说：“我要做周公不要做皇帝！”这是什么原因呢？是因为自己成为了老二，就凡事有了后退的余地，这与孔子的人生哲学不谋而合。“老二哲学”为一位佛学大师所信奉，这不是任何人都能够理解的，他为此讲述了这样一件事：

刘、李两家是邻居。李家家庭关系和谐，与邻居们关系也很好，而刘家却整天鸡飞狗跳的。日子久了，刘家的家长非常不解，便去询问李家的家长：“我们家为什么总是吵架，但你们家就十分和谐，都不会吵架呢？”李家的人解释道：“因为你们家的人都很好，于是便争吵不休；我们家的坏人比较多，因而十分和谐。”

此言一出，大家都大惑不解，刘家的家长也很是不明白，又问：“何出此言？”

李家的家长于是这样说明：“比方说，有一只花瓶被人打碎了，你们家人都会觉得这是别人的错而不是自己的错，便会争吵不休，指责花瓶是被别人打坏的。而我们家的人不想伤害家人，都抢着认错，而真正摔碎了花瓶的人就会觉得愧疚：‘真是太抱歉了，是我的错。’对方也马上承认错误：‘都怪我没有将花瓶放好。’每个人都主动承担责任，这样自然就不会有争吵了。”

大师又这样解释“老二哲学”，他说：“好人坏人、老大老二，甚至包括这世间所有的人际关系都是如此，退一步海阔天空。”老大不是你想争就可以得到的，老二虽然在地位上是第二位的，但是你却在胸襟气度上更胜一筹，同时还能化干戈为玉帛，这样不是更好吗？

当时的周瑜面对事事强于自己的诸葛亮时，周瑜感叹道：“既然世间有了周瑜，为什么还要有诸葛亮呢？”他总是不甘心让诸葛亮压在自己头上，导致自己年纪轻轻就结束了生命，很是可惜。

古话说得好，“强中自有强中手”。或许现在的我们，在某一方面出类拔萃，有一种领头羊的感受，但正可谓三十年河东三十年河西，指不定什么时候，就会有人超越我们，那时候，我们能做的就是忍耐，常怀包容之心，甘做“老二”，这样，扭转命运的机遇才会光临我们，我们才可能取得最终的成功。

动心忍性，增益不能

《孟子·告子下》中说："天将降大任于斯人也，必先苦其心志，劳其筋骨，饿其体肤，空乏其身，行拂乱其所为，所以动心忍性，增益其所不能。"所谓"动心忍性"，就是说要忍耐世间遇到的一切困苦，为所有的忍耐立下了名目。

佛家对"忍辱"十分崇尚，认为真正的修行者必须能够经历世间所有的苦难，才能心灵平静，得到真正的佛的精髓。

法远禅师在修行成功之前，与天衣义怀禅师曾听闻叶县有得道高僧，便约好一起前去请教参禅。寒冬腊月，北风刺骨。这天一共有八人来到了叶县归省禅师的地方，归省禅师当场就要驱逐大家，但众人都想得到真正的佛法，都不舍得走。归省禅师将冷水泼到他们身上，水都冻住了。这时有六人再也无法忍耐，一个简单的修行为何这么麻烦，愤然离去。

只有法远和义怀留了下来，虔诚地等待大师的教诲。一段时间后，归省禅师又呵斥道："你们还不走，是想让我打你们吗？"法远禅师非常真诚地说："我们诚心向佛，您是赶不走我们的，即便您真的打我们，我们也不会走的。"

归省禅师很满意，同意让二人留下来，法远禅师留下后，做煮饭的工作，有一次私自做主用油面熬了粥让众人喝。这件事让归省禅师知道后，训斥说："私自取用日常用品，依据寺院的规定要打你，还要依数赔偿！"说后，真的对法院禅师进行了杖责，将他的衣物进行估价变卖，还清寺院的损失后，就驱逐法远出寺了。

法远感到很无奈，但这并没有动摇他修佛法的决心，每天仍守在寺院的房廊下。归省禅师见到后又骂他说："这是院门房廊，是大家公用的地方，你怎么可以睡在这里？这必须付一定的房租！"归省禅师便要求寺里的和尚向法远禅师要房租，法远禅师不悲不恼，于是到街头诵经，用化缘得来的钱缴纳。

后来，归省禅师对徒弟说："法远才是真正可以参透佛法的人啊！"并将法远禅师请进大堂，将法衣赐给他，取佛号圆监禅师！

真正的修佛之人根本就不会在乎钱财名望，越受到侮辱，越能够彰显佛的宽广大度。如果我们每个人都能像他们这样，那么一定能够和谐相处。人生在世，会遇到很多不顺心的事情，要善于忍耐，要时刻铭记自己的责任，即使被侮辱了，你也不要发生什么变化。因此，暂时的困扰和侮辱并不会决定你以后的发展，相反，受辱能更加衬托出"一鸣惊人"的价值。

另外，愚、拙、屈、讷所带给人的往往是消极、低下、委屈、无能的感觉，给人留下一种弱者印象，往往容易在人的头脑中留下不好的感觉，使别人对其放松警惕，令人不会加以重视。但愚、拙、屈、讷有时却并不是一个人真正的特质，有时是为了迷惑对方，消除别人的戒心，或者是为了让别人降低要求，终究是为了自己的利益而为。

也因此，在受辱后仍坚持忍耐，才是一个人境界的真正体现，才能将为人处世的睿智体现出来，也正是难得糊涂的精髓。

矜而不争，群而不党

其实，真正能够懂得难得糊涂真义的大智慧之人，忍耐便是他们的最终选择。如果自己形势稍弱,他们会选择以忍耐来储备自己的力量;当对方比自己强时,他们通过忍耐来积聚力量。在忍耐的过程中,他们会努力奋斗,提高自己的实力。

毛泽东在《卜算子·咏梅》中曾这样形容梅花:“春雨送春归,飞雪迎春到。已是悬崖百丈冰,犹有花枝俏。俏也不争春,只把春来报。待到山花烂漫时,她在丛中笑。”这首诗的精髓就是在忍耐的过程中本身的才能出众,却从不“争春”,因此,在烂漫的山花中,她就能够轻松一笑。

人际相处中,经常会有竞争存在,心中为此有一定的汹涌也是不可避免的,此时,我们不妨不要计较太多,置身事外,做到“难得糊涂”。

然而,并不是每个人都能够明白这个道理,人们千方百计地与别人进行竞争,用尽各种办法,甚至不惜使用卑劣的手段,这样往往会浪费精力,得不偿失。长期生活在海边的人都明白,自由的螃蟹是智慧的,真正愚蠢的是那些被抓进鱼篓里的螃蟹。曾有这样一个故事:

有人看到渔民背着一个无盖的鱼篓,螃蟹遍布鱼篓,边沿也趴着几只,于是好心告诉渔民盖上鱼篓的盖子,否则螃蟹可能会跑出来。渔民笑着说:没事的,跑不了。路人表示不解,渔民这样说道:鱼篓不加盖子,螃蟹本来是很轻易就可以跑掉的,但它们有着很强的嫉妒心,如果一只螃蟹想要往上爬,剩下的螃蟹就会出来阻拦它,把它拽回鱼篓中。就这样,最后谁都不能成功爬出。

由于螃蟹的这种嫉妒心,谁也无法逃脱,这是非常可悲的事情,可是,我们人类又何尝不是如此呢?很多人为了要展现自己,便用尖刻的语言、冷漠的行为来打压那些比自己好、进步比自己快的人,原因便是不能容忍别人超过自己。你绝不能比我优秀,谁也别想丢下别人跑掉;你的优秀就衬托出了我的无能。这样的后果就一目了然了。

在有些人看来,为了成功可能会用到一些手段,要想尽一切办法为自己的前途排除障碍。可能有时候这样的计策确实会起到作用,李林甫、秦桧就是这种人的代表,但这些人却没有好下场,最终遭人唾弃,遗臭万年。

该妥协时就妥协

“决不妥协”将人的骨气和刚性彰显出来,人们常常称赞不已。但是,这也不是在任何时候都适应的。老子曾说:“万物负阴而抱阳,冲气以为和。”阴阳本是对立的,但如果想要和平,阴阳就必须能够互相包容,同样,在人际关系中想要解决好问题,双方就要能够互相体谅,对对方要足够容忍。尤其是在人际交往中,妥协是我们必须做的事情。

晋代人裴遐作客周馥将军家中。这天两个人正在下棋,周馥的司马上前敬酒。裴遐的兴趣都在棋子上,于是,没有立即喝掉递来的酒。司马觉得这是对他的轻慢,一气之下就把裴遐推倒在地。这样的情景令旁边人惊讶不已,很少有人能够容忍这种难堪。裴遐却像没事儿人一样,面容平静,好像什么事情都没有发生似的。王衍后来问裴遐,为什么那时可以做到不动声色。裴遐回答说:“因为我懂得忍耐。”

裴遐的平静,将一场纷争轻松化解,表面上的木讷、迟钝和迂腐,实际是大智慧的表现。善于妥协的人是明智与美德并存的人。能够妥协,就说明没有轻视别人的利益。现代生活中个人权利日趋平等,人们之间必须互相尊重。只有尊重他人,他人才会尊重自己。因此,善于妥协能够让别人更加尊重自己,这样的人才最具智慧。

《忍经》上有这样一则故事:刘伶醉酒后,和一个人起了争执。对方挥拳相向,刘伶说:“我身子这么瘦弱，怎么能承受得住您强壮的拳头呢?”那人大笑之后将拳头收了起来。刘伶就这样保全了自己。

在日常与人交往中，我们要做到一些理性的妥协。理性的妥协有利于消除“应激反应”，更好地适应社会环境，是建立良好人际关系的重要条件，就像是在两个不同的数字中间找到它们的公约数一般。

但是，理性地妥协与麻木、怠惰、迂腐和世俗并不等同，并不就是说要放弃自己的原则，而是要保持宽容、忍让之心，否则这样的人就显得太过糊涂。在群体生活中生存必须要学会妥协，但凡有涵养的人都可以做到这一点。

妥协使人际交往更加顺畅，它的作用越来越重要。比如在市场上，买卖双方讨价还价，一般都是各让一步才会成交。于个人来讲，妥协能使人的人际关系更加和谐，进退自如；对于团队来讲，妥协有利于增强团队的凝聚力和战斗力；于世界来讲，妥协会使各国消除误会，形成和谐的氛围。

生活中的事总不可能事事都清楚明白，但是为了使生活更加美好，我们就必须能够忍耐。

第六节　忍小谋大，以忍图强

忍一时之气，免百日之忧

从某种意义上说，要想保全自己就必须忍耐，忍耐一时，幸福一世。忍耐是一种张力，暂时的停滞和后退，是为了更好地前进。

刘邦去世后，吕后执掌朝政。匈奴单于冒顿一直看不起刘邦，更何况现在是一个女人执政，他更加有恃无恐，就有意发起战争。他让使者给吕后送信说："寡人出生于荒山野岭之中，生长在草原旷野上，曾经多次来到边境，游览天国。您也甚感孤独。两位君主有着同样的境遇，又不能想办法高兴起来，希望我们能够互惠互利。"

吕后读完信非常生气："他竟然如此放肆，竟敢这样调戏我。"于是，她召集群臣商议，希望出兵讨伐冒顿，以消此恨。

吕后的妹夫樊哙首先说道："我愿领兵十万，剿灭匈奴。"

吕后大喜，季布却反对说："应该杀掉樊哙。"

大臣们都很吃惊：季布有病吧，竟然提这样的建议。

季布接着说："当年高帝攻打匈奴时带了30万人马，也曾经被困于匈奴不得逃出。那时的樊将军也是束手无策。现在给你10万兵马就有必胜的把握吗？这不过是对陛下阿谀奉承，简直就是欺骗，应该予以斩杀。"

樊哙无言以对，这时其他的将领也纷纷表示反对，匈奴国力强盛，这时候挑起战争是不明智的。吕后见状，细想之下也觉得很有道理，便将这口恶气忍了下来。

吕后为了对冒顿单于进行安抚，居然就忍辱负重地将一封和解书送到匈奴，说："单于挂念中国，令我们十分荣幸，但我自觉，年老色衰，甚至连走路都不利索了，单于不要听信传言，我实在当不得您的青睐啊。希望您能赦免我国。我将自己的两辆车、八匹马献给您，希望您笑纳。"便叫他的手下送去了。

单于冒顿本来做好了遭到攻击的准备，没想到却收到这样的回信。细想之下，如果此时攻打汉朝，也没有必胜的把握，便回赠了吕后几匹好马，并附信说："我生性粗犷，实在是不懂礼数，感谢您没有怪罪于我。"于是便有了和亲之说。

吕后做事心狠手辣，曾经杀死韩信和彭越两位汉初的功臣。但是她在处理匈奴的侮辱和挑衅时，不仅暂时忍耐了这个侮辱，而且姿态谦卑，反而令冒顿觉得不好意思，最终以和亲了结。吕后执政时没有受到侵略，百姓安居乐业，就是因为吕后善于忍耐。

王林来深圳打工后，曾经做过一段时间的小文员，不久就被解雇了。过了很久他还是处于失业的状态，就到了为吃喝发愁的地步。

一天,他在公园中闲逛,突然想到自己的一个在这里做编辑的老乡,于是他厚着脸皮去借钱。费尽心思找到这位老乡后,没想到老乡一见他的狼狈样就知道是来借钱的,竟然无视他的存在。王林赔着笑脸将自己的窘境说了出来。老乡厌烦地在桌子上扔了10块钱,说自己很忙,让王林自便。王林理解老乡嫌弃他的意思,非常生气,真想用那10元钱来砸那位老乡。但他没有这么做,而是将那10元钱装了起来。

王林买了一斤馒头花了2元钱,买了一支笔用了1块钱,买稿纸花了2元钱。在自己的出租屋里,他用了1天1夜将自己打工的心酸经历写了下来,次日早上亲自将这些稿件寄到了一家专门的杂志社。编辑决定将他的四篇稿件全部采用,并将一半的稿酬预付给他。有了这些钱,王林又坚持了一段时间,并为自己找到了合适的工作。

世间的事物都不是一成不变的,忍耐的过程中会有机会产生。忍耐是垂钓者最好的进攻方式。忍耐中往往会有各种机遇到来,所谓“天将降大任于斯人也,必先苦其心志,劳其筋骨,饿其体肤……”说的就是这样。男儿当志存高远,不能将每天都浪费在一些鸡毛蒜皮的小事上!春秋末期最后一个霸主越王勾践卧薪尝胆的故事就是这个道理的最好证明——忍耐并不意味着停止、逃避,无为才是忍耐的真谛。当我们不能掌控自己的命运时,对这种弱势要心平气和地接纳,忍耐各种困难,同时也要不断地积聚力量,争取早日摆脱不利地位,并适时出击,为成功做准备。

忍耐有利于事业的成功,冲动往往会坏事。当遭受侮辱和伤害时,我们没必要急急忙忙去证明自己的能力。学会忍耐,我们得到的将会更多。

忍辱方能负重

人们通过忍耐让自己的身心更加成熟,从而获得成功。韩信将“胯下之辱”忍了下来,后来才成为了淮阴侯。司马迁惨遭宫刑迫害,身心受到摧残,却仍然忍耐下来,最终写成旷世之作《史记》。

老子曰:“大直若屈,大巧若拙,大辩若讷。”我们不顺利的时候,应该看清时机,沉着等待,这样才足够聪明。“伏久者飞必高,开先者谢独早。”任何人必须经过蛰伏,才能成就伟业。冲动之人往往急躁不已,反而令自己陷入苦痛与困难中。这个道理明白之后,也就明白了忍的含义。杜牧之《题乌江亭》诗也这样说:“胜败兵家事不期,包羞忍耻是男儿。江东子弟多才俊,卷土重来未可知。”此诗其实是为项羽惋惜,如果项羽当时具有足够的忍耐力,能够明白从头再来的意义,忍受一时的失败,必将能够东山再起。

《说苑·丛谈篇》写道:“能够忍受耻笑的人能获得一时的安全,能够将耻辱忍受下来的人才能获得永久的生存。”实际上忍辱不仅能够保得平安,也能成就美名。

韩信出生于淮阴,家境贫寒,找不到事做,便以卖鱼为生。肉铺的伙计欺负韩信:“你长得五大三粗,还带这把剑招摇撞市,实际上不过是胆小鬼罢了。”并且对韩信当众辱骂说:“你要是胆大,便给我一剑;否则就从我的裤裆下钻过去。”周围的人都为韩信抱不平,都叫着让韩信教训教训他。韩信思索过后还是钻了那人的裤裆。这时所有人都对韩信的胆小嘲笑不已。

后来,滕公对刘邦提起韩信,刘邦当时并不怎么看好他,对他也没有重用。韩信感到非常失落,便悄悄地离开了。萧何亲自挽留他,并对汉高祖说:“韩信的能力超人,若您要一统天下,韩信是不可多得的人才。想要他成为大将,你就要亲自去请,选择良辰吉日赐予他封号。”刘邦同意了,封韩信为大将军。刘邦成功建立汉朝后,韩信成为齐王。

古今中外,这样的事情不胜枚举。

1076年，德意志神圣罗马帝国皇帝亨利与教皇格里高利为了权力争斗不休，并且越斗越凶，两方分庭抗礼。亨利不想受到罗马教廷的指示，教皇则想把亨利归到自己的属下。

亨利首先发难，让德国境内各教区的主教们召开紧急会议，不再承认格里高利的教皇职位。格里高利针锋相对，在罗马拉特兰诺宫召开全基督教会的会议，说要将亨利从教中开除。他不仅在德国掀起反对亨利的浪潮，还想要全世界都反对他。

这段时间反对亨利的声音响彻全球，以德国最为突出，封建主纷纷挑战亨利的王位。面对这样的形势，亨利只好放弃了。1077年1月，亨利衣衫褴褛，不远千里来到罗马，为自己的罪行忏悔。

格里高利无视亨利的到来，到卡诺莎行宫以避开亨利。亨利无奈，便又起程去寻找教皇。

教皇将亨利关在城堡大门之外。为了自己的王位，亨利就这样不顾颜面跪了下来，当时飘着鹅毛大雪，亨利放弃帝王的尊严，就这样不眠不休地待了三天，教皇这才宽恕他，将他扶了起来。

在亨利返回德国后，便开始反抗，将那些曾经危及他王位的内部反抗势力逐一消灭。在势力稳固之后，他发兵罗马，为自己的羞辱报仇。面对亨利的强兵，格里高利不堪一击，就这样死去。

所谓“大丈夫能屈能伸”，就是说要能够忍耐。试想，如果韩信当时没有忍耐而是选择与对方打斗，又怎么能够成就常胜的美名呢？假如亨利从此一蹶不振，怎么能够报了当时的羞辱之仇呢？

克制自己的不利情绪

古人说：“自行本忍者为上。”做人要忍，特别是那些本来脾气就不好的人，更要将自己的不利情绪控制住。当然在人生当中，我们可能会有各种消极的情绪，具体就不一一列举了，我们现在来看看愤怒的坏处。

遇事要学会自制，不能轻易发火，得罪多了人，自己的发展可能也会受到阻碍。现实生活中，经常会见到因为冲动坏了大事的情况。其中，巴顿将军也有这样的经历。

巴顿将军曾去看望战争的伤员。他走到一病号前，病号正在哭泣。

巴顿将军问：“你哭什么？”病号哭着说：“我的听力很差。”巴顿又问：“你再说一遍？”病号回答说：“我听力很差，很难听到炮声。”

巴顿将军居然就这样发火了：“我不了解你的听力，但我知道你是个胆小鬼！”之后，巴顿还是很气愤，竟然给了这个病号一巴掌，并喊道：“我不允许一个胆小鬼给我们这些战士泄气。”说完竟然又扇了病号一巴掌，还扔了病号的军帽，吩咐医务人员说：“你们以后不能再给这种胆小鬼治疗，他们根本就很健康。我不允许这种人就这样白白浪费我们的资源。”

临出门前，巴顿将军依然怒不可遏：“虽然你可能被打死，但你必须到前线去。如果你不去，我就枪毙了你。真的，我真想这么做。”

很快就有人披露了这件事，并且引起了一场轩然大波。很多人要求对巴顿进行撤职，甚至有人提出要对他进行军法审判。尽管后来马歇尔考虑全局，没有在这件事上下文章，但巴顿还是因此而受到大家的攻击。正是这种轻率、浮躁的作风以及政治上的偏见，造成了他日后的悲剧。

动怒会劳民伤财，真正聪明之人是不会这样做的，不会让自己的情绪随便宣泄。为了一点小事而斤斤计较,对于长寿也是不利的。

我们不能斤斤计较别人的过失,要用宽容的态度对待他。一个人如果身为领导却任由自己的情绪暴躁,会对他手下的人产生一定的危害;如果作为一个普通员工也常常冲动不计后果,就会对他的上司造成冲撞;家庭成员之间如果矛盾重重,经常争吵,那么家庭就无法维持和谐的局面;如果不能在国与国之间和平相处,战争就会引发,从而使百姓流离失所,不得安家。

愤怒是没有好处的。为此,我们要向古人学习,学习他们的做法。

富弼宰相品行优良,但是富弼曾因心直口快惹得很多人不高兴,从而严重影响了自己的事业和生活的发展。后来他想了很久,逐渐改变了自己的性格。有人告诉他说他坏话的有哪些人时,他往往一笑置之:“怎么会呢,他说我什么坏话呢?”

一次,一个穷书生想要让富弼当众出丑,居然当街拦住了他的去路:“听说你知识渊博,那不妨赐教于我。”

富弼知道他没存善心,却不能置之不理,便答应了。

秀才问富弼:“那你说,想要让一个人的心灵正直,一定要先让他的意念真诚,这里的诚意就是说不要自欺欺人,是即为是,非即为非。如果你被别人骂了,你要怎么办?”富弼想了想,答道:“那我就当不知道就好。”秀才哈哈笑道:“这样愚蠢竟然会有人说你熟读四书,通晓五经,简直胡说八道。富弼才智驽钝,不过是个糊涂人而已!”说罢扬长而去。

富弼的仆人替主人抱不平:“您是怎么想的啊,我都能回答这么简单的问题,为何你却说不知道呢?”富弼说道:“此人言行轻狂,你若真的与他计较,他必定会纠缠不休,无论谁胜谁败,都要经历一场辩驳。书生一定会对此事斤斤计较,这样根本没什么好处,我又何必自寻烦恼呢?”

几天后,富弼又在街上碰见了秀才。富弼上前招呼他,秀才却装作视而不见,还向富弼骂道:“富弼是缩头乌龟!”

有人告诉了富弼秀才的骂言。

“他是在说别人吧!”

“人家都说你的名字了,和别人有什么关系呢?”

“那就没有别的人叫富弼吗?”

他边说边走,根本就对此不在意。秀才也觉得没意思,便悻悻地走开了。

人生中会遇到很多让人难堪的误解,受到别人不公平的评价和侮辱。卑鄙也好,恶毒也罢,你都不应该就此失去理智激动得像对方一样抓狂。保持沉默是获胜的唯一战术,不去硬碰硬,甚至都不需要解释。因为此时,相互之间的争吵、辱骂不仅会让双方痛苦,胜利也不可能到来,能到来的只有烦恼、怨恨和伤害。退一步讲,如果在对骂中处于劣势,就会为自己的羞辱而悔恨不已。如果一方在对骂中取得了优势,又能有什么好处呢?只能使双方的对立情绪更加严重,让对方怨恨自己。

有这样一首流传于光绪年间的民谣:“他人气我我不气,我本无心他来气。倘若生气中他计,气出病来无人替。请来大夫将病医,他说气病治非易。气之为害太可惧,不气不气真不气。”这是一首通俗易懂、有着深刻寓意的歌谣,虽然包含着一点消极意味,但其益处也是非常明显的,尤其是对于脾气暴躁之人,作用更加突出。

行事不可放纵

人生在世,想要获得成功,就不可能总过轻松的生活。这就要求我们不断战胜各种劣根性,将不好的习惯克服,严格要求自己,最后取得更大的成功。

秦朝末年，陈胜吴广揭竿起义，得到了天下英豪的纷纷响应。没多久，这次风暴就席卷了整个大秦。

公元前206年，刘邦首先将兵马驻扎进了都城咸阳。大家都震惊于都城的气势恢弘，宫中的金银珠宝被人们争抢不休，咸阳城内一片嘈杂。众卫士簇拥着刘邦，走进了金碧辉煌的宫殿中。他看到气势恢弘、陈设奢华、美女无数的阿房宫，高兴得几乎找不着北。

部下樊哙在刘邦得意忘形之际贸然闯入。看到刘邦满眼贪婪之色，樊哙大声地出言阻止："沛公！"

"什么事？"刘邦没有回头，随便问道。

樊哙说："你在乎天下，还是在乎这些金银？"

刘邦嘴里说着"拥有天下一直是我的梦想"，眼神却仍然游离在宫女们身上。

樊哙说："我跟随您进了皇宫，您虽然不看重金银珠宝，却看重美色，但就是因为这个原因秦朝才灭亡了啊。您如果留在这里就会走上秦朝的老路！恳求沛公住到宫外去。"

樊哙虽是刘邦的亲信，刘邦却不太看重他的谋略，对他的话根本就不在意。刘邦生气地说："我们奋力从关东打到关中。我只不过想在此稍做休息，你就把我和秦朝皇帝相比，简直是胡说！"

樊哙非常气愤，去找张良想办法。张良又劝导："请您仔细想想，你能够来到这里的原因是什么？"

刘邦说："因为我以仁义为名，解救老百姓，用将士的血换来的。"

张良说："是由于秦王荒淫无度，失去了民心，才给了您揭竿起义的机会。秦朝皇帝因为骄奢引得群情激奋，您如果要战胜秦朝，就必须和他相反啊，在百姓心中树立节俭有度的形象才是正确的做法。现在，我们刚刚来到这里，沛公就带头享乐，老百姓会怎么想呢？他们会认为我们也是一样荒淫骄奢，便不会再支持我们了。丧失民心，天下也不会掌握在我们手里了。"

刘邦心中触动了。

张良又说："沛公若要占有宫中的财产、美人，就会给手下人树立坏形象，手下的人也想搜刮钱财。他们贪污浪费，军队就必将灭亡。现如今，敌方项羽大军正以恢弘的气势向咸阳逼近。一旦上了战场，我们这边的人军心不齐，对项羽大军要如何抵挡？那时，沛公即使愿意放弃天下，安心享福，恐怕也没有办法了！"

刘邦听完，吃惊不已，问："你有什么建议？"

张良说："'良药苦口利于病，忠言逆耳利于行'，樊将军的建议就很好啊，您应该听从他的劝告，离开秦皇宫，认真思考将来的发展，重新推出一些政策来安抚民心，民心所向即为大势所趋。"

刘邦听完张良的话，立即明白了。他马上从宫殿撤了出去，将仓库封存，并下令所有军队扎营郊外。

世界上最可怕的人就是自己，而自己也是最难对付的人。佛学道理浅显易懂，也没有什么特殊要求，但这并不是说很容易就可以成佛，然而能够做到这些的人却少之又少，其中原因就是人们常常无法完全掌控自己，对自己的欲望往往会放纵不能自持。

"空"是佛学的精髓。功名利禄、酒色财气，不会留恋不已，可以随时抛下。这就是"空"字的含义。

这个道理很多人心里都明白，行动上却做不到。比如说要远离美色，原本不是太难，但面对情欲，多数人却选择了顺从。大家都觉得挣钱养家这件事很俗气，但是这样的机会一到，所有人都不会不要。

人们都有七情六欲，但凡事都不能超出自己所能够获得的范围。自制，就是要对自己的过分欲望进行控制。否则,就算耗尽全力,浪费时间,事情也不一定成功。例如穿着华丽的服装,听着悦耳的曲目等,这些事情本来很小,但一般人往往很难控制不去喜欢它们。如果掌握不好这个度,小事也可能会让你耗尽心力,人必然会颓废不振。

所以,“放下屠刀,立地成佛”是佛家所倡导的,却从来都没有几个人能真正如此。非不能也,而是不去做。

学会约束自己的欲望

贪欲会透支人的精力和体力。舍弃贪婪,将自己的欲望减少,快乐就会随之而来。

欲望永远都填不满,烦恼和困扰就会随之而来;学会对自己接纳和欣赏,让自己不再有那么多的欲望,快乐离我们就不远了。

王云小时候很喜欢捉麻雀。麻雀虽说比较机灵,但在冬季缺少食物时,也能很轻易地捕捉到。王云先把米洒在地上,然后在米最多的地方支起筛子,筛边支根木棍,再将一根足够长的绳子拴在木棍上。然后,王云把门关上,从门缝里朝外面观察着,只要有麻雀过来,为了吃米就会一直走进筛子下边去。那时候,王云只要将绳子一拉,麻雀就逃不了了。

这些天雪花不断,这些饱满的米粒一下就吸引了麻雀们的注意,没过 10 分钟,筛子下边已经有三只麻雀了。望着仍然在外面徘徊的麻雀,王云想将它们一窝端。可一会儿后外面的依然没有进去,反而有一只从里边出来了。王云非常后悔,但又想到,等外面再没有吃的,它们便只能进去了。

然而,麻雀好像知道王云的想法似的,总是里外各有那么两只。王云非常不高兴但也无计可施,只能耐心等着。当他快要失去耐性的时候,只剩下一只麻雀在筛子里了,到底应不应该拉绳呢?不待他作出决定,那只麻雀居然也吃够了,就这样飞出去了。

那次,王云一无所获。

人的欲望是贪婪的,但机会却不会等人。如果对自己的贪欲不加控制,只会连本带利失去很多,因此下手要及时,不然麻雀真的会飞走的。

古人云“人心不足蛇吞象”,没有谁能够满足所有的欲望。如果每天都要衡量是否满足了自己的欲望,那等待我们的就只剩痛苦了。因为满足了旧的欲望,还会出现新的欲望,而且新的欲望会更加难以满足。之所以说欲望的沟壑是难以填满的,说的就是如此。这样一来,快乐的人生还怎么可能呢?

一位潜心修行的修道者要离开他的村庄,去往深山老林中参禅。他只带了一件衣服便独自来到了山中。

后来他想,如果要洗衣服,另一块换洗的布就是必需的,于是他来到山下的村庄中,希望村民们能够给他提供一块布。村民们都知道他潜心修道,于是毫不犹豫就答应他,将一块布送给了他。

不久之后,他在自己的茅屋中见到了一只老鼠,正对他仅有的那件准备换洗的衣服进行啃咬。但因为要守着杀戒,因此他对老鼠没有动粗。可他没有别的办法可以对付老鼠,所以他又到村庄中请村民给他一只猫。

在得到猫之后,他又开始发愁猫的吃食,猫不能总以水果和野菜为生啊!就这样,乳牛又被他要了来,这样猫就可以喝牛奶了。

但是,在经过一段时间的山间生活后,他苦于每天要花时间来照顾母牛,只能又返回村中,带来了一个流浪汉帮忙照顾奶牛。

流浪汉不满山中的清贫生活,抱怨道:“我需要一个太太来保证正常的生活。”

修道者觉得这不无道理,别人不可能像他这样生活,禁欲苦行……

故事就这样延续着,结局可想而知:最终,整个村子的人都搬到了山上。

而这完全违背了修道者的原始愿望。欲望是导致这一切的根源。欲望像锁链一样,接连不断,不可能都得到满足。

人人都有欲望,但欲望太多了,我们的人生就会负担太多。只有做到知足常乐,心灵才能保持一种轻松快乐。

根据《菜根谭》记载:“人生越减省便越超脱。”漫漫人生中,如果什么琐事都能少一些,那么尘世的羁绊便会减少一些。一旦超脱尘世,心灵就会升华。简单说来就是,欲望不要太多。正如洪自诚所言:“通过减少实际应酬,可以使不必要的纠纷减少很多;心理负担可以通过减轻判断来减少;智慧越少,本真越能得到保全。如果只知道增加欲望,那简直是作茧自缚。”

无论我们干什么,都会不知不觉增加很多的东西。其实,只要将某些部分减省掉,效果都会超乎我们的想象。倘若这个地方想管,那个地方也不舍得放弃,就必须要动脑筋,使用智慧过多,会使奸邪欺诈更容易产生。所以,我们必须为自己减负,这样人生才能保全。

吕坤在《呻吟语》中提道:“福莫大于无祸,祸莫大于求福。”就是说我们只要没有遇到灾难,幸福便会到来;那些从早到晚忙着算计的人,是最不幸的。

所以,人必须控制住自己的欲望,不要让欲望冲昏了头脑。欲望一旦侵蚀心灵,人就会被欲望所左右。唯有降低欲望,对人生目的进行真正有意义的追求,快乐的人生才会到来。

以忍图强,在磨难中铸就摧枯拉朽的才干

忍让并不抽象,而是一种十分有用的计策,消极沉默不是忍让,蓄势待发才是忍让的真正目的。忍让就是要在动态中实现平衡,当忍耐到一定的程度后就会发生变化。忍让是磨炼意志,积蓄爆发力,是在无奈时的一种智慧选择,是隐藏在暴风雨之后的绚烂彩虹,耐得住寂寞、失落是忍耐最重要的,为机会的到来积蓄力量。

周敬王二十四年(公元前496年),吴王阖闾曾经御驾亲征攻向越国,越王勾践迎战。此一役,越国打败吴国。阖闾回国途中郁郁不振,导致病情恶化,最终丧命。

按照阖闾的遗嘱,太子夫差成为了新的王。夫差厚葬阖闾于海涌山。服丧期间,夫差时刻铭记此大仇,并且发誓:“定要将越国灭掉,为亡父报仇!”受这个誓言的驱使,夫差励精图治,积蓄力量。3年的艰苦训练之后,周敬王二十七年夫差再次攻打越国,命伍子胥和伯为大将军,出兵讨伐。

在相距10公里处,吴越两国摆开了阵势。吴王夫差亲自擂鼓助威,吴国将士斗志十分高昂。此时,吴军气势高昂,越军根本就无法抵挡,只能尽力抵抗。激战良久,越军损伤不计其数,吴军却更加英勇,气势如虹,将越王勾践一直逼到了会稽山。勾践无奈只能举手投降。

后来双方进行了谈判议和。议和的要求就是,勾践和他的妻子自此成为吴国的奴隶,大夫范蠡随行。吴王夫差便让他们夫妻去给自己的父亲守墓,为自己养马。在那个冬冷夏热的破烂石屋中,勾践夫妇和大夫范蠡一直忍了3年。除了每天一身土、两手粪以外,勾践要在夫差出门坐车时为他拉马。路过人群的时候,总是会有人嘲笑他:“看,是越国的国王在牵马!”

这就是忍的极致了，从国君到奴仆，还为人养马、忍受奴役的命运。而他能够忍受这所有的一切屈辱的原因，就是为了能够有朝一日一洗前耻。

一次，夫差病了，勾践在背地里让范蠡推算了一下，明白这个病不会持续太久。于是他亲自探望夫差的病情，而且将夫差的粪便放入口中品尝，然后恭喜夫差，说他的病将不久矣。夫差问起原因。勾践就胡编说："我曾经学过一点医术，把病人的粪便尝一尝，病情是否严重就一目了然了。刚才我把大王的粪便尝了尝，味道酸苦，这就是所谓的时气之症，不久之后肯定会好的。大王不必担心。"不过几天的时间，夫差果然病好了。由此，夫差真心觉得勾践对自己好，非常感动，就让勾践回国了。

越王其实一直没有忘记自己的屈辱，一直等待时机报仇。他寝食难安，卧薪尝胆，励精图治，就这样过了3年，终于民心所向。

为了让百姓更加信任自己，遇到较少的甘美食物时，勾践自己不会吃；他还把酒倒入江中让大家一起喝。勾践吃自己种的粮食，他的妻子亲自织布，吃穿一律和百姓一致。为了让自己的斗志永存，勾践拒绝安逸的生活。他还将一个苦胆准备在身边，随时尝一尝苦味，让自己时刻铭记昔日的侮辱。

他还经常外出巡视，将食物分给老弱病残食用，以保护他们不受困苦。最后，他和众大臣商议说："我要和吴国决一死战，希望你们能与我一同奋战。跟吴王决斗，是我毕生的心愿。一旦没有成功，我将隐姓埋名去做一个普通的仆役。我会为吴王打扫卫生，伺机与夫差决一死战。这样做虽然有很大的危险，更可能为人所不齿，但这是我的决心，无论如何也不会改变！"

就这样"十年生聚"（发展生产力和集聚国力）、"十年教训"（教育训练和武装百姓），勾践认为讨伐吴国的时机已经成熟了。吴国就这样灭亡了，勾践得以一雪前耻。吴王最后自杀，越国一跃成为当时的最强国。

古人云："能忍辱者，必能立天下之事。"人生就是有得有失，若是不能很好地估测自身的实力，不能忍受欺辱，等待自己的必将是无尽的伤害。因此，为了成功，一方面必须保持清醒的头脑，提高自己的才能；另外我们也要善于忍耐，静待合适自己的机会。这样成功就会悄然而至。

明日翻身需要今日的忍耐

事物的运作千变万化，机会往往存在于忍耐之中。对于垂钓者来说，最好的进攻方式就是忍耐。能忍耐才能有大收获，所谓："天将降大任于斯人也，必先苦其心志，劳其筋骨，饿其体肤……"说的就是这个道理。大丈夫应该志在四方，岂可计较鸡毛蒜皮的小事！春秋末期的最后一个霸主越王勾践卧薪尝胆的故事，也说明了这个道理。忍耐不是停止、逃避、无为，而是守弱、蓄积、迂回前进。当命运无法掌控时，就要顺从命运的安排，坚强地忍耐弱者的地位，在守弱的基础上累积实力，发奋图强，再适时出击，以争取属于自己的成功。

懂得忍耐有利于成就事业，意气用事只会坏事。面对别人的侮辱和伤害，我们没必要急急忙忙地进行反击以证明自己并非软弱可欺，因为路遥知马力，日久见真功。有效的忍耐，能使我们慢慢地走向成功。

深谙处世哲学的中国人，古来善于忍耐的例子不胜枚举。

公元1224年，宋宁宗病死，由于他没有子嗣，权相史弥远千方百计地在绍兴民间找了一个叫赵与莒的17岁少年，系宋太祖的第十世孙。史弥远把他带到临安后，改名赵贵诚，拥立为太子，后来又不顾杨太后的反对，强行把他立为皇帝，并改名为赵昀，这就是宋理宗。理宗青年嗣位，尚未成婚，直到服丧后才议选中宫。一班大臣贵戚听说皇上选中宫，纷纷送爱女入宫。左相谢深甫有个孙女，待人谦和，贤淑宽厚。杨太后当年做皇后时，谢深甫帮过不少忙，因此，她想立谢氏为皇后。但除了谢氏外，还有6个美女。宁宗时的制置使贾涉的女儿长得颇有姿色，而且善解人意。理宗对她十分满意，想让她做皇后。

可是，杨太后却说："立后以德为主，封妃可以色为主。贾女姿容艳丽，体态轻盈，尚欠庄重，不像谢氏，丰容端庄，理应位居中宫。"理宗听后马上表示赞同，非常高兴地顺从了杨太后的意愿，册立谢氏为皇后，另封贾女为贵妃。其实，理宗心里很不乐意，但是，为什么又答应了杨太后的要求呢？原来，理宗心想："自己即帝位本来就有很多人不满，此时如果不顺从太后的意愿，与她抗争，那太后肯定不痛快，说不定会废除我的皇位，另立天子。大丈夫能屈能伸，为什么我不能忍耐一下，答应她的要求呢？等她不在了，那时谁还能管得了我呢？"

隐忍时不要怕等待，要相信总会时来运转。要反复告诫自己，到时候自己的付出会连本带利地捞回来。

宋理宗就是这样做的，大礼完毕后，理宗对谢后一直客客气气的，全按礼数办，并能像例行公事似的时不时地在谢后那儿逗留一晚，使杨太后对他很满意。过了两年，杨太后驾崩，理宗大权在握，便再也不与谢后周旋，天天与贾妃泡在一起，无所顾忌。

总之，忍不是目的，而是手段。忍是对当下形势的一种认可（如韩信），而当具备了相当的实力后，就可以一显身手，扭转乾坤。所以，只有用今日之忍换来明日翻身，才有资格登上智慧榜。

从某种意义上说，忍耐是一种求生的智慧，因为小不忍则乱大谋。忍耐是一种弹性前进策略，就像战争中的防御和后退，有时恰恰能反败为胜。

第七节 把握限度，包容忍耐不是纵容

包容不是姑息迁就

“痛打落水狗”我们可以理解成做事要干净利落，不留隐患。要认清坏人的本质，不应该姑息养奸，但也不能随便欺负他人。

隋大业十三年(公元617年)，洛阳的王世充与李密争斗不已。此前，在兴洛仓战役中，王世充几乎全军覆没，他对李密就存了几分畏惧。

不过，王世充没有失去信心，欲与李密决一死战。可是粮食问题难住了他。李密已经控制了洛阳外围粮仓，城中也没有足够的粮食供应。他的部队中也有很多人吃不饱肚子，总有人去投奔李密。王世充很清楚，如果不能及时解决粮食问题，无论他做什么都不能将士兵们留住，战胜李密就更不要提了。

在既无实力夺粮，借粮又无果的情况下，一个好主意进入了王世充的脑海：和李密用他最需要的东西换粮食。王世充的手下经过实地考察，说李密那边缺少御寒的衣物。这正好符合王世充以衣易粮的打算。李密开始并不答应，但手下的人为了自己的利益，都同意这个建议，说没有衣服的话就会军心涣散，李密只得服众。

粮食到位，大大地改善了军队里的情况，士气高昂，也大大减少了士兵的逃亡现象。这种情况李密也察觉了，赶紧命令停止交换，但为时已晚，王世充已经养成了一支训练有素的精兵，李密也为自己的成功道路上添了一块大大的绊脚石。

后来，王世充终究打败了李密。这时，李密非常后悔，后悔当时没有一鼓作气。

明末张献忠揭竿起义，官军在他面前不堪一击。但是还有一则同样的事例：

崇祯十一年(1638年)，曾经骁勇善战的农民军，碰到了对手左良玉。张献忠在攻打南阳时冒充官军的旗号，却被左良玉看了出来，计划没有成功，张献忠负伤退往湖北谷城；李自成、罗汝才、马守应、惠登相等也都受到重创，在湖广、河南、江北一带流窜，孤立无援，互不配合。张献忠在谷城，被官军层层包围，势单力薄，战争数十年，很难筹集农民军的粮饷，情形相当紧急。

张献忠深思熟虑之后，决定接受明朝的招抚，按计策行事。崇祯十一年春，张献忠得知陈洪范是熊文灿的手下，非常高兴，因为陈洪范是张献忠的救命恩人，而“抚”代“剿”是熊文灿的拿手戏。于是，拜见陈洪范就成了当务之急，他说：“您不会忘记您对献忠的救命之恩吧！我愿意以为您效忠来报答您。”陈洪范甚是惊喜，向熊文灿报告了这件事情，将张献忠纳于麾下。

此后，名义上，张献忠虽然是被招抚的，但并不完全受统治。他们修养好精神之后，第二年

五月张献忠又重新起义,将官军打了个措手不及。

占尽天时地利的李密输于王世充,从此一蹶不振;熊文灿对张献忠过于轻信,将胜利拱手人前,究其原因是因为没有一鼓作气,太过心慈,让对方能够恢复精神。之于后人,真的是宝贵的教训,应该深以为鉴。

把握善良的分寸

要做善良的人。但具体情况也应具体分析,不能一刀切,而要凡事把握好分寸才行。

善良与良好的心态有关,但不仅仅是帮助别人就可以的。为了实现与人为善的目标,我们就不能做滥好人。

当我们不正当地帮助自己的朋友时,我们可能永远失去威信以及别人的尊重;当我们因为是熟人,而对对方的错误进行原谅时,那么,可能就会受到其他人理直气壮地指责与谩骂了……生活也因此将变得杂乱不堪。所以,做好事也不能什么都不管不顾,客观公平才是做好事的根本。

珠海格力电器股份有限公司总裁董明珠就是一个坚持原则的人,为了原则她甚至可以"六亲不认"。

1994 年底,公司正处在危难之际,董明珠临危受命,出任格力经营部部长。不久,她就去找洪总经理要财权,这个决定是超越常理的。公司的账目上究竟有多少资金,清楚的人只有财务部。有时财务收到了客户的货款,却不通知经营部发货,而有的客户没打货款,却能从经营部拿到货物。有时候经营部要发货,开票人问钱有没有到账,财务那边总是含糊其辞。这样,如果经营部得不到财务部的配合,许多工作根本没有办法正常进行。长时间这样,还是会重现那种职责不清、工作混乱的管理现状。这样的情况绝对无法接受。

洪经理考虑过后,让董明珠接管了财务部的一部分工作。董明珠非常珍惜这次机会,她制订了一套完备的互相监督计划:财务监督计划;开票员监督财务;电脑统管监督开票员的工作;电脑统管反过来受到计划监督。

建立这个制度之后能否真正得到执行才是关键。很多企业的规章制度是非常完美的,但就是无法执行下去,这样的结果就是空有完美的制度,但落实起来非常困难。但董明珠的坚持原则是出了名的,所以她强调任何人都要遵守以上制度,对她了解的人都知道,一旦有人敢以身犯险,那就真的要受处罚了。

于是,事情真的改变了:发货要在财务账上有钱的前提下才可以,开票员要在发货后记账,同时电脑中也要对开票单进行记录。这样,账上的财务往来都清清楚楚,账上有多少钱,发了多少货都一清二楚。这样一来,董明珠对格力的销售情况掌握得一清二楚,没有人可以在她的眼皮底下搞鬼。在这个过程中,董明珠要求:经营部的账款要当天清理,不可将今天的账拖到明天。一段时间以后,经营部的同事们习惯就养成了,如果没有完成记录,就不会下班。

按照董明珠的说法,自 1995 年 5 月以后,财务从此就没有出现过任何错误,收款不力的情况就更没有了。

在当今这种拖欠货款的风气下,董明珠就这样解决了难题。但是,按照董明珠的这个说法她创造的这个奇迹,其实并不复杂:发货必须交钱,这个原则坚持着,拖欠就不会发生。正是她对原则的坚持和公正,那些制度才能够得到完美的执行。

善良并没有错,但没有原则的善良就不好了,那时,这种善良就不正确了。

不要一味地忍让

武则天在位时,娄师德曾经担任丞相一职,史书记载他“宽淳清慎,犯而不校”。也就是说:为人处世特别谨慎,能够对他人进行包容,会原谅伤害自己的人。

娄师德对担任代州刺史的弟弟嘱咐说:“恩宠太多也不是好事啊,这样他人会记恨我们的。你知道如何才能使自己立于不败之地吗?”弟弟回答说:“我把别人吐到我脸上的唾沫擦干就好了,不会和他们计较的!”

娄师德忧虑地说:“这就是我担心的地方了!人家生你的气才会唾你脸,你擦掉唾沫这不是对他的顶撞吗?这样他会更生气。如何做呢?你要笑脸相迎。不要擦掉脸上的唾沫,就等着它自己风干!”

在封建社会,娄师德这种“唾面不拭”的做法,被人们竞相传颂。但是,以现在的眼光来看,这种通过忍让、屈从来使自己避免伤害的行为,是十分不可取的,是行不通的。这是因为,这种不顾尊严通通照单全收的行为,会给人一种自轻自贱、卑躬屈膝的印象,这样的行为只会让那些欺负他人之人更加娇纵。这样的“委曲求全”和“姑息养奸”完全就是同一个意思了。

真正地宽容,是说我们不必为了一点小事就抓住不放,在关键问题上要坚持原则,严格要求自己,而不应该一味地容忍他人,对整体利益造成损害。

另外,无条件地忍耐并不是真正的宽容,包容并不是要姑息养奸。但对于个人而言,有良好的人际关系之人往往心胸宽广,自己心里那种仇恨和不健康的情感也会减少;在群体中,胸襟开阔,就更有利于创造良好的氛围。因此,要想维持良好的人际关系就要宽容待人,通过良好的德行来增强群体的凝聚力。

只有以“德”治人,以“德”服人,你在走向成功的道路上才会更加自信,你的完美个性也才会体现出来。品德高尚之人必然心胸宽广。我们应该从现在开始努力培养这个习惯,努力培养自己成为心胸开阔之人,让自己的事业更加美好。

人生的奥秘之一便是胸襟开阔。但退让并不是宽容,开阔的胸襟是对自我的超脱和解放,是有豪气的宽容。

忍让搬弄是非者,毫无意义

俗语说,“人多是非多”,事实就是这样,人们都要进行交谈,进行议论。但是,凡事要讲究规矩,不能信口开河,搬弄是非也是要不得的。

有一个国王,自以为是却十分愚蠢。但他有一个十分聪明、善良的宰相。国王有个理发师,经常喜欢说三道四,为此,宰相曾经批评过他。从那以后,理发师就一直很恨宰相。

一天,理发师向国王恳请道:“尊敬的大王,我想向您申请几天假和一点经费,我想去天堂见见我的双亲。”

国王同意了他这个荒谬的说法,并希望理发师带去他的祝福。

理发师选了良辰吉日在隆重的仪式中跳进了河里,却又悄悄地从另一头爬了上来。过了几天,他在大家都在场的时候,从河中探出头说自己看望先帝回来了。

国王马上对理发师进行了召见，询问其父母的近况。理发师便撒谎说：

“尊敬的国王，先王他们生活十分幸福，可再过十天，这样的生活就要结束了，因为他们把自己生前的行善簿丢掉了，需要宰相去为他们作解释。我们可以让宰相乘火路尽快到达天堂，先王就可以不用受苦了。”

国王听完后，便宣宰相进宫，派他去营救先王。

宰相知晓了国王的命令之后，心里明白是理发师的诡计。可是对国王的命令又不能直接拒绝，心想：“我必须活着，才能让他受到教训。”

第二天凌晨，宰相依言执行，奋身投入火中，然后国王命人点火。就在大家都在为宰相扼腕叹息之时，理发师也以为自己的诡计得逞了，心中十分高兴。

然而宰相并没有那么傻，其实他早早就为自己留了后路，逃离了火海。

宰相在一个月后穿着新衣，带着与原来相异的装束，走出那个火坑，回到了王宫。

国王知道这个消息后，连忙迎了出来。宰相对国王说：

“大王，先王和太后没什么值得害怕的了，但是先王还有一件事情感到不安，就是他的胡须已经太长了，先王希望找个老理发师为他打理一下。但上次的理发师并没有告别，就逃跑了。对了，目前水路堵塞，去天堂必须走其他的路。”

第二天，国王将理发师放到广场上，周围架起干柴，然后点着了。顿时，理发师的哀号声响遍整个广场。狡诈的理发师终于得到了报应。

理发师没有想到的是，不是利剑杀死了自己，自己死在自己的恶“舌头”下。

诚信是人们和平相处的关键，一些狡诈之人想要陷害你时，你完全不需要再继续忍让。这时，“以牙还牙”才是可取的。

但是，没有逼到最后，宽容还是处理问题的首选。但与此同时，自己的言行一定要端正，搬弄是非是要不得的，因为搬弄是非者，等待他们的都不会是好结果！

忍亦有度，忍无可忍则无须再忍

在人际交往中，必须能够有一种宽容为人的态度。正是这种精神，使我们能够家庭和谐，与人相处和顺。不过，虽然要善于忍耐，但也不是说什么都忍，一味地忍气吞声、逆来顺受就是一种懦弱的表现，尤其在面对一些原则性问题的时候，缩手缩脚更是不可取的。

晏子使楚。楚王闻听此事，对左右说道：“晏婴善于言辞，现在就要来我国。我想对他进行侮辱，应该怎么办呢？”左右纷纷献策。

晏子来到了楚国，楚王对他设宴款待。就在这时，一个人被两个差人捆着扭送到了楚王面前。楚王故意问道：“捆绑之人怎么回事？”差人回答说：“他来自齐国，因偷窃被抓。”

楚王耻笑，说：“你们国家常出小偷，是吗？”

晏子立即离席，非常严肃地说：“我曾听说橘生淮南则为橘，橘生淮北则为枳。橘和枳虽然有一定的相似，但是果实的味道却大相径庭，前者甜，后者酸。正是由于水土不同才导致这种差异啊！如今，我们国家的人在我国时清清白白，到了楚国却成了盗贼，这难道不是因为你们这里习俗不好吗？”

楚王非常尴尬地说：“我说不过德才兼备的人啊，真是自打嘴巴。”

切忌为人过于宽厚，当他人过于挑衅滋事时，忍让无济于事，要为了尊严奋起反抗。

那么忍让的程度要如何把握呢？这就要看是在什么情况下了。比如，在牵涉到个人尊严、人格、权益的事情上就要坚持。别人故意触犯了你的尊严，你却没有反应，他打你的左脸，你还要把右脸送上去，这样的人就只能说是软弱无能了。

在现代社会，我们必须为了维护自己的合法权益、捍卫自己的尊严而奋斗，这是现代人在社会上求生存、求发展所必须要知道的事情。当面对老板扣押薪金、上司的威胁、物业乱收管理费这些事情时，千万不能忍让。从大的方面来说，法律的尊严是必须要每个人都尽力维护的，只有所有人都做到如此，法律的作用才能得到充分的发挥，个人也才能得到好的发展。

智慧地忍辱是有所不忍

佛教六度中有一项就是忍辱。《遗教经》中这样记载："能行忍者，乃可名为有力大人。若他不能欣然接受辱骂，如饮甘露者，不名人道智慧人也。"这样来看，好像唯有接受一切有理或无理的谩骂，似乎才是真正的忍耐；在《优婆塞戒经》中，需要"忍"的"辱"进一步增加：从饥、渴、寒、热到苦、乐、骂詈、恶口、恶事，什么都需要忍。

这是真的吗，苦难之后才会有真正的解脱吗？

圣严法师强调在佛教修行过程中一定要忍辱，他认为忍耐是佛教的精髓，不仅为个人还要为众生忍。但是，忍并不是毫无原则。

第一，必须诚心"忍辱"。

有一位脾气暴躁的青年，常与人争执，受到大家的排斥。

有一天，这位青年偶然来到大德寺，恰巧当时有人在讲禅。他听后感悟很深，于是对禅师说："师父，打架的事情以后我再也不干了，要不人人都讨厌我，以后即使别人朝我脸上吐口水，我也会将它们默默地擦去，什么都不会说！"

禅师听了青年的话，笑着说："唉，何必呢？口水自己就会干的，何必擦掉呢？"

青年听后，还是无法接受，于是问禅师："这也太卑微了吧？怎么能这么做呢？"

禅师说："没什么不可忍耐啊，将这些当作蚊虫叮咬就可以了，根本不屑于它就好，虽然脸上有口水，只要你不以为意，就没什么值得生气啊！"

青年又问："如果对方不是吐口水，而是要打我，那我该如何呢？"

禅师回答："这是相同的啊！同样无视就好！一拳而已罢了。"

青年听了，觉得禅师根本就是信口开河，一气之下将拳头打向禅师的头，并问："和尚，现在呢？"

禅师对他表示关心地说："我的头像石头一样硬，不会痛，你的手不痛吗？"青年当场释怀，无言以对，消了怒气，从此大彻大悟。

禅师将"忍辱"的方式告诉了青年，并给他亲身示范，他这样做，就是因为他根本不理会青年的侮辱，所以根本就不会受到青年的影响。这就是禅宗中所说的无相忍辱。禅师是自愿忍辱的，他对青年的感化就是通过这种方式，也达到了预想的结果。生活中还有这样的人，虽然忍住了被羞辱后的恼怒，但懊恼和悔恨却郁结于心，这样就是得不偿失了。

第二，要做到"有智慧地忍辱"，应做到趋利避害。

所谓的"利"，是指众人的大利，"害"也是对他人的，对大众的。故事中禅师的做法与圣严法师所倡导的忍辱完全一致，此时，法师受到了青年的攻击，但却通过这种方式感化了青年。对于禅师来说，自己虽然没有得到什么，但是却感化了青年，这样就是有价值的忍耐；对那种有益于双方的忍耐，更要提倡。当然，有时的忍耐根本就毫无益处。

所以，当这种情况出现时，忍耐不仅不必要，而且要想办法改正。圣严法师举例说：如果一个人根本就无药可救，如狗一般见人就咬、逢人就杀，忍耐就是不可取的，就要想办法阻止悲剧的发生。既要对他人负责，也要对他自己负责，因为“对方已经不幸，那更多的不幸就不必要了”。

智者的“忍”对圣严法师的教导更需要遵循，不能什么都忍，忍要坚持一定的原则。

沉默有时是一种自我伤害

很多人都认同“沉默是金”这一法则，总是觉得事情会不辩自白，时间会说明一切，然而通常，问题一旦得不到正确的解决，会给我们带来巨大的物质和精神损失，生命甚至会受到损坏。

有一个城市秩序十分混乱，有一位正直、勇敢、刚正不阿的检察官，因为作风正派反而被很多恶势力视为眼中钉，受到多次的威胁、恐吓，检察官对这些毫不畏惧。不料，突然有家报社报道了他和一个女职员的绯闻，还将二人的亲密照片公布出来，文中对他的作风进行了攻击。其实那根本就是捕风捉影，而检察官也没有重视这件事。

然而，谣言传得更加厉害了，检察官的生活被彻底打乱了，家人也开始怀疑他。当他得知又有新的污蔑指向他时，他终于无法承受了。他选择了用死亡来证明自己。在他的遗书中，他写道：“现在我知道，名誉具有比生命更高的价值。在我还没有被彻底抹黑之前，我得走了……”

一个坚强的硬汉，在谣言下崩溃了。他明白暴力不会摧毁自己，会让自己更加坚强；而一点小小的谣言，就会使他的名誉受到无法挽回的损坏，人们将不会信任他。

生活中的误会不可避免，面对这些误会、诋毁，我们不能一味坚持“清者自清”的古训，否则只能让自己受到更大的伤害。这时候沉默根本于事无补，要敢于站出来，证明自己的清白，流言才会被攻破，名誉才能被维护。

“玛莉药皂”原本非常畅销，但有关其中成分有害人体的流言打败了它，瞬间减少了三分之二的销量。但这个流言并没有得到证实，公司决定挽回自己的名誉。

他们登出了这样一则《玛莉征求受害人》的广告。凡是经医院检查由于使用玛丽药皂而产生不良反应的顾客，他们将赔偿所有的损失。但要求受害者要在10天之内提供相关的证明。过了三天，这样的广告又出现了，上面印出“至今，无人提供相关证明”。

又过了3天，这样的广告又出现了，说“有两名受害人出现了”，但说有一个人并没有伤害证明，不受理，另外一个正在复查。再过3天，又登出了广告，题目为《谁是受害人》，说经过医院对那个受害人的复查，皮肤红疹是海鲜过敏引起的，受害人也表示很尴尬，并申明，10天的期限一过，就不会再处理了。

10天之后，他们登出一则《我是受害人》的广告，说明了真实情况，在全球范围内，并没有发现有致病的嫌疑！广告上“玛丽药皂”被一副手铐铐着。这则广告引起了很大轰动，药皂的销量也大幅回升。

需要提及的是，并没有真实的受害者出现，其实这只是假意安排，然而也正是这“假戏”才让顾客如此相信他们。

如果“玛莉药皂”没有管这个谣言，把希望寄托在时间上，那么一定会严重影响玛丽药皂的销量，坏的影响一旦形成，人们往往会相信坏的结果。如果长期保持低迷的销售量，企业将无法生存，那么所谓的"清者自清"也无从谈起了,因此消极地等待是不可取的。厂商巧妙地将事实澄清了,这才避免了公司的破产。

当被误会或者诽谤时,我们就要想办法消除误会,将损失和伤害减到最小。

不要一味退让

在社会上,总有些遵纪守法之人,任劳任怨地工作,洁身自好地生活,完全符合社会的要求。然而,他们总是吃亏,经常受到别人的压迫,遭受了不公正的待遇却只能忍着不语,坚持"沉默是金"的原则,但这样等待着他们的只能是更大的压迫。俄国著名作家契诃夫曾经很好地阐明了这点。

一天,史密斯将家里的家庭教师尤丽娅·瓦西里耶夫娜叫了进来,商量一下结算工钱的事情。

史密斯对她说:"您请坐!现在我们看你的工钱吧。您可能非常需要钱,但你太礼貌了,老是自己不说……喏……咱们曾经说好,每月30卢布……"

"40卢布……"

"不,30……我记着的,一直都是30卢布的……唆,你待了两个月……"

"两个月零5天……"

"整两月……我的本上就这样。那也就是,应付你60卢布……除了其中的9个周末……因为星期天你是不需要上课的,只不过游玩……还有3个节日……"

尤丽娅·瓦西里耶夫娜的脸涨得通红,站在那里揉蹦自己的衣服,还是没有说话。

"除去3个节日,应扣12卢布……期间柯里雅因病休息4天……你只教了瓦利雅一个人……你牙痛3天,我妻子曾经放了你几小时的假……12加7得19,扣除……还剩……嗯……41卢布。是吧?"

尤丽娅·瓦西里耶夫娜气愤之极,一直在强忍着。她骤然咳嗽不已,甚至擤了擤鼻涕,可还是什么都没说。

"新年底,一个配套的茶杯被你打碎了,扣除2卢布……实际上远不止如此,它是我们家的宝贝……我们总是损失财产!而后,你不小心,让柯里雅爬树将礼服撕坏了……要用10卢布来抵扣……女仆将瓦里雅的一双皮鞋偷走了,这也是你不够尽心,应该赔偿损失,我们是付了您工资的,再扣除5卢布……1月9日你曾经问我要过9卢布……"

"我没支过……"尤丽娅·瓦西里耶夫娜小声地说。

"但我这样记着!"

"喏……那好吧,就算是这样。"

"那你的工资是15卢布了。"

尤利娅感到非常委屈,汗珠在她的鼻子上滚动,多么可怜啊!

她哽咽着说道:"我只记得曾经支过3卢布……再没支过……"

"是吗?这么说,我少记了这次!应该再扣除3卢布,可爱的姑娘,3卢布……3卢布……又3卢布……1卢布再加1卢布……给你吧!"史密斯给了她12卢布,她接过去,小声说着:"谢谢。"

史密斯忽然站起来,不停地走来走去。"感谢什么呢?"史密斯问。

"因为你给我钱……"

“可是我严重苛刻了你！我扣了你那么多钱！你怎么还说谢谢？”

“在别处，他们一点都不给我。”

“不给？真奇怪！这只是我和你之间的一个玩笑，这样太残忍了……我会把你应得的都给你的！喏，在信封里已经给你装好了！可是你为什么不抗争？怎么不说话？要一直这样沉默下去吗？就这样受人欺负吗？”

史密斯让他原谅自己刚才的行为，给了她80卢布。她快速地数了一下，就赶紧出去了……

对于尤利娅这样的遭遇，我们应该怎么评价呢？懦弱、可怜、胆小？真是恨铁不成钢。生活中，如果这样的事情发生在我们身上，我们又该怎么做呢？

人不能丧失自己的权利，不需要一味忍让。不仅要将这种受气包的心态抛弃，内心中也应该觉得，计较并不是丢脸的事。

忍一时风平浪静，忍一世一事无成

人生四关——酒色财气，前三项容易做到，滴酒不沾，美色不乱，钱财不见，然而不生气却是很难的。最难过的便是“气”关，要过这一关的关键就是忍耐。

既要忍气还要忍辱。气指气愤，辱指屈辱。生活中的种种不公正常常引致气愤，人格上的褒贬是屈辱产生的原因。在中国人看来，能够忍耐才是智者，才是成熟的象征，才是深谋远虑的谋士。

“吃亏人常在，能忍者自安”，这句话的精髓就是忍耐。忍耐有利于人类适应自然选择和社会竞争。小事情不能忍常常激起大祸，不能忍受一时之气，将会害人害已，遗憾终生。能够忍耐的人，即便不是英雄，也会是豁达之人；而不能忍耐的人，虽然勇气可嘉，但最终也会因为太过冲动，成功不了。人有时太愚，咽不下小气，大祸就会临头。

忍耐和懦弱并不是等同的，而是将对手蔑视待之。

一个历史悠久的民族，必然有着深厚的忍耐功夫。人生在世，要想获得成功，就必然要经受一段忍辱负重的曲折历程。因此，要想有所作为就必须要能够忍耐，能不能忍受则是区分伟人与凡人的依据。

通过忍耐来实现明哲保身，伸张自如，因此只有学会忍耐，忍得下一时之辱，才能胸怀天下。当然忍耐也是要有限度的，这个度是非常关键的，超过了这个度就要适时地进行反击。

一条大蛇对人间造成了很大危害，它伤害下田耕地的农夫，外出做买卖的商贾，甚至上学的孩子，以至于人人都不敢出门了。

正在大家一筹莫展之时，寺院的住持便来驯服这条蛇，大伙儿听说这位住持道行非常深厚，能够将顽石点化，寻常的野兽根本就不在话下。

果然没过多久，大师就以自己的修为将这条蛇驯服并教化了，让它不可随意伤人，还将许多处世的道理教给了它，而蛇也从此懂得了很多的道理。人们发现了蛇的这些变化，发现它甚至有些畏怯与懦弱，都对它进行欺负。人们用竹棍、石头各种工具攻击他，甚至是小孩都敢欺负他。

某日，蛇被打得遍体鳞伤爬到主持那儿。“发生了什么？”住持见到这条蛇，很是惊诧。“我……”大蛇有苦难言。“不要着急，慢慢说！”关怀之色出现在了住持的眼中。

“我一直按照你的教导与世无争，积极维护与大家的和睦关系。然而，人们并没有因为我的友善而善待于我，我还要坚持你对我的教导吗？”“唉！”住持一声叹息，“我只是说你不要主动对人畜作出伤害,也没有让你一味地忍让啊!”“我……”大蛇一时无语。

适当地忍耐是智慧的象征,但千万不要一味忍让,任何事情都应该适可而止,只有这样,才能立于不败之地。

人生的艺术和智慧就体现在对忍让这个度的把握中,“忍”的关键之处也在于此。这个度,并没有一个统一的尺度和准则,往往是根据不同的对象、所忍之事、所忍之时空而不断变化。它强调人们能够具体分析不同的环境和情况,从而作出决定。

总之,忍并不意味着一味地退让,我们应该懂得忍一时风平浪静,但是忍一世一事无成的道理也应该为我们所知悉,正所谓,忍无可忍,就没有忍的必要了!